面向21世纪课程教材
普通高等教育“九五”国家级重点教材

材料科学基础

第3版

主编 石德珂 王红洁
参编 高守义 柴惠芬 朱瑞富
柴东朗 席生岐
主审 金志浩

机械工业出版社

本书为材料科学与工程专业的技术基础课教材。本书阐述了材料的成分、组织结构与性能间关系的基本原理。全书除导论外共九章，内容包括：材料结构的基础知识、材料中的晶体结构、高分子材料的结构、晶体缺陷、材料的相结构与相图、材料的凝固与气相沉积、扩散与固态相变、材料的变形与断裂、固体材料的电子结构与物理性能。

本书除作为材料科学与工程专业大学本科生的通用教材外，也可作为材料热加工类专业的本科生及研究生的教学参考用书。

图书在版编目（CIP）数据

材料科学基础/石德珂，王红洁主编．—3版．—北京：机械工业出版社，2020.8（2024.7重印）

普通高等教育“九五”国家级重点教材

ISBN 978-7-111-66278-5

Ⅰ.①材… Ⅱ.①石… ②王… Ⅲ.①材料科学-高等学校-教材 Ⅳ.①TB3

中国版本图书馆CIP数据核字（2020）第140534号

机械工业出版社（北京市百万庄大街22号 邮政编码100037）
策划编辑：丁昕祯 责任编辑：丁昕祯
责任校对：张莎莎 封面设计：张 静
责任印制：李 昂
河北宝昌佳彩印刷有限公司印刷
2024年7月第3版第9次印刷
184mm×260mm · 23.75印张 · 587千字
标准书号：ISBN 978-7-111-66278-5
定价：64.80元

电话服务 网络服务
客服电话：010-88361066 机 工 官 网：www.cmpbook.com
010-88379833 机 工 官 博：weibo.com/cmp1952
010-68326294 金 书 网：www.golden-book.com

机工教育服务网：www.cmpedu.com

第3版前言

材料是人类文明与社会进步的物质基础与先导，材料科学已成为当今世界重大科学技术的基础学科之一，并得到重点发展。在知识经济时代，材料科技、信息技术和生物技术是现代高科技与瓣经济的三大主要组成部分，而材料又往往是高新技术的突破口。《材料科学基础》是高校材料科学与工程专业第一门、也是最重新的一门专业基础课，是前期基础知识学习和后期专业课学习的知识桥梁。本书将金属学、陶瓷学和高分子物理的基础理论融合为一体，以研究材料的共性规律，注重材料的成分、组织结构、制备工艺和性能之间的内在联系，指导材料的设计和应用，并为学习后继专业课程、从事材料科学研究和工程技术工作打下坚实的理论基础。

本书主要内容安排如下：首先从材料的原子结构、理想的完整晶体结构、存在各种缺陷的不完整晶体结构三个方面介绍材料的结构与其性能之间的关系；在此基础上，进一步介绍材料组织结构的转变规律、材料凝固的基础理论，学习制备方法和工艺对于材料的组织结构、力学性能和功能特性的影响；最后介绍固体材料的扩散及材料在受力变形时材料组织和结构的转变规律以及一些典型材料及其应用。

本书内容体现了西安交通大学金属材料强度国家重点实验室以材料强度为核心的学科特色。通过本课程学习，学生可以了解并掌握材料科学中的共性规律，了解材料的成分-组织结构-制备工艺及性能之间的关系，为将来解决材料领域复杂工程问题，从事材料设计及研发工作奠定必要的基础。

本书第 3 版由王红洁教授主持修订，由石德珂、王红洁任主编，高守义、柴惠芬、朱瑞富、柴东朗、席生岐任参编，特别邀请了金志浩教授担任本书主审。在编写过程中，徐彤副教授、黄平教授、王豫跃教授、蔡洪能教授等也参与了本书的修订工作，周玉美副教授负责本书文字、图表的修订与校核。整个修订工作得到了石德珂教授的大力支持与鼓励，在此表示最诚挚的感谢。

本次教材的修订将原有的知识体系进行了梳理，并结合党的二十大精神，强化课程思政，在教材中引入学科前沿及当前材料科学发展的热门成熟技术等，提升学生的爱国意识和家国情怀。在编写过程中，西安交通大学教务处给予了大力支持与帮助，并将本书列为西安交通大学“十三五”规划本科生系列教材，在此深表感谢！

由于编者水平和学识有限，时间仓促，书中难免存在疏漏和不足之处，敬请广大读者批评指正！

编　者

于西安交通大学

第2版前言

本书第1版是遵照1996年12月全国高校材料工程类专业教学指导委员会的决定编写的。当时考虑到专业改造与发展，决定将本书定为原“金属材料及热处理”和原“金属热加工（焊接、铸造、塑性成形）”两类专业共用的技术基础课教材，教学时数为100~120。几年的教学实践表明，多数院校的金属热加工专业已将该课程的学时数减少了许多，以致无法共用。故这次按“材料科学与工程”专业的要求修订此书。

修订版中删去原为热加工专业编写的金属材料与热处理部分，并对原书第六章、第七章及第十章重新编写。全书共分十章，教学时数不变。

本书第六章改为“材料的凝固与气相沉积”，是因为凝固法与沉积法是现今材料制备的两种主要类型。过去传统的冶金工程只讲材料的凝固，已不能适应现在材料科学的发展。在这一章中增加了气-固转变，并介绍了沉积法在一些重要领域的应用，如硅芯片的外延生长、硼纤维的制造与纳米材料的获得。本书第七章为扩散与固态相变。在固体扩散中增加了离子晶体的扩散、烧结、纳米晶体材料的扩散等；在固态相变中，作为材料的共性基础，增加了陶瓷材料中的脱溶沉淀反应、玻璃中的调幅分解、陶瓷材料中的马氏体相变等。此外，对原章节中内容也做了不少修改补充与说明。与第1版相比，本书在体系与内容上都前进了一步。

本书修订工作由石德珂完成。不妥与疏漏之处当由个人负责，请批评指正。还要说明的是，在编写过程中，西安交通大学教务处给予了大力支持与帮助，并将本书列为西安交通大学“十五”规划本科生系列教材。作者谨在此致以谢意。

编　者

2003年2月

第1版前言

本书是根据1996年12月全国高校材料工程类专业教学指导委员会会议精神编写的，已列为国家重点教材。会上决定《材料科学基础》为原“金属材料及热处理”专业以及原“金属热加工（焊接、塑性成形、铸造）”各专业共用的技术基础课教材，并提出学时数控制在100~120。

为适应专业调整与改革及培养跨世纪人才的需要，材料工程类的专业学生除了要熟悉金属材料外，还需了解陶瓷材料、高分子材料、复合材料、结构材料及功能材料。《材料科学基础》就是阐述各种材料的共性基础知识，从材料的组织结构出发，研究材料的结构与材料的制备方法、加工工艺以及材料性能之间的关系。全书总体上可分为两大部分，第一部分是讨论材料的结构及其与性能的关系，将在第一、二、三、四章及第九章讲述，第二部分则是讲述材料的制备方法与加工工艺对材料组织结构与性能影响的理论基础，将在第五、六、七、八章及第十章讲述。

原“金属材料及热处理”专业和原“金属热加工”各专业过去一直沿用两套教材(《金属学》《金属学与热处理》)，现为加强基础与拓宽专业面而共用一种在体系上与内容上大致相同的教材，但在现阶段，两类专业教学计划的课程设置仍有一定差别，考虑到原金属热加工各专业在后续课程中没有热处理与金属材料方面的知识，教材中要弥补这一点。因此在教学上，对原金属热加工类专业的学生，需讲授第十章的全部内容及第十一章材料概论(Ⅱ)，而第三章及第九章如受教学时数限制可以不讲。对原金属材料及热处理专业的学生，则只讲授第十章相变原理及第十一章材料概论（Ⅰ）。考虑到本课程也是第一门专业基础课，在此之前学生并不具备工程材料方面的知识，材料概论（Ⅰ）是综合运用前述各章的基础知识，从组织结构与性能的关系方面总结和对比各种材料，使对各类材料及基本特性有一概貌性的了解，为后续工程材料课程的学习打下基础。这两类专业的共同教学时数约占总学时数的85%。

本书第一章（5)、第四章（8）由西安交通大学柴惠芬教授编写（为便于教师使用本书，括弧内列出参考教学时数，下同)，第二章（8)、第三章（5）由山东工业大学朱瑞富教授编写，第五章（18）由西安交通大学柴东朗教授编写，第六章（8）由华中理工大学刘光葵副教授编写，第七章（5)、第十章（相变原理4，热处理8）由大连理工大学高守义教授编写，导论（2)、第八章（18)、第九章（6)、第十一章〔材料概论（Ⅰ）(4)、材料概论（Ⅱ）(12）〕由西安交通大学石德珂教授编写。本书由石德珂任主编，由清华大学陈南平教授任主审。

因为这是适应专业改革的新一轮教材，在体系与内容上有较大改变，其中必然有不少缺点与不妥之处，恳请读者批评指正。

编　者

1998年6月

目 录

导　论

一、材料科学的重要地位

人类使用材料的历史，从过去到现在共经历了七个时代，见表0-1。从远古的石器时代到公元前的青铜器时代和铁器时代，金属的使用标志着社会生产力的发展，人类逐渐进入文明社会。18世纪钢时代来临，引起世界范围的工业革命，因而产生了若干经济发达的强国。继钢时代之后，1950年开始了硅时代，这是信息技术革命的时代，对当今世界产生了深远的影响。在钢时代和硅时代中，人们强烈地认识到材料科学对社会发展与进步的作用。从专门研究材料的科技人员，到经济学家、财政金融界的银行家、企业界的巨头，再到做出经济决策的国家领导层，都密切关注材料研究的动向和发展趋势，以便及时把握时机做出正确判断与决策，以便在世界经济发展的竞争中占有一席之地。这里，让我们以英国曾经技术政策的失误来说明这一问题。在钢时代到来之时，由于英国有一定的预见性，因此在世界钢铁生产中占有一定的优势，也给英国的经济发展带来巨大的活力。但在第二次世界大战后，日本认识到那时的世界仍处于钢时代，必须要有自己生产的低成本和高质量的钢。1952年日本的钢产量仅为700万t，而英国却已达1700万t；但到1962年，亦即10年之后，日本的钢产量猛增到2755万t，英国的为2082万t；到1972年，日本的钢产量已达9690万t，而英国只有2500万t，日本处于遥遥领先的地位。日本这一技术政策推动了本国的汽车工业和其他一些主要用钢材的产业的发展，使日本经济有了很大发展。1970年以后，日本认识到当今世界已处于硅时代，因此，在保持钢的生产优势的同时，瞄准了硅材料，发展半导体工业，家用电器在世界市场中占绝对优势。然而，英国却忽视了硅时代的到来，由于没有相应的技术政策和战略眼光，其结果是英国2000名研究硅材料的科学家流入美国硅谷，1988年仅就信息技术产品而言，英国对日本的贸易赤字就达2.2亿英镑，这还不包括由硅片控制的自动聚焦的照相机之类的产品。英国人今天抱怨说：“英国没有硅工业了，英国从第一流的经济大国变为第二流的经济发达国家，而日本却从第二流的经济发达国家变为第一流的经济大国，英国的状态恰似一个仍停留在石器时代的国家，而没有进展到青铜器时代”。

表0-1　人类使用材料的七个时代的开始时间

开始时间	时代
公元前10万年	石器时代
公元前3000年	青铜器时代
公元前1000年	铁器时代
公元0	水泥时代
1800年	钢时代
1950年	硅时代
1990年	新材料时代

现在多数发达国家已经认识到材料研究是至关重要的。1990年美国总统布什的科学顾问A. 布鲁姆莱（Allany Bromley）明确地说：“材料科学在美国是最重要的学科”。1981年日本的国际贸易和工业部选择了三个优先发展领域：新材料、新装置和生物技术。今天，生

物技术的研究地位有所下降，但新材料更牢固地处于最优先的地位。在日本的未来工业规划的基础技术中，11个主要项目中有7个项目是基于先进材料之上的。1986年《科学美国人》杂志曾专期讨论有关材料的研究。文章指出："先进材料对未来的宇航、电子设备、汽车以及其他工业的发展是必要的，材料科学的进展决定了经济关键部门增长速率的极限范围。"

正如表0-1所指，人们今天已处在新材料时代。新材料是指新出现的具有优异性能和特殊功能的材料，以及传统材料成分、工艺改进后性能明显提高或具有新功能的材料。融入了当代众多学科先进成果的新材料产业是支撑国民经济发展的基础产业，是发展其他各类高技术产业的物质基础。这一时代的特征是：不像以前的各个材料时代，它是一个由多种材料决定社会和经济发展的时代；新材料以人造为特征，而不是在自然界中有现成的；新材料是根据人们对材料的物理和化学性能的了解，为了特定的需要设计和加工而成的。这些新材料使新技术得以产生和应用，而新技术又促进了新工业的出现和发展，从而增加了国家财富和就业机会。

现在很多著名的材料科学专家都在预测未来材料科学的发展前景，但都不能清楚地描绘新材料时代的具体图像，更不能明确地说明新材料应用于生产时将给社会生活和经济带来何等程度的变化。例如，目前电子工业是全球经济发展中最活跃的部门之一，在使用新材料方面居于首位。在大型集成电路中，生产上使用的单晶硅其直径已达到150mm（6in），几乎无晶体缺陷（位错）和不含氧杂质，但随着集成度提高到几万K，硅芯片因发热而会受到限制，这时GaAs半导体材料就可能成为超大型集成电路如高速计算机的关键材料了。再如，仅仅在20多年前人们才认识到光学玻璃纤维可作为通信媒体，它不仅可代替铜线电缆，而且具有传输信息容量大、损耗小、清晰度高、成本低等一系列优点。光导纤维成为电信（Telecommunication）工业部门的关键材料。正如硅材料带动了半导体工业一样，是光导纤维推动了电信工业的发展。再比如，自1986年超导材料的研究有了重大突破，使超导温度由几十年的缓慢进展，突然跳跃式地升高到95～100K，达到液氮温度以上。这样，超导的实际应用已指日可待了。现在世界各国都在致力于超导的生产应用。仅从电力运输上看，按美国的计算，如其国内用超导电缆可节约750亿kW的电能，至少每年可节省50亿美元；而日本曾于1994年计划用超导线圈制造高速列车，时速可达500km/h，从东京到大阪只要1h。可见，新材料的开发与应用，对人类社会的文明与经济的发展，有着不可估量的作用。

目前，新材料发展呈现结构功能一体化、材料器件一体化、纳米化、复合化、绿色化的特点。在高马赫数飞行器、微纳机电系统、新医药、高级化妆品和新能源电池方面发挥得淋漓尽致。新材料在行业科技进步中举足轻重。例如，高性能特殊钢和高温合金是高铁车轮和飞机发动机最好的选择，超高强铝合金是大飞机框架的关键结构材料，高强高韧耐腐蚀钛合金则是蛟龙号壳体及海洋工程不可或缺的材料。新材料联用或与其他学科、领域的深度融合成为其发展的另一特点。高K和更高K材料与新型金属栅结合引领集成电路顺利走向45nm及以下技术节点。钙钛矿材料和有机材料联用催生了有前景的新型太阳电池。智能材料与3D打印结合形成4D打印技术。有机复合材料、生物活性材料与临床医学结合分别产生和发展了"电子皮肤"和组织再生工程。碳纤维及复合材料已用于航空航天和先进交通工具。化合物半导体材料使太赫兹技术在环境监测、医疗、反恐方面得以应用。超材料以微结构和先进材料结合，在电磁波和光学领域获得引人注目的成果。柔性电子学材料、新能源材料、生物医用材料的市场前景广阔。自旋电子学材料、铁基及新型超导材料的研究方兴未艾。阻变、相变及磁存储材料将改变传统的半导体存储器。富勒烯、石墨烯、碳纳米管开辟了碳基材料的发展前景。石墨烯剥离成功，更引发了二硫化钼、单层锡、黑磷、硅烯、锗烯等二维材料的研究热潮。

材料基因组通过整合高通量计算、高通量合成与表征以及大型数据库，加速了新材料设计、性能预测和制备工艺模拟，大幅缩短了研发周期，降低了生产成本，为新材料研发和产业化提供了变革性的新方式。低铼高温合金和新型锂离子电池电极材料就是很好的实例。最近，在拓扑绝缘体材料中，计算预测的量子反常霍尔现象已被实验证实。新材料的研发与生产重视节能环保与可再生，并进行全生命周期评价。诸如有毒材料的替代，中重稀土的减量使用，膜材料用于海水淡化，建筑节能材料的应用，生物基材料的研发以及“短小轻薄”理念付诸实践等。同时，低碳及环境友好的制备技术也得到了快速发展。注重军民融合，开拓军民两用产品市场是新材料发展的趋势。宽禁带碳化硅、氮化镓基的下一代射频高能效高功率器件即将成为有潜力的军民融合的高端电子产品。

二、各种材料概况

工程材料按属性可分为三类：金属材料、陶瓷材料和高分子材料。也可由此三类相互组合而成复合材料。按使用性能分类，则可分为主要利用其力学性能的结构材料和主要利用其物理性能的功能材料。前者用量大，仅钢材全球每年就需求 8 亿多 t；后者用量虽小得多，但对社会文明的进步起了重大作用。

1. 金属材料

金属材料是目前用量最大、使用范围最广的材料。金属材料包括两大类：钢铁材料和有色金属。有色金属主要包括铝合金、钛合金、铜合金、镍合金等。

在机械制造业（如农业机械、电工设备、化工和纺织机械等）中，钢铁材料占 90% 左右，有色金属约占 5%。在汽车制造业中，有色金属与塑料所占比例稍大。例如，1985 年美国福特汽车公司的数据为：钢铁占 72%，铝合金占 5.3%，塑料占 8.5%。这几种材料近年来在汽车中的比例大致如图 0-1 所示。

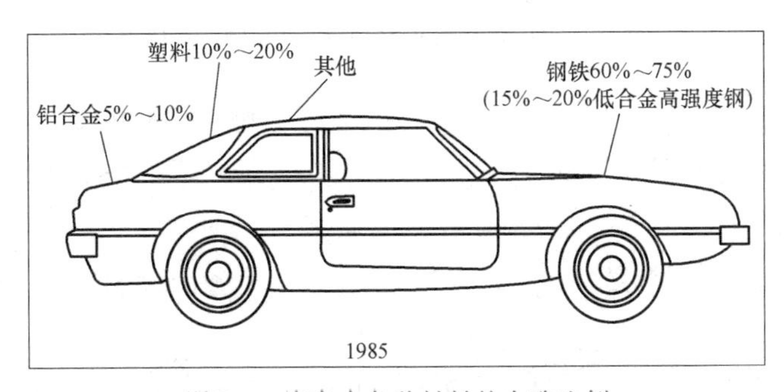

图 0-1 汽车中各种材料的大致比例

就世界范围来说，钢铁材料在 20 世纪 30～50 年代处于最鼎盛的时期。那时，钢铁是材料科学技术的中心。例如，美国在 1978 年钢的年产量为 13.7×10^3 万 t，10 年后却降至 7.0×10^3 万 t。究其原因，一方面可能是随着钢的强度和钢材质量的提高，导致一些经济发达国家钢材的需求量有所减少；另一方面也是由于利润的驱使和对未来社会发展的预测，美国材料的研究重点转向了电子通信材料。而日本的钢铁生产则处于世界领先地位，这与日本钢铁生产的工艺装备先进和在工艺研究上的大量投资有关，因此可以以较低的成本生产出高质量的钢材。

钢铁材料虽不属高科技的先进材料，但因具有优良的力学性能、工艺性能和低的成本，使其在21世纪中仍占有重要地位，其他种材料如高分子材料、陶瓷或复合材料可能会少量地代替金属材料，但钢铁材料的应用不可能大幅度衰减。高性能的超级钢、特种钢等在现代工业生产中仍然占有重要地位。超级钢是20世纪90年代末为更好地利用钢铁材料在使用性能上的优势，并进一步改进传统钢铁材料的一些不足，减少材料消耗，降低能耗而研制的新材料，其主要目的解决传统钢铁材料在强度、寿命上的不足。同传统钢铁材料相比，超级钢具有高性能、低成本的特点。超级钢是在冶炼超纯和超净钢锭的基础上，通过严格控制轧制温度和大幅增加轧制压力，并且提高冷却速度的条件下获得的超细晶粒钢，晶粒尺寸在1μm以下。这种超级钢晶粒为一般钢铁的1/10~1/20，因此组织细密，强度高，韧性也大，而且即使不添加镍、铜等元素也能够保持很高的强度。超级钢的开发应用已经成为国际上钢铁领域令人瞩目的研究热点。微晶超级钢具有其他任何钢材都不具有的优异性能—超强的坚韧性，故被视为钢铁领域的一次重大革命，中国已实现超级钢的工业化生产。

正如材料科学家柯垂耳（Cottrell）在题为“我们还将继续使用金属及合金吗？”发言稿的最后结束语中说：“我们将继续使用金属及合金，特别是钢。我们的孩子和孙子也将会这样。”由于其他种类材料的兴起，钢铁材料已经走过了它最辉煌的年代，但它绝不是“夕阳工业”。

除钢铁外，其他的金属材料均称为有色金属。在有色金属中，铝及其合金用得最多，这主要是因为：①重量轻，只有钢的1/3，虽然铝合金的力学性能远不如钢，但如果设计者把减轻重量放在性能要求的首位，最合适的就是铝合金。波音767亚声速飞机，所用材料的81%是由铝合金制成的，如图0-2所示；②有好的导热性和导电性，远距离输送电缆中多使用铝；③耐大气腐蚀，因此，在美国有25%的铝用来制作容器和包装品，20%的铝用作建筑结构，如门窗、框架、滑轨挡板等，还有10%的铝用作导电材料。钛合金的高温强度比铝合金好，也是金属材料中迄今发现的最好的耐蚀材料。但钛的价格比铝贵，在美国，钛合金主要用于航空、航天部门，在日本则主要用于化工设备和海洋开发方面。

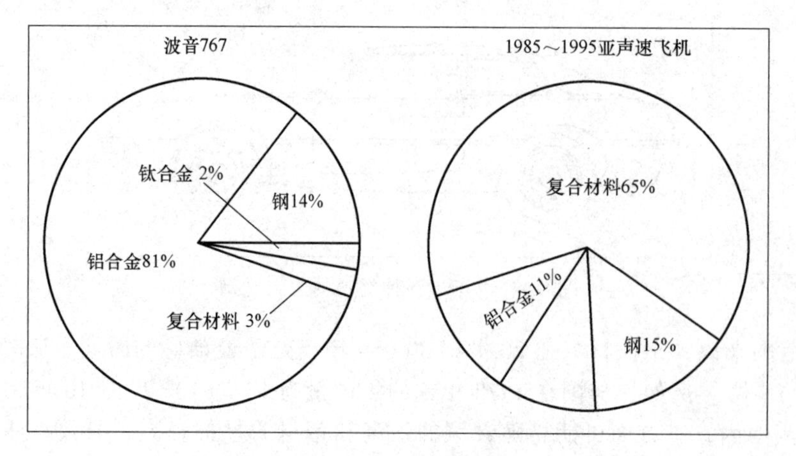

图0-2　波音767飞机所用的各种材料比例

2. 陶瓷材料

传统的陶瓷材料是由粘土、石英、长石等成分组成，主要作为建筑材料使用。而新型的结构陶瓷材料，其化学组成和制造工艺都大不相同，其成分主要是 Al_2O_3、SiC、Si_3N_4 等。这种新型结构陶瓷在性能上有许多优点，如：①重量轻；②压缩强度可以和金属相比，甚至超过金属；③熔点高，能耐高温；④耐磨性能好，硬度高；⑤化学稳定性高，有良好的耐蚀性；⑥是电与热的绝缘材料。但它也有两个严重的缺点，即容易脆断和不易加工成形。陶瓷若要大力发展，必须克服这两个缺点。

图 0-3 所示为先进结构陶瓷在航天飞机上的应用。航天飞机在进入太空或返回大气层时，要经受剧烈的温度变化，在几分钟内温度由室温改变到 1260℃，所以用陶瓷作为热绝缘材料，保护机体不受损伤，设计中用 SiO_2 纤维编织成 24000 个陶瓷片，覆盖了 70%的机体表面。

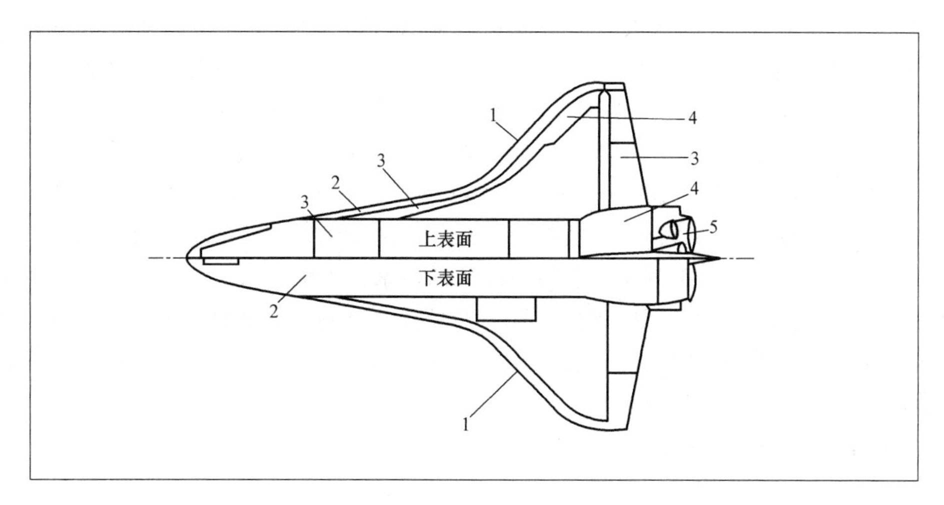

图 0-3　先进结构陶瓷在航天飞机上的应用

1—增强的碳-碳（RCC）　2—高温再用的表面绝缘材料（HRSI）　3—Nomex 涂层（Nomex）
4—低温再用的表面绝缘材料　5—金属或玻璃

在商业市场上，陶瓷材料目前主要应用在电子元件和敏感元件上。日本在电子陶瓷的应用方面已处于绝对优势；而美国则力争在先进结构陶瓷方面居于领先地位，目前正在研制用高温结构陶瓷如 Si_3N_4、SiC 来代替镍基高温合金的燃气轮机的叶片。

3. 高分子材料

高分子材料又称聚合物，按用途可分为塑料、合成纤维和橡胶三大类型，而塑料中通常又分为通用塑料和工程塑料。通用塑料主要用于制作薄膜、容器和包装用品，在塑料生产中占 70%，聚乙烯可看作它的代表，聚乙烯的产量占整个塑料生产的 35%。工程塑料主要是指力学性能较高的聚合物，抗拉强度应大于 50MPa，拉伸杨氏模量应大于 2500MPa，冲击韧度应大于 $5.88J\cdot cm^{-2}$。聚酰胺（PA）俗称尼龙（其大部分用作合成纤维），和聚碳酸酯（PC）是工程塑料的代表。由于聚合物有优良的电绝缘性能，聚碳酸酯常用作计算机的外壳、电子通信设备中的连接元件、接线板和控制按钮等。工程塑料中也有利用其特殊物理或化学性能的，如有机玻璃（PMMA）透光率达 92%（普通玻璃 82%），紫外线透过率为 73.5%（普通玻璃仅 0.6%），故适于制作飞机或汽车中的窗玻璃和厂房中的采光天窗等；

而聚四氟乙烯（PTFE）有极高的化学稳定性，能耐各种酸、碱甚至王水的腐蚀，并在-196~250℃时有稳定的力学性能。故常用于制作化工管道和泵零件。

4. 复合材料

金属、聚合物、陶瓷自身都各有其优点和缺点，如把两种材料结合在一起，发挥各自的长处，又可在一定程度上克服它们固有的弱点，这就产生了复合材料。现在的复合材料可分为三大类型：塑料基复合材料、金属基和陶瓷基复合材料。商业上用得最多的是塑料基复合材料。

因为玻璃纤维有高的弹性模量和强度，并且成本低，而塑料容易加工成型，所以，早在20世纪40年代末就产生了用玻璃纤维增强树脂的材料，俗称玻璃钢，这是第一代复合材料。在日本有42%的玻璃钢用于建筑，25%用于造船，日本有一半以上的渔船用玻璃钢制造；1981年美国通用汽车公司，用玻璃钢纤维增强环氧基体的材料制作汽车后桥的叶片弹簧，只用了一片质量为3.6kg的复合材料就代替了10片总质量为18.6kg的钢板弹簧。到20世纪70年代碳纤维增强塑料的第二代复合材料开始应用，这类材料在战斗机和直升机上使用量多，此外在体育娱乐方面，如高尔夫球棒、网球拍、划船桨等也多用此类材料制造。

金属基复合材料目前也应用在航天部门，如使用硼纤维增强铝基体的复合材料。美国的航天飞机整个机身桁架支柱均用B-Al复合材料管材，与原设计的铝合金桁架支柱相比，重量减轻44%。值得注意的是，20世纪80年代初，在民用汽车工业日本丰田汽车公司用SiC短纤维和Al_2O_3颗粒增强的铝基材料制造发动机的活塞，大大延长了寿命并降低了成本。

总的来说，复合材料虽然可实现材料性能的最佳结合或者具有显著的各向异性，但成本很高。现在除了碳纤维增强塑料的复合材料应用较多外，其他使用得较少，但作为先进的结构材料，这是个重点开发的领域。

5. 电子材料、光电子材料和超导材料

(1) 电子材料　指在电子学和微电子学中使用的材料，主要包括半导体材料、介电功能材料和磁性材料等。

现在，以硅材料为中心的半导体集成电路已进入超大规模集成的时代。随着集成度的增加，对单晶硅的要求越来越高，如早期的256K的超大规模集成电路的宽度只有1~2μm，任何一个微小缺陷都会造成废品。当前，CPU芯片则已由14nm制程向7nm制程发展，单晶硅向着大直径、高纯度、高均匀度和高完整度方向发展。目前，科学家也正在致力于半导体砷化镓的实用研究。砷化镓可能成为继硅之后的第二种最重要的半导体材料，用它制作的集成电路电耗小、电子迁移速度高、工作温度宽，用这样的晶体管可以制造出速度更快、功能更强的计算机。

在介电功能材料中，制造各类传感器的敏感材料和构成大型集成电路多层封装结构的电子陶瓷薄膜是重要的研究方向。

磁性材料主要用于信息的储存、声频和视频信号的记录、微波通信以及在各种电动机中的永久磁铁。在这些应用中，用量最大的是磁记录，如计算机中的磁盘磁带。Nb-Fe-B合金作为第三代永磁材料，价格便宜、体积小、重量轻，磁能积$(BH)_{max}$可达$400kJ/m^3$，在电动机、打印机中都很有市场。

(2) 光电子材料　有人估计，今天光电子技术给世界带来的影响不亚于30多年前将晶体管用于计算机的影响。现在的光纤通信就是用半导体激光器作光源、将电信号变为光信号，传输介质是超高纯、低损耗的光学玻璃纤维，再由接收元件恢复为电信号，使受话机发出声音。光纤不仅可远距离传输信息，而且可用于医疗、遥感、遥测技术。

（3）超导材料　大多数科学家相信，在今后10年或更长一段时间内，高温超导的研究和应用开发会有巨大进展。其中，大电流应用和电子学应用将有实质性的突破，这必将为国民经济和国防建设等带来巨大的效益。对于超导材料输电，我国目前约有15%的电能损耗在输电线路上，每年要损失900多亿kWh，这无疑是极为可观的数字。

超导材料指在临界温度下具有零电阻特性的材料，它在一定的条件下具有常规导体完全不具备的电磁特性，因而在电气与电子工程领域具有广泛的应用价值。经历了100多年的研究，已经发现了多达数万种超导体。按照超导体的临界温度，可以将超导体分为低温超导体和高温超导体，探索出更高临界温度及至室温的超导体是人类不断追求的梦想。

低温超导材料主要包括NbTi、Nb3Sn、Nb3Al等。2006年，我国加入了国际热核聚变实验堆（ITER）计划，从而使我国低温超导材料的发展迎来了前所未有的机遇。西部超导材料科技有限公司是国内极少的低温超导线材产业化公司，承担低温超导线的生产任务，其产品得到了国际同行的高度评价，总体上达到了国际先进水平。ITER项目极大推动了我国低温超导材料的发展，也为我国自主开发MRI、加速器和核聚变磁体提供了超导材料供应的保障。

高温超导材料有Bi系高温超导材料、Y系高温超导材料和铁基超导材料等。从应用角度看，铁基超导体具有临界温度较高（T_c最高可达55K）。中国科学院电工研究所在高性能铁基超导材料的研制中一直走在世界前列。2014年，中国科学院电工研究所首次将铁基超导线带材的临界电流密度提高到$105A/cm^2$（4.2K，10T），达到实用化水平，2016年成功制备出长度达到115m的7芯铁基百米长线。

（4）生物材料（Biomaterials）　生物材料是用于与生命系统接触和发生相互作用的，并能对其细胞、组织和器官进行诊断治疗、替换修复或诱导再生的一类天然或人工合成的特殊功能材料，又称生物医用材料。生物材料是材料科学领域中正在发展的多种学科相互交叉渗透的领域，其研究内容涉及材料科学、生命科学、化学、生物学、解剖学、病理学、临床医学、药物学等学科，同时还涉及工程技术和管理科学的范畴。

生物材料包括金属材料（如碱金属及其合金等）、无机材料（生物活性陶瓷等）和有机材料三大类。较优秀的生物医用金属材料有医用不锈钢、钴基合金、钛及钛合金、镍钛形状记忆合金、金银等贵重金属、银汞合金、钽、铌等金属和合金。生物医用高分子按应用对象和材料物理性能可分为软组织材料、硬组织材料和生物降解材料，其可满足人体组织器官的部分要求，因而在医学上受到广泛重视。已有数十种高分子材料适用于人体的植入材料。软组织材料有聚乙烯膜、聚四氟乙烯膜、硅橡胶膜和管，可用于制造人工肺、肾、心脏、喉头、气管、胆管、角膜。聚酯纤维可用于制造血管、腹膜等。硬组织材料有丙烯酸高分子（即骨水泥）、聚碳酸醋、超高分子量聚乙烯、聚甲基丙烯酸甲酯（PMMA）、尼龙、硅橡胶等可用于制造人工骨和人工关节。而脂肪族聚酯具有生物降解特性，已用于可接收性手术缝线。生物无机材料主要包括生物陶瓷、生物玻璃和医用碳素材料。生物活性陶瓷中应用最多的是羟基磷灰石（Hydroxyapatite，简称HA或HAP）。羟基磷灰石是人体和动物骨骼的主要无机成分，对于羟基磷灰石材料的研究成了国内外生物医用材料领域的主要课题之一。羟基磷灰石具有良好的生物相容性，植入体内不仅安全、无毒，还具有一定的骨传导性。另一种广泛应用的是生物降解陶瓷为β-磷酸三钙（简称β-TCP），最大优势就是生物相容性好，植入机体后与骨直接融合，无任何局部炎性反应及全身毒副作用。生物材料植入人体后，会对局部组织和全身产生作用和影响，主要包括局部的组织反应和全身的免疫反应。这也是生物材料研究应用的重要方面。

三、材料性能与内部结构的关系

在上述三种基本类型材料中，金属有良好的导电性，有高的塑性与韧性；陶瓷材料则有高的硬度但脆性较低，且大多是电的绝缘材料；而高分子材料的弹性模量、强度、塑性都很低，多数也是不导电的。这些材料的不同性能都是由其内部结构决定的。从材料的内部结构来看，可分为四个层次：原子结构、结合键、原子的排列方式（晶体和非晶体）以及显微组织。在讨论材料结构对性能的影响时应包含这四个方面，材料中存在结构缺陷的影响也属于此范围。

例如由于结合键的不同，性能也不同。如金属键结合的材料，内部有大量自由运动的电子，导致金属良好的导电性，在变形时也不会破坏键的结合，故有好的塑性。而共价键结合的材料，电子被束缚而不能自由运动，所以通常是不导电的，只有在温度较高并加入一些杂质元素时才能形成半导体。共价键结合力很强且有方向性，变形时要破坏局部的键结合，因此这类材料硬度高但很脆。以金属键结合的原子排列很紧密，形成的晶体结构也较简单，故金属的密度高；而以共价键结合的原子排列不够紧密，形成的晶体结构也较复杂，故共价晶体陶瓷的密度低。结合键对材料的性能、原子排列方式都有重要影响，但结合键又是受原子结构影响的，只有容易失去电子的元素才能形成金属键，而在元素周期表中第Ⅳ族（C、Si、Ge）及第Ⅲ～Ⅴ族元素（如Ga～As），最易共价结合成稳定的电子态。原子结构除了影响键结合方式外，对材料的电、磁、光、热等物理性能也有重要影响。例如，为什么导电性很好的Cu、Ag、Au金属不具有铁磁性，而只有少数过渡族元素Fe、Co、Ni和稀土元素钆（Gd）才具有铁磁性？这也取决于材料的内层电子结构。

材料的性能取决于其组织结构，而当代量子力学和分子力学的发展，及其与飞速发展的计算机技术结合，可根据预定性能设计新材料，优化其结构，使得新材料的研发由传统的实验室试错研究向科学的计算机设计计算与优化方式转移。

目前材料的计算与设计已发展成为一门独立的学科，即计算材料学。它综合了材料科学、计算机科学、数学、物理、化学及机械工程等众多学科的科学内容和技术手段，将材料科学所包含的科学信息有效地提取出来进行定量的分析和描述，通过理论计算来探索材料的成分、结构、工艺与性能之间的关系，实现对研制具有特定性能的新材料的指导。数值计算与模拟如今几乎渗透到了材料科学与工程的各个方面，而第一性原理和分子动力学在电子和原子尺度上可以对材料的结构与性能进行设计计算。

组织是指用金相观察方法观察材料内部时看到的涉及晶体或晶粒大小、方向、形状排列状况等组成关系的组成物。例如，图0-4所示为低碳钢的光学显微组织。可以看到两种组织：一种为铁素体，另一种为珠光体。材料的热处理和热加工可以显著地改变组织，而材料的力学性能（如强度、塑性）对组织的变化尤为敏感。

四、材料的制备与加工工艺对性能的影响

材料的性能取决于内部结构，只有改变了材料的内部结构才能达到改变或控制材料性能

的目的，而材料的制备和加工工艺对材料的性能起着决定性作用。

比如，在现代化的钢铁生产中，一个300t的大型氧气顶吹转炉，在30min内就完成了冶炼任务。通过计算机控制，能够精确地调整炉内钢液成分，再隔40min就可连续浇注，连续轧制成一定尺寸的合格钢材。钢的冶炼、浇注和轧制都是影响钢材质量的重要工艺过程。而钢厂生产的钢坯供应给机械厂后，要经过自由锻或在模具中热压加工成形、切削加工和热处理后，生产出性能符合要求的零件。这其中热处理和表面处理是影响材料性能最重要的一环。

图0-4　低碳钢的显微组织

单就金属材料由液态变为固态的凝固过程来说，就发展出许多能改进材料性能的工艺，它们在生产中有重要应用。例如，图0-5所示为航空发动机的构造，空气先经过压缩机增压后进入燃烧室，混合燃烧后的燃气推动燃气轮机的叶片，燃气轮机叶片的工作温度很高（温度越高，热效率越高），现一般用镍基高温合金（$w_{Ni}\approx60\%$，w_W、w_{Cr}、w_{Co}约为10%，w_{Al}约为4%，其余为Mo等）。由于叶片形状复杂，通常用熔模铸造（失蜡铸造），如果用通常凝固的办法，生产出的叶片组织是由许多任意取向的小晶体组成的，如果改用定向凝固技术，将生成许多沿一定方向（该方向和外力平行）生长的柱状晶，这可使材料的高温强度提高很多，而最好的办法则是使合金凝固时整个叶片只形成一个晶体，即单晶，这可使叶

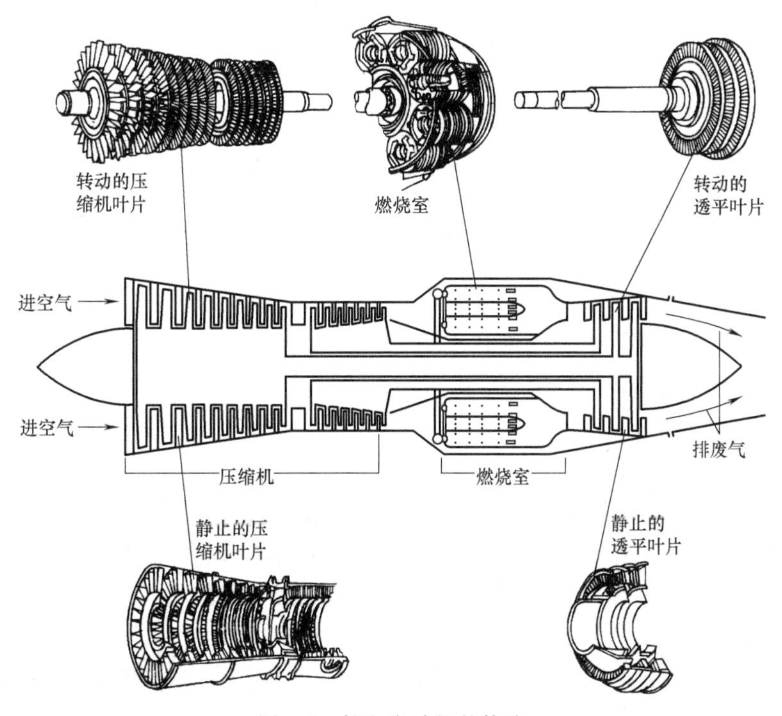

图0-5　航空发动机的构造

片的工作温度达到1100℃。当叶片的合金凝固组织由任意取向的小晶体改变至单晶时，工作温度可由850℃提高到1100℃，已知镍合金的熔点只有1450℃左右。再如，金属以一般的冷却速度凝固后均形成晶体，但如快速凝固则可形成非晶态，由于没有晶体缺陷，可以得到磁导率极高的软磁材料。当制作变压器铁心时，其铁耗（磁滞损耗和涡流损耗）只有硅钢片的1/3。现美国已投入数万吨级的薄片和薄带的非晶软磁材料，据悉，1985年美通用电器公司采用$Fe_{82}B_{10}Si_8$制造了1000台25kV·A的变压器。

再如，钛合金的塑性较差，不易加工成形，特别是制造形状复杂的零件，如果钛合金经热处理后成极细的组织，可实现所谓的“超塑性成形”，这时钛合金就像经加热的玻璃一样(玻璃在热态可以制成管子、各种器皿)，变柔软而可以随意加工成某种形状。

研究各种材料的制备与加工工艺是材料工程类各专业的任务。研制与开发一种新材料，不能限于在实验室内获得了成功，然而，要能够用于生产，投入市场。当今，Si_3N_4、SiC等结构陶瓷材料已获得了充分的数据，证明是可以代替镍基高温合金的，但在脆性、加工成形和成本上还有一定障碍，而克服这些障碍的关键，是改进材料的制备与加工方法。

金属材料加工成形是获取零件常用的工艺技术。除车、磨、刨、铣等直接减材加工成形工艺外，还有利用金属液固转变的铸造工艺、焊接工艺和目前3D打印成形制造工艺，以及利用材料塑性变形能力来成形的冲压、轧制、挤压、拉拔和锻造等金属体积成形工艺。金属体积成形过程中，坯料发生剧烈塑性变形并且伴随温度变化，导致组织发生变化对材料性能带来巨大影响。传统的金属体积成形工艺采用试错方法，经优化后确定工艺参数，这样会耗费大量的人力、物力和财力，而且需要很长的时间来完成，周期长。随着有限元技术的不断发展，人们开始采用数值模拟仿真计算的方法来分析金属体积成形过程，这样可以方便地预测金属的流动规律，计算成形所需的载荷，还可以模拟体积成形过程中有可能出现的折叠、充填不足、流线紊乱甚至开裂等缺陷，成为优化成形工艺参数的重要方法。目前除通用的ANSYS软件外，更为专业的abaqus和Marc两种有限元软件均可以用来对金属塑性成形进行变形应力与温度场的耦合仿真模拟计算。至于金属的铸造、焊接过程以及3D快速成形，主要涉及温度场的仿真模拟计算，也可使用上述两款专业软件，如若同时计算过程中的流场和传质，则多物理场仿真计算软件COMSOL则是更好的选择。

五、什么是材料科学

材料科学是研究各种材料的结构、制备加工工艺与性能之间关系的科学。这一关系可用一四面体表示，如图0-6所示。四面体的各顶点为成分/组织结构、制备合成与加工工艺、材料的固有性能和使用或服役性能。

所谓成分/组织结构，表示材料结构所包含的四个层次：原子结构、结合键、原子排列方式（晶体与非晶体）和组织。

材料的制备合成/加工工艺，其方法和对性能的影响随材料种类的不同而异。

材料的固有性能，包括材料本身所具有的物理性能（电、磁、光、热等性能）、化学性能（如抗氧化和耐腐蚀、聚合物的降解等）和力学性能（如强度、塑性、韧性等）。

材料的使用或服役性能，是把材料的固有性能和产品设计、工程应用能力联系起来，度量材料使用性能的指标是寿命、速度、能量利用率、安全可靠程度和成本等综合因素，在利用物理性能时包括能量转换效率、灵敏度等。

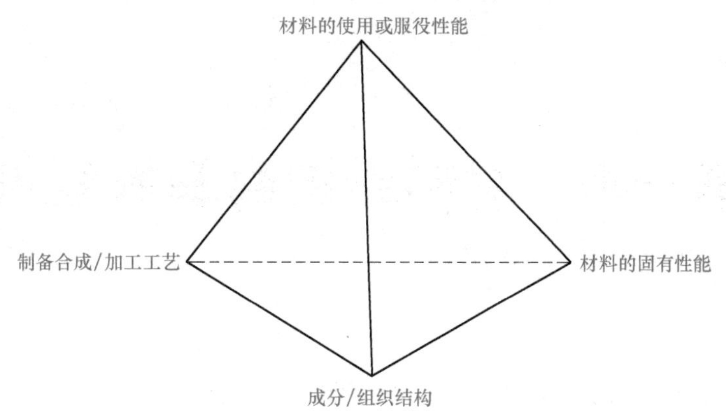

图 0-6　材料科学与工程四要素

材料科学用这四个要素来表达，说明它不仅着眼于基础理论的研究，并且也考虑了实际应用，因此提出了材料的使用性能。这一关系的表达最早用于金属材料，证明它也同样适用于其他材料。在各种材料中，金属使用得最早也最多，金属的基础理论也最成熟，有关研究金属的思路和方法甚至一些理论，也正在移植或渗透到其他学科中去。

参考文献

[1] ANDREW BRIGGS. The Science of New Materials [M]. Oxford: Blackwell, 1992.

[2] NATIONAL RESEARCH COUNCIL. Committee on Materials Science and Engineering Materials Science and Engineering for the 1995s [M]. Washington D C: National Academy Press, 1989.

[3] SMITH WF. Principles of Materials Science and Engineering [M]. New York: McGraw-Hill Inc, 1995.

[4] 李成功，姚熹，等. 当代社会经济的先导——新材料 [M]. 北京：新华出版社，1992.

[5] 国家自然科学基金委员会. 金属材料科学 [M]. 北京：科学出版社，1995.

[6] MARTIN, RICHARD M. Electronic Structure Basic Theory and Practical Methods [M]. Cambridge: Cambridge University Press, 2004.

[7] 李正中. 固体理论 [M]. 北京：高等教育出版社，2002.

[8] 马文淦. 计算物理学 [M]. 北京：科学出版社，2006.

[9] V KUMAR, R SANTOSH, S CHANDRA. First-principle calculations of structural, electronic, optical and thermal properties of hydrogenated grapheme [J]. Materials Science and Engineering: B, 2017 (226): 64-71.

第一章　材料结构的基本知识

不同的材料具有不同的性能，同一材料经不同加工工艺后也会有不同的性能，这些都归结于内部结构的不同。深入理解结构的形成以及结构与成分、加工工艺之间的关系是本门课程的重点。本章先对“结构”的基本知识作初步介绍。结构的含义很丰富，大致可分为四个层次：原子结构、原子结合键、材料中原子的排列以及晶体材料的显微组织，这四个层次的结构从不同方面影响着材料的性能。

第一节　原子结构

一、原子的电子排列

原子可以看成由原子核及分布在原子核周围的电子所组成。原子核内有中子和质子，原子核的体积很小，却集中了原子的绝大部分质量。电子绕着原子核在一定的轨道上旋转，它们的质量虽可忽略，但电子的分布却是原子结构中最重要的因素，它不仅决定了单个原子的行为，也对工程材料内部原子的结合以及材料的某些性能起着决定性作用，本节介绍的原子结构主要指电子的排列方式。

量子力学的研究发现，电子的旋转轨道不是任意的，它确切的途径也无法测定，薛定谔方程成功地解决了电子在原子核外运动状态的变化规律，方程中引入了波函数的概念，以取代经典物理中圆形的固定轨道，解得的波函数（习惯上又称原子轨道）描述了电子在原子核外空间各处位置出现的概率，相当于给出了电子运动的“轨道”。这一轨道由四个量子数确定，它们分别为主量子数、次量子数、磁量子数以及自旋量子数。四个量子数中最重要的是主量子数 n（1、2、3、4…）它是确定电子离原子核远近和能级高低的主要参数。在紧邻原子核的第一壳层上，电子的主量子数 $n=1$，而 $n=2$、3、4 分别代表电子处于第二、三、四壳层。随着 n 的增加，电子能量依次增加。在同一壳层上的电子，又可依据次量子数 l 分成若干个能量水平不同的亚壳层，$l=0$、1、2、3…，这些亚壳层习惯上以 s、p、d、f[㊀] 表示。量子轨道并不一定总是球形的，次量子数反映了轨道的形状，s、p、d、f 各轨道在原子核周围的角度分布不同，故又称角量子数或轨道量子数（全名为轨道角动量量子数）。次量子数也影响着轨道的能级，n 相同而 l 不同的轨道，它们的能级也不同，能量水平按 s、p、

㊀ 字母 s、p、d 和 f 是根据四个亚壳层的光谱线特征而得的：sharp（敏锐的）、principal（主要的）、diffuse（漫散的）、fundamental（基本的）。

d、f顺序依次升高。各壳层上亚壳层的数目因主量子数的不同而有所差异，见表1-1，第1壳层只有一个亚壳层s，第二壳层有两个亚壳层s、p；而第三壳层则有s、p、d三个亚壳层；第四壳层上可以有s、p、d、f四个亚壳层。磁量子数以m表示，$m=0$、±1、±2、±3 …，它基本上确定了轨道的空间取向，s、p、d、f各轨道依次有1、3、5、7种空间取向。在没有外磁场的情况下，处于同一亚壳层，而空间取向不同的电子具有相同的能量，但是在外加磁场下，这些不同空间取向轨道的能量会略有差别。第四个量子数——自旋量子数（全名为自旋角动量量子数）$m_s=+\frac{1}{2}$或$-\frac{1}{2}$，表示在每个状态下可以存在自旋方向相反的两个电子，这两个电子也只是在磁场下才具有略为不同的能量，于是，在s、p、d、f的各个亚壳层中，可以容纳的最大电子数分别为2、6、10、14。表1-1给出了由四个量子数所确定的各壳层及亚壳层中的电子状态。由表1-1可见：各壳层能够容纳的电子总数分别为2、8、18、32，即$2n^2$。

表1-1　各电子壳层及亚壳层的电子状态

主量子数 壳层序号	次量子数 亚壳层状态	磁量子数规定 的状态数目	考虑自旋量子数后 的状态数目	各壳层 总电子数
1	1s	1	2	$2(=2\times1^2)$
2	2s 2p	1 3	2 6	$8(=2\times2^2)$
3	3s 3p 3d	1 3 5	2 6 10	$18(=2\times3^2)$
4	4s 4p 4d 4f	1 3 5 7	2 6 10 14	$32(=2\times4^2)$

原子核外电子的分布与四个量子数有关，且服从下述两个基本原理：

（1）泡利不相容原理　一个原子中不可能存在四个量子数完全相同的两个电子。

（2）最低能量原理　电子总是优先占据能量低的轨道，使系统处于最低的能量状态。

依据上述原理，电子从低的能量水平至高的能量水平，依次排列在不同的量子状态下。决定电子能量水平的主要因素是主量子数和次量子数，各个主壳层及亚壳层的能量水平在图1-1中可示意画出。由图1-1可见，电子能量随主量子数n的增加而升高，同一壳层内/各亚壳层的能量按s、p、d、f次序依次升高。值得注意的是，相邻壳层的能量范围有重叠，例如：4s的能量水平反而低于3d；5s的能量水平也低于4d、4f，这样，电子填充时有可能出现内层尚未填满前就先进入外壳层的情况。

例1-1　试根据电子从低能到高能，依次排列在不同量子态的原理，写出原子序数为11的钠（Na）原子以及原子序数为20的钙（Ca）原子中的电子排列方式。

解：钠原子的原子序数为11，有11个电子，电子首先进入能量最低的第一壳层，它只有s态一个亚壳层，可容纳2个电子，电子状态记作$1s^2$；然后逐渐填入能量稍高的2s、2p，分别容纳2个和6个电子，记作$2s^2$、$2p^6$；第11个电子便进入第三壳层的s态，所以钠原子的电子排列记作$1s^22s^22p^63s^1$。

钙原子有 20 个电子，当电子填入第三壳层 s 态和 p 态后仍有 2 个剩余电子，根据图 1-1，4s 态能量低于 3d 态，所以这两个剩余电子不是填入 3d，而是进入新的外壳层上的 4s 态，所以钙原子的电子排列可记作 $1s^2 2s^2 2p^6 3s^2 3p^6 4s^2$。

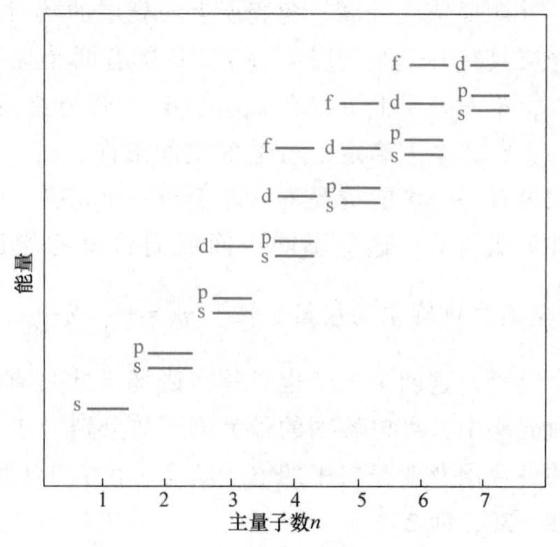

图 1-1　电子能量水平随主量子数和次量子数的变化情况

根据量子力学，各个壳层的 s 态和 p 态中电子的充满程度对该壳层的能量水平起着重要的作用，一旦壳层的 s 态和 p 态被填满，该壳层的能量便落入十分低的值，使电子处于极为稳定的状态。如原子序数为 2 的氦，其 2 个电子将第一壳层的 s 态充满；原子序数为 10 的氖，其电子排列为 $1s^2 2s^2 2p^6$，外壳层的 s 态、p 态均被充满；还有原子序数为 18 的氩，电子排列为 $1s^2 2s^2 2p^6 3s^2 3p^6$，最外壳层的 s 态、p 态也被充满。这些元素的电子极为稳定，化学性质表现为惰性，故称惰性元素。另一方面，如果最外壳层上的 s 态、p 态电子没有充满，这些电子的能量较高，与原子核结合较弱，很活泼，这些电子称为价电子。原子的价电子极为重要，它们直接参与原子间的结合，可对材料的物理性能和化学性能产生重要影响。

二、元素周期表及性能的周期性变化

早在 1869 年，俄国化学家门捷列夫已发现了元素性质是按原子相对质量的增加而呈周期性的变化，这一重要规律称为原子周期律。在了解原子结构以后，才认识到这一周期性质的内部原因正是由于原子核外电子的排列是随原子序数的增加呈现了周期性的变化。把所有元素按相对原子质量及电子分布方式排列成的表称为元素周期表，如图 1-2 所示。元素周期表从根本上揭示了自然界物质的内在联系，反映了物质世界的统一性和规律性。表中水平各排称为周期，共七个周期。周期的开始对应着电子进入新的壳层（或新的主量子数），而周期的结束对应着该主量子数的 s 态和 p 态已充满。第一周期的主量子数 $n=1$，只有 1 个亚壳层 s 态，能容纳自旋方向相反的一对电子，故该周期只有两个元素，原子序数分别为 1、2，即氢和氦，它们的电子状态可分别记作 $1s^1$、$1s^2$。第二周期（主量子数 $n=2$）有 2 个亚壳层 s、p，其中 s 态能容纳一对电子，p 态能容纳三对自旋方向相反的电子，全部充满后共有八个电子，分别对应于第二周期的八个元素，它们的原子序数 Z 为 3~10。对于 $n=3$ 的第三周期，它有三个亚壳层，其中 3s、3p 共容纳 8 个电子，按计算 3d 态可再容纳 $5 \times 2=10$ 个电子，然而由于 4s 的轨道能量低于 3d，因此当 3s、3p 态充满后，接着的电子不是进入 3d，而是填入新的主壳层（$n=4$），因而建立了第四周期，这样第三周期仍是八个元素。在第四周期中，电子先进入 4s 态，接着填入内壳层 3d，当 3d 的 10 个位置被占据后，再填入外壳层 4p 态的六个位置。下一个电子就应进入第五壳层，从图 1-1 可知，第五周期的电子排列方式同第四周期相同，按 5s→4d→5p 的顺序排列，所以第四、五周期均为 18 个元素，称为长周期。到此为止，4f 态的电子尚未填入，因为 4f 态的能量比 5s、5p 和 6s 各状态的高。第

元素周期表

Periodic Table of the Elements

原子序数 — 1；元素符号 — H；元素中文名称 — 氢；元素英文名称 — hydrogen；惯用原子量 — 1.008；标准原子量 — [1.0078, 1.0082]

IA	IIA	IIIB	IVB	VB	VIB	VIIB	VIIIB	VIIIB	VIIIB	IB	IIB	IIIA	IVA	VA	VIA	VIIA	VIIIA
1 H 氢 hydrogen 1.008 [1.0078, 1.0082]																	2 He 氦 helium 4.0026
3 Li 锂 lithium 6.94 [6.938, 6.997]	4 Be 铍 beryllium 9.0122											5 B 硼 boron 10.81 [10.806, 10.821]	6 C 碳 carbon 12.011 [12.009, 12.012]	7 N 氮 nitrogen 14.007 [14.006, 14.008]	8 O 氧 oxygen 15.999 [15.999, 16.000]	9 F 氟 fluorine 18.998	10 Ne 氖 neon 20.180
11 Na 钠 sodium 22.990	12 Mg 镁 magnesium 24.305 [24.304, 24.307]											13 Al 铝 aluminium 26.982	14 Si 硅 silicon 28.085 [28.084, 28.086]	15 P 磷 phosphorus 30.974	16 S 硫 sulfur 32.06 [32.059, 32.076]	17 Cl 氯 chlorine 35.45 [35.446, 35.457]	18 Ar 氩 argon 39.95 [39.792, 39.963]
19 K 钾 potassium 39.098	20 Ca 钙 calcium 40.078(4)	21 Sc 钪 scandium 44.956	22 Ti 钛 titanium 47.867	23 V 钒 vanadium 50.942	24 Cr 铬 chromium 51.996	25 Mn 锰 manganese 54.938	26 Fe 铁 iron 55.845(2)	27 Co 钴 cobalt 58.933	28 Ni 镍 nickel 58.693	29 Cu 铜 copper 63.546(3)	30 Zn 锌 zinc 65.38(2)	31 Ga 镓 gallium 69.723	32 Ge 锗 germanium 72.630(8)	33 As 砷 arsenic 74.922	34 Se 硒 selenium 78.971(8)	35 Br 溴 bromine 79.904 [79.901, 79.907]	36 Kr 氪 krypton 83.798(2)
37 Rb 铷 rubidium 85.468	38 Sr 锶 strontium 87.62	39 Y 钇 yttrium 88.906	40 Zr 锆 zirconium 91.224(2)	41 Nb 铌 niobium 92.906	42 Mo 钼 molybdenum 95.95	43 Tc 锝 technetium	44 Ru 钌 ruthenium 101.07(2)	45 Rh 铑 rhodium 102.91	46 Pd 钯 palladium 106.42	47 Ag 银 silver 107.87	48 Cd 镉 cadmium 112.41	49 In 铟 indium 114.82	50 Sn 锡 tin 118.71	51 Sb 锑 antimony 121.76	52 Te 碲 tellurium 127.60(3)	53 I 碘 iodine 126.90	54 Xe 氙 xenon 131.29
55 Cs 铯 caesium 132.91	56 Ba 钡 barium 137.33	57-71 镧系 lanthanoids	72 Hf 铪 hafnium 178.49(2)	73 Ta 钽 tantalum 180.95	74 W 钨 tungsten 183.84	75 Re 铼 rhenium 186.21	76 Os 锇 osmium 190.23(3)	77 Ir 铱 iridium 192.22	78 Pt 铂 platinum 195.08	79 Au 金 gold 196.97	80 Hg 汞 mercury 200.59	81 Tl 铊 thallium 204.38 [204.38, 204.39]	82 Pb 铅 lead 207.2	83 Bi 铋 bismuth 208.98	84 Po 钋 polonium	85 At 砹 astatine	86 Rn 氡 radon
87 Fr 钫 francium	88 Ra 镭 radium	89-103 锕系 actinoids	104 Rf 𬬻 rutherfordium	105 Db 𬭊 dubnium	106 Sg 𬭳 seaborgium	107 Bh 𬭛 bohrium	108 Hs 𬭶 hassium	109 Mt 鿏 meitnerium	110 Ds 𫟼 darmstadtium	111 Rg 𬬭 roentgenium	112 Cn 鿔 copernicium	113 Nh 鿭 nihonium	114 Fl 𫓧 flerovium	115 Mc 镆 moscovium	116 Lv 𫟷 livermorium	117 Ts 鿬 tennessine	118 Og 鿫 oganesson

57 La 镧 lanthanum 138.91	58 Ce 铈 cerium 140.12	59 Pr 镨 praseodymium 140.91	60 Nd 钕 neodymium 144.24	61 Pm 钷 promethium	62 Sm 钐 samarium 150.36(2)	63 Eu 铕 europium 151.96	64 Gd 钆 gadolinium 157.25(3)	65 Tb 铽 terbium 158.93	66 Dy 镝 dysprosium 162.50	67 Ho 钬 holmium 164.93	68 Er 铒 erbium 167.26	69 Tm 铥 thulium 168.93	70 Yb 镱 ytterbium 173.05	71 Lu 镥 lutetium 174.97
89 Ac 锕 actinium	90 Th 钍 thorium 232.04	91 Pa 镤 protactinium 231.04	92 U 铀 uranium 238.03	93 Np 镎 neptunium	94 Pu 钚 plutonium	95 Am 镅 americium	96 Cm 锔 curium	97 Bk 锫 berkelium	98 Cf 锎 californium	99 Es 锿 einsteinium	100 Fm 镄 fermium	101 Md 钔 mendelevium	102 No 锘 nobelium	103 Lr 铹 lawrencium

图 1-2 元素周期表

六周期开始，情况更复杂了，电子要填充二个内壳层4f和5d，在填满6s态后，电子先依次填入远离外壳层的4f态14个位置，在此过程中，外面两个壳层上的电子分布没有变化，而确定化学性能的正是外壳层的电子分布，因此这些元素具有几乎相同的化学性能，成为一组化学元素而进入周期表的一格，它们的原子序数 $Z=57\sim71$，通常称为镧系稀土族元素。其后的元素再填充5d、6p直至7s，故第六周期包括了原子序数为55~86的32个元素。第七周期的情况，存在着类似于镧系元素的锕系，它们对应于电子填充5f态的各个元素。

周期表上竖的各列称为族，同一族元素具有相同的外壳层电子数，周期表两侧的各族ⅠA、ⅡA、ⅢA、…、ⅦA分别对应于外壳层价电子数为1、2、3、…、7的情况，所以同一族元素具有非常相似的化学性能。例如，ⅠA族的Li、Na、K等都具有一个价电子，很容易失去价电子成为1价的正离子，因此化学性质非常活泼，都能与ⅦA族元素氟、氯形成相似的氟化物和氯化物。最右边的0族元素，它们的外壳层s、p态均已充满，电子能量很低，十分稳定，不易形成离子，不能参与化学反应，是不活泼元素，在常温下原子不会形成凝聚态，故以气体形式存在，称为惰性气体。

周期表中部的ⅢB~ⅧB对应着内壳层电子逐渐填充的过程，把这些内壳层未填满的元素称为过渡元素，由于外壳层电子状态没有改变，都只有1~2个价电子，这些元素都有典型的金属性。与ⅧB族相邻的ⅠB、ⅡB族元素，外壳层价电子数分别为1和2，这点与ⅠA、ⅡA族相似，但ⅠA、ⅡA族的内壳层电子尚未填满，而ⅠB、ⅡB族内壳层已填满，因此ⅠB、ⅡB族元素在化学性能上的表现不如ⅠA、ⅡA族活泼。如ⅠA族的钾（K）的电子排列为 $\cdots3p^6 4s^1$，而同周期的ⅠB族Cu，其电子排列为 $\cdots3p^6 3d^{10} 4s^1$，两者相比，钾的化学性能更活泼，更容易失去电子，电负性更弱。

从上面对元素周期表的构成以及各族元素的共性所作的分析不难得出，各个元素所表现的行为或性质一定会呈现同样的周期性变化，因为原子结构从根本上决定了原子间的结合键，从而影响元素的性质。实验数据已证实了这一点，不论是决定化学性质的电负性，还是元素的物理性质（熔点、线胀系数）及元素晶体的原子半径都符合周期性变化规律。表1-2给出了电负性数据的周期变化，电负性是用来衡量原子吸引电子的能力的参数。电负性越强，吸引电子的能力越强，数值越大，在同一周期内，自左至右电负性逐渐增大，在同一族内自上至下电负性数据逐渐减小。这一规律将有助于理解材料的原子结合及晶体结构类型的变化。

表1-2　元素的电负性（鲍林）

元素	H																
电负性	2.10																
元素	Li	Be											B	C	N	O	F
电负性	0.98	1.57											2.04	2.55	3.04	3.44	3.98
元素	Na	Mg											Al	Si	P	S	Cl
电负性	0.93	1.31											1.61	1.90	2.19	2.58	3.16
元素	K	Ca	Sc	Ti	V	Cr	Mn	Fe	Co	Ni	Cu	Zn	Ga	Ge	As	Se	Br
电负性	0.82	1.00	1.36	1.54	1.63	1.66	1.55	1.83	1.88	1.91	1.90	1.65	1.81	2.01	2.18	2.55	2.96
元素	Rb	Sr	Y	Zr	Nb	Mo	Tc	Ru	Rh	Pd	Ag	Cd	In	Sn	Sb	Te	I
电负性	0.82	0.95	1.22	1.33		2.16			2.28	2.20	1.93	1.69	1.78	1.96	2.05		2.66
元素	Cs	Ba	La	Hf	Ta	W	Re	Os	Ir	Pt	Au	Hg	Tl	Pb	Bi	Po	At
电负性	0.79	0.89	1.10			2.36			2.20	2.28	2.54	2.00	2.04	2.33	2.02		

第二节 原子结合键

通常把材料的液态和固态称为凝聚态。在凝聚态下，原子间距离十分接近，便产生了原子间的作用力，使原子结合在一起，或者说形成了键。材料的许多性能在很大程度上取决于原子结合键。根据结合力的强弱可把结合键分成两大类：

一次键——结合力较强，包括离子键、共价键和金属键。

二次键——结合力较弱，包括范德瓦耳斯键和氢键。

一、一次键

1. 离子键

金属元素特别是ⅠA、ⅡA族金属在满壳层外面有少数价电子，它们很容易逸出；ⅥA、ⅦA族的非金属原子的外壳层只缺少1~2个电子便成为稳定的电子结构。当两类原子结合时，金属原子的外层电子很可能转移至非金属原子外壳层上，使两者都得到稳定的电子结构，从而降低了体系的能量，此时金属原子和非金属原子分别形成正离子与负离子，正、负离子相互吸引，使原子结合在一起，这就是离子键。

氯化钠是典型的离子键结合，钠原子将其3s态电子转移至氯原子的3d态上，这样两者都达到稳定的电子结构，正的钠离子与负的氯离子相互吸引，稳定地结合在一起（图1-3）。MgO是重要的工程陶瓷，也是以离子键结合的，金属镁原子有两个价电子转移至氧原子上。此外，如Mg_2Si、CuO、CrO_2、MoF_2等也是以离子键结合为主的。

2. 共价键

价电子数为4或5个的ⅣA、ⅤA族元素，离子化比较困难，例如，ⅣA族的碳有四个价电子，借失去这些电子而达到稳态结构所需的能量很高，因此不易实现离子键结合。在这种情况下，相邻原子间可以共同组成一个新的电子轨道，两个原子中各有一个电子共用，利用共享电子对来达到稳定的电子结构。金刚石是共价键结合的典型，图1-4所示为它的结合情况，碳的四个价电子分别与其周围的四个碳原子组成四个共享电子，达到八个电子的稳定结构。此时，各个电子对之间静电排斥，因而它们在空间以最大的角度互相分开，互成

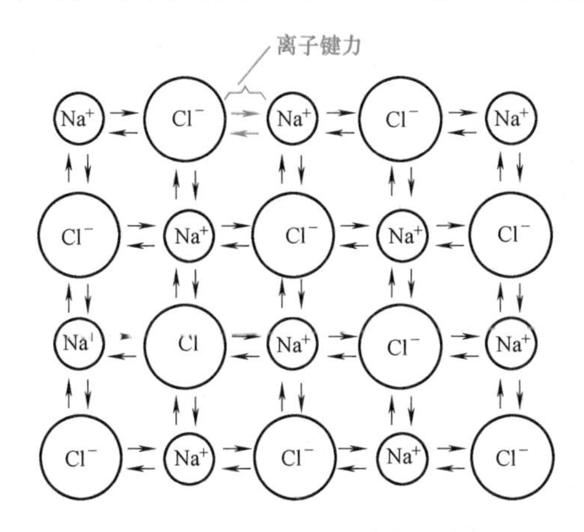

图1-3 NaCl的离子结合键示意图

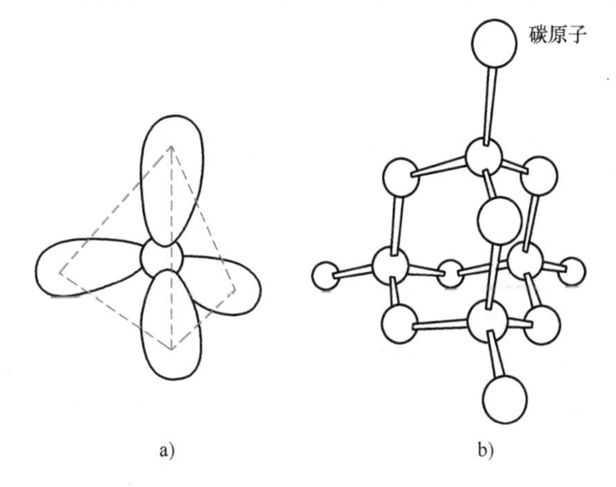

图1-4 金刚石的共价结合及其方向性

109.5°，于是形成一个正四面体（图1-4a），碳原子分别处于四面体中心及四个顶角位置，正是依靠共价键许多碳原子形成了坚固的网络状大分子。共价结合时，由于电子对之间的强烈排斥力，使共价键具有明显的方向性（图1-4b），这是其他键所不具备的。由于共价键具有方向性，不允许改变原子间的相对位置，所以材料不具有塑性且比较坚硬，像金刚石就是世界上最坚硬的物质之一。

此外，ⅤA、ⅥA族元素也常易形成共价结合，对ⅤA族元素，外壳层已有五个价电子，只要形成三个电子对就达到稳定的电子结构。同理，ⅥA族元素只要有两个共享电子对即可满足。这样可以得出，共价结合时所需的共享电子对数目应等于原子获得满壳层所需的电子数，如原子的价电子数为N，那么应建立（$8-N$）个共享电子对才达到共价结合。当然，当$N>4$时，即共享电子对数低于4时，不可能形成像金刚石那样的空间网络状大分子，对于ⅥA族，两个共享电子对把元素结合成链状大分子，而ⅤA族的三个共享电子对把元素结合成层状大分子，这些链状、层状大分子再依靠下面将要讨论的二次键结合起来，成为大块的固体材料。

3. 金属键

金属原子很容易失去其外壳层价电子而具有稳定的电子壳层，形成带正电荷的阳离子，当许多金属原子结合时，这些阳离子常在空间整齐排列，而远离核的电子则在各正离子之间自由游荡，形成电子的“海洋”或“电子气”，金属键正是依靠正离子与自由电子之间的相互吸引而结合起来的（图1-5）。不难理解，金属键没有方向性，正离子之间改变相对位置并不会破坏电子与正离子间的结合力，因而金属具有良好的塑性。同样，金属正离子被另一种金属正离子取代时也不会破坏结合键，这种金属之间的溶解（称固溶）能力也是金属的重要特性。此外，金属的导电性、导热性以及金属晶体中原子的密集排列等，都直接起因于金属键结合。

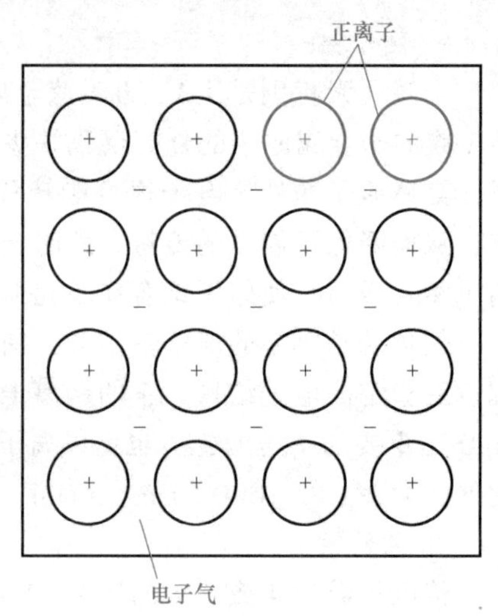

图1-5 金属键结合示意图

二、二次键

一次键的三种结合方式都是依靠外壳层电子转移或共享以形成稳定的电子壳层，从而使原子间相互结合。另外一些情况，原子或分子本身已具有稳定的电子结构，如惰性气体及CH_4、CO_2、H_2或H_2O等分子，分子内部靠共价键结合使单个分子的电子结构十分稳定，分子内部具有很强的内聚力。然而，众多的气体分子仍可凝聚成液体或固体，显然它们的结合键本质不同于一次键，不是依靠电子的转移或共享，而是借原子之间的偶极吸引力结合而成，这就是二次键。

1. 范德瓦耳斯键

原子中的电子分布于原子核周围，并处于不断运动的状态，所以从统计的角度，电子的分布具有球形对称性，并不具有偶极矩（图1-6a）。然而，实际上由于各种原因导致原子的负电荷中心与正电荷（原子核）中心并不一定重叠，这种分布产生一个偶极矩（图1-6b），此外，一些极性分子的正负电性位置不一致，也有类似的偶极矩。当原子或分子互相靠近时，一个原子的偶极矩将会影响另一个原子内电子的分布，电子密度在靠近第一个原子的正电荷处更高些，这样使两个原子相互静电吸引，体系就处于较低的能量状态。众多原子（或分子）的结合情况如图 1-6c 所示。

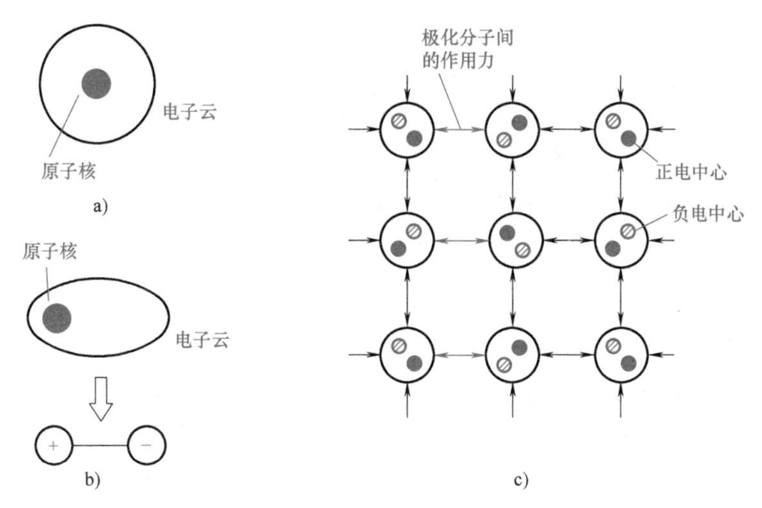

图 1-6　范德瓦耳斯键力示意图

a）理论的电子云分布　b）原子偶极矩的产生　c）原子（或分子）间的范德瓦耳斯键结合

显然，这种不带电荷粒子之间的偶极吸引力使范德瓦耳斯的键力远低于上述三种一次键。然而，它仍是材料结合键的重要组成部分，依靠它，大部分气体才能聚合为液态甚至固态，但它们的稳定性极差，例如，若将液氮倒在地面上，室温下的热扰动就足以破坏这一键力，使之转化为气体。另外，工程材料中的塑料、石蜡等也是依靠它将大分子链结合为固体。

2. 氢键

氢键的本质与范德瓦耳斯键一样，也是靠原子（或分子、原子团）的偶极吸引力结合起来的，只是氢键中氢原子起了关键作用。氢原子很特殊，只有一个电子，当氢原子与一个电负性很强的原子（或原子团）X 结合成分子时，氢原子的一个电子转移至该原子壳层上；分子的氢离子侧本质上是一个裸露的质子，对另一个电负性值较大的原子 Y 表现出较强的吸引力，这样，氢原子便在两个电负性很强的原子（或原子团）之间形成一个桥梁，把两者结合起来，成为氢键。所以氢键可以表达为

$$X\text{-}H\text{——}Y$$

氢与 X 原子（或原子团）为离子键结合，与 Y 之间为氢键结合，通过氢键将 X、Y 结合起来，X 与 Y 可以相同或不同。

水或冰是典型的氢键结合，它们的分子 H_2O 具有稳定的电子结构，但由于氢原子单个电子的特点使 H_2O 分子具有明显的极性，因此氢与另一个水分子中的氧原子相互吸引，这一氢原子在相邻水分子的氧原子之间起了桥梁的作用（图 1-7）。

氢键的结合力比范德瓦耳斯键强。在带有—COOH、—OH、$—NH_2$ 原子团的高分子聚合物中常出现氢键，依靠它将长链分子结合起来。氢键在一些生物分子如 DNA 中也起着重要的作用。

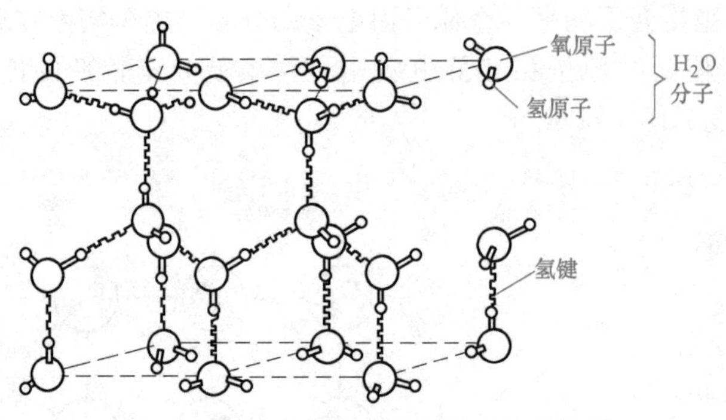

图 1-7　冰中水分子的排列及氢键的作用

三、混合键

初看起来，上述各种键的形成条件完全不同，故对于某一具体材料而言，似乎只能满足其中的一种，只具有单一的结合键，如金属应为金属键，ⅣA 族元素应为共价键，电负性不同的元素应结合成离子键……。然而，实际材料中单一结合键的情况并不是很多，前面介绍的只是一些典型的例子，大部分材料的内部原子结合键往往是各种键的混合。

例如，金刚石（ⅣA 族 C）具有单一的共价键，那么同族元素 Si、Ge、Sn、Pb 也有四个价电子，是否也可形成与金刚石完全相同的共价结合呢？由于元素周期表中同族元素的电负性自上至下逐渐下降，即失去电子的倾向逐渐增大，因此这些元素在共价结合的同时，电子有一定的概率脱离原子成为自由电子，意味着存在一定比例金属键，因此ⅣA 族的 Si、Ge、Sn 元素的结合是共价键与金属键的混合。金属键所占比例按此顺序递增，到 Pb 时，由于电负性已很低，就成为完全金属键结合。此外，金属主要是金属键，但也会出现一些非金属键，如过渡族元素（特别是高熔点过渡族金属 W、Mo 等）的原子结合中也会出现少量的共价结合，这正是过渡金属具有高熔点的内在原因。又如，金属与金属形成的金属间化合物（如 CuGe），尽管组成元素都是金属，但是两者的电负性不同，有一定的离子化倾向，于是构成金属键和离子键的混合键，两者的比例视组成元素的电负性差异而定，因此它们不具有金属特有的塑性，往往很脆。

陶瓷化合物中出现离子键与共价键混合的情况更常见，通常金属正离子与非金属离子所组成的化合物并不是纯粹的离子化合物，它们的性质不能仅用离子键予以理解。化合物中离子键的比例取决于组成元素的电负性差，电负性相差越大，则离子键比例越高，鲍林推荐以下公式来确定化合物 AB 中离子键结合的相对值

$$\text{离子键结合}(\%)=\left[1-e^{-\frac{1}{4}(X_A-X_B)^2}\right]\times100\% \tag{1-1}$$

式中，X_A、X_B 分别为化合物组成元素 A、B 的电负性数值。

例 1-2　计算化合物 MgO 和 GaAs 中离子键结合的比例。

解：（1）MgO　据表 1-2 得电负性数据 $X_{Mg}=1.31$；$X_O=3.44$，代入式（1-1）得

$$\begin{aligned}\text{离子键结合比例}&=\left[1-e^{-\frac{1}{4}(1.31-3.44)^2}\right]\times100\%\\&=\left[1-e^{-0.25\times4.54}\right]\times100\%\\&=\left[1-0.32\right]\times100\%\end{aligned}$$

$$=68\%$$

（2）GaAs　据表 1-2 得 $X_{Ga}=1.81$；$X_{As}=2.18$，代入式（1-1）得

$$离子键结合比例=[1-e^{-\frac{1}{4}(1.81-2.18)^2}]\times100\%$$
$$=[1-e^{-0.25\times0.137}]\times100\%$$
$$=[1-0.96]\times100\%$$
$$=4\%$$

由解可知：MgO 是以离子键结合为主的化合物，而 GaAs 则基本以共价键结合。

表 1-3 给出了某些陶瓷化合物中混合键的相对比例。

另一种类型的混合键表现为两种类型的键独立存在。例如，一些气体分子以共价键结合，而分子凝聚则依靠范德瓦耳斯力。聚合物和许多有机材料的长链分子内部是共价结合，链与链之间则为范德瓦耳斯力或氢键结合。又如，石墨碳的片层上为共价结合，而片层间则为范德瓦耳斯力二次键结合。

表 1-3　某些陶瓷化合物的混合键特征

化合物	结合原子对	电负性差	离子键比例（%）	共价键比例（%）
MgO	Mg-O	2.13	68	32
Al_2O_3	Al-O	1.83	57	43
SiO_2	Si-O	1.54	45	55
Si_3N_4	Si-N	1.14	28	72
SiC	Si-C	0.65	10	90

正是由于大多数工程材料的结合键是混合的，混合的方式、比例又可随材料的组成而变，因此材料的性能可在很广的范围内变化，从而满足工程实际各种不同的需要。

四、结合键的本质及原子间距

固体中的原子是依靠结合键力结合起来的，这一结合力是怎样产生的呢？下面以最简单的双原子模型来说明。

无论是何种类型的结合键，固体原子间总存在两种力：一种是吸引力，来源于异类电荷间的静电吸引；另一种是同种电荷之间的排斥力。根据库仑定律，吸引力和排斥力均随原子间距的增大而减小。但两者减小的情况不同，根据计算，排斥力更具有短程力的性质，即当距离很远时，排斥力很小，只有当原子间接近至电子轨道互相重叠时，排斥力才明显增大，并超过了吸引力（图 1-8a）。在某距离下，吸引力与排斥力相等，两原子便稳定在此相对位置上，这一距离 r_0 相当于原子的平衡距离，或称为原子间距。当原子受外力拉开时，相互吸引力则力图使它们缩回到平衡距离 r_0；反之，当原子受到压缩时，排斥力又起作用，使之回到平衡距离 r_0。

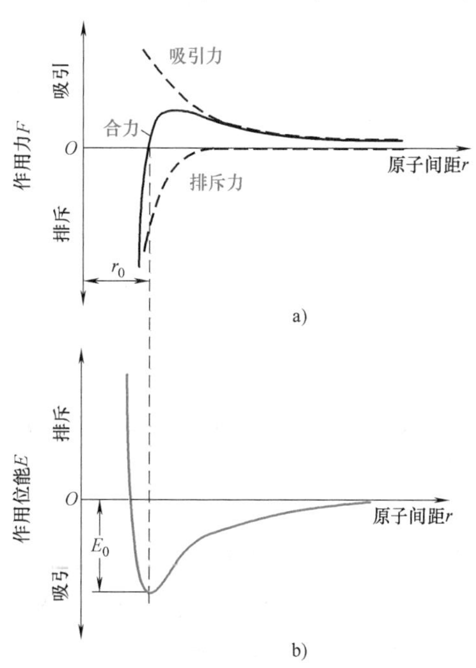

图 1-8　原子间结合力

a）原子间吸引力、排斥力、合力　b）原子间作用位能与原子间距的关系

虽然原子间的结合起源于原子间的静电作用力，但是，在量子力学、热力学中总是从能

量的观点来处理问题，因此下面也从能量的角度描述结合键的本质。根据物理学，力（F）和能量（E）之间的转换关系为

$$F=-\frac{\mathrm{d}E}{\mathrm{d}x}$$

$$E=-\int_0^{\infty}F\mathrm{d}x$$

原子间作用位能与原子间距的关系如图 1-8b 所示。在作用力等于零的平衡距离下，能量应该达到最低值，表明在该距离下体系处于稳定状态。能量曲线可解释如下：当两个原子无限远时，原子间不发生作用，作用能可视为零。当原子在吸引力作用下靠近时，体系的位能逐渐下降，到达平衡距离时，位能最低；当原子进一步接近，就必须克服反向排斥力，使作用能重新变大。通常把平衡距离下的作用能定义为原子的结合能 E_0。

结合能的大小相当于把两个原子完全分开所需做的功，结合能越大，则原子结合越稳定。结合能数据是利用测定固体的蒸发热而得到的，又称结合键能。表 1-4 给出了不同结合键的结合键能的数据。由表 1-4 可以看出：结合方式不同，键能也不同。离子键、共价键的键能最大；金属键次之，其中又以过渡族金属最大；范德瓦耳斯键的结合能量最低，只有 $-10\mathrm{kJ\cdot mol^{-1}}$；氢键的结合能稍高些。

表 1-4 不同材料的键能和熔点

键型	物质	键能	熔点	键型	物质	键能	熔点
		$\mathrm{kJ\cdot mol^{-1}}$	℃			$\mathrm{kJ\cdot mol^{-1}}$	℃
离子	NaCl	640①	801	金属	Fe	406	1538
	MgO	1000①	2800		W	849	3410
共价	Si	450	1410	范德瓦耳斯	Ar	7.7	-189
	C(金刚石)	713	>3550		Cl_2	3.1	-101
金属	Hg	68	-39	氢键	NH_3	35	-78
	Al	324	660		H_2O	51	0

① 这些固体不是直接分解成其组成的单原子气体，所以数据并不是准确的蒸发热。

例 1-3 计算 Na^+、Cl^- 离子对的结合能 E_0，假设离子半径分别为：$r_{Na^+}=0.095\mathrm{nm}$；$r_{Cl^-}=0.181\mathrm{nm}$。

解：

1）计算公式⊖

根据库仑定律，离子结合时，正、负离子间的吸引力应为

$$F_{吸引}=-\frac{z_1z_2e^2}{4\pi\varepsilon_0a^2} \tag{1-2}$$

式中，z_1，z_2 为正、负离子形成时原子的电子得失数；e 为电荷量，$e=1.60\times10^{-19}\mathrm{C}$；$a$ 为离子间距，对于 Na^+Cl^-，$a=(0.095+0.181)\mathrm{nm}=0.276\mathrm{nm}=2.76\times10^{-10}\mathrm{m}$；$\varepsilon_0$ 为电荷所在介质的介电常数，$\varepsilon_0=8.85\times10^{-12}\mathrm{C^2/(N\cdot m^2)}$。

排斥力为短程力，它的表达式为

⊖ 本例题所用公式在固体物理教程中有详细介绍。

$$F_{排斥} = -\frac{nb}{a^{n+1}} \tag{1-3}$$

式中，a 为离子间距；b 与 n 为常数，n 通常取 7~9，对于 NaCl，n 取 9。

故合力为

$$F_{合} = -\frac{z_1 z_2 e^2}{4\pi\varepsilon_0 a^2} - \frac{nb}{a^{n+1}} \tag{1-4}$$

因为
$$E = -\int_0^{\infty} F\mathrm{d}x$$

所以
$$E_{合} = \frac{z_1 z_2 e^2}{4\pi\varepsilon_0 a} + \frac{b}{a^n} \tag{1-5}$$

2）在式（1-3）中，b 为未知量，先解得 b 值。因为在平衡间距时，$F_{吸引} = F_{排斥}$，则

$$F_{吸引} = -\frac{z_1 z_2 e^2}{4\pi\varepsilon_0 a^2} = \frac{(+1)(-1)(1.60\times10^{-19}\mathrm{C})^2}{4\pi[8.85\times10^{-12}\mathrm{C}^2/(\mathrm{N}\cdot\mathrm{m}^2)](2.76\times10^{-10}\mathrm{m})^2}$$
$$= 3.02\times10^{-9}\mathrm{N}$$

所以
$$|F_{排斥}| = \left|\frac{nb}{a^{n+1}}\right| = \frac{9b}{(2.76\times10^{-10})^{10}}\mathrm{N} = 3.02\times10^{-9}\mathrm{N}$$
$$b = 8.61\times10^{-106}\mathrm{N}\cdot\mathrm{m}^{10}$$

3）计算 Na^+Cl^- 离子对的结合能 E_0，在平衡间距时 $E_{合} = E_0$

$$E_0 = \frac{z_1 z_2 e^2}{4\pi\varepsilon_0 a} + \frac{b}{a^n} = \frac{(+1)(-1)(1.60\times10^{-19}\mathrm{C})^2}{4\pi[8.85\times10^{-12}\mathrm{C}^2/(\mathrm{N}\cdot\mathrm{m}^2)](2.76\times10^{-10}\mathrm{m})}$$
$$+\frac{8.61\times10^{-106}\mathrm{N}\cdot\mathrm{m}^{10}}{(2.76\times10^{-10}\mathrm{m})^9} = (-8.34\times10^{-19} + 0.92\times10^{-19})\mathrm{N}\cdot\mathrm{m}$$
$$= -7.42\times10^{-19}\mathrm{N}\cdot\mathrm{m} = -7.42\times10^{-19}\mathrm{J}$$

若转换为每摩尔 NaCl 晶体的结合键能，可得

$$E_0 = -7.42\times10^{-19}\mathrm{J}\times6.022\times10^{23}\mathrm{mol}^{-1}$$
$$= -4.468\times10^5\mathrm{J}\cdot\mathrm{mol}^{-1} = -446.8\mathrm{kJ}\cdot\mathrm{mol}^{-1}$$

所得数据与表 1-4 的实验测定值比较接近。

五、结合键与性能

材料结合键的类型及键能大小对某些性能有重要的影响，主要为：

1. 物理性能

熔点的高低代表了材料稳定性的程度。物质加热时，当热振动能足以破坏相邻原子间的稳定结合时，便会熔化，所以熔点与键能值有较好的对应关系。由表 1-4 可见，共价键、离子键化合物的熔点较高，其中纯共价键的金刚石具有最高的熔点，金属的熔点相对较低，这是陶瓷材料比金属具有更高热稳定性的根本原因。金属中，过渡族金属有较高的熔点，特别是难熔金属 W、Mo、Ta 等熔点更高，这可能起因于内壳层电子未充满，使结合键中有一定比例的共价键混合所致。具有二次键结合的材料，它们的熔点一定偏低，如聚合物等。

材料的密度与结合键类型有关。大多数金属有高的密度，如铂、钨、金的密度达到了工

程材料中的最高值，其他如铅、银、铜、镍、铁等的密度也相当高。金属的高密度有两个原因：第一，金属元素有较高的相对原子质量；第二，也是更重要的，金属键的结合方式没有方向性，所以金属原子总是趋于密集排列，就像盒子中的小球反复摇晃后的排列情况一样，金属常得到简单的原子密排结构。相反，对于离子键或共价键结合的情况，原子排列不可能很致密。共价键结合时，相邻原子的个数要受到共价键数目的限制；离子键结合时，则要满足正、负离子间电荷平衡的要求，它们的相邻原子数都不如金属多，所以陶瓷材料的密度较低。聚合物由于其二次键结合，分子链堆垛不紧密，加上组成原子的质量较小（C、H、O），在工程材料中具有最低的密度数据。

此外，金属键使金属材料具有良好的导电性和导热性，而由非金属键结合的陶瓷、聚合物均在固态下不导电，它们可以作为绝缘体或绝热体在工程上应用。

2. 力学性能

弹性模量是材料应力-应变曲线上弹性变形段的斜率，在拉伸变形中通常称它为杨氏模量，以 E 表示，其意义为

$$E = \frac{\sigma}{\varepsilon}$$

即 E 相当于发生单位弹性变形所需的应力，换句话说，在给定应力下，弹性模量大的材料只发生很小的弹性变形，而弹性模量小的材料则弹性变形大。从微观的角度看，晶体在外力作用下，发生弹性变形对应着原子间距的变化，拉伸时从平衡距离拉开，压缩时则缩短。离开平衡距离后，原子间将产生吸引力或排斥力，一旦外力卸除，原子在吸引力或排斥力作用下回到平衡距离 r_0，晶体恢复原状。这种性质与弹簧很相似，故可把原子结合比喻成很多小弹簧的连结（图 1-9）。结合键能是影响弹性模量的主要因素，结合键能越大，则“弹簧”越“硬”，原子之间距离的移动所需的外力就越大，即弹性模量越大。结合键能与弹性模量两者间有很好的对应关系。金刚石具有最高的弹性模量值，$E=1000$GPa，其他一些工程陶瓷如碳化物、氧化物、氮化物等结合键能也较高，它们的弹性模量为 250~600GPa。由金属键结合的金属材料，弹性模量略低一些，常用金属材料的弹性模量为 70~350GPa。而聚合物由于二次键的作用，弹性模量仅为 0.7~3.5GPa。

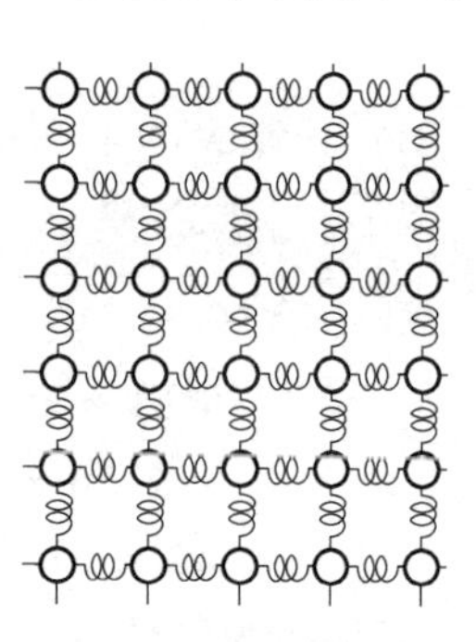
图 1-9　原子间结合力性质的模拟

工程材料的强度与结合键能也有一定的联系，一般来说，结合键能高的，强度也高一些，然而强度在很大程度上还取决于材料的其他结构因素，如材料的组织，因此强度将在更宽的幅度内变化，它与键能之间的对应关系不如弹性模量明显。材料的塑性与结合键类型有关，金属键赋予材料良好的塑性；而离子键、共价键结合，使塑性变形困难，所以陶瓷材料的塑性很差。

第三节　原子排列方式

一、晶体与非晶体

固体材料根据原子（或原子团、分子）的排列不同可分成两大类：晶体与非晶体（图 1-10）。

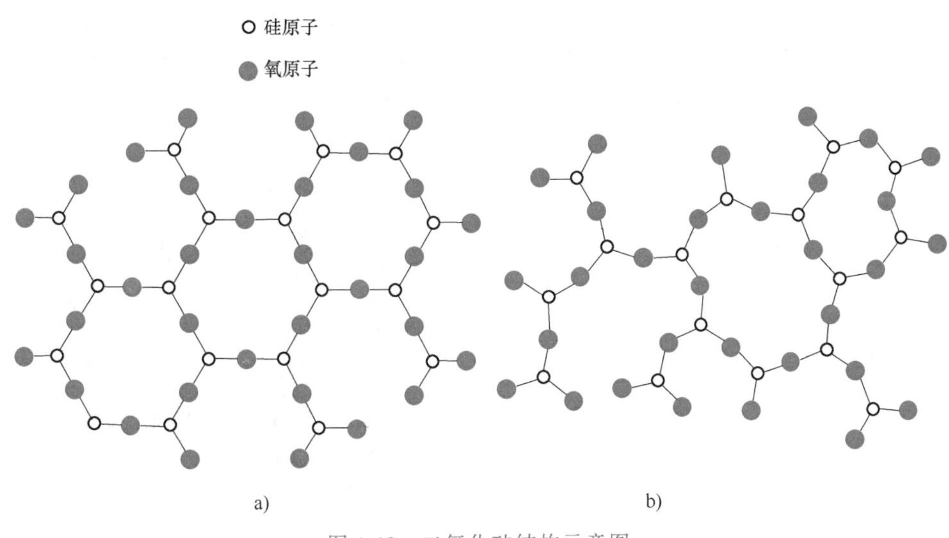

图 1-10　二氧化硅结构示意图

a）晶体　b）非晶体

晶体中原子的排列是有序的，即原子按某种特定的方式在三维空间内呈周期性规则重复排列。而非晶体内部原子的排列是无序的，更严格地说，是不存在长程的周期排列（即在微观尺度上可能存在有序的原子团）。晶体与非晶体原子排列方式的差异造成两者性能上的不同特点：晶体由于其空间不同方向上的原子排列特征（原子间距及周围环境）不同，因而沿着不同方向测得的性能数据亦不同（如电导率、热导率、弹性模量、强度及外表面化学性质等），这种性质称为晶体的各向异性；而非晶体在各方向上的原子排列可视为相同，因此沿任何方向测得的性能是一致的，故表现为各向同性。

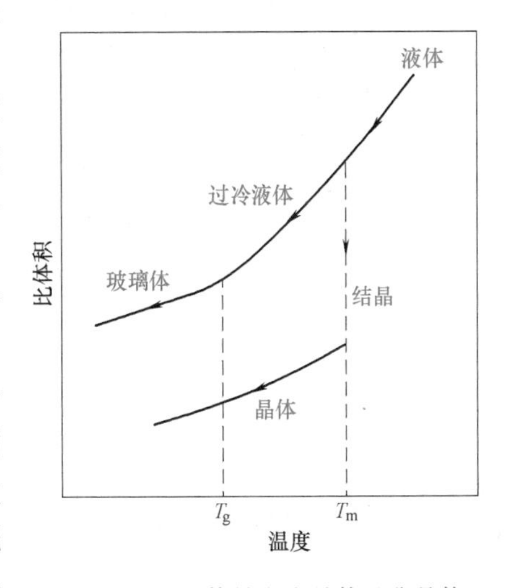

图 1-11　从液体转变为晶体及非晶体的比体积变化

从液体转变为晶体和非晶体时，两者表现的行为是不同的。对于晶体，如图 1-11 所示，从液体冷却到凝固（或固态加热熔化）时具有确定的熔点，并发生体积的突变。而从液体到非晶体是一个渐变过程，既无确定的熔点，又无体积的突变。这一现象说明非晶体转变只是液体的简单冷却过程，随着温度的下降，液体的黏度越来越高，当其流动性完全消失时则呈固相，所以没有确定的熔点及体积突变，其原子排列只是保留了液相的特点，无长程的有序排列，故非晶体实质上只是一种过冷的液体，只是其物理性质不同于通常的液体。而液体向晶体的转变就不同了，它不是简单的冷却过程，还具有结构的转变（称为结晶），这一原子重排过程是通过在液体中不断形成有序排列的小晶核（形核）以及晶核的逐渐生长两个过程实现的（图 1-12）。只有在熔点以下结晶方能实现，同时从无序到有序排列时必然伴随着体积的收缩。此外，结晶时内部常形成很多核心，如图 1-12a 的方形网格，它们的结晶取向各不相同，各自生长直到相互接触（图 1-12b、c）。相邻小晶体的原子排列方式虽相同，但排列的取向不同，因此，在邻接区域原子处于过渡位置，或者说存在原子的错配情况，这个区域称为晶界，这些小晶体称为晶粒。实际晶体材料都是由很多晶粒组成的，称它们为多晶体，在显微镜下观察到的多晶体形貌如图 1-12d 所示。

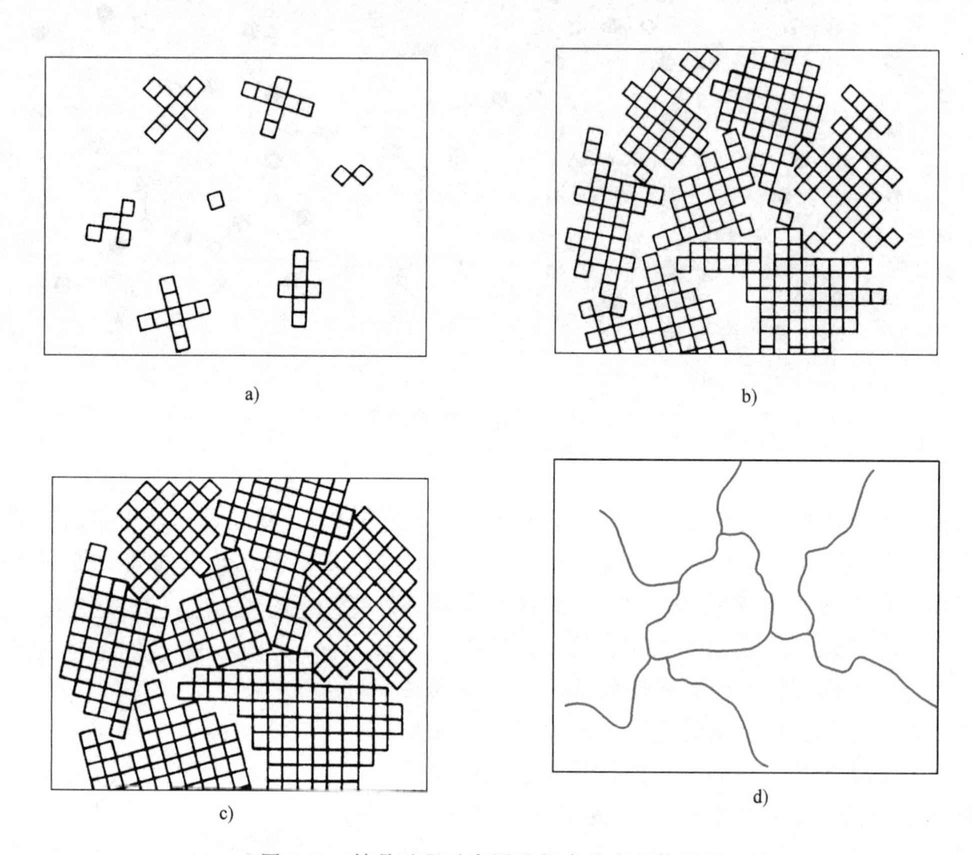

图 1-12　结晶过程示意图及相应的多晶体组织

通常，金属与合金、大部分陶瓷（如氧化物、碳化物、氮化物等）以及少数高分子材料等是晶体。而多数高分子材料及玻璃等原子或分子结构较为复杂的材料则为非晶体，其中玻璃为复杂氧化物，是典型的非晶体，因此常把玻璃态作为非晶态的代名词。很多陶瓷和聚合物材料常是晶体与非晶体的混合物，两者的比例取决于材料的组成及成型工艺。

二、原子排列的研究方法

原子的尺寸极小，用通常的光学显微镜和电子显微镜很难直观地看到材料内部的原子及排列方式。材料研究中采用 X 射线或电子束来进行研究，其原理就是光学中的干涉和衍射。已知在物理学中利用这些现象可以测定光栅的间隔，只要知道光的波长就能根据衍射条纹间距计算出光栅上刻痕的间隔。晶体中原子在三维空间有规律的排列，相当于一个天然的三维光栅，而 X 射线（或电子束）的波长为 0.1~0.4nm，与原子间距相当，所以原子对 X 射线也会发生衍射，在某些确定方向上因位相相同而加强，而在其他方向上则互相削弱而抵消，从而得到衍射花样。

三维光栅的衍射是个很复杂的问题，布拉格对三维晶体的衍射作了简化处理，他把晶体分解成在空间有不同方位的一系列原子面，晶体的衍射就是一系列二维原子面的衍射，并指出，只要满足某些规定的条件，衍射就等效于从不同原子面的对称反射，这一条件可以根据图 1-13 简单推得。当波长为 λ 的 X 射线以入射角 θ 照射到一组间隔为 d 的原子面 AA′、BB′、…，则在对称的反射角 θ 位置上，X 射线在各个相继原子面的光程差应等于（$SQ+QT$），当光程差等于波长的整数倍 $n\lambda$ 时，这些射线就可彼此增强，这一条件的数学描述为

$$SQ + QT = 2PQ\sin\theta = n\lambda$$

即

$$2d\sin\theta = n\lambda \tag{1-6}$$

这就是著名的布拉格定律。晶体中很多不同方位的原子面，只要满足这一条件均可发生衍射，根据得到的衍射分布图，便可分析晶体中原子排列的特征（排列方式、原子面间距等）。

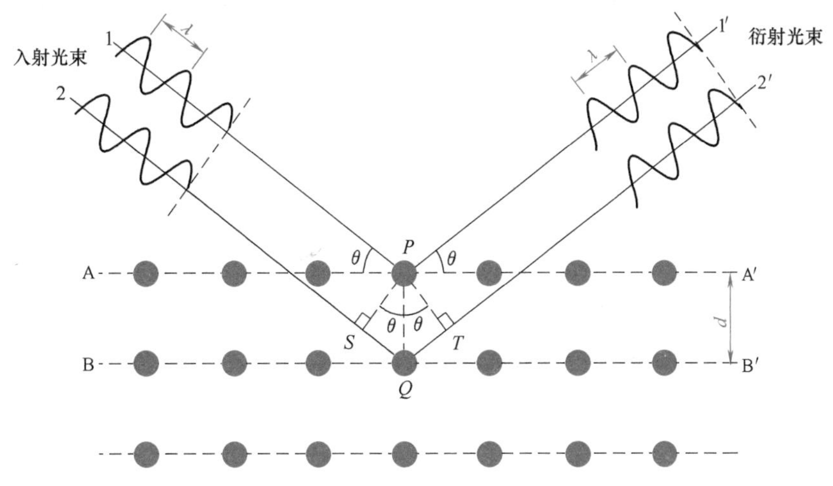

图 1-13　X 射线在原子面 AA′和 BB′上的衍射

图 1-14a 所示为 X 射线衍射分析仪示意图，波长为 λ 的 X 射线从 T 处以 θ 角入射至试样 S 处，如某原子面正好满足布拉格方程，便在 C 处得到加强的衍射束，于是记录仪记录了这

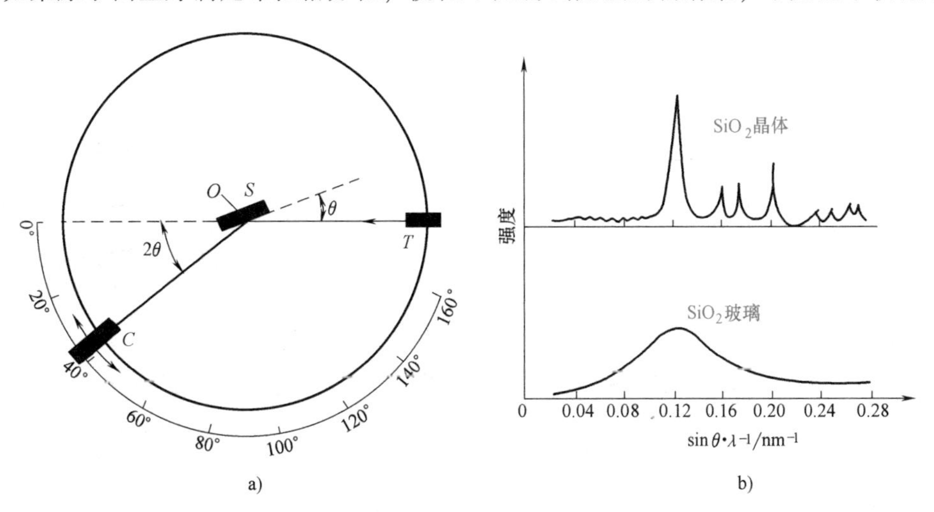

图 1-14　X 射线衍射分析示意及衍射强度分布图

a）X 射线衍射分析示意图　b）SiO_2 晶体及非晶体的衍射强度分布图

一衍射位置及衍射束强度。测试时，分析仪可以连续改变试样与入射束的相对角度 θ，使更多的原子面有机会满足布拉格条件而得到衍射束。图 1-14b 所示为 SiO_2 晶体及非晶体的衍射强度分布图，在某些角度获得锐利的衍射峰，分别对应于某些原子面的衍射，这是晶体衍射的基本特征，依此，可以分析晶体的原子排列。非晶体的衍射强度分布则完全不同，SiO_2 玻璃就不存在锐利的衍射峰，表明原子排列无长程有序的特征。

第四节 晶体材料的组织

实际晶体材料大都是多晶体，是由很多晶粒组成的。所谓材料的组织就是指各种晶粒的组合特征，即各种晶粒的相对量、尺寸大小、形状及分布等特征。晶体的组织比原子结合键及原子排列方式更易随成分及加工工艺而变化，是一个影响材料性能的极为敏感而重要的结构因素。

一、组织的显示与观察

粗大的组织用肉眼即能观察到，这类组织称为宏观组织，而更多的情况下则要用金相显微镜或电子显微镜才能观察内部的组织，故组织又常称为显微组织或金相组织。观察组织前首先必须对要观察的试样部位进行反复的磨光和抛光，以获得平整而光滑的表面，然后再进行化学浸蚀。化学浸蚀的目的是将晶界显示出来，由于晶界处原子往往处于错配位置，它们的能量比晶内原子高。因此，在化学浸蚀下比晶内原子容易受蚀，形成沟槽（图 1-15），进入沟槽区的光线以很大的角度反射，因而不能进入显微镜，于是沟槽在显微镜下成为黑色的晶界轮廓（图 1-16）。把多晶体内所有的晶界显示出来后就相当于勾画出一幅组织图像，便可研究材料的组织。

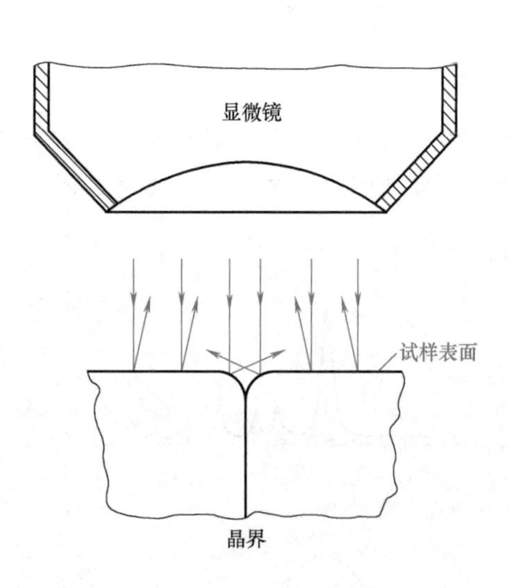

图 1-15 利用显微镜观察材料的组织

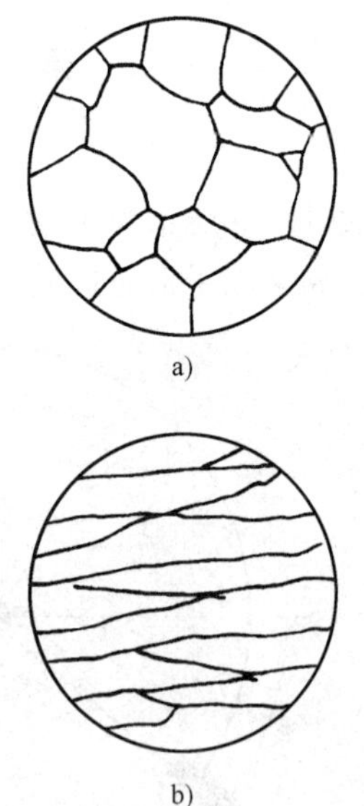

图 1-16 单相组织的两种晶粒形状
a）等轴晶 b）柱状晶

二、单相组织

具有单一相的组织为单相组织，即所有晶粒的化学组成相同，晶体结构也相同。无疑，纯组元如纯 Fe、纯 Al 或纯 Al_2O_3 等的组织一定是单相的。此外，有些合金中，合金元素可以完全溶解于基体中，形成均匀的合金相，也可形成单相固溶体组织，这种情况很像酒精或盐水溶液，溶液中各处的成分与结构相同，是单一的相，在固体状态时称为固溶体。

描述单相组织特征的主要有晶粒尺寸及形状。晶粒尺寸对材料性能有重要影响，细化晶粒可以明显提高材料的强度，同时还改善材料的塑性和韧性，因此人们常采用各种措施来细化晶粒。在单相组织中，晶粒的形状取决于各个核心的生长条件，如果每个核心在各个方向上的生长条件接近，最终得到的晶粒在空间三维方向上尺度相当，这一晶粒形状称为等轴晶，在任何方向上切取的磨面，所观察到的组织相近，如图 1-16a 所示。相反，如果在特定的条件下，空间某一个方向的生长条件明显优于其他二维方向，则最终得到拉长的晶粒形状，称为柱状晶（或杆状晶），在沿着柱状方向切取磨面时，所得的组织如图 1-16b 所示。例如液体凝固时，在容器的底部进行强烈冷却，大的热流形成明显的温度梯度，于是得到垂直于底部的柱状晶，这一技术称为定向凝固。等轴晶使材料各方向上的性能接近，而柱状晶则在各方向上表现出性能的差异，在有些情况下沿着“柱”的方向上，性能很优越，因此定向凝固技术在工业中已得到应用。此外，晶粒的形状也会随压力加工工艺而变化。例如，金属板材在冷轧过程中，等轴晶可能被压扁而成饼状；金属丝材在冷拔过程中，等轴晶被拉成杆状或条状，这些饼状或杆状晶粒在重新加热时，又可能再次转变为等轴状，同时伴随着尺寸的变化。

三、多相组织

单相多晶体材料的强度往往很低，因此工程中更多应用的是两相以上的晶体材料，各个相具有不同的成分和晶体结构。由于是多相组织，组织中各个相的组合特征及形貌要比单相组织复杂得多，本书后续各章将介绍各种条件下组织的形成过程及组织的细节，这里仅以两相合金中一些基本的组织形态为例，说明多相合金组织的含义以及组织与性能之间的关系。

图 1-17a 所示为两相组织的一些基本组织形态，两个相（或两种组织单元）的晶粒尺度相当，两种晶粒各自成为等轴状，两者均匀地交替分布，此时合金的力学性能取决于两个相或两种组织组成物的相对量及各自的性能。以强度为例，材料的强度 σ 应等于

$$\sigma = \sigma_1\varphi_1 + \sigma_2\varphi_2 \tag{1-7}$$

式中，σ_1、σ_2 为两个相的强度值；φ_1、φ_2 为两个相的体积分数。

在更多的情况下，组织中两个相的晶粒尺度相差甚远，其中尺寸较细的相以球状、点状、片状或针状等形态弥散地分布于另一相晶粒的基体内（图 1-17b）。如果弥散相的硬度明显高于基体相，则将显著地提高材料的强度，与此同时，塑性与韧性必将下降。增加弥散相的相对量，或者在相对量不变的情况下细化弥散相尺寸（即增加弥散相的个数），都会大幅度地提高材料的强度。材料工作者常采取各种措施（如合金化、热处理等），沿着这一思路改变组织，从而提高材料的强度水平，这种强化方法称为弥散强化。

第二相在基体相的晶界上分布又是一种常见的组织特征（图 1-17c），如果第二相非连续地分布于晶界，它对性能的影响并不大；一旦第二相连续分布于晶界并呈网状，将对材料的性能产生明显的不利影响。当第二相很脆时，那么不管基体相的塑性有多好，材料将完全表现为脆性；如果第二相的熔点低于材料的热变形温度，则热变形时将由于晶界熔化，使晶粒失去联系，导致“热脆性”。

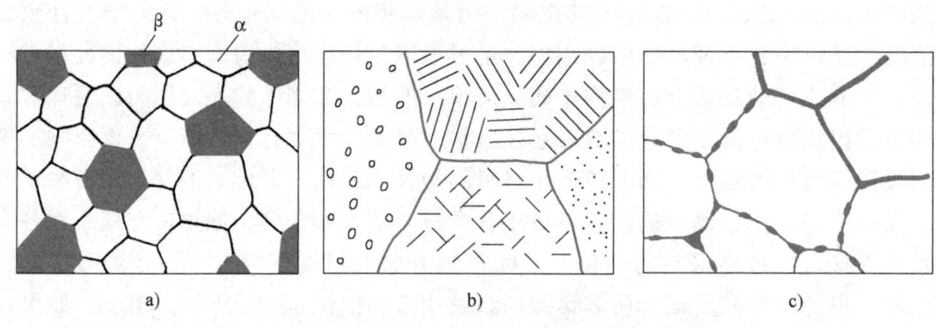

图 1-17　两相组织的一些基本组织形态

从上述组织特征的分析中可以归纳出：所谓组织就是指材料中两个相（或多相）的体积分数为多少，各个相的尺寸、形状及分布特征如何。多相组织的实际组织形貌可能比上述情况更复杂，但分析时还是离不开上述基本点。

第五节　材料的稳态结构与亚稳态结构

同一种材料在不同的条件下可以得到不同的结构，其中能量最低的结构称为稳态结构或平衡态结构，而能量相对较高的结构则称为亚稳态结构。从热力学的角度来看，能量最低的结构最稳定，因此获得稳态结构最有利。然而，实际上，体系存在的结构并不一定是稳态的，很多情况下得到的却是能量较高的亚稳态，这是由结构转变的动力学条件所决定的，因此，材料最终得到什么结构必须综合考虑结构形成的热力学条件及动力学条件。

所谓热力学条件是指结构形成时必须沿着能量降低的方向进行，或者说，结构转变必须存在一个推动力，只有这样，过程才能自发进行。例如，水从高处自然地往低处流，其位能的降低就是过程的推动力。材料制备及加工过程大多属于等温等容或等温等压过程，故伴随于其中的结构转变的推动力可以用自由能描述。对于等温等容过程，通常用亥姆霍兹自由能 A 表示推动力，而对等温等压过程，则用吉布斯自由能 G 表示推动力。热力学第二定律对自发过程的叙述为：只有那些使体系自由能 A(或自由能 G)减小的过程才能自发进行，用数学式可表示为

等温等容　$\Delta A_{T,V}<0$　自发过程　(1-8)

等温等压　$\Delta G_{T,p}<0$　自发过程　(1-9)

两种自由能的表达式分别为

(亥姆霍兹) 自由能：　$A = U - TS$

(吉布斯) 自由能：　$G = H - TS$

式中，U 为内能；H 为焓；S 为熵；T 为热力学温度。自发转变的倾向取决于自由能的差值，ΔA 及 ΔG 的绝对值越大，则自发转变的倾向越明显。

然而，热力学条件只预言了过程的可能性，至于过程是否真正实现，热力学并不能回答，因为它并不考虑过程的速度。如果某一过程，从热力学判断推动力很大，但过程的速度却无限缓慢，那么此过程也就失去了现实意义，因此，此过程是否最终发生还依赖于动力学条件，即反应速度。任何反应都存在着阻力，阻力最小的过程总是进行得最快，最容易实

现，所以动力学条件的实质是考虑阻力。

实验表明，材料制备及加工过程中发生冶金反应或结构转变，它们的反应速度大多可用化学反应动力学的阿伦尼乌斯（Arrhenius）方程表示，即在反应速度 v 与热力学温度 T 之间满足

$$v = A\exp\frac{-Q}{RT} \tag{1-10}$$

式中，R 为气体常数；Q 为过程的激活能，它的意义如图 1-18 所示。要实现从始态到终态的自发转变，原子首先必须达到激活态，始态能量与激活态能量的差值称为激活能。原子一旦越过激活能垒，就必然能达到能量较低的终态，所以可以把激活能看成过程的阻力，激活能低，阻力小，过程易于实现。激活能和温度两项参数都出现在方程式的指数项内，表明过程速度随温度升高或激活能减小呈指数关系上升（图 1-19）；而方程中的常数项 A 对过程速度的影响相对较小。因此，从材料的角度看，激活能对过程的速度起了决定性的作用。

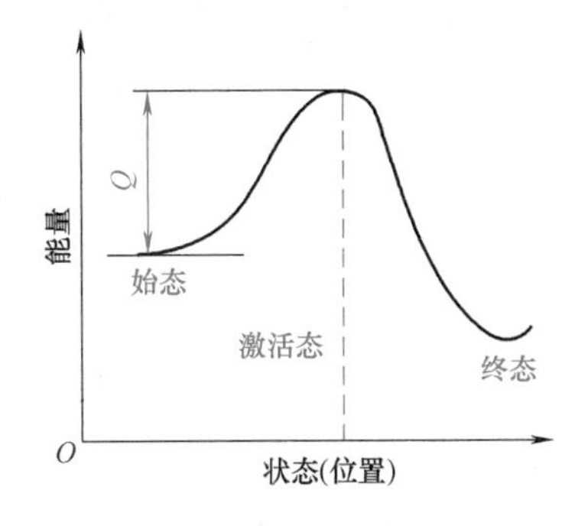

图 1-18　激活能的物理意义

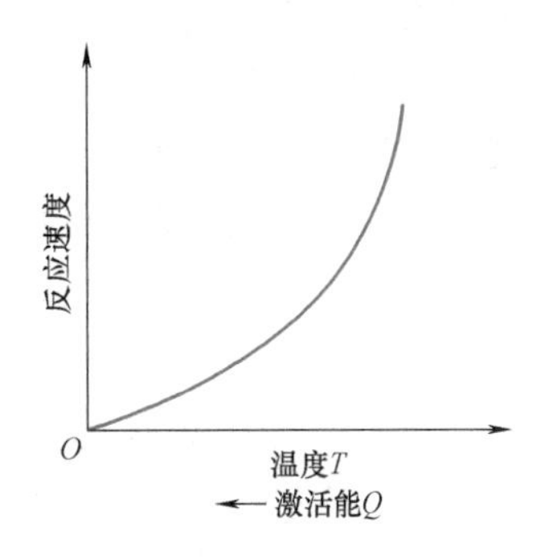

图 1-19　反应速度随激活能减小呈指数关系上升

由上所述，从热力学条件分析了过程的推动力，而动力学则考虑了阻力的大小，材料最终得到什么结构取决于何者起到支配作用。如果获得稳态结构的转变过程阻力并不大，那么热力学的推动力就起支配作用，材料最终得到稳态结构。相反，如图 1-20 所示的情况，稳态转变的阻力（激活能 Q_1）很大，稳态结构便难以实现，体系将寻求另一种阻力（激活能 Q_2）较小的转变过程，尽管其热力学推动力不如稳态转变有利，但由于阻力小，动力学起了支配作用，最终得到亚稳态结构。从原则上讲，亚稳态结构有可能向稳态结构转变，以达到能量的最低状态，但这一转变必须在原子有足够活动能力的前提下才能实现，而在常温下这一转变往往难以进行，因此亚稳态结构仍可以保持相对稳定，甚至长期存在。

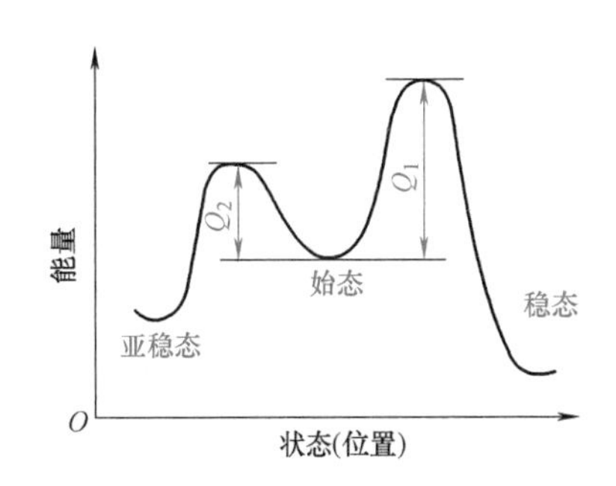

图 1-20　稳态与亚稳态转变的热力学和动力学条件

现举例说明热力学条件和动力学条件对结构的影响，液体向固体转变可以形成晶体或非晶体。无序排列的非晶体能量较高，而晶体的能量较低，但在形成晶体的过程中，首先要生成有序排列的小晶核，形核需要克服一定的激活能，因此材料最终是否形成晶体取决于激活能的大小。对于原子排列比较简单的金属，原子重排形成晶核的激活能很小，因此热力学条件起支配作用，得到稳态的晶体。而那些分子结构复杂的玻璃等，原子重排过程较难，形核

需要克服的激活能高，得不到稳态结构，只能以液体的简单冷却方式得到亚稳态的非晶体。

此外，体系最终得到的结构还取决于转变过程的外界条件，如温度、压力、冷却速度等，当然，这些因素还是通过改变热力学条件和动力学条件来影响内部结构的。例如，当过程的冷却速度十分缓慢时，则在降温的每一瞬间都有足够的时间允许原子克服激活能而达到能量最低的稳态结构。在这种情况下，SiO_2 有可能得到稳定的晶体而不是非晶体。反之，如冷却速度不够慢，原子在每一瞬间没有足够的机会克服稳态转变的激活能，则只能实现激活能较小的亚稳态转变，得到亚稳态结构。这种情况在材料加工工艺中是常见的。例如，热处理淬火工艺，是将金属材料加热保温后急速冷却的工艺，此时得到的相结构与组织形态完全不同于慢冷状态，因而性能也发生明显变化，这种工艺在生产中得到了广泛应用。又如，金属液体在极高的冷却速度下（$>10^6$K/s）有可能得到非晶玻璃态而不是晶体，因此称为金属玻璃，其特殊的结构使材料获得特殊的性能，在工程上有很好的应用前景。当然，这些结构毕竟是亚稳态的，只要条件合适，亚稳态结构会发生分解，逐步向稳态结构过渡。例如，金属玻璃在使用时有可能局部晶化，钢的淬火结构在加热时会发生分解。这些转变使材料的结构及性能变化范围更加扩大，为开发新材料、拓宽材料的应用范围提供了依据，同时，在使用中也应注意这些转变带来的不利影响。

小　结

本章从四个层次介绍了材料的结构。

原子结构：原子核周围的电子按照四个量子数的规定从低能到高能依次排列在不同的量子状态下，同一原子中电子的四个量子数不可能完全相等。根据这一排列次序建立了元素周期表，各个周期中，元素的性质呈现相同的周期变化规律，元素在周期表上的位置不仅决定了单个原子的行为，也决定了材料中原子的结合方式以及材料的某些化学性能和物理性能。

原子结合键：根据结合力的强弱可以把结合键分为强键（离子键、共价键、金属键）和弱键（范德瓦耳斯键、氢键）两大类，每种结合键有各自的形成条件。具体材料的结合键类型取决于其组成元素的类型及相对量，可能以单一的结合键结合，而更多的情况可能为混合键结合。原子间结合力起源于静电作用力，在作用力为零的平衡距离 r_0 处体系达到最低能量，称该能量为结合能（或键能）。结合键类型及键能大小对材料熔点、密度、弹性模量、塑性等性能有重要影响。

原子排列方式：根据原子排列是否有序分为晶体与非晶体。晶体是通过在液体中形核和生长的过程而形成的，而非晶体的本质是过冷的液体。简单的原子（或分子）结构倾向于形成晶体，而复杂的则形成非晶体。通常利用 X 射线衍射技术来研究原子的排列方式。

晶体材料的组织：指材料由几个相（或组织单元）组成，各个相的相对量、尺寸、形状及分布。组织对材料的强度、塑性等有重要影响。组织比原子结合键及排列方式更易随加工工艺的改变而变化，是非常敏感而重要的结构因素。

根据能量高低，材料可分为稳态结构与亚稳态结构。材料得到的结构是稳态或亚稳态，取决于转变过程的推动力和阻力（即热力学条件和动力学条件），阻力小时得到稳态结构，阻力很大时则得到亚稳态结构。亚稳态结构可能长期保持相对稳定，但在合适条件下有可能逐步向稳态结构过渡。

习　　题

1. 原子中的电子按照什么规律排列？什么是泡利不相容原理？

2. 下述电子排列方式中，哪一个是惰性元素、卤族元素、碱族、碱土族元素及过渡金属？

(1) $1s^2$　$2s^2$　$2p^6$　$3s^2$　$3p^6$　$3d^7$　$4s^2$

(2) $1s^2$　$2s^2$　$2p^6$　$3s^2$　$3p^6$

(3) $1s^2$　$2s^2$　$2p^5$

(4) $1s^2$　$2s^2$　$2p^6$　$3s^2$

(5) $1s^2$　$2s^2$　$2p^6$　$3s^2$　$3p^6$　$3d^2$　$4s^2$

(6) $1s^2$　$2s^2$　$2p^6$　$3s^2$　$3p^6$　$4s^1$

3. 稀土元素电子排列的特点是什么？为什么它们处于元素周期表的同一空格内？

4. 简述一次键与二次键的差异。

5. 描述氢键的本质，在什么情况下容易形成氢键？

6. 为什么金属键结合的固体材料的密度比离子键或共价键固体高？

7. 应用式(1-2)~式(1-5)计算 $Mg^{2+}O^{2-}$离子对的结合键能，以及1molMgO晶体的结合键能。假设离子半径为 $r_{Mg^{2+}}=0.065nm$；$r_{O^{2-}}=0.140nm$；$n=7$。

8. 计算下列晶体的离子键与共价键的相对比例

(1) NaF

(2) CaO

9. 什么是单相组织？什么是两相组织？以它们为例说明显微组织的含义以及显微组织对性能的影响。

10. 说明结构转变的热力学条件与动力学条件的意义，说明稳态结构与亚稳态结构之间的关系。

11. 归纳并比较原子结构、原子结合键、原子排列方式以及晶体显微组织等四个结构层次对材料性能的影响。

参 考 文 献

[1] ANDERSON J C, LEAVER K D, Rawlings R D, et al. Materials Science [M]. 4th ed. London: Chapman and Hall, 1990.

[2] CALLISTER W D. Materials Science and Engineering an Introduction [M]. 2nd ed. New York: John Wiley and Sons Ins, 1990.

[3] SMITH W F. Principles of Materials Science and Engineering [M]. New York: Mc Graw-Hill Book Company, 1986.

[4] VERNON J. Introduction to Engineering Materials [M]. 3rd ed. New York: Macmillan Edication Ltd. 1992.

[5] ASHBY M F, JONES D R H. Engineering Materials [M]. Oxford: Pergamon Press, 1980.

[6] COTTRELL A. An Introduction to Metallurgy [M]. 2nd ed. London: Edward Arnold Ltd, 1975.

[7] 印永嘉，等. 物理化学简明教程 [M]. 4版. 北京：高等教育出版社，2007.

第二章　材料中的晶体结构

第一章已提到固体材料按其原子（离子或分子）的聚集状态，可分为晶体和非晶体两大类。多数材料在固态下通常都以晶体的形式存在，依结合键类型不同，晶体可分为金属晶体、离子晶体、共价晶体和分子晶体，不同晶体材料的结构不同。晶体中的原子（离子或分子）在三维空间的具体排列方式称为晶体结构。材料的性能通常都与其晶体结构有关，因此研究和控制材料的晶体结构，对制造、使用和发展材料均具有重要的意义。本章将首先介绍晶体学的基础知识，然后讨论金属晶体、离子晶体和共价晶体的结构。

第一节　晶体学基础

一、空间点阵和晶胞

在实际晶体中，由于组成晶体的物质质点及其排列方式不同，可能存在的晶体结构有无限多种。由于晶体结构的种类繁多，不便于对其规律进行全面的系统性研究，故人为地将晶体结构抽象为空间点阵。所谓空间点阵，是指由几何点在三维空间作周期性的规则排列所形成的三维阵列。构成空间点阵的每一个点称为阵点或结点。为了表达空间点阵的几何规律，常人为地将阵点用一系列相互平行的直线连接起来形成空间格架，称为晶格，如图 2-1 所示。构成晶格的最基本单元称为晶胞，图 2-1b 的右上方用粗黑线所标出的小平行六面体就是这种晶格的晶胞。可见，晶胞在三维空间重复堆砌就构成了空间点阵。

应该指出，在同一空间点阵中可以选取多种不同形状和大小的平行六面体作为晶胞，如图 2-2 所示。为统一起见，规定在选取晶胞时应满足下列条件：①要能充分反映整个空间点阵的对称性；②在满足①的基础上，晶胞要具有尽可能多的直角；③在满足①、②的基础上，所选取的晶胞体积要最小。根据这些原则，所选出的晶胞可分为简单晶胞（又称初级晶胞）和复合晶胞（又称非初级晶胞）。简单晶胞即只在平行六面体的八个角顶上有阵点，而每个角顶上的阵点又分属于八个简单晶胞，故每个简单晶胞只含有一个阵点。复合晶胞除在平行六面体的八个角顶上有阵点外，在其体心、面心或底心等位置上也有阵点，因此每个复合晶胞中含有一个以上的阵点。

为描述晶胞的形状和大小，在建立坐标系时通常以晶胞角上的某一阵点为原点，以该晶胞上过原点的三个棱边作为坐标轴 x、y、z（称为晶轴），则晶胞的形状和大小即可由这三个棱边的长度 a、b、c（称为点阵常数）及其夹角 α、β、γ 这六个参数完全表达出来（图 2-3）。显然，只要任选一个阵点为原点，将 $\boldsymbol{a}$、$\boldsymbol{b}$、$\boldsymbol{c}$ 三个点阵矢量（称为基矢）作平移，就可得到整个点阵。点阵中任一阵点的位置均可用下列矢量表示：

$$\boldsymbol{r}_{uvw}=u\boldsymbol{a}+v\boldsymbol{b}+w\boldsymbol{c} \tag{2-1}$$

式中，$\boldsymbol{r}_{uvw}$ 为由原点到某阵点的矢量；u、v、w 分别为沿三个点阵矢量方向平移的基矢数，即阵点在 x、y、z 轴上的坐标值。

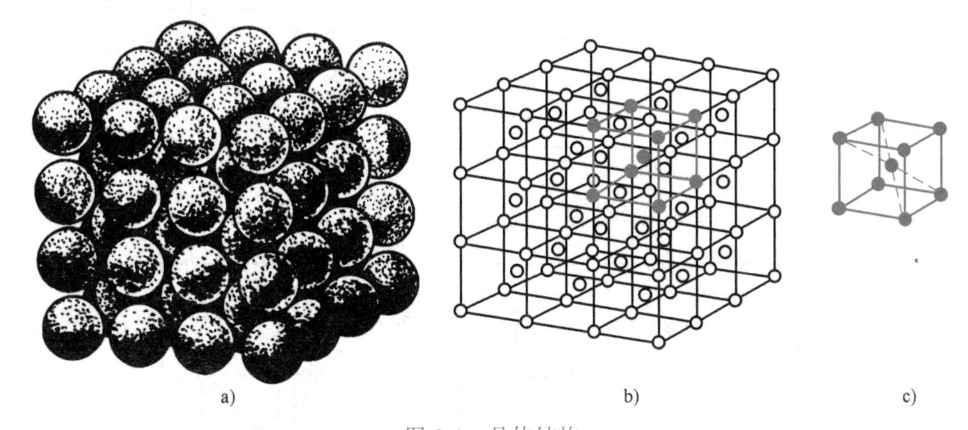

图 2-1　晶体结构

a）晶体　b）晶格　c）晶胞

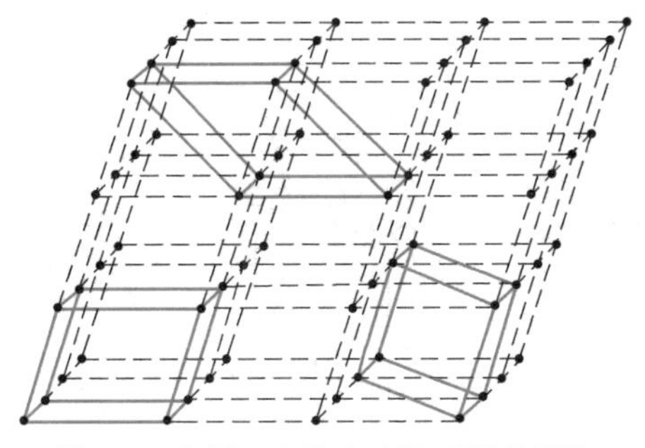

图 2-2　在同一点阵中选取不同的晶胞

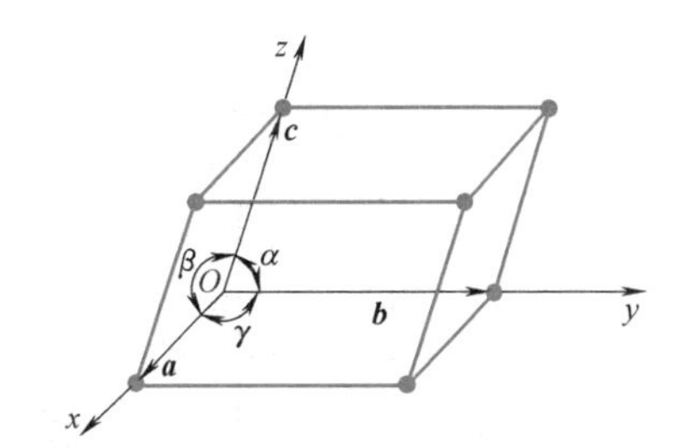

图 2-3　晶胞、晶轴和点阵矢量

二、晶系和布拉维点阵

在晶体学中，常根据晶胞外形即棱边长度之间的关系和晶轴之间的夹角情况对晶体进行分类。如分类时只考虑 a、b、c 是否相等，α、β、γ 是否相等及它们是否呈直角等因素，而不涉及晶胞中原子的具体排列情况，这样可将所有晶体分成七种类型或称七个晶系，见表 2-1。1848 年布拉维（A. Bravais）根据“每个阵点的周围环境相同”的要求，用数学分析法证明晶体中的空间点阵只有 14 种，并称之为布拉维点阵。其晶胞如图 2-4 所示，表 2-1 则把它们归属于七个晶系。

表 2-1　14 种布拉维点阵与七个晶系

布拉维点阵	晶系	棱边长度与夹角关系	与图 2-4 中对应的标号
简单立方	立方	$a=b=c,\alpha=\beta=\gamma=90°$	1
体心立方			2
面心立方			3
简单四方	四方	$a=b\neq c,\alpha=\beta=\gamma=90°$	4
体心四方			5

（续）

布拉维点阵	晶系	棱边长度与夹角关系	与图 2-4 中对应的标号
简单菱方	菱方	$a=b=c,\alpha=\beta=\gamma\neq 90°$	6
简单六方	六方	$a=b,\alpha=\beta=90°,\gamma=120°$	7
简单正交	正交	$a\neq b\neq c,\alpha=\beta=\gamma=90°$	8
底心正交			9
体心正交			10
面心正交			11
简单单斜	单斜	$a\neq b\neq c,\alpha=\beta=90°\neq\gamma$	12
底心单斜			13
简单三斜	三斜	$a\neq b\neq c,\alpha\neq\beta\neq\gamma\neq 90°$	14

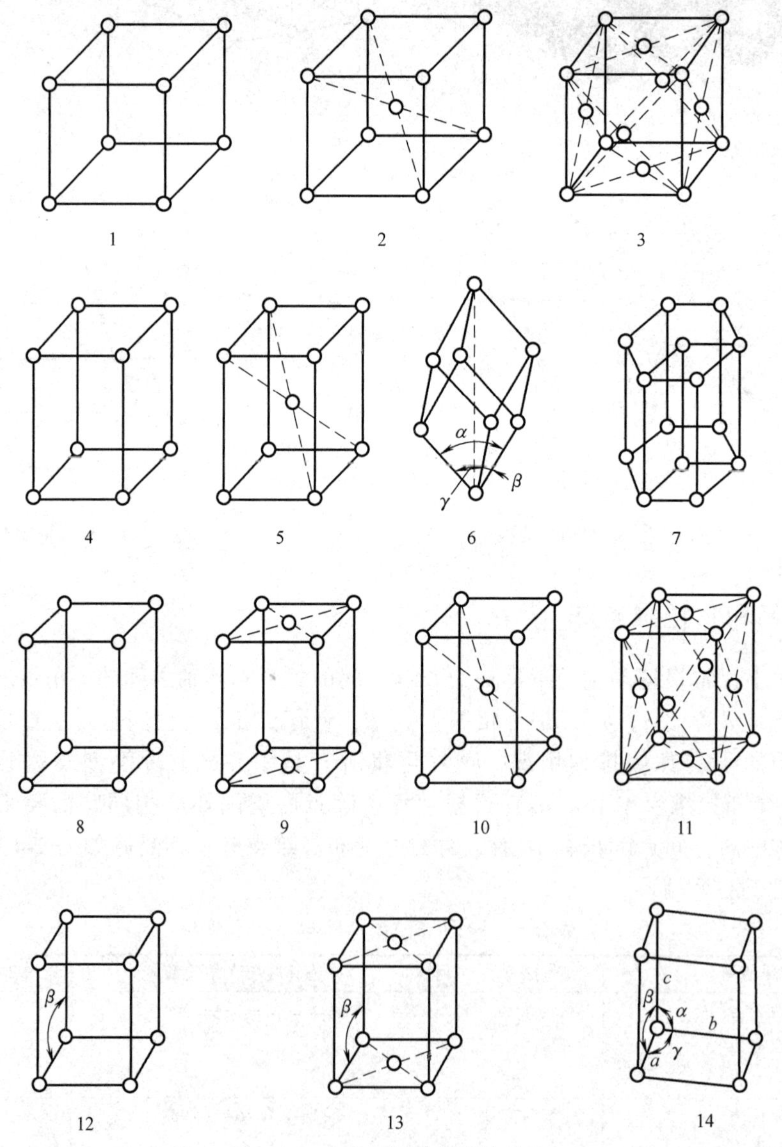

图 2-4　14 种布拉维点阵的晶胞

三、晶向指数和晶面指数

在材料科学中，讨论有关晶体的生长、变形和固态相变等问题时，常要涉及晶体中的某些方向（晶向）和某些平面（晶面）。空间点阵中各阵点排列的方向代表晶体中原子排列的方向，称为晶向。通过空间点阵中的任意一组阵点的平面代表晶体中的原子平面，称为晶面。为方便起见，人们通常用一种符号即晶向指数和晶面指数来分别表示不同的晶向和晶面。国际通用的是密勒（Miller）指数。

1. 晶向指数

晶向指数是表示晶体中点阵方向的指数，由晶向上阵点的坐标值决定。其确定步骤如下：

（1）建立坐标系　如图 2-5 所示，以晶胞中待定晶向上的某一阵点 O 为原点，以过原点的晶轴为坐标轴，以晶胞的点阵常数 a、b、c 分别为 x、y、z 坐标轴的长度单位，建立坐标系。

（2）确定坐标值　在待定晶向 OP 上确定距原点最近的一个阵点 P 的三个坐标值。

（3）化整并加方括号　将三个坐标值化为最小整数 u、v、w，并加方括号，即得到待定晶向 OP 的晶向指数 $[uvw]$。如果 u、v、w 中某一数为负值，则将负号标注在该数的上方。

对于晶向指数需作如下说明：①一个晶向指数代表着相互平行、方向一致的所有晶向。②若晶体中两晶向相互平行但方向相反，则晶向指数中的数字相同，而符号相反，如 $[11\bar{2}]$ 和 $[\bar{1}\bar{1}2]$ 等。③晶体中原子排列情况相同但空间位向不同的一组晶向称为晶向族，用 $\langle UVW \rangle$ 表示。例如立方晶系中的 $[111]$、$[\bar{1}11]$、$[1\bar{1}1]$、$[11\bar{1}]$、$[\bar{1}\bar{1}1]$、$[1\bar{1}\bar{1}]$、$[\bar{1}1\bar{1}]$、$[\bar{1}\bar{1}\bar{1}]$ 八个晶向是立方体中四个体对角线的方向，它们的原子排列情况完全相同，属于同一晶向族，故用 $\langle 111 \rangle$ 表示。如果不是立方晶系，改变晶向指数的顺序所表示的晶向可能不是等同的。如正交晶系中，$[100]$、$[010]$、$[001]$ 这三个晶向就不是等同晶向，因为这三个晶向上的原子间距分别为 a、b、c，其上的原子排列情况不同，性能也不同，所以不能属于同一晶向族。

2. 晶面指数

晶面指数是表示晶体中点阵平面的指数，由晶面与三个坐标轴的截距值决定。其确定步骤如下：

（1）建立坐标系　如图 2-6 所示，以晶胞的某一阵点 O 为原点，以过原点的晶轴为坐标轴，以点阵常数 a、b、c 为三个坐标轴的长度单位建立坐标系。但应注意，坐标原点的选取应便于确定截距，且不能选在待定晶面上。

（2）求截距　求出待定晶面在三个坐标轴上的截距。如果该晶面与某坐标轴平行，则其截距为 ∞。

（3）取倒数　取三个截距值的倒数。

（4）化整并加圆括号　将上述三个截距的倒数化为最小整数 h、k、l，并加圆括号，即得待定晶面的晶面指数 (hkl)。如果晶面在坐标轴上的截距为负值，则将负号标注在相应指数的上方。

对于晶面指数需作如下说明：①晶面指数 (hkl) 不是指一个晶面，而是代表着一组相

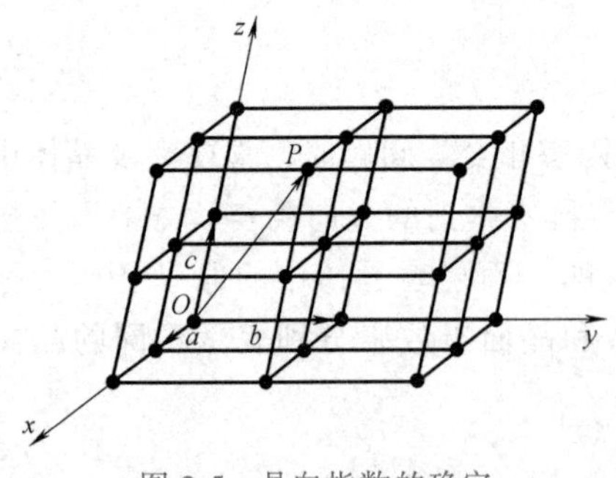

图 2-5　晶向指数的确定

图 2-6　晶面指数的确定

$Oa_1=\frac{1}{2}a \quad Ob_1=\frac{1}{2}b \quad Oc_1=\frac{1}{2}c$

互平行的晶面。②平行晶面的晶面指数相同，或数字相同而正负号相反，如（*hkl*）与（$\overline{hkl}$）。③晶体中具有等同条件（即这些晶面上的原子排列情况和晶面间距完全相同）而只是空间位向不同的各组晶面称为晶面族，用｛*hkl*｝表示。晶面族｛*hkl*｝中所有晶面的性能是等同的，并可以用 *h*、*k*、*l* 三个数字的排列组合方法求得。例如立方晶系中：

$$\{100\}=(100)+(010)+(001)+(\bar{1}00)+(0\bar{1}0)+(00\bar{1})$$

$$\{111\}=(111)+(\bar{1}11)+(1\bar{1}1)+(11\bar{1})+(\overline{111})+(1\overline{11})+(\bar{1}1\bar{1})+(\overline{11}1)$$

对于正交晶系，由于晶面（100）、（010）、（001）上原子排列情况不同，晶面间距不等，故不属于同一晶面族。④在立方晶系中，具有相同指数的晶向和晶面必定相互垂直，例如［100］⊥（100）、［111］⊥（111）等，但此关系不适用于其他晶系。

3. 六方晶系的晶向指数和晶面指数

为了更清楚地表明六方晶系的对称性，对六方晶系的晶向和晶面通常采用密勒-布拉维（Miller-Bravais）指数表示，如图 2-7 所示，该表示方法是采用 a_1、a_2、a_3 和 *c* 四个坐标轴，a_1、a_2 和 a_3 位于同一底面上，并互成 120°，*c* 轴与底面垂直。晶面指数的标定方法与三轴坐标系相同，但需用（*hkil*）四个数来表示。如密排六方晶胞的上基面在四个轴上的截距

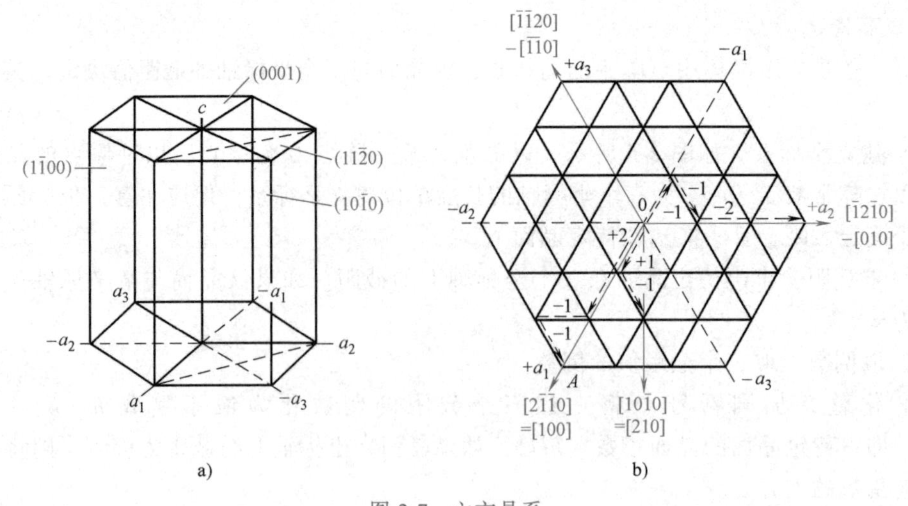

图 2-7　六方晶系

a）晶面指数　b）晶向指数

为：$a_1=\infty$，$a_2=\infty$，$a_3=\infty$，$c=1$。分别取倒数后即可求得该面的晶面指数为（0001）。用同样的方法可以求出其他各晶面的晶面指数（图 2-7a）。

应该指出，位于同一平面上的 h、k、i 三个坐标数中必定有一个是不独立的，可以证明它们之间存在下列关系：

$$i=-(h+k) \tag{2-2}$$

同样，在四轴坐标系中，晶向指数的确定方法也和三轴坐标系相同，但需要用［$uvtw$］四个数来表示。并且 u、v、t 中也只能有两个是独立的，它们之间存在下列关系：

$$t=-(u+v) \tag{2-3}$$

根据上述关系，晶向指数的标定步骤如下：从原点出发，沿着平行于四个晶轴的方向依次移动，使之最后达到待定晶向上的某一结点。移动时必须选择适当的路线，使沿 a_3 轴移动的距离等于沿 a_1、a_2 两轴移动的距离之和的负值，将各方向移动距离化为最小整数值，加上方括号，即为此晶向的晶向指数。如图 2-7b，OA 晶向的晶向指数为［$2\overline{11}0$］。这种方法的优点是由晶向指数画晶向时特别方便，且等同晶向可以从晶向指数上反映出来。但用此法标定晶向指数比较麻烦，通常是先用三轴坐标系标出待定晶向的晶向指数［UVW］，然后再按式（2-4）换算成四轴坐标系的晶向指数［$uvtw$］。

$$u=(2U-V)/3, v=(2V-U)/3, t=-(U+V)/3, w=W \tag{2-4}$$

4. 晶面间距

晶面间距是指相邻两个平行晶面之间的距离。晶面间距越大，晶面上原子的排列就越密集，晶面间距最大的晶面通常是原子最密排的晶面。晶面族 $\{hkl\}$ 指数不同，其晶面间距也不相同，通常低指数的晶面，其间距较大。晶面间距 d_{hkl} 与晶面指数（hkl）和点阵常数（a，b，c）之间有如下关系：

$$\begin{aligned}
&\text{正交晶系} && d_{hkl}=1/[(h/a)^2+(k/b)^2+(l/c)^2]^{1/2}\\
&\text{四方晶系} && d_{hkl}=1/[(h^2+k^2)/a^2+(l/c)^2]^{1/2}\\
&\text{立方晶系} && d_{hkl}=a/[h^2+k^2+l^2]^{1/2}\\
&\text{六方晶系} && d_{hkl}=1/[(4/3)(h^2+hk+k^2)/a^2+(l/c)^2]^{1/2}
\end{aligned} \tag{2-5}$$

5. 晶带

相交或平行于某一晶向直线的所有晶面的组合称为晶带。此直线叫作晶带轴。同一晶带中的晶面叫作共带面。晶带用晶带轴的晶向指数表示。同一晶带的晶面，其晶面指数和晶面间距可能完全不同，但它们都与晶带轴平行，即共带面法线均垂直于晶带轴。可以证明晶带轴［uvw］与该晶带中任一晶面（hkl）之间均满足下列关系：

$$hu+kv+lw=0 \tag{2-6}$$

凡满足式（2-6）的晶面都属于以［uvw］为晶带轴的晶带，此称为晶带定律。据此可得如下推论：

1）已知两不平行晶面（$h_1k_1l_1$）和（$h_2k_2l_2$），则由其所决定的晶带轴［uvw］由下式求得

$$u=k_1l_2-k_2l_1,\ v=l_1h_2-l_2h_1,\ w=h_1k_2-h_2k_1 \tag{2-7}$$

2）已知两不平行晶向［$u_1v_1w_1$］和［$u_2v_2w_2$］，则由其所决定的晶面指数（hkl）由下式求得

$$h = v_1 w_2 - v_2 w_1, \ k = w_1 u_2 - w_2 u_1, \ l = u_1 v_2 - u_2 v_1 \tag{2-8}$$

例 2-1　在一个面心立方晶胞中画出［012］和［$1\bar{2}3$］晶向。

解：为了在一个晶胞中表示出不同指数的晶向，首先应将晶向指数中的三个数值分别除以三个数中绝对值最大的一个数的正值，如［012］的各个指数除以 2 得 0、1/2、1；［$1\bar{2}3$］的各个指数除以 3 得 1/3、−2/3、1，此即晶向上的某点在各坐标轴上的坐标值。然后根据各坐标值的正负情况建立坐标系，［012］的坐标值均为正值，故其坐标原点应选在 O_1 点；［$1\bar{2}3$］在 x 和 z 轴上的坐标值为正值，而在 y 轴上的坐标值为负值，故其坐标原点应选在 O_2 点，这样可在不改变坐标轴方向的情况下，使所画出的晶向位于同一个晶胞内。最后根据坐标值分别确定出由两个晶向指数所决定的坐标点 P_1 和 P_2，并分别连接 O_1 和 P_1 及 O_2 和 P_2，即得由两晶向指数所表示的晶向 O_1P_1 和 O_2P_2，如图 2-8 所示。

例 2-2　在一个面心立方晶胞中画出（012）和（$1\bar{2}3$）晶面。

解：为了在一个晶胞中表示出不同指数的晶面，首先应将晶面指数中的三个数值分别取倒数，如（012）的各个指数分别取倒数后得∞、1、1/2；（$1\bar{2}3$）的各个指数分别取倒数后得 1、−1/2、1/3，此即晶面在三个坐标轴上的截距。然后根据各截距的正负情况建立坐标系，（012）的坐标原点应选在 O_3 点，（$1\bar{2}3$）的坐标原点应选在 O_4 点，这样可在不改变坐标轴方向的情况下，使所画出的晶面位于同一个晶胞之内。最后根据截距分别确定出由两个晶面指数所决定的晶面在各个坐标轴上的坐标点 x_3、y_3、z_3 和 x_4、y_4、z_4，并分别连接 x_3、y_3、z_3 和 x_4、y_4、z_4，即得由两晶面指数所表示的晶面，如图 2-9 所示。

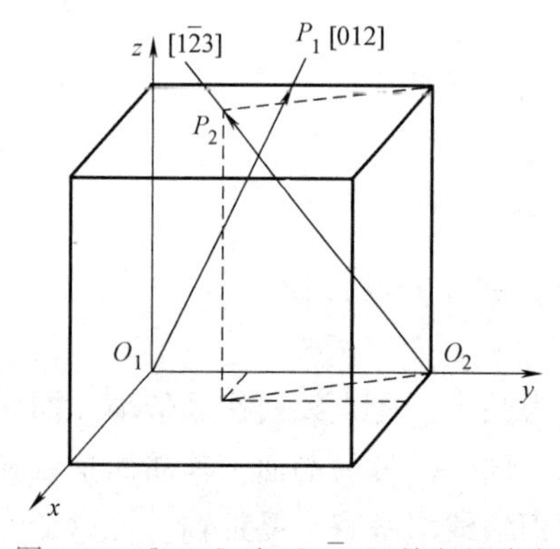

图 2-8　［012］和［$1\bar{2}3$］晶向的确定

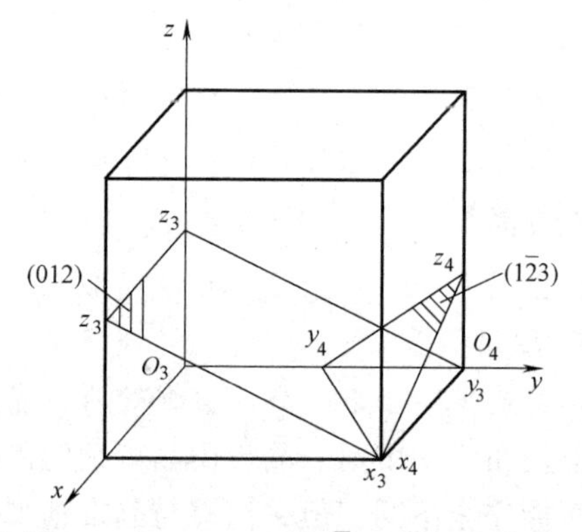

图 2-9　（012）和（$1\bar{2}3$）晶面的确定

第二节　纯金属的晶体结构

一、典型金属的晶体结构

金属晶体中的结合键是金属键，由于金属键没有方向性和饱和性，所以大多数金属晶体都具有排列紧密、对称性高的简单晶体结构。最常见的典型金属通常具有面心立方（A1 或

fcc）、体心立方（A2 或 bcc）和密排六方（A3 或 hcp）三种晶体结构。如把金属原子看成刚性球，则这三种晶体结构的晶胞分别如图 2-10、图 2-11、图 2-12 所示。

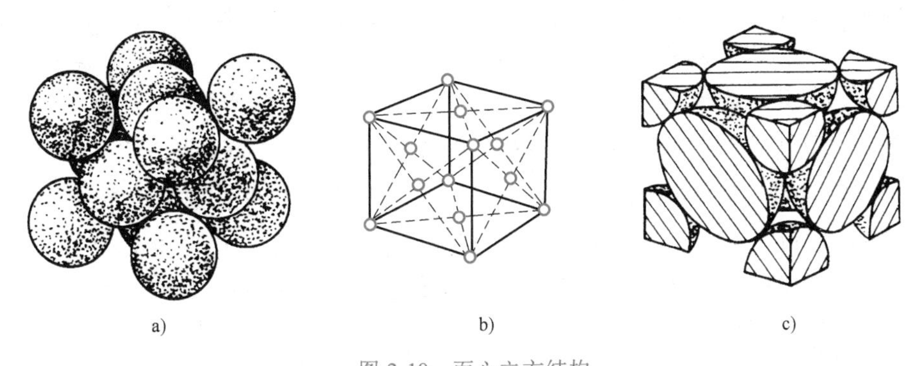

图 2-10 面心立方结构

a）刚性球模型 b）晶胞模型 c）晶胞中的原子数（示意图）

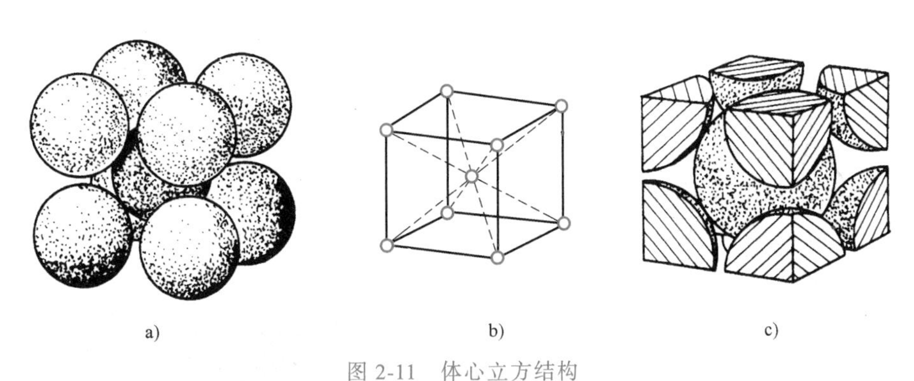

图 2-11 体心立方结构

a）刚性球模型 b）晶胞模型 c）晶胞中的原子数（示意图）

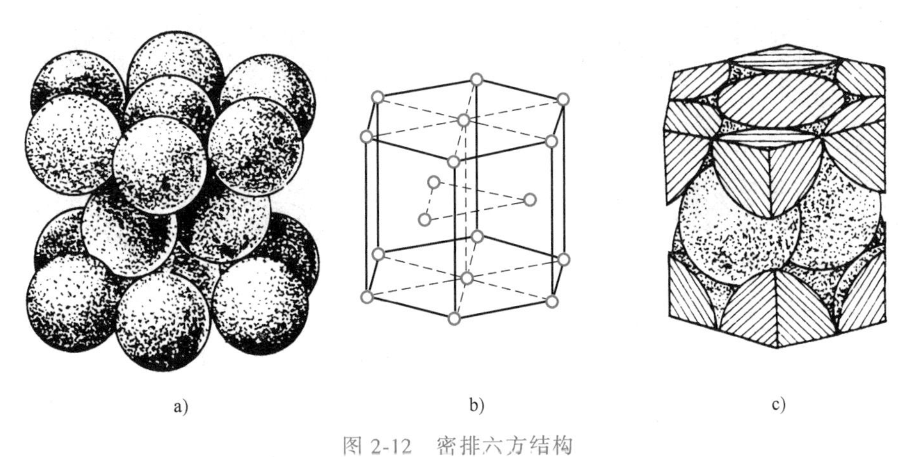

图 2-12 密排六方结构

a）刚性球模型 b）晶胞模型 c）晶胞中的原子数（示意图）

1. 原子的堆垛方式

由图 2-10a、图 2-11a 和图 2-12a 可见，三种晶体结构中均有一组原子密排面和原子密排方向，见表 2-2。各种原子密排面在空间沿其法线方向一层层平行堆垛即可分别构成上述三种晶体结构。由图 2-13 和图 2-14 可以看出，面心立方结构中 {111} 晶面和密排六方结构中 {0001} 晶面上的原子排列情况完全相同。若将第一层密排面上原子排列的位置用字母 A 表示，则在 A 面上每三个相邻原子之间就有一个空隙，并有△型和▽型两种，分别用字母 B 和 C 表示。A 层以上的原子可以有两种堆垛方式：可能处于△型空隙的位置，也可能处于▽型空隙的位置。假设第二层原子（B 层）处于△型空隙的位置，若第三层原子（C 层）排在第一层原子的▽型空隙的位置处，则密排面的堆垛顺序为 ABCABC…（图 2-13a），这种堆垛方式即为面心立方结构。当沿面心立方晶胞的体对角线 $[1\bar{1}1]$ 方向观察时，就可清楚地看到 $(1\bar{1}1)$ 晶面的这种堆垛方式（图 2-13b）。若第三层原子又排在 A 的位置，则密排面的堆垛顺序为 ABAB…（图 2-14a），这种堆垛方式即为密排六方结构。当沿密排六方晶胞的 [001] 方向观察时，可以清楚地看到 (0001) 晶面的这种堆垛方式（图 2-14b）。这两种结构的堆垛方式虽不同，但都是最紧密的排列，都具有相同的配位数和致密度（表 2-2）。

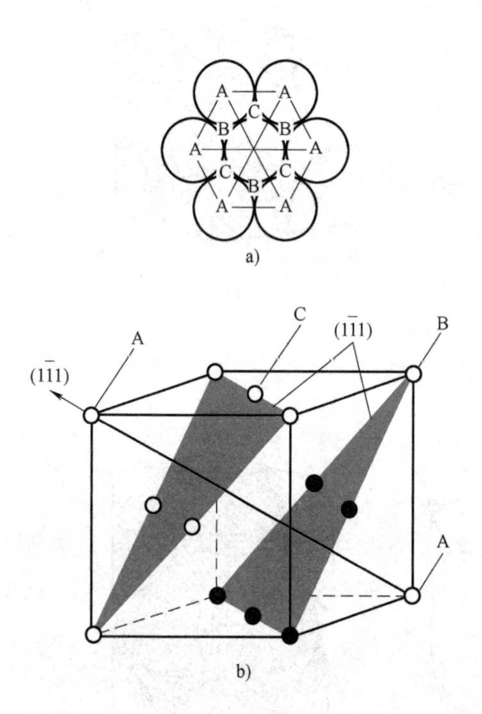

图 2-13　面心立方结构中原子的堆垛方式

a) $(1\bar{1}1)$ 晶面的堆垛　b) 面心立方晶胞

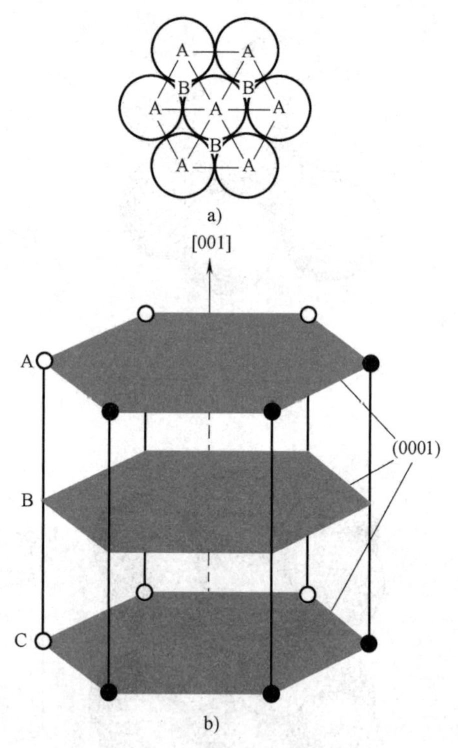

图 2-14　密排六方结构中原子的堆垛方式

a) (0001) 晶面的堆垛　b) 密排六方晶胞

表 2-2　三种典型金属晶体结构的特征

晶体类型	原子密排面	原子密排方向	晶胞中的原子数	配位数 CN	致密度 K
A1 (fcc)	{111}	⟨110⟩	4	12	0.74
A2 (bcc)	{110}	⟨111⟩	2	8，(8+6)	0.68
A3 (hcp)	{0001}	$\langle 11\bar{2}0\rangle$	6	12	0.74

2. 点阵常数

晶胞的棱边长度 a、b、c 称为点阵常数。如把原子看作半径为 r 的刚性球，则由几何学知识即可求出 a、b、c 与 r 之间的关系：

$$
\begin{aligned}
&\text{体心立方结构}(a=b=c) && a=4(\sqrt{3}/3)r \\
&\text{面心立方结构}(a=b=c) && a=2(\sqrt{2})r \qquad (2\text{-}9)\\
&\text{密排六方结构}(a=b\neq c) && a=2r
\end{aligned}
$$

点阵常数的单位是 nm，$1\text{nm}=10^{-9}\text{m}$。

具有三种典型晶体结构的常见金属及其点阵常数见表 2-3。对于密排六方结构，假定原子为等径刚性球模型，可计算出其轴比为 $c/a=1.633$，但实际金属的轴比常偏离此值（表 2-3），这说明视金属原子为等径刚性球只是一种近似假设。实际上原子半径随原子周围近邻的原子数和结合键的变化而变化。

表 2-3　一些重要金属的点阵常数①

金属	点阵类型	点阵常数/nm	金属	点阵类型	点阵常数/nm
Al	A1	0.40496	W	A2	0.31650
γ-Fe	A1	0.36468（916℃）	Be	A3	a 0.22856　c/a 1.5677
Ni	A1	0.35236			c 0.35832
Cu	A1	0.36147	Mg	A3	a 0.32094　c/a 1.6235
Rh	A1	0.38044			c 0.52105
Pt	A1	0.39239	Zn	A3	a 0.26649　c/a 1.8563
Ag	A1	0.40857			c 0.49468
Au	A1	0.40788	Cd	A3	a 0.29788　c/a 1.8858
V	A2	0.30782			c 0.56167
Cr	A2	0.28846	α-Ti	A3	a 0.29444　c/a 1.5873
α-Fe	A2	0.28664			c 0.46737
Nb	A2	0.33007	α-Co	A3	a 0.2502　c/a 1.623
Mo	A2	0.31468			c 0.4061

①　除注明温度外，均为室温数据。

3. 晶胞中的原子数

由图 2-10c、图 2-11c、图 2-12c 可以看出，位于晶胞顶角处的原子为几个晶胞共有，而位于晶胞面上的原子为两个相邻晶胞共有，只有在晶胞体内的原子才为一个晶胞独有。每个晶胞所含有的原子数（N）可用下式计算：

$$N=N_i+N_f/2+N_r/m \qquad (2\text{-}10)$$

式中，N_i、N_f、N_r 分别表示位于晶胞内部、面心和角顶上的原子数；m 为晶胞类型参数，立方晶系的 $m=8$，六方晶系的 $m=6$。用式（2-10）计算所得的三种晶胞中的原子数见表 2-2。

4. 配位数和致密度

晶体中原子排列的紧密程度与晶体结构类型有关。为了定量表示原子排列的紧密程度，通常采用配位数和致密度这两个参数。

（1）配位数　晶体结构中任一原子周围最近邻且等距离的原子数（CN）。

（2）致密度　晶体结构中原子体积占总体积的百分数（K）。如以一个晶胞来计算，则致密度就是晶胞中原子体积与晶胞体积之比值，即

$$K = nv/V \tag{2-11}$$

式中，n 是一个晶胞中的原子数；v 是一个原子的体积，$v=(4/3)\pi r^3$；V 是晶胞的体积。

三种典型晶体结构的配位数和致密度见表 2-2。

应当指出，在密排六方结构中只有当 $c/a=1.633$ 时，配位数才为 12。如果 $c/a\neq1.633$，则有 6 个最近邻原子（同一层的原子）和 6 个次近邻原子（上、下层的各 3 个原子），其配位数应计为 6+6。

5. 晶体结构中的间隙

从晶体中原子排列的刚性球模型和对致密度的分析可以看出，金属晶体中存在许多间隙，如图 2-15、图 2-16、图 2-17 所示。其中位于 6 个原子所组成的八面体中间的间隙称为八面体间隙；位于 4 个原子所组成的四面体中间的间隙称为四面体间隙。设金属原子的半径为 r_A，间隙中所能容纳的最大圆球半径为 r_B（间隙半径），根据图 2-18 所示的刚性球模型的几何关系可以求出三种典型晶体结构中四面体间隙和八面体间隙的 r_B/r_A 值，其计算结果见表 2-4。由图 2-15、图 2-16、图 2-17 和表 2-4 可见，面心立方结构中的八面体间隙及四面体间隙与密排六方结构中的同类型间隙的形状相似，都是正八面体和正四面体，在原子半径

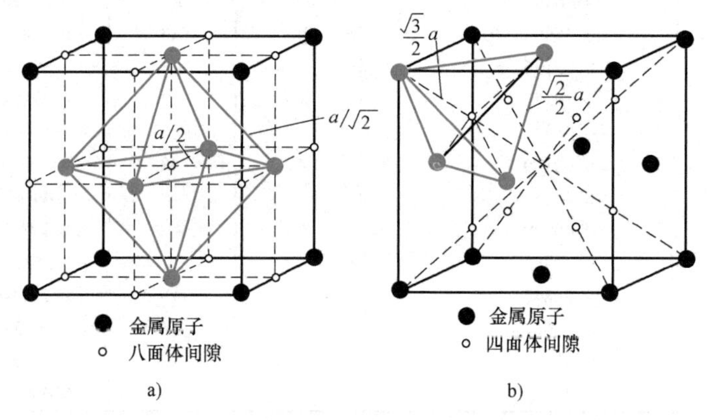

图 2-15　面心立方结构中的间隙

a）八面体间隙　b）四面体间隙

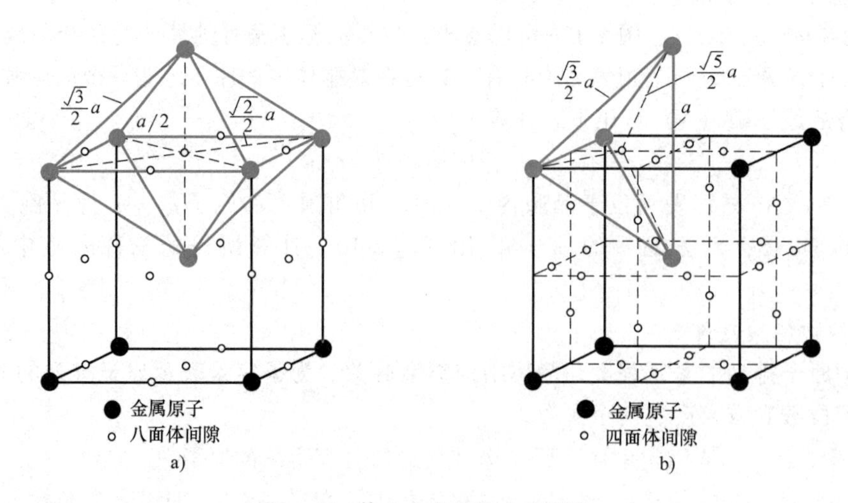

图 2-16　体心立方结构中的间隙

a）八面体间隙　b）四面体间隙

相同的条件下两种结构的同类型间隙的大小也相等，且八面体间隙大于四面体间隙；而体心立方结构中的八面体间隙却比四面体间隙小，且二者的形状都是不对称的，其棱边长度不完全相等。

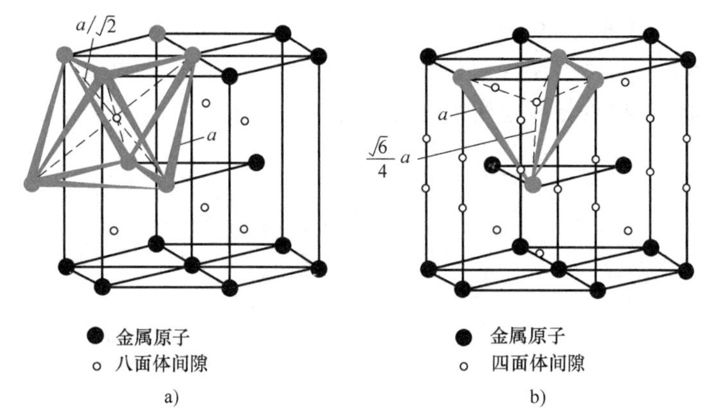

图 2-17　密排六方结构中的间隙

a）八面体间隙　b）四面体间隙

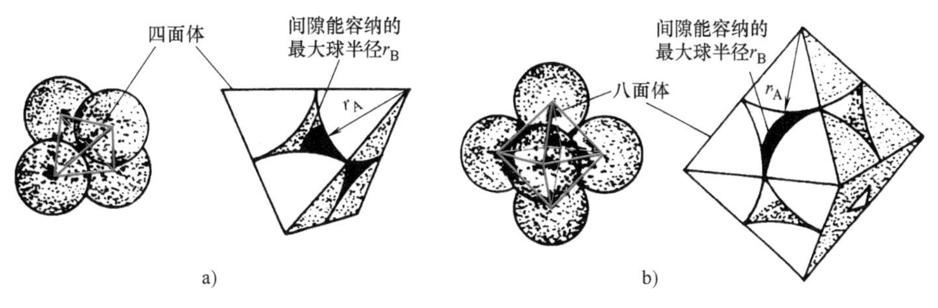

图 2-18　面心立方结构中间隙的钢球模型

a）四面体间隙$\frac{r_B}{r_A}=0.225$　b）八面体间隙$\frac{r_B}{r_A}=0.414$

表 2-4　三种典型晶体结构中的间隙

晶体类型	间隙类型	一个晶胞内的间隙数	原子半径 r_A	间隙半径 r_B	r_B/r_A
A1(fcc)	正四面体	8	$a\sqrt{2}/4$	$(\sqrt{3}-\sqrt{2})a/4$	0.225
	正八面体	4		$(2-\sqrt{2})a/4$	0.414
A2(bcc)	四面体	12	$a\sqrt{3}/4$	$(\sqrt{5}-\sqrt{3})a/4$	0.291
	扁八面体	6		$(2-\sqrt{3})a/4$	0.155
A3(hcp)	四面体	12	$a/2$	$(\sqrt{6}-2)a/4$	0.225
	正八面体	6		$(\sqrt{2}-1)a/2$	0.414

二、多晶型性

在元素周期表中，大约有 40 多种元素具有两种或两种类型以上的晶体结构。当外界条件（主要指温度和压力）改变时，元素的晶体结构可以发生转变，金属的这种性质称为多晶型性。这种转变称为多晶型转变或同素异构转变。例如铁在 912℃ 以下为体心立方结构，

称为 α-Fe；在 912~1394℃时为面心立方结构，称为 γ-Fe；当温度超过 1394℃时，又变为体心立方结构，称为 δ-Fe；在高压下（150kPa）铁还可以具有密排六方结构，称为ε-Fe。锡在温度低于 18℃时为金刚石结构的 α 锡，也称为“灰锡”；而在温度高于 18℃时为四方结构的 β 锡，也称为“白锡”。碳具有六方结构和金刚石结构两种晶型。当晶体结构改变时，金属的性能（如体积、强度、塑性、磁性、导电性等）往往会发生突变，图 2-19 所示为纯铁加热时的膨胀曲线。钢铁材料之所以能通过热处理来改变性能，原因之一就是其具有多晶型转变。

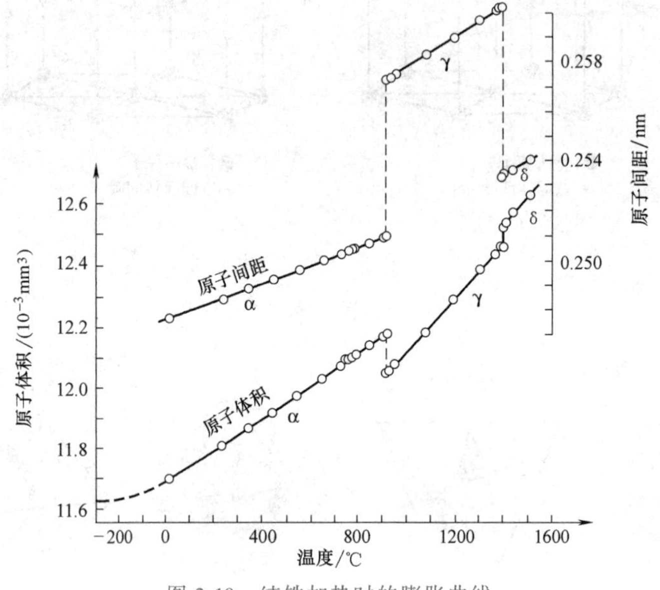

图 2-19　纯铁加热时的膨胀曲线

例 2-3　铁在 912℃时由 α-Fe（体心立方）变为 γ-Fe（面心立方），已知碳存在于铁的间隙中，试解释为什么碳在 γ-Fe 中的溶解度（w_C 最高可达 2.11%）比在 α-Fe 中的溶解度（w_C 最高只有 0.0218%）大。已知 γ-Fe、α-Fe 和碳的原子半径分别为 0.129nm、0.125nm 和 0.077nm。

解：由于 α-Fe 的致密度为 0.68，γ-Fe 的致密度为 0.74，即 α-Fe 中的总空隙量比 γ-Fe 大。初看上去，似乎 α-Fe 中可以溶解更多的碳，但如仔细计算 γ-Fe 和 α-Fe 中的间隙尺寸，可得 γ-Fe 中每个间隙的尺寸比 α-Fe 要大得多。

实验证明，碳原子无论是溶入 α-Fe 还是 γ-Fe，所处的间隙位置都是八面体间隙。现计算这两种间隙的大小。

对于 γ-Fe，如图 2-20 所示，以 (100) 晶面上碳原子所处的间隙位置 (0，1/2，0) 为例（只要是碳原子位于八面体间隙，取任一晶面计算都是等效

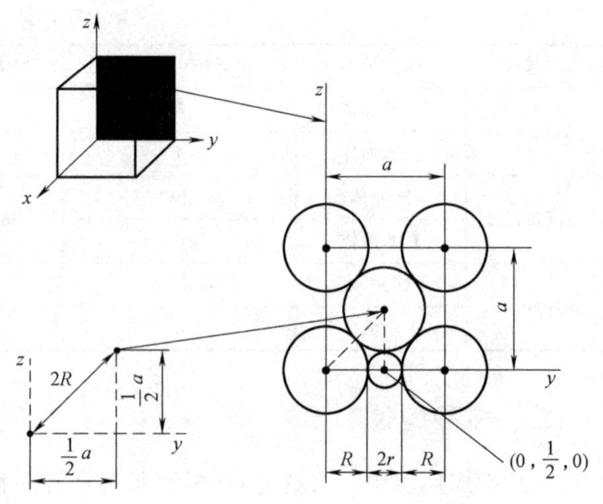

图 2-20　γ-Fe 中 (100) 晶面上碳原子所处的间隙位置 (0，1/2，0)

的)，计算其八面体的间隙半径 r。

因为　$2R + 2r = a$　　$(2R)^2 = (a/2)^2 + (a/2)^2 = a^2/2$

$a = 2\sqrt{2}R$　　$2R + 2r = 2\sqrt{2}R$

所以　$r = (\sqrt{2} - 1)R = 0.414R = 0.414 \times 0.129\text{nm} = 0.053\text{nm}$

对于 α-Fe，以（110）晶面上碳原子所处的间隙位置（0，1/2，1/2）为例，计算其八面体间隙的间隙半径 r。

因为　$r = a/2 - R$　　$a = 4R/\sqrt{3}$

所以　$r = (4R/\sqrt{3})/2 - R = 0.155R = 0.155 \times 0.125\text{nm} = 0.019\text{nm}$

碳的原子半径是 γ-Fe 间隙半径的 1.45 倍，是 α-Fe 间隙半径的 4 倍。由此可见，虽然 α-Fe 总的间隙量比 γ-Fe 多，且间隙位置数也多（见表 2-4），但每个间隙的尺寸都很小，碳原子进入该间隙较困难，因而碳在 γ-Fe 中的溶解度比在 α-Fe 中的溶解度大。

三、晶体结构中的原子半径

当大量原子通过键合组成紧密排列的晶体时，利用原子等径刚性球密堆模型，以相切两刚性球的中心距（原子间距）的一半作为原子半径，并根据 X 射线测定的点阵常数求得。但原子半径并非固定不变，除了与温度、压力等外界条件有关外，还受结合键、配位数以及外层电子结构等因素的影响。

1. 温度与压力的影响

一般情况下给出的原子半径数值都是常温常压下的数据。当温度改变时，由于原子热振动及晶体内点阵缺陷平衡浓度的变化，都会使原子间距产生改变，因而影响到原子半径的大小。例如，室温下银的原子半径为 0.144429nm，当温度升高 1℃，则变为 0.144432nm。此外，晶体中的原子并非刚性接触，由于原子之间存在一定的可压缩性，故当压力改变时也会引起原子半径的变化。

2. 结合键的影响

晶体中原子的平衡间距与结合键的类型及其键合的强弱有关。离子键与共价键是较强的结合键，故原子间距相应较小；而范德瓦耳斯键的键能最小，因此原子间距最大。同一金属晶体当分别以金属键或离子键结合时，其原子半径与离子半径存在很大差异。例如，Fe 的原子半径为 0.124nm，而 Fe^{2+} 和 Fe^{3+} 的离子半径分别为 0.083nm 和 0.067nm。碱金属与过渡族金属相比，由于结合较弱，因此其原子半径比离子半径大得更多。

3. 配位数的影响

晶体中原子排列的密集程度与原子半径密切相关。为了便于对比原子的大小，戈尔德施米特（Goldschmidt）根据原子半径随晶体中原子配位数的降低而减小的经验规律，把配位数为 12 的密排晶体的原子半径作为 1，不同配位数时原子半径的相对值见表 2-5。

表 2-5　原子半径与配位数的关系

配位数	12	10	8	6	4	2	1
原子半径	1.00	0.986	0.97	0.96	0.88	0.81	0.72
原子半径减少百分数		1.4%	3%	4%	12%	19%	28%

当金属自高配位数结构向低配位数结构发生同素异构转变时，随着致密度的减小和晶体体积的膨胀，原子半径将同时产生收缩，以求减少转变时的体积变化。例如由面心立方结构的 γ-Fe 转变为体心立方结构的 α-Fe，致密度从 0.74 降至 0.68，如果原子半径不变应产生9%的体积膨胀，但实际测出的体积膨胀只有 0.8%。

例 2-4 计算 γ-Fe 转变为 α-Fe 时的体积变化。

解：（1）假定转变前后铁的原子半径不变 计算时按每个原子在晶胞中占据的体积为比较标准，已知 γ-Fe 晶胞中有 4 个原子，α-Fe 晶胞中有 2 个原子。

对 γ-Fe，$a=4R_1/\sqrt{2}$；对 α-Fe，$a=4R_2/\sqrt{3}$。

故有
$$V_{\gamma\text{-Fe}} = a^3/4 = (4R_1/\sqrt{2})^3/4 = 5.66R_1^3$$
$$V_{\alpha\text{-Fe}} = a^3/2 = (4R_2/\sqrt{3})^3/2 = 6.16R_2^3$$

由于转变前后铁的原子半径不变，所以 $R_1=R_2=R$，转变时的体积变化为

$$\Delta V/V_{\gamma\text{-Fe}} = (V_{\alpha\text{-Fe}} - V_{\gamma\text{-Fe}})/V_{\gamma\text{-Fe}} = (6.16R^3 - 5.66R^3)/5.66R^3 = 8.8\%$$

（2）考虑铁原子半径在相变时要发生改变 对具有多晶型转变的金属来说，原子半径随配位数的降低而减小，当 γ-Fe 转变为 α-Fe 时，配位数由 12 变为 8，这时原子半径 $R_2=0.97R_1$（参见表 2-5）。因此，转变时的体积变化为

$$\Delta V/V_{\gamma\text{-Fe}} = [6.16\times(0.97R_1)^3 - 5.66R_1^3]/5.66R_1^3 = 0.7\%$$

这与实际测定的值很接近，说明金属发生多晶型转变时原子总是力图保持它所占据的体积不变，以维持其最低的能量状态。

4. 原子核外层电子结构的影响

根据原子核外层电子分布的变化规律，各元素的原子半径随原子序数的递增而呈现周期性变化的特点，如图 2-21 所示。在每一周期的开始阶段，随着原子序数的增加，原子核外

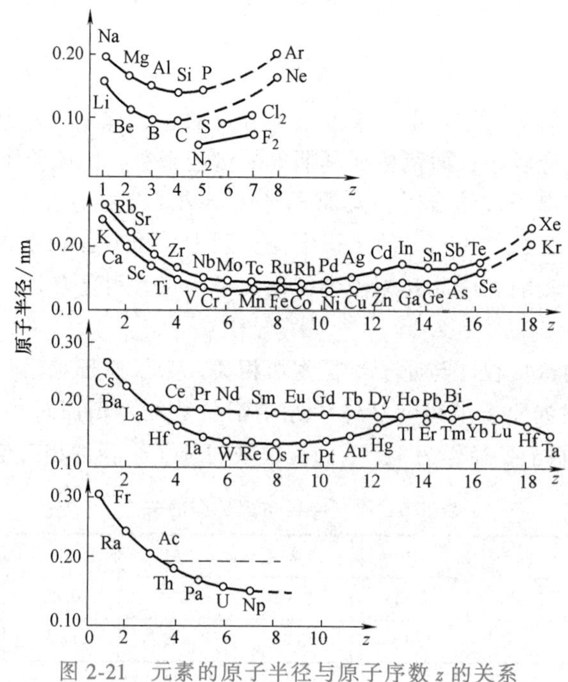

图 2-21 元素的原子半径与原子序数 z 的关系

层电子数目增加（电子壳层数目不变），电子壳层逐渐被电子填满，此时原子半径逐渐减小，达到最小值之后，原子半径又随原子序数的增大而增大。自第二周期至第五周期，每个周期内原子半径的最大值和最小值随周期数的增大而提高。在第六周期镧系元素的原子半径基本不变。而稀土族以后的元素，自铪至金的原子半径几乎和上一周期相应元素的原子半径相等，这种现象称为镧族收缩。

第三节　离子晶体的结构

一、离子晶体的主要特点

陶瓷材料中的晶相大多属于离子晶体。离子晶体是由正负离子通过离子键按一定方式堆积起来而形成的。由于离子键的结合力很大，所以离子晶体的硬度高、强度大、熔点和沸点较高、热胀系数较小，但脆性大；由于离子键中很难产生可以自由运动的电子，所以离子晶体都是良好的绝缘体；在离子键结合中，由于离子的外层电子比较牢固地束缚在离子的外围，可见光的能量一般不足以使其外层电子激发，因而不吸收可见光，所以典型的离子晶体往往是无色透明的。离子晶体的这些特性在很大程度上取决于离子的性质及排列方式。

二、离子半径、配位数和离子的堆积

1. 离子半径

离子半径是指从原子核中心到其最外层电子的平衡距离。它反映了原子核对核外电子的吸引和核外电子之间排斥的平均效果，是决定离子晶体结构类型的一个重要的几何因素。一般所了解的离子半径的意义是指离子在晶体中的接触半径，即以晶体中相邻的正负离子中心之间的距离作为正负离子半径之和。

我们知道，正、负离子的电子组态与惰性气体原子的组态相同，在不考虑相互间的极化作用时，它们的外层电子形成闭合的壳层，电子云的分布为球面对称。因此可以把离子看作是带电的圆球。于是，在离子晶体中，正负离子间的平衡距离 R_0 等于球状正离子的半径 R^+ 与球状负离子的半径 R^-之和，即

$$R_0 = R^+ + R^- \tag{2-12}$$

利用 X 射线结构分析求得 R_0 后，再把 R_0 分成 R^+和 R^-。但是由于正负离子半径不等，如何从正负离子的平衡距离之间找到正负离子半径的分界线，不同的划分方法会得到有差异的结果。求取离子半径常用两种方法：一种是从球形离子间堆积的几何关系来推算，用这种方法所得的结果称为戈尔德施米特（Goldschmidt）离子半径；另一种是考虑原子核对外层电子的吸引等因素来计算离子半径的鲍林（Pauling）方法，用这种方法所得的结果称为离子的晶体半径。这两套离子半径的数值虽相当接近，但鲍林方法已被大家普遍接受。

鲍林认为离子的大小主要由外层电子的分布决定，对相同电子层的离子来说，其离子半径与有效电荷成反比。因此离子半径为

$$R_1 = C_n/(Z - \sigma) \tag{2-13}$$

式中，R_1 是单价离子半径；C_n 是由外层电子的主量子数 n 决定的常数；Z 是原子序数；σ 是屏蔽常数，与离子的电子构型有关；$(Z-\sigma)$ 表示有效电荷。

如果所考虑的离子不是单价而是多价的，则可由单价离子半径 R_1 用下式换算成多价离子的晶体半径 R_w，即

$$R_w = R_1(W)^{-2/(n-1)} \tag{2-14}$$

式中，W 是离子的价数；n 是波恩指数。

必须指出，离子半径的大小并非绝对的，同一离子随着价态和配位数的变化而变化。

2. 配位数

在离子晶体中，与某一考察离子邻接的异号离子的数目称为该考察离子的配位数。如在 NaCl 晶体中，Na^+与 6 个 Cl^-邻接，故 Na^+的配位数为 6；同样 Cl^-与 6 个 Na^+邻接，所以 Cl^-的配位数也是 6。正负离子的配位数主要取决于正、负离子的半径比（R^+/R^-），根据不同的（R^+/R^-），正离子选取不同的配位数。另外，只有当正、负离子相互接触时，离子晶体的结构才稳定。因此配位数一定时，（R^+/R^-）有一个下限值，见表 2-6。

表 2-6　离子半径比（R^+/R^-）、配位数与负离子配位多面体的形状

R^+/R^-	正离子配位数	负离子配位多面体的形状		
0→0.155	2	哑铃状		
0.155→0.225	3	三角形	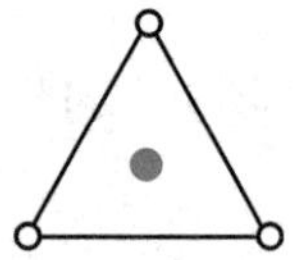	
0.225→0.414	4	四面体	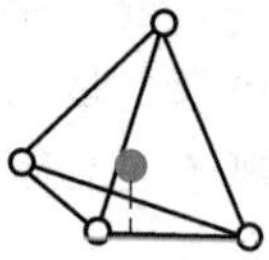	
0.414→0.732	6	八面体	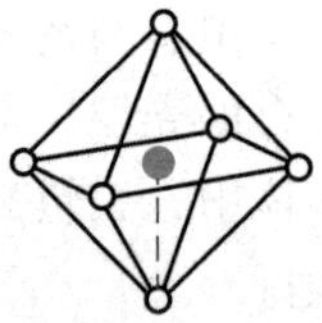	
0.732→1.00	8	立方体	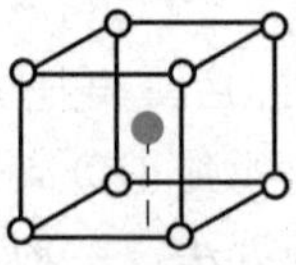	
1.00	12	最密堆积	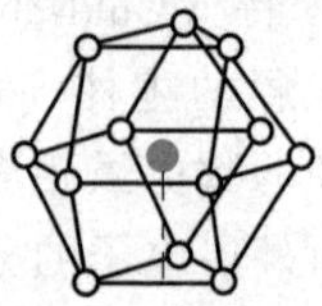	

从已知的离子半径和表 2-6 所示的结果，可以推测配位数及离子晶体的结构类型。例如 NaCl，$R^+/R^- = 0.95/1.81 = 0.53$，故配位数为 6，属 NaCl 型。再如 CsCl，$R^+/R^- = 1.69/1.81 = 0.94$，故配位数为 8，属 CsCl 型。

3. 离子的堆积

在离子晶体中，正负离子是怎样堆积成离子晶格的呢？由于正离子半径一般较小，负离子半径较大，所以离子晶体通常看成是由负离子堆积成骨架，正离子则按其自身的大小，居留于相应的负离子空隙——负离子配位多面体中。负离子好像等径圆球，其堆积方式主要有立方最密堆积（立方面心堆积）、六方最密堆积、立方体心密堆积和四面体堆积等。例如 CsCl 结构可以看作是 Cl^- 构成的立方体心密堆积，而 Cs^+ 则居留在立方体空隙中。

负离子作不同堆积时，可以构成形状不同、数量不等的空隙。例如，负离子作六方最密堆积时，可以构成如图 2-18 所示的八面体和四面体空隙。设负离子数为 n 个，则可构成 n 个八面体空隙和 $2n$ 个四面体空隙。n 个负离子作立方体心密堆积时，只能构成 n 个立方体空隙。

所谓负离子配位多面体，是指在离子晶体结构中，与某一个正离子成配位关系而邻接的各个负离子中心线所构成的多面体。各种形状的负离子配位多面体见表 2-6。

三、离子晶体的结构规则

鲍林（L. Pauling）在大量实验的基础上，应用离子键理论，并主要依据离子半径，即从几何角度总结出了离子晶体的结构规则。它虽是一个经验性的规则，但为描述、理解离子晶体的结构，特别是复杂离子晶体的结构时提供了许多方便。

1. 负离子配位多面体规则——鲍林第一规则

鲍林第一规则指出：在离子晶体中，正离子的周围形成一个负离子配位多面体，正负离子间的平衡距离取决于离子半径之和，而正离子的配位数则取决于正负离子的半径比。

对于简单的离子晶体，其结构通常都用离子在晶胞中的位置和配位数情况来描述和想象。对于复杂的离子晶体同样采用这种方法。在描述和理解离子晶体的结构时，运用第一规则，可将其结构视为由负离子配位多面体按一定方式连接而成，正离子则处于负离子多面体的中央。例如 NaCl 的结构，可以看作是 Cl^- 的立方最密堆积，即视为由 Cl^- 的配位多面体——氯八面体连接而成，Na^+ 占据全部氯八面体中央。有时把钠氯八面体记作［$NaCl_6$］（简称配位多面体），这样 NaCl 的晶格就是由钠氯八面体［$NaCl_6$］按一定方式连接而成的。由此看来，配位多面体才是离子晶体的真正结构基元。

2. 电价规则——鲍林第二规则

配位多面体是怎样连接成离子晶格的呢？电价规则以及鲍林第三规则对此给出了解答。

设 Z^+ 为正离子的电荷，n 是其配位数，则正离子的静电键强度定义为

$$S = Z^+ / n \tag{2-15}$$

在一个稳定的离子晶体中，每个负离子的电价 Z^- 等于或接近于与之邻接的各正离子静电键强度 S 的总和，即

$$Z^- = \Sigma S_i = \Sigma (Z^+ / n)_i \tag{2-16}$$

式中，S_i 为第 i 种正离子的静电键强度。上式就是鲍林第二规则，也称电价规则。

由电价规则可知，在一个离子晶体中，一个负离子必定同时被一定数量的负离子配位多面体所共有。例如 MgO 属于 NaCl 晶型的离子晶体，Mg^{2+} 的配位数为 6，故其 $S = 1/3$，每个 O^{2-} 为 6 个氧八面体所共有，即每个 O^{2-} 是 6 个镁氧八面体［MgO_6］的公共顶点，所以 $\Sigma S_i = 6 \times (1/3) = 2$，等于 O^{2-} 的电价。MgO 的晶体结构如图 2-22 所示。

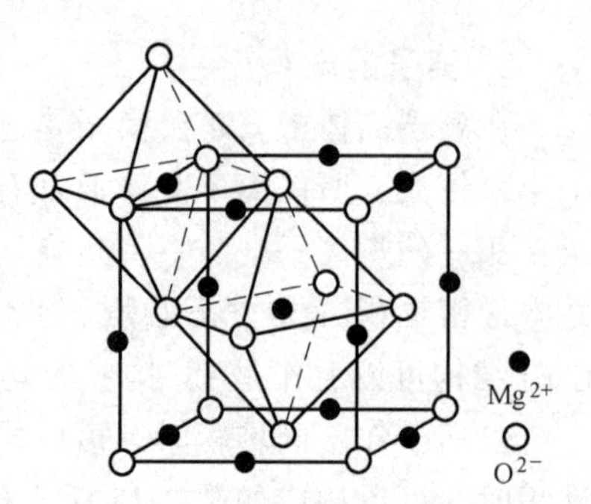

图 2-22　MgO 晶格中的配位多面体—镁氧八面体［MgO_6］的连接方式

电价规则适用于一切离子晶体，在许多情况下也适用于兼具离子性和共价性的晶体结构。利用电价规则可以帮助我们推测负离子多面体之间的连接方式，有助于对复杂离子晶体的结构进行分析。

3. 关于负离子多面体共用点、棱与面的规则——鲍林第三规则

在分析离子晶体中负离子多面体相互间的连接方式时，电价规则只能指出共用同一个顶点的多面体数，而没有指出两个多面体间所共用的顶点数，即并未指出两个多面体究竟共用 1 个顶点还是 2 个顶点（即 1 个棱），或 2 个以上的顶点（即 1 个面）。

鲍林第三规则指出：在一配位结构中，共用棱特别是共用面的存在，会降低这个结构的稳定性。对于电价高、配位数低的正离子，这个效应尤为显著。

这个规则的物理基础在于：2 个多面体中央正离子间的库仑斥力会随它们之间的共用顶点数的增加而激增。例如 2 个四面体中心间的距离，在共用一个顶点时设为 1，则共用棱和共用面时，分别等于 0.58 和 0.33；在八面体的情况下，分别为 1、0.71 和 0.58。这种距离的显著缩短，必然导致正离子间库仑斥力的激增，使结构的稳定性大大降低。

四、典型离子晶体的结构

多数盐类、碱类（金属氢氧化物）及金属氧化物都会形成离子晶体。离子晶体的结构是多种多样的，但对二元离子晶体，按不等径刚性球密堆积理论，可把它们归纳为六种基本结构类型：NaCl 型、CsCl 型、立方 ZnS 型、六方 ZnS 型、CaF_2 型和金红石（TiO_2）型，有的则是这些典型结构的变形。典型二元离子晶体的结构如图 2-23 所示。

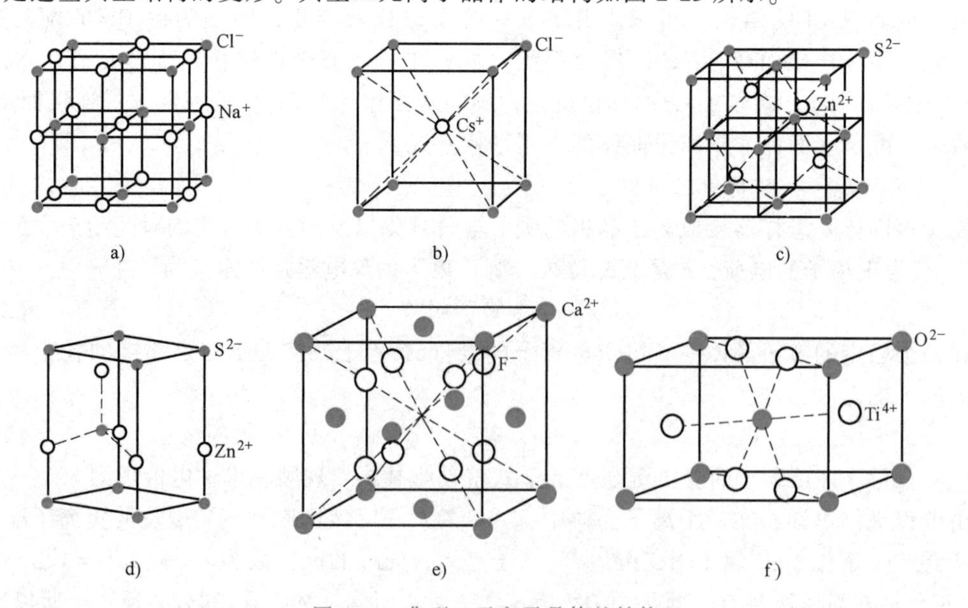

图 2-23　典型二元离子晶体的结构

a）NaCl 型　b）CsCl 型　c）立方 ZnS 型　d）六方 ZnS 型　e）CaF_2 型　f）金红石 TiO_2 型

1. NaCl 晶型

以 NaCl 的点阵结构为代表，如图 2-23a 所示。可视为由负离子（Cl^-）构成面心立方点阵，而正离子（Na^+）占据全部八面体间隙，它属于立方晶系，面心立方点阵。正负离子的配位数均为 6。在陶瓷中，如 MgO、CaO、FeO 和 NiO 等均属于此种晶型。

2. CsCl 晶型

以 CsCl 的点阵结构为代表，如图 2-23b 所示。可视为由负离子（Cl^-）构成简单立方点阵，而正离子（Cs^+）占据其立方体间隙。它属于立方晶系，简单立方点阵。正负离子的配位数均为 8。另外，CsBr、CsI 等也属于此种晶型。

3. 闪锌矿（立方 ZnS）晶型

以立方 ZnS 的点阵结构为代表，如图 2-23c 所示。可视为由负离子（S^{2-}）构成面心立方点阵，而正离子（Zn^{2+}）交叉分布在其四面体间隙中。它属于立方晶系，面心立方点阵。正负离子的配位数均为 4。Ⅲ～Ⅴ族半导体化合物，如 GaAs、AlP 等均属此种结构。

4. 纤锌矿（六方 ZnS）晶型

以六方 ZnS 的点阵结构为代表，图 2-23d 中只画出了六方晶胞的 1/3。该类结构实际上是由负离子（S^{2-}）和正离子（Zn^{2+}）各自形成的密排六方点阵穿插而成，其中一个点阵相对于另一个点阵沿 C 轴移动了 1/3 的点阵矢量。它属于六方晶系，简单六方点阵。正负离子的配位数均为 4。另外，ZnO、SiC 等也属于此种晶型。

5. 萤石（CaF_2）晶型

以 CaF_2 的点阵结构为代表，如图 2-23e 所示。可视作由正离子（Ca^{2+}）构成面心立方点阵，而 8 个负离子（F^-）则位于该晶胞的 8 个四面体间隙的中心位置。它属于立方晶系，面心立方点阵。正负离子的配位数为 8、4。在陶瓷中如 ZrO_2、ThO_2 等，合金中如 Mg_2Si、CuMgSb 等均属于此种结构。

6. 金红石（TiO_2）晶型

以 TiO_2 的点阵结构为代表，如图 2-23f 所示。可视作由负离子（O^{2-}）构成稍有变形的密排立方点阵，Ti^{4+}位于八面体间隙，填充了一半的八面体间隙。它属于四方晶系，体心四方点阵。正负离子的配位数为 6、3。此外，VO_2、NbO_2、MnO_2、SnO_2、PbO_2 等也属此种结构。

例 2-5　Al_2O_3 的晶体结构如图 2-24 所示。已知 Al^{3+}和 O^{2-}的离子半径分别为 0.057nm 和 0.132nm，试解释图中所示的结构。

解：因为 $R_{Al^{3+}}/R_{O^{2-}}=0.057/0.132=0.43$，由表 2-6 可知，铝离子的配位数为 6，铝离子处于八面体间隙中。

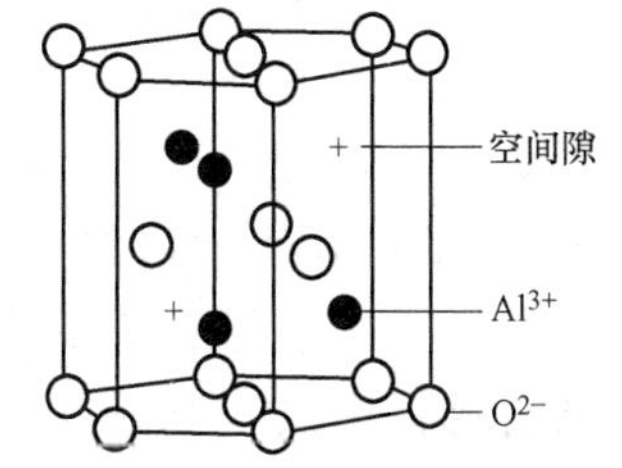

图 2-24　Al_2O_3 的晶体结构

在 Al_2O_3 的晶体结构中，氧离子占据密排六方晶体各阵点的位置，铝离子则位于密排六方结构的八面体间隙中。需记住密排六方和面心立方晶体一样，平均每一阵点可拥有 1 个八面体间隙和 2 个四面体间隙，故密排六方结构总共含有 6 个八面体间隙（见表 2-4）。为了保持电中和，只能有两个 Al^{3+}对三个 O^{2-}。因而八面体间隙只有 2/3 被铝离子占据。其中每一铝离子被 6 个氧离子所包围。

Al_2O_3 又叫作刚玉，是制作刀具、砂轮、磨料的原料。与 Al_2O_3 相类似的结构还有 Cr_2O_3 和 α-Fe_2O_3 等。

第四节 共价晶体的结构

一、共价晶体的主要特点

共价晶体是由同种非金属元素的原子或异种元素的原子以共价键结合而成的无限大分子。由于共价晶体中的粒子为中性原子，所以也叫作原子晶体。

处在元素周期表中间位置的一些具有3、4、5个价电子的元素，距表中惰性元素的距离相当，获得和丢失电子的能力相近，原子既可以获得电子变为负离子，也可以丢失电子变为正离子。当这些元素的原子之间或与元素周期表中位置相近的元素原子形成分子或晶体时，以共用价电子形成稳定的电子满壳层的结合方式。被共用的价电子同时属于两个相邻的原子，使它们的最外层均为电子满壳层。一般两个相邻原子只能共用一对电子，故一个原子的共价键数，即与它共价结合的原子数最多只能等于$8-N$，N表示这个原子最外层的电子数。所以共价键具有明显的饱和性。另外，在共价晶体中，原子以一定的角度相邻接，各键之间有确定的方位，因此共价键有着强烈的方向性。由于共价键的饱和性和方向性特点，使共价键晶体中原子的配位数要比离子型晶体和金属型晶体小。

共价键的结合力通常要比离子键强，所以共价晶体具有强度高、硬度高、脆性大、熔点高、沸点高和挥发性低等特性，结构也比较稳定。由于相邻原子所共用的电子不能自由运动，故共价晶体的导电能力较差。

二、典型共价晶体的结构

典型的共价晶体有金刚石（单质型）、ZnS（AB型）和SiO_2（AB_2型）三种。

1. 金刚石晶型

金刚石是最典型的共价晶体，其结构如图2-25所示。金刚石是由碳原子组成的，每个碳原子贡献出四个价电子与周围的四个碳原子共有，形成四个共价键，构成正四面体结构：一个碳原子在中心，与它共价的四个碳原子在四个顶角上，故其配位数为4。金刚石属于立方晶系，面心立方点阵，每一阵点上有两个原子，也可以看作是由两个面心立方点阵沿体对角线方向相对移动了体对角线长度的1/4后构成的。其点阵参数$a=0.3599$nm，致密度为0.34。与碳同一族的硅、锗、锡（灰锡）也是具有金刚石结构的共价晶体。

2. ZnS晶型

AB型共价晶体的结构主要是立方ZnS型和六方ZnS型两种，正负离子配位数都是4，它们的结构可参考图2-23。事实上，对于立方ZnS和六方ZnS，晶体中化学键的主要成分不是离子键，而是具有极性的共价键，所以立方ZnS和六方ZnS晶体本身都属于共价晶体。其他如AgI、铜的卤化物、金刚砂（SiC）等也都是具有ZnS型结构的共价晶体。

3. SiO_2晶型

白硅石（SiO_2）是典型的AB_2型共价键晶体。如图2-26所示，在晶体中白硅石中的Si原子与金刚石中碳原子的排布方式相同，只是在每两个相邻的Si原子中间有一个氧原子。硅的配位数为4，氧的配位数为2。

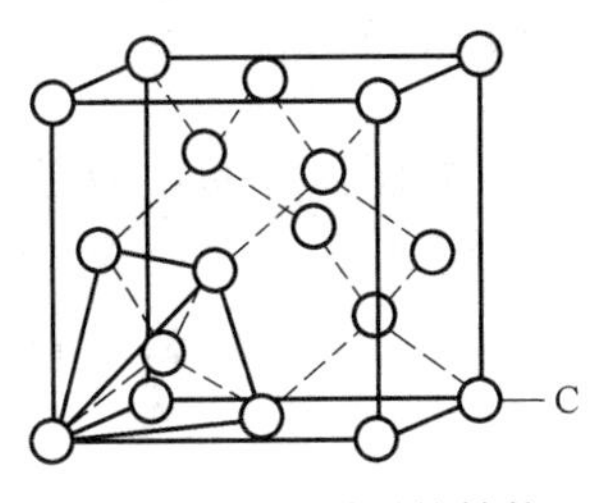

图 2-25　金刚石的结构

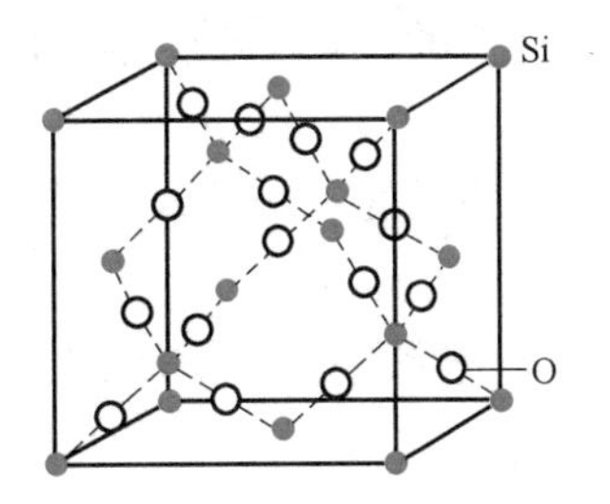

图 2-26　白硅石（SiO_2）的结构

小　结

晶体材料分为金属晶体、离子晶体、共价晶体和分子晶体，这些晶体中的原子靠不同的化学键结合在一起。

为了便于学习和研究材料的晶体结构，首先将其抽象为空间点阵，并由此可将晶体分为七个晶系和十四种布拉维点阵；然后将晶体中不同的晶面和晶向用密勒指数加以标注。

金属晶体的结合键是金属键。大多数金属晶体具有面心立方、体心立方和密排六方结构，这些结构中的原子排列都是比较紧密的，其中面心立方和密排六方结构的配位数和致密度最高。这三种晶体的晶胞分别含有4、2、6个原子；4、6、6个八面体间隙和8、12、12个四面体间隙。利用刚性球模型可以计算出间隙半径，并求得点阵常数与原子半径的关系。但金属晶体中的原子半径并非固定不变，而是受温度、压力、结合键、配位数及核外电子结构等多种因素的影响。

离子晶体的结合键是离子键。离子晶体具有硬度高、强度大、熔点和沸点较高、热膨胀系数较小、脆性大、绝缘和透明等特性，这些特性主要取决于离子的性质及排列方式。决定离子晶体中正负离子排列方式的关键因素是正、负离子半径和正、负离子数比。较简单的离子晶体的结构可视为由离子半径较大的负离子构成基本点阵，而离子半径较小的正离子则占据其某些间隙位置。正负离子的配位数主要取决于正、负离子的半径比（R^+/R^-）。离子晶体的结构形成规则是：负离子按鲍林第一规则形成负离子配位多面体；负离子配位多面体再按鲍林第二规则连接成离子晶格；关于负离子配位多面体相互连接时共用点、棱和面的邻接规律，则遵循鲍林第三规则。对二元离子晶体，按不等径刚性球密堆积理论，可将其分为NaCl型、CsCl型、立方ZnS型、六方ZnS型、CaF_2型和金红石（TiO_2）型等六种典型的结构类型，有的则是这些典型结构的变形。

共价晶体的结合键是共价键。共价晶体具有强度高、硬度高、脆性大、熔点高、沸点高、挥发性低、导电能力较差和结构稳定等特性，这些特性也与其晶体结构密切相关。典型共价晶体的结构有金刚石型（单质型）、ZnS型（AB型）和SiO_2型（AB_2型）三种。这些结构的配位数都比金属晶体和离子晶体低。

习　题

1. 回答下列问题：

（1）在立方晶系的晶胞内画出具有下列密勒指数的晶面和晶向：

(001) 与 [210]，(111) 与 [11$\bar{2}$]，(1$\bar{1}$0) 与 [111]，($\bar{1}$32) 与 [123]，($\bar{3}$22) 与 [236]。

(2) 在立方晶系的一个晶胞中画出 (111) 和 (112) 晶面，并写出两晶面交线的晶向指数。

(3) 在立方晶系的一个晶胞中画出同时位于 (101)、(011) 和 (112) 晶面上的 [11$\bar{1}$] 晶向。

2. 有一正交点阵的 $a=b$，$c=a/2$。某晶面在三个晶轴上的截距分别为 6 个、2 个和 4 个原子间距，求该晶面的密勒指数。

3. 立方晶系的 {111}、{110}、{123} 晶面族各包括多少晶面？写出它们的密勒指数。

4. 写出六方晶系的 {10$\bar{1}$2} 晶面族中所有晶面的密勒指数，在六方晶胞中画出 [11$\bar{2}$0]、[1$\bar{1}$01] 晶向和 (10$\bar{1}$2) 晶面，并确定 (10$\bar{1}$2) 晶面与六方晶胞交线的晶向指数。

5. 根据刚性球模型回答下列问题：

(1) 以点阵常数为单位，计算体心立方、面心立方和密排六方晶体中的原子半径及四面体和八面体的间隙半径。

(2) 计算体心立方、面心立方和密排六方晶胞中的原子数、致密度和配位数。

6. 用密勒指数表示出体心立方、面心立方和密排六方结构中的原子密排面和原子密排方向，并分别计算这些晶面和晶向上的原子密度。

7. 求下列晶面的晶面间距，并指出晶面间距最大的晶面：

(1) 已知室温下 α-Fe 的点阵常数为 0.286nm，分别求出 (100)、(110)、(123) 的晶面间距。

(2) 已知 916℃时 γ-Fe 的点阵常数为 0.365nm，分别求出 (100)、(111)、(112) 的晶面间距。

(3) 已知室温下 Mg 的点阵常数为 $a=0.321$nm，$c=0.521$nm，分别求出 (11$\bar{2}$0)、(10$\bar{1}$0)、(10$\bar{1}$2) 的晶面间距。

8. 回答下列问题：

(1) 通过计算判断 ($\bar{1}$10)、(132)、(311) 晶面是否属于同一晶带？

(2) 求 (211) 和 (110) 晶面的晶带轴，并列出五个属于该晶带的晶面的密勒指数。

9. 回答下列问题：

(1) 试求出立方晶系中 [321] 与 [401] 晶向之间的夹角。

(2) 试求出立方晶系中 (210) 与 (320) 晶面之间的夹角。

(3) 试求出立方晶系中 (111) 晶面与 [11$\bar{2}$] 晶向之间的夹角。

10. 已知离子晶体 NaF 中 Na^+ 与 F^- 离子的原子序数分别为 11 和 9，其屏蔽常数 σ 均为 4.52，外层电子主量子数 n 均为 2，实验测得 NaF 的离子间距离为 23.1nm，试求 Na^+ 与 F^- 的离子半径。

11. 化合物 CsBr 具有 CsCl 的结构。两种异类离子的中心相距 0.37nm。问① CsBr 的密度为多大？②这种结构中的 Br^- 离子半径为多大？（已知 $r_{Cs^+}=0.167$nm）。

12. 已知 Na^+ 和 Cl^- 的半径分别为 0.097nm 和 0.181nm，请计算 NaCl 中钠离子中心到：

①最近邻离子中心间的距离；②最近邻正离子中心间的距离；③第二个最近的 Cl^-离子中心间的距离；④第三个最近的 Cl^-离子中心间的距离；⑤它最近的等同位置间的距离。

13. 根据 NaCl 的晶体结构及 Na^+和 Cl^-的原子量，计算氯化钠的密度。

14. 计算离子晶体中配位数为 3 的最小离子半径比 R^+/R^-。

15. 根据 NaF 的离子半径数据说明其晶体的结构型式和正离子的配位数。

16. 示意画出金刚石型结构的晶胞，说明其中包含有几个原子，并写出各个原子的坐标。

17. 简述离子晶体的结构规则。

18. 解释下列名词概念：

空间点阵　晶向指数　点阵常数　原子半径　配位数　晶胞　晶格　晶体结构　晶面指数　晶面间距　离子半径　致密度　晶系　晶带

参考文献

[1] 侯增寿，卢光熙．金属学原理［M］．上海：上海科学技术出版社，1990.

[2] 刘国勋．金属学原理［M］．北京：冶金工业出版社，1980.

[3] 胡赓祥，钱苗根．金属学［M］．上海：上海科学技术出版社，1980.

[4] 包永千．金属学基础［M］．北京：冶金工业出版社，1986.

[5] 徐祖耀．材料科学导论［M］．上海：上海科学技术出版社，1986.

[6] 石德珂，沈莲．材料科学基础［M］．西安：西安交通大学出版社，1995.

[7] 钱苗根．材料科学及其新技术［M］．北京：机械工业出版社，1986.

[8] 李超．金属学原理［M］．哈尔滨：哈尔滨工业大学出版社，1989.

[9]《金属学》编写组．金属学［M］．上海：上海人民出版社，1977.

[10] 李炳瑞．结构化学［M］．2 版．北京：高等教育出版社，2011.

[11] 王荣顺．结构化学［M］．2 版．北京：高等教育出版社，2016.

[12] 夏少武．简明结构化学教程［M］．3 版．北京：化学工业出版社，2011.

[13] 徐光宪，王祥云．物质结构［M］．2 版．北京：科学出版社，2015.

[14] 张克从．近代晶体学［M］．2 版．北京：科学出版社，2011.

[15] 温树林．材料科学与微观结构［M］．北京：科学出版社，2007.

[16] BARRET，C S，MASSALSK T B. Structure of Metals［M］. 3rd ed. Oxford：Ergamon，1980.

[17] SHACKELFORD J F. Introduction to Materials Science and Engineering［M］. 2nd ed. New York：Macmillan Publishing Company，1988.

第三章　高分子材料的结构

高分子材料是以有机高分子化合物为主要组分（适当加入添加剂）的材料。它包括人工合成材料（如塑料、合成橡胶及合成纤维等）和天然材料（如淀粉、羊毛、纤维素、天然橡胶等）两大类。这里仅讨论人工合成的各种有机材料，主要是塑料和合成橡胶。

高分子材料不仅具有重量轻、耐腐蚀和电绝缘等许多优良性能，而且具有可塑性好、易加工成型、原料丰富、价格低廉等特点，可以制成各种颜色和不同形状的产品；但也有不耐高温和容易老化等缺点。近年来，高分子材料发展迅速，其应用已遍及人们的衣、食、住、行、用，以及信息、能源、国防和航空航天等领域，世界年产量已达亿吨量级。高分子材料之所以具有各种良好的性能和广泛的应用，与其独特的内部结构密不可分。因此，本章将在介绍高分子材料有关基本概念的基础上，重点讨论高分子材料的链结构、聚集态结构，以及结构与性能的关系等内容。

第一节　高分子材料概述

一、高分子材料的基本概念

1. 高分子化合物

高分子化合物是指由一种或多种简单低分子化合物聚合而成的相对分子质量很大的化合物，所以又称聚合物或高聚物。低分子化合物的相对分子质量通常为 $10 \sim 10^3$，分子中只含有几个到几十个原子；高分子化合物的相对分子质量一般在 10^4 以上，甚至达到几十万或几百万以上，它是由成千上万个原子以共价键相连接的大分子化合物。通常把相对分子质量小于 5000 的称为低分子化合物；而相对分子质量大于 5000 的则称为高分子化合物。

应该指出，高分子化合物与低分子化合物之间并没有严格的界限。评价一种物质是不是高分子化合物，应根据其特性来判定。一般来说，高分子化合物具有较好的强度、塑性和弹性等力学性能，而低分子化合物则没有这些性能。所以，只有当相对分子质量达到了使其力学性能具有实际意义的化合物时，才可认为是工业用高分子化合物或高分子材料。

2. 单体

高分子化合物的相对分子质量虽然很高，但其化学组成一般并不复杂，它的每个分子都是由一种或几种较简单的低分子一个个连接起来组成的。例如，聚乙烯（PE）是由许多个乙烯分子组成的；聚氯乙烯（PVC）是由许多个氯乙烯分子组成的。一个乙烯分子或一个氯乙烯分子就是组成 PE 或 PVC 的单体。因此，单体也就是合成聚合物的起始原料。它是化合物独立存在的基本单元，是单个分子存在的稳定状态。烯烃类聚合物的单体是靠碳碳双键结合而成的，如聚乙烯的单体 $CH_2=CH_2$，聚氯乙烯的单体 $CH_2=CHCl$ 等。

3. 链节

高分子化合物的相对分子质量很大，主要呈长链形，因此常称为大分子链或分子链。大分子链极长，长度可达几百纳米（nm）以上，而截面宽度一般不到 1nm，是由许许多多结构相同的基本单元重复连接构成的。组成大分子链的这种特定的结构单元叫作链节。例如，聚乙烯大分子链的结构式为

$$\cdots—CH_2—CH_2—CH_2—CH_2—CH_2—\cdots$$

它是由许多—CH_2—CH_2—结构单元重复连接构成的，可以简写为 $\left[CH_2—CH_2\right]_n$。这个结构单元就是聚乙烯的链节。链节的结构和成分代表了高分子化合物的结构和成分。

4. 聚合度

高分子化合物的大分子链是由大量链节连成的。大分子链中链节的重复次数叫作聚合度。所以，一个大分子链的相对分子质量 M，等于它的链节的相对分子质量 m 与聚合度 n 的乘积，即 $M=nm$。聚合度反映了大分子链的长短和相对分子质量的大小。

5. 官能度

官能度是指在一个单体上能与其他单体发生键合的位置数目。如聚乙烯是线性链状结构，每个新分子连接于其链节之上时，可以有两个位置。这样，我们就说聚乙烯是双官能的。具有双官能的单体，只能形成链状结构，从而产生了热塑性塑料；而有的单体是三官能的，在互相连接时可形成三维网状结构，从而产生了热固性塑料。通常，三官能的单体比双官能有更高的强度。单体也可能是单官能的，这就是说，该分子只有一个活性键，当与其他单体相连时，它可作为链聚合的终止剂，如 $H_2O_2 \rightarrow 2OH$，形成的 OH 基团就是单官能的。由此可见，是单体分子的官能度决定了高分子的结构。

6. 多分散性

高分子化合物是由大量大分子链组成的，各个大分子链的链节数不相同，长短不一样，相对分子质量也不相等。高分子化合物中各个分子的相对分子质量不相等的现象叫作相对分子质量的多分散性。多分散性在低分子化合物中是不存在的，它是高分子化合物的一大特点。高分子化合物的多分散性决定了它的物理和力学性能的大分散度。

7. 平均相对分子质量

由于多分散性，高分子化合物的相对分子质量通常用平均相对分子质量表示。根据统计方法的不同，在实际应用上，又有多种不同的平均相对分子质量表示方法，常用的有数均相对分子质量和重均相对分子质量[㊀]。其计算公式如下：

数均相对分子质量 $$\overline{M}_n = \Sigma N_i M_i / \Sigma N_i \tag{3-1}$$

重均相对分子质量 $$\overline{M}_W = \Sigma N_i M_i^2 / \Sigma N_i M_i \tag{3-2}$$

式中，$i=1\sim\infty$；N_i 代表相对分子质量为 M_i 的分子在聚合物中所占的分子分数。

例 3-1 设有一聚合物样品，其中相对分子质量为 10^4 的分子有 10mol，相对分子质量为 10^5 的分子有 5mol，请分别计算其数均相对分子质量 $\overline{M}_n$ 和重均相对分子质量 $\overline{M}_W$。

㊀ “重均相对分子质量”的“重”实际指的是质量，此处暂保留。

解：利用式（3-1）和式（3-2）求得的各种平均相对分子质量为：

$\overline{M}_n = (10\times10^4+5\times10^5)/(10+5) = 4\times10^4$

$\overline{M}_W = [10\times(10^4)^2+5\times(10^5)^2]/(10\times10^4+5\times10^5) = 8.5\times10^4$

由此可见，聚合物中含有的低相对分子质量部分对 $\overline{M}_n$ 的影响较大，而 $\overline{M}_W$ 则主要取决于高相对分子质量部分。一般情况下，用 $\overline{M}_W$ 来表征聚合物比 $\overline{M}_n$ 更恰当，因为其性能更多地依赖于较大的分子。

二、高分子材料的合成

高分子化合物的合成是指把低分子化合物（单体）聚合起来形成高分子化合物的过程。所进行的反应称为聚合反应。聚合高分子化合物的方法很多，但从最基本的化学反应分类，可分为加聚反应和缩聚反应两类。

1. 加聚反应

加聚反应是指由一种或多种单体相互加成而连接成聚合物的反应，其生成物叫作加聚物。现以乙烯形成聚乙烯的反应为例来对其进行说明。作为单个的乙烯分子，它的结构如图 3-1a 所示，其中碳原子以不饱和的双键共价结合，另外还与两个氢原子构成了稳定的 8 个电子壳层。如果加入一种引发剂，使乙烯中碳的双键结合被破坏成单键结合，则在碳原子的两端就都形成了自由基，由于价电子不满足，便容易实现聚合，这样的结构（图 3-1b）即为链节。而对应图 3-1a 所示的结构则为单体。单体是稳定的，链节是不稳定的，它趋于与其他链节结合，并最后形成聚乙烯的结构，如图 3-1c 所示。

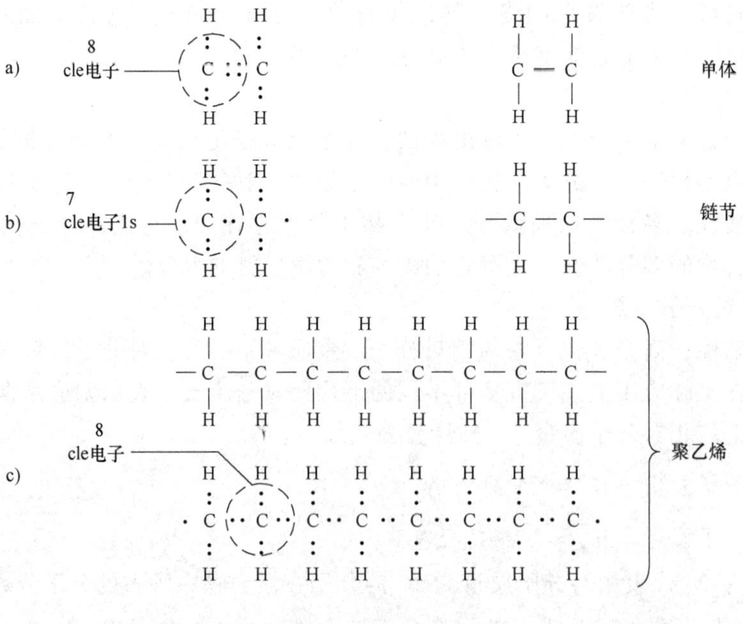

a) 8 cle电子 单体

b) 7 cle电子1s 链节

c) 8 cle电子 聚乙烯

图 3-1 高分子聚乙烯的形成

按照最简单的类比，聚合物的生长与火车车厢的连接相似；但是生长的过程是复杂的，因为单体放在一起并不能自动发生加聚反应。反应必须首先引发，接着增长，最后终止。乙烯的结构在一定的条件下，如压力、温度或添加引发剂，可使加聚反应发生。比如添加引发剂 H_2O_2，H_2O_2 可分解成 2 个 OH 基团，即 $H_2O_2 \rightarrow 2OH$，并使碳碳双键破坏，其中一个 OH 基团就附着在乙烯链节上，便开始了加聚反应，如图 3-2 所示。反应一旦引发开始，一个个乙烯链节便连接在引发后的乙烯碳键的自由基端，连锁反应会自发地进行下去。反应能自发进行的推动力是反应前后的能量变化，因为破坏双键虽然需要 718.96kJ/(g·mol) 的能量，但形成单键后再和其他链节结合要放出能量 735.68kJ/(g·mol)，这相当于C—C结合能的两倍，反应放出的能量大于破坏双键需要的能量，所以加聚过程可以不断进行。但反应不会无限制地继续下去，当单体的供应耗竭时，或链的活性端遇到 OH 基团时，或两个生长链相遇并连接时，反应就终止了。这样，我们就可以通过控制加入引发剂的数量来控制链的长度。

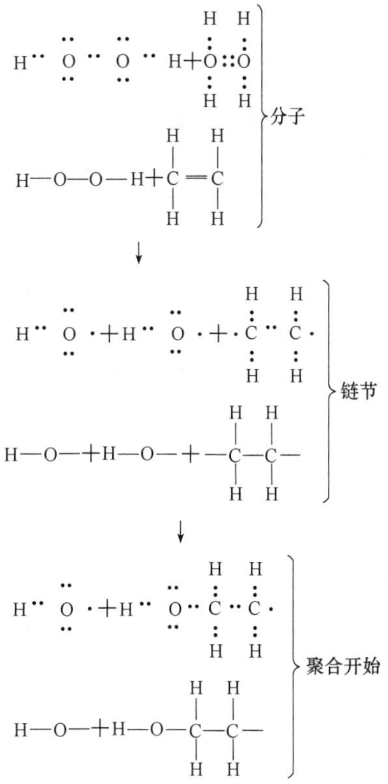

图 3-2　乙烯在引发剂 H_2O_2 的作用下开始聚合反应

2. 缩聚反应

缩聚反应是指由一种或多种单体相互混合而连接成聚合物，同时析出（缩去）某种低分子物质（如水、氨、醇、卤化氢等）的反应，其生成物叫作缩聚物。这是一种多级聚合反应，它包括许多相互独立的个别反应。加聚反应是连锁反应，有链增长的过程，而缩聚反应则不然。缩聚的含义是两个单体之间通过逐步反应，不断缩聚掉一部分产物，如水或其他低分子物质（氨、卤化氢等）。打个比方，参加缩聚反应的单体好比一根根短线，把许多短线（单体）打结（缩聚），剪去打结处多余的线头（反应时不断放出的低分子化合物），就成为一根长线了。例如，涤纶是由对苯二甲酸二甲酯和乙二醇这两种单体缩聚而成的，其缩聚反应可用图 3-3 予以说明。对苯二甲酸二

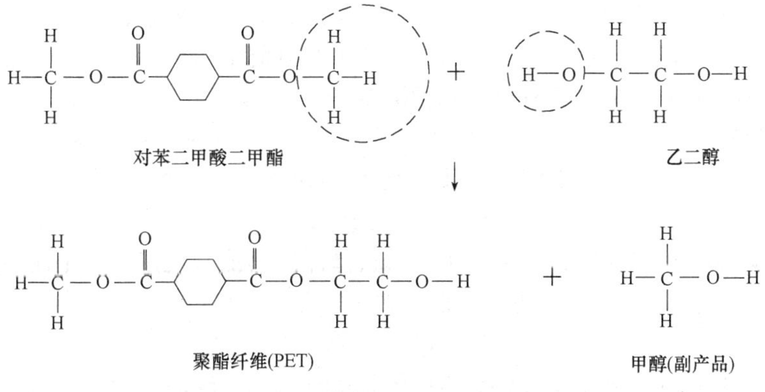

图 3-3　聚酯纤维的缩聚反应（分别从对苯二甲酸二甲酯和乙二醇中去除了 CH_3 和 OH，形成了副产品甲醇）

甲酯一端的 CH_3 基团和乙二醇一端的 OH 基团，在缩聚时变成了甲醇副产物，并形成了聚酯纤维分子（即涤纶），许多个这样的分子都是按照同样的反应形成，最后互相联结成聚酯纤维（聚对苯二甲酸乙二醇酯，简称 PET）的。

三、高分子材料的分类

高分子材料品种繁多，性能各异，可以根据各种原则进行分类。如从材料的内在结构和性能特点上考虑，宜将高分子材料按以下方法进行分类。

1. 按聚合反应的类型分类

聚合物的形成方式有加聚反应和缩聚反应两种方式。与此相应，可将高分子材料分为加聚聚合物和缩聚聚合物两类。前者如聚烯烃等，后者如酚醛、环氧树脂等。

2. 按高分子的几何结构分类

主要分为线型聚合物和体型聚合物两类。线型聚合物的高分子为线型或支链型结构，它可以是加聚反应产生的，也可以是缩聚反应产生的；体型聚合物的高分子为网状或体型结构，通常这种结构是由缩聚反应产生的，有少数材料可由加聚反应形成。

3. 按聚合物的热行为分类

按热行为可分成热塑性聚合物和热固性聚合物两类：热塑性聚合物具有线型（或支链）分子结构，如热塑性塑料，受热时软化，可塑制成一定的形状，冷却后变硬，再加热时仍可软化或再成型；热固性聚合物具有体型（或网状）分子结构，如热固性塑料，初受热时也变软，这时可塑制成一定形状，但加热到一定时间或加入固化剂后，就硬化定型，重复加热时不再软化。可以想象，橡胶是处于热塑性塑料与热固性塑料的中间状态。

第二节　高分子链的结构及构象

高分子材料的结构主要包括两个微观层次：一是高分子链的结构；二是高分子的聚集态结构。高分子链的结构是指组成高分子结构单元的化学组成、连接方式和空间构型、高分子链的几何形状及构象等。

一、高分子链的化学组成

人们通过长期的实践和研究，建立了高分子是链状结构的概念，即高分子是由单体通过加聚或缩聚反应连接而成的链状分子，高分子链中的重复结构单元为链节。根据链节中主链化学组成的不同，高分子链主要有以下几种类型。

1. 碳链高分子

高分子主链是由相同的碳原子以共价键连接而成的，主链有—C—C—C—C—C—或—C—C═C—C—。前者主链中无双键，为饱和碳链；后者主链中有双键，为不饱和碳链。它们的侧基可以是各种各样的，如氢原子、有机基团或其他取代基。属于此类聚合物的有聚烯烃、聚二烯烃等，这是最广大的聚合物类之一。

2. 杂链高分子

高分子主链是由两种或两种以上的原子构成的，即除碳原子外，还含有氧、氮、硫、磷、氯、氟等杂原子。例如：

—C—C—O—C—C—，—C—C—N—C—C—，—C—C—S—C—C—

杂原子的存在能大大改变聚合物的性能。例如，氧原子能增强分子链的柔性，因而提高聚合物的弹性；磷和氯原子能提高耐火性、耐热性；氟原子能提高化学稳定性等。这类分子链的侧基通常比较简单。属于此类聚合物的有聚酯、聚酰胺、聚醚、聚砜及环氧树脂等。

3. 元素有机高分子

高分子主链一般由无机元素硅、钛、铝、硼等原子和有机元素氧原子等组成。例如：

$$—O—Si—O—Si—O—$$

它的侧基一般为有机基团。有机基团使聚合物具有较高的强度和弹性；无机原子则能提高耐热性。有机硅树脂和有机硅橡胶等均属于此类。

总的来说，聚合物长链大分子是由主链与侧基构成的。主链可以全部由碳原子组成，也可以不完全是碳原子或完全没有碳原子；与主链相连的侧基一般是有机取代基，如：

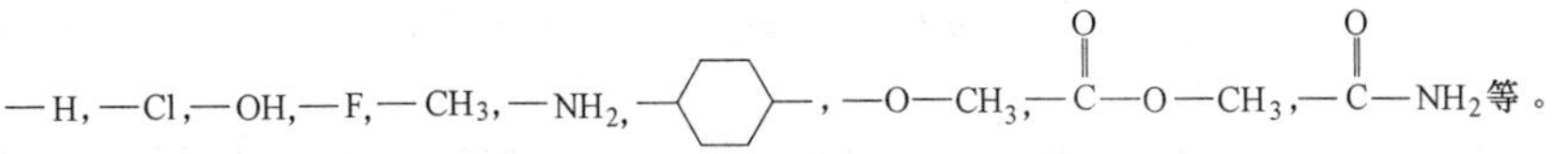

$$—H, —Cl, —OH, —F, —CH_3, —NH_2, —C_6H_{11}—, —O—CH_3, —\overset{O}{\overset{\|}{C}}—O—CH_3, —\overset{O}{\overset{\|}{C}}—NH_2 \text{等。}$$

例 3-2　有一普通聚合物，其链节为 $C_2H_2Cl_2$；相对分子质量为 60000。问（1）其链节的质量为多大？（2）其聚合度为多大？

解：（1）链节 $C_2H_2Cl_2$ 的相对分子质量 $m=12\times2+1\times2+35.45\times2=97$

（2）聚合度 $n=M/m=60000/97=620$。

二、结构单元的连接方式和空间构型

1. 连接方式

结构单元在高分子链中的连接方式和顺序有许多变化。如乙烯型单体聚合时，单体的加聚就有下述几种不同的形式：

头-尾连接　—CH₂—[CH(X)(头)—CH₂(尾)—CH(X)(头)—CH₂(尾)]—CH(X)—

$$\text{头-尾连接}\quad —CH_2—\underset{X}{\underset{|}{CH}}—CH_2—\underset{X}{\underset{|}{CH}}—CH_2—\underset{X}{\underset{|}{CH}}—$$

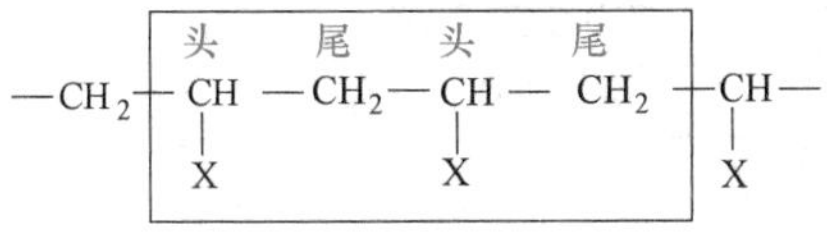

$$\text{头-头连接}\quad —CH_2—\underset{X}{\underset{|}{CH}}—\underset{X}{\underset{|}{CH}}—CH_2—\underset{X}{\underset{|}{CH}}—$$

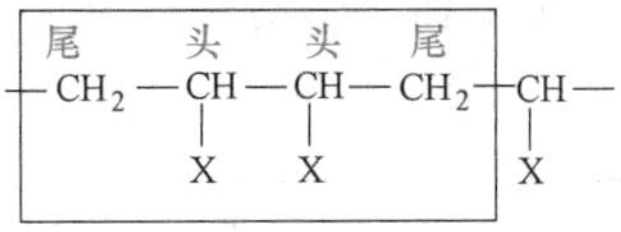

$$\text{尾-尾连接}\quad —CH_2—\underset{X}{\underset{|}{CH}}—CH_2—\underset{X}{\underset{|}{CH}}—CH_2—CH_2—\underset{X}{\underset{|}{CH}}—CH_2—$$

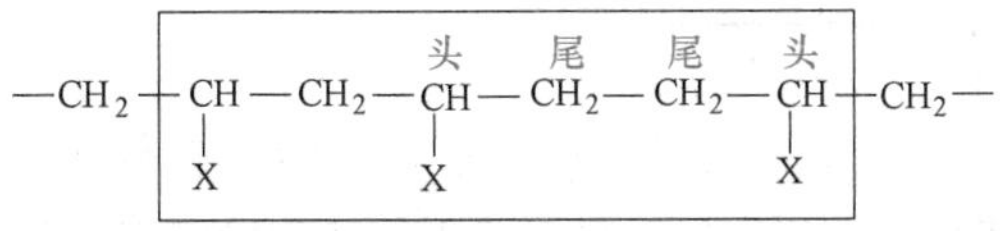

其中，头-尾连接的结构最规整，强度较高。

由两种或两种以上单体共聚时，其连接的方式更为多样，以二元共聚物来说就有无规共聚、交替共聚、嵌段共聚和接枝共聚等方式，如图 3-4 所示。其中，工业生产中普遍存在的是无规共聚结构。

上述各种连接方式的发生受许多因素（如引发剂、溶剂、温度、杂质、单体的本质等）的影响。但总的来看，主要受能量和空间阻碍两个因素所控制，即聚合时力求使能量体系最稳定和所受的空间阻碍最小。

2. 空间构型

高分子中结构单元由化学键构成的空间排布称为分子链的构型。即使分子链组成相同，

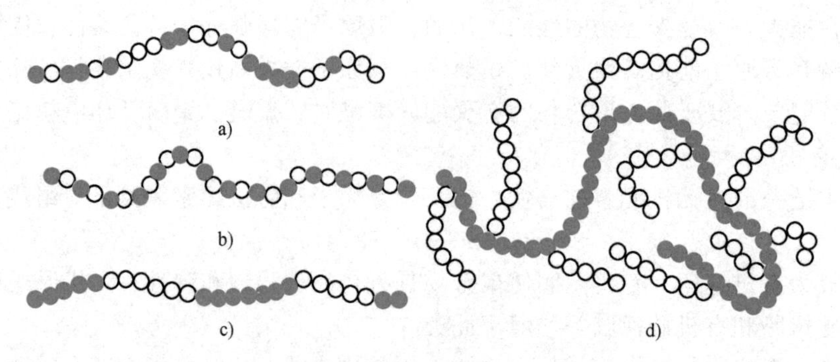

图 3-4 二元共聚物单体的连接方式

a）无规共聚 b）交替共聚 c）嵌段共聚 d）接枝共聚

（黑球代表一种重复单元，白球代表另一种重复单元）

但由于取代基所处的位置不同，也可有不同的立体异构。如乙烯类高分子链可以有以下三种立体异构：

（1）全同立构 取代基 X 全部处于主链的同侧。

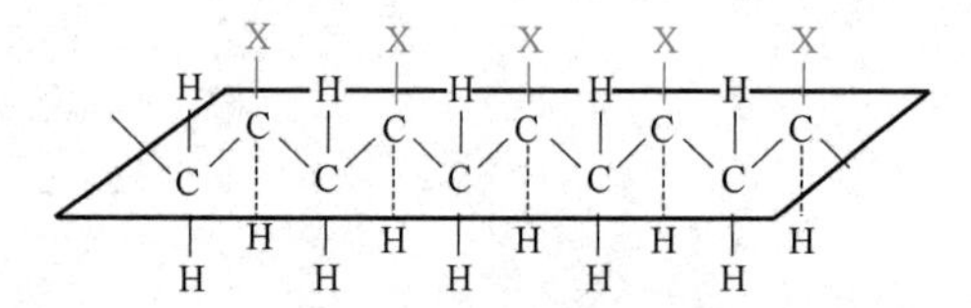

（2）间同立构 取代基 X 相间地分布在主链的两侧。

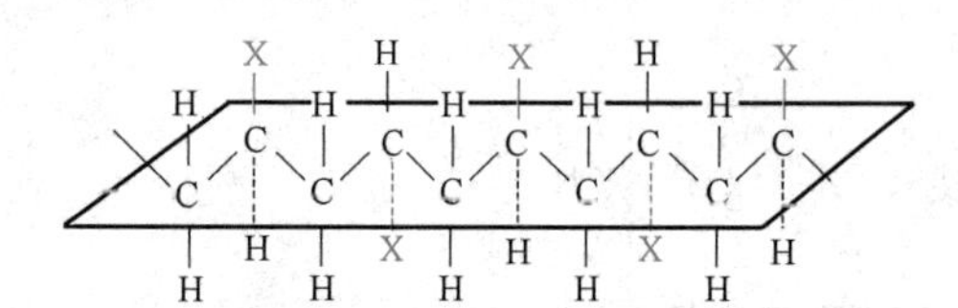

（3）无规立构 取代基 X 在主链两侧作无规则地分布。

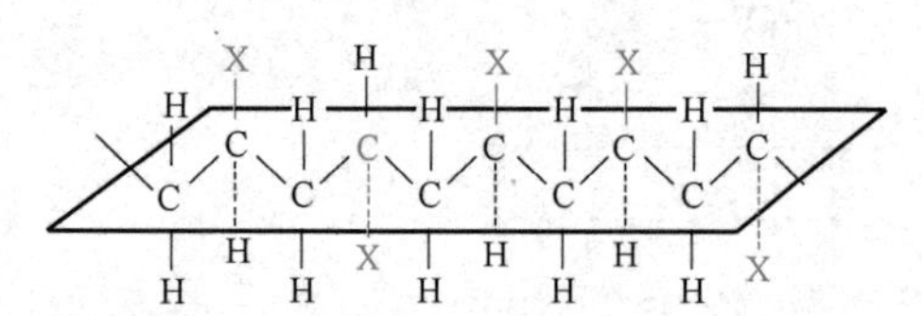

其中，全同立构和间同立构属于有规（等规）立构。高分子链的空间立构不同，其特性也不同，全同立构和间同立构的聚合物容易结晶，是很好的纤维材料和定向聚合材料；无规立构的聚合物很难结晶，缺乏实用价值。

三、高分子链的几何形状

由于聚合反应的复杂性，合成聚合物的过程中可以发生各种各样的反应，所以高分子链也会呈现出各种不同的形态，既有线型、支化、交联和体型（三维网状）等一般形态，也有星形、梳形、梯形等特殊形态，如图 3-5 所示。

线型高分子的结构是整个分子链呈细长线条状，可有直线形、螺旋形、折叠形等不同形态，但通常卷曲成无规线团（图 3-5a）。线型高分子是由二官能度的单体反应制得，如氯乙烯、乙二醇等均为二官能度的单体。

线型高分子链的支化是一种常见现象。支化型高分子的结构是在大分子主链上接有一些或长或短的支链，当支链呈无规分布时，整个分子呈枝状（图 3-5b）；当支链呈有规分布时，整个分子可呈梳形（图 3-5c）、星形（图 3-5d）等形态。若有官能度大于 2 的单体参与反应，则得到支化高分子产物。如苯酚（三官能度）与甲醛（二官能度）发生缩聚反应，其低聚物就是线型或支化的产物。具有线型和支化型结构的高分子材料，有热塑性工程塑料、未硫化的橡胶及合成纤维等。这些材料的最大优点是可以反复加工使用，而且具有较好的弹性。

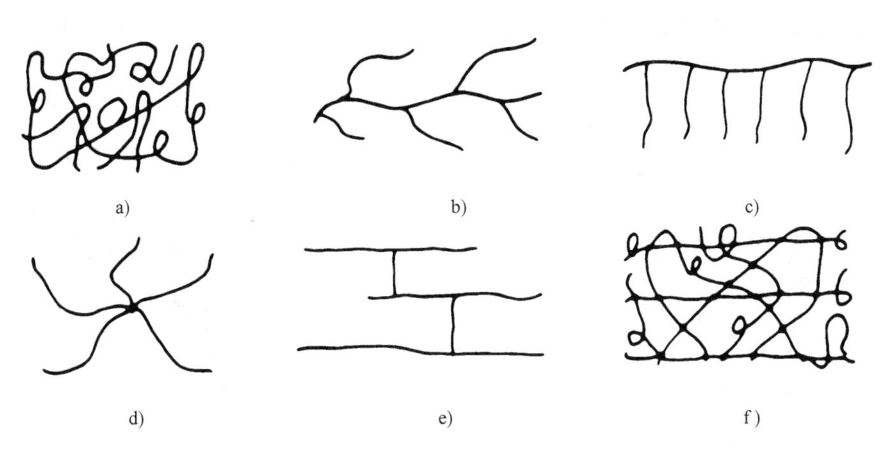

图 3-5　高分子链的结构形态
a）线型　b）支化　c）梳形　d）星形　e）交联　f）体型

体型（网状）高分子的结构是高分子链之间通过化学键相互连接而形成的交联结构，在空间呈三维网状。体型（网状）高分子的性能受交联程度的影响，如线型的天然生橡胶加入硫形成少量交联后（图 3-5e）变成富有弹性的橡胶；交联程度增大时，则变成坚硬的硬橡皮；当发生完全交联时（图 3-5f），则变成硬脆的热固性塑料。

四、高分子链的构象及柔顺性

1. 高分子链的构象

如聚乙烯、聚丙烯和聚苯乙烯等大多数聚合物的主链完全由 C—C 单键组成，每个单键都有一定的键长和键角，并且能在保持键长和键角不变的情况下任意旋转。每一个单键围绕相邻单键按一定角度进行的旋转运动称为单键的内旋转。图 3-6 所示为 C—C 单键的内旋转示意图。例如，C_2—C_3 单键能在保持键角 109°28′不变的情况下绕 C_1—C_2 键自由旋转，此时 C_3 原子可出现在以 C_2 为顶点，以 C_2—C_3 为边长，以外锥角为 109°28′的圆锥体的底边的任一位置上。同样，C_4 原子能处于以 C_3 为顶点，绕 C_2—C_3 轴旋转的圆锥体的底边上。依此类推，对于拥有众多单键的高分子链，各单键均可做与上述情况相同的内旋转运动。

原子围绕单键内旋会导致原子排布方式不断变换。高分子链都很细长，含有成千上万的键，而且每根单键都可内旋，旋转的频率又很高（例如，乙烷分子在 27℃时键的内旋转频率达 10^{11}～10^{12}/s）。这样，必然会造成高分子形态的瞬息万变，从而使分子链出现许多不同的空间形象。这种由于单键内旋转引起的原子在空间占据不同位置所构成的分子链的各种形象，称为高分子链的构象。

2. 高分子链的柔顺性

高分子链的空间形象变化频繁，构象很多。可以扩张伸长，可以卷曲收缩，但主要呈无规线团状，如同一条长长卷曲的高速切削的钢切屑，对外力有很大的适应性，能呈现不同程度的卷曲状态，表现出范围很大的伸缩能力。高分子这种能由构象变化获得不同卷曲程度的特性，称为高分子链的柔顺性。它是聚合物许多基本性能不同于低分子物质，也不同于其他固体材料的根本原因。

高分子链的卷曲程度一般采用其两端点间的直线距离——末端距 h 来衡量（图 3-7）。末端距越短，则高分子链卷曲得越厉害。显然，末端距应是一种统计平均值，并常用均方末端距 h^2 来表示。

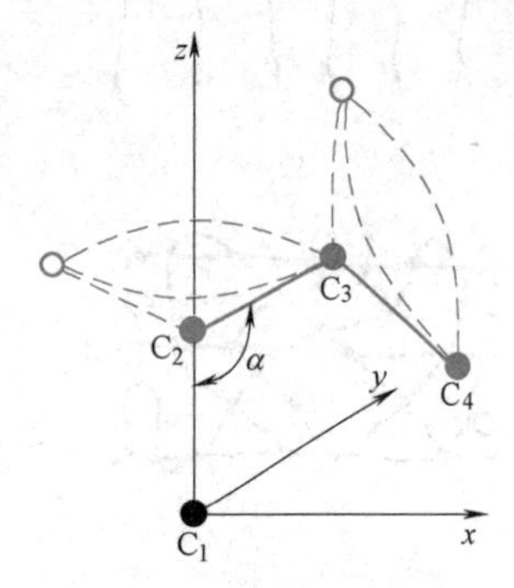

图 3-6　单键内旋转示意图

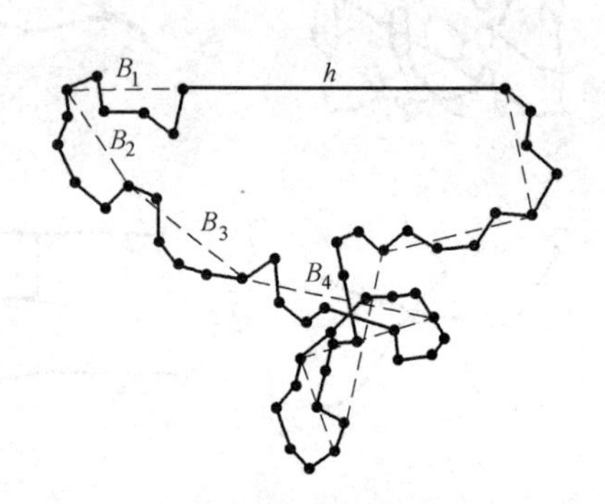

图 3-7　柔性高分子链的末端距和链段示意图

高分子链的柔顺性与键中单键内旋的难易程度有关。单键为纯 C—C 键时，内旋完全自由，高分子链的柔顺性最好，这是理想的情况。但实际上 C—C 键上总带有其他的原子或基团，在相邻链节中，这类非直接键合的原子或基团之间存在一定的近程相互作用，使内旋受到阻碍，所以实际的内旋都是受阻内旋。受阻程度越大，可能有的构象数越少，则分子链的柔顺性就越低。另外，因为单键的旋转会彼此牵制，一个键的转动往往会牵连邻近键的运动，所以高分子链的运动不会以单键或链节，也不会以整个分子，而是以由一些相联系的链节组成的链段为运动单元，依靠链段的协同移动实现高分子构象的变化。所以链段是大分子链中能够独立运动的最小单元。链段常包括几个、十几个甚至几十个链节，其长度也是一个统计平均值，一般可通过实验来测定。链段的热运动使高分子产生强烈的卷曲倾向（图 3-7），因此链段的长度可表明高分子链的柔顺性，它所包含的链节数越少，则柔顺性越好。通常将容易内旋转的链称为柔性链，而不易内旋转的链则称为刚性链。

3. 影响高分子链柔顺性的主要因素

柔顺性取决于高分子链的结构和其所处的条件（温度、压力、介质等），也与高分子间的作用力有关。影响柔顺性的结构因素主要有以下两个方面：

（1）主链结构　主链全由单键组成时，分子链的柔顺性最好。在常见的三大类主链结构中，如按内旋的难易程度比较柔顺性的大小，则以 Si—O 键最好，C—O 键次之，C—C 键最差。因此，合成橡胶中多含有 Si—O 键。

主链中含有芳杂环时，由于它不能旋转，所以柔顺性很低，而刚性较好，能耐高温。如聚碳酸酯等，因主链上带有苯环，耐热性较好，是很好的工程塑料。

主链中含有孤立双键时，虽然键本身不能内旋，但因两碳原子各减少了一个侧基或氢原子，使非键合基团或原子间距增大，而单键内旋的阻力减小，所以柔顺性增大。例如，聚氯丁二烯 $\left[CH_2—\underset{\underset{Cl}{|}}{C}═CH—CH_2 \right]_n$ 分子中含有孤立双键，它的柔顺性远比聚氯乙烯要大。前者是典型的橡胶，而后者为坚硬的塑料。

(2) 侧基性质　侧基的极性及其强弱对分子链的柔顺性有重要影响。极性的侧基使分子间的作用力增大，内旋受阻，柔顺性降低。例如聚丙烯、聚氯乙烯、聚丙烯腈中的侧基分别为—CH_3、—Cl 和—CN，其极性依次递增，因而它们的分子链柔顺性依次递减。

侧基体积对柔顺性也有影响。侧基体积越大，内旋转受阻程度越大，则链的柔顺性越低。如聚苯乙烯中的苯基极性虽小，但因其体积较大，所以柔顺性比聚乙烯要小得多。

侧基分布的对称性对柔顺性的影响显著。侧基对称分布能使主链间距离增大，有利于内旋，所以柔顺性增大。如聚异丁烯 $\left[\underset{\underset{H}{|}}{\overset{\overset{H}{|}}{C}}—\underset{\underset{CH_3}{|}}{\overset{\overset{CH_3}{|}}{C}} \right]_n$ 是侧基对称取代，而聚丙烯 $\left[\underset{\underset{H}{|}}{\overset{\overset{H}{|}}{C}}—\underset{\underset{CH_3}{|}}{\overset{\overset{H}{|}}{C}}—C \right]_n$ 为侧基非对称取代，故前者柔顺性较好。

此外，侧基沿分子链分布的距离、分子间的化学键等结构因素，都对高分子的柔顺性有影响。

例 3-3　为使丁二烯（C_4H_6）橡胶每一结构单元有一硫原子而完全交联，问在 100g 的橡胶制品中最后需要多少克硫？

解：对于 1 个硫原子（32），需要 1 个丁二烯链节。

$$4×12+6×1=54$$

$$硫的分数=32/(32+54)=0.37=37\%$$

即每 100g 橡胶制品需要 37g 硫。

第三节　高分子的聚集态结构

高分子的聚集态结构又称超分子结构，它是指聚合物本体中分子链的排列和堆积结构。由于高分子材料是由许多高分子链聚集而成的，即使具有相同链结构的同一聚合物，在不同加工成型和后处理条件下，也会产生不同的聚集状态，从而使制品具有截然不同的性能。因此，聚集态结构对材料性能的影响更为直接和重要。按照高分子几何排列的特点，固体聚合物的聚集态结构分为晶态和非晶态（无定型）两种。

一、晶态聚合物的结构

晶态聚合物的结构模型很多，这里仅介绍两种主要的模型。

1. 缨状胶束结构模型

用小角 X 射线衍射环的宽度，可计算出高分子材料内晶粒的尺寸一般为 10~60nm，而高分子链的长度通常都为微米数量级，两者相差 2~3 个数量级。实验还证明，高分子材料内的结晶化程度是不完全的，晶相和非晶相并存于同一固体材料内，据此产生了最早的

“缨状胶束结构”模型。该模型表示，在聚合物中凡是高分子链平行整齐排列的区域为晶区，弯弯曲曲且运动比较自由的区域为非晶区，一根高分子链可以贯穿几个晶区和非晶区。未经拉伸的高分子材料，胶束取向是任意的；拉伸后，胶束朝着拉伸方向取向，如图 3-8 所示。

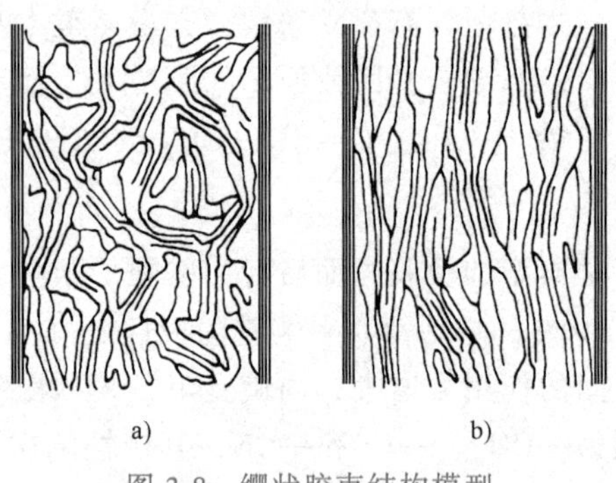

图 3-8 缨状胶束结构模型

a）未受外力拉伸 b）受外力拉伸

多年来该模型曾被广泛接受。但随着人们认识的发展，发现缨状胶束结构模型与许多实验事实不符，例如现今已能由稀薄溶液制备出结晶程度相当完整的单晶，单晶以外的非晶部分可以用溶液萃取分离；另外，如球晶的非晶部分也可以用溶剂清洗掉。这表明聚合物中的晶区和非晶区可独立存在。对这些实验事实，难以用缨状胶束结构模型来解释，所以目前已逐渐被其他模型所代替。

2. 折叠链结构模型

制备出聚乙烯单晶后，测得单晶的厚度约为 10nm。电子衍射又证明，聚乙烯的高分子链垂直于片晶面。于是，凯勒（Keller）认为长达数微米的高分子链垂直排列在厚度在 10nm 左右的片晶中，只能采取折叠链的形式。这种折叠链是简短紧凑的，图 3-9 所示为凯勒于 20 世纪 50 年代提出的“近邻规则折叠链结构”模型的示意图。图中 l 称为折叠周期，聚乙烯的 l 约等于 10nm。一个片晶中有许多高分子链，每一条高分子链都全部处在晶相中，并连续地折叠起来。链折叠弯曲处可能因应力大而损害晶格，所以折叠的长度（即片晶的厚度）不会太短；而长的高分子链为了减少表面能又力求折叠起来。为减少表面能与分子折叠时的斥力相互竞争，有自动调节折叠链长度的倾向。所以相等长度的规则折叠最为有利，是比较稳定的结构。

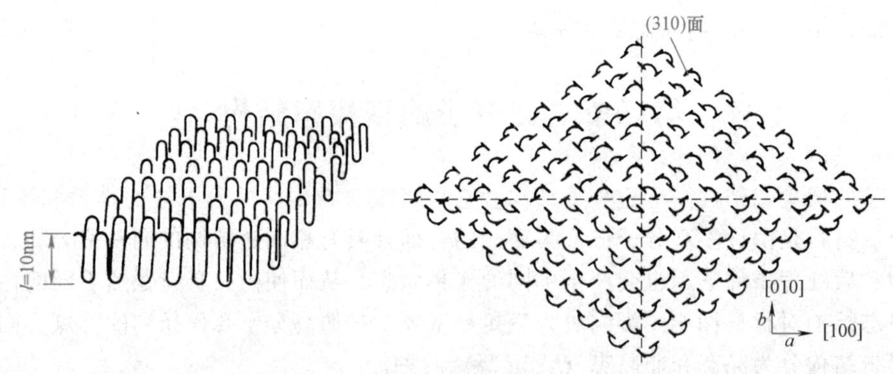

图 3-9 折叠链结构模型

自折叠链的单晶被发现，大量的研究工作证明晶区的折叠链结构是高分子材料的基本规律。现今，在常压下从不同浓度的溶液或熔体结晶时，得出的不是多层堆叠的折叠链片晶，就是由折叠链片晶构成的球晶。但关于分子链的折叠方式至今尚有争议，还有待进一步研究。

随聚合物性质、结晶条件和处理方法的不同，晶区的有序结构单元或晶体的形态是不一样的，可以生成片状晶体（片晶）、球状晶体（球晶）、线状晶体（串晶）、树枝状晶体

（枝晶）等，与金属的晶体形态相似。

二、非晶态聚合物的结构

非晶态结构普遍存在于聚合物的结构之中。有些聚合物就完全是非晶态，如聚苯乙烯、聚甲基丙烯酸甲酯等均被认为具有非晶态结构，即使在结晶高聚物中也还包含有非晶区。越来越多的实验表明，非晶区结构对聚合物性能的影响是不可低估的，因此对非晶态结构的研究具有重要的理论和实际意义。但遗憾的是对于非晶态高分子材料内部结构的研究更不充分，目前大多还处在臆测阶段。为了形象地描述非晶态结构，在实验的基础上人们曾提出过一些结构模型，归纳起来主要有以下两类。

1. 无序结构模型

弗洛里（Flory）等人早在 1949 年就曾提出无规线团模型。该模型表示，在非晶态聚合物本体中，分子链的构象与在溶液中的完全一样，呈无规线团状，如同一团乱麻，且线团与线团之间也是无规缠结的。根据这个观点，可以把非晶态聚合物形象地看成是由无规则的分子链相互穿插交缠在一起而形成的一块毛毯，如图 3-10a 所示。

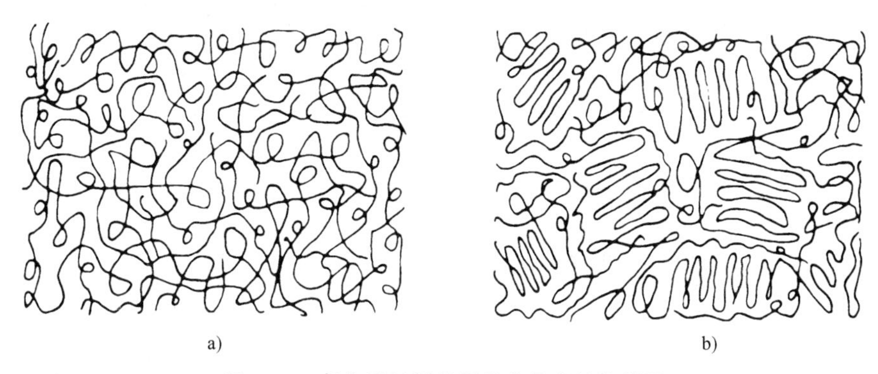

a)　　b)

图 3-10　高分子材料的两种非晶态结构模型

a）无规线团模型　b）折叠链缨状胶粒模型

根据这个模型，非晶态聚合物在结构上应是均相的，性能上应是各向同性的，看来这与实际情况是符合的。支持非晶态聚合物的分子形态呈完全无序的实验事实很多，尤其是近年来中子小角散射实验表明，非晶高分子的形态是无规线团。当然该模型也存在一些问题，如无规线团状的非晶态如何在极短的时间内变为排列规整、三维有序的晶态，这个转变过程很难用该模型予以说明。

2. 局部有序结构模型

叶叔酋（Yeh）于 1972 年提出了折叠链缨状胶粒模型，如图 3-10b 所示。该模型表示，非晶态聚合物中存在一定程度的有序，并主要包括两部分：一是由高分子链折叠而成的粒子相；二是粒子与粒子之间的粒间相。在粒子相中，分子链互相平行排列的部分形成了有序区，尺寸为 2~4nm，当然这种排列的规整性比晶态结构要差得多；另外在有序区周围有 1~2nm 宽的粒界区，它由折叠链的弯曲部分、链端、缠结点和连结链所组成。在粒间相中，分子链是完全无规的，并由高分子的无规线团、低分子化合物、高分子链的末端和“连接链”等构成，宽度为 1~5nm。该模型还表示一根分子链可以穿过几个粒子相和粒间相。

非晶态高分子材料的内部结构一直存在两派之争。争论的焦点是非晶态结构是完全无序还是局部有序，争论主要在弗洛里的无规线团模型与叶叔酋的折叠链缨状胶粒模型之间进行。因此，关于非晶态结构的研究，仍是当前高分子物理研究的一个重要课题。

鉴于各种模型都有优点，又都存在不足之处，于是霍斯曼（Hosemann）将上述各种模型加以综合，提出了一种折中的结构模型，称为半晶态聚合物的 Hosemann 模型，如图 3-11 所示。该模型包括了聚合物中可能存在的各种结构形态。Hosemann 模型虽是一种假想模式，但它与高度有序的折叠链片晶模型是现代高分子材料结晶学说中最有代表性的两个模型，它们对晶体性质的研究起了相当重要的作用。

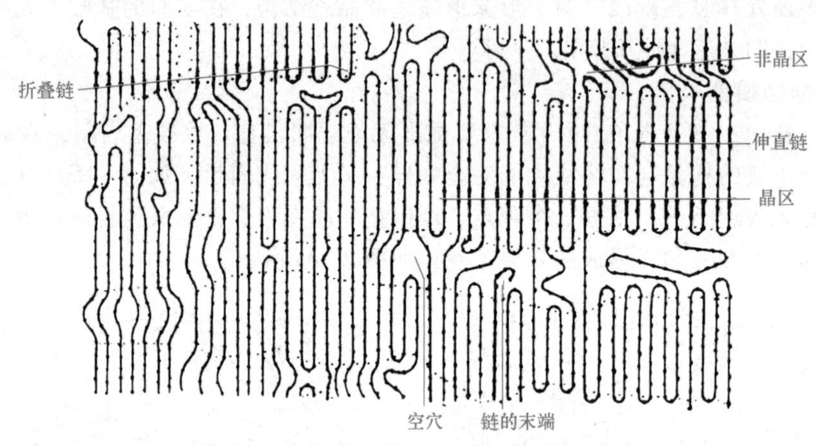

图 3-11 聚合物的 Hosemann 模型

三、聚合物的结晶度与玻璃化温度

1. 结晶度

线型、支化型和交联少的网状高分子聚合物固化时可以结晶，但由于分子链运动较困难，不可能进行完全的结晶。即使典型的结晶聚合物，如聚乙烯、聚四氟乙烯及聚偏二氯乙烯等，一般也都只有 50%~80%的结晶度，而有相当一部分保留着非晶态过冷液体的结构。所以晶态聚合物实际上为两相结构。根据两相结构模型理论，为了对结晶聚合物中的晶相和非晶相进行定量描述，人们提出了结晶度的概念，以其作为对结晶部分含量的度量。所谓结晶度就是结晶的程度，并用结晶部分的重量或体积占整体重量或体积的百分数表示。

重量结晶度 $$f_c^W=[W_c/(W_c+W_a)]\times100\% \tag{3-3}$$

体积结晶度 $$f_c^V=[V_c/(V_c+V_a)]\times100\% \tag{3-4}$$

式中，W 表示重量；V 表示体积；下标 c 表示结晶；下标 a 表示非晶。

由于聚合物中的晶区和非晶区没有确切的界限，因此结晶度的概念虽然得到广泛的应用，但其意义并不十分明确，且随测定方法的不同而异，因此结晶度只有相对意义。尽管如此，这一概念仍是必不可少的，它在理论和实际应用上都有重要的价值。

测定结晶度的方法很多，有 X 射线衍射法、密度法、红外光谱法、核磁共振法和量热法等。其中最常用、最简单易行的是密度法，它是根据聚合物结晶度不同，其密度也不同的原理，依照两相结构模型并假定比体积有加和性，即结晶聚合物试样的比体积 V 等于晶区的比体积 V_c 和非晶区的比体积 V_a 的线性加和。

$$V=f_c^W V_c+(1-f_c^W)V_a \tag{3-5}$$

则

$$f_c^W=(V_a-V)/(V_a-V_c)=(1/\rho_a-1/\rho)/(1/\rho_a-1/\rho_c) \tag{3-6}$$

若从密度的线性加和假定出发，则有

$$\rho=f_c^V\rho_c+(1-f_c^V)\rho_a \tag{3-7}$$

$$f_c^V=(\rho-\rho_a)/(\rho_c-\rho_a) \tag{3-8}$$

式中，V 和 ρ 分别是被测聚合物试样的比体积和密度；V_a 和 ρ_a 分别是该聚合物完全不结晶时的比体积和密度；V_c 和 ρ_c 则是完全结晶时的比体积和密度。

2. 分子结构对结晶能力的影响

各类聚合物都呈现不同程度的结晶倾向，这与它们的成分和分子结构密切相关。网络结构的聚合物和弹性体都是非晶态，因为基本上无规的三维共价键合阻止了远程有序所需要的分子重排。线型聚合物的结晶能力则受分子结构等因素影响，其规律如下。

（1）结构简单、规整度高、对称性好的高分子容易结晶　例如，聚乙烯的高分子链具有较简单的、对称的—CH_2—CH_2—结构单元；聚四氟乙烯及聚偏二氯乙烯的高分子链的部分氢原子，虽分别被氟和氯原子所取代，但结构仍是对称的，所以它们都容易形成晶体。然而晶体聚乙烯被氯化而生成氯化聚乙烯时，由于高分子链结构的对称性被打乱，以及 CHCl 基团的体积比 CH_2 大，使其结晶能力降低，所以氯化聚乙烯具有非晶态结构。与此相反，非晶态聚醋酸乙烯水解后得到的聚乙烯醇是晶态的，因为 CHOH 基团与 CH_2 基团的大小相近。

（2）等规聚合物结晶能力强　一般来说，高分子主链上的侧基较小时容易结晶，具有较大侧基的聚合物不易结晶。例如，聚甲基丙烯酸甲酯、聚苯乙烯等通常都是非晶态聚合物，因为它们的高分子链上有较大的侧基。但是，近年来通过定向聚合的方法合成了聚丙烯等聚合物，它们虽有较大的侧基，但只要这些侧基在空间的排布是规整的，如具有全同立构或间同立构时，也能形成晶态聚合物。

（3）缩聚物都能结晶　一般缩聚物（如聚酰胺或聚酯等）的高分子主链上不存在不对称碳原子，因此主链结构总是比较规整；另外，高分子主链上往往具有极性基团，使分子间有较大的作用力，甚至产生氢键。这些都有利于结晶和晶体的稳定。所以聚酰胺、聚对苯二甲酸乙二醇酯和聚碳酸酯等，都是很好的晶态聚合物。

（4）高分子链的支化不利于结晶　高分子链的支化会破坏分子的规整排列，降低聚合物的结晶度。如线型结构的低压聚乙烯的结晶度可达 95%，而支链结构的高压聚乙烯的结晶度只有 60%～70%。所以分子链支化严重的聚合物比非支化的聚合物更倾向于非晶态。

上述高分子结构因素只表明聚合物的结晶能力，而聚合物实际获得的结晶度还取决于具体的结晶条件。影响结晶的因素主要是结晶温度（或过冷度）、冷却速度、杂质和应力状态等，它们的影响规律和对金属的影响大体相似。

3. 玻璃化温度 T_g

当一块玻璃冷却到熔点温度以下时，在某一温度范围内它仍是塑性的，但冷却到某个温度时，就会发生玻璃硬化，该温度称为玻璃化温度（T_g）。无定形热塑性材料在冷却过程中可遇到同样的现象，如图 3-12 所示。图中比体积（每克的体积）是随温度而变化的。温度比平衡熔点（T_m）高得多时（范围 A），聚合物是黏度很大的液体。温度降低（范围 B），液体的黏度变得变大。如果聚合物本质上是非晶态的（即无规立构或无规共聚物），那么不会结晶（沿 ABC），并且液体结构会保留下来，而成为柔韧的、橡胶态的过冷液体（范围

C)。对于其他长链聚合物，当急速冷却时，也会发生这类行为。而高度倾向于结晶的聚合物(如线型聚乙烯)则随途径 ABG 变化，并且结晶时伴随着非常急剧的体积缩小，这是因为分子在远程有序的微晶中的堆积要比液体中更为紧密。晶态聚合物的柔软程度不如非晶态聚合物。由于在整块聚合物中绝不会是完全的远程有序，所以即使在 G 区域也还存在一些非晶态材料。在完全非晶态聚合物与高度晶态聚合物之间的中间情况（例如途径 ABE)，结晶的材料较少，体积的减小也没有那样急剧。

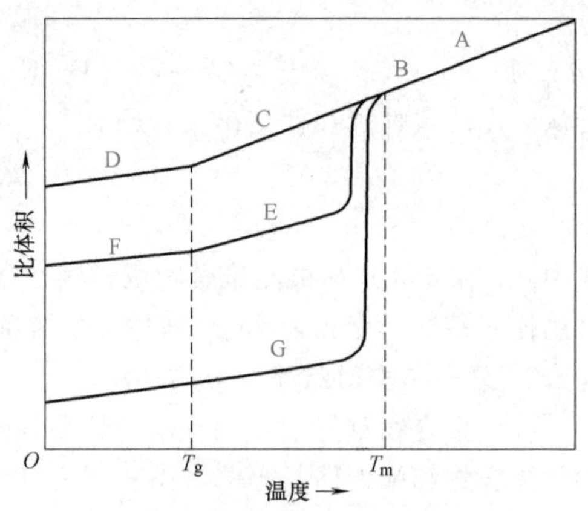

图 3-12 有结晶倾向的聚合物由熔点冷却时比体积与温度的关系

A—液态 B—液态(有某些弹性反应)

C—过冷液体(橡胶态) D—玻璃态

E—微晶在过冷液体的基体中

F—微晶在玻璃基体中

G—完全晶态

若冷却到玻璃化温度 T_g，非晶态部分的黏度会增加到这样的程度，使它们变成玻璃状，并且很脆。完全是非晶态的聚合物则全部变成玻璃态（区域 D)，而部分晶态的聚合物则是玻璃基体中包含着微晶（区域 F)。冷却的结果可以通过加热而反转，因为在状态变化时，分子的基本结构并没有随之发生本质的变化。实验发现，T_g 与 T_m 有一定的关系，一般聚合物材料的 $T_g/T_m=0.5\sim0.75$。对结构对称的聚合物（如聚乙烯)，$T_g/T_m=0.5$；对结构不对称的聚合物（如 PET)，$T_g/T_m=0.75$。

例 3-4 设有明显结晶度的聚乙烯，其密度为 0.90mg/m³。工业级的低密度聚乙烯(LDPE）的密度为 0.92mg/m³，而高密度聚乙烯（HDPE）的密度为 0.96mg/m³。试估计每种情况下的体积结晶度（已知聚乙烯完全结晶时的密度为 1.01mg/m³)。

解：如将聚乙烯有明显结晶度时的密度近似看成完全不结晶时的密度，则有

$$f^V_{\mathrm{LDPE}}=(\rho-\rho_a)/(\rho_c-\rho_a)=(0.92-0.90)/(1.01-0.90)=0.18$$

$$f^V_{\mathrm{HDPE}}=(\rho-\rho_a)/(\rho_c-\rho_a)=(0.96-0.90)/(1.01-0.90)=0.55$$

第四节 高分子材料的性能与结构

一、高分子材料的主要性能特点

高分子材料的结合键与金属、陶瓷相比，有其自身的特点。高分子链上是共价结合，而高分子链之间则为范德瓦耳斯键或氢键，后者的结合键强度要比金属键或共价键低两个数量级。这种结合键的特点造成了高分子材料在性能上有许多明显不同于陶瓷或金属之处。

首先，高分子材料的弹性模量和强度都较低，即使是工程塑料也不能用于受力较大的结构零件。而且高分子材料的力学性能对温度与时间的变化十分敏感，在室温下就有明显的蠕变和应力松弛现象。

其次，高分子材料凝固后多数呈非晶态，只有少数结构简单、对称性高的高分子材料可以得到晶体，但也不能达到100%的结晶。这是因为高分子长链结构很难在较大的范围内实现完全有序的规则排列。因此，高分子材料中便有一个表征其材料特性的所谓玻璃化温度T_g，在$0.75T_g$以下材料呈完全脆性；在（0.75~1）T_g之间材料是刚硬的，只能发生弹性变形；而当加热至T_g以上温度时，先后发生皮革状、橡胶状的黏弹性变形；温度再增加则发生黏性流动，材料可在此温度范围内[（1.3~1.5）T_g]加工成型。

另外，高分子材料的主要弱点是容易老化，即在长期使用或存放过程中，由于受各种因素的作用，其性能随时间的延长而不断恶化，逐渐丧失使用价值的过程。其主要表现是：对于橡胶是变脆、龟裂、变软和发黏；对于塑料是褪色、失去光泽和开裂。老化的原因主要是分子链的结构发生了降解或交联。降解是高分子发生断链或裂解的过程。其结果是大分子链破断为许多小分子链，使相对分子质量降低，甚至分解成单体，因而使强度、弹性、熔点、黏度等降低。交联是分子链之间生成化学键形成网状结构，从而使性能变硬、变脆。影响老化的内在因素主要有化学结构、分子链结构和聚集态结构中的各种弱点。外在因素有热、光、辐射、应力等物理因素；氧和臭氧、水、酸、碱等化学因素；微生物、昆虫等生物因素。

但是，高分子材料也有许多金属或陶瓷材料所不具备的优点，如原料丰富，成本低廉，它们大多可以从石油、天然气或煤中提取；密度很小，为$0.95\sim1.4g/cm^3$，这对减轻重量、节约能源有重要意义；化学稳定性好，一般对酸、碱和有机溶剂均有良好的耐蚀性能；有良好的电绝缘性能，这对电器、电动机和电子工业是很重要的；有优良的耐磨、减摩和自润滑性能，并能吸振和减小噪声，这对一些机械中的轴承和齿轮是十分有利的，常用它们来代替金属。另外，还有优良的光学性能，如有机玻璃和无机玻璃相比，对普通光的透过率达92%（普通玻璃为82%），对紫外线的透过率达73.5%（普通玻璃为0.6%）。因此，高分子材料近年来发展迅速。

二、高分子材料的性能与结构的关系

通常将高分子材料分为热塑性塑料、热固性塑料和橡胶三种类型，见表3-1。如前所述，这三类材料的分子链结构是不同的：热塑性塑料是线型链状结构；橡胶是在线型链状结构中形成了少量的交联；热固性塑料则为体型结构。可以说，这三种材料的不同特性实质上是由于分子链交联的程度、交联的强弱不同所造成的。现在我们来看这三种材料的基本特性与其结构的关系。

对热塑性塑料，当加热到T_g以上温度时，分子链间的二次键（范德瓦耳斯键和氢键）遭到破坏，当受力时许多呈卷曲状的高分子链段可以互相滑动，链段上每个C—C单键在保持键角（109°28′）不变的情况下可以自由旋转。试想一个高分子链上有许多单键，每个单键都能内旋转，这样高分子链在空间的形态就可以变化无穷，产生不同的构象。且温度越高，分子的热运动越剧烈，分子链的构象越多，柔顺性就越大。受力时分子链由卷曲状可以变为伸直状，当去除外力后又可弹性回复，重新变成卷曲形态。橡胶要求有很大的弹性变形量（达50%），而且去除外力时要能立即回复。一般具有线型链状结构的热塑性塑料，虽然在T_g温度以上也可以表现出一定程度的橡胶弹性，但总伴随有黏性流动，当力的作用时间稍长，就有永久变形产生，所以不能作为橡胶使用。

表 3-1　基本的高分子材料

类别	聚合物（英文缩写）	成　　分	用　　途
热塑性塑料	聚乙烯（PE）	$\left[\text{—}\overset{\text{H}}{\underset{\text{H}}{\text{C}}}\text{—}\right]_n$ 部分晶体化	管子，膜，瓶子，杯子，包装，电气绝缘
	聚丙烯（PP）	$\left[\text{—}\overset{\text{H}}{\underset{\text{H}}{\text{C}}}\text{—}\overset{\text{H}}{\underset{\text{CH}_3}{\text{C}}}\text{—}\right]_n$ 部分晶体化	和 PE 用途相同，更耐日晒，更轻，刚度更好
	聚四氟乙烯（PTFE）	$\left[\text{—}\overset{\text{F}}{\underset{\text{F}}{\text{C}}}\text{—}\overset{\text{F}}{\underset{\text{F}}{\text{C}}}\text{—}\right]_n$ 部分晶体化	特氟龙（塑料王），摩擦因数极低，用作轴承、密封垫、不粘底的炒锅
	聚苯乙烯（PS）	$\left[\text{—}\overset{\text{H}}{\underset{\text{H}}{\text{C}}}\text{—}\overset{\text{H}}{\underset{\text{C}_6\text{H}_5}{\text{C}}}\text{—}\right]_n$ 无定形	廉价，用丁二烯韧化后制造耐冲击的聚苯乙烯，用 CO_2 发泡后制造包装材料
	聚氯乙烯（PVC）	$\left[\text{—}\overset{\text{H}}{\underset{\text{H}}{\text{C}}}\text{—}\overset{\text{H}}{\underset{\text{Cl}}{\text{C}}}\text{—}\right]_n$ 无定形	如窗架等建筑用材，唱片，塑化后制造人造革、衣服、袜子
	有机玻璃（PMMA）	$\left[\text{—}\overset{\text{H}}{\underset{\text{H}}{\text{C}}}\text{—}\overset{\text{CH}_3}{\underset{\text{COOCH}_3}{\text{C}}}\text{—}\right]_n$ 无定形	透明板和模子，飞机窗玻璃、汽车风窗玻璃
	尼龙 66	$\left(C_6H_{11}NO\right)_n$ 拉拔后部分结晶化	纺织品，绳子，轴承
热固性塑料	环氧	$\left[\text{—O—C}_6\text{H}_4\text{—}\overset{\text{CH}_3}{\underset{\text{CH}_3}{\text{C}}}\text{—C}_6\text{H}_4\text{—O—CH}_2\text{—}\overset{\text{OH}}{\text{CH}}\text{—CH}_2\text{—}\right]_n$ 无定形	黏结剂，玻璃纤维复合材料基体
	聚　酯	$\left[\text{—}\overset{\text{O}}{\overset{\Vert}{\text{C}}}\text{—(CH}_2)_m\text{—}\overset{\text{O}}{\overset{\Vert}{\text{C}}}\text{—O—}\overset{\text{CH}_2\text{OH}}{\underset{\text{CH}_2\text{OH}}{\text{C}}}\text{—}\right]_n$ 无定形	与环氧用途相似，比环氧便宜，可制作薄型制品
	酚醛树脂	$\left[\text{C}_6\text{H}_3(\text{OH})\text{—CH}_2\text{—}\right]_n$ 无定形	电木，性较脆

（续）

类别	聚合物（英文缩写）	成分		用途
橡胶	聚异戊二烯	$\left[\mathrm{-CH_2-CH=C(CH_3)-CH_2-} \right]_n$	无定形	天然橡胶
	聚丁二烯（丁苯橡胶）	$\left[\mathrm{-CH_2-CH=CH-CH_2-} \right]_n$	无定形	合成橡胶 汽车轮胎
	聚氯丁烯（氯丁橡胶）	$\left[\mathrm{-CH_2-CH=CCl-CH_2-} \right]_n$	无定形	用于制造耐油的橡胶密封圈

对于橡胶，在结构上的要求是：①要有很大的相对分子质量，分子链段很长，因而有最大的柔性，其玻璃化温度应比室温低得多。天然橡胶有最大的相对分子质量，其 T_g 为 -73℃，聚氯乙烯的 T_g 为+87℃，聚苯乙烯的 T_g 为+100℃。因此，后两种聚合物在室温下就会变得硬脆而失去弹性；②在使用条件下不结晶或结晶度很小。聚乙烯虽然 T_g 温度也很低，但很容易结晶，高密度聚乙烯的结晶度可达 80%，形成晶体后弹性模量高，弹性变形小，而且卸载后不易发生弹性回复；③对纯线型结构的柔性链，受力时分子链间要能相对滑动，变形小时可以弹性回复；变形大时分子链间如果没有一个较大的弹性回复力存在，只会造成永久变形。所以即使像天然橡胶这样理想的线型链，也必须进行硫化处理，产生少量的交联，大约在碳的主链上几百个碳原子中应有一个碳原子和硫原子共价结合，碳—硫的共价结合犹如一根根小弹簧，从而保证了橡胶在经受很大的变形量时也能弹性回复。但如硫加入量过多，产生的交联作用太强，橡胶也会变得硬脆而失去弹性。当你观察如袖珍梳子这类硬橡胶制品时，你就会想象到加入较多硫对橡胶性能的影响。

这样，我们也就很容易理解热固性塑料的基本特性了。热固性塑料是将本是低相对分子质量的黏稠液体和固化剂混合，在一定温度和压力下发生聚合反应，在成型时产生强烈的交联，形成三维网状结构。由于整个聚合物本质上就是一个由化学键固结起来的不规则网状大分子，所以非常稳定，从而使其具有较好的耐热性、刚性和化学稳定性；但弹性低、脆性大，因而不能进行塑性加工，成型加工只能在网状结构形成以前进行。另外，由于网状结构一旦形成后便不能再改变，所以材料不能像热塑性塑料那样可循环使用。

三、改变高分子材料性能的途径

从上面的讨论可以看出，只有热塑性塑料能最大限度地改变材料的结构与性能。现在我们来分析改变热塑性塑料性能（主要限于力学性能）的主要途径。

1. 改变结晶度

如前所述，分子链结构简单、对称性好、侧基的原子或原子团小的高分子有利于结晶。因此，聚乙烯、聚四氟乙烯容易结晶；而聚氯乙烯、聚苯乙烯等，由于侧基体积大、对称性差，故不易结晶。另一方面，如聚酰胺（尼龙）虽然结构并不简单，也没有明显的对称性，但分子间由于有氢键作用力，因而也有利于结晶。一般来说，随着结晶度的增加，高分子材料的强度、弹性模量、密度和尺寸稳定性都有所提高，而塑性、吸湿性则降低。低密度聚乙烯由于线型链上有分支结构，其结晶度只能达到≈50%；高密度聚乙烯的结晶度约为80%。两者的屈服强度相差近1倍。对尼龙66，其屈服强度和结晶度的关系如图3-13所示。

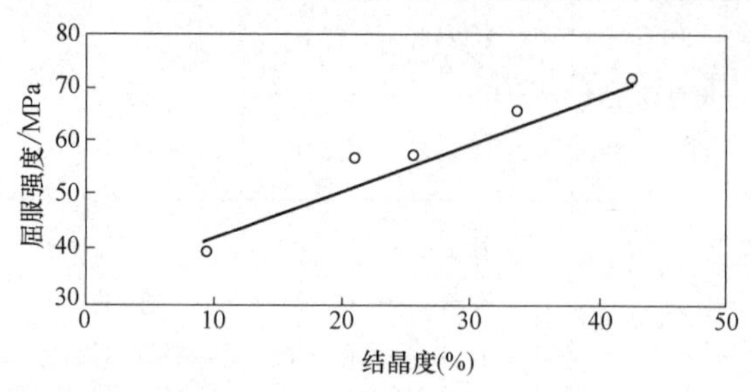

图 3-13 尼龙 66 的屈服强度与结晶度的关系

2. 改变侧基的性质

侧基的性质不同，对性能产生的影响也不同。观察由聚乙烯变为聚丙烯，进而演变为聚苯乙烯时，侧链上的氢原子逐步被 CH_3 和 C_6H_5 原子团所取代。当原子团尺寸增大，尤其是产生苯环结构时，使单键旋转困难，在空间不易改变构象，所以由柔性链变为刚性链，材料的强度、弹性模量都有很大的提高，而塑性也相应地大幅度降低。例如，高密度聚乙烯的弹性模量为9384～23460MPa，伸长率为100%～600%；而聚苯乙烯的弹性模量则为62560～78200MPa，伸长率只有1.5%～2%。

聚氯乙烯又是另一种情况。当聚乙烯的侧基氢原子被氯原子取代形成聚氯乙烯时，碳—氯共价键呈现极性，电子云移向氯原子，使氯原子部分带负电荷，碳原子部分带正电荷，从而产生了较大的偶极矩，也会使柔性链变成刚性链，抗拉强度由17.25～34.5MPa（聚乙烯）提高到41.4～75.9MPa，而玻璃化温度 T_g 却由-75℃升高到了+87℃（表3-2）。

表 3-2 侧基的极性与链的柔顺性

聚合物	侧　基	偶极矩	链的柔性	T_g/℃
聚乙烯		0	柔性链	-75
聚丙烯	CH_3	0.40×10^{-18}	柔性链	-20
聚丙烯酸甲酯	$COOCH_3$	1.76×10^{-18}	较柔顺	15
聚氯乙烯	Cl	2.05×10^{-18}	刚性链	87
聚丙烯腈	CN	4.00×10^{-18}	刚性链	104

3. 改变主链的结构

聚烯烃类高分子的主链上全部是C—C键，如果像聚甲醛那样在主链结构中引入C—O键，氧原子会增强分子链间的永久偶极键合，使其刚性增大，同聚乙烯相比较，抗拉强度由17.25～34.5MPa提高到62.1～69MPa；或者像聚酰胺（尼龙）那样在主链结构中引入C—N键，酰胺基团是一个极性基团，这个基团上的氢能与另一个链段上的羰基（═CO）结合形成较强的氢键，因此尼龙较易结晶，也有比较高的强度（62.1～82.8MPa）。

4. 共聚

共聚是由两种或两种以上的单体参加聚合而形成聚合物的反应。它是高分子材料的一个主要“合金化”方式，也是改善高分子材料性能的一个更加重要的手段。与前面介绍的几种途径相比，其突出特点是它能充分发挥各种单体的优势，做到互相取长补短。共聚所形成的结构与合金相似，可以形成单相结构，也可以形成两相结构。

最著名的共聚物是ABS，它是由丙烯腈（A）、丁二烯（B）和苯乙烯（S）三者共聚合成的三元“合金”。苯乙烯与丙烯腈形成的线型结构共聚物叫作SAN塑料，作为材料的基体；苯乙烯与丁二烯形成的线型结构共聚物叫作BS橡胶，呈颗粒状分布于SAN基体之中，如图3-14所示。ABS是在聚苯乙烯改性的基础上发展起来的。聚苯乙烯的缺点是脆性大和耐热性差，当形成ABS共聚物之后，聚苯乙烯的良好性能（坚硬、透明、良好的电性能和加工成型性能）得到保持；丙烯腈可提高塑料的硬度、耐热性和耐蚀性；丁二烯可提高其弹性和韧度。由图3-14可以看出，当基体中出现裂纹时，裂纹的扩展会受到周围BS颗粒的阻碍，裂尖的畸变能被高弹性的BS颗粒吸收，使应力得以松弛。所以，ABS将三者的优点集于一体，使其具有“硬、韧、刚”的混合特性。可用于制造齿轮、轴承、管道、接头、电器、计算机和电话机外壳、仪表指示盘、冰箱衬里和小轿车车身等。ABS是一种原料易得、价格便宜、综合性能良好的工程塑料。

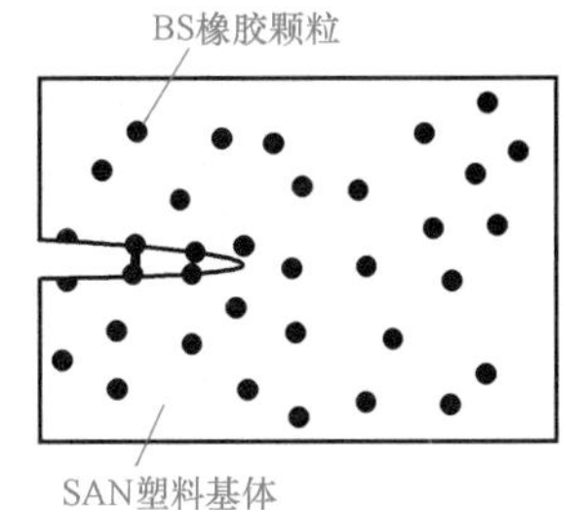

图3-14　ABS共聚物的结构

类似这种共聚的还有丁（二烯）苯（乙烯）橡胶等。

5. 拉拔强化

和金属材料冷拉可以造成强烈的加工硬化相似，一些高分子材料在T_g温度附近冷拉，也可以使其强度和弹性模量大幅度提高。图3-15所示为尼龙冷拉时的应力-应变曲线。由熔融纺丝制成的尼龙，在通过挤压模极细的喷嘴时，很快冷却形成非晶状态后进行拉拔。开始拉拔时只是缠结的分子链沿拉拔方向逐渐伸直；当拉拔比（以l/l_0计量）继续增加时，分子链便沿受力方向定向排列，这和金属的变形织构相似。可以想象，分子链的主干上是强的共价键，定向排列的分子链数目越多，表现出的共价键力就越强，因而沿受力方向排列时的分子链强度和弹性模量也就越高，当然这时也会表现出强烈的各向异性。在尼龙的拉拔比为4时，其强度比拉拔前可增加8倍之多。

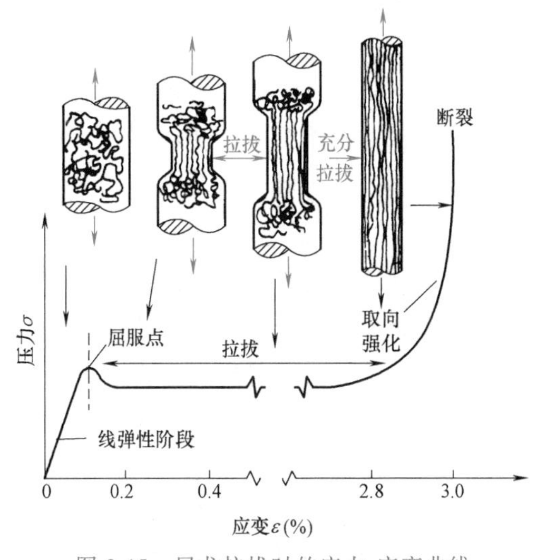

图3-15　尼龙拉拔时的应力-应变曲线

高分子材料有两种结合键类型的分子链，如果采用复合材料理论（见第十章），拉拔后的弹性模量可以进行如下估算。首先，列出应变式为

$$\varepsilon=f\sigma/E_1+(1-f)\sigma/E_2=\sigma[f/E_1+(1-f)/E_2] \tag{3-9}$$

即在给定应力σ作用下产生的应变由两部分承担：一部分是由共价键（弹性模量为E_1）作用的体积分数f；另一部分是由范德瓦耳斯键和氢键（弹性模量为E_2）作用的体积分数$(1-f)$。因此，整个材料的弹性模量为

$$E=\sigma/\varepsilon=[f/E_1+(1-f)/E_2]^{-1} \tag{3-10}$$

当材料中全部为共价键结合时，$E_1=10^3$GPa；当全部为范德瓦耳斯键和氢键结合时，

$E_2=1GPa$。将 E_1 和 E_2 代入式（3-10）得

$$E=[f/10^3+(1-f)/1]^{-1} \tag{3-11}$$

当进行强烈拉拔时，尼龙的 f 可达 98%，此时由式（3-11）计算得到的弹性模量为 100GPa，这一数值和铝的弹性模量差不多。由于这种强化完全是由分子链的定向排列造成的，所以又叫作取向强化。

除尼龙外，聚氯乙烯、有机玻璃等都常用拉拔强化的方法来改善其性能。

小结

高分子材料的主要组分是有机高分子化合物。而高分子化合物则是由一种或多种单体通过聚合反应形成的相对分子质量很大的化合物。由于高分子化合物的相对分子质量存在多分散性，故通常用以数量或质量为基础的平均相对分子质量来表示。由小的单体分子合成高分子化合物的主要聚合反应有两种：加聚和缩聚。加聚反应包括引发、生长和终止三个阶段，反应的一端和引发剂的自由基结合，而在另一端的单体分子以链节的形式一个个地加合而形成长链，这是一种连锁反应，反应时不生成副产品。缩聚反应不需要引发剂，链的两端都是活性的，先形成许多小的链段，然后再由小链段组合成长链，这是一种多级聚合反应，反应时有副产品生成。

高分子材料的结构主要包括两个微观层次：一是高分子链的结构；二是高分子的聚集态结构。高分子链是由大量结构相同的链节重复连接构成的，链的长短用聚合度或相对分子质量表示。根据链节中化学组成的不同，可有碳链高分子、杂链高分子和元素有机高分子。链节在高分子链中的连接方式和顺序是变化的，一种单体加聚时可有头-尾连接、头-头连接和尾-尾连接等不同的顺序；两种或两种以上的单体共聚时，可有无规共聚、交替共聚、嵌段共聚和接枝共聚等不同的方式。根据分子链中侧基所处位置的不同，分子链可有全同立构、间同立构和无规立构等不同的空间构型。高分子链有线型、支化、交联和体型等多种不同的形态。由于单键的内旋转而使高分子的形态瞬息万变，链的构象变化频繁，从而导致了高分子链的柔顺性。影响柔顺性的结构因素主要是主链结构和侧基性质。

固态聚合物的结构有晶态和非晶态两种。描述晶态结构的模型主要有缨状胶束结构模型和折叠链结构模型；描述非晶态结构的模型主要有无序结构模型和局部有序结构模型。实际的结晶聚合物都是由晶相和非晶相组成的两相结构，可用聚合物的 Hosemann 模型加以描述。聚合物中的结晶含量主要受分子结构和结晶条件的影响，并用结晶度来度量。

高分子材料主要分为热塑性塑料、热固性塑料和橡胶三大类。各自的特性主要取决于其内部结构。热塑性塑料由于具有线型结构，因而具有较好的弹性和塑性，易于加工成型和可反复使用等特性；橡胶由于在线型分子链间形成了少量交联，因而具有高的弹性；热固性塑料由于在成型时线型分子链间产生严重交联而形成了三维网状结构，因而具有较高的硬度和弹性模量，但弹性低、脆性大，材料不能进行塑性加工和反复使用。在三类高分子材料中，只有热塑性塑料能最大限度地改变其结构和性能，主要途径是改变结晶度、侧基的性质和主链的结构，以及共聚和拉拔等。

习　题

1. 什么是单体、聚合物和链节？它们的相互关系是什么？请写出以下高分子链节的结构式：①聚乙烯；②聚氯乙烯；③聚丙烯；④聚苯乙烯；⑤聚四氟乙烯。

2. 加聚反应和缩聚反应有何不同？

3. 说明官能度与聚合物结构形态的关系。要由线型聚合物得到网状聚合物，单体必须具有什么特征？

4. 聚合物的分子结构对主链的柔顺性有什么影响？

5. 热塑性塑料的结晶度如何影响密度和强度，请解释。

6. 为什么聚乙烯容易结晶，而聚氯乙烯则难以结晶？为什么在热塑性塑料中完全结晶不大可能？

7. 说明交联的作用，它如何改变聚合物的结构和性能？

8. 热固性塑料和热塑性塑料的碎片能重复使用吗？为什么？

9. 根据结构和特性不同，对线型聚合物、网状聚合物和弹性体加以区分。

10. 提高高分子材料强度的途径有哪些？

11. 高弹性有哪些特征？在什么条件下聚合物能充分表现出高弹性？

12. 什么是 ABS 塑料？它有什么用途？它的冲击性能为何能得到改善？

13. 每克聚氯乙烯有 10^{20} 个分子。问：①平均分子大小为多少？②聚合度为多少？

14. 三元共聚物 ABS，其三组分的质量分数相等。问每种组分的链节分数各为多少？

15. 已知聚氯乙烯的平均相对分子质量是 27500，问其平均聚合度是多少？

16. 设有一聚合物样品，由 10mol 相对分子质量为 10^4、40mol 相对分子质量为 2×10^3 和 50mol 相对分子质量为 10^5 的三种大分子组成。试求其数均相对分子质量和重均相对分子质量。

17. 为使 10%的链节交联，100g 的氯丁二烯中应加多少硫？（假定所有的硫都被利用了）

18. 如制品中含 18.5%（质量分数）的硫，问有多少丁二烯（C_4H_6）发生交联？（假定所有的硫都用于交联，且每一结构单元中只有一个硫）

19. 解释表 3-3 中每个编号的聚合物为什么具有所示的结晶度？

表 3-3　聚合物的结晶度

编号	聚合物	结晶度(%)	编号	聚合物	结晶度(%)
1	线型聚乙烯	90	3	线型聚乙烯和全同立构聚丙烯的不规则共聚物	0
	支化聚乙烯	40			
2	全同立构聚丙烯	90			
	无规聚丙烯	0			

参考文献

[1]　朱张极，姚可夫. 工程材料［M］. 5 版. 北京：清华大学出版社，2011.

[2] 石德珂，沈莲. 材料科学基础 [M]. 西安：西安交通大学出版社，1995.
[3] 吴云书. 材料科学与工程基础 [M]. 北京：机械工业出版社，1990.
[4] 张云兰，刘建华. 非金属工程材料 [M]. 北京：轻工业出版社，1987.
[5] 徐祖耀. 材料科学导论 [M]. 上海：上海科学技术出版社，1986.
[6] 曾汉民. 高技术新材料要览 [M]. 北京：中国科学技术出版社，1993.
[7] 师昌绪. 材料大辞典 [M]. 北京：化学工业出版社，1994.
[8] 李见. 新型材料导论 [M]. 北京：冶金工业出版社，1987.
[9] 夏炎. 高分子科学简明教程 [M]. 北京：中国科学技术出版社，1987.
[10] 李良训. 高分子物理学 [M]. 北京：中国石化出版社，1990.
[11] ASHBY M F，Jones D R H. Engineering Materials [M]. vol2. Oxford：Pergamon，1986.
[12] SMITH W F. Principles of Material science and Engineering [M]. McGraw-Hill book company，1986.

第四章 晶体缺陷

在第二章介绍晶体结构时，为了说明晶体的周期性和方向性，把晶体处理成完全理想状态，实际上晶体中总存在着偏离理想的结构，晶体缺陷就是指实际晶体中与理想的点阵结构发生偏差的区域。这些区域的存在并不影响晶体结构的基本特性，仅是晶体中少数原子的排列特征发生了改变。相对于晶体结构的周期性和方向性而言，晶体缺陷显得十分活跃，它的状态容易受外界条件（如温度、载荷、辐照等）影响而变化，它们的数量及分布对材料的行为起着十分重要的作用。

根据缺陷的空间几何图像，将晶体缺陷分为三大类。

（1）点缺陷　它在三维空间各方向上的尺寸都很小，又称为零维缺陷，如空位、间隙原子和异类原子等。

（2）线缺陷　又称一维缺陷，在两个方向上尺寸很小，主要是位错。

（3）面缺陷　在空间一个方向上尺寸很小，另外两个方向上尺寸较大的缺陷，如晶界、相界等。

第一节　点　缺　陷

一、点缺陷的类型

晶体中点缺陷的基本类型如图 4-1 所示。如果晶体中某结点上的原子空缺了，则称为空位（图 4-1a），它是晶体中最重要的点缺陷，脱位原子一般进入其他空位或者逐渐迁移至晶界或表面，这样的空位通常称为肖脱基（Schottky）空位或肖脱基缺陷。偶尔，晶体中的原子有可能挤入结点的间隙，则形成另一种类型的点缺陷——间隙原子（图 4-1b），同时原来的结点位置空缺，产生一个空位，通常把这一对点缺陷（空位和间隙原子）称为弗兰克尔（Frenkel）缺陷。可以想象要在晶格间隙中挤入一个同样大小的原子是很困难的，因此在一般晶体中产生弗兰克尔缺陷的数量要比肖脱基缺陷少得多。

异类原子也可视作晶体的点缺陷，因为它的原子尺寸或化学电负性与基体原子不一样，所以，它的引入必然导致周围晶格的畸变。如果异类原子的尺寸很小，则可能挤入晶格间隙（图 4-1c）；如果原子尺寸与基体原子相当，则会置换晶格的某些结点（图 4-1d、e）。

上述任何一种点缺陷的存在，都破坏了原有的原子间作用力平衡，因此点缺陷周围的原子必然会离开原有的平衡位置，作相应的微量位移，这就是晶格畸变或应变，它们对应着晶

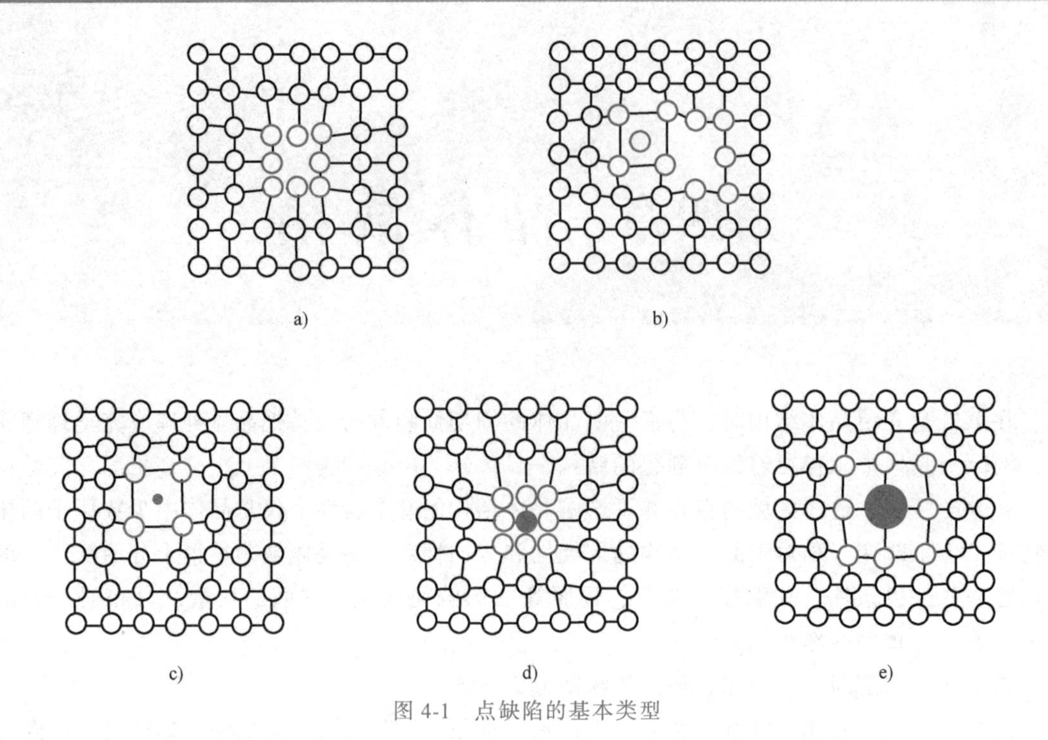

图 4-1　点缺陷的基本类型

体内能的升高。

化合物离子晶体也会产生相应的点缺陷，但情况更复杂些，缺陷的存在不应破坏正负电荷的平衡。图 4-2 给出了离子晶体中的弗兰克尔缺陷及肖脱基缺陷，必须在晶体中同时移去一个正离子和负离子才能形成肖脱基缺陷，而弗兰克尔缺陷则是晶体中尺寸较小的离子挤入相邻的同号离子的位置（即两个离子同时占据一个结点位置），于是形成了间隙离子和空位对。上面曾提及在普通金属中形成间隙原子即弗兰克尔缺陷是很困难的，但在离子晶体中，情况就不同了。对于正负离子尺寸差异较大、结构配位数较低的离子晶体，小离子移入相邻间隙的难度并不大，所以弗兰克尔缺陷是一种常见的点缺陷；相反，那些结构配位数高，即排列比较密集的晶体，如 NaCl，肖脱基缺陷则比较重要，而弗兰克尔缺陷却较难形成。离子晶体中的点缺陷对晶体的导电性起了重要作用。

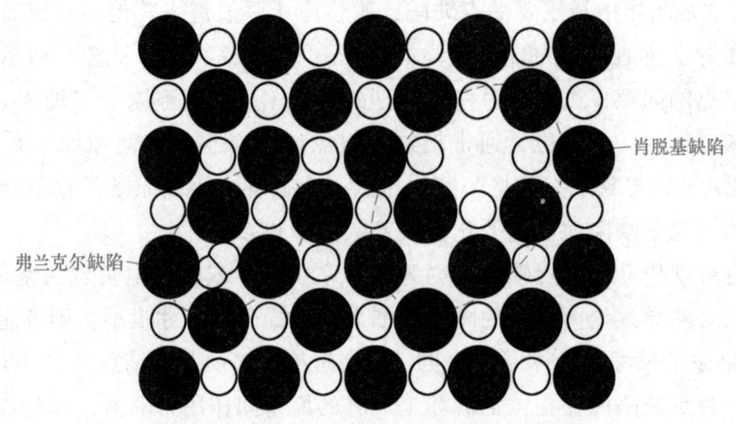

图 4-2　化合物离子晶体中两种常见的点缺陷

二、点缺陷的产生

1. 平衡点缺陷及其浓度

空位和间隙原子是由原子的热运动产生的。已知晶体中的原子并非静止的，而是以其平衡位置为中心不停地振动，其平均动能取决于温度$\left(\approx\frac{3}{2}kT\right)$。但这只是众多原子跳动能量的平均值，从微观的角度分析各个原子的动能并不相等，即使对每个原子而言，其振动能量也是瞬息万变，在任何瞬间总有一些原子的能量高到足以克服周围原子的束缚（达到激活态），从而离开原来的平衡位置而跳入相邻的空位形成肖脱基缺陷，或者挤入晶格间隙形成弗兰克尔缺陷。

晶体中存在点缺陷，使体系的自由能升高还是降低需视具体情况而定。表面看来，空位的存在产生了点阵畸变使晶体的内能升高，从而还导致体系自由能升高；然而，这一看法是片面的，因为讨论自由能高低时还应考虑体系的熵变。这里可以把缺陷的形成过程处理成等温等容过程，体系中点缺陷形成后对亥姆霍兹自由能的变化（ΔA）可以写成

$$\Delta A=\Delta U-T\Delta S$$

形成缺陷带来晶格应变，故内能 U 增加，ΔU 为正值，设一个缺陷带来的内能增加值为 u，它的意义也相当于形成一个缺陷所需要的能量，即缺陷形成能。所以内能项增量 ΔU 应为

$$\Delta U=nu$$

式中，n 为缺陷的数量。同时点缺陷的存在又使体系的混乱程度增大，即引起熵值增加，使自由能降低，且少量点缺陷的存在使体系的排列方式大大增加，即显著地增加熵值。熵值增加（简称熵增）随缺陷数量的变化是非线性的，如图 4-3 所示，少量点缺陷的存在使熵增快速增加，继续增加点缺陷使熵增变化逐渐变缓。ΔU 和 ΔS 这两项相反作用的结果使自由能变化 ΔA 的走向如图 4-3 的中间曲线所示，先随着晶体中缺陷数量 n 的增多，自由能逐渐降低，然后又逐渐增高，这样体系在一定温度下存在着一个平衡的点缺陷浓度，在该浓度下，体系的自由能最低。因此，由热振动产生的点缺陷属于热力学平衡缺陷，晶体中存在这些缺陷时自由能是降低的；相反，如果没有这些缺陷，自由能反而升高。

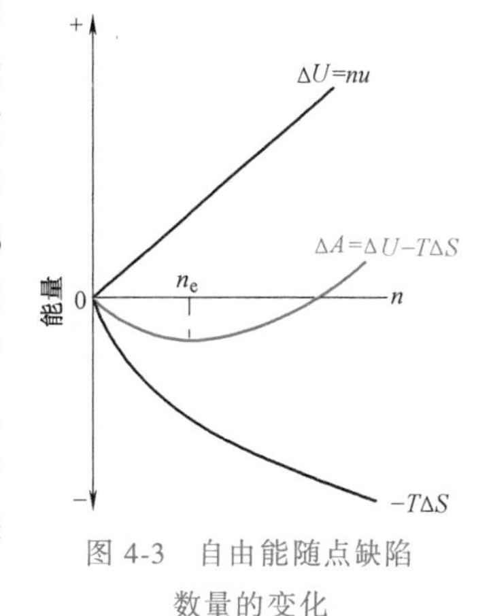

图 4-3　自由能随点缺陷数量的变化

根据图 4-3，不难求得晶体中平衡点缺陷的浓度，通过计算点缺陷的数目对内能项及熵项的影响，便可求得图 4-3 中 ΔA 曲线的极小值位置，即平衡点缺陷数目 n_e。其结果可表示为

$$\frac{n_e}{N}=C_e=A\exp\frac{-u}{kT} \tag{4-1}$$

式中，C_e 为某一种类型点缺陷的平衡浓度；N 为晶体的原子总数；A 是材料常数，其值常取作 1；T 为体系所处的热力学温度；k 为玻耳兹曼常数，约为 8.62×10^{-5}eV/K 或 1.38×10^{-23}J/K；u 为该类型缺陷的形成能。

式（4-1）与式（1-10）的表达形式很接近，即影响点缺陷的浓度与化学反应速率的因素是一样的，说明两种过程的本质是相同的，都是由原子热运动引起的热激活过程。对于化学反应过程而言，只有当原子（或分子）的能量比平均能量高出的能量足以克服反应激活能的那部分原子才能参与反应；对于点缺陷形成而言，只有比平均能量高出缺陷形成能的那部分原子才可能形成点缺陷。所以点缺陷的平衡浓度与化学反应速率一样，随温度升高呈指数关系增加，例如纯Cu在接近熔点1000℃时，空位浓度为10^{-4}，而在常温下（≈20℃）空位浓度却只有10^{-19}。此外，点缺陷的形成能也以指数关系影响点缺陷的平衡浓度，由于间隙原子的形成能要比空位高几倍，因此间隙原子的平衡浓度比空位低很多。仍以铜为例，在熔点附近，间隙原子的浓度仅为10^{-14}，与空位浓度（10^{-4}）相比，两者的浓度比达10^{10}，因此在一般情况下，晶体中的自间隙原子点缺陷可忽略不计。

例 4-1　Cu晶体的空位形成能u_v为0.9eV/atom㊀或1.44×10^{-19}J/atom，材料常数A取作1，玻耳兹曼常数$k=1.38\times10^{-23}$J/K，计算：

1）在500℃下，$1m^3$Cu中的空位数目。

2）500℃下的平衡空位浓度。

解： 首先确定$1m^3$体积内Cu原子的总数（已知Cu的摩尔质量$M_{Cu}=63.54$g/mol，500℃下Cu的密度$\rho_{Cu}=8.96\times10^6$g/m^3，则

$$N=\frac{N_0\rho_{Cu}}{M_{Cu}}=\frac{6.023\times10^{23}\times8.96\times10^6}{63.54m^3}=8.49\times10^{28}m^{-3}$$

1）将N代入式（4-1），计算空位数目n_v

$$\begin{aligned}n_v&=N\exp\frac{-u_v}{kT}=8.49\times10^{28}\exp\frac{-1.44\times10^{-19}}{1.38\times10^{-23}\times773}m^{-3}\\&=8.49\times10^{28}\times e^{-13.5}m^3=8.49\times10^{28}\times1.37\times10^{-6}m^{-3}\\&=1.2\times10^{23}m^{-3}\end{aligned}$$

2）计算空位浓度

$$C_v=\frac{n_v}{N}=\exp\frac{-1.44\times10^{-19}}{1.38\times10^{-23}\times773}=e^{-13.5}=1.4\times10^{-6}$$

即在500℃时，每10^6个原子中才有1.4个空位。

2. 过饱和点缺陷的产生

有时晶体中点缺陷的数目会明显超过平衡值，这些点缺陷称为过饱和点缺陷。产生过饱和点缺陷的原因有高温淬火、辐照、冷加工等。

已知高温下的空位浓度很高，如果从高温缓慢冷却，多余的空位将在冷却过程中通过运动消失在晶体的自由表面或晶界处，从而达到相应的平衡空位浓度。相反如果从高温迅速淬火，则可以将空位有效地保留至室温，这些空位称为淬火空位。

在反应堆中，裂变反应产生的中子及其他粒子具有极高的能量，这些高能粒子穿过晶体时与点阵中很多原子发生碰撞，使原子离位，由于离位原子能量高，能挤入晶格间隙，从而形成间隙原子和空位对（即弗兰克尔缺陷）。当然，一部分空位和间隙原子可能通过热振动

㊀ atom原子。

而彼此互毁，但最终仍会留下很多弗兰克尔缺陷。通常晶体中弗兰克尔缺陷的平衡浓度极低，可忽略不计，但是经辐照后，它却成为重要的点缺陷类型，在严重辐照区其浓度可达 $10^3 \sim 10^4$。反应堆中应用的材料都是在强辐照条件下工作的，由辐照引起的钢板脆化就是因过量的间隙原子造成的，因此反应堆用材料应特别注意这些过饱和缺陷的影响。

金属经冷加工塑性变形时也会产生大量过饱和空位，关于它的产生原因将在第八章中讨论。

三、点缺陷与材料行为

晶体中的点缺陷处于不断的运动状态，当空位周围原子的热振动动能超过激活能时，就可能脱离原来的结点位置而跳跃到空位，正是靠这一机制，空位发生不断的迁移，同时伴随原子的反向迁移（图 4-4）。间隙原子也是在晶格的间隙中不断运动。空位和间隙原子的运动是晶体内原子扩散的内部原因，原子（或分子）的扩散就是依靠点缺陷的运动而实现的。在常温下由点缺陷的运动而引起的扩散效应可以忽略不计，但是在高温下，原子热振动动能显著升高，因此发生迁移的概率也明显提高，再加上高温下空位浓度增大，因此高温下原子的扩散速度很快。材料加工工艺中很多过程都是以扩散作为基础的，例如改变表面成分的化学热处理、成分均匀化处理、退火与正火、时效硬化处理、表面氧化及烧结等过程无一不与原子扩散相联系，如果晶体中没有点缺陷，这些工艺根本无法进行。提高这些工艺的处理温度往往可以大幅度提高过程的速率，也正是基于点缺陷浓度及点缺陷迁移速率随温度上升呈指数上升的规律。

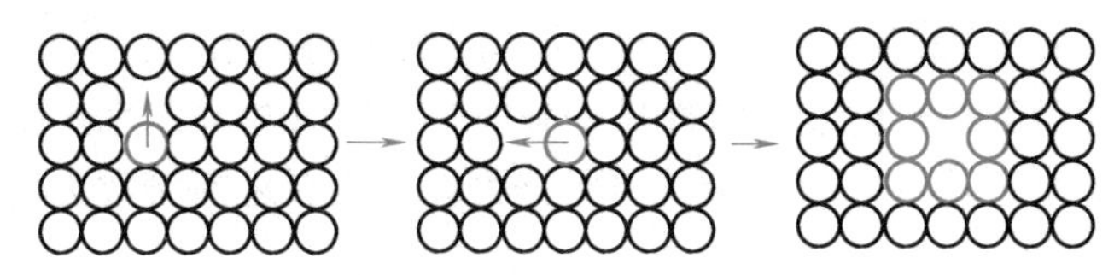

图 4-4　点缺陷（空位）的运动过程

点缺陷还可以造成金属物理性能与力学性能的变化。最明显的是引起电阻的增加，晶体中存在点缺陷时破坏了原子排列的规律性，使电子在传导时的散射增加，从而电阻变大。此外，空位的存在还使晶体密度下降、体积膨胀。在材料研究中，正是利用电阻或密度的变化来测量晶体中的空位浓度或研究空位在不同条件下的变化规律。在常温下，平衡浓度的点缺陷对材料力学性能的影响并不大，但是在高温下空位的浓度很高，空位在材料变形时的作用就不能忽略了，空位的存在及其运动是晶体高温下发生蠕变的重要原因之一。此外，晶体在室温下也可能有大量非平衡空位，如高温快速冷却时保留的空位，或者经辐照处理后的空位，这些过量空位往往沿一些晶面聚集，形成空位片（图 4-5），或者它们与其他晶体缺陷

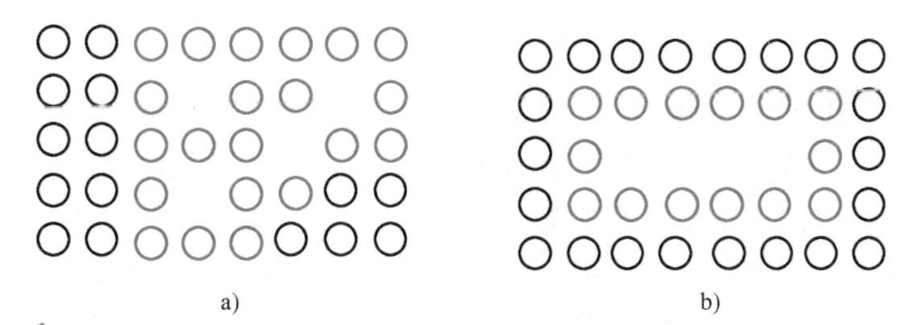

图 4-5　空位聚集为空位片

发生交互作用，因而使材料强度有所提高，但同时也引起了显著的脆性。

第二节　位错的基本概念

位错是晶体的线性缺陷，它不像空位和间隙原子那样容易被人接受和理解，人们是从研究晶体的塑性变形中才认识到晶体中存在着位错，位错对晶体的强度与断裂等力学性能起着决定性的作用。同时，位错对晶体的扩散与相变等过程也有一定的影响。

一、位错与塑性变形

塑性变形是晶体在外力作用下进行的永久变形。为了研究塑性变形时内部发生的变化，人们采用单晶体进行研究。将单晶体在试验机上拉伸，发生塑性变形后，发现表面形成很多台阶，这意味着晶体的一部分沿着与轴线呈一定夹角的方向，相对于另一部分产生相对滑动（图 4-6）。各部分晶体相对滑动的结果使晶体的尺寸沿着受力方向拉长，直径变细，这样的过程称为滑移，显然它是在切应力作用下进行的，滑移是塑性变形的基本方式。那么滑移的微观过程又是怎样进行的呢？

根据人们对晶体中原子排列的理解，晶体中的原子都是规则地排列于结点上。按照这一理想晶体模型，晶体滑移时必须如图 4-7 所示，滑移面上各个原子在切应力作用下，同时克服相邻滑移面上原子的作用力前进一个原子间距，完成这一过程所需的切应力就相当于晶体的理论抗剪屈服强度 τ_m。在第一章曾讨论过晶体的原子间作用力，指出这一作用力性质与弹簧的弹力类似，原子的结合键能与弹性模量有很好的对应关系，因此理论抗剪屈服强度应与晶体的切变模量 G 的大小有一定的关系，根据推算，两者之间大致为

$$\tau_m = \frac{G}{30}$$

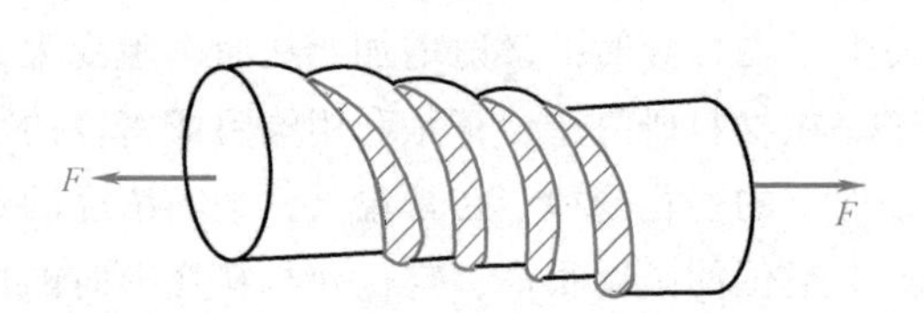

图 4-6　单晶体塑性变形时外形的变化

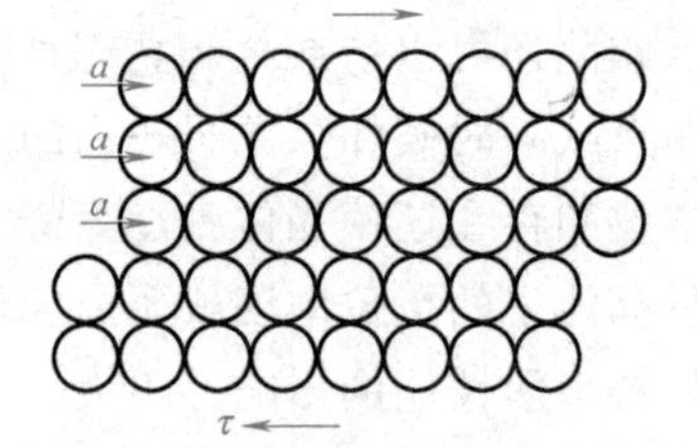

图 4-7　理想晶体的滑移模型

已知，切变模量的数值很大，故工程上采用 GPa 作为它的单位，而实际材料的抗剪屈服强度明显低于$\frac{G}{30}$，与理想晶体的屈服强度相差 2～4 个数量级。例如，Fe 的切变模量 G 约为 1×10^2GPa，这样，理论抗剪屈服强度 τ_m 应为 3000MPa，但是单晶体的实际抗剪屈服强度仅为 1～10MPa。实际强度与理论强度间的巨大差异，使人们对理想晶体模型及图 4-7 所示的滑移方式产生怀疑，认识到晶体中原子排列绝非完全规则，滑移也不是两个原子面之间集体的相对移动，晶体内部一定存在着很多缺陷，即薄弱环节，使塑性变形过程在很低的应力下就开始进行，这种内部缺陷就是位错。位错的概念及模型很早就已提出，但由于未得到实验证

实，不能为人们所接受，直到20世纪50年代中期透射电子显微镜技术的发展证实了晶体中位错的存在，大家才对它确信无疑。由于位错概念的确立，使人们对塑性变形及材料强化方面的认识提到新的高度。

二、晶体中的位错模型及位错易动性

晶体中位错的基本类型分为刃型位错和螺型位错。实际上位错往往是两种类型的复合，称为混合位错。现以简单立方晶体为例介绍这些位错的模型，并解释理论强度与实际强度的差异。

1. 刃型位错

图4-8所示为晶体中最简单的位错原子模型，在这个晶体的上半部中有一多余的半原子面，它终止于晶体中部，好像插入的刀刃，图中的 EF 就是该原子面的边缘。显然，EF 处的原子状态与晶体的其他区域不同，排列对称性遭到破坏，因此这里的原子处于更高的能量状态，这列原子及其周围区域（若干个原子距离）就是晶体中的位错，由于位错在空间一维方向上的尺寸很长，故属于线性缺陷，这种类型的位错称为刃型位错。习惯上把半原子面在滑移面上方的称为正刃型位错，以“⊥”表示；相反，半原子面在滑移面下方的称为负刃型位错，以“⊤”表示。当然这种规定都是相对的。

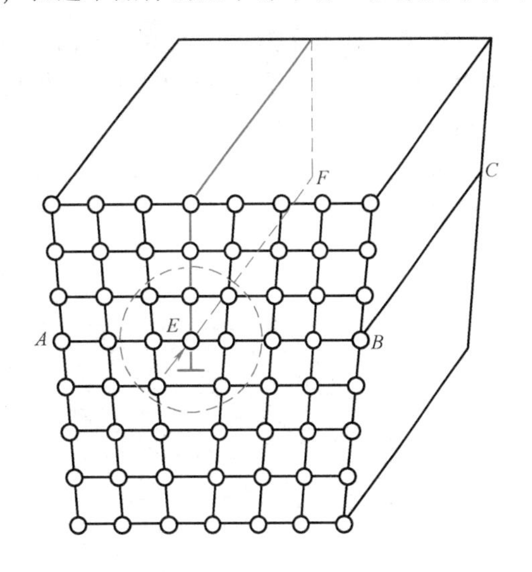

图4-8　刃型位错原子模型

晶体中的刃型位错是怎样引入的呢？有可能是在晶体形成过程（凝固或冷却）中，由于各种因素使原子错排，多了半个原子面，或者由于高温的大量空位在快速冷却时保留下来，并聚合成为空位片而少了半个原子面。然而引入位错更可能是由局部滑移引起的，晶体在冷却或者经受其他加工工艺时难免会受到各种外应力和内应力的作用（如两相间膨胀系数的差异或温度的不均匀都会产生内应力），高温时原子间作用力又较弱，完全有可能在局部区域内使理想晶体在某一晶面上发生滑移，于是就把一个半原子面挤入到晶格中间，从而形成一个刃型位错（图4-9）。从这一个角度看，可以把位错定义为晶体中已滑移区与未滑移区的边界。晶体中的位错作为滑移区的边界，不可能突然中断于晶体内部，它们或者在表面露头（图4-9），或者终止于晶界和相界，或者与其他位错线相交，或者自行在晶体内部形成一个封闭环，这是位错的一个重要特征。

2. 螺型位错

在刃型位错中，晶体发生局部滑移的方向是与位错线垂直的，如果局部滑移沿着与位错线平行的方向移动一个原子间距（图4-10a），那么在滑移区与未滑移区的边界（BC）上会形成位错，其结构与刃型位错不同，原子平面在位错线附近已扭曲为螺旋面，在原子面上绕着 B 旋转一周就推进一个原子间距，所以在位错线周围原子呈螺旋状分布（图4-10b），故称为螺型位错。根据螺旋面前进的方向与螺旋面旋转方向的关系可分为左、右螺型位错，符

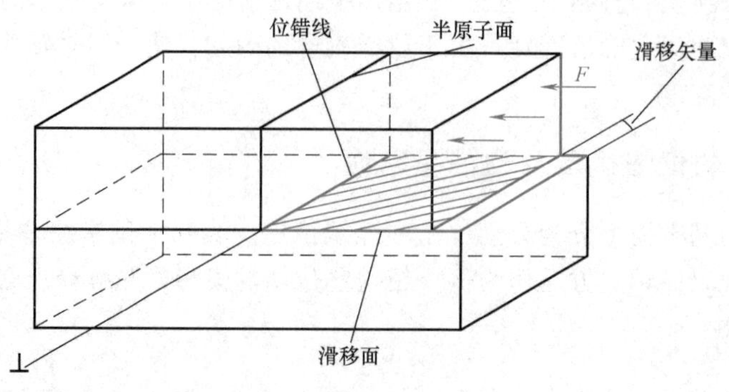

图 4-9　刃型位错的形成

合右手定则（即右手拇指代表螺旋面前进方向，其他四指代表螺旋面旋转方向）的称为右旋螺型位错；符合左手定则的称为左旋螺型位错。图 4-10 所示的螺型位错就是右旋螺型位错；相反，如果图中切应力产生的局部滑移发生在晶体的左侧，则形成左旋螺型位错。实际分析时没有必要去区分左旋或右旋（包括正刃或负刃），它们都是绝对的，重要的是分清刃型位错和螺型位错。

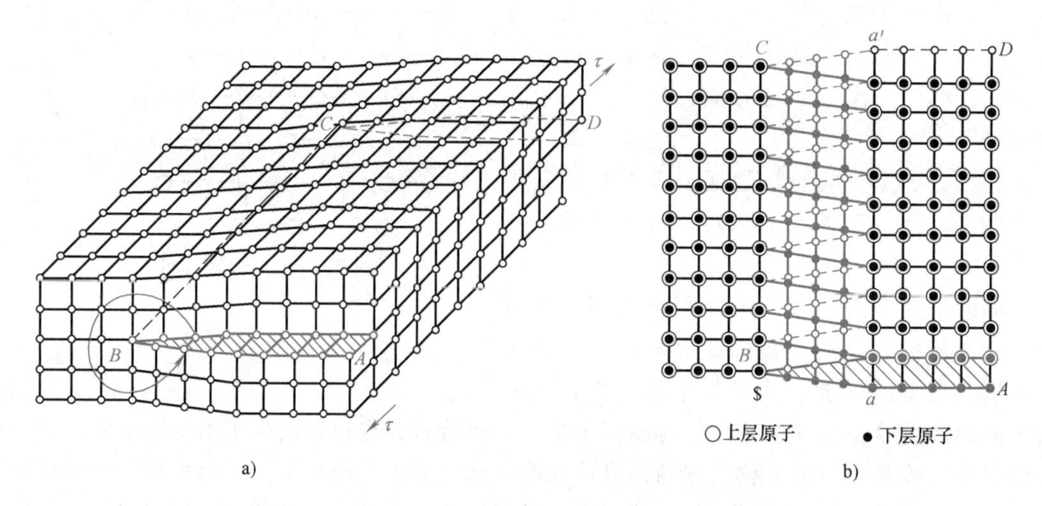

图 4-10　螺型位错

a）晶体的局部滑移　b）螺型位错的原子组态

3. 混合型位错

实际的位错常常是混合型的，介于刃型与螺型之间，如图 4-11a 所示，晶体在切应力作用下所发生的局部滑移只限于 ABC 区域内，此时滑移区与非滑移区的交界线 $\overset{\frown}{AC}$（即位错）的结构如图 4-11b 所示，靠近 A 点处，位错线与滑移方向平行，为螺型位错；而在 C 点处，位错线与滑移方向垂直，为刃型位错；在中间部分，位错线既不平行也不垂直于滑移方向，每一小段位错线都可分解为刃型和螺型两个分量。混合位错的原子组态如图 4-11b 所示。

4. 位错的易动性

根据位错模型不难看出，晶体中有了位错，滑移就十分容易进行。由于位错处原子能量高，它们不太稳定，因此在切应力作用下原子很容易发生位移，把位错推进一个原子距离。

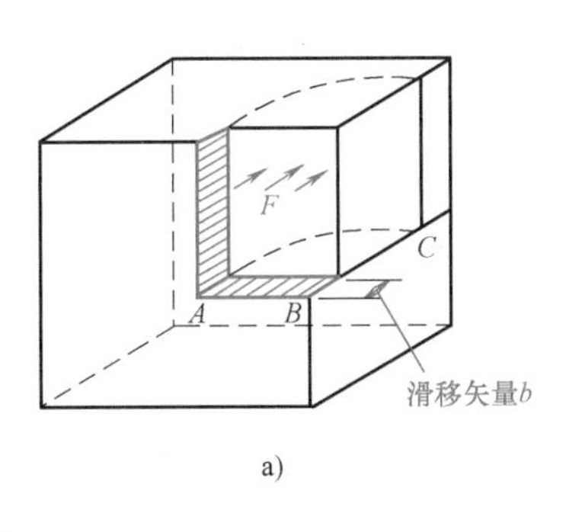

a)

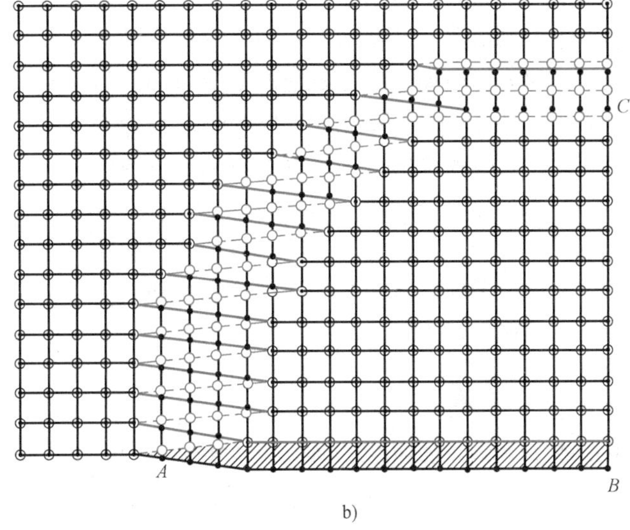

b)

图 4-11 混合位错

a）晶体的局部滑移 b）混合位错的原子组态

下面以刃型位错为例，说明晶体中单根位错的易动性。

图 4-12a 给出了一个刃型位错，位错区周围原子为 1、2、3、4、5，位错中心处于 2 处，3-4、1-5 原子对各在其两侧。当外加一切应力 τ 时（图 4-12b），滑移面上、下方原子沿切应力方向发生相对位移，位错中心处原子 2 由于能量高，位移量更大，使原子 2 与 4 的距离逐渐接近，而原子 3 与 4 则距离拉大。当应力增大时（图 4-12c），2 与 4 的距离进一步接近，以至结合成为原子对，这样位错中心就被推向相邻的原子位置 3，即位错线沿作用力方向前进一个原子间距，在这个过程中原子实际的位移距离远小于原子距离，与理想晶体的滑移模型不同。位错线就是按照这一方式逐渐前进，最终便离开了晶体，此时左侧表面形成了一个原子间距大小的台阶（图 4-12d），同时在位错移动过的区域内，晶体的上部相对于下部也位移了一个原子间距。当很多位错移出晶体时，会在晶体表面产生如图 4-6 所示的宏观可见的台阶，使晶体发生塑性应变。显然按位错滑移的方式发生塑性应变要比两个相邻原子面整体相对移动容易得多，因此晶体的实际强度比理论强度低得多。

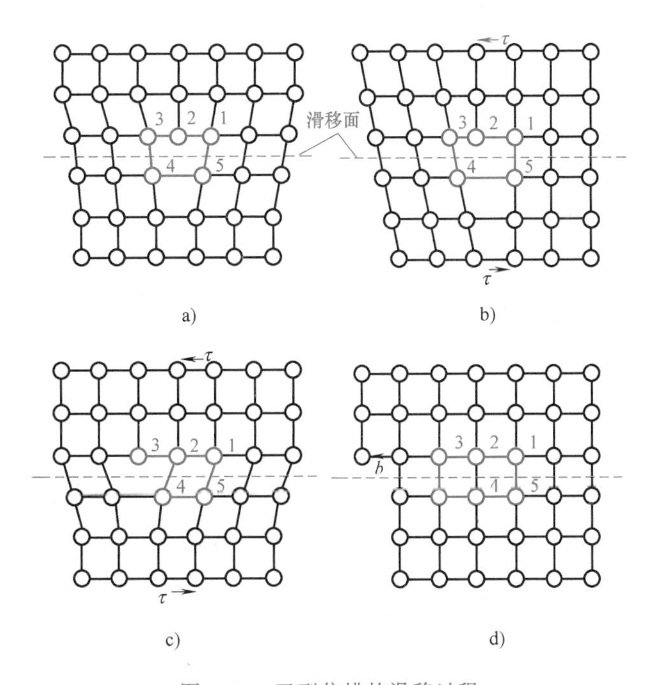

图 4-12 刃型位错的滑移过程

螺型位错的情况与刃型位错一

样具有易动性，这里不再细述。

晶体中位错滑移及其易动性可用地毯的挪动作一比喻。可以想象，在地面上拖动整块地毯要费很大的力，但如果先把地毯的一端抬起，形成一个皱折（图 4-13），那么推动皱折前进是轻松的，当皱折移动至地毯的另一端时，地毯就在地面上前进了一个皱折的长度。可以把皱折比喻成位错，而皱折的移动好比位错的运动。拖动地毯和挪动地毯所需的力不同，就如晶体的理论强度和实际强度，两者有很大的差异。

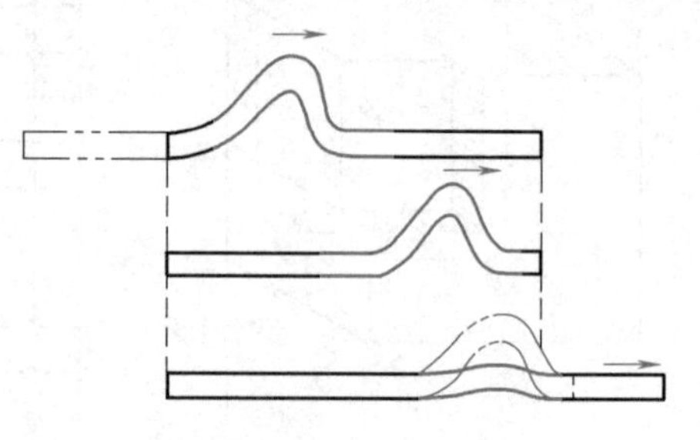

图 4-13　地毯的挪动过程（位错滑移的比喻）

三、柏氏矢量

上面介绍了位错的原子模型，又从原子模型出发，讨论了位错的易动性，为了便于进一步分析位错的特征，同时又避免烦琐的原子模型，有必要建立一个简单的物理参量来描述它。位错是线性的点阵畸变，因此这个物理参量应该把位错区原子的畸变特征表示出来，包括畸变发生在什么晶向以及畸变有多大，所以这个物理量应该是一个矢量，这就是柏氏（Burgers）矢量。

1. 确定方法

首先在位错线周围作一个一定大小的回路，称柏氏回路，显然这回路包含了位错发生的畸变。然后将同样大小的回路置于理想晶体之中，回路不可能封闭，需要一个额外的矢量连接回路才能封闭，这个矢量就是该位错线的柏氏矢量，显然它反映了位错的畸变特征。

以刃型位错为例，如图 4-14a 所示，从刃型位错周围的 *M* 点出发，沿着点阵结点经过 *N*、*O*、*P*、*Q* 形成封闭回路 *MNOPQ*，然后在理想晶体中按同样次序作同样大小的回路（图 4-14b），它的终点和起点没有重合，需再作矢量 ***QM*** 才使回路闭合，这样 ***QM*** 便是该位错的柏氏矢量 ***b***，所以刃型位错的柏氏矢量与位错线垂直，并与滑移面平行。

螺型位错的柏氏矢量也可按同样的方法加以确定（图 4-15）。由图 4-15 可见，螺型位错的柏氏矢量与位错线平行。

位错的定量表达与计算

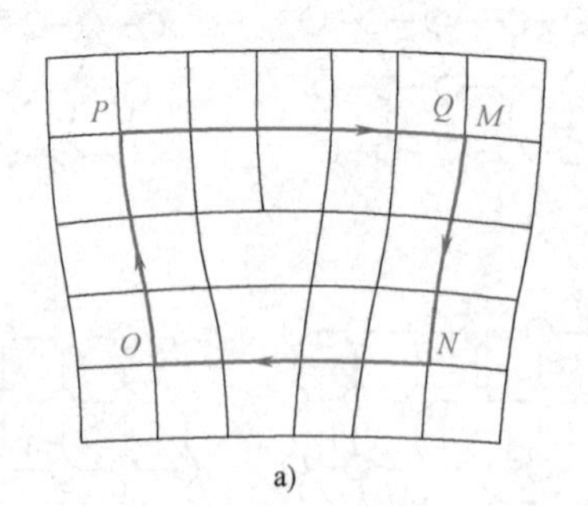

a)

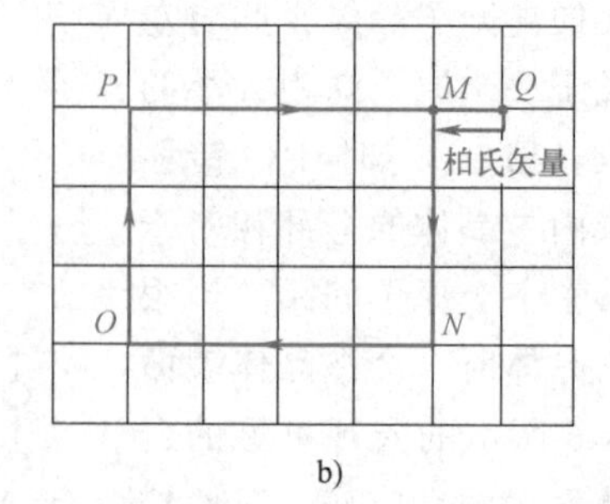

b)

图 4-14　刃型位错柏氏矢量的确定

a）含位错晶体的柏氏回路　b）理想晶体的柏氏回路

2. 柏氏矢量的意义

从本质上看，理想晶体和实际晶体柏氏回路的差异反映了位错线形成的原子畸变，这一点可从位错的原子模型中给予进一步证明。从刃型位错的模型看（图 4-8），在与位错线垂直的晶面上可以观察到明显的原子畸变，滑移面上方挤入一排原子面，而下方则相对少了一排原子面，相反从侧视图看畸变并不明显，因此刃型位错的畸变发生从垂直于位错线方向上，并且与滑移面平行，其畸变量正好为一个原子间距。螺型位错则不同，从垂直于位错线的晶面上观察，畸变并不明显，而从侧视图来看，原子呈螺旋状分布，发生了明显的畸变，所以螺型位错的错位平行于位错线，其错位量也是一个原子间距。由此可以归纳出柏氏矢量描述了位错线上原子的畸变特征，畸变发生在什么方向，有多大，在下一节中将证明；位错的畸变能和柏氏矢量的模的平方成正比。

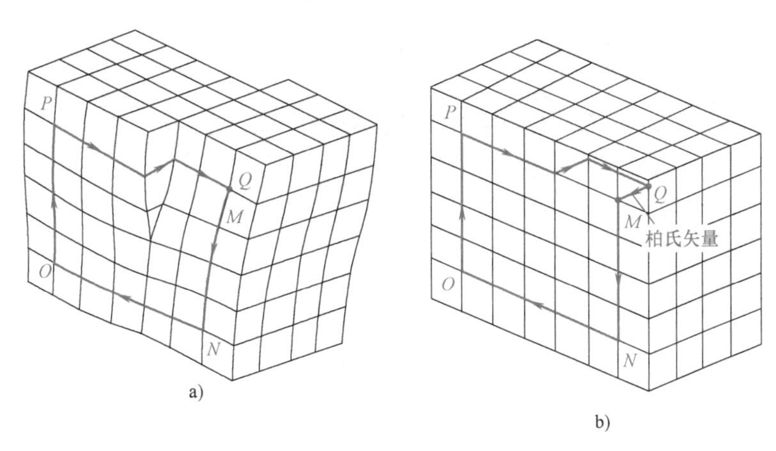

图 4-15　螺型位错柏氏矢量的确定

a）实际晶体的柏氏回路　b）理想晶体的柏氏回路

从另一个角度看，位错是滑移区与未滑移区的边界，位错的畸变由滑移面上局部滑移引起的，所以滑移区上滑移的方向和滑移量应与位错线上原子畸变特征一致。这样，柏氏矢量的另一个重要意义是指出了位错滑移后，晶体上、下部产生相对位移的方向和大小，即滑移矢量。对于刃型位错，滑移区的滑移方向正好垂直于位错线，滑移量为一个原子间距，而螺型位错的滑移方向则平行于位错线，滑移量也是一个原子间距，它们正好和柏氏矢量 $\boldsymbol{b}$ 完全一致。柏氏矢量的这一性质为讨论塑性变形提供了方便，对于任意位错，不管其形状如何，只要知道它的柏氏矢量 $\boldsymbol{b}$，就可以得知晶体滑移的方向和大小，而不必从原子尺度考虑其运动细节。

根据位错的柏氏矢量与晶体滑移之间的关系，可以推断：任何一根位错线，不论其形状如何变化，位错线上各点的 $\boldsymbol{b}$ 都相同，或者说一条位错线只有一个 $\boldsymbol{b}$。理解这一点并不困难，因为滑移区一侧内只有一个确定的滑移方向和滑移量，如果滑移区内出现了两个滑移方向，那么其间必然又产生一条分界线，形成另一条位错线。基于这一点，可以方便地判断出任意位错上各段位错线的性质，如图 4-16 所示，根据位错线与柏氏矢量之间的关系，凡与 $\boldsymbol{b}$ 平行的为螺型位错，与 $\boldsymbol{b}$ 垂直的则为刃型位错，两者以任意角度 φ 相交的则为混合位错，其中刃型位错分量为 $\boldsymbol{b}_e=\boldsymbol{b}\sin\varphi$，而螺型位错分量为$\boldsymbol{b}_s=\boldsymbol{b}\cos\varphi$。

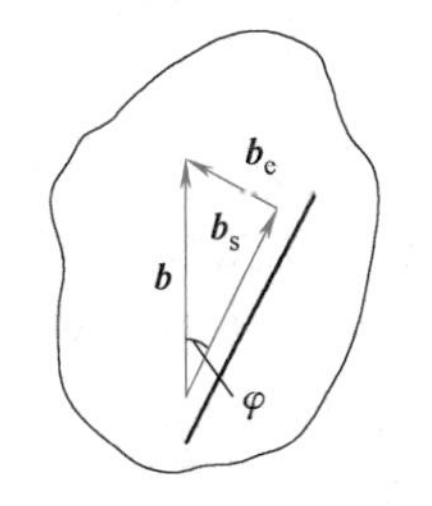

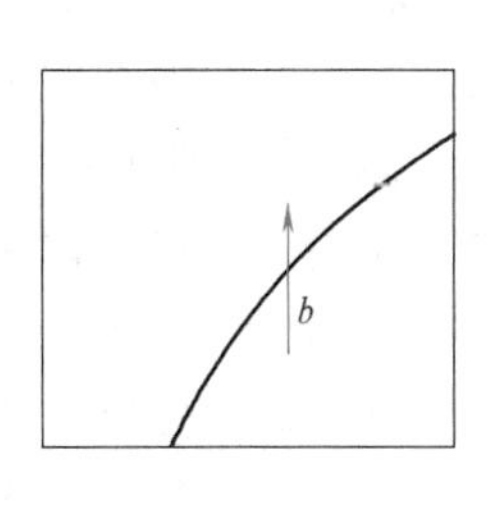

图 4-16　混合位错的柏氏矢量

3. 柏氏矢量的表示方法

柏氏矢量的表示方法与晶向指数相似，只不过晶向指数没有“大小”的概念，而柏氏矢量必须在晶向指数的基础上把矢量的模也表示出来，因此要同时标出该矢量在各个晶轴上的分量。例如图 4-17 中的 $O'b$，其晶向指数为 [110]，柏氏矢量 $\boldsymbol{b}_1 = 1\boldsymbol{a}+1\boldsymbol{b}+0\boldsymbol{c}$，对于立方晶体 $a=b=c$，故可简单写为：$\boldsymbol{b}=a[110]$。图中的矢量 $\boldsymbol{Oa}$，其晶向指数也是 [110]，但柏氏矢量就不同了，$\boldsymbol{b}_2=\frac{1}{2}\boldsymbol{a}+\frac{1}{2}\boldsymbol{b}+0\boldsymbol{c}$，可写为 $\boldsymbol{b}_2=\frac{a}{2}[110]$。所以柏氏矢量的一般表达式应为：

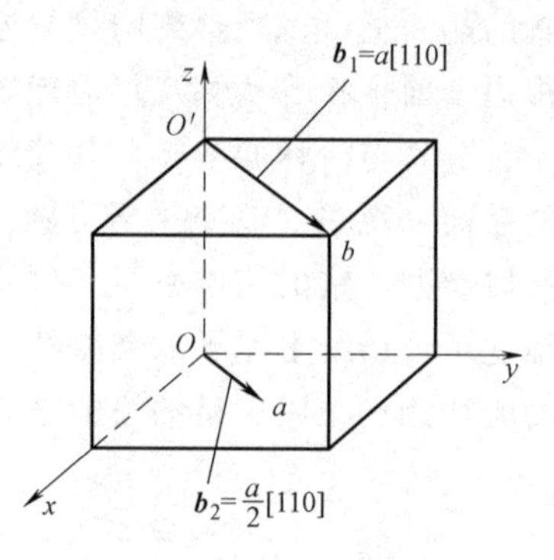

图 4-17　柏氏矢量的表示

$$\frac{a}{n}[uvw]$$

其模则为

$$|\boldsymbol{b}|=\frac{a}{n}\sqrt{u^2+v^2+w^2} \tag{4-2}$$

四、位错的运动

在晶体中位错有两种运动方式：滑移和攀移，其中滑移最为重要。现分别介绍如下：

1. 位错的滑移

位错的滑移是在切应力作用下进行的，只有当滑移面上的切应力分量达到一定值后位错才能滑移。图 4-18a、b 分别描述了刃型、螺型两类位错滑移时切应力的方向、位错运动的方向以及位错通过后引起的晶体滑移方向之间的关系，对比刃型、螺型位错的滑移特征，它们的不同之处在于：①开动位错运动的切应力方向不同，使刃型位错运动的切应力方向必须与位错线垂直；而使螺型位错运动的切应力方向却与螺型位错平行；②位错运动方向与晶体滑移方向两者之间的关系不同，无论是刃型位错或螺型位错，它们的运动方向总是与位错线垂直的，然而位错通过后，晶体所产生的滑移方向就不同了，对于刃型位错，晶体的滑移方向与位错运动方向是一致的，但是螺型位错所引起的晶体滑移方向却与位错运动方向垂直。然而，上述两点差别可以用位错的柏氏矢量予以统一。第一，不论是刃型或螺型位错，使位错滑移的切应力方向和柏氏矢量 $\boldsymbol{b}$ 都是一致；第二，两种位错滑移后，滑移面两侧晶体的相对位移也与柏氏矢量 $\boldsymbol{b}$ 一致，即位错引起的滑移效果（即滑移矢量）可以用柏氏矢量描述。由此看来，柏氏矢量是说明位错滑移的最重要的参量，至于刃型、螺型位错的滑移过程不同则是由于原子模型的不同而有所差异，但是这些相对于位错的柏氏矢量而言，则是次要的。

例 4-2　图 4-19 中阴影面为晶体的滑移面，该晶体的 $ABCD$ 表面有一个圆形标记，它与滑移面相交，在标记左侧有根位错线，试问当刃型、螺型位错线从晶体左侧滑移至右侧时，表面的标记发生什么变化？并指出使刃型、螺型位错滑移的切应力方向。

解：根据位错滑移的原理，位错扫过的区域内晶体的上、下方相对于滑移面发生的位移与柏氏矢量一致。对于刃型位错，其柏氏矢量垂直于位错线，因此圆形标记相对于滑移面错开了一个原子间距（即 $\boldsymbol{b}$ 的模），其外形变化如图 4-19b 所示，使刃型位错滑移的切应力方

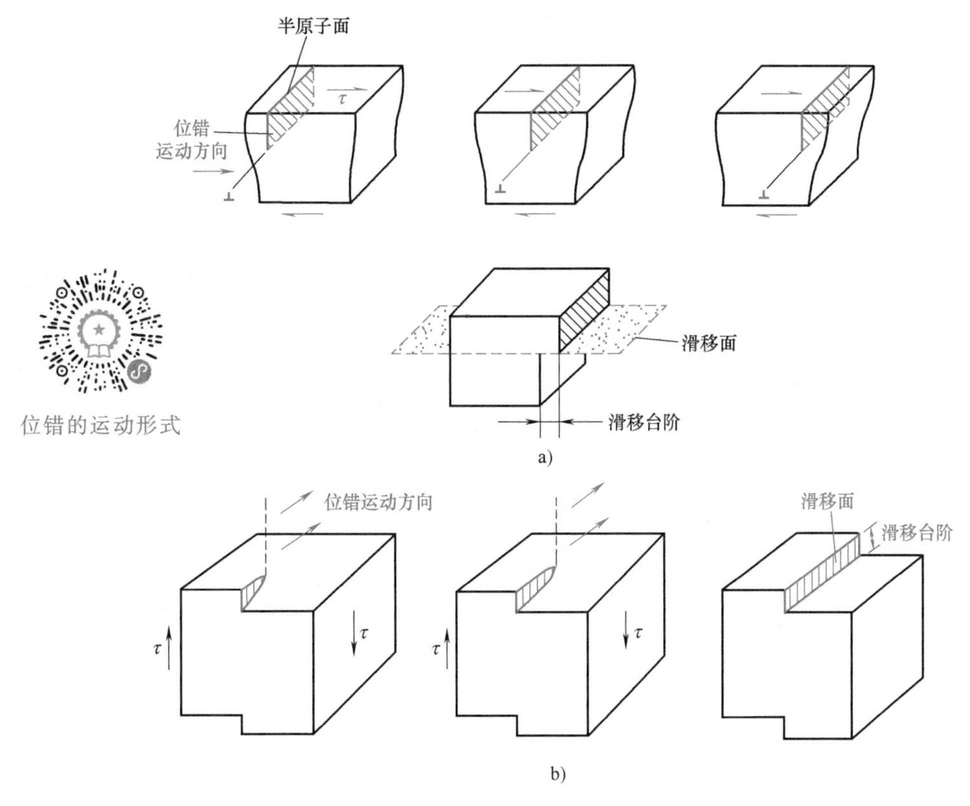

图 4-18　位错运动方向、切应力方向及晶体滑移方向间的关系

a）刃型位错　b）螺型位错

向应是图中所示的虚线切应力。对于螺型位错，柏氏矢量平行于位错线，所以圆形标记沿着位错线方向错开一个原子间距，从主视图上不能反映其变化，图 4-19c 以标记附近的立体图说明了它的变化，使螺型位错滑移的切应力如图中的实线所示。

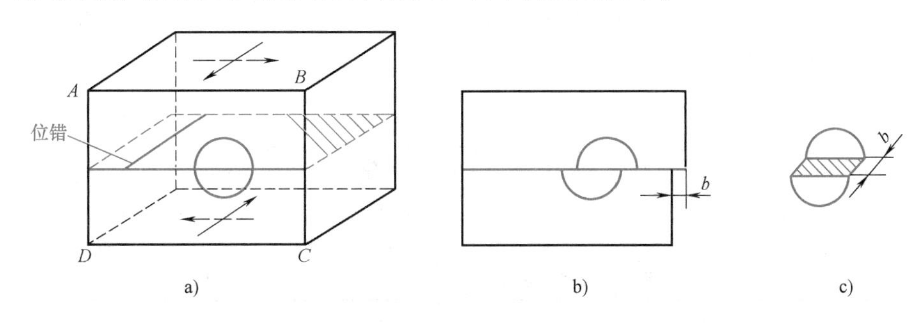

图 4-19　刃型、螺型位错滑移后圆形标记的变化

a）表面的圆形标记　b）刃型位错扫过的变化　c）螺型位错扫过的变化

现在来分析位错环的滑移特征，如图 4-20 所示，位错在滑移面上自行封闭形成位错环，位错环的柏氏矢量正好处于滑移面上，所以可理解为上圆形区域内滑移面沿着柏氏矢量方向局部滑移，位错环就是滑移区与未滑移区的边界。根据位错线与柏氏矢量的相对夹角，可以判断各段位错线的性质，在图 4-20b 的 A、B 两处，位错线与柏氏矢量垂直，故为刃型位错，且两处的刃型位错符号正好相反（局部滑移时，若 A 处在滑移面上方多了半个原子面，那

么 B 处必定少了半个原子面）。位错环上 C、D 两处位错线与柏氏矢量平行，所以为螺型位错，且 C、D 两处位错的旋向必相反。位错线的其余部位则为混合位错。如果沿着柏氏矢量 $\boldsymbol{b}$ 的方向对晶体施加切应力 τ，位错环开始运动，由于正、负刃型位错在同一切应力作用下滑移方向正好相反，左旋与右旋型螺位错在切应力作用下的运动方也向正好相反，符号相反的混合位错情况也是如此，所以整个位错环的运动方向是沿法线方向向外扩展（如图中箭头所示）。当位错环逐渐扩大而离开晶体时，晶体上、下部相对滑动了一个台阶，其方向和大小与柏氏矢量相同（图 4-20c），由此可见，尽管各段位错线运动方向不同，但最终它们造成的晶体滑移还是由柏氏矢量 $\boldsymbol{b}$ 决定。当然，位错环也可能反向运动而逐步缩小直至位错环消失，究竟向什么方向运动取决于切应力 τ 的方向。

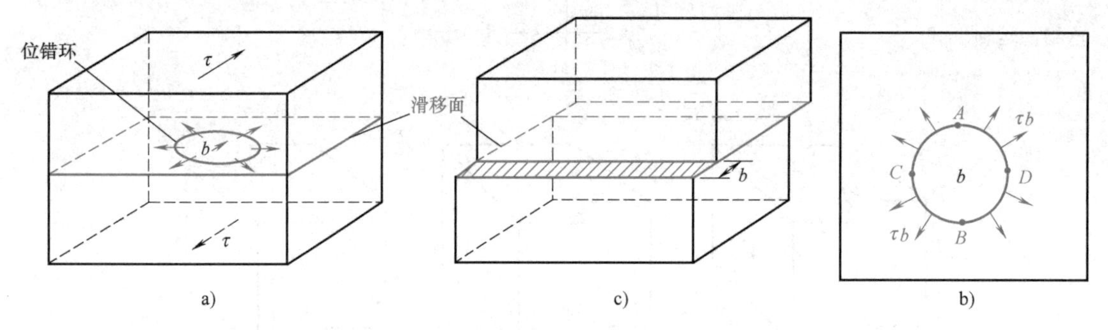

图 4-20　位错环的滑移

a）晶体中的位错环　b）位错环顶视图　c）位错环在切应力作用下滑移而引起的晶体外形变化

现在讨论位错的滑移面。已知，位错在某个面上滑移就会使该面上、下部晶体产生一个柏氏矢量 $\boldsymbol{b}$ 的位移，所以位错线与 $\boldsymbol{b}$ 组成的原子面就是位错的滑移面。对于刃型位错，位错线与 $\boldsymbol{b}$ 垂直，所以刃型位错的滑移面是唯一的，位错只能在这个确定的面上滑移。而螺型位错的情况就不同了，由于位错线与柏氏矢量 $\boldsymbol{b}$ 平行，任何通过位错线的晶面都要满足滑移面的条件，所以螺型位错可以有多个滑移面，不像刃型位错那样只能在确定的原子面上滑移，至于滑移究竟发生在哪个面，则取决于各个面上的切应力大小及滑移阻力的强弱。

最后，将各类位错的滑移特征归纳于表 4-1 中。

表 4-1　位错的滑移特征

类型	柏氏向量	位错线运动方向	晶体滑移方向	切应力方向	滑移面个数
刃型	垂直于位错线	垂直于位错线本身	与 $\boldsymbol{b}$ 一致	与 $\boldsymbol{b}$ 一致	唯一
螺型	平行于位错线	垂直于位错线本身	与 $\boldsymbol{b}$ 一致	与 $\boldsymbol{b}$ 一致	多个
混合	与位错线成一定角度	垂直于位错线本身	与 $\boldsymbol{b}$ 一致	与 $\boldsymbol{b}$ 一致	—

例 4-3　图 4-21a 所示的晶面上有一位错环，其柏氏矢量 $\boldsymbol{b}$ 垂直于滑移面，试问该位错环在切应力作用下的运动特征。

解： 由于柏氏矢量与位错环相互垂直，该位错环全部由刃型位错组成，相当于该晶面上的位错环的位置处抽去了一层晶面（图 4-21b），其形成原因可能为空位在该面上聚集形成了空位片（图 4-5）。根据位错的滑移特性，滑移面应该是位错线与柏氏矢量组成的平面，在本例中即为通过位错环的圆柱面，然而，根据晶体的滑移几何学，该圆柱面不是位错的滑移面，因此该位错环不能发生滑移运动，故称为固定位错。它只能在某些条件下以另一种方式——攀移，在位错环所在的平面上缓慢地运动，其本质为半原子面的逐步扩大或缩小。

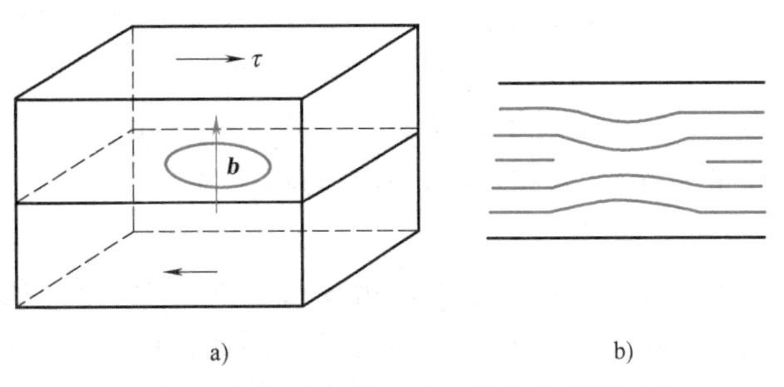

图 4-21　与柏氏矢量 **b** 垂直的位错环的运动

2. 位错的攀移

只有刃型位错才能发生攀移运动，螺型位错是不会攀移的。攀移的本质是刃型位错的半原子面向上或向下移动，于是位错线也就跟着向上或向下运动，因此攀移时位错线的运动方向正好与柏氏矢量垂直。通常把半原子面向上移动称为正攀移，半原子面向下移动称为负攀移。攀移的机制与滑移也不同，滑移时不涉及原子扩散，而攀移正是通过原子扩散来实现的。正攀移时原子必须从半原子面下端离开，也就是空位反向扩散至位错的半原子面边缘（图 4-22b、c）；反之，当原子扩散至位错附近，并加入到半原子面上（即位错周围的空位扩散离开半原子面）即发生负攀移。这样，攀移时位错线并不是同步向上或向下运动，而是原子逐个加入（图 4-22b、c），所以攀移时位错线上带有很多台阶（常称为割阶）。此外，由于空位的数量及其运动速率对温度十分敏感，因此位错攀移是一个热激活过程，通常只有在高温下攀移才对位错的运动产生重要影响，而常温下它的贡献并不大。最后要说明的是，外加应力对位错攀移也有促进作用，显然切应力是无效的，只有正应力才会协助位错实现攀移，在半原子面两侧施加压应力时，利于原子离开半原子面，使位错发生正攀移；相反，拉应力使原子间距增大，利于原子扩散至半原子面下方，使位错发生负攀移。

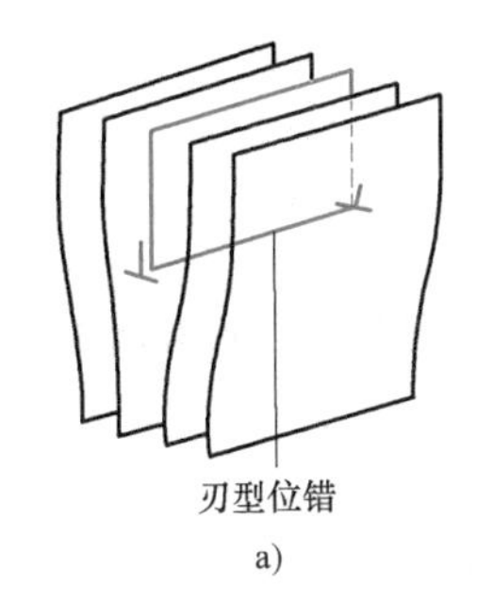

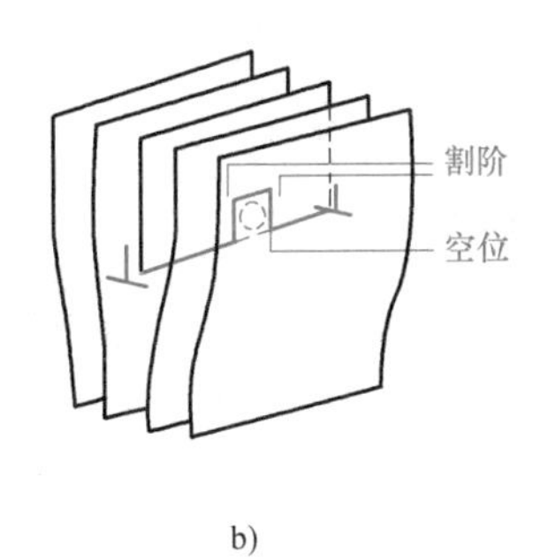

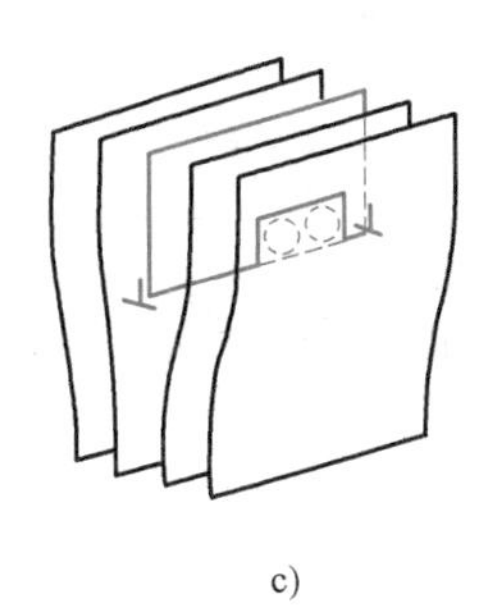

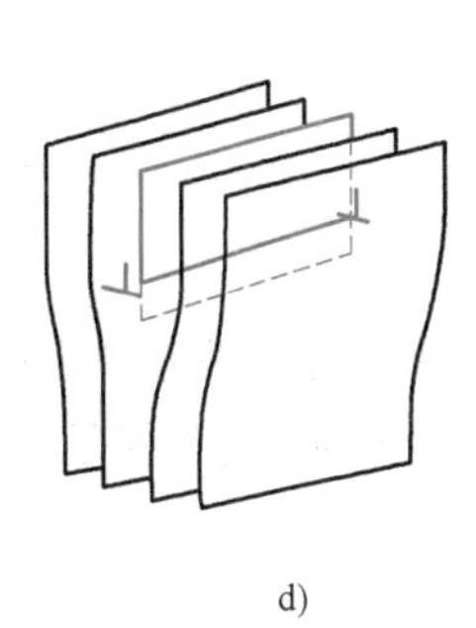

图 4-22　位错的正攀移过程

3. 作用在位错上的力

已知使位错滑移所需的力为切应力，其中刃型位错的切应力方向垂直于位错线，螺型位错的切应力方向平行于位错线，而使位错攀移的力又为正应力，不同的应力类型及方向给讨论问题带来了麻烦。在以后讨论位错源运动或晶体的屈服与强化时，希望能把这些应力简单地处理成沿着位错运动的方向有一个力 F 推着位错线前进，如果能找到这个力 F 与使位错滑移的切应力 τ 之间的关系，就可以简便地将作用在位错上的力在图中表示出来。

因此，作用在位错线上的力，是人为虚构出来的力，不是真实存在的，但是这个力可以表示位错线的运动或运动趋势，即当材料受到外力和内力的作用使位错线具有某种运动或运动趋势时，我们就可以计算作用在位错线上的力。

作用在单位长度位错线上的力可以通过以下两种方法得到。

（1）虚功原理　在图 4-23a 所示的晶体滑移面上，取一段微元位错，长度为 dl，若在切应力 τ 作用下前进了 ds 距离，即在 dsdl 的面积内晶体的上半部相对于下半部发生了滑移，滑移量为 $|\boldsymbol{b}|$，这样切应力所做的功应为

$$\mathrm{d}w=\tau(\mathrm{d}s\mathrm{d}l)b$$

另一方面，可以想象位错在滑移面上有一作用力 F（图 4-23b），其方向与位错垂直，在该力作用下位错前进了 ds 距离，因此作用力 F 所做的功 dw'应为

$$\mathrm{d}w'=F\mathrm{d}s$$

根据虚功原理

$$\mathrm{d}w=\mathrm{d}w'$$

因为

$$F\mathrm{d}s=\tau(\mathrm{d}s\mathrm{d}l)b$$

所以

$$F_{\mathrm{d}}=\frac{F}{\mathrm{d}l}=\tau b$$

式中，F_{d} 为作用于单位长度位错线上的力，其大小正好为 τb，方向垂直于位错线，即指向位错运动的方向。在以后讨论位错运动时用这个力代替切应力更为简便而直观，例如位错环在切应力作用下扩张时，可表示为各段位错受到了如图 4-23 所示的法向力。

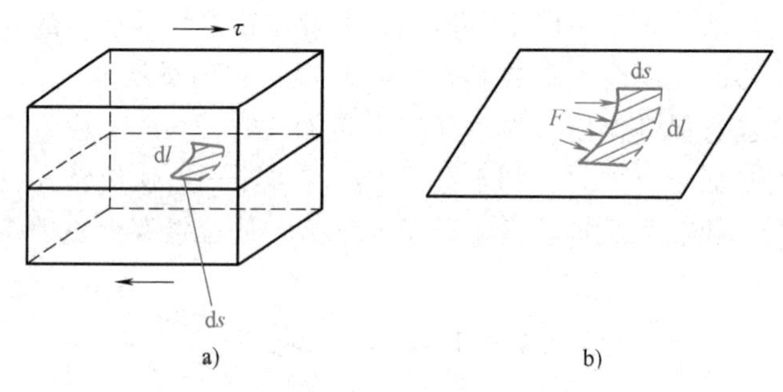

图 4-23　作用在位错上的力

对于攀移，也可作出同样的推导，使攀移进行的正应力 σ 与作用于单位长度位错线上的力 F_{d} 之间满足：

$$F_{\mathrm{d}}=\sigma b$$

以上表达式与滑移的情况十分相似，作用力的方向也是指向位错攀移的方向，与位错线垂直。

（2）Peach-Koehler 公式　假设我们研究的固体材料是连续分布且各向同性，那么根据连续介质和固体弹性理论，空间任何一点的应力状态可以用下式表示：

$$\sigma=\begin{bmatrix}\sigma_{xx} & \sigma_{xy} & \sigma_{xz}\\ \sigma_{yx} & \sigma_{yy} & \sigma_{yz}\\ \sigma_{zx} & \sigma_{zy} & \sigma_{zz}\end{bmatrix}$$

式中，每一个参量的第一个下标表示这个应力作用平面的法线方向，第二个下标是这个应力的作用方向，因此可以根据下标分析，确定出 σ_{xx}、σ_{yy}、σ_{zz} 为正应力，σ_{xy}、σ_{yx}、σ_{xz}、σ_{zx}、σ_{yz}、σ_{zy} 为切应力，且根据切应力互等理论，6 个切应力中只有 3 个是独立的，因此，应力公式的 9 个分量中只有 6 个是独立的。

假设作用在单位长度位错线上的力为 $\boldsymbol{f}$，则

$$\vec{f}=(\vec{\sigma}\ \vec{b})\times\vec{l}$$

上式称为 Peach-Koehler 公式。式中，$\vec{f}$ 为单位长度位错线上受到的力；$\vec{\sigma}$ 为位错线所处的应力场；$\vec{b}$ 为此位错线的柏氏矢量；$\vec{l}$ 为单位长度位错线的正方向。

根据此公式，可以求出位于任何应力场中单位长度位错线受的力的大小和方向。

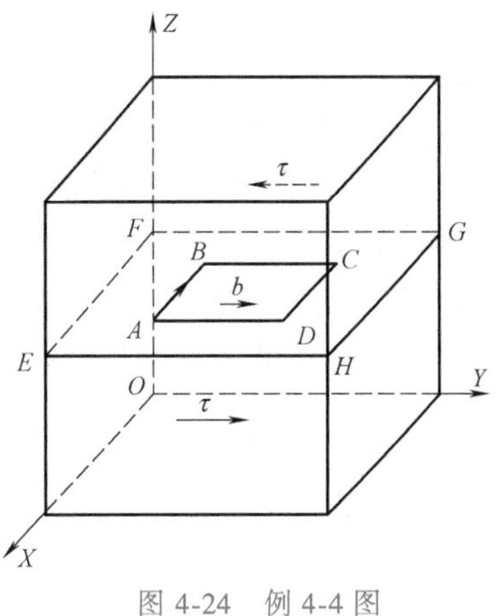

图 4-24　例 4-4 图

例 4-4　如图 4-24 所示，在立方晶体中，平行于上下底面的滑移面 *EFGH* 中存在正方形的位错环 *ABCD*，*AB* 平行于 *EF* 且 *BC* 平行于 *FG*，该位错环的柏氏矢量垂直于 *AB*，如在前后表面施加平行于柏氏矢量的切应力 τ，试分别求位错环 *AB* 段和 *BC* 段受到的作用力。

解：

$$\begin{cases}\vec{\sigma}=\begin{bmatrix}0&\tau&0\\\tau&0&0\\0&0&0\end{bmatrix}\\ \vec{b}=\begin{bmatrix}0\\b\\0\end{bmatrix}\quad \vec{l}_{AB}=\begin{bmatrix}-1\\0\\0\end{bmatrix}\quad \vec{l}_{BC}=\begin{bmatrix}0\\1\\0\end{bmatrix}\\ \vec{f}_{AB}=(\vec{\sigma}\ \vec{b})\times\vec{l}_{AB}=0\\ \vec{f}_{BC}=(\vec{\sigma}\ \vec{b})\times\vec{l}_{BC}=\tau b\vec{k}\end{cases}$$

五、位错密度

晶体中位错的数量用位错密度 ρ 表示，它的意义是单位体积晶体中所包含的位错线总长度，即

$$\rho=\frac{S}{V}$$

式中，V 为晶体的体积；S 为该晶体中位错线的总长度。ρ 的单位为 m/m^3，也可化简为 $1/m^2$，此时位错密度可理解为穿越单位截面积的位错线的数目，即

$$\rho=\frac{n}{A}$$

式中，A 为截面积；n 为穿过面积 A 的位错线数目。

晶体中的位错是在凝固、冷却及其他各道工艺中自然引入的，因此用常规方法生产的金属都含有相当数量的位错。对于超纯金属，经制备和充分退火后，内部的位错密度较低，为 $10^9\sim10^{10}m/m^3$，即 $10^3\sim10^4m/cm^3$，那么在 $1cm^3$ 小方块体积的金属中位错线的总长度相当于 1～10km。由于这些位错的存在，使实际晶体的强度远比理想晶体低。金属经过冷变形或者引入第二相，会使位错密度大大升高，可达 $10^{14}\sim10^{16}m/m^3$，此时晶体强度反而大幅度升高，这是由于位错数量增加至一定程度后，位错线之间互相缠结，位错线难以移动所致。如

果能制备出一个不含位错或位错极少的晶体，它的强度一定极高，现代技术已能制造出这样的晶体，但它的尺寸极细，直径仅为若干微米，人们称它为晶须，其内部位错密度仅为$10m/cm^3$，它的强度虽高但不能直接用于制造零件，只能作为复合材料的强化纤维。因此借减少位错密度来提高晶体的强度在工程上没有实际意义，目前主要还是依靠增加位错密度来提高材料的强度。

陶瓷晶体中也有位错，但是由于其结合键为共价键或离子键，键力很强，发生局部滑移很困难，因此陶瓷晶体的位错密度远低于金属晶体，要使陶瓷发生塑性变形需要很高的应力。

六、位错的观察

目前已有多种实验技术用于观察晶体中的位错，常用的有以下两种：

1. 浸蚀技术

它是利用浸蚀技术显示晶体表面的位错，由于位错附近的点阵畸变，原子处于较高的能量状态，再加上杂质原子在位错处聚集，这里的腐蚀速率比基体更快一些，因此在适当的浸蚀条件下，会在位错的表面露头处产生较深的腐蚀坑，借助金相显微镜可以观察晶体中位错的多少及其分布。位错的蚀坑与一般夹杂物的蚀坑或者由于试样磨制不当产生的麻点有不同的形态，夹杂物的蚀坑或麻点呈不规则形态；而位错的蚀坑具有规则的外形，如三角形、正方形等规则的几何外形（图 4-25），且常呈有规律的分布，如很多位错在同一滑移面排列起来或者以其他形式分布。利用蚀坑观察位错有一定的局限性，它只能观察在表面露头的位错，而晶体内部位错却无法显示；此外，浸蚀法只适合位错密度很低的晶体，如果位错密度较高，蚀坑互相重叠，就难以把它们彼此分开，所以此法一般只用于高纯度金属或者化合物晶体的位错观察。

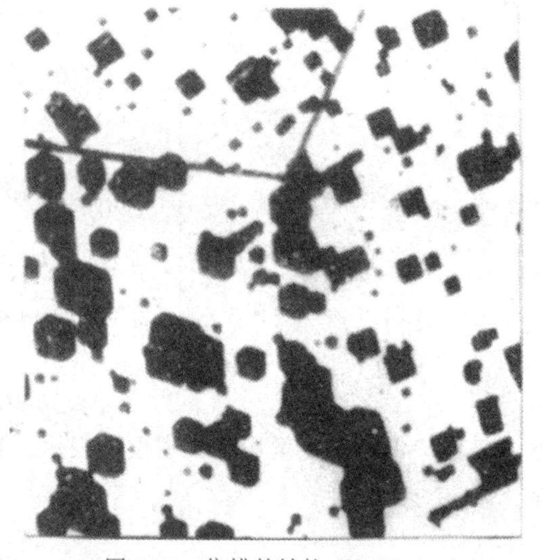

图 4-25　位错的蚀坑（1000×）

2. 透射电子显微镜

目前广泛应用透射电子显微镜技术来直接观察晶体中的位错。首先要将被观察的试样制成金属薄膜，其厚度为 100～500nm，使高速电子束可以直接穿透试样，或者说试样必须薄到对于电子束是透明的。电子显微镜观察组织的原理主要是利用晶体中原子对电子束的衍射效应。当电子束垂直穿过晶体试样时，一部分电子束仍沿着入射束方向直接透过试样，另一部分则被原子衍射成为衍射束，它与入射束方向偏离成一定的角度，透射束和衍射束的强度之和基本与入射束强度相当，观察时可利用光阑将衍射束挡住，使它不能参与成像，所以像的亮度主要取决于透射束的强度。当晶体中有位错等缺陷存在时，电子束通过位错畸变区可产生较大的衍射，使这部分透射束的强度弱于基体区域的透射束，这样位错线成像时表现为黑色的线条。图 4-26a 所示为利用透射电子显微镜得到的位错组织图，图中每一条黑线即为一条位错。这些位错在三维试样内的分布如图 4-26b 所示，试样内有一个滑移面与入射束呈一定角度，该滑移面上的位错都在试样表面露头，照片正是这些位错的投影图。用透射电子显微镜观察位错的优点是可以直接看到晶体内部的位错线，比蚀坑法直观，即使在位错密度较高时仍能清晰地看到位错的分布特征，若在显微镜下直接施加应力，还可看到位错的运动及交互作用。

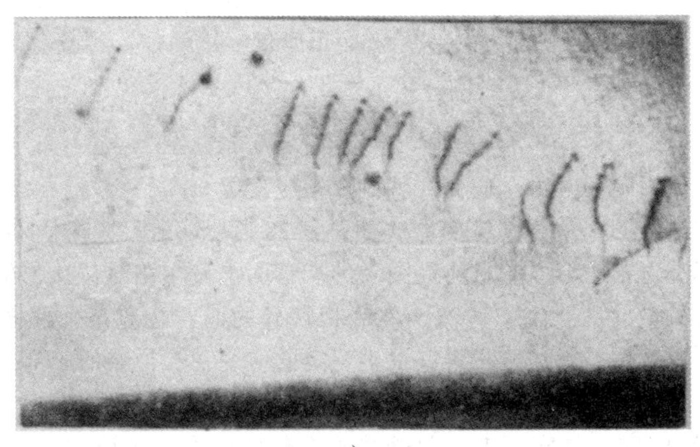

a)

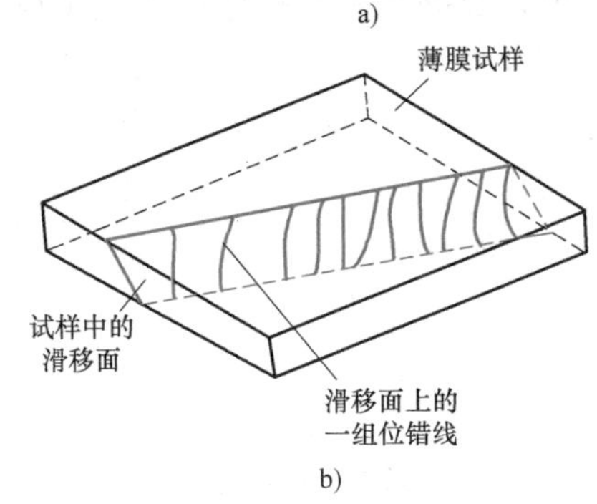

b)

图 4-26 用电子显微镜观察位错

a）电镜下观察的位错组态图 30000× b）该组位错在三维试样中的分布

第三节 位错的能量及交互作用

位错线周围的原子偏离了平衡位置，处于较高的能量状态，高出的能量称为位错的应变能（简称位错能）。在下面的分析中将看到位错的能量是很高的，这就决定了位错在晶体中十分活跃，在降低体系自由能的驱动力作用下，将与其他位错、点缺陷等发生交互作用，从而对晶体性能产生重要影响。同时高的位错能量也决定了晶体中位错的分布形态及其他重要特征，本节将讨论与位错能量有关的问题。

一、位错的应变能

位错弹性能

位错周围原子偏离平衡位置的位移量很小，由此而引起的晶格应变属于弹性应变，因此可用弹性力学的基本公式估算位错的应变能，但必须对晶体作如下的简化：第一，忽略晶体的点阵模型，把晶体视为均匀的连续介质，内部没有间隙，晶体中应力、应变等参量的变化是连续的，不呈任何周期性；第二，把晶体看成各向同性，弹性模量不随方向而变化。

根据胡克定律，弹性体内应力与应变成正比，即

$$\sigma = E\varepsilon$$

因此单位体积储存的弹性能等于应力-应变曲线弹性部分阴影区内的面积（图 4-27），即

$$\frac{U}{V} = \frac{1}{2}\sigma\varepsilon \text{（正应变）} \tag{4-3}$$

$$\text{或}\frac{U}{V} = \frac{1}{2}\tau\gamma \text{（切应变）}$$

所以，只要得知位错周围的应力、应变，就可求得应变能。

下面以螺型位错为例，估算其应变能，如图 4-28 所示，在一个各向同性、连续介质的圆柱体内，模拟螺型位错的形成。材料沿图示的滑移面上发生相对位移，位移的方向及距离与螺型位错的柏氏矢量（图 4-28）一致，然后把切开的面胶合起来，这样螺型位错便在圆柱体中心形成了。螺型位错周围的材料都发生一定的应变，在位错的心部（$r<r_0$）应变已超出弹性变形范围，这部分能量不能用弹性理论计算，所以在模型中应把中心部分挖空（注意：在图 4-28 中尚未挖空），实际上这部分能量在位错应变能中所占的比例较小，约为 1/10，完全可以将其忽略掉。现在在图 4-28 所示的圆柱体中取一个微圆环，它与位错中心的距离为 r，厚度为 dr，在位错形成的前、后，该圆环的展开如图 4-28b 所示，显然位错使该圆环发生了应变，此应变为简单的剪切型，应变在整个周长上均匀分布，在沿着 $2\pi r$ 的周向长度上，总的剪切变形量为 b，所以各点的切应变 γ 为

$$\gamma = \frac{b}{2\pi r} \tag{4-4}$$

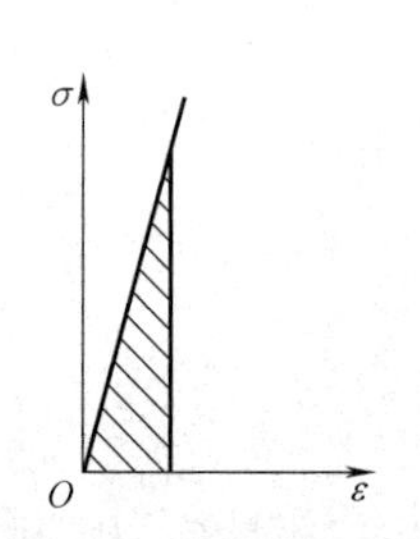

图 4-27　单位体积弹性体储存的弹性能

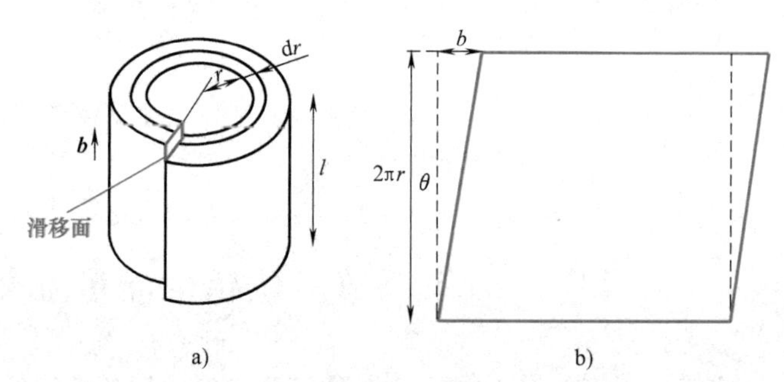

图 4-28　圆柱体内螺型位错的形成和微圆环的应变
a）螺型位错的形成　b）微圆环的应变

即螺型位错周围的应变只与半径 r 有关且成反比。根据胡克定律，螺型位错周围的切应力应为

$$\tau = \frac{Gb}{2\pi r} \tag{4-5}$$

式中，G 为材料的切变模量。这样，依据式（4-3）微圆环的应变能应为

$$du = \frac{1}{2}\frac{Gb}{2\pi r}\frac{b}{2\pi r}2\pi r drL$$

式中，L 为圆环的长度。对 du 从圆柱体半径为 r_0 处至圆柱体外径 r_1 处进行积分，就得到单位长度螺型位错的应变能 U_S

$$U_S = \frac{1}{L}\int_{r_0}^{r_1} du = \frac{Gb^2}{4\pi}\int_{r_0}^{r_1}\frac{dr}{r} = \frac{Gb^2}{4\pi}\ln\frac{r_1}{r_0} \tag{4-6}$$

对于刃型位错，其周围的应变情况比较复杂，应变能的估算比螺型位错麻烦，不过，其结果与螺型位错大致相同。单位长度刃型位错的应变能 U_E 为

$$U_E = \frac{Gb^2}{4\pi(1-\nu)}\ln\frac{r_1}{r_0} \tag{4-7}$$

式中，ν 为泊松比，约为 0.33。与式（4-6）相比可知，刃型位错的应变能比螺型位错高，大约高 50%。

在位错应变能的表达式（4-6）、式（4-7）中，G、b、ν 均为材料常数，那么式中的 r_0、r_1 如何取呢？正如前述，r_0 为位错心部半径，可取作二倍的原子间距，而积分上限 r_1 的意义可看作位错在晶体中的影响范围，当 r 值很大时，位错的作用已很小，故可设 $r_1=(1000\sim10000)r_0$（注意：r_1 与 r_0 均在对数项内，作为近似计算，r_1 与 r_0 的大小对结果影响并不大）。这样对应变能可作如下估算：

$$\frac{r_1}{r_0} = 1000\sim10000$$

$$\ln\frac{r_1}{r_0} \approx 6.9\sim9.2$$

$$\frac{1}{4\pi}\ln\frac{r_1}{r_0} \approx 0.55\sim0.73$$

$$\frac{1}{4\pi(1-\nu)}\ln\frac{r_1}{r_0} \approx 0.81\sim1.09$$

于是单位长度位错线的应变能可简化写作

$$U = \alpha Gb^2 \tag{4-8}$$

式中，α 的值可取为 0.5～1.0，对螺型位错 α 取下限 0.5，刃型位错则取上限 1.0。由式（4-8）可知，位错的能量与切变模量成正比，与柏氏矢量的模的平方成正比，所以柏氏矢量的模是影响位错能量最重要的因素。

例 4-5　（1）试计算铜晶体内单位长度位错线的应变能。

（2）试计算单位体积的严重变形铜晶体内储存的位错应变能。

解：已知铜晶体的切变模量 $G=4\times10^{10}\text{N}\cdot\text{m}^{-2}$，位错的柏氏矢量值等于原子间距，$b=2.5\times10^{-10}\text{m}$，取 α 值为中限 $\alpha=0.75$。

（1）单位长度位错线的应变能 U 为

$$\begin{aligned} U &= \alpha Gb^2 = 0.75\times4\times10^{10}\times(2.5\times10^{-10})^2\text{J}\cdot\text{m}^{-1} \\ &= 0.75\times4\times6.25\times10^{-10}\text{J}\cdot\text{m}^{-1} \\ &= 18.75\times10^{-10}\text{J}\cdot\text{m}^{-1} \end{aligned}$$

（2）对于严重变形的金属，晶体中位错密度可达到 10^{11}m/cm^3，所以单位体积（cm^3）内位错应变能为

$$U = 18.75\times10^{-10}\times10^{11}\text{J}\cdot\text{cm}^{-3} = 187.5\text{J}\cdot\text{cm}^{-3}$$

或者说单位质量（g）的铜晶体内位错的应变能为

$$U = (187.5/8.9)\text{J}\cdot\text{g}^{-1} = 21.07\text{J}\cdot\text{g}^{-1}$$

由例 4-5 计算所得数据可知，位错的应变能是相当可观的，如果与铜的比热容相比（$C_{Cu}=0.385J\cdot g^{-1}\cdot ℃^{-1}$），位错能足以使晶体温度提高几十摄氏度至数百摄氏度。应注意的是，位错能并不是以热量的形式耗散在晶体中，而是储存在位错内。高的位错能量决定了它在晶体中的重要地位，在降低位错能的驱动力作用下位错会发生反应，或与其他缺陷发生交互作用，在晶体的塑性变形与强度等问题中扮演了主要角色。

在第一节中曾提及点缺陷为热力学平衡缺陷，在每一温度下有一个平衡的点缺陷浓度，这是由于点缺陷引起的熵增而降低了体系的自由能，这一作用超过了点缺陷引入的应变能。对于位错而言，它的应变能远大于空位的形成能，就位错线上单个原子的应变能来说，其值大约比空位的形成能大一个数量级，而位错作为线性缺陷，它所引起的熵增却远比空位小，不可能抵消应变能的增加，所以位错的存在肯定使体系的自由能增加，是不平衡的缺陷。

二、位错的线张力

在物理化学中，已知表面具有表面能 γ，在降低表面能的驱动力作用下，表面膜会自动收缩。如图 4-29 中金属框内的肥皂膜会将活动边 AB 收回，相当于沿皂膜表面在垂直于活动边长度的方向上作用了一个力，这个力称为表面张力 σ。物理化学已证明表面张力 σ 在数值上等于表面能 γ，两者在量纲上也完全相同，只是表现形式不同，表面能的单位为 $J\cdot m^{-2}=N\cdot m\cdot m^{-2}=N\cdot m^{-1}$，此即表面张力简化后的单位。所以，它们是同一事物从不同角度提出的物理量，在处理热力学问题时用表面能，在分析界面之间的平衡或移动时采用表面张力更为直观。

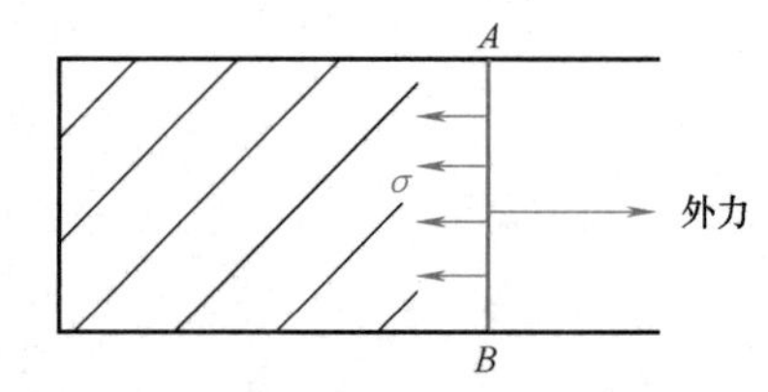

图 4-29 表面张力示意图

位错具有应变能 U，使它与橡皮筋一样有自动缩短或保持直线状的趋势，好像沿着位错线两端作用了一个线张力 T。线张力 T 与位错能 U 的关系就像表面张力与表面能一样，两者在数值上相等，均为 αGb^2，只是两者量纲的表现形式不同而已，应变能为 $J\cdot m^{-1}$，而线张力为 N（$=J\cdot m^{-1}=Nm\cdot m^{-1}$）。

根据线张力性质，晶体中的位错具有一定的形态。在平衡状态，即位错不受任何外载或内力作用时，单根位错趋于直线状以保持最短的长度。当三根位错连接于一点时，在结点处位错的线张力互相平衡，它们的合力为零。晶体中的位错密度很低时，它们在空间常呈网络状分布（图 4-30），每三根位错交于一点，互相连接在一起。如果晶体中位错线呈弯曲弧形，那么位错一定受到了外载（或内力）的作用，而两端往往被固定住（如图 4-31 中位错被两个结点钉住了）。位错弯曲所受到的作用力与自身线张力之间必须达到平衡。以图 4-31 为例，有一段曲率半径为 R 的弧形位错，位错长为 ds，对应的张角为 $d\theta$，这段位错在自身线张力 T 作用下有自动伸直的趋势；另一方面有外切应力 τ 存在，则单位长度位错线所受的力为 τb，它力图使位错线变弯。平衡时位错上的作用力应与线张力在水平方向上的分力相等，即

$$\tau b\,ds=2T\sin\frac{d\theta}{2}$$

因为 $ds=Rd\theta$，$d\theta$ 较小时，$\sin\frac{d\theta}{2}=\frac{d\theta}{2}$，所以

$$\tau b=\frac{T}{R}\approx\frac{\alpha Gb^2}{R}$$

取 $\alpha=\dfrac{1}{2}$，则

$$\tau b=\frac{Gb^2}{2R}$$

所以
$$\tau=\frac{Gb}{2R} \tag{4-9}$$

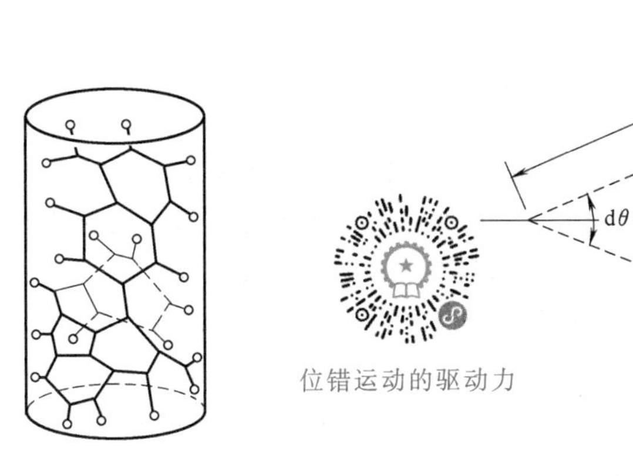

图 4-30　位错在空间呈网络状分布

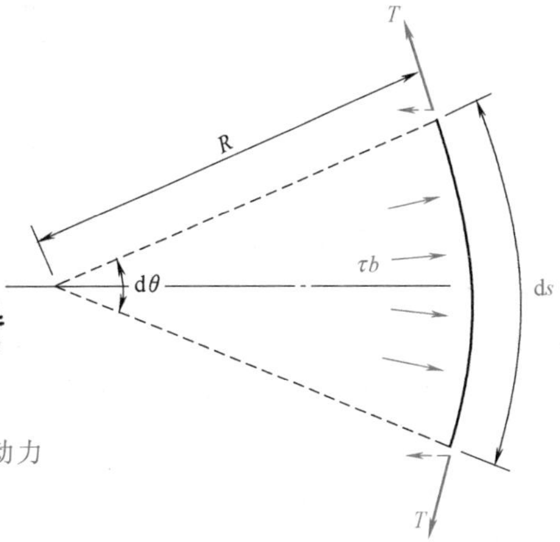

图 4-31　位错曲率半径与线张力

由式（4-9）可知，保持位错线弯曲所需的切应力与曲率半径成反比，曲率半径越小，所需的切应力越大，这一关系式对于位错运动及增殖有重要的意义。

三、位错的应力场及与其他缺陷的交互作用

位错周围的点阵应变引起高的应变能，使其处于高能的不平衡状态。从另一角度看，点阵应变产生了相应的应力场，使该力场下的其他缺陷产生运动，或者说位错与其他缺陷发生了交互作用，从而降低了体系的应变和应变能。“能量”和“力”两者之间有一定的联系，它们均来源于晶格应变，能量最低状态时作用力则为零。通常在描述体系稳定程度或变化趋势时采用能量的概念说明，而在讨论体系的变化途径时则用“力”的概念。这里在讨论位错与其他缺陷的交互作用之前先介绍位错的应力场。

1. 位错的应力场

已知，螺型位错周围的晶格应变是简单的纯剪切，而且应变具有径向对称性，其大小仅与离位错中心的距离 r 成反比，所以切应变与切应力可简单地表达为

$$\gamma=\frac{b}{2\pi r};\quad \tau=\frac{Gb}{2\pi r}$$

原则上当 $r\rightarrow\infty$ 时，切应力才趋于零，实际上应力场有一定的作用范围，在 r 达到某值时切应力已很低，所以螺型位错的切应力场用位错周围一定尺寸的圆柱体表示，如图 4-32a 所示。

刃型位错的应力场要复杂得多，由于插入一层半原子面，使滑移面上方的原子间距低于平衡间距，产生晶格的压缩应变，而滑移面下方则发生拉伸应变。压缩和拉伸正应变是刃型位错周围的主要应变。此外，从压缩应变和拉伸应变的逐渐过渡中必然附加一

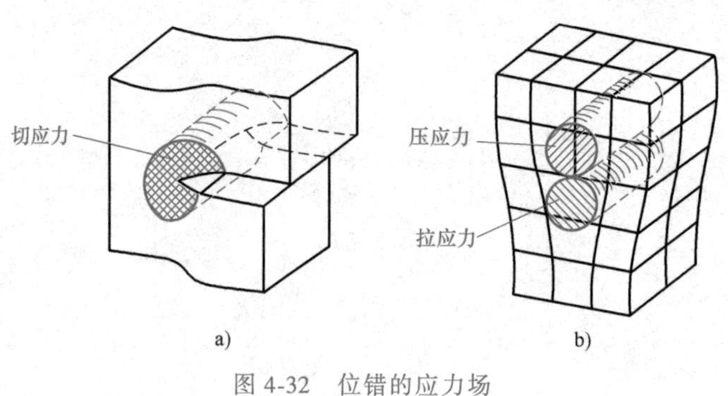

图 4-32　位错的应力场

a）螺型位错　b）刃型位错

个切应变，最大切应变发生在位错的滑移面上，该面上正应变为零，故为纯剪切。所以刃型位错周围既有正应力，又有切应力，但正应力是主要的，它对刃型位错的交互作用起到了决定性作用。刃型位错的正应力场分布如图 4-32b 所示，其压缩应力与拉伸应力可分别用滑移面上、下方的两个圆柱体表示，压缩应力和拉伸应力的大小随离开位错中心距离的增大而减小。

为了深入理解位错的应力场分布以及定量计算位错之间的作用力，下面简要推导了位错应力场的表达式。固体中任一点的应力状态，可用 9 个应力分量表示，如图 4-33 所示。其中 σ_{xx}、σ_{yy} 和 σ_{zz} 为 3 个正应力分量，τ_{xy}/τ_{yx}、τ_{xz}/τ_{zx} 和 τ_{yz}/τ_{zy} 为 3 组相等的 6 个切应力分量（该点处于平衡状态时）。

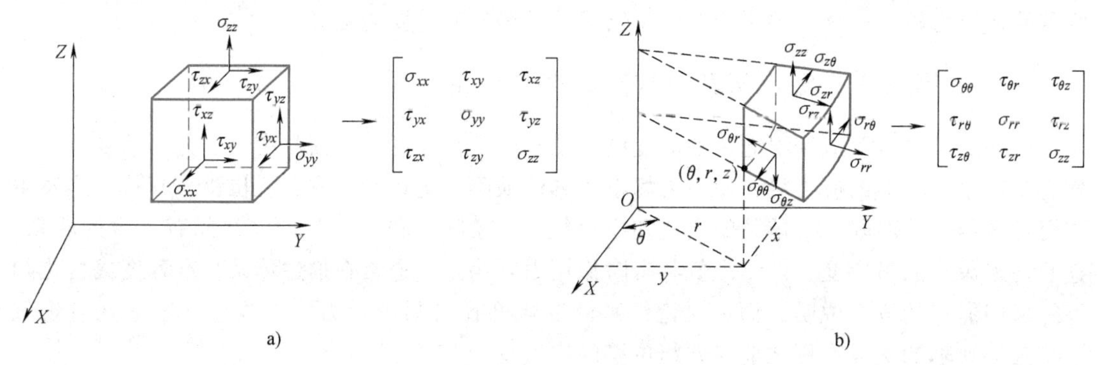

图 4-33　单元体上应力状态及表达式

a）笛卡尔坐标　b）圆柱坐标

在推导螺型位错的应力场之前，首先建立笛卡尔右手坐标系，使 Z 轴沿位错线，$\theta=0$ 面或 y 面为滑移面，如图 4-34 所示。用圆柱坐标表示时，仅通过作用于 $\theta=0$ 面上沿 Z 方向的位移，便可构造出该螺型位错。螺型位错的应力场中仅有 $\tau_{\theta z}/\tau_{z\theta}$ 等于 $Gb/2\pi r$，其余应力分量均为 0。将圆柱坐标下螺型位错应力场表达式中 $\tau_{z\theta}$ 矢量分解为 τ_{zx} 和 τ_{zy}，同时基于对应的切应力相等原则，可简便得出笛卡尔坐标下螺型位错的应力场表达式。

刃型位错的应力场推导十分复杂，我们只将最后的结果给出，如图 4-35 所示。根据上述螺型和刃型位错的应力场表达式，可更加深入地掌握位错的应力场分布特征。

例 4-6　如图 4-36 所示，两个相互平行的刃型位错 1 和 2，它们之间的距离为 d，二者柏氏矢量的夹角为 $\pi/4$，试求位错 1 对位错 2 的作用力。

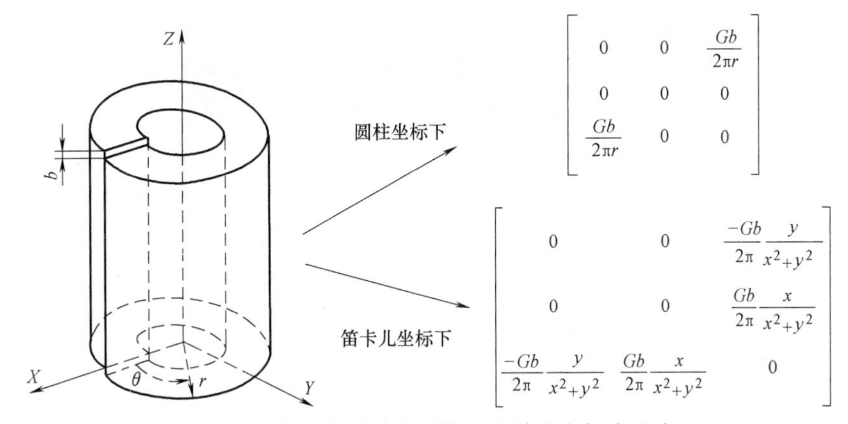

图 4-34　螺型位错的力学模型及其应力场表达式

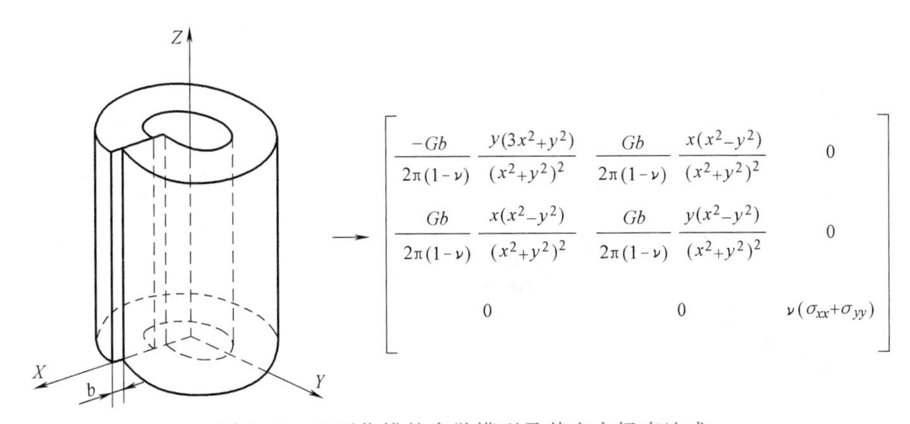

图 4-35　刃型位错的力学模型及其应力场表达式

解：

$$
\begin{cases}
\boldsymbol{\sigma}_1=\begin{bmatrix}\dfrac{-\sqrt{2}\,Gb_1}{2\pi(1-\nu)d} & 0 & 0\\ 0 & 0 & 0\\ 0 & 0 & \dfrac{-\sqrt{2}\,\nu Gb_1}{2\pi(1-\nu)d}\end{bmatrix}\\
\boldsymbol{b}_2=\begin{bmatrix}\sqrt{2}\,b_2/2\\ \sqrt{2}\,b_2/2\\ 0\end{bmatrix}\quad \boldsymbol{l}_{02}=\begin{bmatrix}0\\0\\1\end{bmatrix}\\
\boldsymbol{f}_{12}=(\vec{\sigma}_1\vec{b}_2)\times\vec{l}_{02}=\dfrac{Gb_1b_2}{2\pi(1-\nu)d}\boldsymbol{j}
\end{cases}
$$

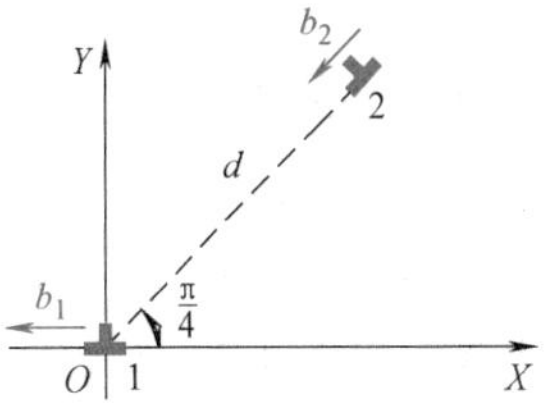

Y　b_2　2　d　b_1　$\frac{\pi}{4}$　O　1　X

图 4-36　例 4-6 图

2. 位错与点缺陷的交互作用

当晶体内同时含有位错和点缺陷（特别是溶质原子）时，两者之间会发生交互作用。这种交互作用在刃型位错中显得尤其重要，这是由刃型位错的应力场特点决定的。基体中的溶质原子，不论是置换或间隙型的，都会引起晶格应变，间隙原子以及尺寸大于溶剂原子的溶质原子使周围基体晶格原子受到压缩应力，而尺寸小于溶剂原子的溶质又使基体晶格受到拉伸（图 4-37a、b）。所有这些溶质都会在刃型位错周围找到合适的位置，显然当大的置换原子和间隙原子处于位错滑移面下方（即晶格受拉区），小的置换原子处于滑移面上方的压缩应力区时（图 4-37c、d），不仅使原来溶质原子造成的应力场消失了，同时又使位错的应变及应变能明显降低，从而使体系处于较低的能量状态，因此位错与溶质原子交互作用的热力学条件是完全具备的。至于基体中溶质原子最终是否移向位错周围，还要视动力学条件，即溶质原子的扩散能力而定，晶体中间隙原子的扩散速率要比置换型溶质大得多，所以间隙小原子与刃型位错的交互作用十分强烈，如钢中固溶的 C、N 小原子常分布于刃型位错周围，使位错周围的 C、N 浓度明显高于平均值，甚至可以高到在位错周围形成碳化物、氮化物小质点。当溶质原子分布于位错周围时，会使位错的应变能下降，这样位错的稳定性增加了，位错由十分易动变得不太容易移动，于是使晶体的塑性变形抗力（即屈服强度）提高。通常把溶质原子与位错交互作用后，在位错周围偏聚的现象称为气团，是由柯垂尔（A. Cottrell）首先提出，故又称为柯氏气团。气团的形成对位错有钉扎作用，是固溶强化的原因之一。

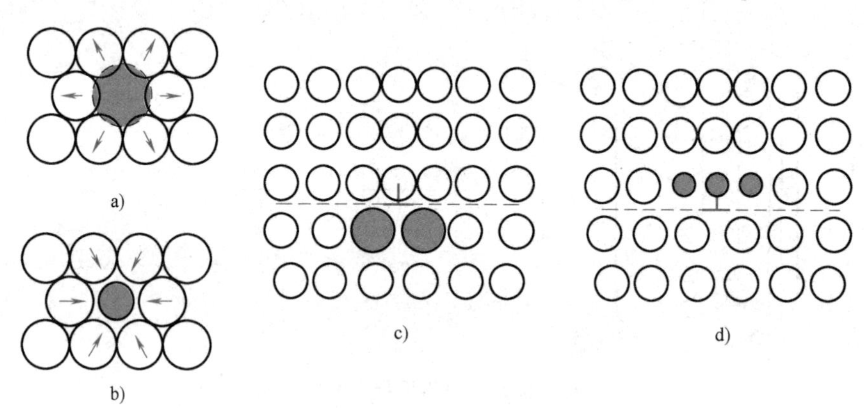

图 4-37 溶质原子与位错的交互作用

空位与位错也会发生交互作用，其结果是使位错发生攀移，这一交互作用在高温下显得十分重要，因为空位浓度是随温度升高呈指数关系上升的。

3. 位错与其他位错的交互作用

位错的应力场对其他位错也会产生一个作用力，使位错发生运动，以降低体系的自由能。

螺型位错的应力场比较简单，是纯切应力，切应力的方向与位错的柏氏矢量一致，切应力的作用范围可用位错周围的圆柱体表示（图 4-32a），它具有径向对称性，即位错周围的任何方向都受到相同的切应力，其大小为$\frac{Gb}{2\pi r}$，仅与半径 r 成反比。若有柏氏矢量为 $\boldsymbol{b}_1$、$\boldsymbol{b}_2$ 两根同号的平行的螺型位错（图 4-38a），它们的间距为 r，那么第一根螺型位错的切应力场 τ_1 将对第二根螺型位错产生作用，单位长度位错线的作用力大小为：$F=\tau_1 b_2=\frac{G\boldsymbol{b}_1\boldsymbol{b}_2}{2\pi r}$，其方向垂直于位错线，且使位错间距离 r 逐渐增大。同样，第二根位错也对第一根位错产生同样大小的作用力。所以两根同号螺型位错互相排斥，这种排斥作用随距离增加而逐渐减小。两根异号螺型位错之间的作用情况与前述相似，只是作用力的方向相反（图 4-38b），因此它们相互吸引，直至异号位错互毁，此时位错的应变能也就完全消失了。

同一滑移面上两根平行刃型位错间的互相作用也与螺型位错一样，同号位错互相排斥，异号位错互相吸引。可以想象若滑移面上有两根平行的同号刃型位错，当它们互相接近时，滑移面上方的压应力区（以及滑移面下方的拉应力区）互相重叠而加强，这将引起位错应变能的增加，于是一根位错便在另一根位错的切应力场作用下滑移而彼此分离，以保持较低的能量状态。相反两根异号位错互相接近时，位错的拉应力区与压缩应力区互相重叠而抵消，于是相互吸引而互毁。

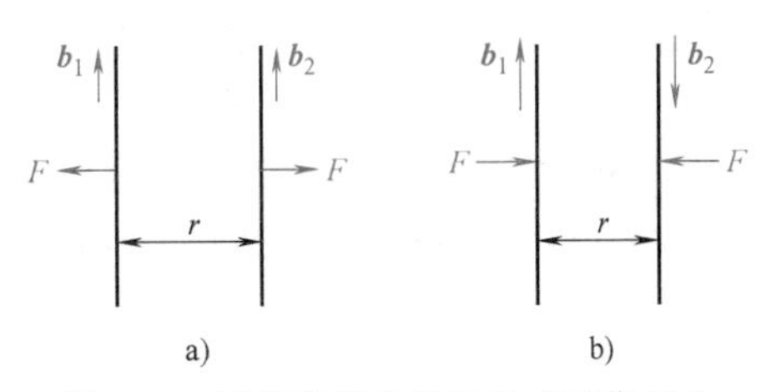

图 4-38　平行螺型位错间的交互作用力

下面根据 Peach-Koehler 方程来定量计算两个平行的同号刃位错之间的作用力，如图 4-39 所示。在使用公式计算之前，首先应建立合适的笛卡尔坐标系。对于螺型位错，在建立笛卡尔坐标系时，要保证位错线正方向为 Z 轴正方向，位错滑移面为 y 面，如果该位错为右螺型位错，则直接应用上述表达式，否则在表达式各项前加负号（左螺型位错时）。对于刃型位错，在建立笛卡尔坐标系时，要保证位错线正方向为 Z 轴正方向，位错滑移面为 y 面，如果该位错的半原子面处在 x 面的 $y>0$ 部分，则直接应用上述表达式，否则在表达式各项前加负号（半原子面处在 x 面的 $y<0$ 部分时）。如果计算位错 1 对位错 2 的作用力，应针对位错 1 按照上述原则建立笛卡尔坐标系，此时位错 2 将处于 $X=-r$ 和 $Y=0$ 位置，因而位错 1 在位错 2 位置的应力场表达式便如图 4-39 所示。此外，也很容易写出位错 2 的柏氏矢量和单位方向矢量表达式，最终可根据公式求得位错 1 对位错 2 的作用力的数值和方向。

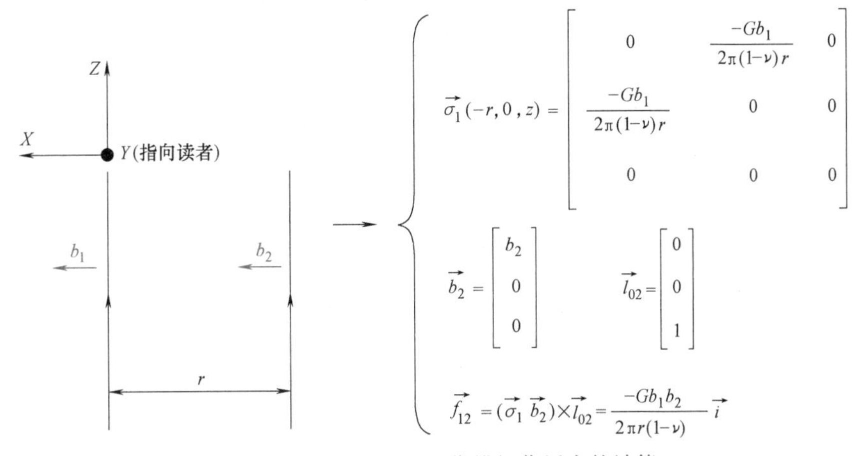

图 4-39　平行同号刃型位错间作用力的计算

此外，根据刃型位错的应力场可以得出：一系列同号位错如果能如图 4-40 那样，在垂直于滑移面的方向排列起来，那么上方位错的拉应力场将与下方位错的压应力场互相重叠而部分抵消，这样就大大地降低了体系的总应变能，所以这是刃位错的稳定排列方式，这种位错组态又称位错墙。位错墙只有在特定的条件下才能得到，一般是轻度变形并经合适温度退火后才会出现位错墙，当处于该温度时，位错活动能力增强，在异号位错互毁后，过量的同号位错通过攀移和滑移实现了这一低能排列方式。

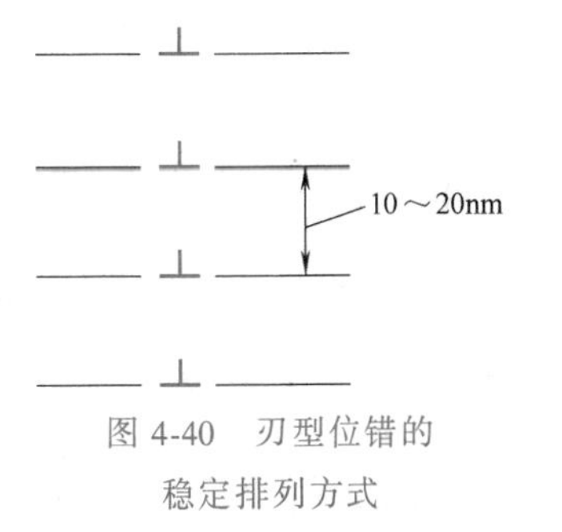

图 4-40　刃型位错的稳定排列方式

上面只是讨论了最简单的位错交互作用情况，实际晶体中的位错往往是混合型的，它们的排列也不可能完全平行，所以位错间的交互作用十分复杂。从上述简单情况的讨论中可以定性地得出：众多位错之间既有吸引又有排斥力，在某些位错段上互相吸引，而另一些位错段间又互相排斥，交互作用的结果使体系处于较低的能量状态，或者说位错将处于低能的排列状态。

四、位错的分解与合成

位错具有很高的能量，因此它是不稳定的，除上述交互作用外，还常发生自发反应，由一根位错分解成两根以上的位错，或由两根以上的位错合并为一根位错，这些统称为位错反应。位错反应的结果是降低体系的自由能。

1. 位错反应的条件

所有自发的位错反应必须满足两个条件：

（1）几何条件　$\Sigma \boldsymbol{b}_{前}=\Sigma \boldsymbol{b}_{后}$，即反应前后位错在三维方向的分矢量之和必须相等。

（2）能量条件　$\Sigma b_{前}^2>\Sigma b_{后}^2$，即位错反应后应变能必须降低，这是反应进行的驱动力。

图 4-41 所示的柏氏矢量为两倍点阵常数的大位错会自发分解为柏氏矢量为点阵常数 a 的两个小位错，分解反应式可写为：

$$2a[100] \longrightarrow a[100]+a[100]$$

这一反应不仅能满足几何条件，而且在能量上也是有利的，大位错柏氏矢量的模为 $2a$，位错能量正比于 $4a^2$，而两个小位错的能量之和仅为 $2a^2$。从原子模型也可看出：插入两个半原子面的大位错，周围的点阵应变十分严重，分解后应变程度明显降低。

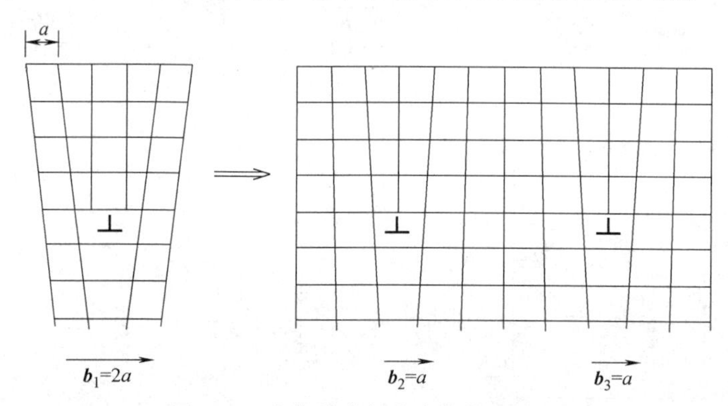

图 4-41　大位错分解为小位错的情况

例 4-7　判断下列位错反应能否进行：

（1）$a[100]+a[010] \longrightarrow \frac{a}{2}[111]+\frac{a}{2}[11\bar{1}]$

（2）$a[100] \longrightarrow \frac{a}{2}[111]+\frac{a}{2}[1\bar{1}\bar{1}]$

解：（1）$a[100]+a[010] \longrightarrow \frac{a}{2}[111]+\frac{a}{2}[11\bar{1}]$

几何条件：反应前　$a[100]+a[010]=a[110]$

反应后　$\frac{a}{2}[111]+\frac{a}{2}[11\bar{1}]=\frac{a}{2}[220]=a[110]$

能量条件：反应前 $\Sigma b^2=(a\sqrt{1^2+0+0})^2+(a\sqrt{0+1^2+0})^2=2a^2$

$$\text{反应后}\ \Sigma b^2=\left(\frac{a}{2}\sqrt{1^2+1^2+1^2}\right)^2+\left(\frac{a}{2}\sqrt{1^2+1^2+1^2}\right)^2=$$

$$2\times\frac{3}{4}a^2=\frac{3}{2}a^2<2a^2$$

此反应既满足几何条件，又满足能量条件，故反应式成立。

（2）$a[100]\longrightarrow\frac{a}{2}[111]+\frac{a}{2}[1\bar{1}\bar{1}]$

几何条件：反应后　$\frac{a}{2}[111]+\frac{a}{2}[1\bar{1}\bar{1}]=\frac{a}{2}[200]=a[100]$，与反应前一致。

能量条件：反应前　$\Sigma b^2=a^2$

$$\text{反应后}\quad \Sigma b^2=\left(\frac{a}{2}\sqrt{1^2+1^2+1^2}\right)^2+\left(\frac{a}{2}\sqrt{1^2+1^2+1^2}\right)^2=$$

$$2\times\frac{3}{4}a^2=\frac{3}{2}a^2>a^2$$

此反应虽满足几何条件，但不满足能量条件，故位错分解反应不能成立。

2. 实际晶体中位错的柏氏矢量

前面介绍位错的基本概念时都是以简单立方为对象进行讨论的，而且都是以晶体的点阵常数作为位错的柏氏向量，这是简单立方晶体中距离最近的两个原子之间的连接矢量或点阵矢量。在实际晶体中也是一样，位错的柏氏矢量都是与连接点阵中最近邻两个原子的点阵矢量相等。这一规律是由体系尽可能趋于最低能量的原理所决定的，由于位错能量正比于 b^2，柏氏矢量越小的位错越稳定，那些柏氏矢量较大的位错往往通过位错反应分解成柏氏矢量小的位错。通常把柏氏矢量等于点阵矢量的位错称为全位错或单位位错。

对面心立方点阵，最短的点阵矢量为原点到面心位置，可用$\frac{a}{2}\langle110\rangle$表示，其长度为$\frac{a\sqrt{2}}{2}$，这是面心立方的全位错的柏氏矢量。次短的点阵矢量为 $a\langle100\rangle$，长度为 a，它的能量较高，出现的机率很低。

体心立方点阵中最短的点阵矢量是$\frac{a}{2}\langle111\rangle$，是体心立方晶体全位错的柏氏矢量。密排六方晶体最密排的晶向是$\langle11\bar{2}0\rangle$，该矢量上包含了三个原子间距，故全位错的柏氏矢量值为$\frac{a}{3}\langle11\bar{2}0\rangle$。

除了全位错以外，晶体中还可能形成一些柏氏矢量小于点阵矢量的位错，即柏氏矢量不是从一个原子到另一个原子位置，而是从原子位置到结点之间的某一位置，这类位错称为分位错或不全位错[㊀]。例如面心立方晶体中的$\frac{a}{6}\langle112\rangle$、$\frac{a}{3}\langle111\rangle$，以及体心立方晶体中的$\frac{a}{3}\langle111\rangle$、$\frac{a}{8}\langle110\rangle$，密排六方晶体中的$\frac{c}{2}\langle0001\rangle$均属不全位错。这些位错在晶体塑性变形中也有一定的重要意义。

㊀ 有些教材中将不全位错定义为柏氏矢量不等于点阵矢量整数倍的位错，而分位错定义为柏氏矢量小于点阵矢量的位错，这两个名词的含义相近，本书不去严格区分，可以通用。

3. 面心立方晶体中全位错的分解及扩展位错

面心立方晶体中位错的滑移面为 {111}，滑移面上$\vec{b}=\frac{a}{2}$<110>的全位错会分解成两个$\frac{a}{6}$<112>的分位错。以$\frac{a}{2}$<$\bar{1}$10>为例，位错的分解反应为

$$\frac{a}{2}[\bar{1}10] \longrightarrow \frac{a}{6}[\bar{1}2\bar{1}]+\frac{a}{6}[\bar{2}11]$$

这一反应满足了上述位错反应的几何条件和能量条件：

（1）几何条件 $\frac{a}{6}[\bar{1}2\bar{1}]+\frac{a}{6}[\bar{2}11]=\frac{a}{6}[\bar{3}30]=\frac{a}{2}[\bar{1}10]$

（2）能量条件 反应前 $\Sigma b^2=\left(\frac{a}{2}\sqrt{1^2+1^2+0}\right)^2=\frac{a^2}{2}$

反应后 $\Sigma b^2=2\left(\frac{a}{6}\sqrt{1^2+2^2+1^2}\right)^2=\frac{a^2}{3}<\frac{a^2}{2}$

故反应能够进行。$\frac{a}{6}$<112>分位错在面心立方晶体的塑变中起了重要作用，通常称它为肖克莱（Schockley）分位错。

上述反应中各位错柏氏矢量之间的关系如图 4-42 所示，它们都处于同一个滑移面（111）上，图中 $\boldsymbol{B_1B_2}$ 为全位错的柏氏矢量，记作$\frac{a}{2}[\bar{1}10]$，而分位错$\frac{a}{6}[\bar{1}2\bar{1}]$ 及$\frac{a}{6}$ $[\bar{2}11]$ 的柏氏矢量则分别为图中的 $\boldsymbol{B_1C}$、$\boldsymbol{CB_2}$，它们不在密排方向上，且长度也小于原子间距，$\boldsymbol{B_1C}$ 和 $\boldsymbol{CB_2}$ 的矢量和正好等于 $\boldsymbol{B_1B_2}$。$\boldsymbol{B_1C}$ 处于 $[\bar{1}2\bar{1}]$ 晶向上，根据柏氏矢量的表示方法，$[\bar{1}2\bar{1}]$ 矢量在 y 轴上的投影长度为 $2a$，在 x、z 上的投影长度为 $-1a$，所以矢量长度应该等于图中 mn 线的两倍，这样 $\boldsymbol{B_1C}$ 应为$\frac{a}{6}[\bar{1}2\bar{1}]$，同样 $\boldsymbol{CB_2}$ 应等于$\frac{a}{6}[\bar{2}11]$。

分解后两个分位错的柏氏矢量 $\boldsymbol{B_1C}$、$\boldsymbol{CB_2}$ 的夹角为 120°，故它们之间必有一个净的同符号分量，这样分位错之间会相互排斥而彼此离开，但这一排斥与简单立方晶体中 $\boldsymbol{b}=2a$ 的大位错分解为两个 $\boldsymbol{b}=a$ 的小位错的情况不同。在简单立方晶体中两个位错之间只有排斥力，且它们分开后位错之间的点阵排列仍处于正常情况（图 4-41），但面心立方晶体中分解后的两个分位错始终保持联系，成为不可分割的位错对（图 4-43），位错之间的原子正常排列破坏了，形成一层层错，正是由于层错使两个分位错保持一定的联系。

位错之间的层错是怎样形成的呢，这要归结于分位错的柏氏矢量为非点阵矢量，分位错非点阵矢量的滑移产生了层错。第二章中已讨论过面心立方晶体的原子排列可以看成由（111）面按 *ABCABCAB*…方式堆垛而成。设图 4-42 中所示的（111）面上的原子位置（虚线圆球）为 *A* 层位置，那么 *B* 层及 *C* 层的原子应分别处于三个 *A* 层原子之间的低谷位置，它们在（111）面上的投影位置正好是图 4-42 中 *B*、*C* 点所处的位置。现在用图 4-44 说明分位错产生层错的原因。如果是全位错滑移（图 4-44a 的 aa' 线），由于其柏氏矢量值为$\frac{a}{2}$ $[\bar{1}10]$，位错滑移过的区域内滑移面（假设为 *A* 位置）上方的原子从 *B* 位置仍然进入 *B* 位

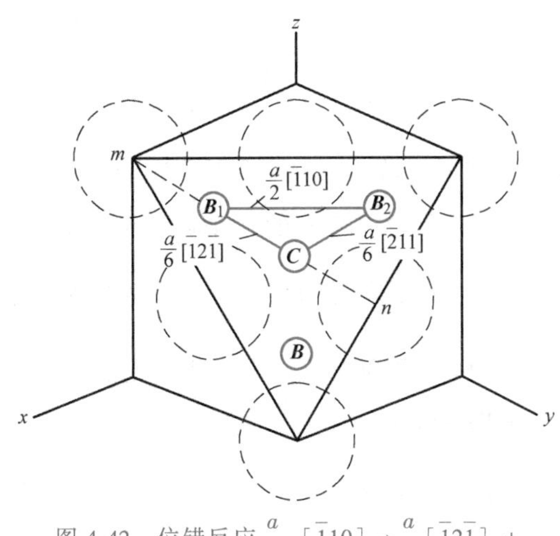

图 4-42　位错反应$\frac{a}{2}[\bar{1}10] \rightarrow \frac{a}{6}[\bar{1}2\bar{1}]+\frac{a}{6}[\bar{2}11]$中各个柏氏矢量之间的关系

图 4-43　分位错及其中间的层错带

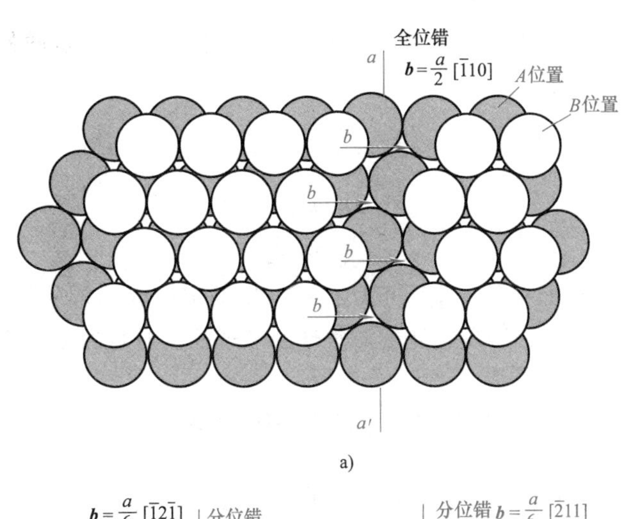

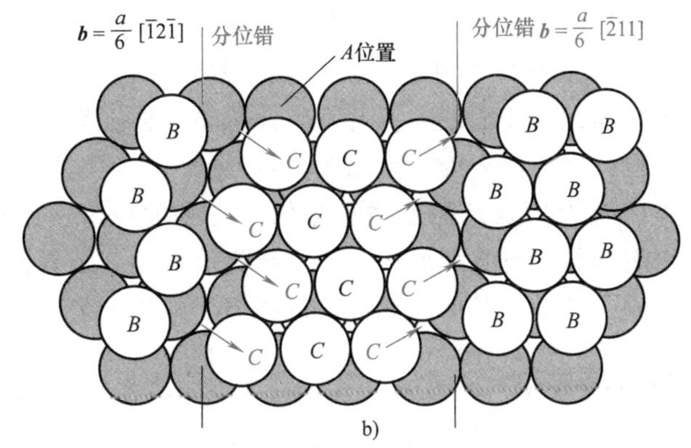

图 4-44　面心立方晶体全位错与分位错的滑移

a）$b=\frac{a}{2}[\bar{1}10]$ 全位错的滑移

b）$b=\frac{1}{6}[\bar{1}2\bar{1}]$ 及$\frac{1}{6}[\bar{2}11]$ 分位错的滑移及其间的层错

置，点阵排列没有变化，不存在层错现象。如果全位错分解为分位错，情况就不同了，图4-44b中一条位错线已分解成两条，其中$\frac{a}{6}[\bar{1}2\bar{1}]$分位错的滑移矢量是从$B$位置到$C$位置，于是使滑移区内原子在滑移面上、下的正常排列次序遭到破坏，成为$ABCA \updownarrow CABC$。这种原子正常堆垛次序遭到破坏的现象称为堆垛层错[⊖]。原子在滑移面的错排直到第二根分位错$\frac{a}{6}[\bar{2}11]$再度滑移，原子从C位置又回到B位置，才重新恢复为正常序列。两条分位错滑移的合成效果与全位错完全一致，最终使晶体沿$[\bar{1}10]$晶向滑移一个原子间距。

现在可以将面心立方晶体中全位错的分解完整地表达为

$$\frac{a}{2}[\bar{1}10] \longrightarrow \frac{a}{6}[\bar{1}2\bar{1}] + \frac{a}{6}[\bar{2}11] + \text{S. F.}$$

式中，S. F. 为堆垛层错（Stacking Fault），通常称这对不全位错及中间夹的层错为扩展位错。由于层错也是一种缺陷，是面缺陷，它偏离了理想排列，故这里的能量比正常点阵处高了一些，高出的能量为层错能，记作γ。层错能的作用类似于表面张力，在层错能作用下层错区有收缩的趋势，而分位错间的排斥力又使两位错尽量分开，当这两种相反的力达到平衡时得到扩展位错的平衡宽度d，即

$$\gamma = \frac{G(\boldsymbol{b}_1\boldsymbol{b}_2)}{2\pi d}$$

$$d = \frac{G(\boldsymbol{b}_1\boldsymbol{b}_2)}{2\pi\gamma} \tag{4-10}$$

式中，$\boldsymbol{b}_1\boldsymbol{b}_2$为两个分位错的柏氏矢量。可见扩展位错的宽度$d$与层错能成反比，$\gamma$越大，$d$越小，金属层错能的大小及扩展位错宽度对塑性变形过程及材料的强化起了重要作用。

第四节　晶体中的界面

晶体材料中存在很多界面，例如：同一种相的晶粒与晶粒的边界（称为晶界）、不同相之间的边界（称为相界）以及晶体的外表面等。在这些界面上，晶体的排列存在着不连续性，因此界面也是晶体缺陷，属于面缺陷。与空位及位错一样，界面对晶体的性能起到了重要作用，例如：细化晶粒，增加晶界面积可以改善材料的力学性能，既提高强度又能增加韧性；又如晶界及相界等区域为扩散及相变过程提供了有利的位置；此外，界面对材料的制备、加工工艺及显微组织形貌都有直接的影响。本节将简要地介绍界面的结构，并讨论界面能及其对材料行为的影响，通常把晶体的界面分成晶界、相界及表面三大类。

一、晶界的结构与晶界能

实际晶体材料都是多晶体，由许多晶粒组成，晶界就是空间取向（或位向）不同的相邻晶粒之间的界面。根据晶界两侧晶粒位向差（θ角）的不同，可把晶界分为小角度晶界

⊖ 堆垛层错是面缺陷，在其他情况下也可能形成，如由空位聚集形成的空位片（图4-21），相当于在正常排列次序中抽去一层原子，使这里产生了堆垛层错。层错区与正常点阵的边界一定是位错，而且是分位错。

($\theta<10°$) 和大角度晶界 ($\theta>10°$)。一般多晶体各晶粒之间的晶界属于大角度晶界。实验发现：在每一个晶粒内原子排列的取向也不是完全一致的，晶粒内又可分为位向差只有几分到几度的若干小晶块，这些小晶块可称为亚晶粒，相邻亚晶粒之间的界面称为亚晶界，亚晶界属于小角度晶界。

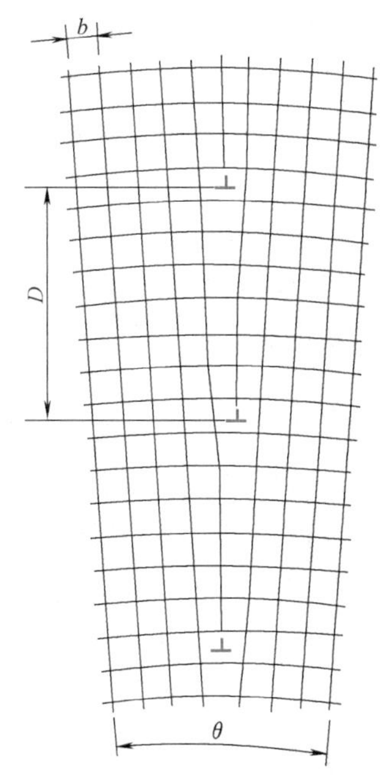

图 4-45　对称倾斜小角度晶界的结构

1. 小角度晶界的结构

当晶界两侧的晶粒位向差很小时，晶界基本上由位错组成。最简单的情况是对称倾斜晶界，即晶界两侧的晶粒相对于晶界对称地倾斜了一个小的角度，如图 4-45 所示，晶界上大部分原子仍基本处于正常的结点位置，只是相隔一定距离后，正常的结点位置不再能同时满足相邻晶粒的要求，于是产生一个刃型位错，所以对称倾斜晶界是由一系列柏氏矢量为 $\boldsymbol{b}$ 的相互平行的刃型位错排列而成，其结构与图 4-40 中的位错墙完全一致。实际上这种小角度晶界正是材料经轻度变形并在合适温度退火时，位错在交互作用力驱动下相互作用及重新排列而形成的低能结构，由于位错墙使两侧晶体产生小的位向差，晶界中位错排列越密，则位向差越大，图 4-45 中位错间距 D 与位向差之间的关系可简单地求得

$$D=\frac{b}{2\sin\dfrac{\theta}{2}}$$

当 θ 很小时，$\sin\dfrac{\theta}{2}\approx\dfrac{\theta}{2}$，则

$$D=\frac{b}{\theta} \tag{4-11}$$

若 $\theta=1°$，柏氏矢量值 $b=0.25\text{nm}$，则位错间距 $D=14.3\text{nm}$，即每隔 50~60 个原子间距，便有一个刃型位错。对称倾斜晶界的结构以及位错间距与位向差之间的关系式已被电子显微镜或金相蚀坑技术证实，图 4-46 所示为晶体中形成小角度晶界的位错蚀坑。

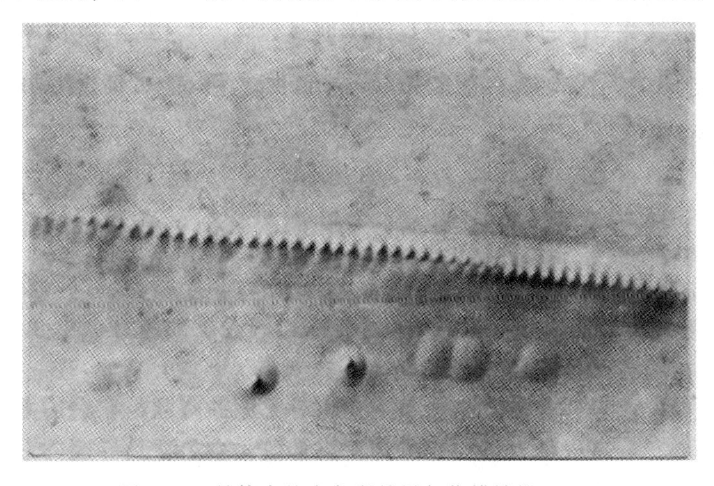

图 4-46　晶体中的小角度晶界与位错蚀坑 1500×

实际存在的小角度晶界比上述刃型位错墙复杂，可能是由两组以上柏氏矢量的位错组成，也可能出现由螺型位错组成的位错墙，此时晶界两侧的位向相对于晶界不是简单的对称倾斜，而是任意的取向差异。关于这些复杂位错墙的结构细节对我们并不重要，需要掌握的是：所有的小角度晶界均由位错组成，晶界上的位错密度随位向差的增大而增加。

2. 大角度晶界

当晶粒间的位向差增大到一定程度后，位错已难以协调相邻晶粒之间的位向差，所以位错模型不能适应大角度晶界。关于大角度晶界的结构，人们正在应用场离子显微镜进行研究，并取得了一定的进展，它的结构要比小角度晶界复杂得多，作为工科类《材料科学基础》教材，本书不去介绍结构的细节。这里可把大角度晶界作如下简化：晶界相当于两晶粒之间的过渡层，是仅有 2~3 个原子厚度的薄层，这里虽然也存在一些排列比较规则的位置，但总体来说，原子排列相对无序，也比较稀疏。图 4-47 所示为大角度晶界结构的示意图。

图 4-47 大角度晶界结构的示意图

3. 晶界能

无论是小角度晶界或大角度晶界，这里的原子或多或少地偏离了平衡位置，所以相对于晶体内部，晶界处于较高的能量状态，高出的那部能量称为晶界能，或称晶界自由能，记作 γ_G，其单位为 $J \cdot m^{-2}$。有时晶界能以界面张力的形式表示，其单位采用 $N \cdot m^{-1}$（$=J \cdot m^{-2}$），记作 σ。

小角度晶界是由位错组成的，因此晶界能来自于位错的能量，它应该等于单位长度位错应变能 U［式（4-8）］乘以位错线的总长度，在 1m×1m 的晶界上位错线总长度为$\frac{1}{D}\left(=\frac{\theta}{b}\right)$，所以晶界能应为 $U\frac{\theta}{b}$，依据式（4-7）可推得小角度晶界能 γ_G 与 θ 之间的关系式

$$\gamma_G=\gamma_0\theta(B-\ln\theta)$$

式中，$\gamma_0=\frac{Gb}{4\pi(1-\nu)}$为材料常数，其中 G 为切变模量，$\boldsymbol{b}$ 为柏氏矢量，ν 为泊松比；B 为积分常数，取决于位错中心的错排能。由上式可见，晶界能 γ 随位向差的增大而提高；此外还与材料的切变模量成正比，因为位错的应变能随切变模量 G 的增大而增高。

对于大角度晶界，由于其结构是一个相对无序的薄区，它们的界面能不随位向差而明显变化，可以把它近似看为材料常数。大角度晶界能的数值随材料而异，它与衡量材料原子结合键强弱的弹性模量 E 有很好的对应关系。一些材料的晶界能及弹性模量的数据为

	Au	Cu	Fe	Ni	Sn
大角度晶界能/$J \cdot m^{-2}$	0.36	0.60	0.78	0.69	0.16
弹性模量/GPa	77	115	196	193	40

图 4-48 给出了 Cu 在不同位向差下的晶界能实验数据，其变化规律与上述说明的完全相符。

二、表面及表面能

材料表面的原子和内部原子所处的环境不同，内部的任一原子处于其他原子的包围中，

周围原子对它的作用力对称分布，因此它处于均匀的力场中，总合力为零，即处于能量最低的状态；而表面原子却不同，它与气相（或液相）接触，气相分子对表面原子的作用力可忽略不计，因此表面原子处于不均匀的力场之中，所以其能量大大升高，高出的能量称为表面自由能（或表面能），记作 γ_S，有时也可表示为单位表面长度上的作用力，即表面张力记作 σ_s。显然，表面能的数值要明显高于晶界能，根据实验，测定其数值大约为晶界能的 3 倍，即

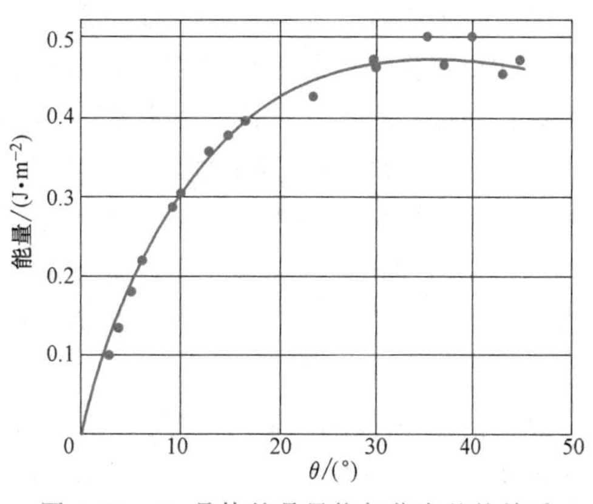

图 4-48　Cu 晶体的晶界能与位向差的关系

$$\gamma_S = 3\gamma_G$$

与晶界能一样，材料的表面能与衡量原子结合力或者结合键能的弹性模量 E 有直接的联系，与原子间距 b 也有关，它们之间的关系可表达为

$$\gamma_S \approx 0.05Eb$$

从表面能的数据来看，表面作用似乎比晶界要重要得多，然而对于日常广泛应用的大块材料，它们的比表面（单位体积晶体的表面积）很小，因此表面对晶体性能的影响不如晶界重要。但是对于多孔物质或粉末材料，它们的比表面很大，此时表面能就成为不可忽略的重要因素，甚至是关键因素。例如一块边长为 1cm（10^{-2}m）的立方体，其表面积为 $6\times10^{-4}\text{m}^2$；如将其分割为边长等于 10^{-5}m 的立方体（这一颗粒尺寸与常用金属粉末的直径在数量级上相近），分割后立方体数目为 10^9，其总体积虽然保持不变，表面积却增加至 $6\times10^{-1}\text{m}^2$，比原有的大了 1000 倍，当分割为超细粉末（10^{-9}m）时，表面积可增加 1000 万倍，所以粉末的表面能数值相当可观，成为不少过程的驱动力，例如粉末在高温下可烧结为整体，其驱动力就来自十分高的表面能。

从原子结合的角度看，晶体表面结构的主要特点是存在着不饱和键力及范德瓦尔斯力。不难理解，不论是金属晶体，或者离子晶体、共价晶体，由于表面原子的近邻原子数减少，其相应的结合键数也减少，或者说结合键尚未饱和，因此表面原子有强烈的倾向与环境中的原子或分子相互作用，发生电子交换，使结合键趋于饱和。晶体表面的范德瓦尔斯力可以作如下理解：晶体表层原子在不均匀力场作用下会偏离其平衡位置而移向晶体内部，但是正、负离子（或正、负电荷）偏离的程度不同，结果在晶体表面或多或少地产生了双电层。以 NaCl 晶体为例，Na^+ 的尺寸较小，在不均匀力场作用下它容易被拉向内部，向内靠近了 0.015nm（图 4-49），而 Cl^- 由于其最外层电子与带正电荷的原子核之间的引力较弱，故容易被极化而变形，所产生的偶极正电荷受 Na^+ 的排斥而被推向外面，于是最表层的 Na^+ 和 Cl^- 不在同一水平线上，它们的中心位置相差 0.020nm，即表面有 0.020nm 的双电层，或者说表面形成了偶极矩，这使得晶体表面可以通过范德瓦耳斯力吸附其他物质。

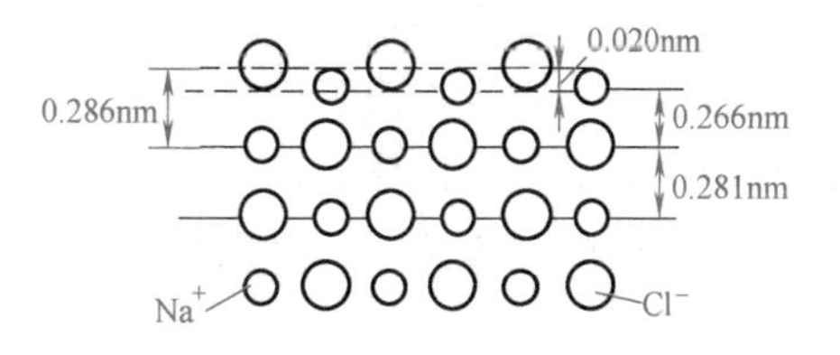

图 4-49　NaCl 表面原子的切面图

晶体中不同晶面的表面能数值不同，这是由于表面能的本质是表面原子的不饱和键，而不同晶面

上的原子密度不同，密排面的原子密度最大，则该面上任一原子与相邻晶面原子的作用键数最少，故以密排面作为表面时不饱和键数最少，表面能量低。晶体总是力求处于最低的自由能状态，所以一定体积的晶体的平衡几何外形应满足表面能总和为最小的原理，即 $\Sigma\gamma_i S_i$ 为最小，其中 γ_i 为各面的表面能，S_i 为各面的面积。所以自然界的有些矿物或人工结晶的盐类等常具有规则的几何外形，它们的表面常由最密排面及次密排面组成，这是一种低能的几何形态。然而大多数晶体并不具有规则的几何外形，这里还应考虑其他因素的影响，如晶体生长时的动力学因素，在第六章中将会分析到大多数金属晶体以树枝状的形式生长的现象正是由动力学因素决定的。

晶体的宏观表面可以加工得十分光滑，但从原子的尺度看仍是十分粗糙且凹凸不平的。有趣的是场离子显微镜研究显示，不管表面是否平行于密排面，宏观表面基本上由一系列平行的原子密排面及相应的台阶组成（图 4-50），台阶的密度取决于表面与密排面的夹角，这一现象证实了晶体总是力求处于最低的表面能状态。图中还示出了在各个密排面上原子排列也不规则，有很多空位和吸附原子，在这些位置及台阶的边缘处是表面上最活跃的位置，表面的任何变化如吸附、催化等都是从这里开始的。

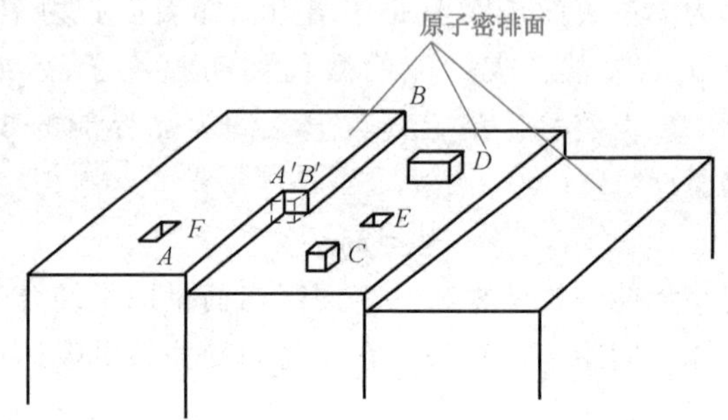

图 4-50　晶体表面的台阶及凹凸不平

三、表面吸附与晶界内吸附

在大多数情况下，吸附是指外来原子或气体分子在界面上富集的现象。气体分子或原子的表面吸附可以在不同程度上抵消表面原子的不平衡力场，使作用力的分布趋于对称，于是降低了表面能，使体系处于较低的能量状态，体系更为稳定，所以吸附是自发过程。降低的能量以热的形式释放，故吸附过程是放热反应，放出的热量称为吸附热。既然是放热反应，吸附进行的程度随温度升高而降低，这可以理解为当温度升高时，原子或分子的热运动加剧，因而可能脱离固体表面而回到气相中去，这一过程称为解吸或脱附，是吸附的逆过程。解吸随温度的升高而加快，解吸是吸热过程，解吸后表面能再度升高。

固体表面的吸附按其作用力的性质可分为两大类：物理吸附和化学吸附。物理吸附是由范德瓦尔斯力作用而相互吸引的，范德瓦尔斯力存在于任何两个分子之间，所以任何固体对任何气体或其他原子都有这类吸附作用，即吸附无选择性，只是吸附的程度随气体或其他原子的性质不同而有所差异。物理吸附的吸附热较小。化学吸附则来源于剩余的不饱和键力，吸附时表面与被吸附分子间发生了电子交换，电子或多或少地被两者所共有，实质是形成了化合物，即发生了强键结合。显然，并非任何分子（或原子）间都可以发生化学吸附，吸附有选择性，必须在两者间能形成强键。化学吸附的吸附热与化学反应热接近，明显大于物理吸附热。对同一固体表面常常既有物理吸附，又有化学吸附，例如金属粉末既可通过物理吸附的方式吸附水蒸气，又以化学吸附的方式结合氧原子，在不同条件下，某种吸附可能起主导作用。

应用场离子显微镜或低能电子衍射分析技术可以直接观察到表面吸附的特征，例如对未曾吸附的“清洁”的镍表面可以看到图 4-50 所示的密排面裸露的结构；然而，金属镍极易沾污，当新鲜表面在空气中放置后，镍的密排原子面结构立即消失，取而代之的是氧原子与镍形成的化合物薄层，仅 1~2 个原子层厚度。当表面被沾污后，表面能数据可下降一个数量级，从而改变表面特性，因此在测定表面能数据时一定要注意表面的清洁程度。

吸附现象在工业中有很多应用，首先它是净化和分离技术的重要机理之一，例如：废水处理、空气及饮用水的净化、溶剂回收、产品的提级与分离、制糖中的脱色等都可以依赖吸附进行处理。因此吸附广泛用于三废治理、轻工、食品及石油化工工业。常用的吸附剂有活性炭、硅胶、活性氧化铝等。此外，化学反应中常用金属粉末如镍粉作触媒剂，主要也是利用其良好的吸附性能，催化的本质是反应物分子被吸附后，使反应物发生分子变形，削弱了原有的化学键，于是处于活化状态，从而加速化学反应，所以吸附剂或触媒剂必须颗粒很细，有很大的表面积，才能达到催化目的。在有些情况下，吸附是不利的，例如有些粉末在储存时会吸附水蒸气和其他气体，因此烧结前应对粉末进行除气处理，把粉末加热至 100~300℃，使反应向着解吸的方向进行，这就增加了工艺程序。

对金属材料的研究发现少量杂质或合金元素在晶体内部的分布也是不均匀的，它们常偏聚于晶界，为区别于表面吸附，称这种现象为晶界内吸附。内吸附是异类原子与晶界交互作用的结果，由于外来原子的尺寸不可能与基体原子完全一样，在晶粒内部分布总要产生晶格应变，相反，晶界处原子排列相对无序，故无论是大原子或小原子都可在晶界找到比晶内更为合适的位置，使体系总的应变能下降。因此在合适的条件下（如一定的温度、足够的时间），异类原子会逐渐扩散至晶界，与基体原子的尺寸差距越大的原子，与晶界的交互作用则越强。实验发现：有些杂质原子的总含量并不高，但是在晶界层的含量却异常高，这一偏聚状态对晶体的某些性能产生重要影响。例如钢中加入微量的硼（$w_B \approx 0.003\%$），这些硼原子主要分布于晶界，使晶界能明显下降，还抑制或减缓了第二相从晶界的形核和生长，从而改善了钢的淬火能力。又如某些条件下，少量杂质元素 P、Sb、Sn 会引起钢的脆性沿晶断裂，究其原因就是这是杂质元素在晶界富集，降低了晶界强度所致。

四、润湿行为

润湿是在生活和生产中经常遇到的现象，防雨布在水中不湿，而普通布一浸就湿；水银在玻璃板上呈球形，水滴却在玻璃板上铺展，这些都是润湿与不润湿的粗浅概念。描述润湿能力比较直观的方法是观察液体与固体表面之间的接触角 θ（或称润湿角），图 4-51 给出了液滴在固体表面润湿与不润湿的情况，接触角 θ 为图中三相接触点 O 上液-固（$\sigma_{S/L}$）和液-气（$\sigma_{L/V}$）界面张力之间的夹角。由图 4-51 可知，当 $\theta<90°$时，液滴对固体的黏着性很好，即润湿性（或浸润性）较好，润湿能力随 θ 角的减小而增加。当 θ 趋于零时，液体几乎可以完全铺展在固体表面，称为液体对固体完全润湿。反之，当 $\theta>90°$ 时，则称为不润湿，液相对固体的黏着性较差。当 $\theta=180°$时，液滴呈完整的球状，与表面为点接触，称其为完全不润湿。而 θ 角的大小则取决于固体表面张力 $\sigma_{S/V}$、液体

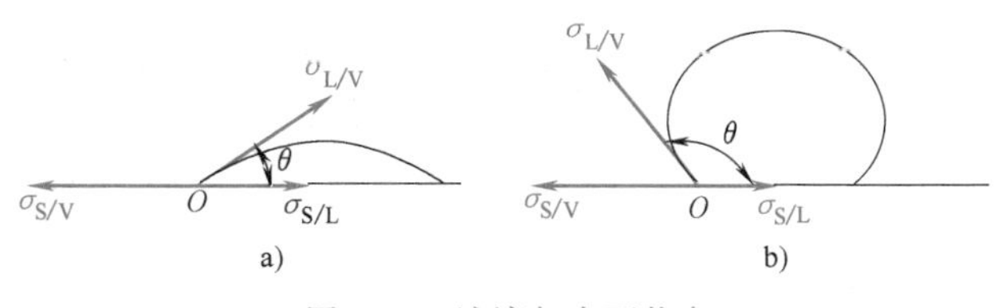

图 4-51 液滴与表面状态

a）润湿 b）不润湿

表面张力 $\sigma_{L/V}$ 以及固-液之间的表面张力 $\sigma_{S/L}$ 的相对大小，如图 4-51 所示，接触点 O 受到这三个力的作用，当达到平衡状态时合力为零，即

$$\sigma_{S/V}=\sigma_{S/L}+\sigma_{L/V}\cos\theta$$

润湿时 $\theta<90°$，则 $0\leqslant\cos\theta\leqslant1$，故润湿时界面张力之间的关系可重写为

$$\sigma_{S/V}\geqslant\sigma_{S/L}+\sigma_{L/V}$$

由上式可见，固体与液体接触后体系的表面能（$\sigma_{S/L}+\sigma_{L/V}$）低于接触前的表面能 $\sigma_{S/V}$，所以从热力学上讲润湿是体系自由能降低的过程。润湿性从本质上取决于界面能之间的平衡，固体表面张力 $\sigma_{S/V}$ 越大、液体表面张力 $\sigma_{L/V}$ 及液固表面张力 $\sigma_{S/L}$ 越小则润湿性越好。润湿行为不仅存在于固液界面，在液-液界面及固-固界面上也同样重要，上述润湿行为的分析对这些界面同样有效。

异相间的润湿行为对晶体的显微组织有重要的影响，对于两相合金而言，如在 α 相中存在少量第二相 β 时，β 相常倾向于分布在主相 α 的晶界上，特别是三个晶粒的交会点上，以降低体系总的界面能，至于 β 相在晶界上的形态则取决于晶界能 $\gamma_{\alpha/\alpha}$ 和相界能 $\gamma_{\alpha/\beta}$ 之间的平衡。图 4-52 是第二相 β 分布于 α 相交会点的情况，交会点的接触角为 θ，高温时，θ 角会自动调整来满足晶界能和相界能的平衡，即

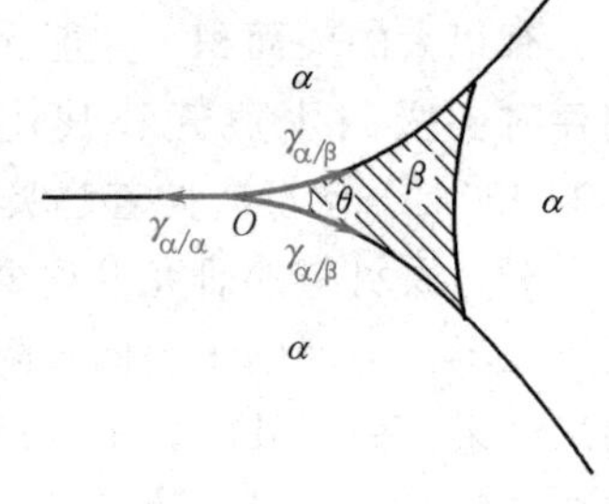

图 4-52　第二相处于三晶粒交会点时晶界能与相界能的平衡

$$\gamma_{\alpha/\alpha}=2\gamma_{\alpha/\beta}\cos\frac{\theta}{2}$$

θ 取决于晶界能和相界能的比值，通常相界能的数值要比晶界能的低。当 $2\gamma_{\alpha/\beta}=\gamma_{\alpha/\alpha}$ 时，$\theta=0°$，此时第二相将在晶界上形成连续的薄膜；当 $2\gamma_{\alpha/\beta}>\gamma_{\alpha/\alpha}$ 时，则 θ 不为零。具有不同接触角的第二相在晶界上的形状如图 4-53 所示。第二相的形态有重要的实际意义，当第二相的熔点很低，接触角又为零时，那么把材料加热至第二相熔点以上时，晶界第二相熔化，晶粒间联系完全破坏，就引起热脆。例如铜中的微量杂质 Bi 和 Pb，它们都是低熔点元素，且都不溶于铜中，然而 Bi 与 Cu 间的界面能很低，因此 θ 角趋于零，在晶界形成 Bi 的薄膜，从而引起铜的热脆性；而等量的 Pb 加入于铜中，由于界面能稍高，它们在 Cu 的晶界上，甚至在晶内呈球状分布，因此含微量铅的铜仍能保持良好的韧性，工业上有时加入 Pb 作为合金元素以改善铜的切削性能。

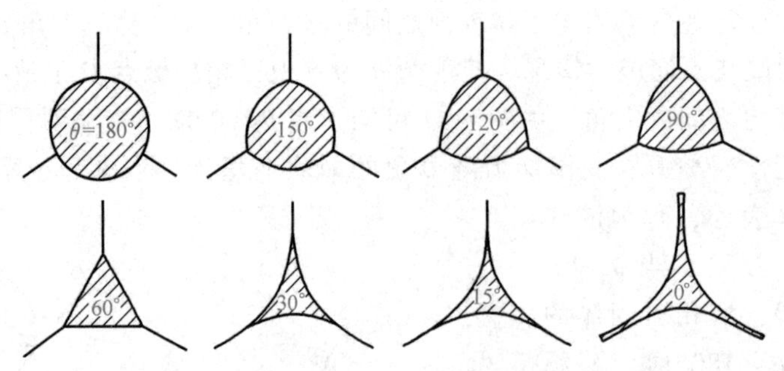

图 4-53　不同接触角下第二相在晶界上的形状

润湿行为在材料制备及加工工艺中也十分重要。例如炼钢时要求钢液与炉渣不润湿，否则彼此不易分离，扒渣时容易造成钢液损失，钢中夹杂物含量也较高，因而造渣剂必须与钢

液间有大的界面张力。另外，若钢液能润湿炉衬则炉体会严重受蚀，因此碱性炼钢炉常用镁砂（MgO）作炉衬，钢液与镁砂的接触角 $\theta=118°\sim136°$，这就可以避免润湿而带来的不利影响。又如浇注时熔融金属与模子之间的润湿程度必须适当，过于润湿，金属液体容易渗入砂型缝隙内而形成不光滑表面；而润湿性过差，钢液则不能与模型吻合，使铸件的棱角处呈圆形。为了调节润湿程度，可在钢中加入适当的 Si，以改变表面张力。还有钎焊时使用的焊接剂必须很好地铺展在被焊材料的表面，例如在用 Sn-Pb 焊条焊接铜丝时，必须同时配合使用溶剂（如 $ZnCl_2$ 酸性水溶液），溶剂的作用是去除铜丝表面的氧化膜，使新鲜的铜裸露于表面，从而提高铜的表面张力，使 Sn-Pb 合金对 Cu 的润湿性改善，提高了焊接质量。陶瓷烧结方法中有一种工艺叫作液相烧结，其本质就是烧结过程形成少量液相，它们与粉末间有很好的润湿性，能完全铺展在粉末周围，把粉末很快地粘合在一起，这种工艺生产的陶瓷气孔率低，且烧结速度快。最后，铸件细化晶粒的措施是加入外来核心，显然作为外来核心的成核剂必须与基体金属间具有低的接触角，在第六章将深入分析这一问题。

五、界面能与显微组织的变化

晶体材料的界面能会促使显微组织发生变化，变化的结果是降低了界面能。最明显的是晶粒形状及晶粒大小的变化。铸态金属晶体的晶粒形状常常很不规则，其晶界是相邻两晶体各自生长相遇形成的，由于晶体各处的生长条件不同，因此晶界线常是不规则的，如图 4-54a 所示。经过适当退火后，其晶粒形状发生明显的变化，如图 4-54b 所示晶界相对拉直了，使晶界面积减小；且在大多数情况下三晶粒交会点处三条切线的夹角基本相等，即 $\theta_1=\theta_2=\theta_3\approx120°$（图 4-55），这一特征是由晶界能的性质决定的。当晶粒处于平衡时，某一交会点处的各晶界的界面能与界面夹角之间应存在下述平衡关系：

$$\frac{\gamma_A}{\sin\theta_1}=\frac{\gamma_B}{\sin\theta_2}=\frac{\gamma_C}{\sin\theta_3}$$

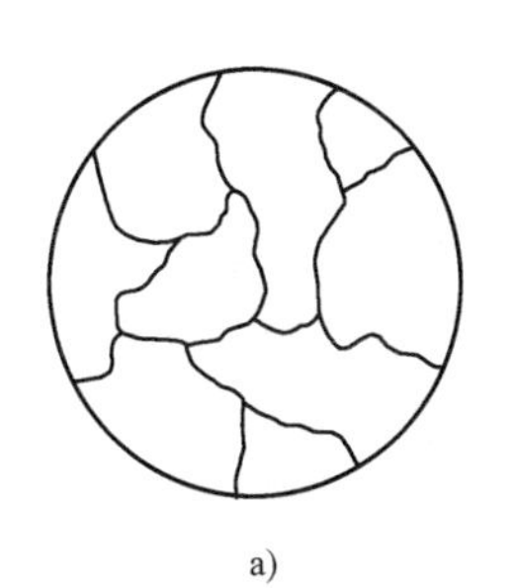

a)

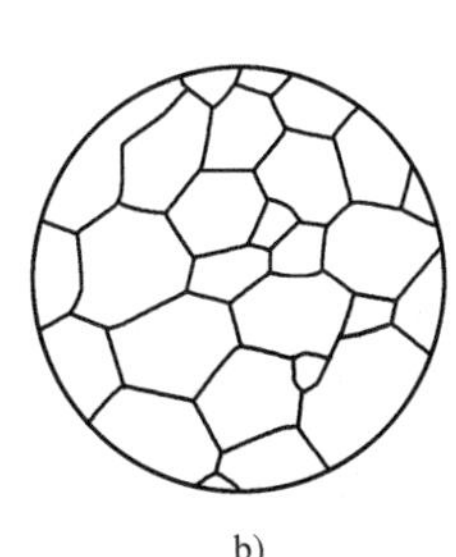

b)

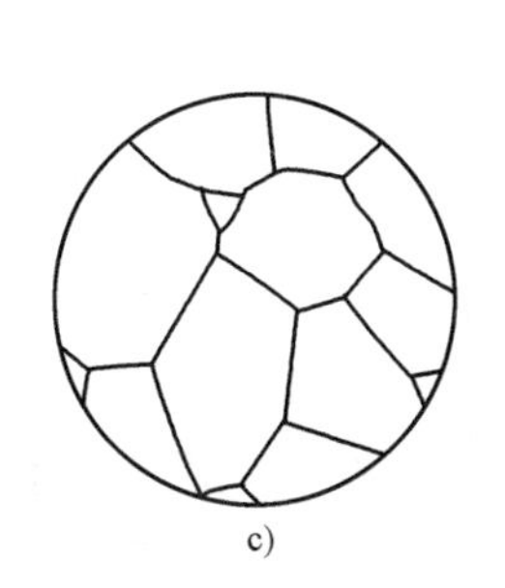

c)

图 4-54　铸态金属晶粒（a）和退火态晶粒形状（b、c）

图 4-55　三晶粒交会点上界面能的平衡关系

多晶体的晶界均属大角度晶界，它们的晶界能不随位向而变，近似为常数，因此 θ_1、θ_2、θ_3 也应相近（$\approx120°$）。然而，这样的晶粒尺寸并不一定是最终的平衡状态，因为虽然维持了结点处的 120°，但边界仍可能呈弯曲状。图 4-56 给出了不同边界数的晶粒的顶角均满足 120°时的晶粒形状。由图 4-56 可见：尺寸较小的晶粒一定具有较少的边界数，边界向外弯曲；而尺寸较大的晶粒边数大于 6，晶界向内弯曲；只有六条边的晶粒晶界才是直线。在降低体系界面能的驱动作用下，弯曲的晶界有拉直的趋势，然而晶界平直后常常改变了交会点的界面平衡角，接着交会点夹角又会自动调整来重新建立平衡，这又引起晶界弯曲。在此变化过程中，边数小于6的二维晶粒要逐渐收缩甚至消失，而那些大于六边形的晶粒则趋于长大，这就是晶粒长大过程（图4-54b、c）。

在工程中为提高材料的强度，常通过热处理等措施将第二相处理成细片状或弥散的点状，这就增加了相界面，在界面能的驱动下第二相的形状及尺寸会发生变化，片状的第二相会逐渐球化（图4-57a），而点状的第二相会聚集粗化（图4-57b）。这些变化的速度取决于体系所处的温度，即动力学条件，温度越高，变化速度越快。然而，即使在较低温度下，这些过程也不会完全停止，往往以难以察觉的速度缓慢地进行，这将同时带来强度的下降。

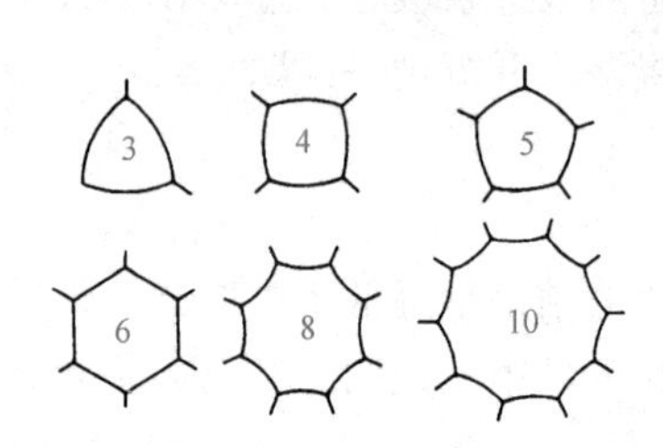

图4-56 晶界边数与晶粒形状（二维晶粒）

注：图上数字为晶粒的晶界边数。

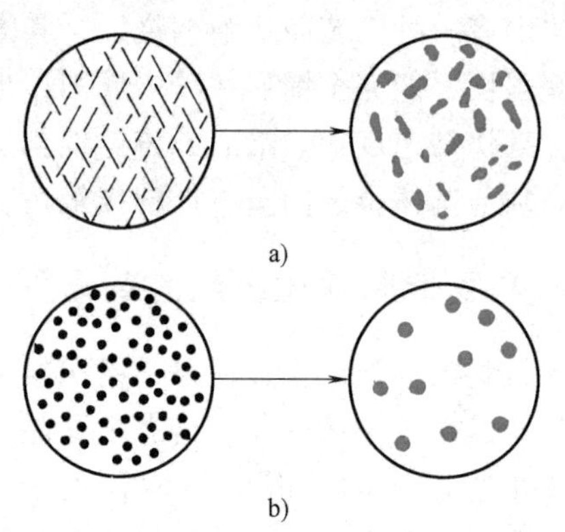

图4-57 表面能驱动下的组织变化

a）片状第二相球化

b）点状第二相聚集粗化

小 结

实际晶体中存在各种晶体缺陷，根据几何特征可分为点缺陷、线缺陷及面缺陷。

晶体中点缺陷的类型有空位、间隙原子及置换原子，通常晶体中的空位及间隙原子是由热运动产生的，因此它们在热力学上是稳定的，其平衡浓度随温度升高呈指数关系上升。晶体经冷变形、高温淬火或辐照等可以产生大量非平衡的点缺陷。晶体中点缺陷的运动是原子扩散的内部原因。

位错是晶体的线缺陷，位错的存在解释了晶体理论强度和实际强度的差异。根据位错的建立模型，可以把位错看成晶体中已滑移区与未滑移区的边界。位错的基本类型有刃型位错和螺型位错。位错的柏氏矢量很好地描述了位错的畸变特征及滑移效果，是一个十分重要的物理量。位错的主要运动方式是滑移，滑移所施加的切应力方向及滑移台阶的方向及大小可由位错的柏氏矢量确定。刃型位错可在正应力作用下发生攀移。

位错具有高的应变能，单位长度位错线的应变能与柏氏矢量模的平方成正比，在降低体系能量的驱动力作用下位错有力求缩短及拉直的趋势，这就是位错的线张力。位错的应变同时就形成了应力场，刃型位错与螺型位错的应力场不同。在位错应力场作用下，溶质原子与刃型位错能发生强烈的交互作用，形成柯氏气团；位错能与其他位错交互作用，使位错相互吸引或排斥，体系中位错尽可能趋于低能排列。位错会发生分解或合成反应，位错反应必须满足能量条件和几何条件。为减少体系能量，晶体中可能出现的全位错的柏氏矢量为最短的点阵矢量，全位错分解后分位错的柏氏矢量必定小于最短的点阵矢量。分位错非点阵矢量的滑移破坏了原子的正常排列次序，在晶体内产生了堆垛层错，层错使两个分位错成为不可分割的位错对，称其扩展位错。

晶体中的面缺陷有晶界、相界、表面等。根据晶界两侧的位向差可把晶界分为小角度晶界及大角度晶界。小角度晶界由位错组成，界面上的位错密度随位向差增大而增加，晶界能也随之升高。大角度晶界可视为过渡结构，晶界能与两侧的位向差关系不大，可作为材料常数。表面结构的主要特点是存在着不饱和键力及范德瓦耳斯力。晶体不同晶面的表面能数值不同，密排面的表面能最低，故晶体力求以密排面作为晶体的外表面。晶体的表面能大小约为大角度晶界能的三倍。晶体表面对外来原子能发生物理吸附和化学吸附，吸附的驱动力是降低表面能，表面吸附在工业中有重要的意义。晶界对杂质或合金元素也有吸附效应，称晶界内吸附，对晶体的某些性能有重要影响。异相界面间的润湿行为对晶体的显微组织，对材料制备及加工工艺有实际意义。润湿的本质是异相接触后体系的表面能下降。界面能会使材料的显微组织不断变化，如晶粒长大、第二相聚集以及片状第二相的球化等。

习　　题

1. 纯 Cu 的空位形成能为 1.5aJ/atom㊀，（$1aJ=10^{-18}J$），将纯 Cu 加热至 850℃ 后激冷至室温（20℃），若高温下的空位全部保留，试求过饱和空位浓度与室温平衡空位浓度的比值。

2. 已知银在 800℃ 下的平衡空位数为 $3.6\times10^{23}/m^3$，该温度下银的密度 $\rho_{Ag}=9.58g/cm^3$，银的摩尔质量为 $M_{Ag}=107.9g/mol$，计算银的空位形成能。

3. 空位对材料行为的主要影响是什么？

4. 某晶体中有一条柏氏矢量为 a［001］的位错线，位错线的一端露头于晶体表面，另一端与两条位错线相连，其中一条的柏氏矢量为 $\frac{a}{2}[\bar{1}11]$，求另一条位错线的柏氏矢量。

5. 在图 4-58 所示的晶体中，*ABCD* 滑移面上有一个位错环，其柏氏矢量 **b** 平行于 *AC*。

（1）指出位错环各部分的位错类型。

（2）在图中表示出使位错环向外运动所需施加的切应力方向。

（3）该位错环运动出晶体后，晶体外形如何变化？

6. 在图 4-59 所示的晶体中有一位错线 *fed*，*de* 段正好处于位错的滑移面上，*ef* 段处于非滑移面上，位错的柏氏矢量 **b** 与 *AB* 平行而垂直于 *BC*。

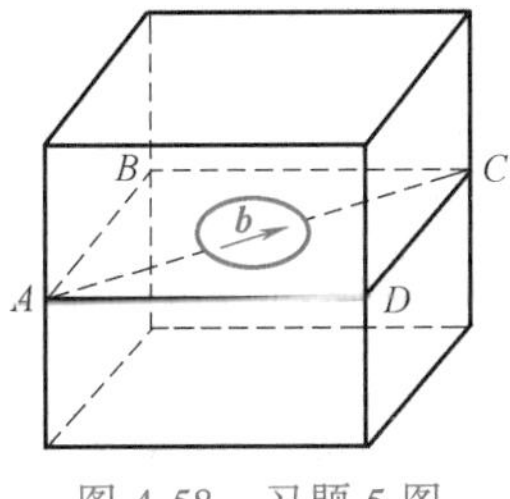

图 4-58　习题 5 图

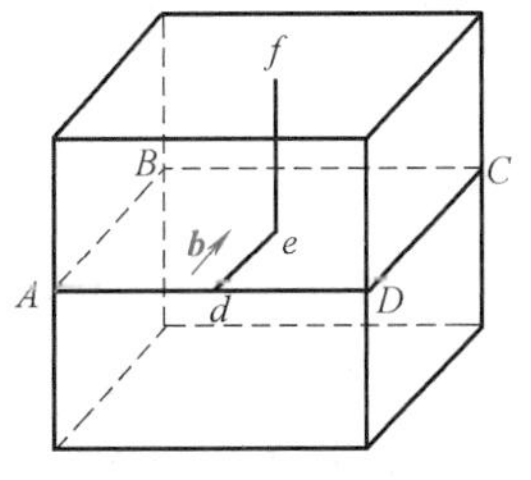

图 4-59　习题 6 图

㊀ 原子之意。

(1) 欲使 de 段位错线在 $ABCD$ 滑移面上运动（ef 段因处于非滑移面是固定不动的），应对晶体施加怎样的应力？

(2) 在上述应力作用下 de 段位错线如何运动，晶体外形如何变化？

7. 在图 4-60 所示的面心立方晶体的（111）滑移面上有两条弯折的位错线 OS 和 $O'S'$，其中 $O'S'$位错的台阶垂直于（111），它们的柏氏矢量如图中箭头所示。

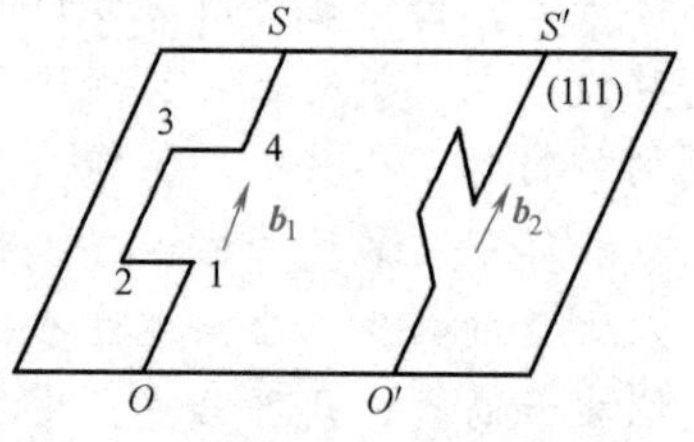

图 4-60　习题 7 图

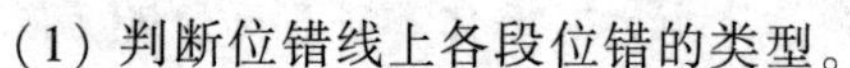
(1) 判断位错线上各段位错的类型。

(2) 有一切应力施加于滑移面，且与柏氏矢量平行时，两条位错线的滑移特征有何差异？

8. 在两个相互垂直的滑移面上各有一条刃型位错线，位错线的柏氏矢量如图 4-61a、b 所示。设其中一条位错线 AB 在切应力作用下发生如图所示的运动，试问交截后两条位错线的形状有何变化？各段位错线的位错类型是什么？

(1) 交截前两条刃型位错的柏氏矢量相互垂直的情况（图 4-61a）

(2) 交截前两条刃型位错的柏氏矢量相互平行的情况（图 4-61b）

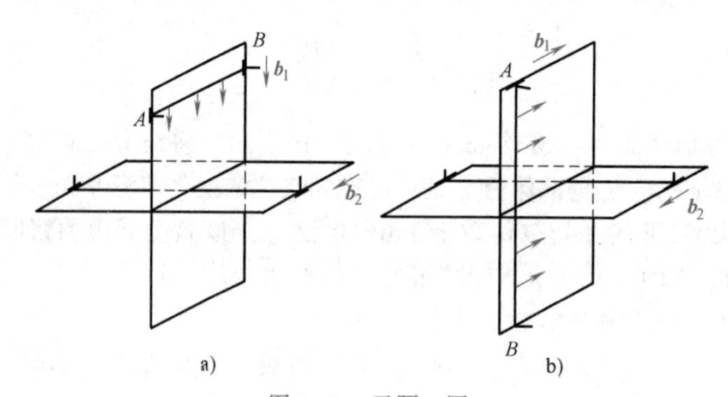

图 4-61　习题 8 图

9. 在晶体的同一滑移面上有两个直径分别为 r_1 和 r_2 的位错环，其中 $r_1>r_2$，它们的柏氏矢量相同，试问在切应力作用下何者更容易运动？为什么？

10. 判断下列位错反应能否进行：

$$\frac{a}{2}[10\bar{1}]+\frac{a}{6}[\bar{1}21]\longrightarrow\frac{a}{3}[11\bar{1}]$$

$$a[100]\longrightarrow\frac{a}{2}[101]+\frac{a}{2}[10\bar{1}]$$

$$\frac{a}{3}[112]+\frac{a}{6}[11\bar{1}]\longrightarrow\frac{a}{2}[111]$$

$$a[100]\longrightarrow\frac{a}{2}[111]+\frac{a}{2}[1\bar{1}\bar{1}]$$

11. 若面心立方晶体中 $\boldsymbol{b}=\frac{a}{2}[\bar{1}01]$ 的全位错以及 $\boldsymbol{b}=\frac{a}{6}[12\bar{1}]$ 的不全位错，此两位错相遇发生位错反应，试问：

(1) 此反应能否进行？为什么？

（2）写出合成位错的柏氏矢量，并说明合成位错的性质。

12. 在面心立方晶体的（111）面上有 $\boldsymbol{b}=\frac{a}{2}[\bar{1}10]$ 的位错，试问该位错的刃型分量及螺型分量应处于什么方向上，在晶胞中画出它们的方向，并写出它们的晶向指数。

13. 已知 Cu 的点阵常数为 0.255nm，密度为 $8.9g/cm^3$，摩尔质量为 63.54g/mol。如果 Cu 在交变载荷作用下产生的空位浓度为 5×10^{-4}，并假定这些空位都在｛111｝面上聚集成直径为 20nm 的空位片（相当于抽出一排原子而形成位错环），试回答下列问题：

（1）计算 $1cm^3$ 晶体中位错环的数目。

（2）指出位错环的位错类型。

（3）位错环在｛111｝面上如何运动？

14. 为什么点缺陷在热力学上是稳定的，而位错则是不平衡的晶体缺陷？

15. 柏氏矢量为 $\frac{a}{2}[110]$ 的全位错可以在面心立方晶体的哪些｛111｝面上存在？试写出该全位错在这些面上分解为两个 $\frac{a}{6}\langle112\rangle$ 分位错的反应式。

16. 根据单位长度位错应变能公式（4-7）以及位错密度与位向差的关系式（4-10），推导出小角度晶界能 γ_G 与 θ 之间的关系式：

$$\gamma_G=\gamma_O\theta(B-\ln\theta)$$

式中，$\gamma_O=\frac{Gb}{4\pi(1-\nu)}$，$B$ 为与位错中心错排能有关的积分常数。提示：在式（4-7）中未考虑位错中心（$\gamma<\gamma_O$）的错排能，推导时可另加上一常数项。

17. 金属在真空高温加热时，抛光表面上晶界处由于能量较高、原子蒸发速度较快，因而产生沟槽，这一沟槽常称为热蚀沟，假定自由表面的表面能为晶界能的三倍，且晶界与表面垂直，试在图上画出各项界面能之间的平衡情况，并计算热蚀沟底部的二面角。

18. 在图 4-62 所示的 Cu 晶界上有一双球冠形第二相 β，已知 Cu 的大角度晶界能为 $0.5J\cdot m^{-2}$。

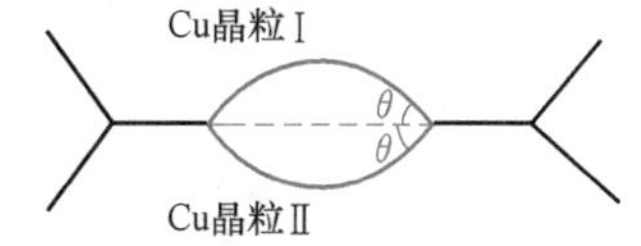

图 4-62　习题 18 图

（1）分别计算当 $\theta=1°$，$\theta=40°$，$\theta=60°$ 时 Cu 与第二相之间的相界能。

（2）讨论晶界上第二相形态与相界能及晶界能之间的关系。

19. 表面为什么具有吸附效应？物理吸附及化学吸附各起源于什么？试举出生活中的例子说明吸附现象的实际意义。

20. 从热力学角度解释润湿现象的本质。

参考文献

[1]　胡赓祥，蔡珣，戎咏华．材料科学基础［M］．3 版．上海：上海交通大学出版社，2010.

[2]　余永宁．金属学原理［M］．3 版．北京：冶金工业出版社，2020.

[3]　VERHOEVEN J D．Fundamentals of Physical Metallurgy［M］．New York：John Wiley and Sons，Inc，1975.

[4]　REED-HILL R E．Physical Metallurgy Principles［M］．2nd ed．New York：DNostrand Co，1973.

[5]　COTTRELL A．An Introduction to Metallugy［M］．2nd ed．London：Edward Arnold Ltd．1975.

[6]　程兰征，陈鸿贤，韩宝华．简明界面化学［M］．大连：大连工学院出版社，1988.

第五章 材料的相结构及相图

组成材料最基本的、独立的物质称为组元，简称元。组元可以是纯元素，如金属元素Cu、Ni、Al、Ti、Fe等，以及非金属元素C、N、B、O等；也可以是化合物如Al_2O_3、SiO_2、ZrO_2、TiC、BN、TiO_2等。

材料可由单一组元组成，如纯金属、Al_2O_3晶体等；也可以由多种组元组成，如Al-Cu-Mg金属材料、MgO-Al_2O_3-SiO_2系陶瓷材料。

多组元组成的金属材料称为合金。合金是指由两种或两种以上的金属或非金属经熔炼或用其他方法制成的具有金属特性的物质。例如，应用最广泛的铁与碳组成的铁碳合金、铜和锌组成的铜合金等。由于合金具有强度高及其他性能特点，在工业上得到了广泛的应用。由两种组元组成的合金，称为二元合金。三种组元组成的合金称为三元合金，依此类推。

研究多组元材料的性能，首先要了解各组元间在不同的物理化学条件下的相互作用，以及由于这种作用而引起的系统状态的变化及相的转变。系统状态的变化及相的转变与材料中各组元的性质、质量分数、温度及压力等有关。描述在平衡条件下，系统状态或相的转变与成分、温度及压力间关系的图解，便是相图。

掌握相图的分析方法和使用方法，可以分析和了解材料在不同条件下的相转变及相的平衡存在状态，预测材料的性能并研制新的材料。相图还可以作为制订材料的制备工艺（如陶瓷的烧结，以及金属材料的熔炼、锻造、焊接及热处理工艺）的重要依据。

本章重点讨论材料的相结构及相图。

第一节 材料的相结构

相是体系中具有同一聚集状态、同一晶体结构和性质并以界面相互隔开的均匀组成部分。材料的性能与各组成相的性质、形态、数量直接有关。

不同的相具有不同的晶体结构，虽然相的种类繁多，但根据相的结构特点不同可以分为两大类，即晶相和非晶相，其中晶相又分为固溶体和中间相。

一、固溶体

以合金中某一组元作为溶剂，其他组元作为溶质，形成的与溶剂具有相同晶体结构、晶格常数稍有变化的固相，称为固溶体。几乎所有的金属都能在固态或多或少地溶解其他元素成为固溶体。固溶体可在一定成分范围内存在，性能随成分变化而连续变化。

固溶体可以从不同的角度来分类，按溶质原子在溶剂晶格中所占的位置，可以分为置换固溶体和间隙固溶体。所谓置换固溶体是指溶质原子占据溶剂晶格某些结点位置所形成的固溶体（图 5-1a）；而间隙固溶体则是指溶质原子进入溶剂晶格的间隙中所形成的固溶体，溶质原子不占据晶格的正常位置（图 5-1b）。

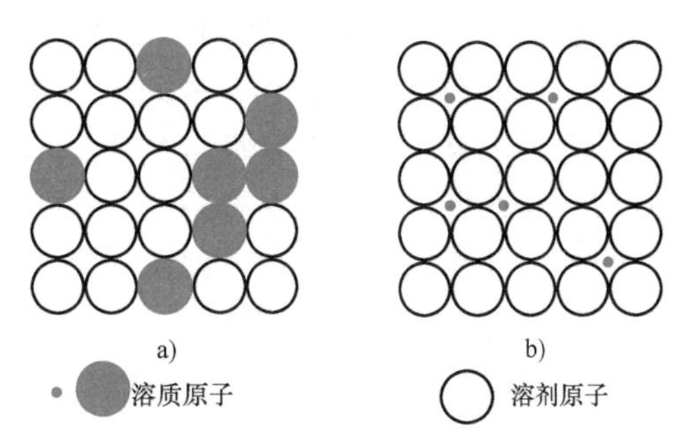

图 5-1 固溶体的两种类型
a）置换固溶体 b）间隙固溶体

按固溶度的大小，固溶体又可分为有限固溶体和无限固溶体。有限固溶体是指在一定条件下，溶质原子在溶剂中的溶解度有一极限的固溶体；无限固溶体是指溶质与溶剂可以以任何比例相互溶解，即溶解度可达 100%。对于无限固溶体，很难区分溶质与溶剂，通常将摩尔分数 x 大于 50%的组元称为溶剂，x 小于 50%的组元称为溶质。

另外，还可以按溶质原子与溶剂原子的相对分布情况进行分类。例如，如果溶质原子统计式地或概率地分布在溶剂的晶格中，它占据溶剂晶格的结点位置，或是占据着溶剂晶格的间隙，没有秩序性或规律性，这种固溶体称为无序固溶体；当固溶体中溶质原子按一适当比例并依一定顺序和一定方向围绕在溶剂原子周围，形成有规律的排列，这种固溶体便称为有序固溶体。有序固溶体可以是间隙式的，也可以是置换式的。

固溶体还有其他的分类方法，一般是根据不同的研究需要而选取。

1. 置换固溶体

置换固溶体中溶质与溶剂可以有限固溶也可以无限互溶。若溶质与溶剂有限固溶，其溶解度与以下几个因素有关：

（1）尺寸因素 由于溶质原子与溶剂原子的尺寸不可能完全相同，当溶质原子溶入溶剂晶格后会引起晶格的点阵畸变。如果溶质原子大于溶剂原子，可引起溶剂原子周围点阵膨胀；如果溶质原子尺寸小于溶剂原子，则引起溶剂的点阵收缩。这种点阵畸变会使晶体能量升高，这种升高的能量称为晶格畸变能。畸变能越高，晶格便越不稳定。单位体积畸变能的大小与溶质原子溶入的数量以及溶质与溶剂原子的相对尺寸差有关。这种差可用溶剂原子半径 r_A 及溶质原子半径 r_B 之差与溶剂原子半径的比值来描述，即 $\Delta r=\dfrac{|r_A-r_B|}{r_A}$。$\Delta r$ 越大，一个溶质原子引起的点阵畸变能也就越大，溶质原子能溶入溶剂中的数量便越少，固溶体的溶解度就越小；相反，当 Δr 较小时，可获得固溶度较大的固溶体，如果其他条件有利，甚至还可以形成无限固溶体。

有人利用弹性力学方法，计算溶质原子溶入晶格后所引起的晶格弹性畸变能，即把溶质视为一半径为 r_B 的刚性小球，塞入一半径为 r_A 的弹性介质中，得到如下结果：

$$\varepsilon'\text{（弹性畸变能）}=8\pi G r_B^3\left(\frac{r_A-r_B}{r_A}\right)^2$$

由上式可见，ε'与溶剂的切变模量 G 有关，即对应一定的 Δr，G 值越大，弹性畸变能也越大。一般难熔金属的 G 值都比较大，在 Δr 相同的情况下，与 G 较小的易熔合金相比，难熔金属的固溶度小于易熔合金。

（2）晶体结构因素 组元间晶体结构相同时，固溶度一般都较大，而且有可能形成无限固溶体。若组元间晶体结构不同，便只能形成有限固溶体。

（3）电负性差因素 两元素间电负性差越小，则越易形成固溶体，而且所形成的固溶体的溶解度也就越大；随着两元素间电负性差增大，固溶度减小，当溶质与溶剂的电负性差很大时，往往形成比较稳定的金属化合物。

（4）电子浓度因素 电子浓度的定义是合金中各组成元素的价电子数总和与原子总数的比值，记作 e/a。例如，合金中含有摩尔分数为 x、化合价为 V_B 的溶质原子，溶剂的化合价为 V_A，则合金的电子浓度为

$$e/a = V_A(1-x) + V_B x \tag{5-1}$$

在有些合金中，固溶度的主要影响因素是电子浓度。研究以贵金属 Cu、Au、Ag 为基的固溶体时发现，在尺寸因素有利的情况下，溶质元素的化合价越高，则其在 Cu、Au、Ag 中的溶解度越小。例如，Zn^{2+}、Ga^{3+}、Ge^{4+}、As^{5+}，在 Cu^{+}中的最大固溶度（摩尔分数）分别为 38%、20%、12%、7%。利用式（5-1）可以算出以上各元素在 Cu^{+}中达最大固溶度时所对应的电子浓度，其数值近似等于 1.4，这一数值被视为极限电子浓度。超过极限电子浓度，固溶体就不稳定，便会形成新相。极限电子浓度与溶剂的晶体结构有关：对一价面心立方金属，极限电子浓度为 1.36；体心立方结构的一价金属，其极限电子浓度为 1.48。

需要说明的是，这里讲的化合价是用来表示形成合金时，每一原子平均贡献出的共用电子数（或参加结合键的电子数），此值与该元素在化学反应时表现出的价数不尽一致。例如，铜在化学反应中有时为一价，有时表现为二价，但在计算合金的电子浓度时，铜暂作为一价元素。另外，过渡族元素化合价的确定是个有争议的问题，由于过渡族元素 d 层电子不满，它既可贡献电子，又可能是吸收电子的阱，故可近似地认为它们吸收与贡献的电子数相同，计算电子浓度时，将其化合价取为零，元素的化合价见表 5-1。

综上所述，尺寸、电负性差、电子浓度及晶体结构是影响固溶体溶解度的四个主要因素，当四个因素均有利时，有可能形成无限固溶体。这四个因素并非相互独立，具统一理论是金属及合金的电子理论。

2. 间隙固溶体

只有原子半径接近于溶剂晶格某些间隙半径的溶质原子，才有可能进入溶剂晶格的间隙中而形成间隙固溶体。这些溶质原子通常都是一些原子半径小于 0.1nm 的非金属元素，如氢（0.046nm）、氧（0.061nm）、氮（0.071nm）、碳（0.077nm）、硼（0.097nm）。而溶剂元素则都是过渡族元素。尽管溶质原子的半径很小，但仍比溶剂的晶格间隙大，当它们溶入溶剂晶格的间隙时，都会使溶剂晶格产生畸变，点阵常数增大，畸变能升高。因而，间隙固溶体只能是有限固溶体，它们的溶解度都很小。

表 5-1 元素的化合价

元素名称	化合价	元素名称	化合价	元素名称	化合价
Cu、Au、Ag	+1	Sn, Si, Ge, Pb	+4	Ru, Rh, Pd	0
Be、Mg, Zn, Cd, Hg	+2	As, Sb, Bi, P	+5	Os, Ir, Pt	0
Al, In, Ga	+3	Fe, Co, Ni	0	Ce, La, Pr, Nd	0

无论是置换固溶体还是间隙固溶体，均能引起固溶体硬度、强度升高。对置换固溶体，溶质原子与溶剂原子的尺寸差别越好，溶质原子的浓度越高，其强化效果就越好。这种由于

溶质原子的固溶而引起的强化效应，称为固溶强化。

3. 陶瓷材料中的固溶方式

陶瓷材料的原料大部分来自天然矿物，如硅酸盐类矿物（长石、橄榄石等）、碳酸盐矿物（方解石、菱镁石、菱铁石等）及其他矿物。这些物质一般不具备金属特性，属无机非金属化合物。

与以金属为基的固溶体一样，这些无机非金属化合物也可以以置换或间隙固溶的方式溶入一些元素而形成固溶体，有些甚至可以形成无限固溶体，如菱镁矿中的 Mg^{2+} 可以完全被 Fe^{2+} 置换，形成如下系列矿物：

$$Mg[CO_3] \longrightarrow (Mg、Fe)[CO_3] \longrightarrow (Fe、Mg)[CO_3] \longrightarrow Fe[CO_3]$$

菱镁矿　　含铁菱镁矿　　含镁菱铁矿　　菱铁矿

这种离子代换过程，不改变原来的晶格类型，仅使晶格常数略有改变。

上述现象在矿物中普遍存在，可以说没有哪一种矿物不受此影响而保持纯净。它可以发生于矿物的形成过程中，也可以发生于陶瓷材料的制备及陶瓷制品的使用过程中（如高温冶炼炉的耐火衬料）。

一般而言，大多数材料固溶度是有限的，如闪锌矿 ZnS 中 Fe^{2+}、Mn^{2+}、Ca^{2+} 等对 Zn^{2+} 的置换一般不超过 26%；TiO_2-SiO_2 之间 Si^{4+} 置换 Ti^{4+}，其置换数量更为有限。

影响陶瓷材料中离子代换或固溶度的因素，有些与金属固溶体类似，如原子半径差越小，温度越高，电负性差越小，离子间的代换越易进行，其固溶度也就越大。当两化合物的晶体结构相同，且在其他条件有利的情况下，相同电价的离子间有可能完全互换而形成无限固溶体。

除以上因素外，还须考虑以下情况：

（1）为了保持晶格的电中性，代换前后离子的总电价必须相等　若相互代换的离子间电价相等，称为等价代换，例如钾长石（$K_2O \cdot Al_2O_3 \cdot 6SiO_2$）与钠长石（$Na_2O \cdot Al_2O_3 \cdot 6SiO_2$）中的 K^+ 与 Na^+ 的代换，前面 Si^{4+} 代换 Ti^{4+} 和 Mg^{2+} 与 Fe^{2+} 的置换等。

如果置换离子间电价不相等，则称为不等价代换或异价代换。为了保持晶格中的电中性，异价代换可以出现不同的代换方式：一种是同时出现两对异价代换的离子，使不平衡电价得以补偿，如钠长石-钙长石系中，Ca^{2+} 代换 Na^+ 的同时，另有 Al^{3+} 代换 Si^{4+}，即以 $Ca^{2+}+Al^{3+} \rightarrow Na^++Si^{4+}$ 的方式进行偶合代换；另一种是通过附加阴离子以达晶格中的电价平衡，如钇萤石中 Y^{3+} 代替 Ca^{2+} 的同时晶格中增加 F^-，即 $Y^{3+}+F^- \rightarrow Ca^{2+}$；还有一种代换方式，如绿柱石 $Be_3Al_2(SiO_3)_6$，它是以 $Li^++Cs^+ \rightarrow Be^{2+}$ 的方式保持电价平衡，额外增加的大半径阳离子 Cs^+ 充填在晶格中的硅-氧四面体环中心的巨大的“隧道”内，这种代替方式是置换与间隙式固溶的混合。

在异价代换中，存在所谓对角线法则，即处于元素周期表对角线上的元素间容易发生异价代换。图 5-2 所示为费尔斯总结的异价代换规律，其中箭头表示代替的方向。可以看出，有些元素可以双向代换，而有些只能单向代换。

从以上讨论可以看出，无论离子间的代换以哪种方式进行，其最基本的限制是始终维持晶体的电中性。

由于这种基本限定，使其与金属及金属固溶体产生了如下差别：

1）虽然离子型晶体也会产生弗兰克尔空位及肖脱基空位，但多数离子型晶体因其排列紧密，形成弗兰克尔空位的可能性较小，形成肖脱基空位时必须是电价总和为零的正、负离子同时移出晶体，在晶体中形成正、负离子的空位对。

2）为了保持电中性，离子间数量不等的代换会在晶体内部形成点缺陷，如 ZrO_2 中添加 CaO，当 Ca^{2+} 置换 Zr^{4+} 的同时，在 Ca^{2+} 附近形成氧离子空缺（图 5-3b）。

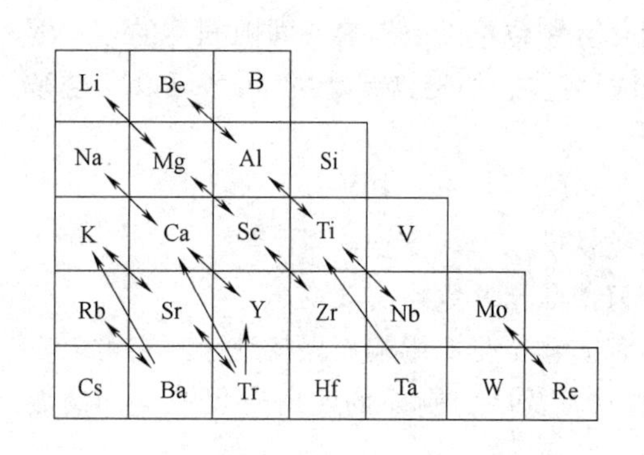

图 5-2 异价类质同象代换的对角线法则（其中，Tr 为稀土元素的简称，法文 terres reres）

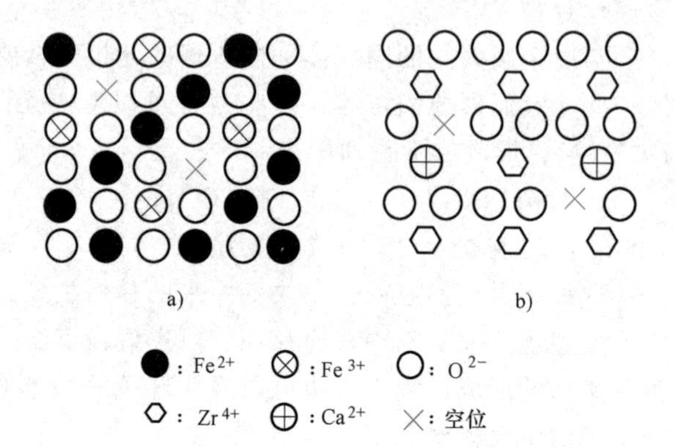

图 5-3 非当量化合物的结构示意图

a）FeO b）用 CaO 稳定的 ZrO_2

3）若此类化合物中存在变价离子，当其电价改变时，也会在晶体中产生空位。例如在方铁矿 FeO 中，部分 Fe^{2+} 被氧化为 Fe^{3+}，为了在晶格中保持电中性而产生阳离子空位（图 5-3a）；TiO_2 中，部分 Ti^{4+} 被还原为 Ti^{3+} 时，会产生阴离子空位。

这种由于维持电中性而出现的空位，也可以当作电子空穴。欠缺或多出的电子并不固定在某一缺位的离子处，而是具有一定的自由活动性，因而降低了这种化合物的电阻。这种现象在材料的电性能方面有重要意义。

（2）晶格能量 当一种离子代换另一种离子而有利于降低晶体内能时，这样的代换就容易发生；反之则不能进行。

离子晶格的能量与电荷的平方呈正比，与半径呈反比。因此，在其他条件近似的情况下，低电价离子易代换高电价离子。

4. 固溶体中溶质原子的偏聚与有序

通常认为，溶质原子在固溶体中的分布是随机的、均匀无序的（图 5-4a）。事实上，完全无序的固溶体是不存在的，总是在一定程度上偏离完全无序状态，即存在着分布的微观不均匀性。溶质原子在溶剂晶格中的分布状态，主要取决于固溶体中同类原子间结合能与异类原子间结合能的相对大小；当同类原子间结合能大于异类原子间结合能时，溶质原子便倾向于聚集在一起，呈偏聚状态（图 5-4b）；当同类原子间结合能小于异类原子间结合能时，溶质原子便倾向于按一定规则有序排列。如果溶质原子的有序分布只在短距离小范围内存在时，称为短程有序或部分有序（图 5-4c）；如果全部都达到有序状态，则称为长程有序或完全有序（图 5-4d）。溶质原子呈完全有序分布的固溶体，称有序固溶体，这种有序结构称为超结构或超点阵。有序固溶体在某一温度以上可转变成无序固溶体，重新冷却到该温度以下时又转变成有序固溶体，这一转变过程称为有序化。发生有序化的临界温度称为有序化温度。

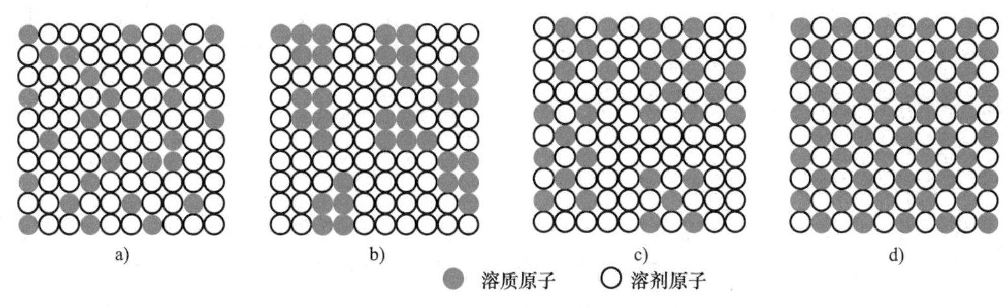

图 5-4　固溶体中溶质原子分布示意图

a）完全无序　b）偏聚　c）部分有序　d）完全有序

在临界温度以下，有序结构可以在一定成分范围内存在，但只有在特殊成分才能达到完全有序，如 Cu-Au 系中 Cu_3Au（摩尔比 3∶1）、CuAu（摩尔比 1∶1），Cu-Zn 系中 CuZn（摩尔比 1∶1）等。

有序化使晶格周期场的破坏减少，通常使电阻降低。例如在 Cu-Au 合金中，当成分与 Cu_3Au 及 CuAu 的摩尔分数相同时，电阻率和纯组元接近，如图 5-5 所示，可见在临界成分晶体场的周期性可以恢复到和纯金属接近（但 $CuAl_3$ 例外）。有序化对有些磁性合金有突出影响，例如 Ni_3Mn 在无序状态是顺磁的，而在有序状态变为铁磁的，饱和磁矩比纯镍还大（图 5-6）。固溶体有序化后，使许多性能发生突变，如强度、硬度上升，塑性明显下降。从某些方面看，它更接近于中间相。

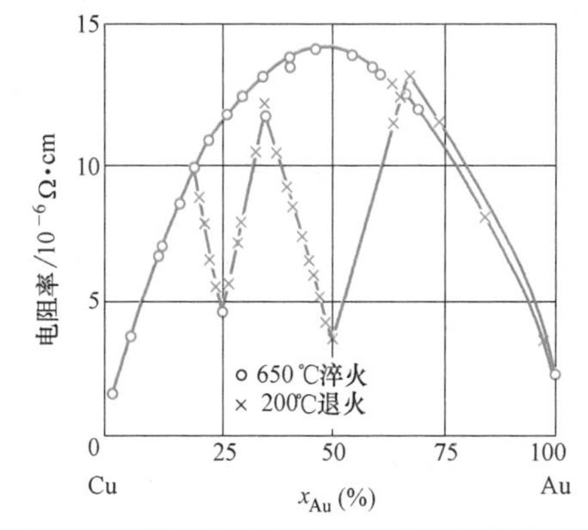

图 5-5　铜金合金电阻率、成分与热处理方式的关系

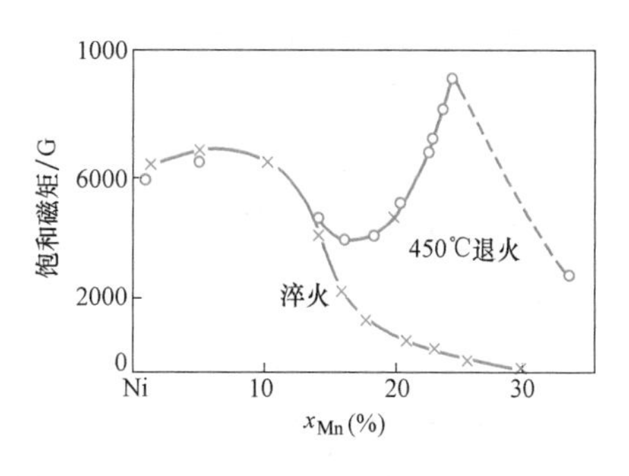

图 5-6　Ni-Mn 合金的饱和磁矩与成分、热处理方式的关系

二、中间相

两组元 A 和 B 组成合金时，除了可形成以 A 为基或以 B 为基的固溶体外，当两组元的相对尺寸差、电子浓度及电负性差超过其容限时，就会形成晶体结构与 A、B 两组元均不相同的新相。由于它们在二元相图上的位置总是位于中间，故通常把这些相称为中间相。中间相的晶体结构不同于此相中的任一组元。

中间相可以是化合物，也可以是以化合物为基的固溶体。中间相可以用化合物的化学分子式表示。

中间相一般具有较高的熔点及硬度，可使合金的强度、硬度、耐磨性及耐热性提高，有些中间相还具有某些特殊的物理、化学性能，其中不少正在开发应用中。如性能远优于硅半导体材料的 GaAs；具有形状记忆效应的 NiTi、CuZn；新一代能源的储氢材料 $LaNi_5$ 等。

按中间相形成时起主要作用的因素，可把中间相分为三类：正常价化合物、电子化合物、尺寸因素化合物。

1. 正常价化合物

正常价化合物是两组元间电负性差起主要作用而形成的化合物，通常由金属元素与元素周期表中第Ⅳ、Ⅴ、Ⅵ族元素组成。这类化合物符合化合的化合价规律，可用化学式表示，故称正常价化合物，如 Mg_2Si、Mg_2Sn、Mg_2Pb、MgS、MnS、AlN、SiC 等。其中 Mg_2Si 是铝合金中常见的增强相；SiC 是颗粒增强铝基复合材料中常用的增强粒子；而 MnS 则是钢铁材料中有害的夹杂物。

正常价化合物的键型与元素间的电负性差的大小有关，电负性差较大的具有离子键或共价键特征（如具有离子键特征的 Mg_2Si、具有共价键特征的 SiC）；电负性差较小的一般具有金属键特征（如 Mg_2Pb）。此类化合物通常有较高的硬度（例如 SiC 硬度为 9.15HM），但脆性较大。

2. 电子化合物

这类化合物大多是以第Ⅰ族或过渡族金属元素与第Ⅱ～Ⅴ族金属元素形成的中间相，虽然它们也可以用分子式表示，但大多不符合正常化合价规律，而是按电子浓度规律进行化合的，只要电子浓度达到某一范围，就会形成具有一定结构的相，所以它们的形成是电子浓度起主导作用。电子浓度不同，所形成的化合物的晶格类型也就不同。例如，电子浓度为$\frac{21}{14}$时，大多数金属化合物具有体心立方结构，简称 β 相（也有少数出现复杂立方结构和密排六方结构）；电子浓度为$\frac{21}{13}$时，金属化合物为复杂立方结构，或称为 γ 相结构；电子浓度为$\frac{21}{12}$时，金属化合物为密排六方结构，或称为 ε 相结构。表 5-2 列出了一些铜合金中常见的电子化合物。

表 5-2　铜合金中常见的电子化合物

合金系	电子浓度		
	$\frac{3}{2}\left(\frac{21}{14}\right)$ β 相	$\frac{21}{13}$ γ 相	$\frac{7}{4}\left(\frac{21}{12}\right)$ ε 相
	晶体结构		
	体心立方	复杂立方	密排六方
Cu-Zn	CuZn	Cu_5Zn_8	$CuZn_3$
Cu-Sn	Cu_5Sn	$Cu_{31}Sn_8$	Cu_3Sn
Cu-Al	Cu_3Al	Cu_9Al_4	Cu_5Al_3
Cu-Si	Cu_5Si	$Cu_{31}Si_8$	Cu_3Si

电子化合物的晶体结构虽然主要受电子浓度的影响，但它与尺寸因素及组元的电负性差也有一定关系。如电子浓度为$\frac{21}{14}$的电子化合物，当组元原子尺寸差较小时，倾向于形成密排

六方结构；当尺寸差较大时，倾向于形成体心立方结构；若电负性差较大，则倾向于形成复杂立方及密排六方结构。

虽然电子化合物可以用化学式表示，但其成分可在一定范围内变化，因此可以把它看作是以化合物为基的固溶体，这类化合物的结合键为金属键，它们具有明显的金属特性。电子化合物的熔点及硬度较高，脆性较大。

3. 尺寸因素化合物

这类中间相的形成主要受组元的相对尺寸控制，其他因素降为第二位或只起辅助作用。

由前面讨论可知，无论溶质原子是以间隙方式还是以置换方式进入晶格，总会对溶剂晶格造成一定程度的畸变，溶质原子与溶剂原子的尺寸差别越大，造成的晶格畸变就越大，畸变能也就越高。当畸变能增高至一定容限时，原来的结构便不稳定，会重新组合而形成新的结构形式，即形成新相。其中，当两种原子半径相差很大的元素形成化合物时，倾向于形成间隙相和间隙化合物，而中等程度的差别则倾向于形成拓扑密堆相，其中典型的有拉弗斯相。

（1）间隙相和间隙化合物　原子半径较小的非金属元素如 C、H、N、B 等可与金属元素（主要是过渡族金属）形成间隙相或间隙化合物。这主要取决于非金属和金属原子半径的比值 $r_{非}/r_{金}$：当 $r_{非}/r_{金}<0.59$ 时，形成具有简单晶体结构的相，简称为间隙相；当 $r_{非}/r_{金}>0.59$ 时，形成具有复杂晶体结构的相，简称为间隙化合物。

1）间隙相。间隙相具有比较简单的晶体结构，如面心立方（fcc）、密排六方（hcp），少数为体心立方（bcc）或简单六方结构，它们与组元的结构均不相同。在晶体中，金属原子占据正常位置，而非金属原子规则地分布在晶格间隙中，构成一种新的晶体结构。非金属原子在间隙相中占据什么位置，主要取决于原子尺寸。当 $r_{非}/r_{金}<0.414$ 时，可进入四面体间隙；当 $r_{非}/r_{金}>0.414$ 时，则进入八面体间隙。

常见间隙相可近似用化学式 M_4X、M_2X、MX、MX_2 表示，M 为金属原子，X 为非金属原子。它们虽然可以用上述化学式表示，但其成分可在一定范围内变化（表 5-3），故可看作是以化合物为基的固溶体。这类化合物不但可以溶解其他组元，而且还可以相互溶解，结构相同的两种化合物之间甚至可以无限互溶，如 ZrC-TiC、TiC-VC、ZrC-NbC 等。

表 5-3　简单结构的间隙化合物成分范围

相的名称	$Fe_4N(\gamma')$	$Fe_2N(\varepsilon)$	Mn_4N	Mn_2N	Mo_2C
X(非金属)(%)	19~21	17~33	20~21.5	25~34	30~39
相的名称	NbC	PdH	TaC	TiC	TiN
X(非金属)(%)	44~48	39~45	45~50	25~50	30~50
相的名称	Ti_2H	$TiH-TiH_2$	VC	ZrC	UC_2
X(非金属)(%)	0~33	47~62	43~50	33~50	26~65

间隙相的键型不完全是金属键，大多数是不同程度的金属键与共价键的混合与杂交，可见此类相形成时，电负性因素也起了一定作用，钢中常见的间隙化合物见表 5-4。间隙相几乎全部具有高溶点和高硬度的特点（表 5-5），是合金工具钢和硬质合金中的重要组成相。

表 5-4 钢中常见的间隙化合物

化学式	钢中的间隙化合物	结构类型
M_4X	Fe_4N、Mn_4N	面心立方
M_2X	Ti_2H、Zr_2H、Fe_2N、Cr_2N、V_2N、Mn_2C、W_2C、Mo_2C	密排六方
MX	TaC、TiC、ZrC、VC、ZrN、VN、TiN、CrN、ZrH、TiH	面心立方
	TaH、NbH	体心立方
	WC、MoN	简单立方
MX_2	TiH_2、ThH_2、ZnH_2	面心立方

2）间隙化合物。当非金属原子半径与过渡族金属原子半径之比 $r_{非}/r_{金}>0.59$ 时，所形成的相往往具有复杂的晶体结构，常见的结构形式有 M_3C 型（正交晶体，如 Fe_3C、Mn_3C）、M_7C_3 型（简单六方，如 Cr_3C7）、$M_{23}C_6$ 型（如 $Cr_{23}C_6$）和 M_6C 型（如 Fe_3W_3C），这就是间隙化合物。这种化合物中的金属原子可以被其他金属原子置换，形成以化合物为基的固溶体，如 $(Fe, Mn)_3C$、$(Cr, Fe)_7C_3$ 等。

间隙化合物中原子间的结合键为共价键和金属键。其熔点和硬度均较高（但不如间隙相，见表 5-5），是钢中的主要强化相。还应指出，Fe_3C 是铁碳合金中的一个基本相，称为渗碳体（详细内容在铁碳合金相图部分介绍）。在钢中只有元素周期表中位于 Fe 左方的过渡金属元素才能和碳形成碳化物（包括间隙相和间隙化合物），它们的 d 层电子越少，与碳的亲和力就越强，形成的碳化物越稳定。

表 5-5 钢中常见间隙化合物的硬度及熔点

类型	NbC	W_2C	WC	Mo_2C	TaC	TiC	ZrC	VC	$Cr_{23}C_6$	Fe_3C
熔点/℃	3770±125	3130	2867	2960±50	4150±140	3410	3805	3023	1577	1227
硬度 HV	2050	—	1730	1480	1550	2850	2840	2010	1650	~800

（2）拓扑密堆相　拓扑密堆相是由两种大小不同的金属原子构成的一类中间相，大小原子通过适当的配合构成空间利用率和配位数都很高的复杂结构。由于这类结构具有拓扑密堆特征，故称为拓扑密堆相，简称 TCP 相，以区别通常的具有 fcc 或 hcp 的几何密堆相。

这种结构的特点是：

① 由配位数为 12、14、15、16 的配位多面体堆垛而成。所谓配位多面体是以某一原子为中心，将其周围紧密相邻的各原子中心用一些直线连接起来所构成的多面体，每个面都是三角形。图 5-7 所示为拓扑密堆相的配位多面体形状。

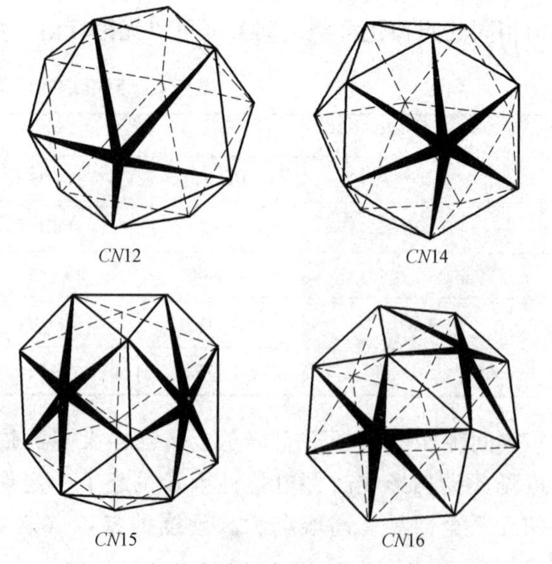

图 5-7 拓扑密堆相中的配位多面体形状

② 呈层状结构。原子半径小的原子构成密排面，其中镶嵌有原子半径大的原子，由这些密排面按照一定的顺序堆垛而成，从而构成空间利用率很高、只有四面体间隙的密排结构。原子密排层是由三角形、正方形或六角形组合起来的网格结构。图 5-8 所示为几种类型的原子密排层的网格结构。

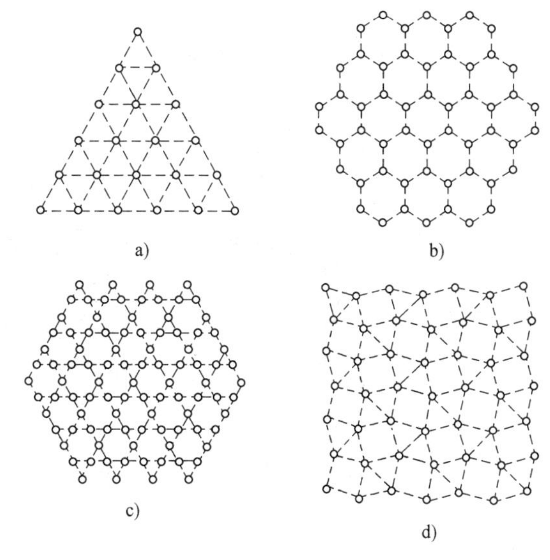

图 5-8　原子密排层的网格结构

a) 3^6 型　b) 6^3 型　c) 3·6·3·6 型

d) 3^2·4·3·4 型

拓扑密堆相的种类很多，已经发现的有拉弗斯相（如 $MgCu_2$、$MgNi_2$、$MgZn_2$、$TiFe_2$ 等）、σ 相（如 FeCr、FeV、FeMo、CrCo 等）、μ 相（如 Fe_7W_6、Co_7Mo_6 等）、Cr_3Si 型相（如 Cr_3Si、Nb_3Sn、Nb_3Sb 等）和 P 相（如 $Cr_{18}Ni_{40}Mo_{42}$ 等）。下面简单介绍拉弗斯相。

当组元间原子尺寸之差处于间隙化合物与电子化合物之间时，会形成拉弗斯相。拉弗斯相是借大小原子排列的配合而实现的密排结构，其通式为 AB_2，其中 A 代表大原子，B 代表小原子，A、B 均为金属原子。$\frac{r_A}{r_B}$的理论比值为 1.225，而实际的比值与上述数值有较大差别：$\frac{r_A}{r_B}=1.05\sim1.068$。构成拉弗斯相的组元并不受元素周期表上的位置所限制，可以是一般金属，也可以是过渡族金属。

这类中间相有三种类型，即 $MgCu_2$ 型、$MgZn_2$ 型、$MgNi_2$ 型。

$MgCu_2$ 型结构：属立方晶系，绝大多数拉弗斯相属于这一类型，$MgCu_2$ 为此种类型的代表（复杂立方结构）。在此结构中 A 原子（Mg）的位置与金刚石结构相同，Cu 原子处于四面体顶点上，如图 5-9 所示。

$MgZn_2$ 型结构：属六方晶系，如 WFe_2、$MoFe_2$、$FeBe_2$、$MgZn_2$ 等。其中 $MgZn_2$ 为此种类型的代表，其结构为密排六方。

$MgNi_2$ 型结构：属六方结构，如 $MoBe_2$、$NbCo_2$、$MgNi_2$、$MgNi_2$ 等。

以上三种结构类型的共同之处是较小的 B 原子（如 Cu、Zn、Ni）围绕 A 原子（如 Mg）组成小四面体，而较大的 A 原子处于这些小四面体的间隙中。这三种结构的不同之处在于这些小四面体的堆垛方式。在 $MgCu_2$ 结构中，Cu 原子的小四面体顶点互相连接（图 5-10a）；$MgZn_2$ 结构中，Zn 原子所组成的小四面体是顶与顶、底与底交替连接（图 5-10b）；而 $MgNi_2$ 结构中，Ni 原子的四面体连接方式为以上两种方式的

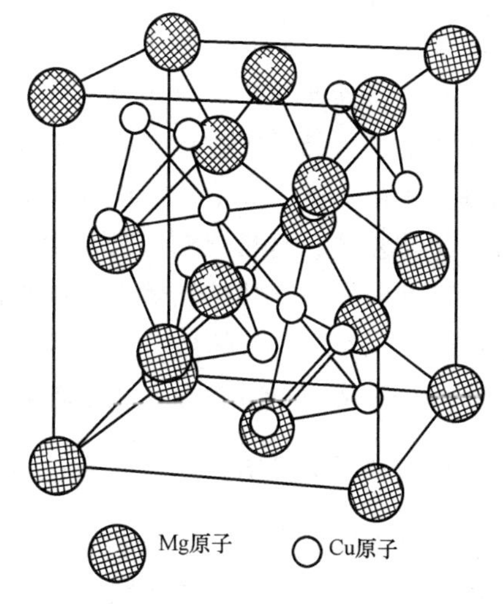

图 5-9　$MgCu_2$ 结构

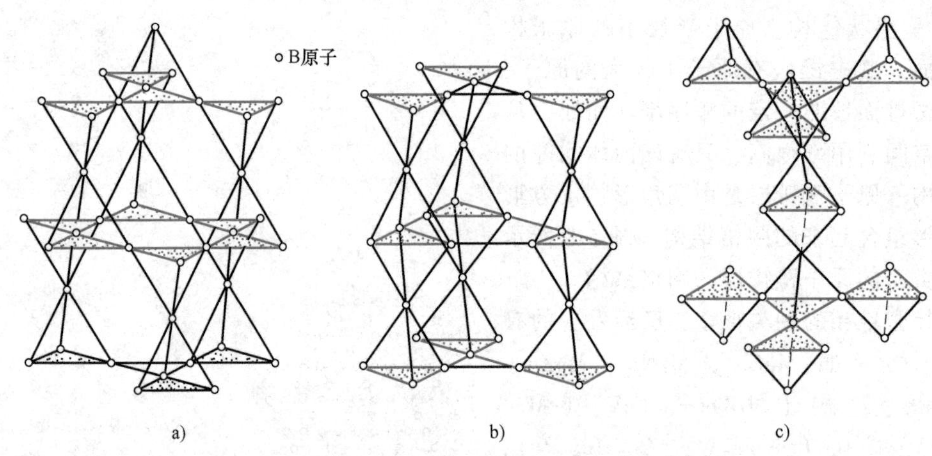

图 5-10　拉弗斯相中 B 原子分布和四面体堆垛方式

a）$MgCu_2$　b）$MgZn_2$　c）$MgNi_2$

混合（图 5-10c）。

拉弗斯相的形成主要取决于几何因素，但电子浓度也起一定作用。例如，在镁合金中，电子浓度低时出现 $MgCu_2$ 结构，电子浓度较高时出现 $MgZn_2$ 结构，所以也有人将拉弗斯相归于电子化合物。

拉弗斯相是镁合金中的重要强化相。在高合金不锈钢和铁基、镍基高温合金中，有时会以针状的拉弗斯相分布在固溶体基体上，当其数量较多时会降低合金性能，故应适当控制。

三、非晶相

上述固溶体和中间相均为晶体相，其原子在三维空间中呈规则排列，即存在长程有序。还有一大类相结构，其原子排列呈长程无序状，即为非晶体，由非晶相组成的物质称为非晶态物质。

非晶态物质包括玻璃、凝胶、非晶态金属和合金、无定形碳和某些聚合物等。若将其分类，则可分为玻璃和其他非晶态两大类。所谓玻璃，是指具有玻璃转变点（玻璃化温度）的非晶态固体，而其他非晶态物质则没有玻璃转变点。

玻璃包括非晶态金属和合金（也称金属玻璃），这是从一种过冷状态液体中得到的。对于有可能进行结晶的材料，决定液体冷却时是否能结晶或形成玻璃的外部条件是冷却速度，内部条件是黏度。如果冷却速度足够高，任何液体原则上都可以转变为玻璃。特别是对那些分子结构复杂、材料熔融态时黏度很大，即流体层间的内摩擦力很大或结晶动力学迟缓的物质，冷却时原子迁移扩散困难，则晶体的组成过程很难进行，容易形成过冷液体。随着温度的继续下降，过冷液体的黏度迅速增大，原子间的相互运动变得更加困难，所以当温度降至某一临界温度以下时，即固化成玻璃。这个临界温度称为玻璃化温度 T_g。一般 T_g 不是一个确定的数值，而是随冷却速度变化而变化的温度区间，通常为$\left(\frac{1}{2}\sim\frac{1}{3}\right)T_m$（熔点）。

在这方面，金属、陶瓷和聚合物有较大的区别。金属材料由于其晶体结构比较简单，且熔融时黏度小，冷却时很难阻止结晶过程发生，故固态下的金属大多为晶体；但如果冷却速度很快时，如利用激冷技术，充分发挥热传导机制的导热能力，可获得 $10^5\sim10^{10}$K/s 的冷却速度，这就能阻止某些合金的结晶过程，此时，过冷液态的原子排列方式保留至固态，原子在三维空间则不呈周期性的规则排列，如铁基非晶磁性材料就是这样制得的。随着现代材料制备技术的发展，通过蒸镀、溅射、激光、溶胶凝胶法和化学镀法也可以获得玻璃相和非晶薄膜材料。

陶瓷材料晶体一般比较复杂，特别是能形成三维网格的 SiO_2 等。尽管大多数陶瓷材料可进行结晶，但也有一些是非晶体，这主要是指玻璃和硅酸盐结构。硅酸盐的基本结构单元是 $[SiO_4]^{4-}$ 四面体，其中 Si 离子处在 4 个氧离子构成的四面体间隙中。值得注意的是，这里每个氧离子的外层电子不是 8 个而是 7 个。为此，它或从金属原子那里获得电子，或再和第二个硅原子共用一个电子对，于是形成了多个四面体群。对于纯 SiO_2，没有金属离子，每个氧都作为氧桥连接着 2 个硅离子。若 $[SiO_4]^{4-}$ 四面体可以在空间无限延伸，形成长程的有规则网络结构，这就是前面讨论的石英晶体结构；若 $[SiO_4]^{4-}$ 四面体在三维空间排列是无序的，不存在对称性及周期性，这就是石英玻璃结构。图 5-11 所示为石英晶体及无规则网络石英玻璃结构示意图。

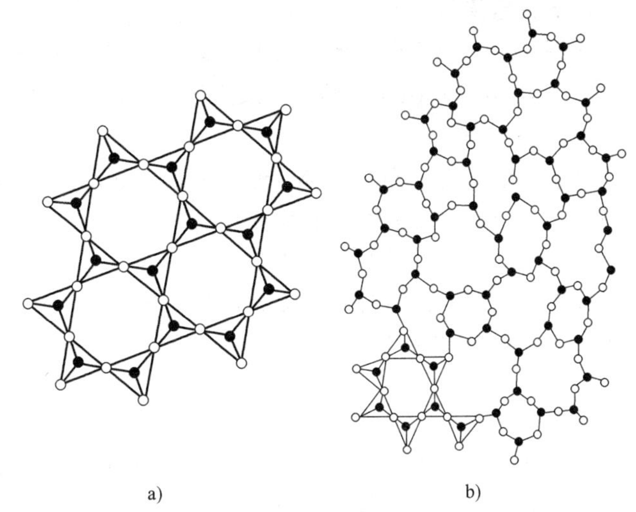

图 5-11　硅氧四面体空间排列示意图

a）石英晶体　b）无规则网络石英玻璃态结构

高聚物也有晶态和非晶态之分，我们在第三章已经介绍过，这里不再赘述。

最后，需指出两点：

1）固态物质虽具有晶态和非晶态之分，但并不是一成不变的。在一定条件下，两者是可以相互转换的。例如，非晶态的玻璃经长时间高温处理即可获得结晶玻璃；而呈晶态的某些合金，若将其从液态快速冷却，也可获得非晶态合金。

2）正因为非晶态物质内的原子（或离子、分子）排列在三维空间不具有长程有序和周期性，因而其在性能上具有各向同性的特点，并且没有明确的熔点，而是存在一个软化温度范围。

第二节　相图的基本知识

相图是描述系统的状态、温度、压力与成分之间关系的一种图解，所表示的相的状态是平衡状态，因而是在一定温度、压力、成分条件下热力学最稳定、吉布斯自由能最低的状态。

相图是材料科学的基础内容，在材料的研究、开发和应用过程中具有如下重要意义：

1）预测材料性能和研制新材料。相图与材料的力学性能、物理性能以及工艺性能都有一定的关系，因而可以根据材料的相图预测其性能。同时可以根据所研制材料的服役条件和失效形式，确定其性能抗力指标，利用已有材料相图及相图与性能关系的知识，确定材料体系及成分。

2）为材料制备和加工工艺提供依据。材料相图总结了不同成分的材料在缓慢冷却时其组织随温度的变化规律，并对应性能变化，这就为材料制备和加工（铸造、锻造、焊接、热处理等）工艺的确定提供了理论依据。

相图有一元相图、二元相图、三元相图等。根据研究内容的需要，可以选择方便的图解，以形象地阐明关系。

相图的形式和种类很多。从形式上讲，有温度-浓度（T-x）图、温度-压力-浓度（T-p-x）图、温度-压力（T-p）图，以及立体模型图解（如三元相图）和它们的某种切面图、投影图等。

对于单组元（一元）系统，通常采用 T-p 图，二元系统采用 T-p-x 图。为了方便起见，常固定一个变量，如采用常压状态。

三元系统一般需考虑五个变量：组元 A、B、C 和温度（T）及压力（p），其中四个变量是独立的。在三元相图中，通常固定一个变量（如压力），三个组元组成浓度平面（浓度三角形），温度为纵坐标，构成三棱柱模型。

一、相律

相律是描述系统组元数、相数和自由度间关系的法则。相律有多种，其中最基本的是吉布斯（Gibbs）相律，其通式如下：

$$f=C-P+2 \tag{5-2}$$

式中，C 为系统的组元数；P 为平衡共存的相的数目；f 为自由度。自由度是在平衡相数不变的前提下，给定系统中可以独立变化的、决定体系状态的（内部、外部）因素的数目。自由度 f 不能为负值。

利用相律可以判断在一定条件下系统最多可能平衡共存的相数目。从式 5-2 可以看出，当组元数 C 给定时，自由度 f 越小，平衡共存的相数便越多。由于 f 不能为负值，其最小值为零。取其最小值 $f=0$，从式（5-2）可以得出：

$$P=C+2 \tag{5-3}$$

若压力给定，应去掉一个自由度，式（5-3）可写为

$$P=C+1 \tag{5-4}$$

式（5-4）表明，在压力给定的情况下，系统中可能出现的最多平衡相数比组元数多 1。例如：

一元系中，$C=1$，$P=2$，即最多可以两相平衡共存。如纯金属结晶时，其温度固定不变，同时共存的平衡相为液相和固相。

二元系中，$C=2$，$P=3$，最多可以三相平衡共存。

三元系中，$C=3$，$P=4$，最多可以四相平衡共存。

依此类推，n 元系最多可以有 $n+1$ 相平衡共存。

应当注意，相律具有如下限制：

1）相律只适用于热力学平衡状态。平衡状态下各相的温度应相等（热量平衡）；各相的压力应相等（机械平衡）；每一组元在各相中的化学位必须相同（化学平衡）。

2）相律只能表示体系中组元和相的数目，不能指明组元或相的类型和含量。

3）相律不能预告反应动力学（速度）。

4）自由度的值不得小于零。

二、成分的表示方法与相图的建立

（1）成分的表示方法　材料的成分是指材料各组元在材料中所占的比例。

此数量可以用质量分数（w_B）或摩尔分数（x_B）表示。如果没有特别说明，通常是指质量分数。两者间可进行换算，以二元系为例进行分析。

下式中 w_A、w_B 及 x_A、x_B 分别为组元 A、B 的质量分数和摩尔分数，A、B 组元的相对原子（或分子）质量分别为 M_A、M_B：

$$
\begin{aligned}
w_A &= \frac{M_A x_A}{M_A x_A + M_B x_B} \times 100\% \\
w_B &= \frac{M_B x_B}{M_A x_A + M_B x_B} \times 100\% \\
x_A &= \frac{w_A / M_A}{w_A / M_A + w_B / M_B} \times 100\% \\
x_B &= \frac{w_B / M_B}{w_A / M_A + w_B / M_B} \times 100\%
\end{aligned}
\tag{5-5}
$$

（2）相图的建立　相图的建立可以用实验方法，也可以用计算方法，目前所用的相图基本上都是通过实验测定的。具体的实验方法有：热分析法、金相分析法、硬度测定法、X 射线结构分析法、膨胀法及磁性法等。所有这些方法都是以相变发生时物理参量发生突变（如比体积、磁性、比热容、硬度、结构等）为依据的。通过实验测出突变点，依此确定相变发生的温度。这些方法中，热分析法最为常用和直观，下面简单说明热分析法的基本操作过程。

合金凝固时要释放出结晶潜热，从而使冷却曲线在相变发生时发生变化，利用冷却曲线的变化特点来确定相变点。以二元 Cu-Ni 合金系为例，其步骤如下：

①配制不同成分的 Cu-Ni 合金，如 w_{Ni} 分别为：0%（纯铜）、20%、40%、60%、80%、100%（纯镍）。②将这些合金熔化、混合均匀后，以极缓慢的冷却速度（一般为 0.5～1.5℃/min）降温，分别测出它们的冷却曲线。③根据冷却曲线上的转折点确定出合金状态发生变化时的温度，如结晶开始温度和结晶终了温度。④将所测得的数据填入以温度为纵坐标、以成分为横坐标的平面中，并连接意义相同的点，绘出相应曲线，相图制作即告完成。

图 5-12 所示为 Cu-Ni 合金系相图及对应的冷却曲线。若要更精确地绘制相图，则需配制更多的合金。有时常采用几种不同方法相配合，以获更高的精度。

由图 5-12 可见，曲线 $abcd$ 为液相线，曲线 $a'b'c'd'$ 为固相线。液相线以上为液相区，固相线以下为固相区，两条曲线之间为液相、固相共存区。

在两相共存区，各相的相对量可用杠杆定律计算。

三、杠杆定律

根据相律，二元系统两相平衡共存时自由度 $f=1$，若温度确定，自由度 $f=0$，说明在此

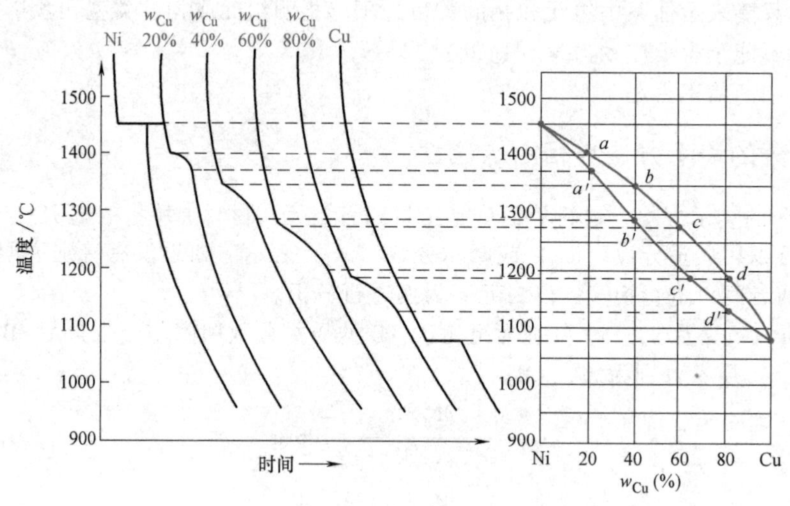

图 5-12　相图建立的方法原理

温度下，两个平衡相的成分也随之而定。

通过合金在 t 温度的表象点 o' 作水平线，水平线与液相线、固相线分别交于 a、b 两点（图 5-13），点 a、b 在成分轴上的投影点 w_{Ni}^{L} 及 w_{Ni}^{α} 即为此温度下液相（L）及固相（α）的成分（Ni 在液相、固相中的质量分数）。

设合金的总质量为 Q_o，t 温度时液相的质量为 Q_L，固相 α 的质量为 Q_α。液、固两相的质量和应等于合金的总质量 Q_o，即

$$Q_o = Q_L + Q_\alpha \tag{5-6}$$

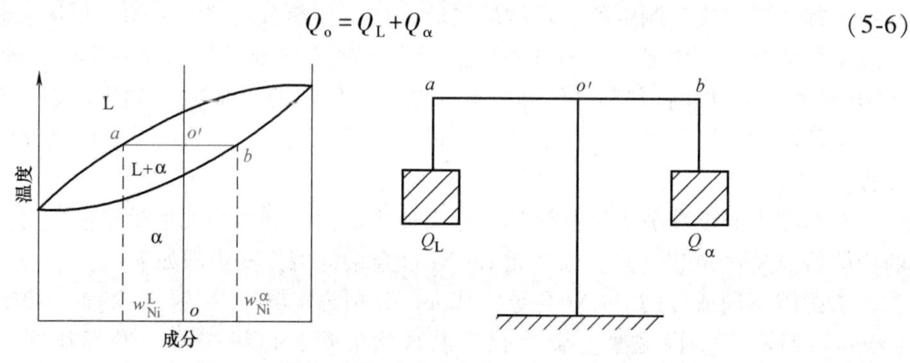

图 5-13　杠杆定律证明及力学比喻

液相中镍的质量应为 $Q_L w_{Ni}^{L}$，固相中镍的质量为 $Q_\alpha w_{Ni}^{\alpha}$，合金中镍的质量为 $Q_o w_{Ni}^{o}$。由此可得

$$\begin{aligned} Q_o w_{Ni}^{o} &= Q_L w_{Ni}^{L} + Q_\alpha w_{Ni}^{\alpha} \\ &= (Q_o - Q_\alpha) w_{Ni}^{L} + Q_\alpha w_{Ni}^{\alpha} \end{aligned}$$

整理得

$$\frac{Q_\alpha}{Q_o} = \frac{w_{Ni}^{o} - w_{Ni}^{L}}{w_{Ni}^{\alpha} - w_{Ni}^{L}} \times 100\%；\quad \frac{Q_L}{Q_o} = \frac{w_{Ni}^{\alpha} - w_{Ni}^{o}}{w_{Ni}^{\alpha} - w_{Ni}^{L}} \times 100\% \tag{5-7}$$

又

$$Q_\alpha (w_{Ni}^{\alpha} - w_{Ni}^{o}) = Q_L (w_{Ni}^{o} - w_{Ni}^{L})$$

可以看出，式（5-7）表示两相相对量的关系很像力学中的杠杆原理，故得此名。

应当注意，杠杆定律只能用于处于平衡状态的两相区，对相的类型不作限制。

四、相和组织的概念

如前所述，相是指材料中具有同一聚集状态、同一晶体结构和性质并以界面相互隔开的均匀组成部分。一个相转变为其他相的过程称为相变。如果宏观地看，系统中同时共存的各相长时间内不互相转化，即可视为处于平衡状态。实际上这种平衡属于动态平衡。微观地看，即使在平衡状态，分子或原子仍会不停地通过各相之间的界面进行转移，只不过同一时间内转移的速度相等而已。

材料中的相包括晶相和非晶相，它们可以独立存在，也可以相互组合形成混合物，这些混合物称为组织。所谓组织组成物是指构成材料显微组织的独立部分，它可以是单相，也可以是两相混合物和三相混合物。组织组成物的类型、大小、形态、数量、分布不同，就构成了不同的显微组织。因此，分析材料的显微组织必须考虑两个方面的情况：①组织组成物的类型；②组织组成物的数量（多或少）、大小（粗或细，形状，如片、球、网、针等）和分布（均匀、弥散或沿晶界、相界等）。

五、一元系相图

按式（5-2），一元系统的相律可写为 $f=3-P$。

从式中可以看出，单相状态时 $f=2$，即温度、压力均可独立变动；两相状态时 $f=1$，说明温度或压力只有一个可以独立变化；三相共存状态对 $f=0$，即温度、压力均固定而不能变动。可见，对于一元系统，在压力不为常量的情况下，最多可有三相平衡共存。显然，这种情况只能出现在某一固定的温度和压力条件下。

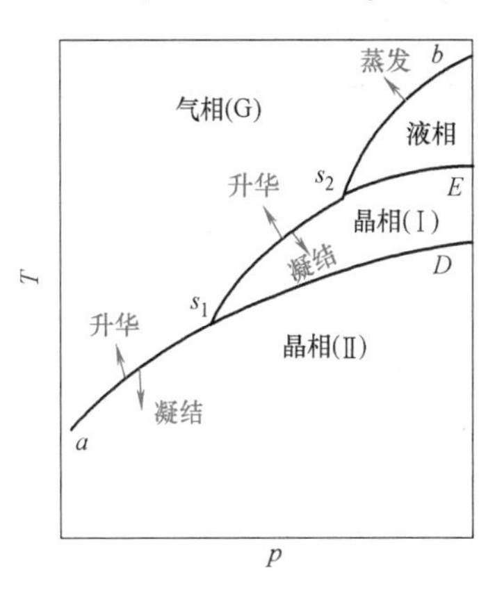

图 5-14　单组元物质的 T-p 图

图 5-14 所示为某单组元物质的 T-p 图。图中共有四个单相区，即气相、液相、晶相（Ⅰ）、晶相（Ⅱ）。在单相区内温度和压力均可独立变化而不影响体系状态。

图中曲线 as_1、s_1s_2、s_2b、s_2E 及 s_1D 为两相平衡共存线。在曲线上温度和压力只有一个可以独立变动，另一个由曲线决定。曲线 as_1、s_1s_2 为气相-固相共存线，在此线上升华与凝结动态平衡，此线又称升华线。曲线 s_2b 为气相-液相共存线，在此线上液相蒸发与气相液化动态平衡，称为蒸气压曲线。曲线 s_2E 为液相-晶相（Ⅰ）共存线，称为熔化曲线。曲线 s_1D 为固相的多晶型转变线，在此线上晶相（Ⅰ）$\rightleftharpoons$晶相（Ⅱ）。

曲线 as_1 与 s_1s_2 的交点 s_1 为三相共存点，即气相、晶相（Ⅰ）、晶相（Ⅱ）平衡共存；s_2 点为气相、液相、晶相三相共存点。s_1、s_2 点又称三相点，在此点上 $P=3$，因而 $f=0$。在这种情况下，温度、压力都是固定的，只要温度或压力稍有偏离，便会导致其中的一个或两个相消失。

图 5-15 所示为纯铁的 T-p 图。与图 5-14 相似，图中 aa'为熔化线，bb'及 cc'为纯 Fe 的多晶型性（同素异构）转变线。在 bb'线上，γ-Fe(fcc)$\rightleftharpoons$δ-Fe(bcc)；cc'线上 α-Fe（bcc）$\rightleftharpoons$γ-Fe（fcc）。这种多晶型性转变，除对晶体性能产生影响外，有的还会有较大的比体积突变。

图 5-16 所示为具有 AB_2O_4 结构的硅酸盐的多晶型性转变示意图。从硅铍石结构转化为尖晶石结构时，体积缩小 $12cm^3 \cdot mol^{-1}$；转化为橄榄石结构时，体积缩小 $3.5cm^3 \cdot mol^{-1}$。

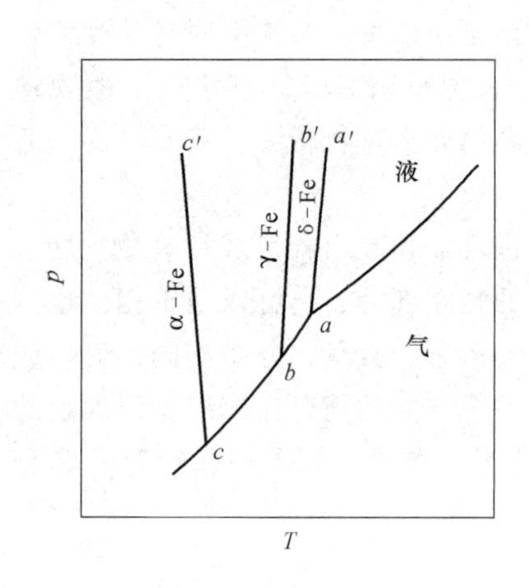

图 5-15　纯铁的 T-p 图

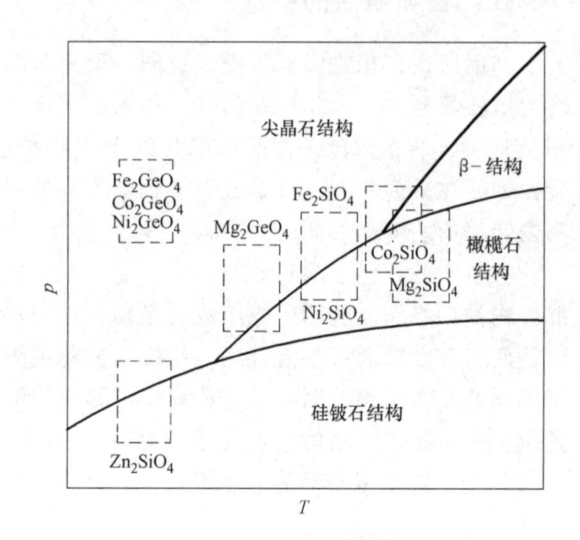

图 5-16　硅酸盐多晶型性转变示意图

陶瓷的许多重要系统都具有多晶型性转变，这种转变与温度和压力均有关。多晶型性转变引起的比体积突变，会使晶体产生强烈的收缩或膨胀而在结构中造成很大的应力，使陶瓷材料在加热或冷却过程中发生开裂。

第三节　二元系相图

本节重点讨论二元系合金的匀晶相图、共晶相图、包晶相图以及具有重要应用价值的 Fe-Fe_3C 相图。对于其他类型的相图只作简单介绍。

一、匀晶相图及固溶体的结晶

1. 匀晶相图

匀晶相图

从液相中直接结晶出固溶体的反应称为匀晶反应。只发生匀晶反应的相图称为匀晶相图。匀晶相图中的两组元在液态、固态都无限互溶。具有这类相图的二元合金系有 Cu-Ni、Ag-Au、Ag-Pt、Fe-Ni、Cu-Au、Cr-Mo 等。有些硅酸盐材料如镁橄榄石（Mg_2SiO_4）-铁橄榄石（Fe_2SiO_4）等也具有此类特征。

匀晶相图具有图 5-17 所示的几种类型。

2. 固溶体的平衡结晶过程

平衡结晶过程是指在极缓慢的冷却过程中，每个阶段都能达到平衡的结晶过程。下面以 Cu-Ni 相图为例进行分析。

取合金成分为 O（图 5-18），O 点成分的合金自液态缓慢冷却，当温度降至 t_1 时，直线 OO' 与液相线交于 a_1，表示结晶开始。从图中可以看出，在此温度结晶出的固相成分应为 c_{α_1}。运用杠杆定律可以求得，此时固相质量分数为零，说明实际固相并未形成。随温度下

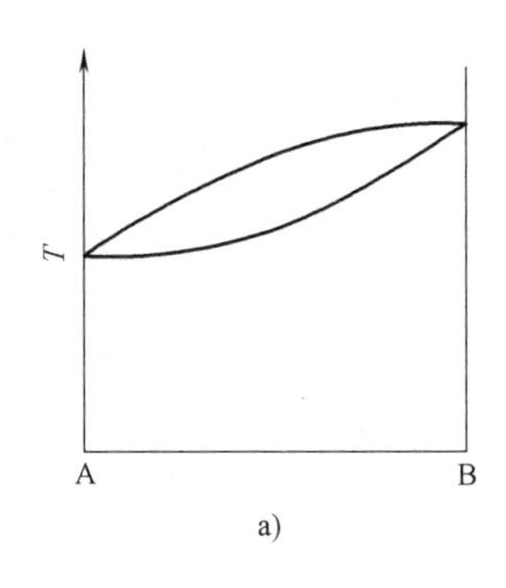

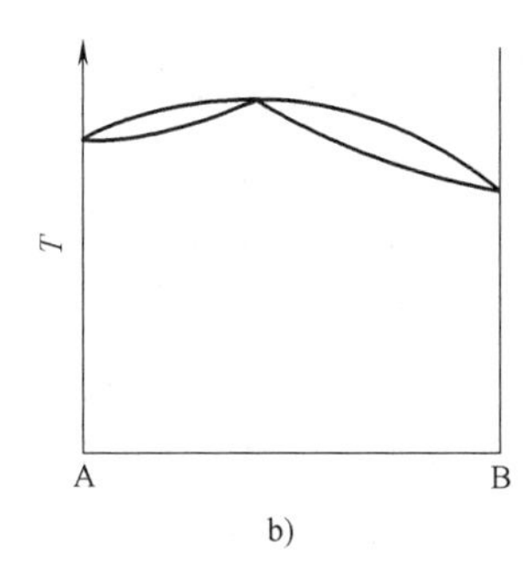

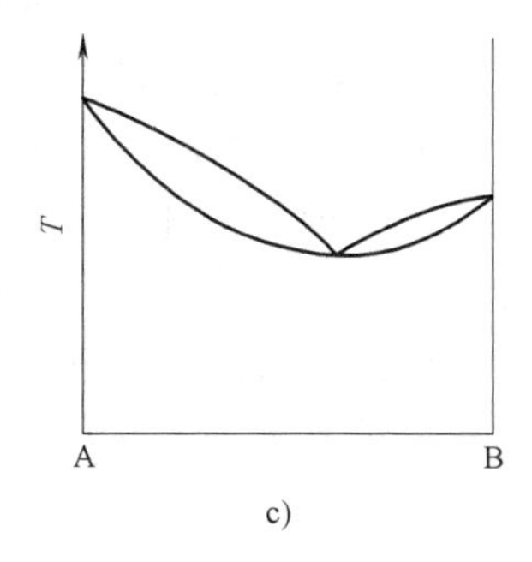

图 5-17 匀晶相图的三种类型

a）组元在液、固态均无限互溶 b）相图中具有极大点 c）相图中具有极小点

降至 t_2，已有一定质量的固相结晶。此温度下液相、固相的平衡成分分别为 c_{L_2} 与 c_{α_2}，用杠杆定律可算出两相相对量为

$$\frac{w_\alpha}{w_L}=\frac{O'-c_{L_2}}{c_{\alpha_2}-O'}\times 100\%$$

温度降至 t_3 时，OO' 线与固相线交于 b_3 点，结晶过程完成。此时已结晶出的固相成分与合金成分完全相同，说明液相通过此过程已完全转变为成分均匀的单相固溶体 α。

此结晶过程也可用如下方式表述：

$$L_0 \xrightarrow[L\rightarrow\alpha]{t_1\sim t_2} L+\alpha \xrightarrow[L\rightarrow\alpha]{t_2\sim t_3} \alpha_0$$

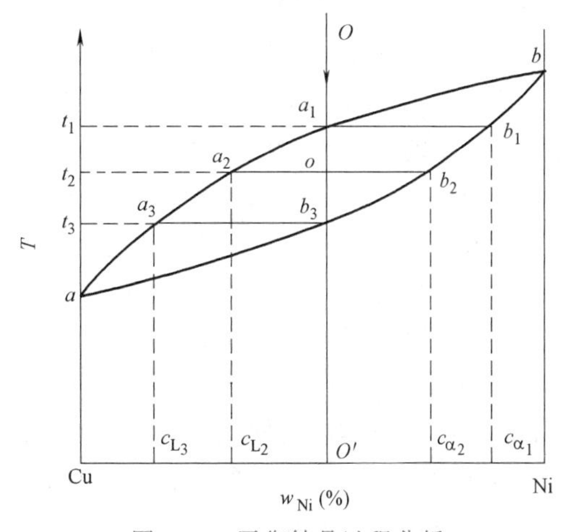

图 5-18 平衡结晶过程分析

从以上结晶过程可以看出，固溶体与纯金属结晶的不同之处是：

1）固溶体结晶是在一个温度范围内完成的，而纯金属结晶是在恒温下完成的（$f=0$）。

2）合金结晶过程中，结晶出的固相与共存液相的成分不同，这种结晶称为选分结晶。选分结晶过程中，为了满足不同温度下两相平衡共存的成分要求，不同温度下，液相成分沿液相线发生变化，同时固相成分沿固相线发生变化。成分的变化、调整，是靠 Cu、Ni 原子的扩散来完成的。而纯金属在结晶过程中，固相与液相的成分始终是相同的。

3. 匀晶系的不平衡结晶

由上述平衡结晶过程的分析可知，结晶过程中的每一阶段，液相与固相都必须满足所处温度下的平衡成分，而这一条件的实现，是靠液相与固相中原子的充分扩散来完成的，这一过程进行的极为缓慢，需要足够长的时间。然而，在实际生产中，液态合金浇入型腔后，冷却速度比较快，达到某一温度时，扩散过程尚未来得及充分进行温度已继续下降，所以不可能按照相图所指示的温度和成分的平衡变化规律进行。此过程称为不平衡凝固过程。

下面以图 5-19 说明不平衡结晶过程。一般而言，原子在液态中的扩散速度远大于在固态中的扩散速度，因此可以假定在不平衡凝固过程中，原子在液相中能充分扩散，并使液相成分完全均匀，而原子在固相中来不及扩散。

液态合金在较快的冷却速度下，要过冷到较低温度才开始结晶。设过冷液体开始结晶的温度为 t_1，此温度下结晶出的固相成分应为 α_1。温度下降至 t_2，此时液相中应结晶出成分为 α_2 的固相，显然，如果是平衡结晶过程，通过原子的充分扩散，可使固相内、外成分达到均匀并调整到在此温度下的平衡成分 α_2。由于是不平衡凝固，冷却速度较快，合金在此温度下的停留时间短，这一过程不能充分进行，使得固相外缘结晶出与 t_2 温度相对应的固相 α_2 而内部仍为 α_1，这时固相的平均成分为 α'_2。当温度降至 t_3，固相外缘又将结晶出成分为 α_3 的固相，整个固相的平均成分为 α'_3。按照相图，在 t_3 温度时应已完成结晶，但此时已结晶出的固相平均成分并未与合金成分相同，说明应当还有一部分液相残留，只有当温度降至 t_4，即固相平均成分与合金成分相同时结晶才告完成。若把每一温度下固相的平均成分点连接起来，就会得到图 5-19 中的 $\alpha_1\alpha'_2\alpha'_3\alpha'_4$ 曲线，此曲线称为不平衡凝固时固相的平均成分线。可见，非平衡凝固时固相的平均成分线与平衡结晶的固相线出现了偏离，冷速越快，这种偏离程度就越大。这种不平衡结晶，使固溶体先结晶部分与后结晶部分的成分出现了差异，图 5-20 所示为不平衡结晶引起的晶内偏析。不平衡结晶的固溶体内部富含高熔点组元，而后结晶的外部则富含低熔点组元，这种在晶粒内部出现的成分不均匀现象，称为晶内偏析。如果固溶体是以树枝状结晶并长大，则枝干与枝间便会出现成分差别，称为枝晶偏析。图 5-21 所示为 Cu-Ni 合金的铸态组织，浸蚀后枝干与枝间颜色存在明显不同，说明它们的化学成分存在差异，先结晶出的枝干富含 Ni，不易受浸蚀，故呈白亮色，枝间后结晶而含 Cu 较多，易受浸蚀，故颜色较深。晶内偏析对合金性能有很大的影响，严重的晶内偏析会使合金强度降低，同时使塑性、韧性下降，晶内偏析也会使合金的耐蚀性变差。另外，存在严重枝晶偏析的材料，高温加热时，在温度还未达到固相线时，便会出现枝晶熔化。

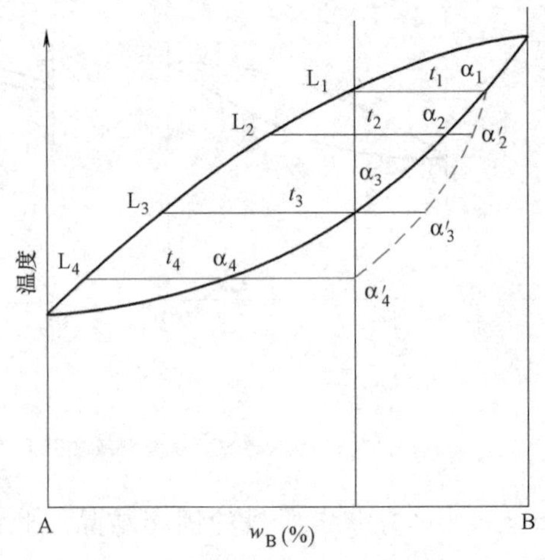

图 5-19　匀晶系合金的不平衡结晶

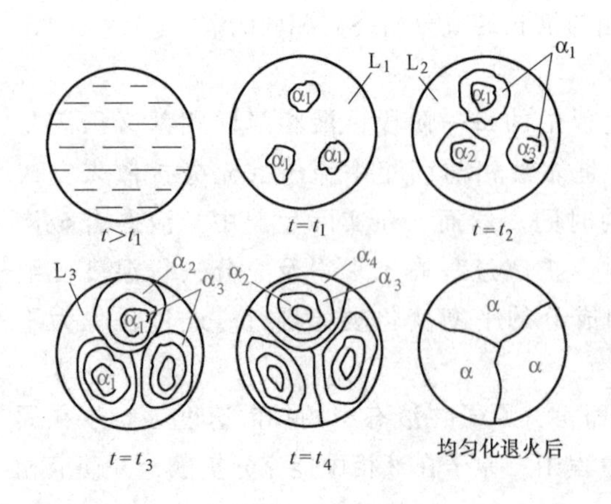

图 5-20　不平衡结晶引起的晶内偏析

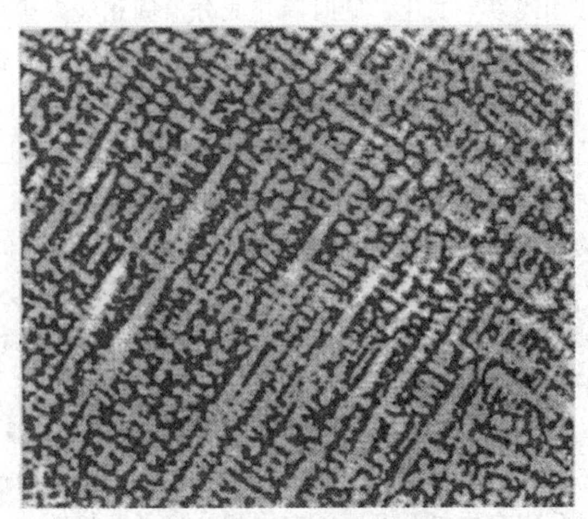
图 5-21　Cu-Ni 合金铸态组织 50×

为了降低晶内偏析程度和消除晶内偏析，生产上一般将铸件加热到低于固相线 100～200℃，进行长时间保温，使偏析元素充分扩散以达到均匀化的目的。此种热处理工艺称为扩散退火或均匀化退火。图 5-22 所示为经均匀化退火后的 Cu-Ni 合金组织的金相照片，可见枝晶偏析已经消除。

4. 具有匀晶相图的陶瓷系统

图 5-23 所示为镁橄榄石（Mg_2SiO_4）-铁橄榄石（Fe_2SiO_4）二元相图。与前述以纯金属为组元的匀晶相图不同的是，此相图的两组元均为化合物，即 Mg_2SiO_4 与 Fe_2SiO_4，这两个组元在液相和固相均可无限互溶，结晶出的固相是以化合物为基的固溶体，这种固溶体是以化合物中正离子的等价代换而形成的：$Mg^{2+} \rightleftharpoons Fe^{2+}$。

$$Mg_2SiO_4 \longrightarrow (Mg,\ Fe)_2SiO_4 \longrightarrow Fe_2SiO_4$$

镁橄榄石　　镁、铁橄榄石　　铁橄榄石

属于此类型的矿物系还有：菱镁矿 $Mg[CO_3]$-菱铁矿 $Fe[CO_3]$；钾长石 $K[AlSi_3O_8]$-钠长石 $Na[AlSi_3O_8]$。

后一种只发生在高温下，实现这一完全等价代换（无限互溶）的条件之一是两组元的晶格类型必须相同。

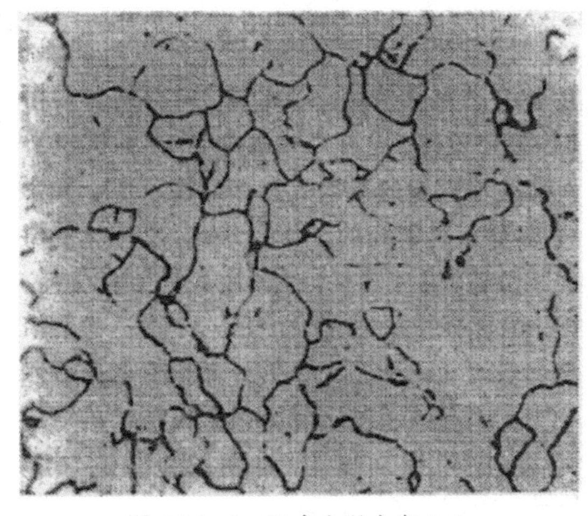

图 5-22　Cu-Ni 合金退火态 100×

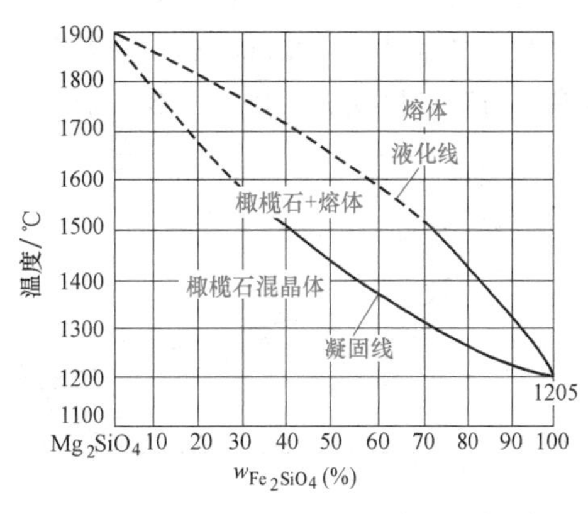

图 5-23　Mg_2SiO_4-Fe_2SiO_4 的二元相图

二、共晶相图及其结晶

共晶相图

两组元在液态无限互溶，固态有限互溶或完全不互溶，且冷却过程中发生共晶反应的相图，称为共晶相图（图 5-24），具有共晶相图的合金系有 Pb-Sn、Pb-Sb、Al-Si、Ag-Au、Pb-Bi 等。一些硅酸盐也具有共晶相图。

下面以 Pb-Sn 合金系的二元共晶相图为例，对共晶相图及其合金的结晶过程进行分析。

1. 相图分析

图 5-24a 所示为 Pb-Sn 二元共晶相图，图中 *ae*、*be* 为液相线，*am*、*bn* 为固相线，*mf* 为 Sn 在 Pb 中的固溶度曲线，同样 *ng* 为 Pb 在 Sn 中的固溶度曲线。

图中有三个单相区：液相区 L、固相 α 相区及固相 β 相区。从图中可知，α 相为 Sn 在 Pb 中的固溶体，β 相是 Pb 在 Sn 中的固溶体。三个两相区：L+α、L+β 及 α+β。三个两相

区的接触线 men 为共晶反应线，此线表示 L+α+β 三相共存区。

2. 共晶转变

在三相共存水平线 men 上，两条液相线汇交于 e 点。从图中可以看出，e 点以上是液相区，e 点下方是 α+β 两相共存区。这说明，相当于 e 点成分的液相，当冷至三相共存线 men 时，会同时结晶出成分为 m 的 α 相与成分为 n 的 β 相。这种转变的反应式可写为

$$L_e \xrightleftharpoons{t_e} (\alpha_m + \beta_n)$$

由相律可知，对于二元系统，三相平衡共存时系统自由度 $f=0$，这种反应必然在恒温下进行，而且在反应进行过程中三个相的成分也固定不变。

这种由某一成分的液相在恒温下同时结晶出两个成分不同的固相的反应，称为共晶反应，发生共晶反应的温度（t_e）称为共晶温度，共晶反应的产物称为共晶组织。

3. 共晶系合金的平衡结晶及组织

下面仍以 Pb-Sn 合金系为例分析：

（1）$w_{Sn}\leqslant 19\%$ 的合金　取 $w_{Sn}=10\%$ 的合金 Ⅰ 进行分析，当合金溶液缓冷至液相线（图 5-24a 中 1 点）时发生匀晶反应，开始从液相中析出固相 α 相，随着温度的下降，α 相不断增多，而液相不断减少。在结晶过程中，固相成分沿固相线 am 变化，液相沿液相线 ae 变化。冷至 2 点时，结晶完毕。继续冷却，温度在 2~3 点范围内，无任何变化发生。当温度降至 3 点以下，呈过饱合状态的 α 相，将不断析出富 Sn 的 β 相。随着温度的下降，α 相的固溶度逐渐减小，此析出过程不断进行，这种析出过程称为脱溶过程或二次析出反应，析出相称为二次相或次生相，用 $\beta_{Ⅱ}$ 表示。二次相可在晶界上析出，也可在晶内缺陷处析出。

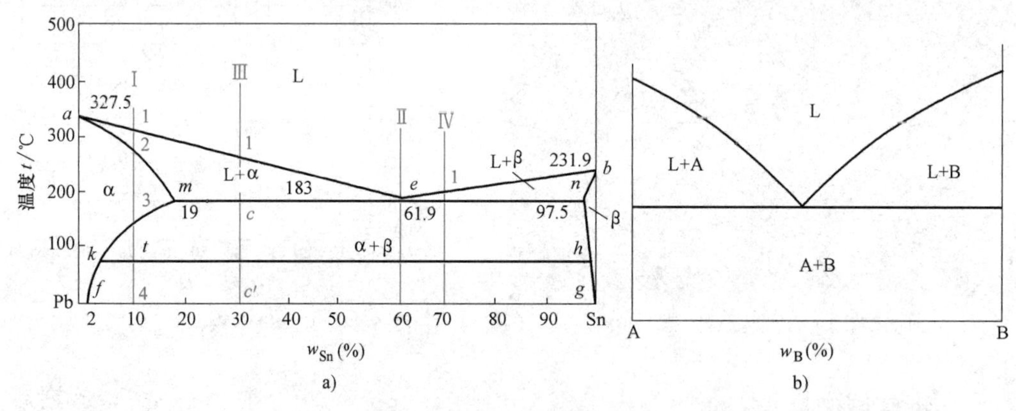

图 5-24　共晶相图

a）固态有限互溶的 Pb-Sn 相图　b）固态不互溶的共晶相图

图 5-25 所示为该合金缓冷时平衡转变过程示意图。

利用杠杆定律可以算出析出的 $\beta_{Ⅱ}$ 相的质量分数。如取室温时，α 相及 β 相的固溶度分别为图 5-24a 中的 f 点及 g 点，取合金成分 $w_{Sn}=10\%$。

$$w_{\beta_{Ⅱ}}=\frac{10-f}{g-f}\times 100\%$$

同样，富 Sn 的 β 相在冷却过程中，当超出其固溶度时，也会析出低 Sn 的 $\alpha_{Ⅱ}$ 相。

由于这种脱溶过程是在固态下发生的，原子的扩散能力较弱，故析出的二次相一般都较为细小。

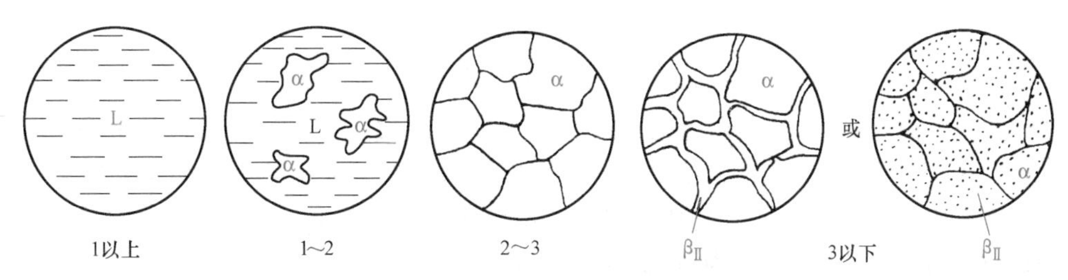

图 5-25　$w_{Sn}=10\%$的 Sn-Pb 合金平衡结晶过程

$$L \xrightarrow[L\to\alpha]{t_1\sim t_2} L+\alpha \xrightarrow[\text{无变化}]{t_2\sim t_3} \alpha \xrightarrow[\alpha\to\beta_{II}]{t<t_3} \alpha+\beta_{II}$$

（2）共晶合金　成分为图 5-24a 中 e 点的对应合金，称为共晶合金。该合金缓冷至 t_e 温度时，发生共晶反应：

$$L_e \xrightleftharpoons{t_e} (\alpha_m+\beta_n)$$

这一过程一直在恒温下进行，最终得到 α 相与 β 相的机械混合物。温度为 t_e 时两相的质量分数可由杠杠定律算出：

$$w_{\alpha m}=\frac{n-e}{n-m}\times100\%=\frac{97.5-61.9}{97.5-19}\times100\%\approx45.4\%$$

$$w_{\beta n}=\frac{e-m}{n-m}\times100\%=\frac{61.9-19}{97.5-19}\times100\%\approx54.6\%$$

温度继续降低时，共晶组织中的 α 相及 β 相将分别析出二次相 β_{II} 及 α_{II}，由于此种二次相常依附在同类相上形核、长大，在显微镜下难以区分，故一般不予考虑。

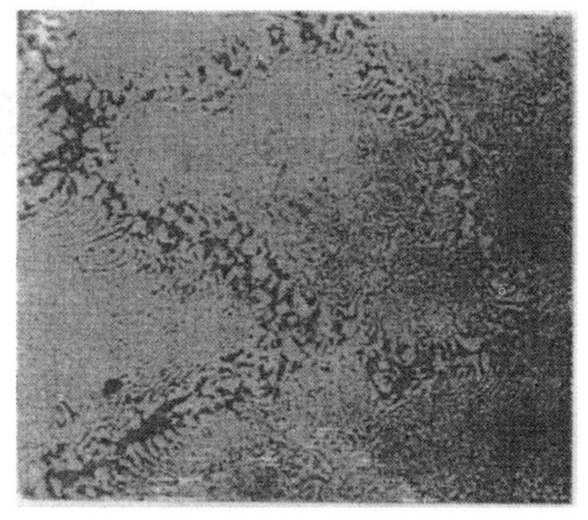

图 5-26　Pb-Sn 共晶合金的显微组织（α+β 片层状共晶）400×

图 5-26 所示为 Pb-Sn 共晶合金的显微组织，图中黑色层片为富 Pb 的 α 相，白色基体为富 Sn 的 β 相，α 相与 β 相呈片层状相间分布，称为片层状共晶。

除上述片层状共晶外，共晶组织的形态还有其他类型。共晶组织的形态受多种因素影响，如两相的相对量、两相之间界面的界面能、相界面构造、冷却速度等。

（3）亚共晶合金　在图 5-24a 中，成分位于共晶点 e 以左、m 点以右的合金；称为亚共晶合金。下面以图 5-27 中 c 点的合金为例分析其结晶过程。

从图 5-27 可以看出，液态合金冷却时首先发生匀晶反应，从液相中不断析出 α 相。达共晶温度 t_e 时，α 相的成分为 m 点，液相成分达 e 点。此时为 L_e+α 两相共存，两相的相对量为

$$w_{\alpha}=\frac{e-c}{e-m}\times100\%=\frac{61.9-30}{61.9-19}\times100\%\approx74\%$$

$$w_{\mathrm{L}}=\frac{c-m}{e-m}\times100\%=\frac{30-19}{61.9-19}\times100\%\approx26\%$$

这时剩余的液相 L_e 在共晶温度 t_e 发生共晶反应，转变为（α+β）的共晶组织。共晶反应刚完成时（t_e 温度），合金的组织为α+（α+β）。通常将共晶反应前结晶出的固相称为先共晶相或初生相。温度继续下降，初生相α将不断析出二次相 β_{II}（共晶组织中二次相的析出忽略）。至室温时，合金组织为 $\alpha+\beta_{\mathrm{II}}+(\alpha+\beta)$。

图 5-28 所示为 Pb-Sn 亚共晶合金室温下的组织。图中黑色斑状（三维形态为粗大树枝状）组织为初生晶α，其间的白色颗粒状组织为二次相 β_{II}，其余黑白相间部分为共晶组织（α+β）。初生晶α、二次相 β_{II} 以及共晶组织都有明显的形貌特征，很容易将它们区分开。所以，一般将显微组织中能清晰分辨的独立组成部分，称为组织组成物。组织组成物可以是单相（如α相、β_{II} 相），也可由多相（如共晶组织α+β）组成。

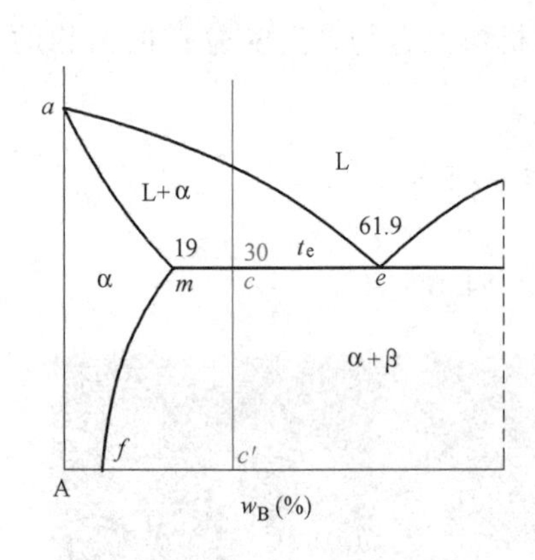

图 5-27 亚共晶合金的结晶

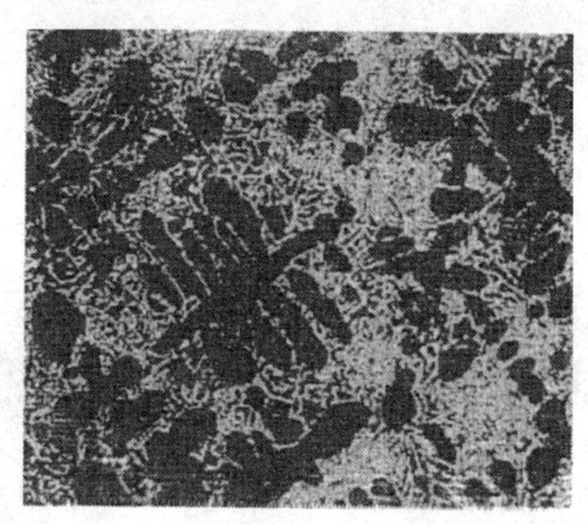
图 5-28 Pb-Sn 亚共晶合金的室温下组织 200×

组织组成物的相对量也可以用杠杆定律求出。例如，室温时 $w_{\mathrm{Sn}}=50\%$ 的 Pb-Sn 亚共晶合金组织组成物的相对量为

$$\begin{aligned}w_{(\alpha+\beta)}&=\frac{c-m}{e-m}\times100\%\\&=\frac{50-19}{61.9-19}\times100\%\\&\approx72.2\%\end{aligned}$$

$$w_{\alpha}=\frac{e-c}{e-m}\cdot\frac{g-m}{g-f}=\frac{61.9-50}{61.9-19}\times\frac{100-19}{100-2}\approx23\%$$

$$w_{\beta_{\mathrm{II}}}=\frac{e-c}{e-m}\cdot\frac{m-f}{g-f}=\frac{61.9-50}{61.9-19}\times\frac{19-2}{100-2}\approx4.8\%$$

或

$$w_{\beta_{\mathrm{II}}}=1-w_{(\alpha+\beta)}-w_{\alpha}=4.8\%$$

上述计算中，取 f 点成分为 $w_{\mathrm{Sn}}=2\%$，g 点为 $w_{\mathrm{Sn}}=100\%$。

合金的组成相α和β相的相对量为

$$w_{\alpha}=\frac{g-c}{g-f}\times100\%=\frac{100-50}{100-2}\times100\%\approx51\%$$

$$w_{\beta}=\frac{c-f}{g-f}\times100\%=\frac{50-2}{100-2}\times100\%\approx49\%$$

亚共晶合金的结晶过程如图 5-29 所示。可以描述为

$$L_c \xrightarrow[L\to\alpha]{t_1\sim t_e} L+\alpha \xrightarrow[L_e\rightleftharpoons(\alpha+\beta)]{t_e} \alpha_m+(\alpha_m+\beta_n) \xrightarrow[\alpha\to\beta_{II}]{t<t_e} \alpha+\beta_{II}+(\alpha+\beta)$$

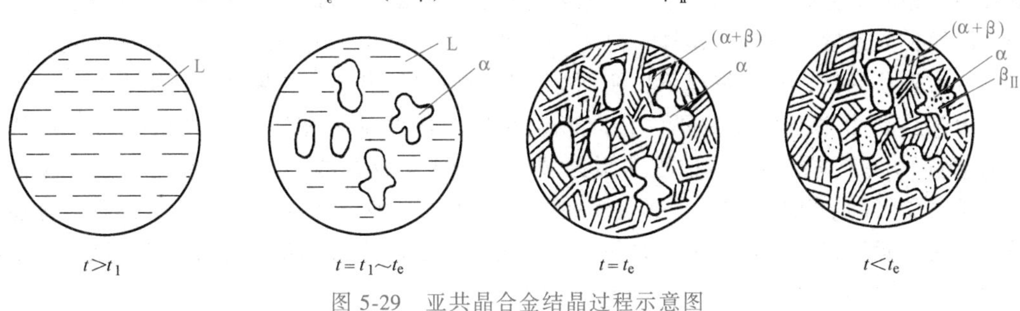

图 5-29　亚共晶合金结晶过程示意图

（4）过共晶合金　成分在 e 点以右（图 5-24），n 点以左范围内的合金，称为过共晶合金。过共晶合金的凝固过程与亚共晶合金类似，不同的是，过共晶合金的初生相为 β 相（L→β），二次相由初生相 β 析出（$\beta\to\alpha_{II}$），室温组织为 $\beta+\alpha_{II}+(\alpha+\beta)$。结晶过程如下：

$$L \xrightarrow[L\to\beta]{t_1\sim t_e} L+\beta \xrightarrow[L_e\rightleftharpoons(\alpha_m+\beta_n)]{t_e} \beta_n+(\alpha_m+\beta_n) \xrightarrow[\beta\to\alpha_{II}]{t<t_e} \beta+\alpha_{II}+(\alpha+\beta)$$

为了方便分析、研究合金组织，常把合金平衡凝固的组织直接填写在合金相图上，如图 5-30 所示。此种填写方法称为相图的组织组成物填写法。这种填写方法可以直观地了解任一成分的合金在不同温度下的组织状态，以及冷却过程中组织的转变情况。

4. 不平衡结晶及其组织

（1）伪共晶　平衡结晶条件下，只有共晶成分的合金才能获得完全的共晶组织，任何偏离这一成分的合金，平衡结晶时都不能获得百分百的共晶组织。但在不平衡结晶条件下，成分在共晶点附近的合金也可能全部转变成共晶组织，这种非共晶成分的共晶组织，称为伪共晶组织。

在不平衡结晶条件下，由于冷却速度较快，将产生过冷。由图 5-31 可知，当共晶点附近成分的液相合金过冷到两条液相线延长线所包围的阴影区时，合金溶液将处于两条液相线的延长线 ea' 及 eb' 之下，这说明过冷液相对于 α 相与 β 相的析出均处于过冷状态（过饱

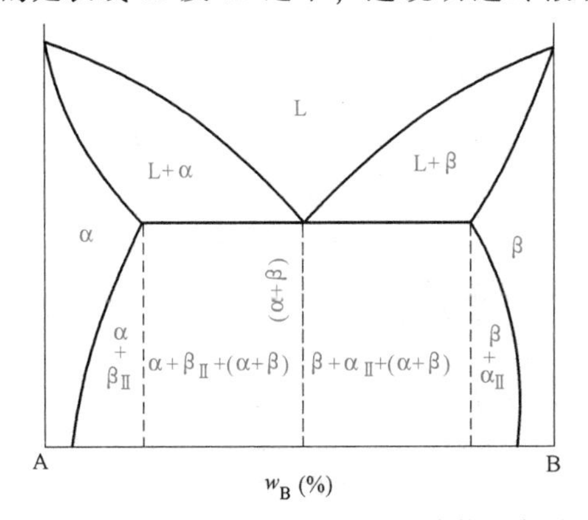

图 5-30　二元共晶相图的组织组成物示意图

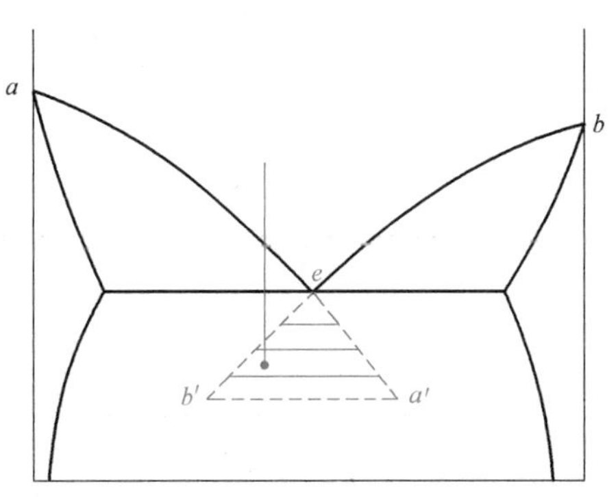

图 5-31　伪共晶区示意图

和)。这样，过冷的合金液相就同时具备了结晶出 α 相及 β 相的热力学条件，α 相和 β 相就会在过冷液相中同时析出并长大，形成具有共晶组织特征（但不是共晶成分）的伪共晶组织，所以图 5-31 中阴影区叫作伪共晶区。实际上，伪共晶的形成不但要考虑热力学条件，同时还应考虑动力学条件，即 α 相和 β 相的凝固速度问题。如果共晶组织中的某一组成相的成分与液相的成分相差较大，这一个相要通过原子扩散来达到其形成时所需的浓度就较为困难，因而长大速度就较慢。这样，热力学、动力学条件均有利的那一个相就会优先地单独形成而成为先共晶相，这种情况下，便不会得到全部共晶组织。如果共晶组织中两组成相生成的热力学、动力学条件相差不大，即形成和长大速度基本相同，伪共晶区的形状就如图 5-31 所示的关于共晶点对称的三角形区域；如果两组成相的热力学、动力学条件相差得较大，伪共晶区的形状就会发生变化。一般有如下规律：两组元熔点相近时，出现对称型伪共晶区；两组元熔点相差较大时，共晶点通常偏向低熔点组元一方，而伪共晶区则偏向高熔点组元一方。图 5-32 所示为伪共晶区的不同形状。

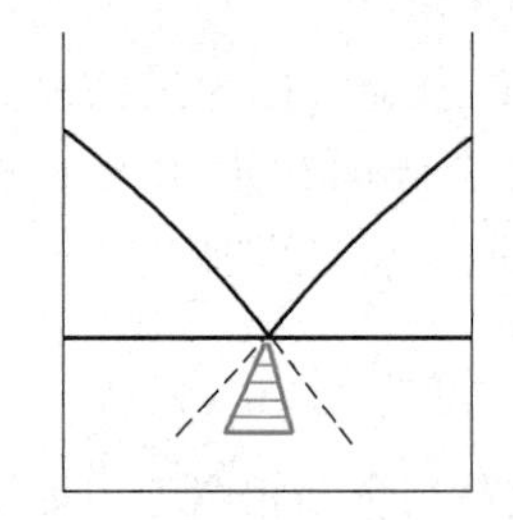
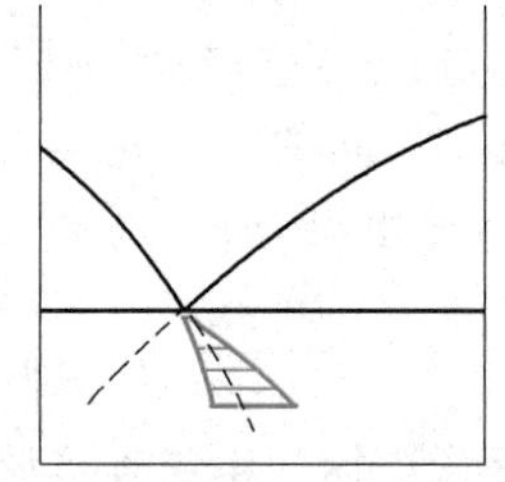
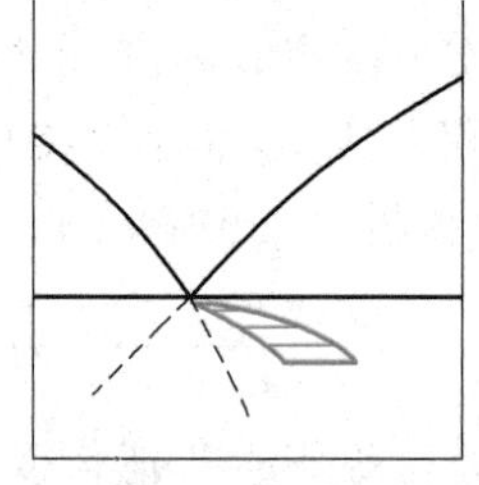
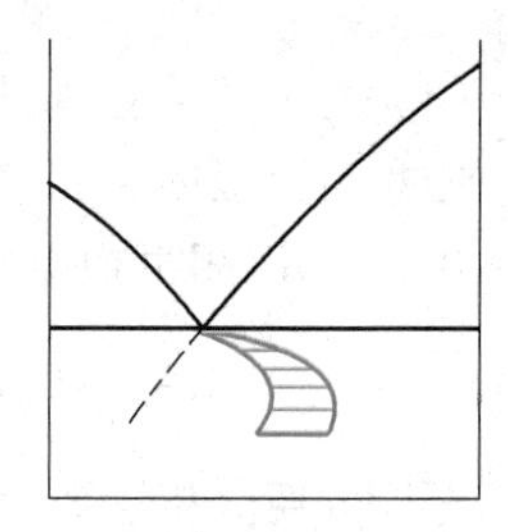

图 5-32　伪共晶区的不同形状（阴影部分）

伪共晶区的概念，对分析合金中出现的不平衡组织有一定的帮助。例如 Al-Si 合金系中，在不平衡凝固条件下，共晶成分的合金得不到全部共晶组织，总会出现一些初生晶 α 相，这是因为共晶区的偏移所致（图 5-33）。

从图 5-33 可以看出，当合金快冷至 a 点时，过冷合金液相处于伪共晶区域之外，故只能先析出先共晶相 α 使溶液富集 Si 原子，当剩余溶液的浓度达到 b 点时才能发生共晶转变。对于 Al-Si 合金系，在不平衡结晶条件下，若要得到全部共晶组织，合金成分应选择在共晶点以右适当位置，在一定的冷却条件下方可得到全部共晶组织（伪共晶组织）。

（2）不平衡共晶　在固溶体最大固溶度点（图 5-24 中 m 点及 n 点）内侧附近的合金如

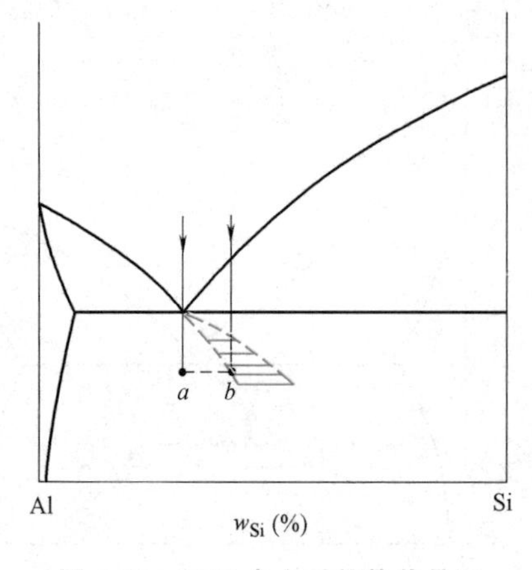

图 5-33　Al-Si 合金系的伪共晶区

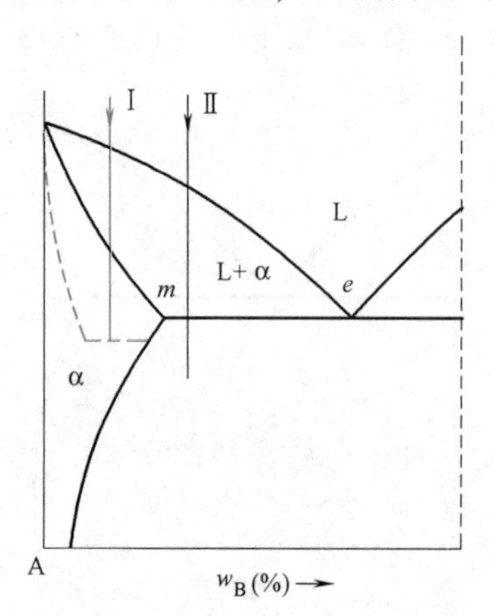

图 5-34　不平衡共晶结晶过程

图 5-34 所示的 m 点以左附近成分的合金。不平衡凝固时，由于固相线下移，使其冷却到共晶温度时仍有少量液相，这部分液相将发生共晶转变，而形成不平衡共晶。

（3）离异共晶　当合金中先共晶相的数量很多而共晶量很少时，有时共晶组织中与先共晶相相同的那一个相，就会依附在先共晶相上成核、长大，另一相则剩余下来。共晶组织数量较少时，孤立出来的组成相常位于先共晶相的晶界，结晶形成了以先共晶为基体，另一组成相连续地或断续地包围先共晶相晶粒的组织（图 5-35）。这种两相分离的组织称为离异共晶相。

不平衡共晶一般数量较少，常以离异共晶形式出现，图 5-36 所示为 $w_{Sb}=3.54\%$ 的 Pb-Sb 合金铸态时的离异共晶组织，共晶体中 α 相依附于初生晶 α 相析出，形成离异的网状 β（白色）相。

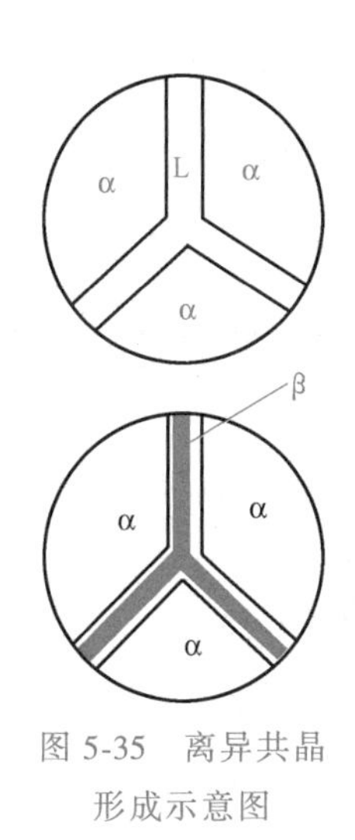

图 5-35　离异共晶形成示意图

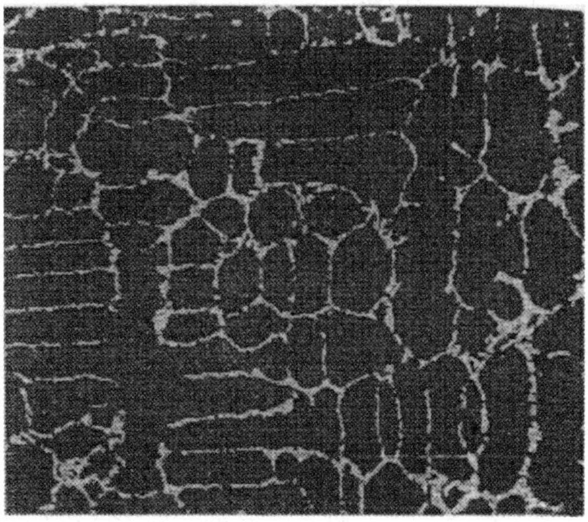

图 5-36　Pb-Sb 合金离异共晶组织（铸造）$(\alpha+\beta+\beta_{II})$ 400×

离异共晶可能会给合金的性能带来不良影响，对于不平衡共晶组织，可在稍低于共晶温度下进行扩散退火，通过原子的扩散，可使之成为均匀的单相固溶体。

三、包晶相图及其结晶

包晶相图

两组元在液态无限互溶，固态下有限互溶（或不互溶），并发生包晶反应的二元系相图，称为包晶相图。具有包晶反应的二元合金系有 Pt-Ag、Sn-Sb、Cu-Sn、Cu-Zn 及某些二元陶瓷系相图，如 ZrO_2-CaO 等。下面以两组元在固态下有限互溶包晶相图为例进行分析。

1. 相图说明

图 5-37 所示为三种类型的包晶相图示意图，以图 5-37a 为例进行分析。

图中，abc 为液相线，$adpc$ 为固相线，df 及 pg 分别为 α 相及 β 相的固溶度曲线。

图中的单相区有液相 L 及固相 α 及 β；两相区为 L+α、L+β、α+β。三个两相区的接触线 dpb 为三相（α、β、L）共存线，称为包晶反应线，线上 p 点为包晶点。

2. 包晶反应

取 p 点成分合金，自液态下缓慢冷却。从图 5-37a 中可以看出，自 1 点开始液相发生匀晶反应，随温度下降不断析出固相 α，降至 p 点时液相成分为 b 点，固相成分为 d 点。从图

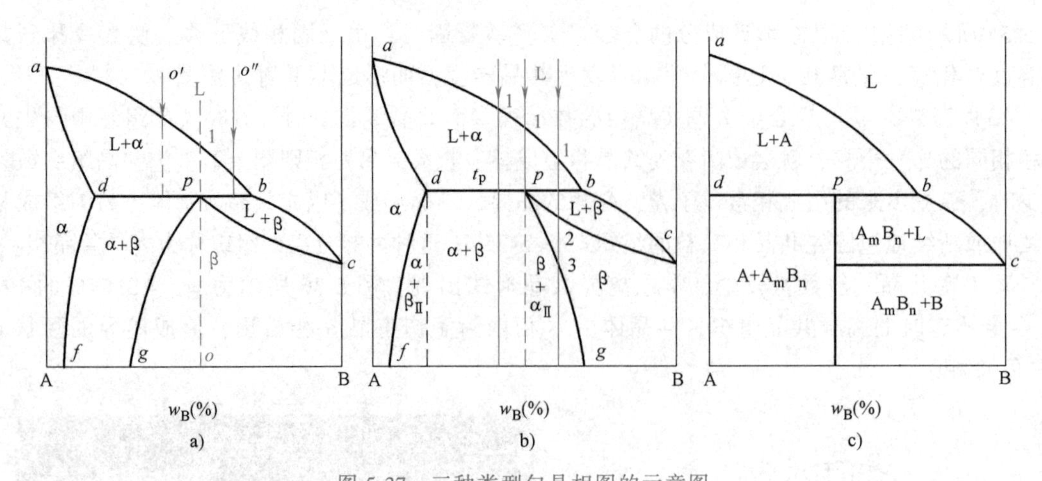

图 5-37　三种类型包晶相图的示意图

a）β 相固溶度随温度下降而增大　b）β 相的固溶度随温度下降而减少

c）A、B 两组元固态下互不相溶的包晶相图

中可知，温度稍有下降，合金便处于单相 β 相区，这说明，在 t_p 温度时有如下反应发生：

$$L_b+\alpha_d \xrightleftharpoons{t_p} \beta_p$$

这种在一定温度下，由一个固定成分的液相与一个固定成分的固相作用，生成另一个成分固定的固相的反应，称为包晶反应。

完全包晶反应时，反应相 L 及 α 的相对量可由杠杆定律求得

$$w_L=\frac{p-d}{b-d}\times100\%；\ w_\alpha=\frac{b-p}{b-d}\times100\%$$

若合金成分偏离包晶点 p，如 o'及 o''成分（图 5-37a），包晶反应完成后将会有 α 相或液相剩余。用杠杆定律也可求得 α 相或 L 相的剩余量。如 o'点成分合金，包晶反应前为 L+α，包晶反应完成后（t_p 温度）为 α+β，包晶反应过程中多余的那部分 α 相为

$$w_\alpha=\frac{p-o'}{p-d}\times100\%$$

同样可以求出 o''成分合金包晶反应结束后所剩余的液相。

3. 包晶系合金的结晶过程

（1）包晶点成分合金的结晶过程　前面讨论相律时曾经提到：系统处于平衡状态时，每一组元在各平衡相中的化学位必须相等，而且平衡状态下共存相间的相对量与时间无关。也就是说，在三相平衡的 t_p 温度，原子的扩散驱动力等于零，如果在此温度下存在三个相（L、α、β），这三个平衡相之间的相对质量不会随着时间的延长而增减。那么，包晶反应过程将如何进行？新相生成时原子的扩散驱动力又来自何方？下面我们就此问题作一简单分析：

取合金成分为 p 点（图 5-37），合金冷至 t_p 温度时，存在两个平衡相，即 d 成分的 α 相和 b 成分的液相。此时虽具备 β 相的存在条件，但 β 相并未生成。

设温度稍许下降至 t_p 以下的 t'_p(图 5-38)，在此温度下液相及 α 相的平衡浓度应分别对应液相线 ab 及固相线 ad 的延长线上 b'及 d'点。从图 5-38 可见，b'点及 d'点分别处于 L+β 与 α+β 两相区，说明在此温度下液相及 α 相均处于对 β 相的过饱和状态，液相与 α 相以析

出 β 相来降低过饱和度，β 相便在液相及 α 相界面处形成。

为了保持界面处浓度平衡的热力学条件，已生成的 β 相在 L-β 界面处的浓度应为 $C_{L\beta}$，而在 α-β 界面处为 $C_{\alpha\beta}$，如图 5-39 所示。在这种情况下，β 相内就形成了一个浓度梯度。由于浓度梯度的存在，β 相内的溶质原子 B 就会在此驱动力作用下从高浓度向低浓度扩散，以减小浓度差，结果导致 L-β 界面处的 β 相浓度 $C_{L\beta}$ 降低，而 α-β 界面处 β 相浓度升高（见图 5-39 中虚线），从而破坏了界面处的热力学平衡。为了重新建立平衡，β 相将向富含 B 组元的液相推移以升高界面浓度到 $C_{L\beta}$，并同时溶解 α 相以降低 α-β 界面处的浓度达到 $C_{\alpha\beta}$。界面平衡浓度恢复后，浓度梯度又重新产生。重复上述过程，β 相便不断向两个方向长大，直到最后完全消耗掉液相 L 及 α 相，成为单一均匀的固溶体。可见 β 相的形成与长大过程是热力学、动力学条件不断被破坏与重新建立的过程。β 相生成时 L-β、α-β 界面浓度分布如图 5-39 所示。

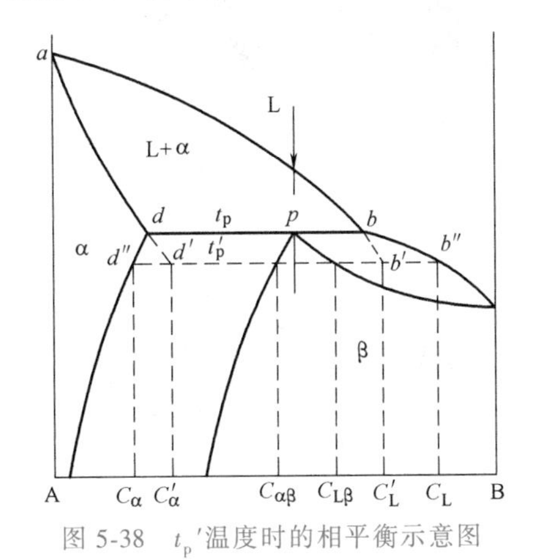

图 5-38　t_p'温度时的相平衡示意图

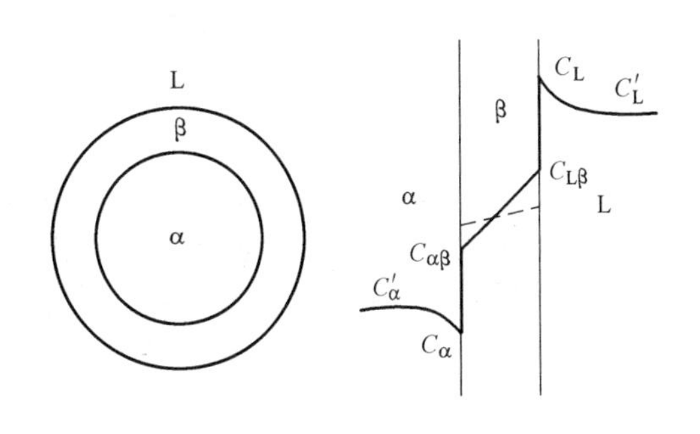

图 5-39　β 相生成时 L-β 及 α-β 界面处的浓度分布

在极为缓慢的冷却条件下，t_p（三相平衡共存温度）与 t_p'一般相差甚小，故可近似认为包晶反应是在 t_p 温度进行。

包晶反应完成后，若继续降温，如果 β 相的固溶度曲线有如图 5-37b 中的形式，β 相将随温度下降而不断析出 α_{II}，最终室温组织为 $\beta+\alpha_{II}$。

（2）成分在 $d\sim p$ 间的合金的凝固过程（以图 5-37b 为例）　成分位于图 5-37 中 d 点与 p 点之间的合金，缓慢冷至 1 点时将发生匀晶反应。随着温度的下降，α 相不断增多。温度降至 t_p 时，液相 L 及固相 α 相的成分分别达到 b 点及 d 点，发生包晶反应 $L_b+\alpha_d \rightarrow \beta_p$。由于此成分范围内的合金在包晶反应开始时 α 相的质量分数大于完全包晶反应所需的 α 相的质量分数$\left(\dfrac{b-p}{b-d}\times 100\%\right)$，所以包晶反应完成后有一部分 α 相将剩余下来，此时组织为 α+β。由于 α 相和 β 相的固溶度均随温度下降而减少，随着温度的下降，α 相及 β 相将分别析出二次相 β_{II}、α_{II}。室温时的组织为 $\alpha+\beta+\alpha_{II}+\beta_{II}$。整个凝固过程可表述如下：

$$L \xrightarrow[L\rightarrow\alpha]{t_1\sim t_p} L+\alpha \xrightarrow[L_b+\alpha_d \rightleftharpoons \beta_p]{t_p} \alpha_d+\beta_p \xrightarrow[\substack{\alpha\rightarrow\beta_{II}\\ \beta\rightarrow\alpha_{II}}]{t<t_p} \alpha+\beta+\alpha_{II}+\beta_{II}$$

（3）成分在 $p\sim b$ 间的合金的结晶过程（图 5-37b）　此成分范围内的合金的结晶过程

如下：

$$L \xrightarrow[L\to\alpha]{t_1\sim t_p} L+\alpha \xrightarrow[L_b+\alpha_d \rightleftharpoons \beta_p]{t_p} L_b+\beta_p \xrightarrow[L\to\beta]{t_p\sim t_2} \beta \xrightarrow[\text{无变化}]{t_2\sim t_3} \beta \xrightarrow[\beta\to\alpha_{II}]{t<t_3} \beta+\alpha_{II}$$

图 5-37b 所示三种合金在冷却过程中组织变化的示意说明如图 5-40 所示。

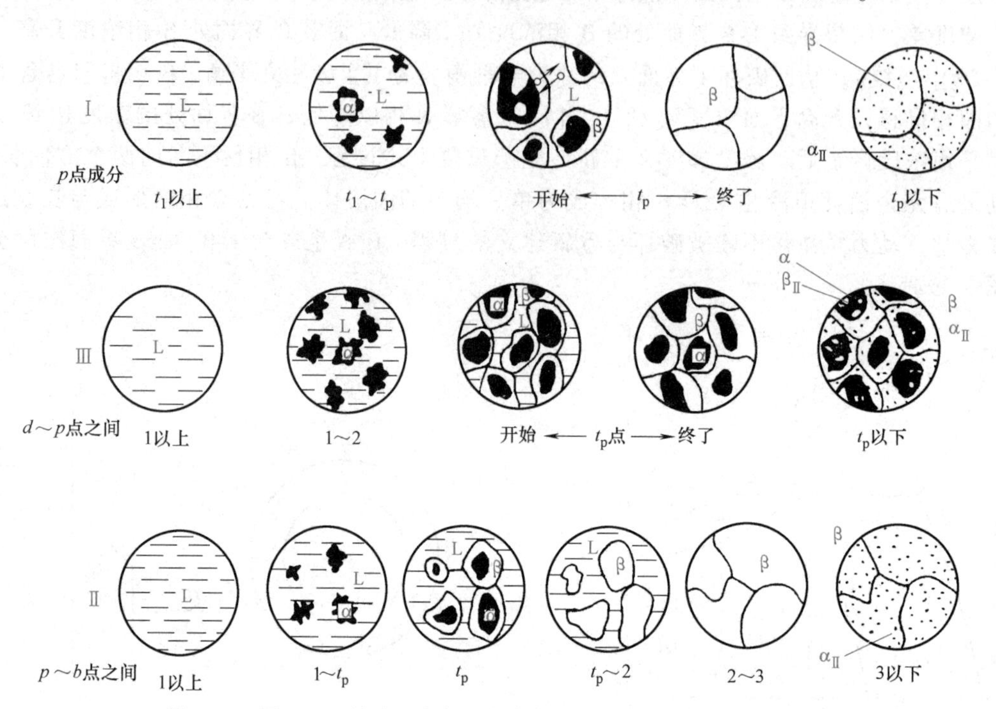

图 5-40　图 5-37b 所示三种合金在冷却过程中组织变化的示意说明

4. 包晶系合金的非平衡凝固

如前所述，包晶转变时，新生的 β 相若要长大，就必须通过 β 相内部原子的扩散来进行。由于原子在固相中的扩散比液相中慢得多，所以包晶反应是一个十分缓慢的过程。在实际生产中，由于冷却速度较快，这就使上述扩散过程不能充分进行，使本应完全消失的 α 相部分地被保留下来，剩余的液相则在低于包晶转变温度下发生匀晶反应，直接析出 β 相，使得所形成的 β 相成分极不均匀。这种由于包晶反应不能充分进行而产生的成分不均匀现象，称为包晶偏析。

如图 5-41 所示，d 点以左附近的合金，在平衡冷却条件下不发生包晶反应，但在不平衡冷却条件下，由于固溶体平均成分线下移，使合金冷却到包晶转变温度时仍有少量残余液相存在，这时就有可能发生包晶反应，以至形成一些不应出现的 β 相。这种不平衡包晶组织，可以通过扩散退火来消除。

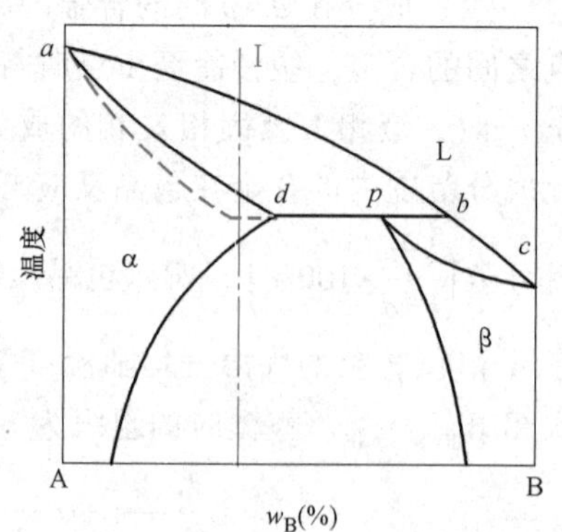

图 5-41　快冷而可能发生的包晶反应示意图

四、其他类型的二元系相图

1. 具有其他恒温转变的相图

前面已经介绍了两种重要的二元系的恒温转变，即共晶转变与包晶转变。

从相律可知，在恒压下，对于二元系，最多只能有三相平衡共存，其恒温转变显然也只可能有两种类型：分解型（$Q \rightleftharpoons U+V$）及合成型（$U+Q \rightleftharpoons V$）。共晶转变与包晶转变分属于这两种类型。

除了共晶转变与包晶转变外，属于这两种恒温转变类型的还有如下几种：

（1）熔晶反应（图 5-42a）　一个固相在某一恒温下分解成一个固相与一个液相的反应，称为熔晶反应。

$$\delta \xrightleftharpoons{T} L+\alpha$$

（2）合晶反应（图 5-42b）　由两个不同成分的液相 L_1、L_2 在某一恒温下相互作用，生成一个具有一定成分的固相的反应，称为合晶反应。

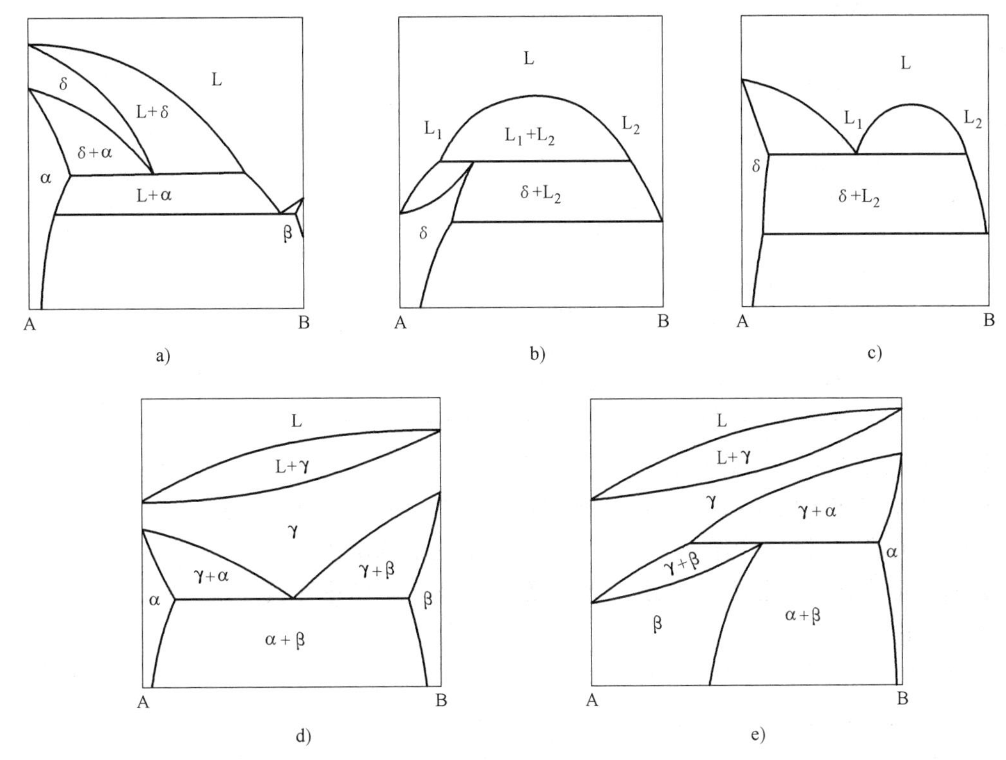

图 5-42　具有熔晶、合晶、偏晶、共析、包析反应相图

a）具有熔晶反应的相图　b）具有合晶反应的相图　c）具有偏晶反应的相图
d）具有共析反应的相图　e）具有包析反应的相图

$$L_1+L_2 \xrightleftharpoons{T} \delta$$

（3）偏晶反应（图 5-42c）　在某一恒温下，由一定成分的液相 L_1 分解出另一成分的液相 L_2，并同时结晶出一定成分的固相的反应。

$$L_1 \xrightleftharpoons{T} L_2+\delta$$

（4）共析反应（图 5-42d）　一定成分的固相，在某一恒温下同时分解成两个成分与结构均不相同的固相的反应。

$$\gamma_c \xrightleftharpoons{T} \alpha_a + \beta_b$$

（5）包析反应（图 5-42e） 两个不同成分的固相，在某一恒温下相互作用生成另一固相的反应。

$$\gamma_c + \alpha_a \xrightleftharpoons{T} \beta_b$$

二元系各类恒温转变、反应类型和相图特征见表 5-6。

表 5-6 二元系各类恒温转变、反应类型和相图特征

恒温转变类型		反应式	相图特征
分解型	共晶转变	$L \rightleftharpoons \alpha+\beta$	α >—L—< β
	共析转变	$\gamma \rightleftharpoons \alpha+\beta$	α >—γ—< β
	偏晶转变	$L_1 \rightleftharpoons L_2+\delta$	δ >—L_1—< L_2
	熔晶转变	$\delta \rightleftharpoons L+\gamma$	γ >—δ—< L
合成型	包晶转变	$L+\alpha \rightleftharpoons \beta$	α >—β—< L
	包析转变	$\gamma+\alpha \rightleftharpoons \beta$	α〉—β—〈γ
	合晶转变	$L_1+L_2 \rightleftharpoons \delta$	L_1>—δ—< L_2

2. 两组元形成中间相的相图

（1）形成稳定中间相的相图（一致熔融） 所谓稳定中间相是指在熔点以下不发生分解的中间相。此类中间相有化合物，也有以化合物为基的固溶体。

具有稳定化合物的相图有很多，尤其是在陶瓷系相图中更为常见，如图 5-43 所示的 $MgO\text{-}SiO_2$ 相图。

在 $MgO\text{-}SiO_2$ 相图中，Mg_2SiO_4（镁橄榄石）为稳定化合物，此化合物熔点很高，而且熔化前不发生分解，故常用来作为耐火材料。Mg-Si 相图（图 5-44）中，Mg_2Si 也是稳定化合物，是镁合金中的主要强化相。

形成稳定中间相的相图中，常把稳定中间相作为一个组元将相图分成几个部分。

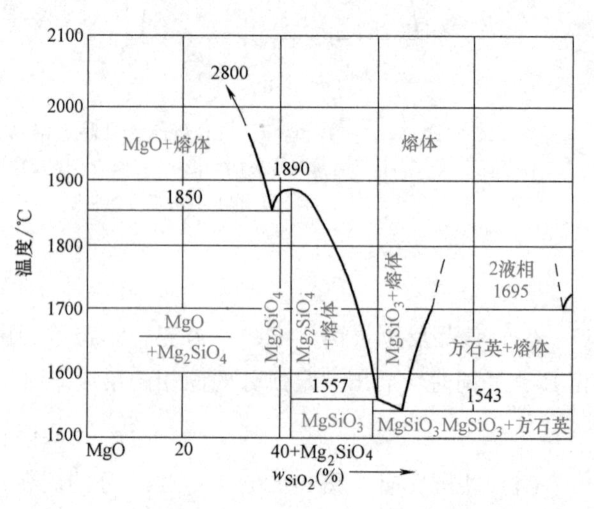

图 5-43 $MgO\text{-}SiO_2$ 相图

（2）形成不稳定中间相的相图（分解熔融） 所谓不稳定中间相，是指加热至一定温度即发生分解的中间相。不稳定中间相可以是化合物，也可以是以

化合物为基的固溶体。

图 5-43 中的 $MgSiO_3$（偏硅酸镁）为不稳定化合物，是滑石陶瓷的主要组成部分。

五、相图与性能的关系

前面内容已经述及，在常压下相图（图 5-44）是材料状态与成分、温度之间关系的图解，所以相图反映了不同成分材料结晶特点；另外，由相图还可以看出一定温度下材料成分与其组成相之间的关系，而组成相的本质及其相对含量又与材料的性能密切相关。因此，相图与材料成分、材料性能之间存在着一定的联系。对于金属材料，相图与合金的工艺性能，如合金的铸造性能、压力加工性能、热处理特点、焊接性能以及切削加工性能均有一定的联系和规律。了解这些规律后，便可以利用相图对材料的性能作出大致判断，为材料的选用及工艺制定提供参考。

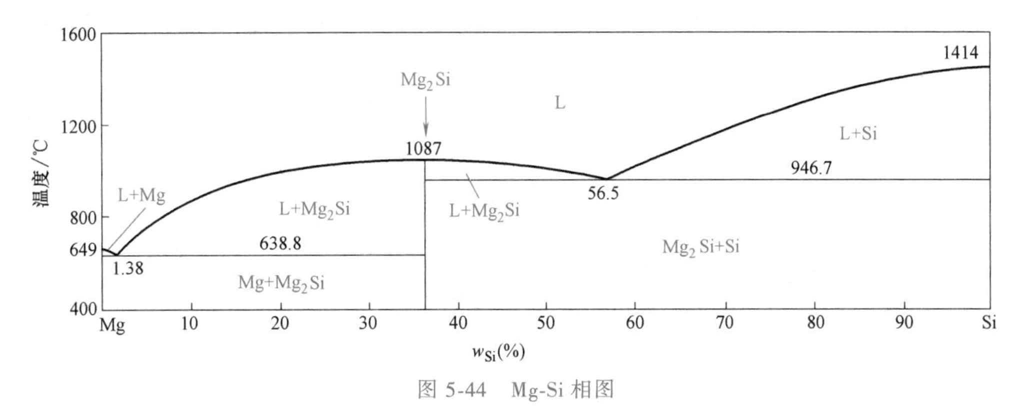

图 5-44　Mg-Si 相图

1. 根据相图判断材料的力学性能和物理性能

图 5-45 所示为不同类型相图中合金成分与材料力学性能和物理性能的关系。

对于匀晶系，固溶体的强度和硬度均随溶质组元含量的增加而提高，若 A、B 组元的强

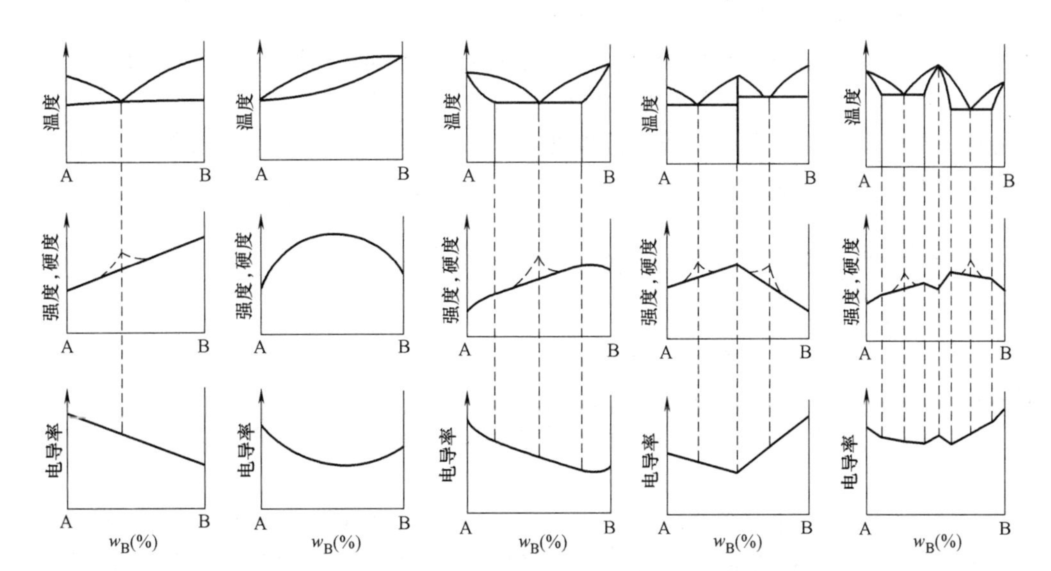

图 5-45　不同类型相图中合金成分与材料力学性能和物理性能的关系

度大致相同，则固溶体强度最高处应在溶质含量 w_B 等于 50%附近；如若某一组元的强度明显高于另一组元，其强度的最大值稍偏向高强度组元一侧。固溶体塑性的变化规律与强度相反，随溶质含量的增加而降低。固溶体的电导率随溶质含量的增加而下降；而电阻随溶质含量的增加而增加，其规律如图 5-45 所示。因此工业上常采用 w_{Ni} 为 50%的 Cu-Ni 合金作为制造加热元件及可变电阻器的材料。

对于共晶系和包晶系，若形成两相混合物，且混合物中两相大小及分布都比较均匀时，材料的性能是两组成相的平均值，即性能与成分呈直线关系。当共晶组织十分细密，且在不平衡结晶出现伪共晶时，其强度和硬度在共晶成分附近偏离直线关系而出现峰值，如图 5-45 中虚线所示。

2. 根据相图判断合金的工艺性能

合金的铸造性能主要表现为合金液体的流动性、缩孔、热裂倾向及成分偏析等。这些性能主要取决于相图上液相线与固相线之间的水平距离及垂直距离，即结晶的温度间隔与液、固相间的成分间隔。

温度间隔与成分间隔越大的合金，其流动性越差，分散缩孔也越多，凝固后的枝晶偏析也越严重。另外，当结晶间隔很大时，将使合金在较长时间内处于半固、半液状态，在已结晶的固相不均匀收缩应力作用下，有可能使铸件出现内部裂纹，产生热裂现象。

对于共晶系，共晶成分合金的熔点低，且凝固在恒温下进行，故流动性最好，分散缩孔少，热裂倾向也小。所以，铸造合金一般选用接近共晶成分的合金，如图 5-46 所示。

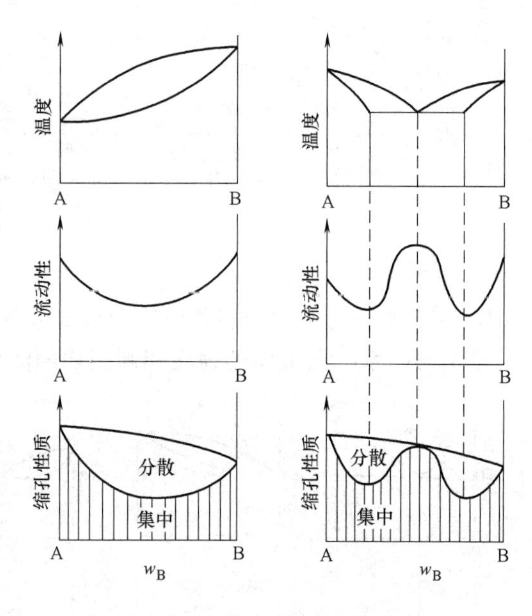

图 5-46　相图与合金铸造性能之间的关系

合金的压力加工性能与塑性有关，因为单相固溶体塑性好，变形均匀，因此压力加工合金通常是相图上单相固溶体成分范围内的单相合金或含有少量第二相的合金。单相固溶体的硬度一般较低，故不利于切削加工。

另外，在相图上无固态相变或固溶度变化的合金不能进行热处理。

六、复杂相图分析

1. 分析方法

许多复杂相图往往包含较多的基本反应，看起来显得较为复杂。分析复杂相图时，常采用如下方法：

1）相图中若有稳定中间相，可以把相图分为几个部分，根据需要选取某一部分进行分析。

2）许多相图往往只标注单相区，为了便于分析相图，应根据“相区接触法则”填写各空白相区，也可用组织组成物填写相图。所谓相区接触法则，是指相图中相邻相区的相数目差值与接触几何特征间的关系，有如下规律（常压下）：

$$n=C-\Delta P \tag{5-8}$$

式中，C 为组元数；ΔP 为相邻相区相数目的差值；n 为相邻相区接触的维数。如 $n=0$ 时，为零维接触（点接触）；$n=1$ 时，为一维接触（线接触）；$n=2$ 时，为二维接触（面接触）。

例如，二元系（$C=2$）：相邻相区相数差 1（$\Delta P=1$）时，为线接触（$n=1$），如单相区与两相区，两相区与三相平衡区；相邻相区相数差 2（$\Delta P=2$）时，为点接触（$n=0$），如共晶点、包晶点等。

三元系（$C=3$）：$\Delta P=1$ 时，$n=2$（面接触）；$\Delta P=2$ 时，$n=1$（线接触）；$\Delta P=3$ 时，$n=0$（点接触）。

3）利用典型成分分析合金的结晶过程及组织转变，并利用杠杆定律分析各相相对量随温度的变化情况。

2. 复杂相图分析举例

（1）Cu-Sn 合金系相图（图 5-47）　Cu-Sn 合金是工业上常用的铜合金（锡青铜）。从图中可以看出，图中只有非稳定中间相。图中共有五个单相区，其中 γ 为 Cu_3Sn、δ 为 $Cu_{31}Sn_8$、ε 为 Cu_3Sn、ζ 为 $Cu_{20}Sn_6$、η 和 η′为 Cu_6Sn_5，η′为有序相。以上各相都有一定的固溶度。图中有 11 条水平线，对应的恒温反应如下：

Ⅰ包晶反应：$L+\alpha \rightleftharpoons \beta$

Ⅱ包晶反应：$L+\beta \rightleftharpoons \gamma$

Ⅲ包晶反应：$L+\varepsilon \rightleftharpoons \eta$

Ⅳ共析反应：$\beta \rightleftharpoons \alpha+\gamma$

Ⅴ共析反应：$\gamma \rightleftharpoons \alpha+\delta$

Ⅵ共析反应：$\delta \rightleftharpoons \alpha+\varepsilon$

Ⅶ共析反应：$\zeta \rightleftharpoons \delta+\varepsilon$

Ⅷ包析反应：$\gamma+\varepsilon \rightleftharpoons \zeta$

Ⅸ包析反应：$\gamma+\zeta \rightleftharpoons \delta$

Ⅹ熔晶反应：$\gamma \rightleftharpoons \varepsilon+L$

Ⅺ共晶反应：$L \rightleftharpoons \eta+\theta$

另外，图中还有一条水平线，即有序-无序转变线，在有序-无序转变温度（186～189℃）发生 $\eta \rightleftharpoons \eta'$ 转变。

成分为 O 的合金结晶过程如下（图 5-47）：

$$L \xrightarrow[L\to\alpha]{t_1\sim t_2} L+\alpha \xrightarrow[L+\alpha\rightleftharpoons\beta]{t_2} \alpha+\beta \xrightarrow[\beta\to\alpha]{t_2\sim t_3} \alpha+\beta(\beta\text{ 相减少})$$

$$\xrightarrow[\beta\rightleftharpoons(\alpha+\gamma)]{t_3} \alpha+\gamma \xrightarrow[\gamma\to\alpha]{t_3\sim t_4} \alpha+\gamma(\alpha\text{ 增多}) \xrightarrow[\gamma\rightleftharpoons(\alpha+\delta)]{t_4} \alpha+\delta$$

$$\xrightarrow[\alpha\to\delta]{t_4\sim t_5} \alpha+\delta(\delta\text{ 相增多}) \xrightarrow[\delta\rightleftharpoons(\alpha+\varepsilon)]{t_5} \alpha+\varepsilon \xrightarrow[\alpha\to\varepsilon]{t<t_5} \alpha+\varepsilon$$

（2）Mg_2SiO_4-SiO_2 系相图　碱土金属硅酸盐中，硅酸镁早已进入陶瓷的生产中，图 5-48 所示为 Mg_2SiO_4-SiO_2 系相图。

图中有两个液相 L_1、L_2，三个固相 Mg_2SiO_4、$MgSiO_3$、SiO_2。图中有三个恒温反应：

偏晶反应：$L_2 \rightleftharpoons L_1+SiO_2$

包晶反应：$L+Mg_2SiO_4 \rightleftharpoons MgSiO_3$

共晶反应：$L \rightleftharpoons MgSiO_3+SiO_2$

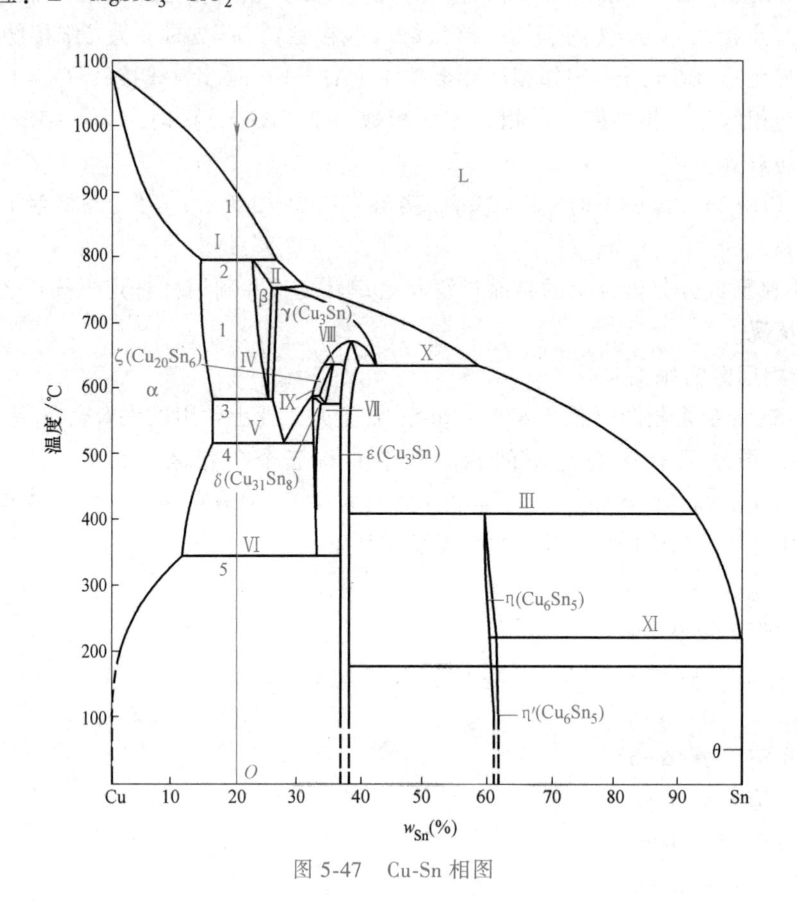

图 5-47 Cu-Sn 相图

（3）ZrO_2-SiO_2 系相图 图 5-49 所示为 ZrO_2-SiO_2 系相图。图中有四个单相：L、α、$ZrSiO_4$、SiO_2，其中 α 相为以 ZrO_2 为基的固溶体，由 Si^{4+} 与 Zr^{4+} 等价置换而形成；$ZrSiO_4$（锆英石）是不稳定化合物。此系统有两个恒温反应：

包晶反应：$L+\alpha \rightleftharpoons ZrSiO_4$

共晶反应：$L_e \rightleftharpoons ZrSiO_4+SiO_2$

从图 5-49 可以看出：

1）成分在 $o \sim d'$ 范围内时，只发生匀晶反应（$L \rightarrow \alpha$），Si^{4+} 等价置换 Zr^{4+}，形成以 ZrO_2 为基的固溶体。

2）成分在 $d \sim p$ 范围内时，高温从熔体中析出 α，冷至 t_p 温度时为 $L_b+\alpha_d$。在温度 t_p 时发生包晶反应 $L_b+\alpha_d \rightleftharpoons ZrSiO_4$，反应完成后有剩余 α 相，$t_p$ 温度以下的组成为 $\alpha+ZrSiO_4$。

3）成分在 $p \sim b$ 范围内时，高温下从熔体中析出 α，在 t_p 发生包晶反应 $L_b+\alpha_d \rightleftharpoons ZrSiO_4$，包晶反应完成后有残余熔体，此时组织为（$L+ZrSiO_4$）。在 $t_p \sim t_e$ 温度范围内，熔体中不断析出 $ZrSiO_4$（锆英石）。至 t_e 温度时，熔体成分达 e 点，发生共晶反应 $L_e \xrightleftharpoons{t_e}$（$ZrSiO_4+SiO_2$），共晶反应完成后组织为：锆英石（$ZrSiO_4$）+共晶体（锆英石+石英）。

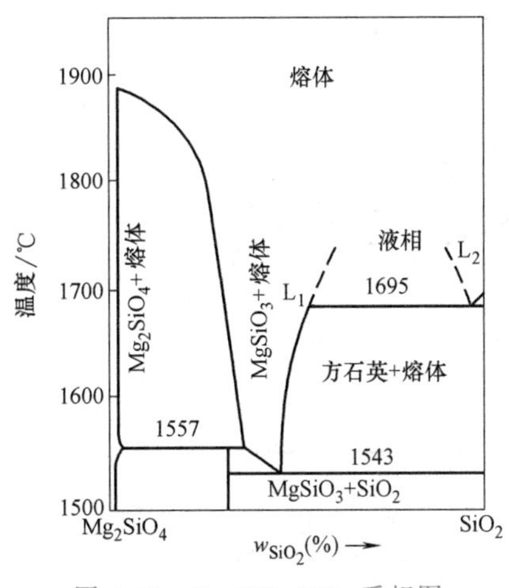

图 5-48　Mg_2SiO_4-SiO_2 系相图

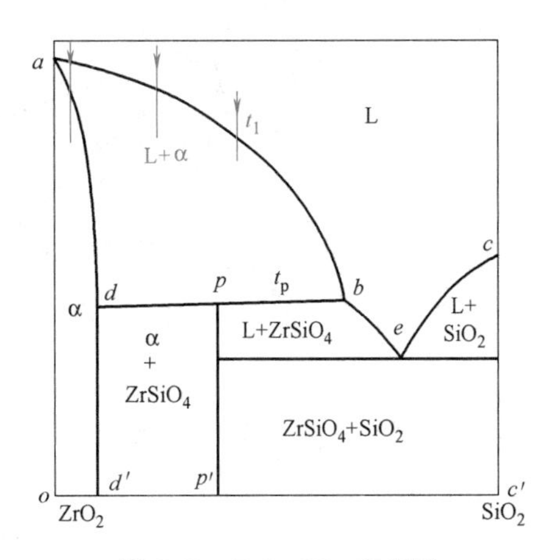

图 5-49　ZrO_2-SiO_2 系相图

其过程如下：

$$\text{熔体(L)}\xrightarrow[L\to\alpha]{t_1\sim t_p}\text{熔体(L)}+\alpha\xrightarrow[L_b+\alpha_d\rightleftharpoons ZrSiO_4]{t_p}\text{熔体(L)}+\text{锆英石}(ZrSiO_4)$$

$$\xrightarrow[L\to ZrSiO_4]{t_p\sim t_e}\text{熔体(L)}+\text{锆英石}\xrightarrow[L_e\rightleftharpoons(ZrSiO_4+SiO_2)]{t_e}\text{锆英石}+$$

$$\text{共晶体(锆英石+石英)}\xrightarrow{t<t_e}\text{锆英石}+\text{共晶体}$$

若取成分为 $x(p<x<b)$，则在 $t<t_e$ 时的组织组成物相对量：

$$w_{\text{共晶}}=\frac{x-p'}{e-p'}\times100\%；w_{ZrSiO_4}=\frac{e-x}{e-p'}\times100\%$$

相的相对量：

$$w_{SiO_2}=\frac{x-p'}{c'-p'}\times100\%；\ w_{ZrSiO_4}=\frac{c'-x}{c'-p'}\times100\%$$

铁碳合金相图分析

3. 铁-碳合金相图

钢铁材料是目前乃至今后很长一段时间内，人类社会中最为重要的金属材料。工业上把铁-碳二元系中碳的质量分数小于 2.11%的合金称为钢；而把碳的质量分数大于 2.11%的铁-碳合金称为铸铁。工业用钢和铸铁中除铁、碳元素外还含有其他组元。为了研究方便，可以有条件地把它们看成二元合金，在此基础上再考虑所含其他元素的影响。

铁-碳合金相图是研究铁-碳合金的重要工具，从第一张铁-碳平衡相图发表距今已有百余年，在此期间，世界各国的金属学工作者采用各种方法对这一相图进行越来越精确的测定和校核，以致在不同的书刊中，由于出版或引用年代的不同而使这一相图中的某些参数会互有差异。

铁-碳合金中的碳有两种存在形式：在通常情况下是形成化合物 Fe_3C，但在特殊情况下也可形成石墨相。当碳以 Fe_3C 的形式存在时，可以把 Fe_3C 看作一个组元，此时的铁-碳相图称为 Fe-Fe_3C 系相图；当碳以石墨形式存在时，铁-碳相图称为铁-石墨相图。由于石墨相的吉布斯自由能比 Fe_3C 相低，所以前者称为介稳系相图；后者为稳定系相图。

铁-碳系的介稳系与稳定系相图往往被叠绘在同一坐标中，图 5-50 就是将两个相图叠在

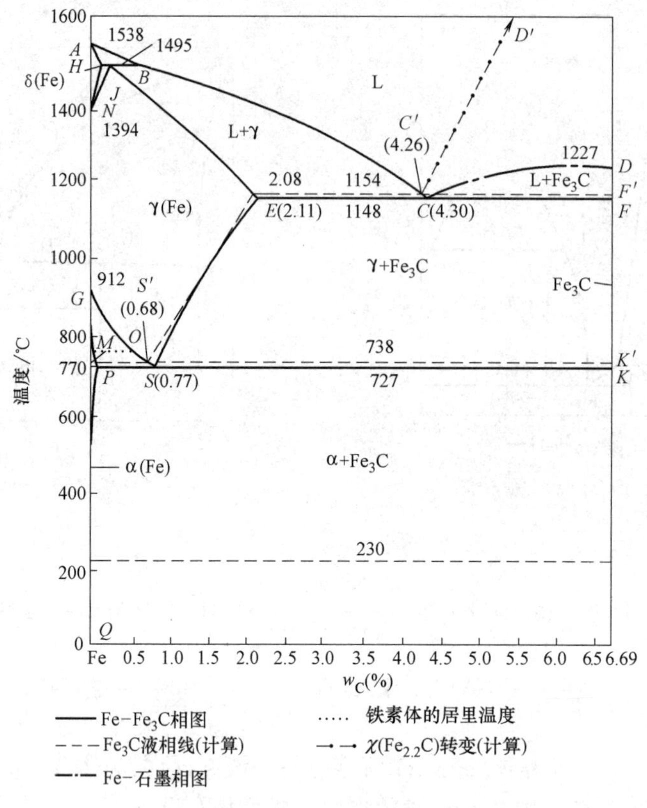

图 5-50 铁-碳相图

一起的所谓铁-碳“双重”相图。图中实线表示按介稳态转变的 $Fe\text{-}Fe_3C$ 相图；虚线表示按稳态转变的稳定系铁-石墨相图。这里只讨论 $Fe\text{-}Fe_3C$ 相图。

(1) 铁-碳合金的组元与基本相

1) 纯铁。铁属过渡族元素，在 101.325kPa 下于 1538℃熔化，在 2740℃汽化。

固态铁在不同温度范围具有不同的晶体结构（多型性）：1394~1538℃时为体心立方结构，称为 δ-Fe；912~1394℃时为面心立方结构，称为 γ-Fe；912℃以下时为体心立方结构，称为 α-Fe，它是铁磁性的。

铁是组成各种各样钢铁材料的基本元素，所以有时把所有钢铁材料称为铁基合金。

所谓的纯铁多少总含有微量的碳和其他杂质元素。纯铁的力学性能因其纯度及晶粒大小的不同而差别很大，其大致范围如下：

屈服强度（$R_{P0.2}$）：100~170MPa；

抗拉强度（R_m）：180~270MPa；

断后伸长率（A）：30%~50%；

断面收缩率（Z）：70%~80%；

冲击韧度（a_K）：160~200J/cm^2；

硬度：50~80HBW。

纯铁的塑性、韧性好，但强度、硬度低，很少用作结构材料。由于纯铁具有高的磁导率，故可用于要求软磁性的场合。

2）Fe_3C。Fe_3C 称为渗碳体，是铁与碳形成的间隙化合物，$w_C=6.69\%$，是 Fe-Fe_3C 系中的组元，又是铁碳合金中重要的基本相。

渗碳体属正交晶系，晶体结构十分复杂（图 5-51a）。渗碳体的硬度很高（约 800HBW），可以刻划玻璃，但塑性很差（$A\approx0$，$Z\approx0$，$a_K\approx0$）。但它被塑性良好的基体所包围时，在三向压缩应力下，仍可表现出一定的塑性。渗碳体在低温时略有铁磁性，此铁磁性在 230℃以上消失。根据理论计算结果，渗碳体的熔点为 1227℃。

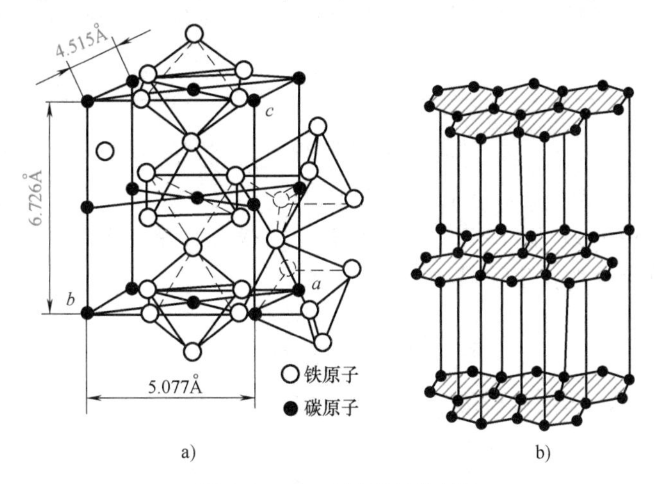

图 5-51 Fe_3C 及石墨的结构

a）Fe_3C 的结构 b）石墨的结构

由于渗碳体是介稳化合物，当条件适当时，它将按下式分解：$Fe_3C\rightarrow3Fe+C$。这样分解出来的单质状态的碳称为石墨碳。石墨的晶体结构如图 5-51b 所示。

3）铁碳合金相。铁与碳组成的重要合金相有铁素体、奥氏体、渗碳体及石墨相。碳溶于 α-Fe 和 δ-Fe 中而形成的间隙固溶体称为铁素体，具有体心立方结构，分别用 α（或 F）及 δ 表示；碳溶于 γ-Fe 中而形成的间隙固溶体称为奥氏体，具有面心立方结构，以 γ（或 A）表示。

（2）Fe-Fe_3C 相图介绍 图 5-50 所示为 Fe-Fe_3C 相图，相图中各特性点的温度、含碳量及意义见表 5-7。各特性点的符号是国际通用的，不能随意更换。

图中 *ABCD* 为液相线，*AHJECF* 为固相线。整个相图中有三个恒温转变。

1）包晶转变。在 *HJB* 水平线（1495℃）发生包晶反应：

$$L_B+\delta_H \xrightleftharpoons{1495℃} \gamma_J$$

即在 1495℃的恒温下，w_C 为 0.53%的液相与 w_C 为 0.09%的 δ 铁素体发生反应，生成 w_C 为 0.17%的奥氏体。完全包晶反应时，由杠杆定律可算得：

表 5-7 Fe-Fe_3C 相图中各特性点的温度、含碳量及意义

点的符号	温度/℃	含碳量 w_C	说　明
A	1538	0	纯铁熔点
B	1495	0.53%	包晶反应时液态合金的浓度
C	1148	4.30%	共晶点，$L_C\rightleftharpoons\gamma_E+Fe_3C$
D	1227	6.69%	渗碳体熔点（计算值）
E	1148	2.11%	碳在 γ-Fe 中的最大溶解度
F	1148	6.69%	渗碳体

（续）

点的符号	温度/℃	含碳量 w_C	说明
G	912	0	α-Fe⇌γ-Fe 同素异构转变点(A_3)
H	1495	0.09%	碳在 δ-Fe 中的最大溶解度
J	1495	0.17%	包晶点，$L_B+\delta_H \rightleftharpoons \gamma_J$
K	727	6.69%	渗碳体
N	1394	0	γ-Fe⇌δ-Fe 同素异构转变点(A_4)
P	727	0.0218%	碳在 α-Fe 中的最大溶解度
S	727	0.77%	共析点，$\gamma_S \rightleftharpoons \alpha_P+Fe_3C$
Q	室温	0.0008%	碳在 α-Fe 中的溶解度

$$\frac{w_{L_B}}{w_{\delta_H}}=\frac{0.17-0.09}{0.53-0.17}\times100\%$$

2）共晶反应。*ECF* 线（1148℃）是共晶反应线。含碳量在 *E*～*F*（w_C 为 2.11%～6.69%）之间的铁碳合金均发生共晶转变：

$$L_C \xrightleftharpoons{1148℃} (\gamma_E+Fe_3C)$$

转变产物是奥氏体和渗碳体的机械混合物，称为莱氏体，用 Ld 表示。Ld 中奥氏体及渗碳体的相对量比值为

$$\frac{w_{\gamma_E}}{w_{Fe_3C}}=\frac{6.69-4.3}{4.3-2.11}\times100\%$$

莱氏体中的渗碳体称为共晶渗碳体。

3）共析反应。在 *PSK*（727℃）发生共析转变：

$$\gamma_S \xrightleftharpoons{727℃} (\alpha_P+Fe_3C)$$

共析转变产物称为珠光体，用符号 P 表示。*PSK* 线称为共析反应线，常用符号 A_1 表示。从图中可以看出，凡是 w_C 大于 0.0218%的铁-碳合金都将发生共析转变。

经共析转变形成的珠光体是片层状的，组织中的渗碳体称为共析渗碳体。渗碳体与铁素体含量的比值：

$$\frac{w_{Fe_3C}}{w_\alpha}=\frac{0.77-0.0218}{6.69-0.77}\approx\frac{1}{8}$$

此外，$Fe\text{-}Fe_3C$ 相图上还有几条重要的固态转变线。

4）*GS* 线。*GS* 线又称 A_3 线，它是在冷却过程中，由奥氏体析出铁素体的开始线，或加热时铁素体全部溶入奥氏体的终了线。

5）*ES* 线。*ES* 线是碳在奥氏体中的固溶度曲线。此温度线常称 A_{cm} 线。当温度低于此线时，奥氏体中将析出 Fe_3C，称为二次渗碳体 $Fe_3C_{Ⅱ}$，以区别从液相中经 *CD* 线析出的一次渗碳体 $Fe_3C_{Ⅰ}$。

6）*PQ* 线。*PQ* 线是碳在铁素体中的固溶度曲线。碳在铁素体中的最大固溶度，在 727℃时为 0.0218%，600℃时降为 0.0008%，300℃时约为 0.001%。因此铁素体从 727℃冷却下来时，也将析出渗碳体，称为三次渗碳体 $Fe_3C_{Ⅲ}$。

图中 *MO* 线（770℃）表示铁素体的磁性转变温度，230℃水平线表示渗碳体的磁性转

变温度。

(3) 铁-碳合金的平衡结晶过程及组织　为了讨论方便，先将铁-碳合金进行分类。通常按有无共晶反应将其分为碳钢和铸铁两大类，即 w_C 大于 2.11%为铸铁；w_C 小于 2.11%的为碳钢（w_C 小于 0.0218%的为工业纯铁）。按 Fe-Fe_3C 系结晶的铸铁，因其断口呈白亮色，称为白口铸铁。

在工程上，按组织特征又将其细分为七种类型，所划分出的各类铁-碳合金的名称、含碳量以及室温平衡组织见表 5-8。

表 5-8　铁-碳合金的分类

总类	分类名称	w_C(%)	室温平衡组织
铁	工业纯铁①	<0.0218	铁素体；铁素体+三次渗碳体
钢	亚共析钢 共析钢 过共析钢	0.0218~0.77 0.77 0.77~2.11	先共析铁素体+珠光体 珠光体 先共析二次渗碳体+珠光体
铸铁	亚共晶白口铸铁 共晶白口铸铁 过共晶白口铸铁	2.11~4.30 4.30 4.30~6.69	珠光体+二次渗碳体+莱氏体 莱氏体 一次渗碳体+莱氏体

① 有时把工业纯铁也归于钢类。

现从每一类中选择一个合金来分析其平衡转变过程和室温组织。

1) w_C=0.01%的合金（工业纯铁）。此成分的合金在相图上的位置示于图 5-52 中①。结晶过程如下：

$$L \xrightarrow[L\to\delta]{t_1\sim t_2} L+\delta \xrightarrow{t_2} \delta \xrightarrow[\text{无变化}]{t_2\sim t_3} \delta \xrightarrow[\delta\to\gamma]{t_3\sim t_4} \delta+\gamma \xrightarrow{t_4} \gamma \xrightarrow[\text{无变化}]{t_4\sim t_5} \gamma$$

$$\xrightarrow[\gamma\to\alpha]{t_5\sim t_6} \gamma+\alpha \xrightarrow{t_6} \alpha \xrightarrow[\text{无变化}]{t_6\sim t_7} \alpha \xrightarrow[\alpha\to Fe_3C_{Ⅲ}]{t<t_7} \alpha+Fe_3C_{Ⅲ}$$

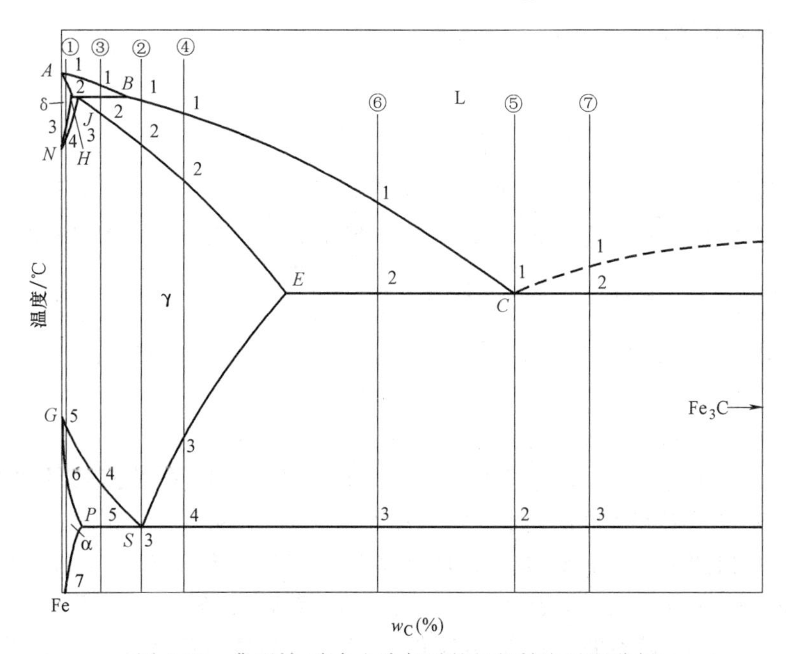

图 5-52　典型铁-碳合金冷却时的组织转变过程分析

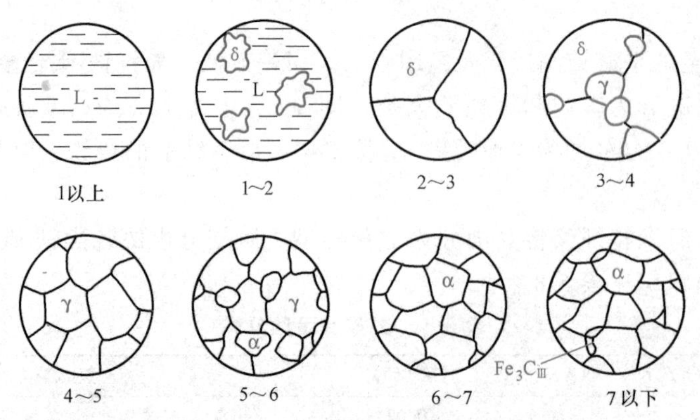

图 5-53 $w_C=0.01\%$的工业纯铁结晶过程示意图

从以上结晶过程可以看出，合金由液相完全转变为δ相后，随温度下降固溶体发生了两次同素异构转变，即冷至t_3温度时，开始发生δ→γ的同素异构转变，这一转变过程中奥氏体（γ）通常在δ相的晶界上形核，然后长大（图 5-53）。这一过程在t_4温度结束。冷到$t_5 \sim t_6$温度间又发生同素异构转变γ→α，至t_6时全部转变为铁素体α。冷至t_7时，铁素体已呈饱和状态。温度低于t_7，将从铁素体中析出$Fe_3C_{Ⅲ}$。在缓慢冷却条件下，这种渗碳体以断续网状沿铁素体晶界析出（图 5-54）。

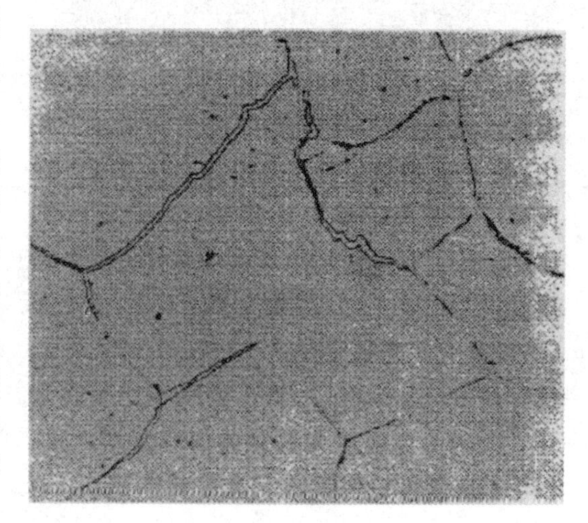

图 5-54 铁素体晶粒及沿晶界析出的网状三次渗碳体 500×

此成分的合金在室温时析出的$Fe_3C_{Ⅲ}$量可由杠杆定律求得：

$$w_{Fe_3C_{Ⅲ}}=\frac{0.01-0}{6.69-0}\times100\%\approx0.15\%$$

在以上计算中，铁素体在室温时的碳含量以零计。

2）$w_C=0.77\%$的合金（共析钢）。此合金在相图上的位置如图 5-52 中的②所示。其结晶过程：$L_{0.77}\xrightarrow[L\to\gamma]{t_1\sim t_2}L+\gamma\xrightarrow{t_2}\gamma_{0.77}\xrightarrow[\text{无变化}]{t_2\sim t_3}\gamma_{0.77}\xrightarrow[\gamma_{0.77}\rightleftharpoons(\alpha_{0.0218}+Fe_3C)]{t_3=727℃}(\alpha+Fe_3C)$

即合金经匀晶转变全部成为奥氏体后，在 727℃的恒温下发生共析转变，转变产物为珠光体P，呈片层状两相的机械混合物（图 5-55）。珠光体中片层状的Fe_3C，经适当的退火处理后，可呈球粒状分布在铁素体基体上，称为球状（或粒状）珠光体（图 5-56）。

3）$w_C=0.40\%$的合金（亚共析钢）。合金在相图的位置如图 5-52 中③所示。合金在$t_1 \sim t_2$之间按匀晶转变析出δ固溶体。冷至t_2时（1495℃），δ固溶体的含碳量为$w_C=0.09\%$，液相的w_C为 0.53%。此时液相和δ相发生包晶转变$L_{0.53}+\delta_{0.09}\rightleftharpoons\gamma_{0.17}$。由于合金的$w_C$（=0.40%）大于 0.17%，所以包晶转变终了后，还有剩余的液相存在。在$t_2 \sim t_3$之间，液相不断结晶出奥氏体，奥氏体的成分随着温度下降沿 *JE* 线发生变化。冷至 t_3 温度，合金全部为 $w_C=0.4\%$ 的奥氏体。单相奥氏体在 t_4 温度，开始析出铁素体。随着温度的下降，铁素体不断增多，铁素体的含碳量沿 GP 线变化，而剩余奥氏体的含碳量沿 GS 线变化。当温度达 t_5（727℃）时，剩余奥氏体的 w_C 达 0.77%，发生共析转变形成珠光体，此时合金组织为铁素体加珠光体。在 727℃以下，铁素体中将析出三次渗碳体 $Fe_3C_{Ⅲ}$，但数量很少，一般可以忽略。该合金室温时的组织为铁素体与珠光体，如图 5-57、图 5-58 所示。

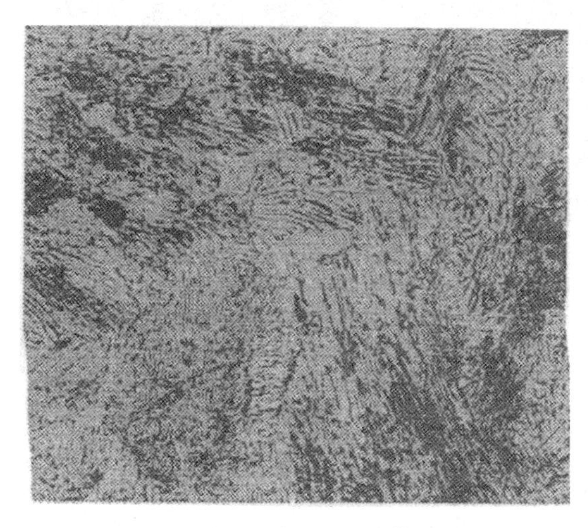

图 5-55 共析钢片层状珠光体 500×

图 5-56 共析钢球化退火 1500×
球状珠光体（渗碳体颗粒分布在铁素体基体上）

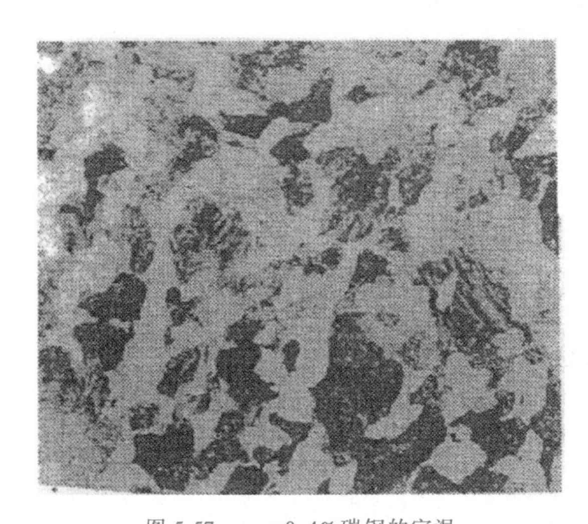

图 5-57 $w_C=0.4\%$碳钢的室温组织（铁素体和珠光体）

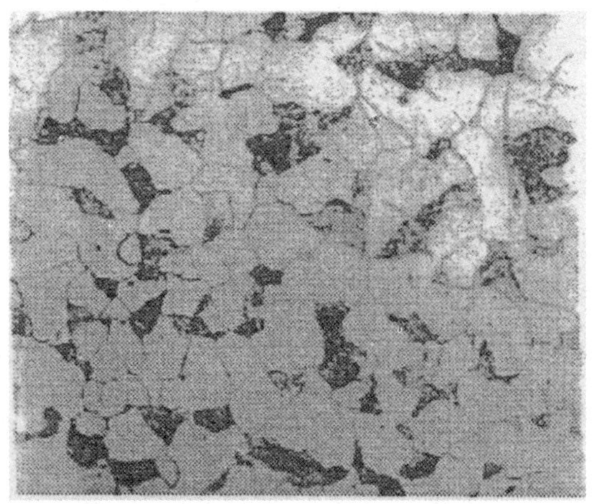

图 5-58 $w_C=0.2\%$的碳钢的室温组织 500×
（铁素体+片状珠光体）

亚共析钢的 w_C 范围为 0.0218%~0.77%，所以缓冷到室温后的组织均由铁素体与珠光体组成。钢的含碳量越高，室温时珠光体的含量也越多（图 5-59）。

若设亚共析钢的含碳量为 c，利用杠杆定律可推出珠光体 P 的质量分数 w_P 的近似表达式：

$$w_{P}=\frac{c-0.0218}{0.77-0.0218}\times100\%\approx125c\%$$

(近似取 P 的碳含量为 $w_{C}\approx0.8\%$)

利用上式可方便地估算出亚共析钢中珠光体的质量分数。若忽略珠光体与铁素体密度的差别，也可以根据组织中 P 所占的面积百分比，反推出亚共析钢的碳含量 c。

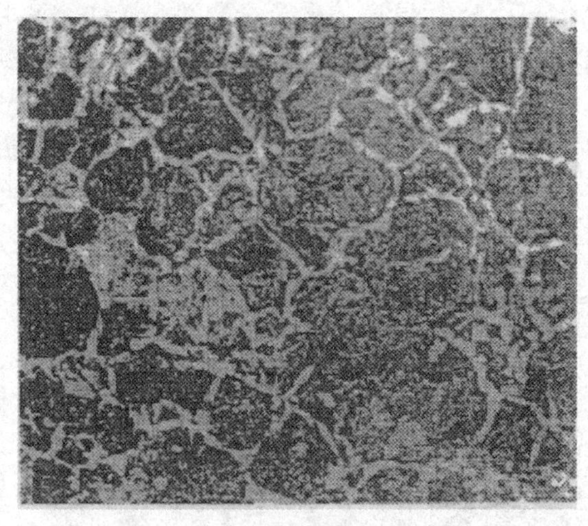

图 5-59 $w_{C}=0.6\%$的碳钢的室温组织 500×
[铁素体呈网、块状分布（白色）+片状珠光体]

同样，合金中相的相对含量：

$$w_{\alpha}=\frac{6.69-c}{6.69-0.0218}\times100\%$$

$$w_{Fe_3C}=\frac{c-0.0218}{6.69-0.0218}\times100\%$$

4) w_{C} 为 1.2%的合金（过共析钢）。图 5-52 中④表示该合金在相图中的位置，其结晶过程：

$$L\xrightarrow[L\to\gamma]{t_1\sim t_2}L+\gamma\xrightarrow{t_2}\gamma\xrightarrow[\text{无变化}]{t_2\sim t_3}\gamma\xrightarrow[\gamma\to Fe_3C_{II}]{t_3\sim t_4}\gamma+$$

$$Fe_3C_{II}\xrightarrow[\gamma\rightleftharpoons P]{t_4=727℃}P+Fe_3C_{II}$$

在过共析钢中，由 γ 中析出的 Fe_3C_{II} 呈网状分布在奥氏体晶界上。在 727℃ 发生共析转变后，最后得到的室温组织为网状的二次渗碳体和珠光体（图 5-60）。二次渗碳体的量随含碳量增加而增加，w_{C} 为 2.11%时，二次渗碳体的量达最大值：

$$w_{Fe_3C_{II}}=\frac{2.11-0.77}{6.69-0.77}\times100\%=22.6\%$$

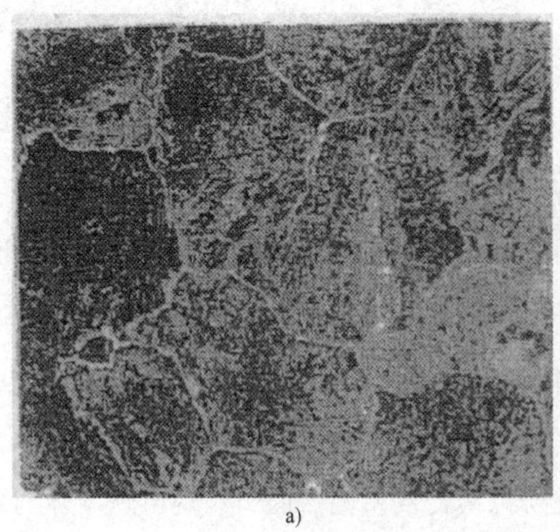

a)

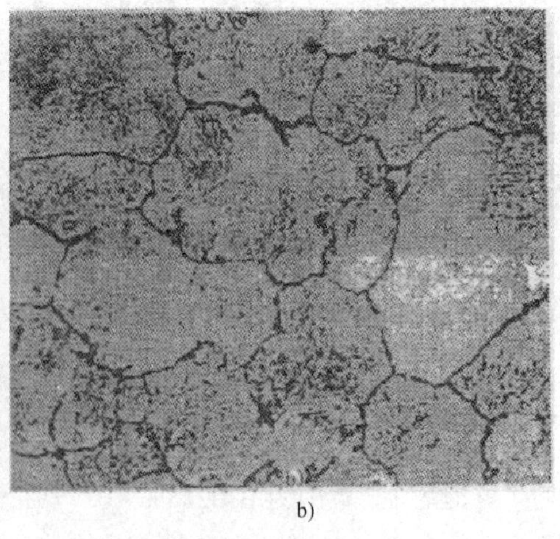

b)

图 5-60 $w_{C}=1.2\%$的过共析钢缓冷后的组织 500×
a）硝酸酒精浸蚀，白色网状相为二次渗碳体，暗黑色为珠光体
b）苦味酸钠浸蚀，黑色为二次渗碳体，浅白色为珠光体

5）共晶白口铸铁（$w_C=4.3\%$）。合金在相图中的位置如图 5-52 中⑤所示，结晶过程如下：

$$L_{4.3}\xrightarrow[L_{4.3}\rightleftharpoons Ld]{1148℃}Ld(\gamma_{2.11}+Fe_3C_{共晶})\xrightarrow[\gamma\to Fe_3C_{Ⅱ}]{t_1\sim t_2}(\gamma+Fe_3C_{Ⅱ}+Fe_3C_{共晶})\xrightarrow[\gamma\rightleftharpoons P]{t_2=727℃}$$

$$Ld'(P+Fe_3C_{Ⅱ}+Fe_3C_{共晶})$$

共晶反应完成后，随着温度的继续下降，共晶奥氏体中不断析出二次渗碳体，它通常依附在共晶渗碳体上而无法分辨。在 727℃时，奥氏体转变为珠光体，最后得到的组织由珠光体、二次渗碳体和共晶渗碳体组成，此组织称为室温莱氏体，用 Ld′表示。室温莱氏体保留了高温莱氏体的形貌，只是组成相奥氏体发生了转变。因此，常将室温莱氏体又称为低温莱氏体或变态莱氏体（图 5-61）。

6）亚共晶白口铸铁。亚共晶白口铸铁的转变过程较为复杂，以 w_C 为 3.0%的合金（如图 5-52 中⑥）为例进行分析。结晶过程如下（图 5-62）：

$$L\xrightarrow[L\to\gamma]{t_1\sim t_2}L+\gamma\xrightarrow[L_{4.3}\rightleftharpoons Ld]{t_2=1148℃}\gamma_{2.11}+Ld\xrightarrow[\gamma\to Fe_3C_{Ⅱ}]{t_2\sim t_3}\gamma+Fe_3C_{Ⅱ}+Ld\xrightarrow[\substack{\gamma_{0.77}\rightleftharpoons P\\ Ld\rightleftharpoons Ld'}]{t_3=727℃}P+Fe_3C_{Ⅱ}+Ld'$$

从上述结晶过程可以看出，亚共晶成分的铁-碳合金在结晶开始时有一个先共晶奥氏体的析出过程，当温度降至 1148℃时合金分解成两部分，即 $w_C=2.11\%$的奥氏体和 $w_C=4.3\%$的液相。在随后的冷却过程中：$w_C=4.3\%$的液相在 1148℃发生共晶反应转变为莱氏体，然后在 727℃发生共析转变形成低温莱氏体 Ld′；而 w_C 为 2.11%的先共晶奥氏体，自 1148℃降温时，其成分沿 *ES* 线变化，不断析出二次渗碳体，剩余奥氏体于 727℃发生共析转变成为珠光体，最后成为 $P+Fe_3C_{Ⅱ}$。合金的组织最终为 $P+Fe_3C_{Ⅱ}+Ld'$（图 5-63）。

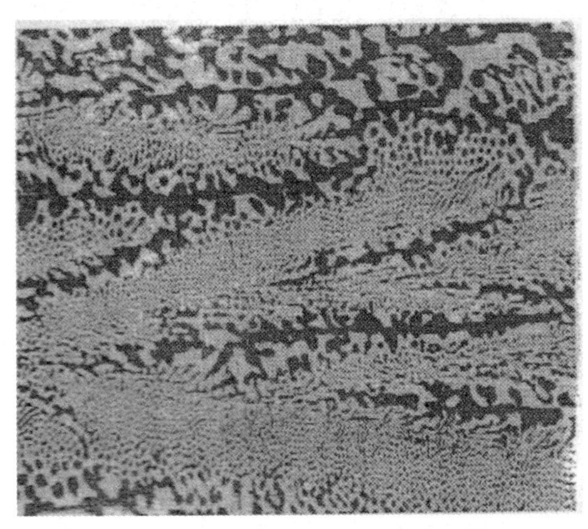

图 5-61 共晶白口铸铁的室温组织（白色基体是共晶渗碳体，黑色颗粒是由共晶奥氏体转变而来的珠光体） 200×

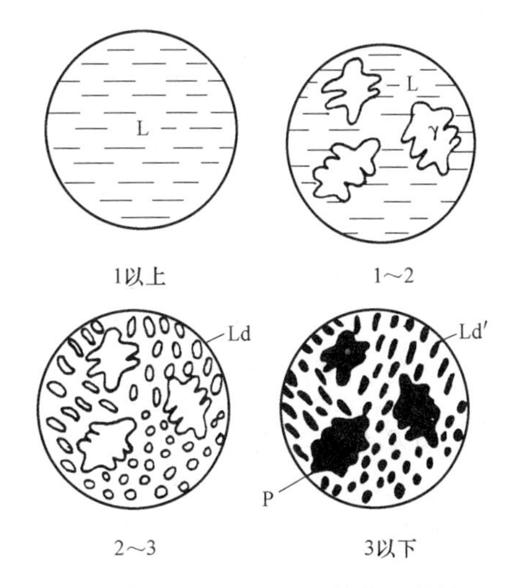

图 5-62 $w_C=3.0\%$的白口铸铁结晶过程示意图

根据杠杆定律计算该铸铁中组织组成物的质量分数：

$$w_{Ld'}=\frac{3.0-2.11}{4.3-2.11}\times100\%=40.6\%$$

$$w_P=\frac{4.3-3.0}{4.3-2.11}\times\frac{6.69-2.11}{6.69-0.77}\times100\%=46\%$$

$$w_{Fe_3C_{II}}=\frac{4.3-3.0}{4.3-2.11}\times\frac{2.11-0.77}{6.69-0.77}\times100\%=13.4\%$$

7）过共晶白口铸铁。以碳含量 $w_C=5.0\%$ 的过共晶白口铸铁为例，其在相图中的位置如图 5-52 中⑦所示，结晶过程如下：

$$L\xrightarrow[L\to Fe_3C_I]{t_1\sim t_2}L+Fe_3C_I\xrightarrow[L_{4.3}\rightleftharpoons Ld]{t_2(=1148℃)}Ld+Fe_3C_I$$

$$\xrightarrow[\text{Ld 中 }\gamma\text{ 体析出 }Fe_3C_{II}]{t_2\sim t_3}Ld+Fe_3C_I\xrightarrow[\gamma\rightleftharpoons P]{t_3(=727℃)}Ld'+Fe_3C_I$$

$w_C=5.0\%$ 的过共晶白口铸铁的室温组织为 $Ld'+Fe_3C_I$（图 5-64），各组织组成物的质量分数为

$$w_{Ld'}=\frac{6.69-5.0}{6.69-4.3}\times100\%\approx71\%$$

$$w_{Fe_3C_I}=\frac{5.0-4.3}{6.69-4.3}\times100\%\approx29\%$$

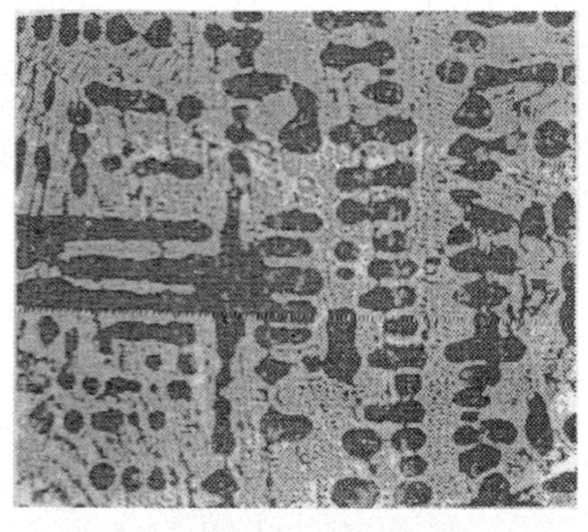

图 5-63 亚共晶白口铸铁在室温下的组织（黑色的树枝状组成体是珠光体，其余为莱氏体）200×

图 5-64 过共晶白口铸铁冷却到室温后的组织（白色条片是一次渗碳体，其余为莱氏体）100×

（4）含碳量对铁碳合金平衡组织和性能的影响

1）对平衡组织的影响。根据以上对各类铁-碳合金平衡结晶过程中的组织转变分析，可将 $Fe\text{-}Fe_3C$ 相图中的相区按组织组成物填写，如图 5-65 所示。

在不同成分的铁-碳合金室温组织中，组织组成物的相对量或组成相的相对量可总结为图 5-66。

由图 5-65 和图 5-66 可以看出，随着含碳量的增加，铁-碳合金的组织的相应改变为

$$\alpha+Fe_3C_{III}\to\alpha+P\to P\to P+Fe_3C_{II}\to P+Fe_3C_{II}+Ld'\to Ld'\to Ld'+Fe_3C_I$$

另外，从相组成角度考虑，铁-碳合金在室温下的平衡组织皆由铁素体和渗碳体两相所组成。当碳含量为零时，合金为单一的铁素体，随着含碳量的增加，铁素体量直线下降。与

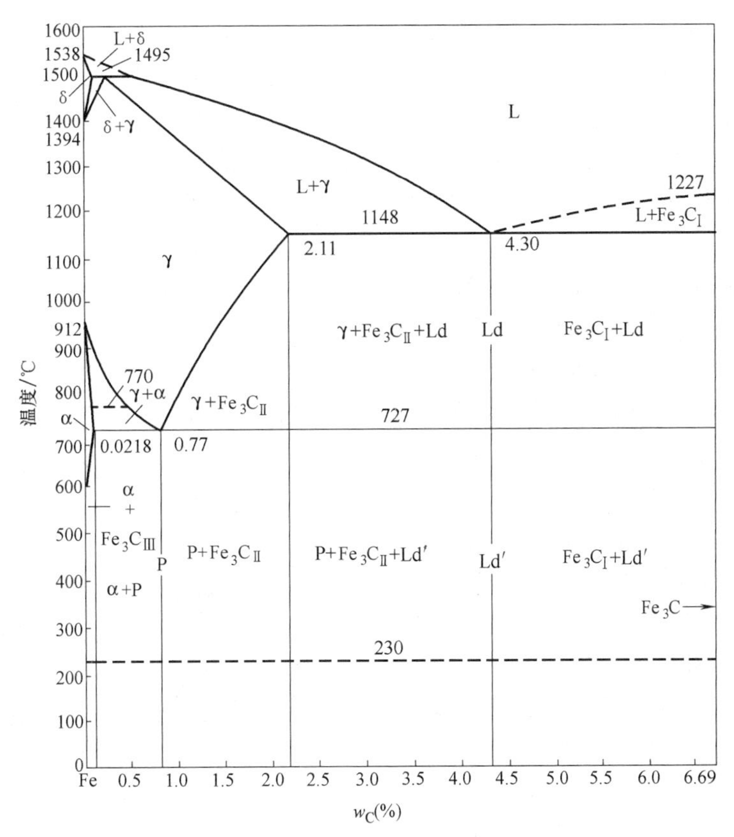

图 5-65 按组织分区的铁碳合金相图

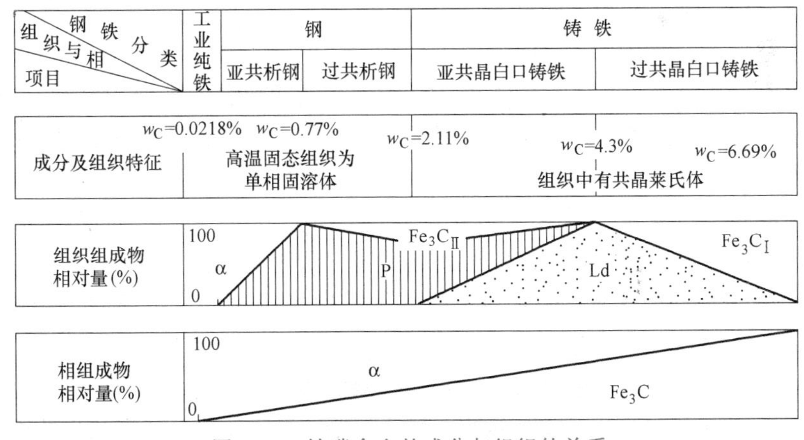

图 5-66 铁碳合金的成分与组织的关系

此相反，渗碳体则由零增至百分之百，其形态也发生以下变化：

$Fe_3C_{Ⅲ}$（薄片状）→共析 Fe_3C（片层状）→$Fe_3C_{Ⅱ}$（网状）→共晶 Fe_3C（连续基体）→$Fe_3C_{Ⅰ}$（粗大片状）。

2）含碳量对力学性能的影响。前面已经提到，铁素体硬度、强度低，而塑性好，渗碳体硬而脆。珠光体是由铁素体和渗碳体组成的机械混合物，细片状渗碳体分布在铁素体基体上，起强化的作用。珠光体的力学性能大致如下：$R_{P0.2} \approx 600MPa$，$R_m \approx 1000MPa$，$A \approx$

10%，$Z\approx12\%\sim15\%$，硬度≈240HBW。珠光体的数量对铁碳合金性能有很大影响。亚共析钢随着含碳量的增加，珠光体数量逐渐增多，因而强度、硬度上升，塑性与韧性下降；过共析钢除珠光体外，还出现了二次渗碳体。当 $w_C\leqslant1\%$时，在晶界上析出的二次渗碳体一般还未形成连续网状，故对性能影响不大，w_C 接近 1%时，强度达最高值；当 w_C 超过 1%后，因二次渗碳体的数量逐渐增多而呈连续网状分布，则使钢的脆性大大增加，塑性很低，抗拉强度也随之降低。

在白口铸铁中，由于含有大量渗碳体，故脆性很大，强度很低。含碳量对平衡状态下碳钢力学性能的影响如图 5-67 所示。

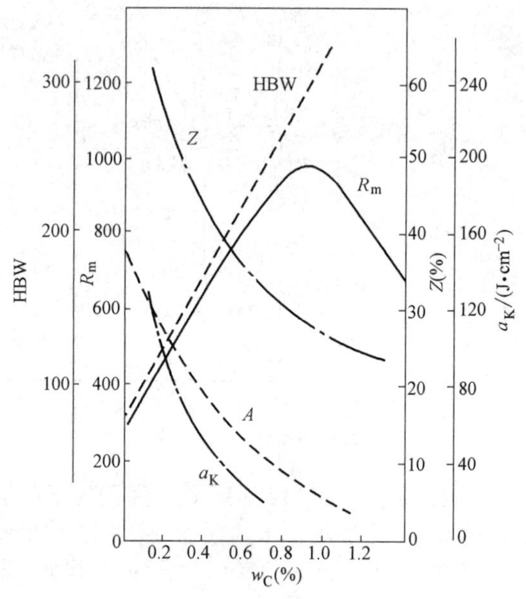

图 5-67 含碳量对平衡状态下碳钢力学性能的影响

3）对可锻性的影响。钢的可锻性与含碳量有关。低碳钢的可锻性较好，随着含碳量的增加，可锻性逐渐变差。

奥氏体具有良好的塑性，易于发生塑性变形，具有良好的可锻性。因此，钢材的始锻或始轧温度一般选在固相线以上 100～200℃的单相奥氏体区内进行。终锻温度不能过低，以免钢材因温度过低而使塑性变差，导致在锻造变形过程中产生裂纹。

4）对流动性的影响。影响金属流动性的因素很多，其中最主要的是化学成分和浇注温度。

在化学成分中，碳对流动性的影响最大。随着含碳量的增加，钢的结晶温度间隔增大，流动性理论上应该变差。但是，随着含碳量的增加，液相线温度降低，因而，当浇注温度相同时，含碳量高的钢，因其液相线温度与钢液温度之差大，即过热度大，对钢液的流动性有利。所以，当浇注温度一定时，钢液的流动性随含碳量的增加而提高。

铸铁因其液相线温度比钢低，其流动性总是比钢好。共晶成分的铸铁因其结晶温度最低，同时又是在恒温下凝固，结晶的温度间隔为零，所以流动性最好。

（5）钢中的杂质元素及其对性能的影响　钢在冶炼过程中不可能除尽杂质，所以实际使用的碳钢中除碳以外，都含有 $w_{Si}\leqslant0.4\%$，$w_{Mn}\leqslant0.8\%$，$w_S\leqslant0.07\%$，$w_P\leqslant0.09\%$，以及微量的气体元素氧、氮、氢。它们的存在会影响钢的质量和性能。

1）硅和锰的影响。硅和锰是炼钢过程中随脱氧剂而进入钢中，或者从生铁中残存下来。

硅在碳钢中的 $w_{Si}\leqslant0.5\%$。硅可以增加钢液的流动性，除形成非金属夹杂物外，硅溶于铁素体可提高钢的强度，断面收缩率和冲击韧度下降不明显。但是，当 $w_{Si}=0.8\%\sim1.0\%$时，则引起断面收缩率下降，特别是冲击韧度显著降低。另外，硅与氧的亲合力很强，形成的 SiO_2 在钢中以夹杂物形式存在，影响钢的质量。

锰在碳钢中的含量一般为 $w_{Mn}<0.8\%$。锰与硅一样，可溶入铁素体引起固溶强化，提高热轧碳钢的强度和硬度。对于镇静钢来说，锰可以提高硅和铝的脱氧效果，也可以与硫化合形成硫化锰，从而在相当大的程度上消除硫在钢中的有害作用。

2）硫的影响。一般来说，硫是有害元素，它主要来自生铁原料、炼钢时加入的矿石和燃料燃烧产物中的 SO_2。

硫只能溶于钢液，而在固态铁中的溶解度极小。硫的最大危害是引起钢在热加工时的开裂，即产生所谓的热脆。造成热脆的原因是硫的严重偏析，当结晶接近完成时，钢中的硫几乎全部集中到枝晶之间的剩余钢液中，并最后形成低熔点 Fe+FeS 共晶，这种共晶一般呈离异形式存在，即共晶中的 FeS 呈薄膜状留在晶界上。在热加工时（加工温度一般为 1150~1250℃），由于 Fe+FeS 共晶熔化温度很低（988℃）而处于熔融状态，从而导致加工时开裂。如果钢液中含氧量也比较高，则形成熔点更低的 Fe+FeS+FeO 三相共晶（熔点 940℃），这种共晶体对钢的危害更大。

在工业用钢中，通过加入锰来避免形成 FeS，以防止热脆的发生。

硫的有益作用是可以提高钢的切削加工性能，在易切削钢中，w_S 为 0.08%~0.2%，同时 w_{Mn} 为 0.5%~1.2%。

3）磷的影响。一般而言，磷是钢中的有害元素。它来源于矿石和生铁等炼钢原料。

磷在 α-Fe 中的最大固溶度可达 $w_P=2.55\%$（1049℃），故钢中的磷一般全部固溶于铁中。磷有较强的固溶强化作用，它使钢的强度、硬度显著提高，但剧烈降低钢的韧性，特别是低温韧性，称为冷脆。

在含碳量比较低的钢中，磷的冷脆危害较小。在这种情况下可利用磷来提高钢的强度。例如有些国家的高磷钢，w_P 为 0.08%~0.12%，同时 w_C 小于 0.08%。

另外，磷在钢中有一些有益作用。如增加钢的耐大气腐蚀能力，提高磁性，改善钢材的切削性能，减少热轧薄板的粘接性等。

4）氧的影响。氧在钢中的溶解度很小，几乎全部以氧化物的形式存在，如 FeO、Fe_2O_3、SiO_2、MnO、Al_2O_3、CaO、MgO 等。含氧量对钢力学性能的影响，实质上也就是氧化物夹杂对力学性能的影响，影响程度与夹杂物的大小、数量、分布有关。钢中的氧化物除使钢的塑性、韧性降低外，也使钢的耐蚀性、耐磨性降低，使钢的冷冲压性能、可锻性以及切削性能变坏。

5）氮的影响。钢中的氮是在冶炼时进入的。氮在 α-Fe 中的溶解度在 590℃时达到最大，约为 0.1%（体积分数），在室温时则降至 0.001%以下，当将含氮量较高的钢自高温较快地冷却，铁素体中溶氮量达过饱合状态。如果将此钢材经冷变形后在室温下放置或稍微加热，氮将逐渐以氮化物的形式沉淀析出，可使低碳钢的强度、硬度上升，但塑性、韧性下降，这种现象称为机械时效或应变时效，对低碳钢的性能不利。

氮可以和低碳钢中的铌、钒、钛、铝形成氮化物，有细化晶粒和沉淀强化的作用。

6）氢的影响。在冶炼过程中，钢液既可以由锈蚀含水的炉料带入氢，也可以从炉气中直接吸收氢。这些氢的一部分将残留在钢中。氢在铁中的溶解度很小（例如 900℃在 α-Fe 中 φ_{H_2} 大约只有 $3\times10^{-4}\%$）。它在钢中的含量一般很少，但对钢的危害却很大，表现在两个方面：一是溶入钢中使钢的塑性和韧性降低，引起所谓的氢脆；二是当氢从钢中析出（变成分子态的氢）时造成内部裂纹性质的缺陷，白点是这类缺陷中最突出的一种。

试验指出，氢对钢的屈服强度和抗拉强度没有明显影响。但是，随着钢中氢含量的增加，钢的塑性（特别是断面收缩率）急剧降低。

第四节 相图的热力学基础

相图是描述系统中各相的平衡存在条件以及相与相之间平衡关系的一种简明的图解。系统的不同状态或各相都各有其稳定存在的成分、温度及压力范围，超过这个范围，就可能发生状态或相的转变，处于这个范围内就呈稳定平衡或相平衡。

系统中的相平衡与所有其他物理、化学中的平衡，如力平衡、热平衡、化学平衡一样，都遵从一般热力学规律。相图是以热力学为基础的。相图热力学理论对于指导相图的建立、正确理解分析和应用相图等具有十分重要的作用。

一、吉布斯自由能与成分的关系

当一个给定系统内发生任意无限小可逆变化时，系统内能变化可用如下通式描述：

吉布斯自由能成分曲线

$$du = TdS - pdV + \sum_{i}^{k} \mu_i dx_i \tag{5-9}$$

式中，μ_i 代表组元 i 的化学位，或称偏摩尔吉布斯自由能；x_i 为组元 i 的摩尔分数。

由热力学基本理论可知，吉布斯自由能

$$G = H - TS = u + pV - TS \tag{5-10}$$

对式（5-10）取全微分

$$dG = du + pdV + Vdp - TdS - SdT \tag{5-11}$$

将式（5-9）代入式（5-11）得

$$dG = Vdp - SdT + \sum_{i}^{k} \mu_i dx_i \tag{5-12}$$

式（5-12）即为组分可变体系的吉布斯自由能的微分式，是热力学的基本方程式。

当温度和压力恒定时，自由能主要受成分控制，成分对自由能的影响，是通过成分对内能和熵的影响而起作用的。

下面以二元系为例，对此问题作一简单讨论。

当 A、B 两种金属组元混合而形成固溶体时，可引起自由能的变化。取热力学温度为 T，吉布斯自由能的改变值为

$$\Delta G_m = \Delta H_m - T\Delta S_m \tag{5-13}$$

式中，$\Delta G_m = G - G_0$，G_0 为 A、B 金属组元混合前的吉布斯自由能总和，显然

$$G_0 = \mu_A^0 x_A + \mu_B^0 x_B \tag{5-14}$$

式中，μ_A^0、μ_B^0 分别为 A、B 金属在温度为 T 时的化学位；x_A 及 x_B 分别为 A、B 金属组元的摩尔分数，且 $x_A + x_B = 1$。

据式（5-13）及式（5-14）得

$$G = G_0 + \Delta G_m = \mu_A^0 x_A + \mu_B^0 x_B + \Delta H_m - T\Delta S_m \tag{5-15}$$

式中，ΔS_m 为混合熵，即形成固溶体后系统熵的增量：

$$\Delta S_m = S_{AB} - S_A - S_B \tag{5-16}$$

式中，S_{AB} 为固溶体的熵值；S_A 及 S_B 分别为固溶前纯组元 A、B 的熵。由熵的统计热力学定义：$S = k\ln W$，式（5-16）可写为

$$\Delta S_m = k(\ln W_{AB} - \ln W_A - \ln W_B) \tag{5-17}$$

式中，k 为玻尔兹曼常数；W_{AB} 表示固溶体中 N_A 个 A 原子和 N_B 个 B 原子互相混合的任意排列方式的总数目。

$$W_{AB} = (N_A + N_B)! / (N_A! \ N_B!)$$

$$\ln W_{AB} = \ln[(N_A + N_B)! / (N_A! \ N_B!)] \tag{5-18}$$

利用 Stirling（斯特林）公式：$\ln N! = N\ln N - N$ 简化上式得

$$S_m = -(N_A + N_B)k\left(\frac{N_A}{N_A+N_B}\ln\frac{N_A}{N_A+N_B} + \frac{N_B}{N_A+N_B}\ln\frac{N_B}{N_A+N_B}\right)$$

$$= -R(x_A \ln x_A + x_B \ln x_B) \tag{5-19}$$

式中，R 为气体常数，$R = Nk$。

由于 W_A 及 W_B 是同类原子的排列，所以 $W_A = 1$，$\ln W_A = 0$；$W_B = 1$，$\ln W_B = 0$，将式（5-19）代入式（5-15），即得固溶体的吉布斯自由能表达式：

$$G = \mu_A^0 x_A + \mu_B^0 x_B + RT(x_A \ln x_A + x_B \ln x_B) + \Delta H_m \tag{5-20}$$

如果是理想溶体，由于形成时没有热效应，因而热焓的增量 $\Delta H_m = 0$，所以理想溶体的吉布斯自由能为

$$G = \mu_A^0 x_A + \mu_B^0 x_B + RT(x_A \ln x_A + x_B \ln x_B) \tag{5-21}$$

$\Delta H_m > 0$，为具有吸热效应的固溶体；$\Delta H_m < 0$，为具有放热效应的固溶体。图 5-68 表示了三种情况下固溶体的吉布斯自由能-成分曲线。对于 $\Delta H_m > 0$，在某一温度范围内自由能-成分曲线出现两个极小值（图 5-68c），说明此种固溶体有一定的溶解度间隙，在两个极小值成分范围内的合金都要分解为两个成分不同的固溶体。

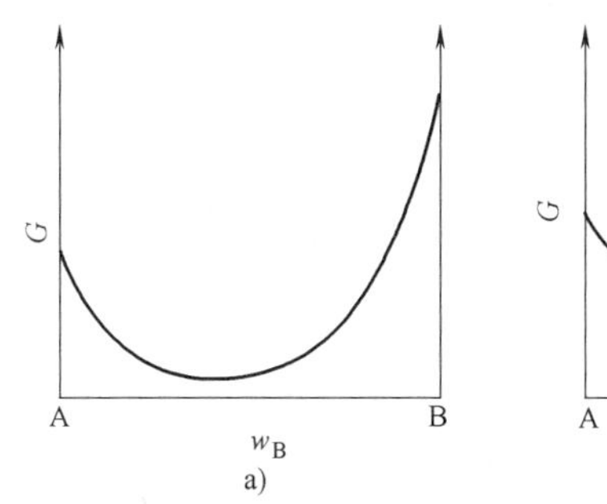

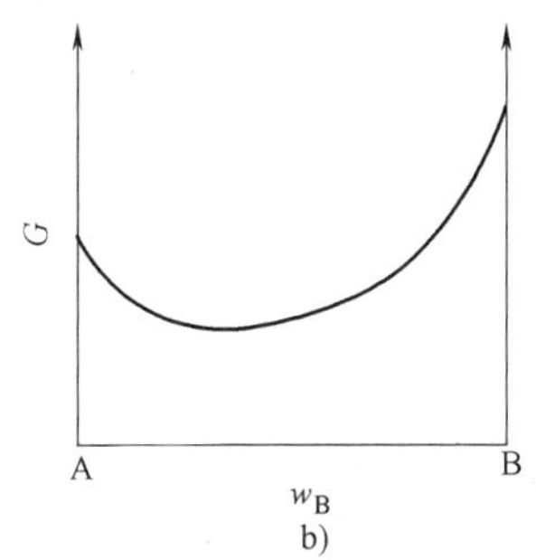

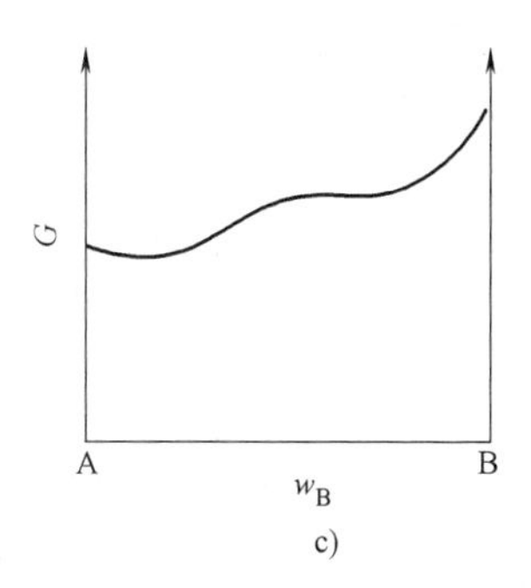

图 5-68　二元溶体的三种吉布斯自由能-成分曲线

a）$\Delta H_m < 0$　b）$\Delta H_m = 0$　c）$\Delta H_m > 0$

稀薄固溶体往往可以作为理想溶体来考虑。一般来说，在稀薄固溶体中，溶质的微量增加对内能的影响很小，但却可以使熵值显著增加。从式（5-19）可以看出，x_A（或 x_B）等于 0.5 时混合熵最大；当 $x_A \to 0$（$x_B \to 1$）或 $x_B \to 0$（$x_A \to 1$）时，曲线的斜率很大（图 5-69），这意味着两组元间相互完全不溶解的情况是很难存在的，同时也说明了要想得到纯度很高的物质是相当困难的。

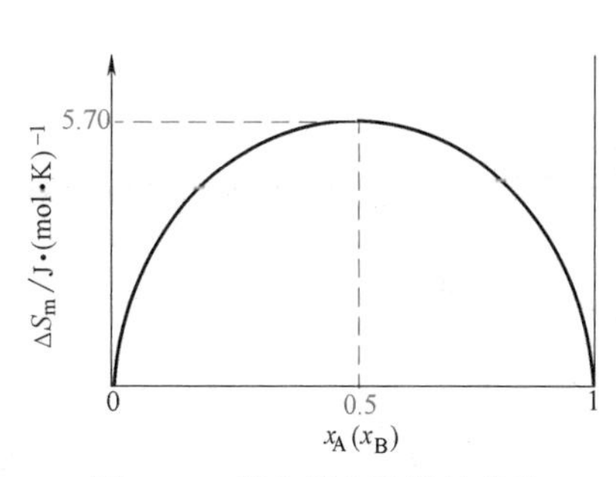

图 5-69　混合熵和浓度的关系

二、克劳修斯-克拉珀龙方程

设在一定温度和压力下，某物质处于两相平衡状态，若温度改变 dT，压力相应地改变 dp 之后，两相仍呈平衡状态。根据恒温恒压下的平衡条件 $\Delta G=0$，考虑 1mol 物质吉布斯自由能变化，由于是平衡状态

$$\Delta G=G_2-G_1=0，即\ \mathrm{d}G_2=\mathrm{d}G_1 \tag{5-22}$$

按

$$\mathrm{d}G=-S\mathrm{d}T+V\mathrm{d}p$$

应用式（5-22）得

$$-S_1\mathrm{d}T+V_1\mathrm{d}p=-S_2\mathrm{d}T+V_2\mathrm{d}p \tag{5-23}$$

即

$$\frac{\mathrm{d}p}{\mathrm{d}T}=\frac{S_2-S_1}{V_2-V_1}=\frac{\Delta S}{\Delta V} \tag{5-24}$$

因为过程是在恒温恒压下进行

$$\Delta S=\int_1^2\frac{\mathrm{d}Q}{T}=\int_1^2\frac{\mathrm{d}H}{T}=\frac{\Delta H}{T} \tag{5-25}$$

代入式（5-24）得

$$\frac{\mathrm{d}p}{\mathrm{d}T}=\frac{\Delta H}{T\Delta V} \tag{5-26}$$

此式即为克劳修斯-克拉珀龙方程，适用于任何物质的两相平衡体系。在一元系的 p-T 相图中，$\frac{\mathrm{d}p}{\mathrm{d}T}$表示每一条两相平衡曲线的斜率，其大小与 ΔH 及 ΔV 有关。ΔH 可为蒸发热、熔化热或升华热，ΔV 为参加反应的相的摩尔体积差。

如果是从固相或液相过渡到气相，前者的体积与后者相比可以忽略，按气体方程式 $V=RT/p$ 代入式（5-26）得

$$\frac{\mathrm{d}p}{\mathrm{d}T}=\frac{p\Delta H}{RT^2}，\ \ln p=K-\frac{\Delta H}{RT};$$

$$\lg p=\frac{A}{T}+B\lg T+C \tag{5-27}$$

式（5-27）即为蒸气压方程式，式中 K、A、B、C 为积分常数。

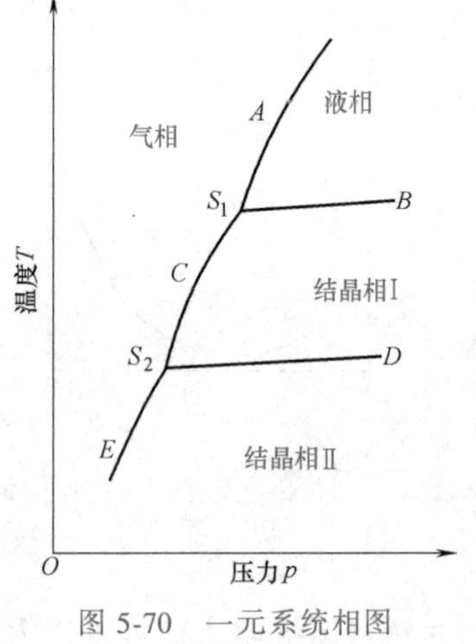

图 5-70 一元系统相图

液-固转变及晶体的多型性转变其体积变化 ΔV 远比固-气及液-气转变小，所以前两种转变的两者平衡线的斜率要比后两者大得多，如图 5-70 中的 BS_1 线和 DS_2 线。

一般金属（除 Bi、Sb 外）凝固时，$\Delta V<0$，$\Delta H<0$，按式（5-26），$\frac{\mathrm{d}p}{\mathrm{d}T}>0$，可见增加压强可使金属的熔点升高。而冰例外，冰熔化时 $\Delta V<0$，而 $\Delta H>0$，则$\frac{\mathrm{d}p}{\mathrm{d}T}<0$，在冰的 p-T 图上反映为随压强增加而熔点下降，滑冰时冰刀对冰面施加的较大压强，可使冰在较低温度下熔化而起到润滑作用。

对于纯 Fe，存在多型性（同素异构）转变，如 δ-Fe 转变为 γ-Fe 时，$\Delta V<0$；而 γ-Fe 转

变为 α-Fe 时，$\Delta V>0$，所以在 Fe 的 T-p 图上（图 5-15），δ-Fe 转变为 γ-Fe 的平衡线的斜率为正$\left(\frac{\mathrm{d}p}{\mathrm{d}T}>0\right)$，而 γ-Fe 转变为 α-Fe 的平衡线斜率为负值$\left(\frac{\mathrm{d}p}{\mathrm{d}T}<0\right)$。

三、相平衡条件

1. 化学位

化学位也称偏摩尔吉布斯自由能，它是温度、压力、成分的函数。对于一个多组元多相系统，组元 i 在相 j 中的化学位可用下式表示

$$\mu_i^{(j)}=\frac{\partial G_j}{\partial x_i} \tag{5-28}$$

式中，x_i 为组元 i 的摩尔浓度；G_j 为相 j 的吉布斯自由能。

化学位可视作某组元从某相中逸出的能力，组元 i 在某相中的化学位越高，它向化学位较低的一相转换的倾向越大，当组元 i 在各相的化学位相等时，即处于平衡状态。因此化学位可作为系统状态变化是否平衡或不可逆过程的一个判据。

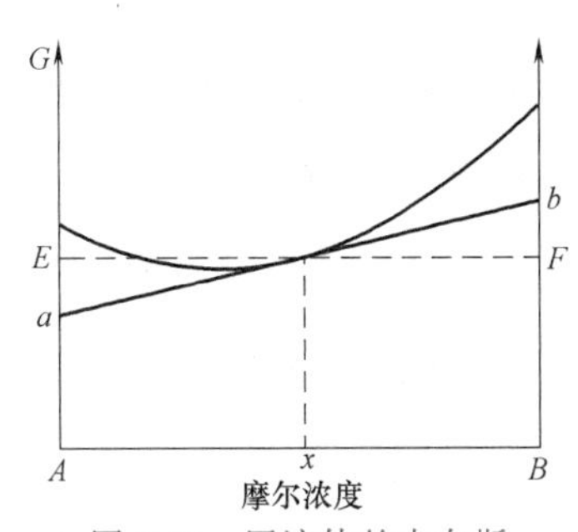

图 5-71 固溶体的吉布斯自由能-成分曲线

对于二元系统，若固溶体的吉布斯自由能-成分曲线已知，可采用切线法求取两个组元的化学位（图 5-71），如固溶体的成分为 x，可过曲线上与此成分（x）对应点作切线，切线与纵轴的交点 a、b 的吉布斯自由能值便是组元 A、B 在成分为 x 固溶体中的化学位，即

$$\begin{aligned}\mu_{\mathrm{A}}&=G-x_{\mathrm{B}}\frac{\mathrm{d}G}{\mathrm{d}x_{\mathrm{B}}}=Aa\\ \mu_{\mathrm{B}}&=G-x_{\mathrm{A}}\frac{\mathrm{d}G}{\mathrm{d}x_{\mathrm{A}}}=Bb\end{aligned} \tag{5-29}$$

2. 相图中的相平衡

（1）多相平衡条件 多组元系统中多相平衡的条件是，任一组元在各相中的化学位相等：

$$\mu_i^{(1)}=\mu_i^{(2)}=\mu_i^{(3)}=\cdots=\mu_i^{(k)} \tag{5-30}$$

式中，上标为系统中相的编号。

这个结论容易理解，如果组元在各相中的化学位不相等，这个组元就会从化学位高的相向化学位低的相发生迁移，使系统的吉布斯自由能降低，直到它在各相中的化学位相等为止。由此可见，溶体中化学位梯度是物质迁移的驱动力。

（2）一元系统的相平衡

1）一元系统的两相平衡。根据相律 $f=C-P+2$，一元系统两相平衡时，自由度 $f=1$，即温度和压力只能有一个可以独立变动，所以一元系的两相平衡共存的关系，在 p-T 图上表现为一曲线，曲线的斜率$\frac{\mathrm{d}p}{\mathrm{d}T}$由克劳修斯-克拉珀龙方程描述。

纯物质的两相平衡包括液（L）-固（S）平衡、固（S）-气（G）平衡、液（L）-气（G）平衡、固（S）-固（S）平衡，如纯金属的铸造（L⇌S）、气相沉积（G⇌S）、液体的蒸发（L⇌G）等。

2）一元系统的三相平衡。一元系统三相平衡共存时，自由度 $f=0$，它只能存在于某一温度及压力下，只要温度或压力稍有偏离，就会迫使一个相甚至二个相消失，因此一元系统的三相平衡共存，在 p-T 图上仅表现为一个点，即三相点，如图 5-72 所示。

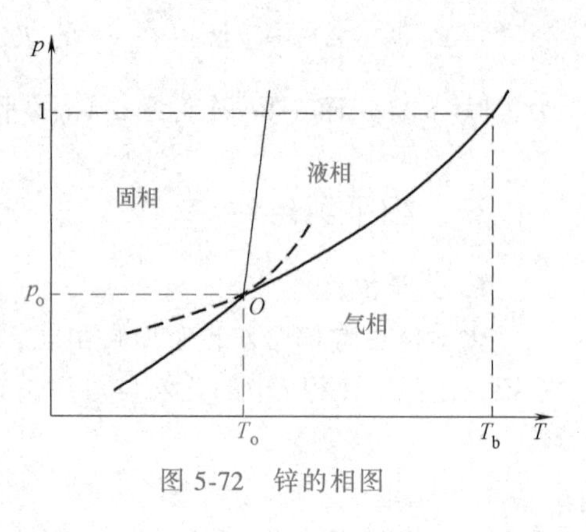

图 5-72　锌的相图

利用式（5-27）可以求出三相点的温度或方程中的其他参量。

例 5-1　已知固态锌的蒸气压随温度变化可以用下式表示：

$$\lg p=-\frac{6850}{T}-0.755\lg T+11.24$$

液态锌的蒸气压随温度变化可用下式表示：

$$\lg p=-\frac{6620}{T}-1.255\lg T+12.34$$

求液-固-气三相共存点的温度及压力。

解：设压力为 p_o，温度为 T_o 时锌的液、固、气三相平衡共存，液-气及固-气两相平衡线交于一点 O（p_o、T_o）。

由于

$$\underset{(\text{S-G})}{\lg p_o}=\underset{(\text{L-G})}{\lg p_o}$$

故

$$-\frac{6850}{T_o}-0.755\lg T_o+11.24=-\frac{6620}{T_o}-1.255\lg T_o+12.34$$

即

$$\frac{230}{T_o}+1.1=0.5\lg T_o$$

解得

$$T_o=708\text{K}$$

将 $T_o=708\text{K}$ 代入液态、固态锌的蒸气压方程，即可算出三相点的气压值：

$$\lg p_o=-\frac{6850}{T_o}-0.755\lg T_o+11.24\approx-0.587$$

解得

$$p_o\approx\frac{0.2588}{760}\text{MPa}\approx3.4\times10^{-4}\text{MPa}$$

（3）二元系统的相平衡

1）公切线法则。对于二元系统，若在恒温恒压条件下处于两相（α、β）平衡共存状态，根据化学位相等的要求，可对两个相的吉布斯自由能曲线作公切线（图 5-73）。公切线在两条曲线上切点所对应的坐标值，便是恒压下两个相在给定温度的平衡成分，即在两切点（x_B^α、x_B^β）之间成分范围内的二元合金，具有切点成分的相平衡共存时系统的吉布斯自由能最低，此即公切线法则。在切点处 $\mu_A^\alpha=\mu_A^\beta$，$\mu_B^\alpha=\mu_B^\beta$，而且 $\frac{\partial G_\alpha}{\partial x}=\frac{\partial G_\beta}{\partial x}$。

2）二元系两相平衡。根据公切线法则，若体系处于两相平衡状态，两平衡相的吉布斯自由能曲线的公切线上必有两个切点，在两切点成分范围内，系统处于两相平衡状态，组成两相混合物，此混合物的吉布斯自由能处于切线上，当成分在两切点间变动时，两平衡相的成分不变，只是相对量做相应改变，并可由杠杆定律求得。

3）二元系统的三相平衡。三相平衡共存的条件是公切线同时切于三个相的吉布斯自由能曲线。公切线上的三个切点分别对应三个平衡相的成分，如图 5-74 所示。

如果系统存在中间相，各相在某一温度下的吉布斯自由能曲线如图 5-75 所示。图 5-75a 所示的二元系除了固溶体 α 相及 δ 相外，还存在中间相 β、γ，对这些吉布斯自由能成分曲线分别引公切线 *ab*、*cd*、*ef*，可把系统分为 α、α+β、β、β+γ、γ、γ+δ、δ 几个区域，表明在此温度时随成分变化，其平衡相也作相应的变化。如果中间相与接近于某一特定成分 A_mB_n 的化合物相似，此中间相的吉布斯自由能曲线具有很尖锐的极小值（图 5-75b）。

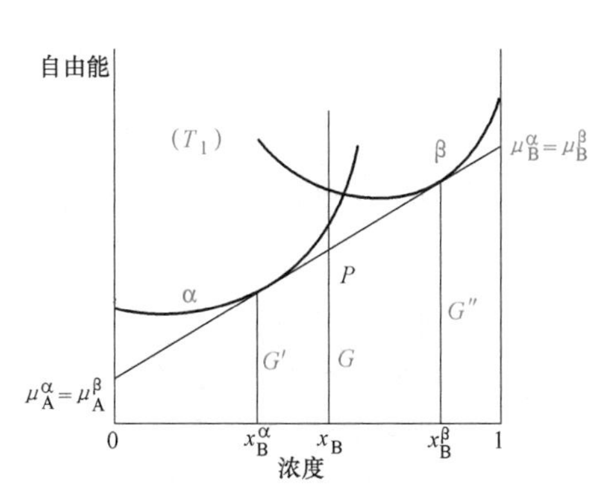

图 5-73　二元系的两相平衡

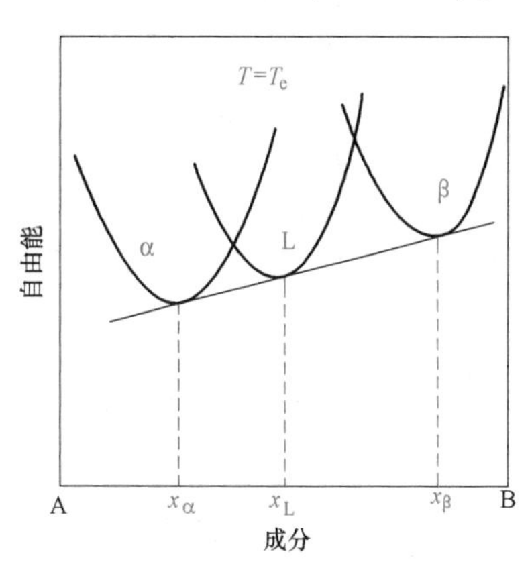

图 5-74　公切线法则的图示三相平衡

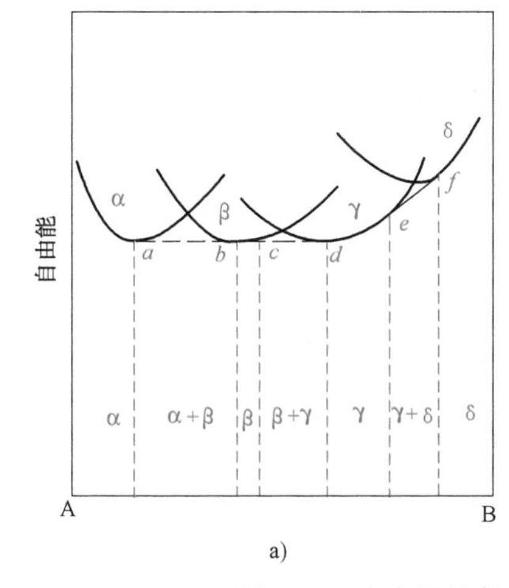

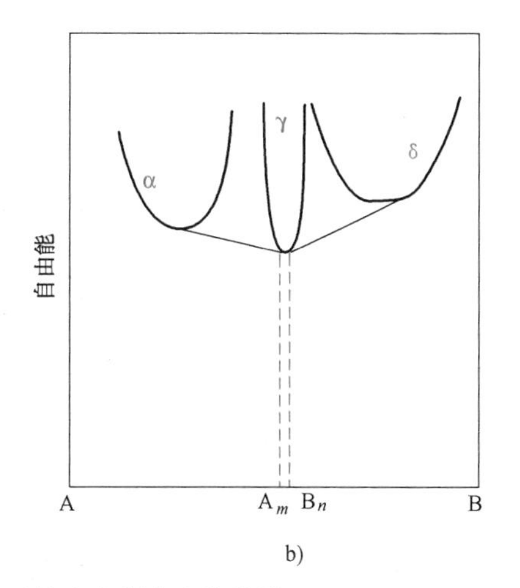

图 5-75　有中间相存在时的吉布斯自由能曲线

a）中间相占有一定的浓度范围　b）中间相具有固定不变的成分

四、吉布斯自由能曲线与相图

图 5-76 示意地说明了吉布斯自由能曲线与匀晶相图的关系；图 5-77 及图 5-78 说明了吉

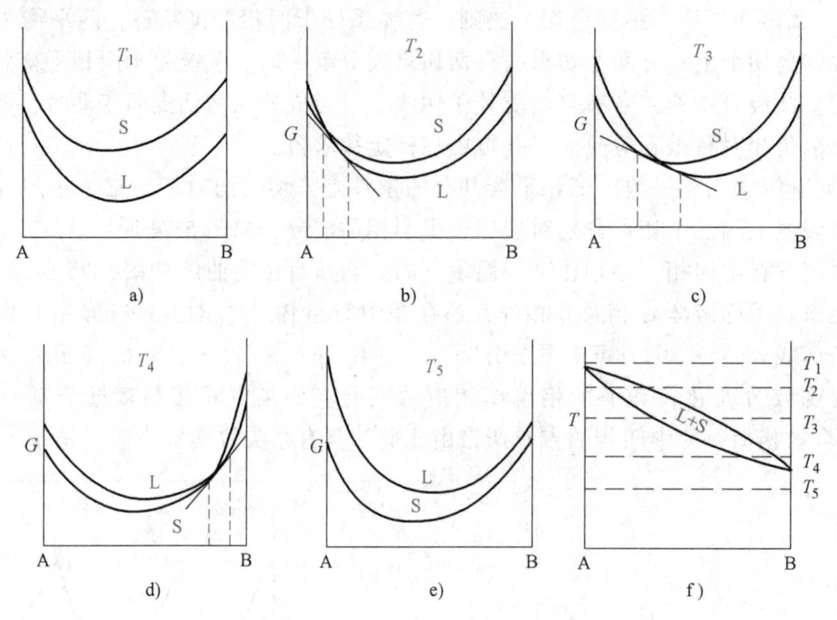

图 5-76　匀晶相图在五个不同温度下的吉布斯自由能曲线

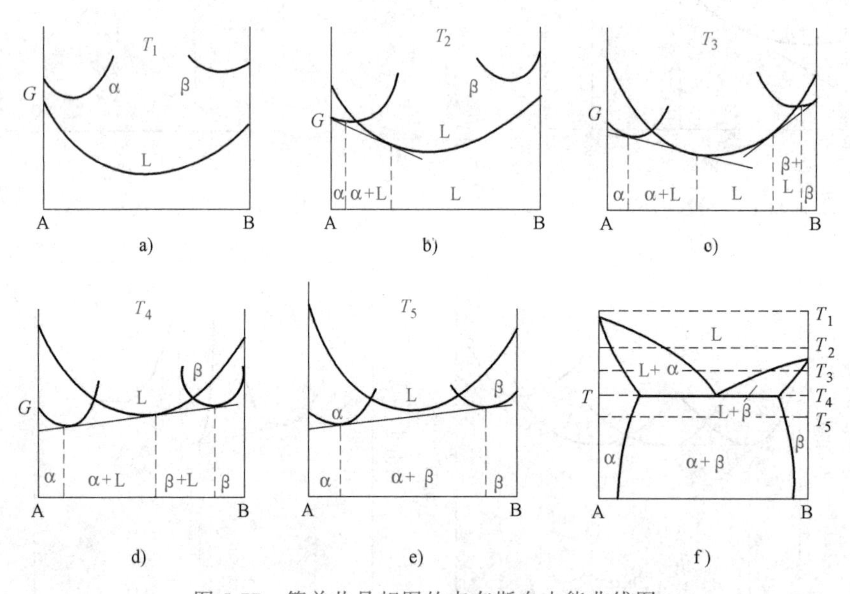

图 5-77　简单共晶相图的吉布斯自由能曲线图

布斯自由能曲线与共晶及包晶相图的关系。

图 5-79 是具有调幅分解的二元合金相图。所谓调幅分解，是单相固溶体分解为两相混合物的一种特殊方式，其特殊之处是在这一分解过程中不需要新相的形核。

如图 5-79 所示，在 T_c 温度以上的任何温度下，单相固溶体的吉布斯自由能曲线都如图 5-76e 所示的简单 U 形。在 T_c 以下，其吉布斯自由能曲线开始出现两个极小点，对此曲线作公切线，得到两个切点，如图 5-79c 中的 a、b 点及图 5-79d 中的 c、d 点。因此，在相图上形成了称为固溶度间隙的曲线 $cahbd$，固溶体在此曲线以下将分解为 $\alpha_1+\alpha_2$ 两相

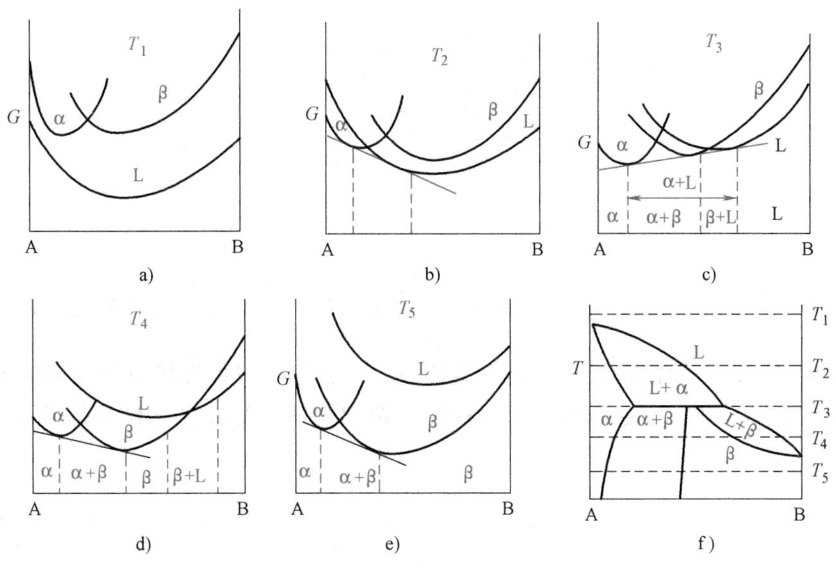

图 5-78　包晶相图的吉布斯自由能曲线图

(图 5-79e)。图中的虚线 $ha'c'm$ 及 $hb'd'n$ 是不同温度下固溶体吉布斯自由能曲线拐点 $\left(\dfrac{d^2G}{dx^2}=0\right)$ 的连线，称为调幅曲线。在调幅曲线成分范围内，固溶体将自发地分离成两个结构相同而成分不同的 α_1 和 α_2 两相，这种固溶体的分解无需成核阶段，可以说是一种自发的偏聚，即一部分为溶质原子的富集区，另一部分为原子的贫乏区。固溶体的这种分解方式即所谓的调幅分解。调幅分解区域是极小的，只有在电子显微镜下才能观察到。

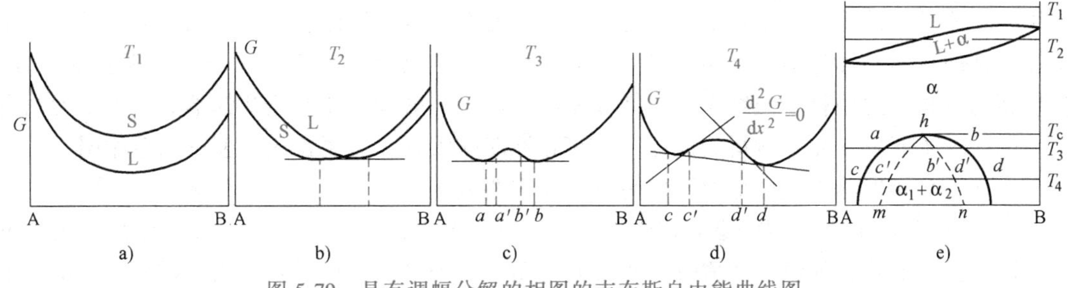

图 5-79　具有调幅分解的相图的吉布斯自由能曲线图

若固溶体在固溶度间隙曲线 $cahbd$ 及调幅曲线之间进行分解，分解过程则将按一般形核过程进行脱溶分解。可见固溶体在调幅曲线以内或以外分解时，其分解机理与分解产物的形态都具有不同的特点。

调幅分解发生在调幅曲线（拐点连线）以内的原因可以作如下解释。

设固溶体 α 的吉布斯自由能为 G_α，成分为 x，在某温度下分解为成分为（$x+\Delta x$）的 α_1 相与成分为（$x-\Delta x$）的 α_2 相，此时合金的总吉布斯自由能应为两相吉布斯自由能的平均值，故固溶体分解前后吉布斯自由能的变化为

$$\Delta G=G_{\alpha_1+\alpha_2}-G_\alpha=\frac{1}{2}[G(x+\Delta x)+G(x-\Delta x)]-G_\alpha(x)$$

将上式按泰勒级数展开，取其前三项

$$\Delta G \approx \frac{1}{2}\left[G(x)+\frac{\mathrm{d}G}{\mathrm{d}x}(\Delta x)+\frac{\mathrm{d}^2G}{\mathrm{d}x^2}(\Delta x)^2+G(x)+\frac{\mathrm{d}G}{\mathrm{d}x}(-\Delta x)+\frac{\mathrm{d}^2G}{\mathrm{d}x^2}(-\Delta x)^2\right]-G_\alpha(x) = \frac{\mathrm{d}^2G}{\mathrm{d}x^2}(\Delta x)^2 \tag{5-31}$$

如在拐点以外、切点以内区域（图 5-79d），$\frac{\mathrm{d}^2G}{\mathrm{d}x^2}>0$，从式（5-31）可以看出 $\Delta G>0$，说明任意小的成分起伏，都将使体系吉布斯自由能增高，此吉布斯自由能增量是固溶体分解为两相时所要克服的能垒，即形成稳定晶核的形核功，新相晶核一般在某些结构缺陷处（如位错、晶界等）形成。

但是，在调幅曲线以内，$\frac{\mathrm{d}^2G}{\mathrm{d}x^2}<0$，$\Delta G<0$，即在此范围的合金，任意小的成分起伏都会使体系的吉布斯自由能下降，使母相不稳定，进行不具能垒的调幅分解，通过溶质的上坡扩散使浓度起伏区直接长大为新相。

第五节　三元系相图

含有三个组元的系统称为三元系统，或称三元系。如金属材料中的 Fe-C-Si、Fe-C-Cr、Al-Mg-Cu 三元系合金，以及 K_2O-Al_2O_3-SiO_2、CaO-Na_2O-SiO_2 三元系陶瓷。

三元系统与二元系统相比，组元数增加了一个。一般经验告诉我们，由于组元间的相互作用，不能简单地用二元系合金的性能来推断三元系合金的性能，因为组元间的作用往往不是加和性的；在二元系中加入第三组元后会改变原来组元间的溶解度，可能出现新的转变，产生新的组相。这些材料的组织、性能和相应的加工、处理工艺等通常都不等同于二元系合金。因此，要研究三元系材料的成分、组织和性能间关系，需要首先了解三元系相图。

三元合金相图与二元合金相图之间有三项重要差别：

1）完整的三元合金相图是立体模型，而不是平面图形。对于二元系统，在恒压条件下只有两个独立参量，即温度和成分，故二元相图是一个平面图形。对于三元系统，在恒压下有三个独立参量，即温度和两个成分参数，所以三元相图是一个立体模型。构成三元相图主要应该是一系列空间曲面及依此所围成的空间区域，而不是二元相图中那些平面曲线。

2）三元系中可以发生四相平衡转变。由相律可以确定，二元系中的最大平衡相数为 3，而三元系中的最大平衡相数为 4。这就是说，三元系中可以发生四相平衡转变。三元合金相图中的四相平衡区是一个水平面。

3）除单相区和两相平衡区外，三元合金相图中的三项平衡区也占有一定空间。由相律可以得出，三元系三相平衡存在一个自由度，所以三相平衡转变是等温过程，反映在相图上，三相平衡区必须占有一定空间，不再是二元合金相图中的水平线。

综上可知，与二元相图相比，三元相图的类型多而复杂，至今比较完整的相图不多，更多的是三元相图中某些有用截面和投影图。

本节主要介绍三元相图的一般概念，三元系的相反应类型；讨论三元相图的使用，着重于截面图和投影图以及常用的相反应类型的判断方法。

一、三元相图的表示方法

二元系统只有一个成分参数，因而只需一根直线坐标就可以表示二元系统的各种成分。三元系统有两个成分参数，故只能用浓度平面来表示三元系的成分。通常采用的有等边三角形、等腰三角形及直角三角形等。现分别讨论如下：

1. 等边三角形法

取等边三角形 ABC，如图 5-80 所示。以其三个顶点表示三个纯组元；三个边各定为 100%，分别代表三个二元素 A-B、B-C 和 C-A 的成分；位于三角形内部的点代表三元系的成分。此三角形称为成分三角形或浓度三角形。

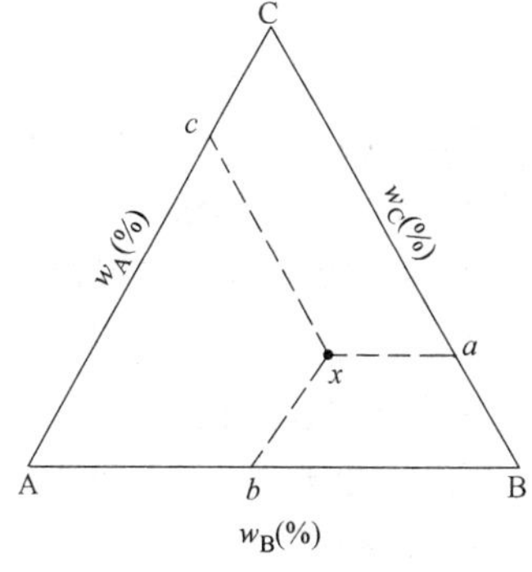

图 5-80　三元系浓度的标定

在等边三角形内任取一点 x，由 x 顺次引平行于各边的线段 xa、xb 及 xc，则 $xa+xb+xc=AB=BC=CA$。因此，如果将各边定为 100%，那么，三个线段之和等于 100%，所以可以用线段 xa、xb 及 xc 依次表示成分为 x 的材料（或相）中三个组元 A、B 和 C 的质量分数。另外，由图 5-80 可知，$xa=Cc$，$xb=Ba$，$xc=Ab$。这样，也可以顺次从三角形三个边上的刻度直接读出三组元的质量分数，但应特别注意三角形三个边上成分标注方向的一致性。例如，都采用逆时针方向（如图）或采用顺时针方向（此时由 x 点引出的三个线段的方向也要相应改变）。

为了便于使用，在成分三角形内常画出平行于成分坐标的网格，如图 5-81a 所示。图中 x 点的成分为：A 组元的质量分数为 55%，B 组元为 20%及 C 组元为 25%。

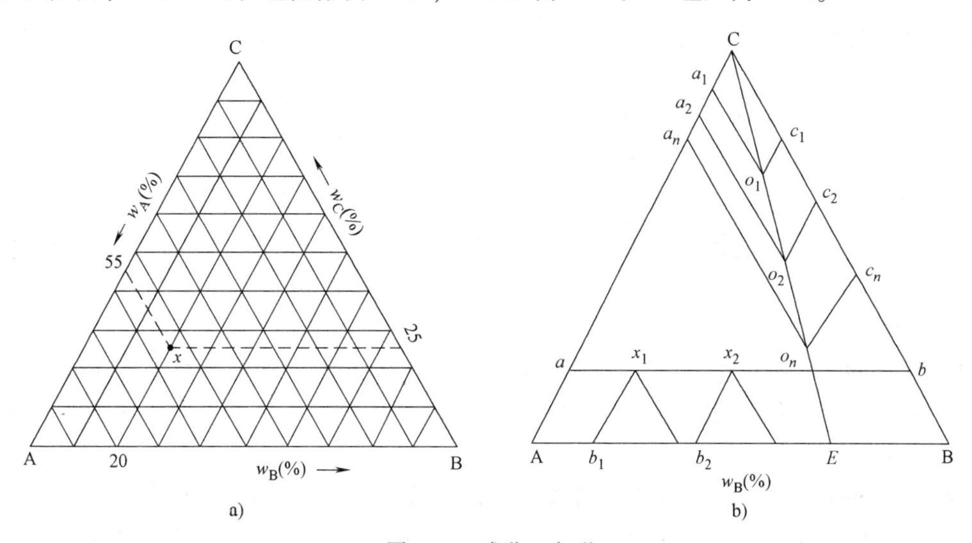

图 5-81　成分三角形

a）利用成分三角形网格标定合金 x 成分　b）成分三角形中两条特殊直线

在上述成分三角形中有两类特殊意义的线：

（1）平行于三角形某一边的直线　很容易证明，凡成分位于该线上的材料，它们所含的、由这条边对应顶点所代表的组元量均相等，如图 5-81b 中 ab 线上的两种材料 x_1、x_2 的 C 组元含量相等，即

$$x_1b_1 = x_2b_2 = x_nb_n$$

（2）通过三角形顶点的任一直线 凡是成分位于该直线上的三元系材料，它们所含的由另两个顶点所代表的两组元含量之比是一定值，如图 5-81b 中 CE 线上的各种成分，它们中的 A、B 两组元含量之比为一常数：

$$\frac{w_A}{w_B} = \frac{o_1c_1}{o_1a_1} = \frac{o_2c_2}{o_2a_2} = \frac{o_nc_n}{o_na_n}$$

这两类直线对分析相图和测定相图都有较重要的实际意义。

2. 等腰三角形法

上述等边三角形应用较广，其优点是成分标尺处处都是一致的。但当三元系中以两个组元（如 A、B）为主，而第三个组元（如 C）的浓度很低，这样，这些材料的成分必然落到浓度三角形 AB 边的一条狭长带上，应用起来诸多不便。为把这部分相图更清晰地表示出来，可将 AC 和 BC（C 点图上未标出，因在两边延长线上）两条边按比例放大若干倍，成为一个等腰三角形，并取其中一部分（如图 5-82 所示的梯形）。在此等腰三角形上，成分的标示及组元质量分数的确定，可用与等边三角形相同的方法。但有时为了应用上的方便，采用图 5-82a 的成分标示方式，组元质量分数的确定方法也相应有所改变，例如图中 x 点，由 x 点作两腰平行线，分别交底边于 a 和 b，组元 A、B 的成分 x_A、x_B 分别以线段 Bb 和 Aa 来表示。而组元 C 的量为 ba = 100-Bb-Aa。也可由 x 作底边的平行线交其一腰于 c，Bc 为 C 组元的质量分数，但需注意，Bc 是经放大后的线段，虽其长度大于 ba，但两者表示的量是相等的，两线段长度之比 Bc/ba = k，k 可视为放大倍数。

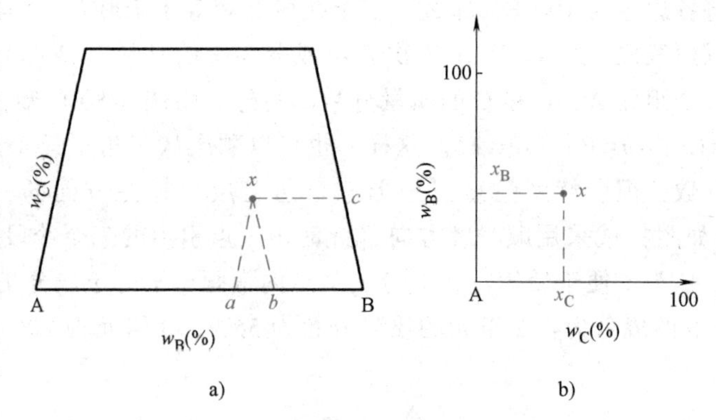

图 5-82 三元相图成分的其他标示方法

a）等腰三角形法 b）直角三角形法

3. 直角三角形法

当要研究的三元系统中是以一个组元为主（例如 A 组元），而其余两组元的浓度都相当低时，材料的成分点便靠近成分三角形的一个顶点，此时多采用直角三角形法，即直角坐标法，如图 5-82b 所示。

在直角三角形法中，多以直角顶点代表主要组元 A，而在其两邻边标出其余两组元的质量分数，成分的读法同一般直角坐标系。从 100% 中减去 B、C 组元的成分之和（x_B+x_C），即得 A 组元的质量分数。

二、三元相图的建立

三元相图的测定方法与二元相图相同，可用多种方法测定。

在垂直于浓度三角形的方向加一表示温度（T）的坐标轴，便构成了三元相图的坐标框架，显然三元相图是一个三维图形。下面以金属材料为例简单讨论。

取三元系合金 A-B-C，A、B、C 为合金系的纯组元，浓度平面采用浓度三角形。在坐标框架中 $T=T_1$ 处取一平行于底面的平面，即等温截面（截面所处的温度为 T_1）。配制足够多的不同成分的合金，全部加热至熔融液相，再缓慢冷至 T_1 温度，并测定出各种成分的合金在 T_1 温度时的状态，然后将测定结果绘入 T_1 截面中，结果如图 5-83a 所示。

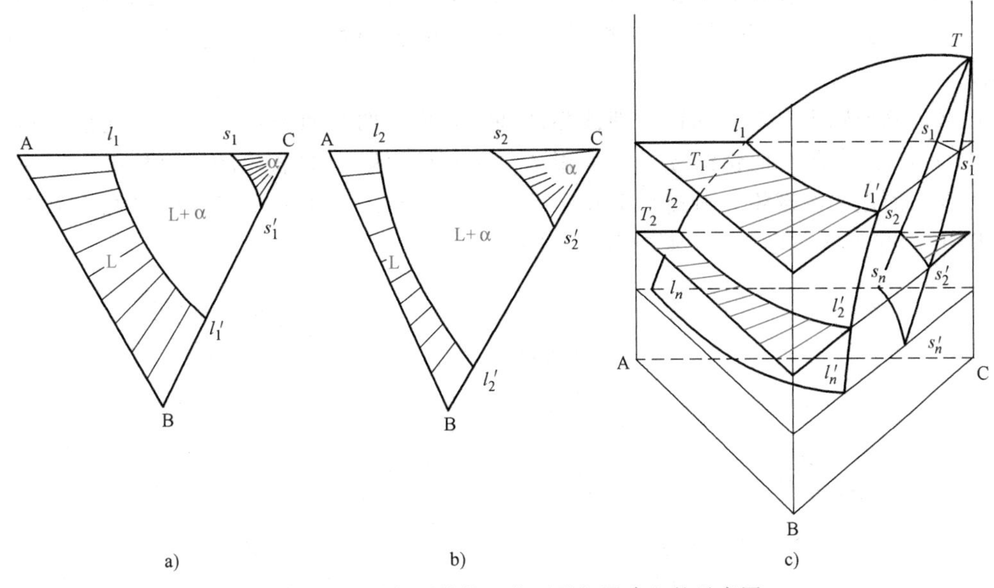

图 5-83　三元相图的等温截面及相图建立的示意图

a）$T=T_1$　b）$T=T_2$　c）相图建立

由图中可以看出，此三元合金系在 T_1 温度下随成分不同出现三个相区：曲线 $s_1s'_1$ 右侧为固相 α 相区，曲线 $l_1l'_1$ 左侧为液相区，两曲线之间为 L+α 两相区。若另取一温度 T_2 作等温截面，并利用相同的方法，测定不同成分合金在此温度时的状态，得图 5-83b，各相区的位置相对 T_1 截面有所变化。

如若取足够多的等温截面 T_1、T_2、T_3、…、T_n，用同样方式绘制出各温度下三元系合金 A-B-C 的状态，然后按温度高低顺序将这些等温截面叠加起来，便得到图 5-83c 所示的三维图形。各等温截面图上相区的分界线 $l_1l'_1$、$l_2l'_2$…$l_nl'_n$ 及 s_1s_1'、s_2s_2'…s_ns_n'分别构成了图 5-83c 中的 Tl_nl_n'曲面及 Ts_ns_n'曲面，这两个曲面称为一对共轭面。从图 5-83c 可以看出：曲面 Tl_nl_n'以上为液相 L 区，曲面 Ts_ns_n'以下为固相 α 相区，两曲面所包围的区域为 L+α 两相区。

对照二元相图可知，二元相图上的曲线，在三元相图上扩展为曲面；二元相图中的相区（二维），在三元相图中成为一空间区域。

另外，从相区接触规律式（5-8）（$n=C-\Delta P$）可知，对于三元系合金，$C=3$，当：

$\Delta P=1$ 时，$n=2$，相邻相区为二维接触（面接触），即三元系中的单相区与两相区、两相区与三相区、三相区与四相区均为面接触。

$\Delta P=2$ 时，$n=1$，相邻相区为一维接触（线接触），即三元系中的单相区与三相区、两相区与四相区均为线接触。

$\Delta P=3$ 时，$n=0$，相邻相区为 0 维接触（点接触），三元系中以点相接触的相区只有单相区和四相区。

三、三元匀晶相图

1. 相图分析

在三元系中，若任意二组元在液态和固态都可以无限互溶，那么它们组成的三元系也可以在液态无限互溶，在固态形成三组元的无限固溶体。把三元系中三个组元在液态和固态都无限互溶的三元相图叫作三元匀晶相图。具有匀晶转变的三元合金系有 Fe-Cr-V、Cu-Ag-Pb 等。

三元匀晶相图中有两个曲面，即液相面和固相面。两个曲面相交于三个纯组元的熔点 a、b 和 c，这两个曲面把相图分为三个相区，即液相面以上的液相区，固相面以下的固相区，以及两面之间的液相、固相平衡共存区，如图 5-84a、b 所示。三元匀晶相图的三个侧面，即是 A-B、B-C、C-A 二元系的匀晶相图。

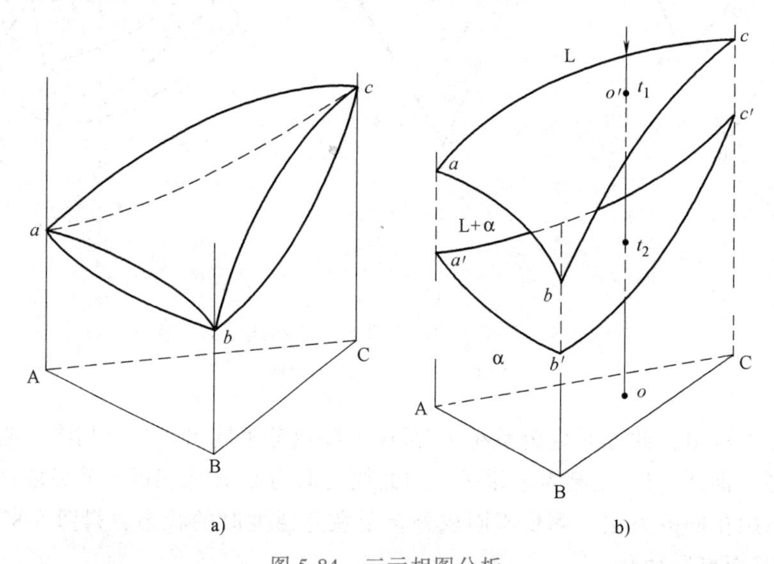

图 5-84 三元相图分析

a）三元匀晶相图 b）三元匀晶相图中的液相面及固相面

三元立体相图模型的优点是直观，但由于相图中曲面的形状在立体模型上很难精确表达，所以利用此模型难以在相图上准确确定出相变时的温度及各相的成分点（如图 5-84b 中 o'点）。因此，在实际中常常根据需要测出某一温度下合金系的状态随成分变化的图解，即等温截面图；或者沿浓度三角形上的特殊直线作平行于温度轴的截面，即变温截面。下文将分别讨论这两种在实际应用中较为重要的截面图。

2. 等温截面（水平截面）图

等温截面又称水平截面，它表示三元系统在某一温度下的状态。

假定已知三元 A-B-C 系统的立体模型图，在温度 T 作等温截面（图 5-85a），该截面与液相面及固相面分别交截于 l_1l_2 及 s_1s_2，将此等温截面投影于浓度三角形 ABC 上，得到图 5-85b 所示的截面。

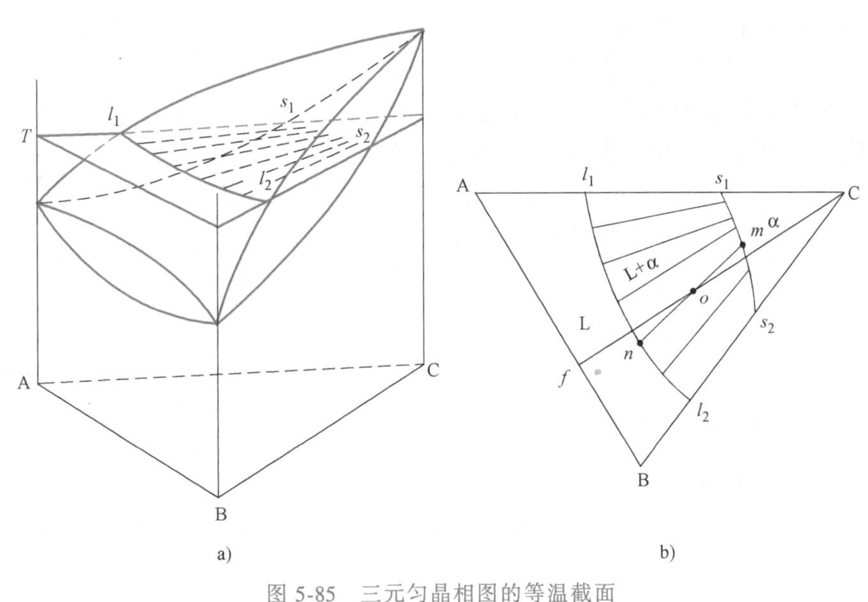

图 5-85　三元匀晶相图的等温截面

a）在 T 温度作等温截面　b）等温截面上的共轭连线

图中 l_1l_2 为等温截面与液相面的交线，s_1s_2 为等温截面与固相面的交线，这两条曲线称为共轭曲线。共轭曲线把等温截面图分为三个相区，即固相 α 区域、液相 L 区域及液固共存区域 L+α。

根据相律可知，当温度选定后，三元系的两相共存状态系统的自由度为 1。也就是说，等温截面图中的两相共存区中的两个平衡相，其中只有一个相的成分可以独立变化，而另一个相的成分随之而改变，如果已知一个平衡相的成分，就可以确定出与之对应的另一个平衡相的成分。

（1）两平衡相成分的确定——直线法则　所谓直线法则，是指三元系两相平衡共存时，合金成分点与两平衡相的成分点必须位于一条直线上，如图 5-85b 中的直线 mn。

直线法则反映了平衡相成分的对应关系。例如图 5-85b 中成分为 o 的合金，在 T 温度下处于液、固两相平衡共存状态，若通过实验测定出液相成分为液相线 l_1l_2 上的 n 点，可连接 o 点及 n 点，并作直线 no 的延长线，使之与固相线 s_1s_2 交于 m 点，交点 m 就是与 n 点对应的固相成分点。直线 mn 又称共轭连线，或称连接线。

作图时，应当注意以下两点：

1）在等温截面上，通过给出的合金成分点，只能有唯一的一条共轭连线。

2）此共轭连线不可能位于从三角形顶点引出的直线上（如图 5-85b 所示的 Af 线）。

以上第一点说明，当温度选定后，给定成分的合金处于两相平衡共存时，其两平衡相的成分不能随意变动。另外，从图 5-85b 可以看出，合金成分沿共轭连线变化时，两平衡相的成分是不变的。

第二点可根据选分结晶原理来理解，即液、固两相平衡共存时，与二元合金类似，液相中低熔点组元与高熔点组元含量的比值，应大于与之共存的固相中低、高熔点组元含量的比值：$\dfrac{\text{低熔点组元}}{\text{高熔点组元}}$（液相）>$\dfrac{\text{低熔点组元}}{\text{高熔点组元}}$（固相），图 5-85b 中过 o 点的共轭连线应偏离 Af 线，而转向低熔点组元 C（假设 A、B、C 三个组元，其熔点由高到低的排序为 $T_m^A>T_m^B>T_m^C$）。

(2) 平衡相相对量的确定——杠杆定律　当合金成分给定，同时又确定出其唯一的共轭连线时，两平衡相的质量分数可用杠杆定律来计算。如图 5-86 中合金 o 中 α 相与 β 相的质量分数分别为：

$$w_\beta=\frac{on}{mn}\times100\%$$

$$w_\alpha=\frac{mo}{mn}\times100\%$$

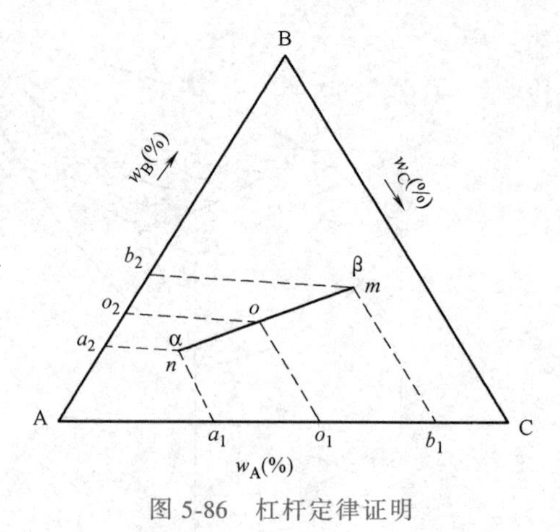

图 5-86　杠杆定律证明

杠杆定律证明如下：

设合金质量为 W_o，在 T 温度下 α 相与 β 相平衡共存。α 相的质量为 W_α，β 相的质量为 W_β，则

$$W_o=W_\alpha+W_\beta;\ w_\alpha=\frac{W_\alpha}{W_o},\ w_\beta=\frac{W_\beta}{W_o}$$

根据成分表示方法，从图 5-86 中可以读出，合金 o 及 α 相、β 相中 A 组元的含量可分别用 o_1C、a_1C 和 b_1C 表示。由于 α 相及 β 相中 A 组元的质量之和应等于合金中 A 组元的质量，即

$$W_\alpha a_1\mathrm{C}+W_\beta b_1\mathrm{C}=W_o o_1\mathrm{C}$$

$$W_\alpha a_1\mathrm{C}+W_\beta b_1\mathrm{C}=(W_\alpha+W_\beta)o_1\mathrm{C}$$

$$W_\alpha(a_1\mathrm{C}-o_1\mathrm{C})=W_\beta(o_1\mathrm{C}-b_1\mathrm{C})$$

可得

$$\frac{W_\alpha}{W_\beta}=\frac{w_\alpha}{w_\beta}=\frac{o_1\mathrm{C}-b_1\mathrm{C}}{a_1\mathrm{C}-o_1\mathrm{C}}=\frac{b_1o_1}{o_1a_1}\times100\%$$

根据相似性可得

$$\frac{b_1o_1}{o_1a_1}=\frac{om}{no};\frac{W_\alpha}{W_\beta}=\frac{w_\alpha}{w_\beta}=\frac{om}{no}$$

同理，α 相及 β 相中 B 组元的质量之和应等于合金 o 中 B 组元的质量，也可以得出（图 5-86）

$$\frac{b_2o_2}{o_2a_2}=\frac{om}{no};\ \frac{W_\alpha}{W_\beta}=\frac{w_\alpha}{w_\beta}=\frac{om}{no}$$

以上推导结果表明，对于三元系在两相平衡共存状态，可以用共轭连线（如 mn 线段）为参考，利用杠杆定律确定其相对量；也可以用合金与两平衡相中任一组元含量的差值，根据杠杆定律来进行计算。第一种方法一般用于相图分析，如当合金成分或温度改变时两平衡相的相对量变化的判断；若要定量计算出各相的相对量，还需用第二种方法，即确定出合金及两平衡相中任一组元的含量，然后用杠杆定律计算。

需要说明的是，实际应用的三元系的等温（水平）截面图，并不是从立体相图中截取而得到的，而是通过实验方法直接测定的。

3. 匀晶相图的平衡结晶过程分析

在以上内容的讨论中，我们建立了三元匀晶相图的立体模型，分析了在两相平衡共存状态下平衡相成分的确定及相对量的计算。下面利用这些概念，进一步分析三元系匀晶合金的结晶过程。

在图 5-87a 中，取成分为 o 的合金自液态缓慢冷却，当熔液冷却至与液相面相交的温度 t_1 时，由液相中开始结晶出成分为 s 的固相 α，液相成分为 o'（仍为合金成分）。随着温度缓慢下降，结晶出的固相 α 不断增多，α 相的成分沿固相面变化，而对应的液相成分则沿液相面变化。根据选分结晶原理，随着结晶过程的进行，液相中低熔点组元逐渐增多，这就使得液相成分随温度下降沿液相面逐渐向低熔点组元偏移（图 5-87），图中 A、B、C 三组元中 A 组元熔点最低。若依图取四个温度 t_1、t_2、t_3、t_4，随温度下降，液相在液相面上的成分变化迹线为 $o'l_1l_2l$，在每一温度下与之对应的固相 α 的成分分别为 s、s_1、s_2、o''，即固相面上的 ss_1s_2o''曲线。t_4 为结晶终了温度，到达 t_4 温度时，固相 α 的成分已与合金成分 o 相等。

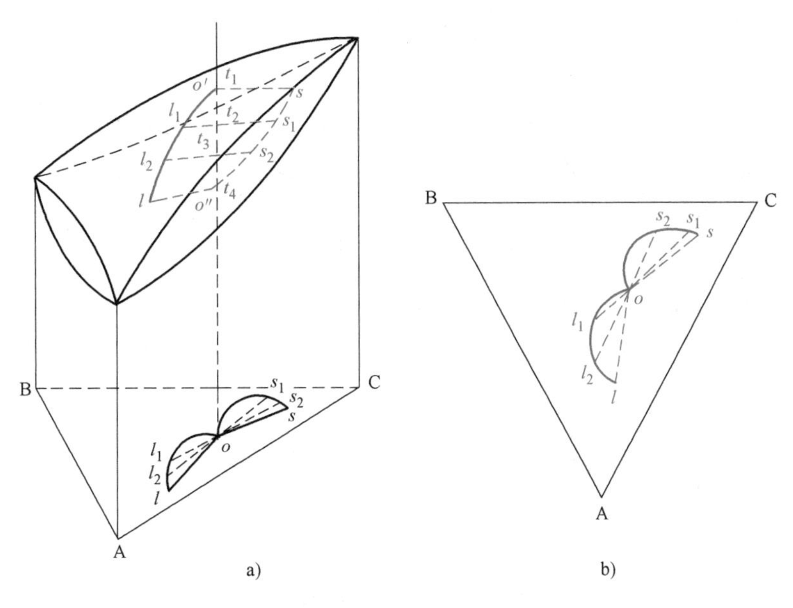

图 5-87 共轭线随温度变化的示意图及投影图

a）结晶过程中液相、固相成分变化迹线 b）蝴蝶形迹线

根据直线法则，在每一温度下过成分轴线 oo'可作共轭连线 $o's$、l_1s_1、l_2s_2、lo''，并把各共轭连线及液相成分变化曲线 $o'l_1l_2l$ 与固相成分变化曲线 ss_1s_2o''共同投影到浓度三角形中，便得到如图 5-87b 所示的图形，此图形似一只蝴蝶，所以称为固溶体合金结晶过程中的蝴蝶形迹线。成分变化的蝴蝶形规律说明，三元系合金固溶体结晶过程中，反映两平衡相对应关系的共轭连线是非固定长度的水平线，随着温度下降，它们一方面下移，另一方面绕成分轴转动。很显然，这些共轭连线不处在同一垂直截面上。

从以上分析可以看出，三元匀晶反应与二元匀晶反应基本相同，两者都是选分结晶。如果冷速缓慢，原子间能充分扩散，便可得到成分均匀的固溶体。如果非平衡凝固，则与二元固溶体合金一样出现晶内偏析，如果固溶体以树枝状方式长大，便得到具有枝晶偏析的组织。

4. 变温截面图

变温截面又称垂直截面，它可以表示三元系统在此截面上的一系列合金在不同温度下的状态。变温截面也是用实验方法测得的。

变温截面在浓度三角形中的位置，一般取两种：一种是一个组元固定的三元合金（C=K），可沿平行于浓度三角形一边的直线进行截取；另一种是三元系中两个组元的含量之比为一定值的三元合金（A/B=K），可沿浓度三角形某一顶点引向底边的直线截取。这两种截取位置，实际上就是前面所谈及的浓度三角形上的两条特殊直线。

利用变温截面，可以方便地分析合金的结晶过程，确定转变温度。图 5-88 及图 5-89 是沿上述两条特殊直线截取的变温截面图，从图中可以看到三元系匀晶变温截面图与二元匀晶相图虽然有些相似，但两者之间有根本差别：三元系匀晶变温截面截取三维相图中液相面及固相面所得的两条曲线（即液相线与固相线，如图 5-88 中 ca、cb 曲线及图 5-89 中 aa'、bb' 曲线）并非是固相及液相的成分变化迹线，它们之间不存在相平衡关系，因此不能根据这些线来确定两平衡相的成分及相对量。

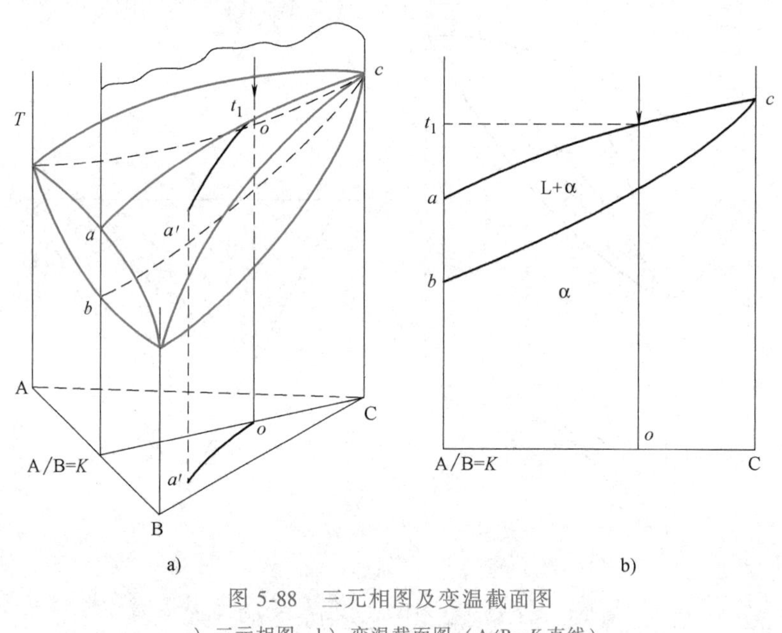

图 5-88 三元相图及变温截面图

a）三元相图 b）变温截面图（A/B=K 直线）

在这里指出一种特殊情况：如果冷却时从液态中析出固相的成分不随温度而变化，例如温度下降时，从液相中结晶出纯组元（纯金属或成分固定的化合物），那么沿浓度三角形上从该组元引向底边的直线所截取的变温截面，该截面与液相面的交线便会与液相的成分变化迹线重合，图 5-90 表示了这种情况。

四、三元系中相平衡空间的热力学分析

图 5-91 所示为一个典型的三元共晶相图。我们以此为例对三元系中的相平衡空间进行热力学分析。

1. 吉布斯自由能-成分曲面

三元系的自由能与二元系相比多了一个成分变量，所以在等温恒压条件下，其吉布斯自

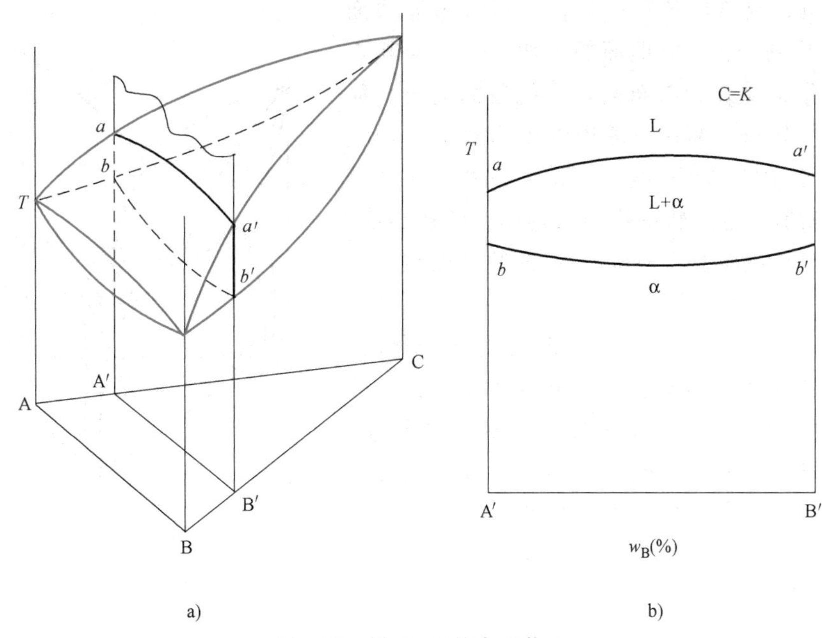

图 5-89 沿 C=K 的变温截面

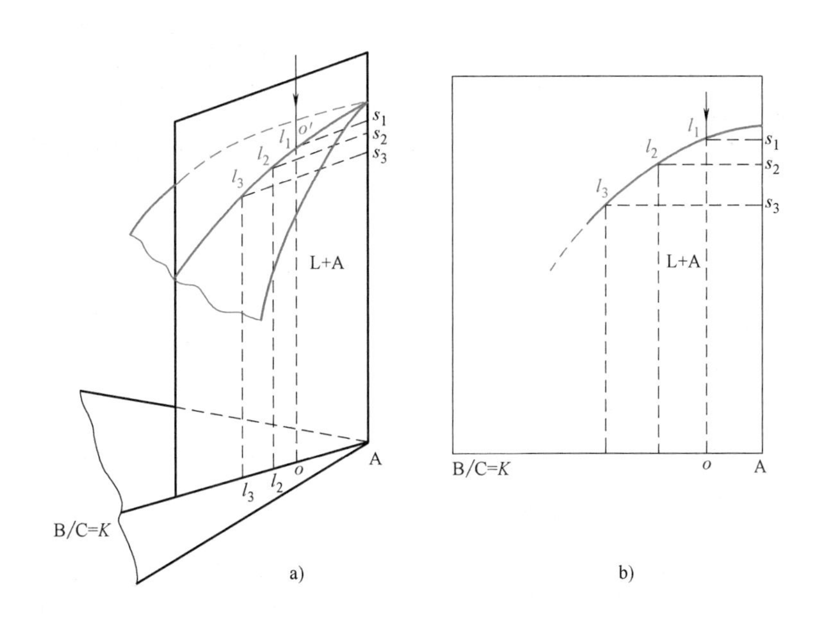

图 5-90 从液相中结晶出纯组元时相图的变温截面

（液相成分变化迹线与 $l_1l_2l_3$ 线重合）

a）沿 B/C=K 作垂直截面 b）垂直截面

由能与成分间的关系应扩展为一个内凹的空间曲面 $G=G(c_1,c_2)$，如图 5-92 所示。

2. 三元系中两相平衡与公切面

（1）两相平衡条件 三元系两相平衡共存时，每一元素在各相中的化学位应相等，即

$$\mu_A^\alpha=\mu_A^\beta;\ \mu_B^\alpha=\mu_B^\beta;\ \mu_C^\alpha=\mu_C^\beta$$

两个平衡相（α 及 β）各有一个吉布斯自由能曲面（图 5-93）。作两个自由能曲面的公切面，在 α 相吉布斯自由能曲面及 β 相吉布斯自由能曲面的公切面上，可得两个切点。两切点的连线即为对应切点成分的 α 相及 β 相的共轭连线。公切面在各吉布斯自由能曲面上所有切点的轨迹线即为两相区的边界线，其投影就是等温截面上两相区 α+β 的共轭曲线，如图 5-93 中 $a'b'$ 及 $c'd'$ 曲线。

（2）两相区的空间形状　当温度连续变化时，无数对成分共轭曲线形成一对成分共轭曲面，如图 5-94 所示。两相区一般由多个曲面围成任意形状，由于有两个自由度，共存的两个相的成分随温度的变化被约束在一对共轭曲面上，且两个相的成分点与系统的成分点在一条直线上（图 5-94b）。

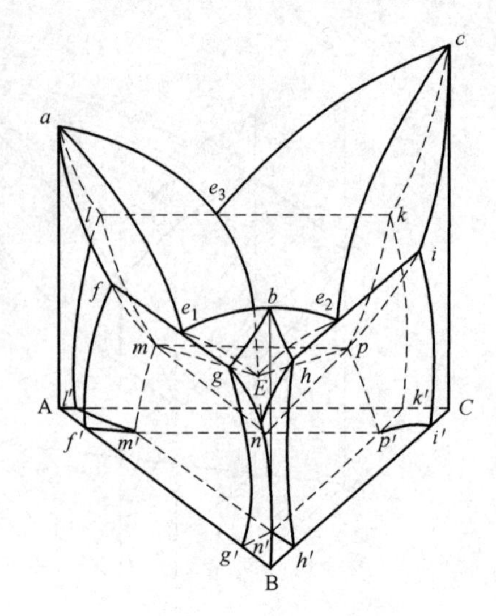

图 5-91　三元共晶相图

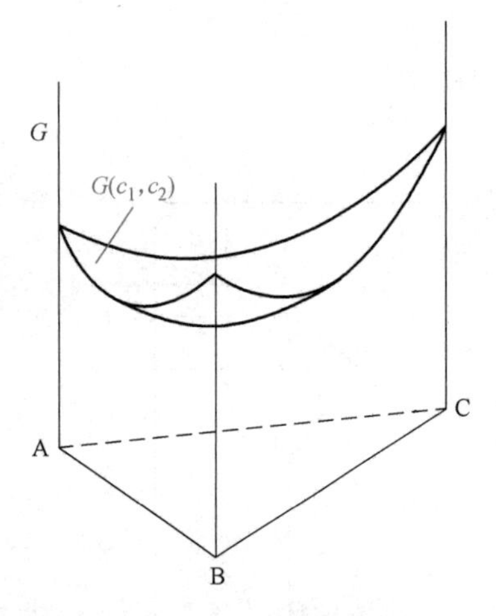

图 5-92　三元系中的吉布斯自由能曲面

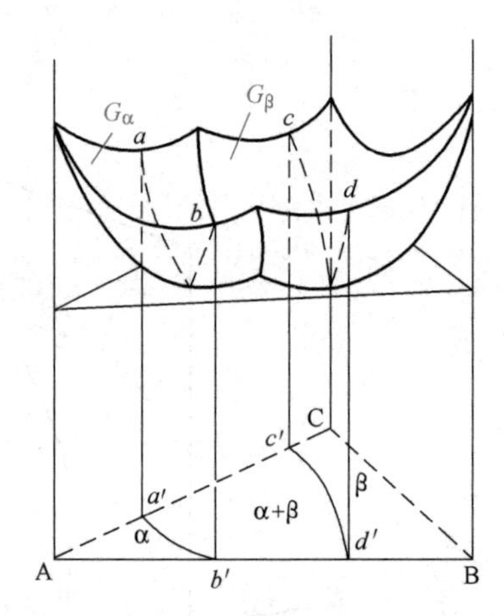

图 5-93　三元系中两相平衡时吉布斯自由能的公切面

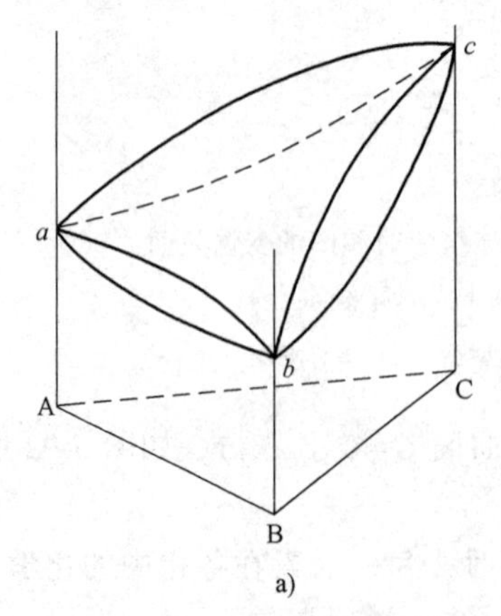

图 5-94　三元相图中两相区的空间形状

a）无限互溶　b）有限互溶

（3）水平截面中的两相区　取平行于浓度三角形的等温水平截面，即获得两相区的水平截面图，如图 5-95 所示。可以看出，两相区一般呈“四边形”。两条相对的曲边是共轭曲线，即两平衡相的成分线，两条相对的直边与三相区或三元合金相图相接。两条直边的延长线相交于一点，该点与两相区内任一合金成分点的连线与两条共轭曲线的交点，近似看成该成分合金中两平衡相的成分点。利用杠杆定理可求出两平衡相的相对量。

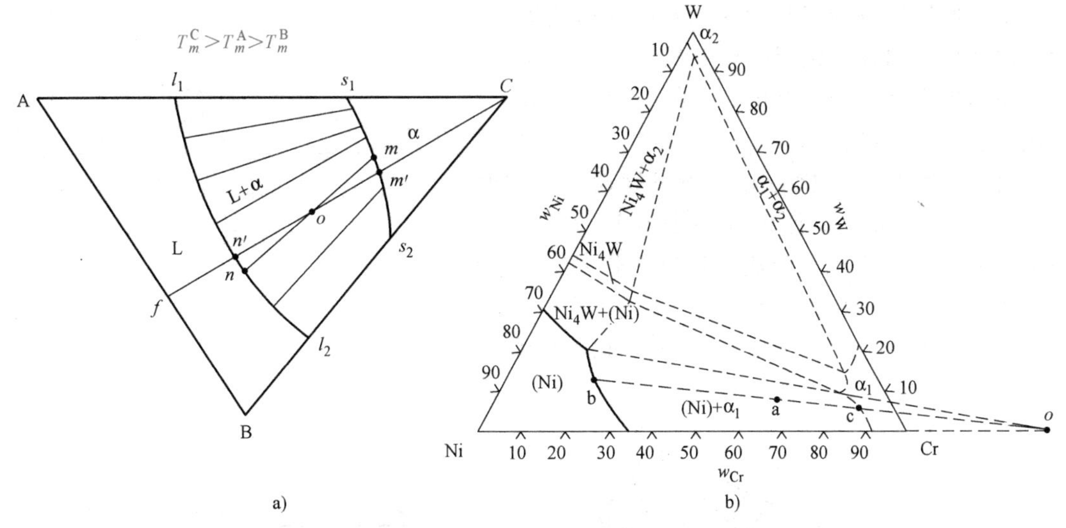

图 5-95　三元匀晶相图的等温截面

（4）垂直截面中的两相区　图 5-96 所示为三元相图垂直界面中的两相区。可以看出：垂直截面图中，两相区一般为不规则的曲边多边形；根据相律，两相区各条边或与单相区直接，或与三相区相接。

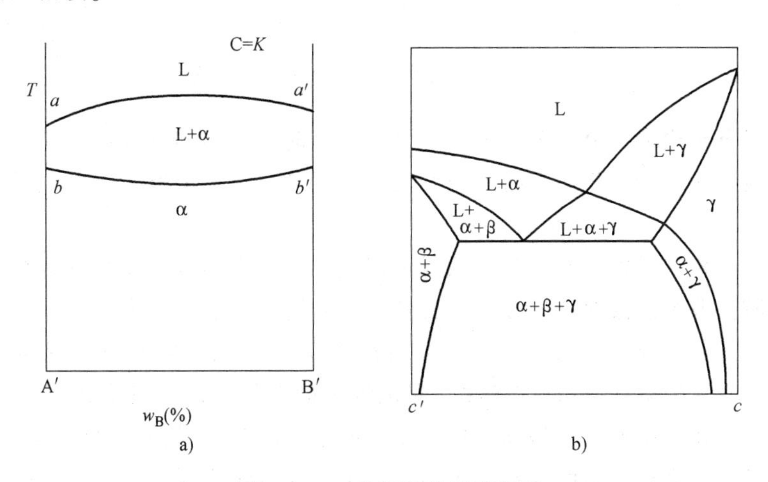

图 5-96　三元相图的垂直截面

3. 三元系三相平衡与共轭三角形

（1）三相平衡条件　当三元系在恒温恒压下处于三相平衡状态时，每一元素在各相中的化学位为

$$\mu_A^\alpha = \mu_A^\beta = \mu_A^\gamma$$

$$\mu_B^{\alpha}=\mu_B^{\beta}=\mu_B^{\gamma}$$
$$\mu_C^{\alpha}=\mu_C^{\beta}=\mu_C^{\gamma}$$

三个平衡相有三个吉布斯自由能-成分曲面，很显然三个吉布斯自由能曲面只能有一个公切面，三个切点所对应的成分即为三个共存相的平衡浓度，三个切点所连接成的三角形为三相共存的共轭三角形，两两切点的连线组成共轭三角形的三条边。共轭三角形中所有成分合金的吉布斯自由能应处于切平面上，如图 5-97 所示。

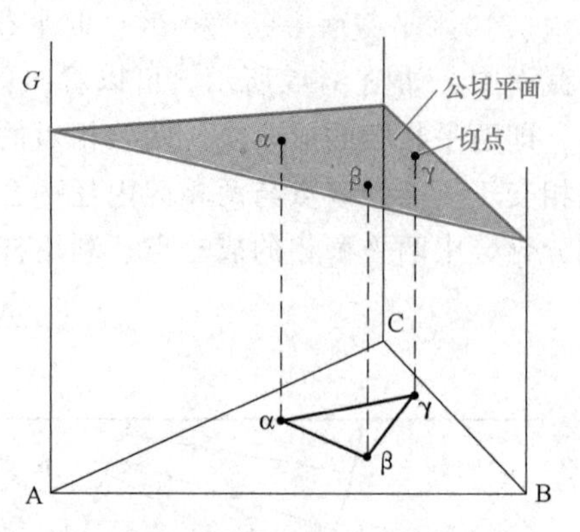

图 5-97 三元系中三相平衡吉布斯自由能曲面的公切平面

(2) 三相区的空间形状 当温度连续变化时，无数个共轭三角形叠加形成一个空间“三棱柱”(图 5-98)，三个平衡相的成分随温度分别沿三条棱边变化。三个棱面由水平直线沿三条棱边滚动而成，常为曲面，与两相区相连。棱柱底面或呈平面与四相区相连，或为一直线与二相区相连。

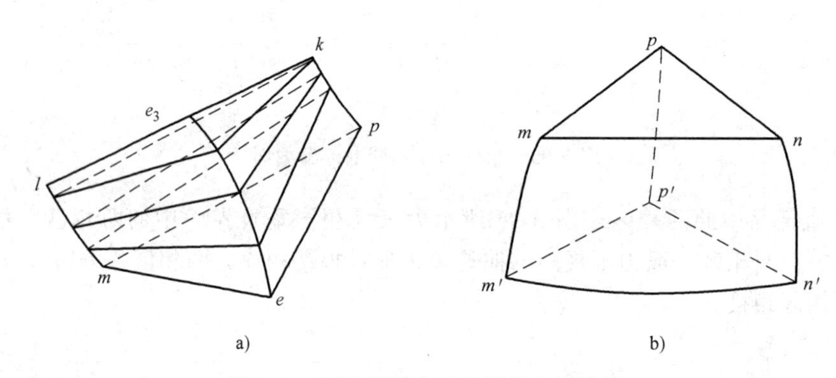

图 5-98 三元相图中三相区的空间形状

三相区的三条棱边线，分别表示了三相平衡共存时每一相的成分随温度的变化迹线，故称为成分变温线；又因为三相共存时各相的成分和温度只有一个独立变量，所以又称为单变量线。

由此可见，三相区是以三条成分变温线为棱边，以共轭连线形成的空间曲面为界的空间区域，在此区域任取等温截面，所截得的必然是一共轭（直边）三角形。

(3) 水平截面中的三相区及重心法则 由相律可知，三元系中三相平衡时自由度 $f=4-3=1$。若温度给定（等温面），此时 $f=0$，即恒温下的三相平衡，三个共存相的成分任意一相都不可变动，即在等温截面上是满足热力学平衡条件的三个成分点（图 5-99b）。

三相平衡时，三个相也两两平衡，按两相平衡时的直线法则，两两平衡相间可作出三条共轭连线（图 5-99b），这三条共轭连线在等温截面上围成一直边三角形，称为共轭三角形。很显然，共轭三角形的三个顶点表示三个平衡相的成分点，位于共轭三角形内的合金，其成分在共轭三角形内变动时，三个平衡相成分固定不变。

我们假设合金在某一温度下处于三相共存状态（L+α+β），在此温度下三个平衡相的质量分数可由重心法则求出。所谓重心法则就是处于三相平衡的合金，其成分点必位于共轭三

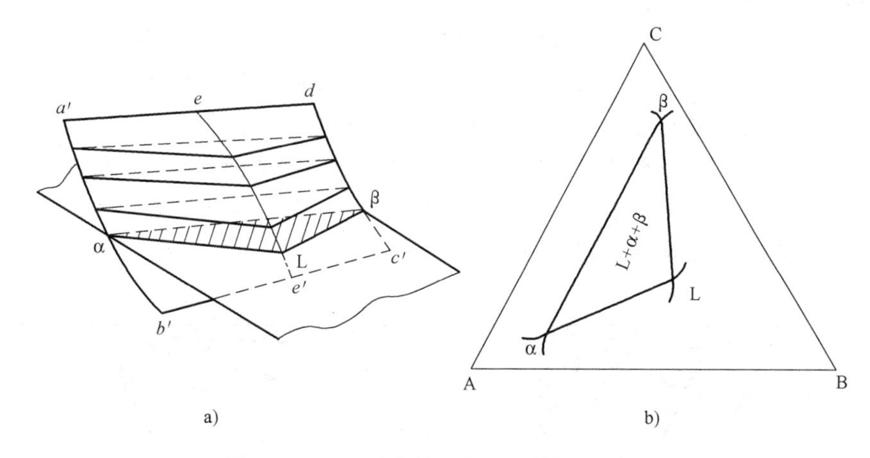

图 5-99　三元系中的三相区及共轭三角形

角形的重心位置（如图 5-100 中的 o 点），而且三个平衡相间有如下关系：

$$\frac{W_{\alpha}}{W_{o}}=\frac{oa'}{aa'}=w_{\alpha};\quad \frac{W_{\beta}}{W_{o}}=\frac{ob'}{bb'}=w_{\beta};\quad \frac{W_{L}}{W_{o}}=\frac{oc'}{cc'}=w_{L}$$

式中，W_{α}、W_{β}、W_{L} 分别为 α、β、L 相的质量；W_{o} 为合金的质量；w_{α}、w_{β}、w_{L} 分别为 α、β、L 相的质量分数。

重心法则可证明如下：（各相的成分点如图 5-100 中 a、b、c 点）

设三个平衡相中，α 相与 β 相两者的平均成分为图中 c'，根据直线法则，c'点必位于 α 相与 β 相的共轭连线 ab 上。从 L 相的成分点 c 向 c'点作直线 cc'，合金成分点 o 也必然位于直线 cc'上。于是，利用杠杆定律可求得

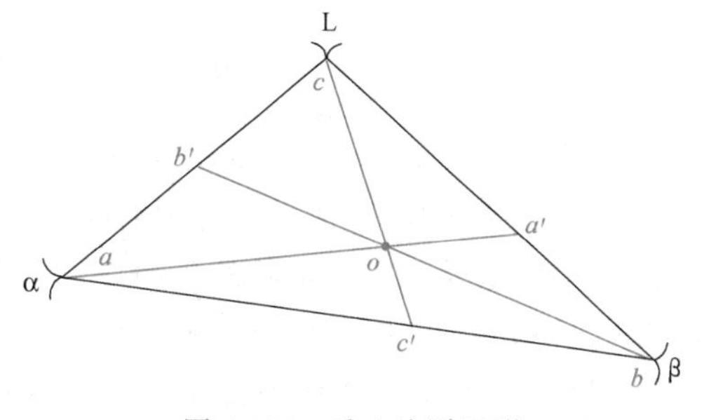

图 5-100　重心法则证明

$$w_{L}=\frac{oc'}{cc'};w_{(\alpha+\beta)}=\frac{oc}{cc'}$$

同理可导出

$$w_{\alpha}=\frac{oa'}{aa'};w_{(L+\beta)}=\frac{oa}{aa'}$$

$$w_{\beta}=\frac{ob'}{bb'};w_{(\alpha+L)}=\frac{ob}{bb'}$$

由上可见，o 点为共轭三角形的质量中心。

（4）三相区的相转变类型　如前所述，三相区是由三根相线两两组成的面围成，每一个面是由两相平衡的连接线组成，从几何角度看这些面是由一根平行于底面的直线（长短可改变）在空间移动的轨迹。

三根相线在空间的相对位置可以有两种：一种是处于中间的那根相线在空间的位置比两旁的那两根高，另一种则相反，中间的那根相线的位置比两旁低。这两种情况恰好代表两类

不同的三相平衡的相区结构特点。

若将三相区若干个不同温度的等温截面按温度降低叠放在一起（图 5-101，箭头是指降温方向），形成三相区投影图。可以发现两种情况：一种是共轭三角形以一个顶点为先导移动，则该三相转变为共晶转变，顶点代表反应相，另两个为生成相；另一种是共轭三角形以一条边为先导移动，则该三相转变为包晶转变，这条边两端的两个相为反应相，另一个为生成相。所以，在实际相图分析中，利用几个等温截面上共轭三角形相对位置的变化分析其走向特点，即可判断三相平衡反应的类型。

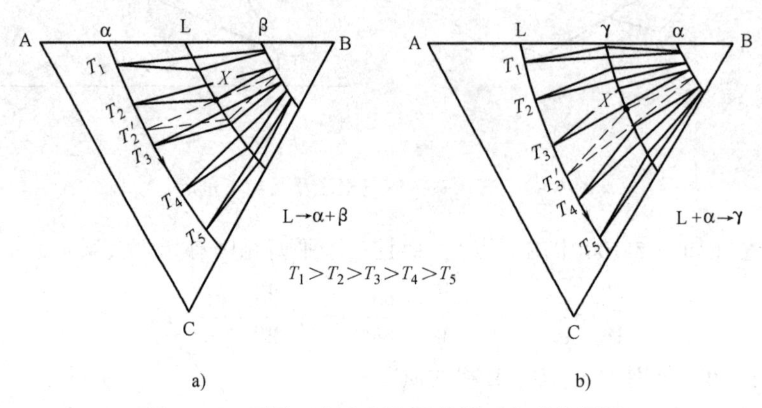

图 5-101 两种三相空间连同共轭三角形的投影

（5）垂直截面的三相区 若对以上两种三相区作变温截面，前者被截成顶点向上的曲边三角形（图 5-102a）；而后者为顶点向下的曲边三角形（图 5-102b）。

图 5-102a 所示的截面形状的三相区，即为本例讨论的共晶型三相平衡反应类型包括共析转变（γ→α+β），偏晶转变（$\gamma_1'\rightarrow\alpha+\gamma_2'$）。而对于图 5-102b，根据其与周围相区的衔接情况可以判断出，在此三相区内将发生 L+α→γ 的反应，即包晶型三相平衡反应，包括共析转变（α+β+γ′）、合晶转变（$L_1+L_2\rightarrow\alpha$）。

所以，在截取位置合适的情况下，我们可以根据三相区被变温截面所截取的形状来判断其反应类型。

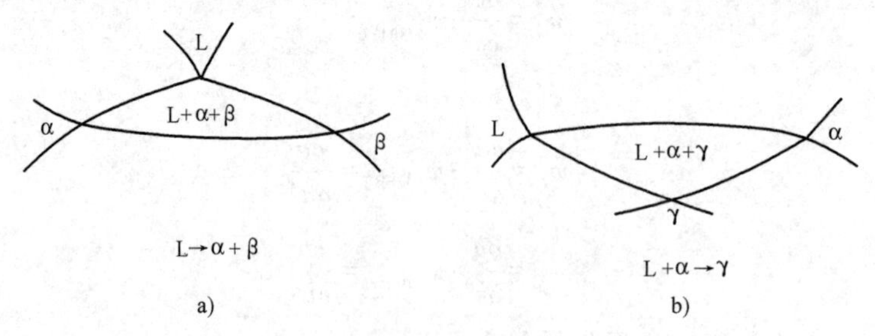

图 5-102 变温截面截取的两种不同形状的三相区

a）共晶反应三相区 b）包晶反应三相区

4. 三元系中的四相平衡

（1）四相平衡条件

$$\mu_A^{\alpha}=\mu_A^{\beta}=\mu_A^{\gamma}=\mu_A^{\delta}$$

$$\mu_B^\alpha = \mu_B^\beta = \mu_B^\gamma = \mu_B^\delta$$
$$\mu_C^\alpha = \mu_C^\beta = \mu_C^\gamma = \mu_C^\delta$$

四相平衡共存要求四个平衡相的吉布斯自由能曲面必须共切于一个空间平面，显然这种四点共面的情况只能发生在某一特殊条件下，即某一特定温度 T 下才成立，此温度即是四相平衡温度。根据四个切点的不同位置，可连接成后面将要讨论的三种不同类型的四相平衡反应。为了清晰起见，图 5-103 只画出了公切平面及公切平面与四个平衡相吉布斯自由能曲面的四个切点。图示四相平衡反应为包共晶型反应。

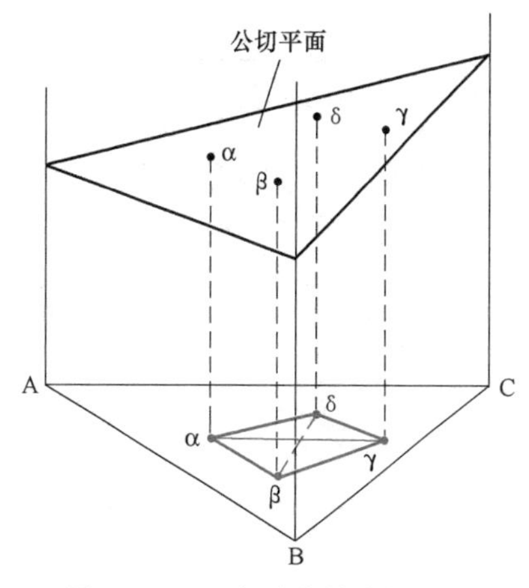

图 5-103 四相平衡的公切平面

由相律可知，三元系最多只能有四相平衡共存。在压力恒定的情况下，四相平衡时系统的自由度 $f=3-4+1=0$，即三元系的四相平衡共存只能在某一恒温下存在，且四个平衡相的成分在此温度下不可任意变动。这说明四相共存区的空间形态是由四个平衡成分点连接而成的 $\Delta T=0$ 的空间平面。它是一个具有特定形状的水平面，这种平面称为四相平衡平面。

（2）四相区与周围相区的接触

1）四相区与三相区的接触。四相区与三相区的相数目差 1，根据相区的接触规律，两者之间应该是以面相接。四相区在空间虽然是 $\Delta T=0$ 的平面，但它仍有上、下两个表面，这两个表面就是与三相区的接触面。

四相平衡时，四个平衡相中任取三个相也是相互平衡的。假设参与平衡的四个相为 R、Q、U、V，这四个相中可组成的三相平衡有四种，即 $R+Q+U$、$R+Q+V$、$Q+U+V$ 及 $R+U+V$，每三个平衡相在四相平衡平面上都可连接成一共轭三角形，这四个共轭三角形构成了四相平衡平面的上、下表面，这说明在四相平衡平面的上、下必然与四个三相区相接触，而且接触方式也只可能有如下三种：

① 共轭三角形 $U+V+R$、$V+R+Q$、$U+R+Q$ 组成四相平衡平面的上表面，共轭三角形 $U+V+Q$ 成为四相平衡平面的下表面。表明四相平衡平面上方有与上述共轭三角形对应的三个三相区，下方有一个三相区，此四相平衡平面称为第Ⅰ类四相平衡平面（图 5-104a）。

② 共轭三角形 $U+R+Q$、$V+R+Q$ 组成四相平衡平面的上表面，$U+R+V$、$U+Q+V$ 组成四相平衡平面的下表面，即两个三相区在四相平衡平面的上方，其余两个在下面，称为第Ⅱ类四相平衡平面（图 5-104b）。

③ 共轭三角形 $U+V+Q$ 为四相平衡平面的上表面，其他三个共轭三角形 $U+V+R$、$U+R+Q$、$V+R+Q$ 组成四相平衡平面的下表面，即在此四相平衡平面上方有一个三相区，下方有三个三相区与之以面相连接。此四相平衡平面称为第Ⅲ类四相平衡平面（图 5-104c）。

2）四相区与两相区的接触。四相区与两相区的相数差 2，按接触规律应为线接触。四相平衡平面上的四个平衡相，两两相连可连接六根共轭连线。每条共轭连线表示对应的两相区在四相平衡温度时与四相平面的接触线。所以四相平衡平面可与六个两相区相衔接。例如，与图 5-104a 所示的第Ⅰ类四相平衡平面以共轭线相连的两相区有：$U+V$、$V+Q$、$Q+U$、$U+R$、$R+V$、$R+Q$ 六个两相区。

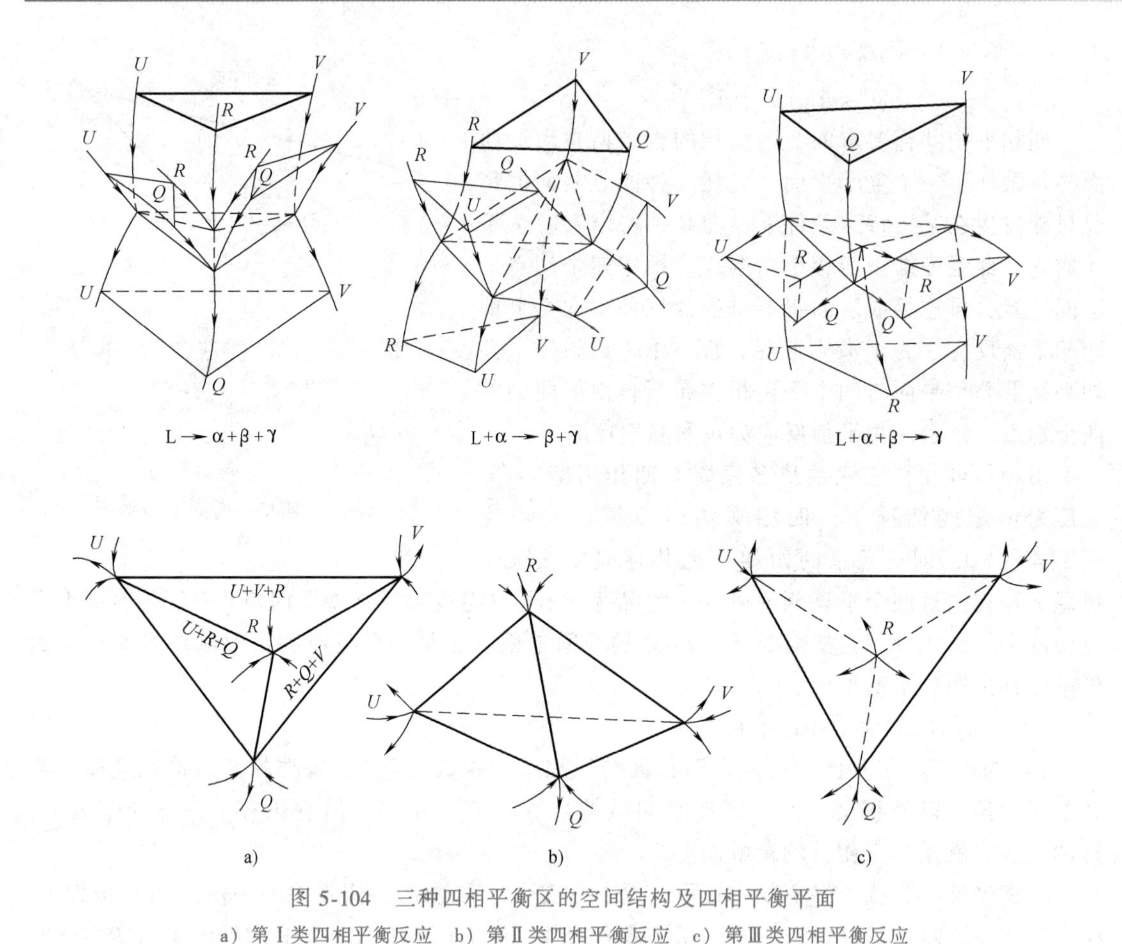

图 5-104　三种四相平衡区的空间结构及四相平衡平面

a）第Ⅰ类四相平衡反应　b）第Ⅱ类四相平衡反应　c）第Ⅲ类四相平衡反应

3）四相区与单相区的衔接。四相区与单相区的相数差 3，应为点接触，即四相平衡平面上的四个平衡相的成分点分别为与之以点接触的四个单相，如 U、V、Q、R。

若对四相平衡平面适当位置作垂直和水平截面，可以看出四相平衡平面附近各相区的接触情况，如图 5-105 所示。

（3）四相平衡反应

1）共晶型四相平衡反应。在第Ⅰ类四相平衡平面上取 o 成分合金，位置如图 5-106 所示。由前面分析可知，合金 o 在四相平衡平面上表面处于 $U+V+R$ 三相平衡状态，在四相平衡平面的下表面则处于 $U+V+Q$ 三相平衡状态。这说明经过四相平衡平面时合金 o 的状态发生了如下变化：

$$U+V+R \rightarrow U+V+Q$$

用重心法则可算出反应前 U、V、R 的相对量

$$w_U = \frac{oa}{Ua} \times 100\%$$

$$w_V = \frac{ob}{Vb} \times 100\% \qquad （三角形\ UVR）$$

$$w_R = \frac{oc}{Rc} \times 100\%$$

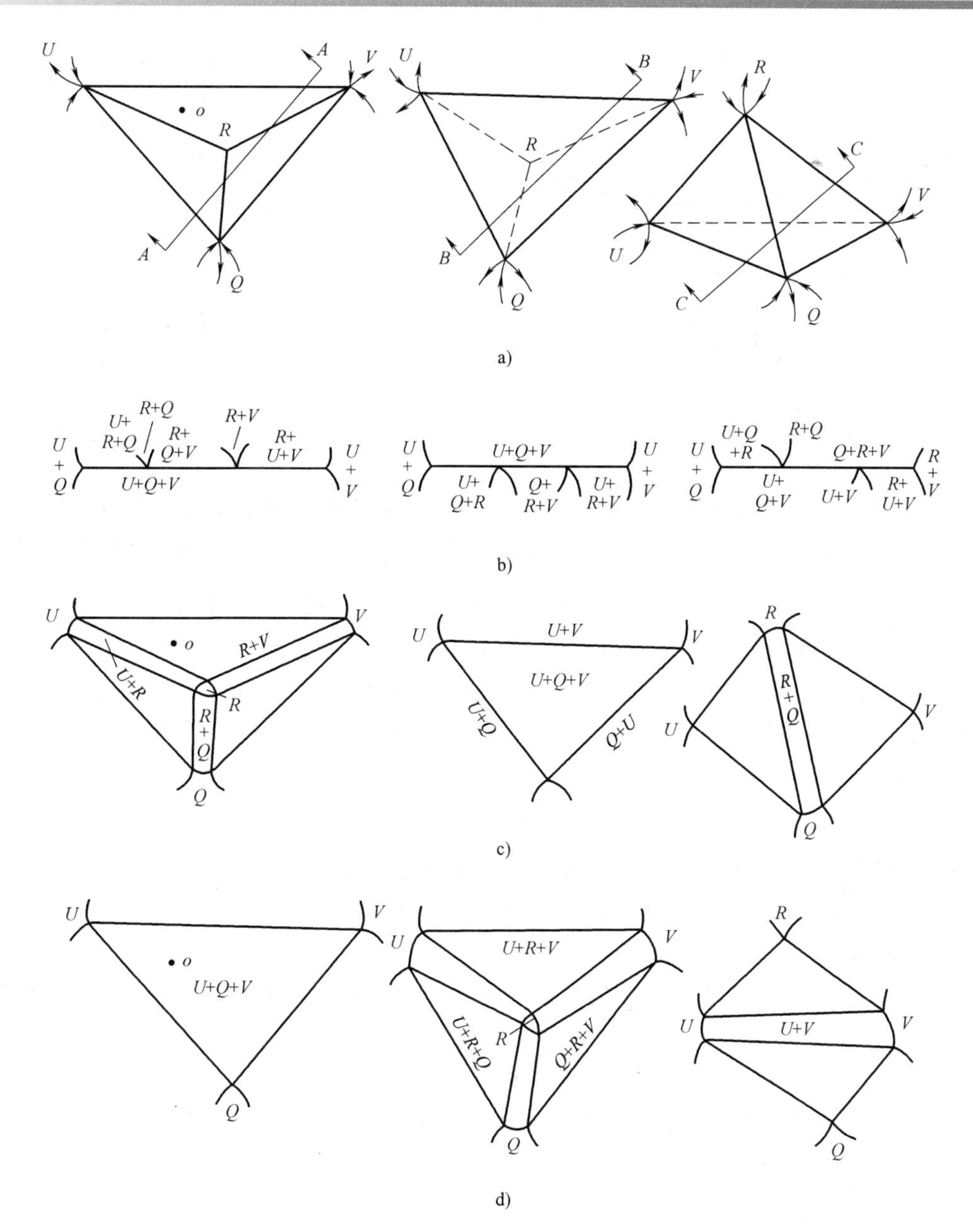

图 5-105　四相平衡平面的水平及垂直截面及相邻相区

a）三种四相平衡平面上的截面位置　b）A—A 垂直截面；B—B 垂直截面；C—C 垂直截面

c）四相平衡平面以上附近温度的水平截面　d）四相平衡平面以下附近温度的水平截面

反应后为 $U+V+Q$，此三相的相对量为

$$w_U = \frac{oa'}{Ua'} \times 100\%$$

$$w_V = \frac{ob'}{Vb'} \times 100\% \qquad （三角形\ UVQ）$$

$$w_Q = \frac{od}{Qd} \times 100\%$$

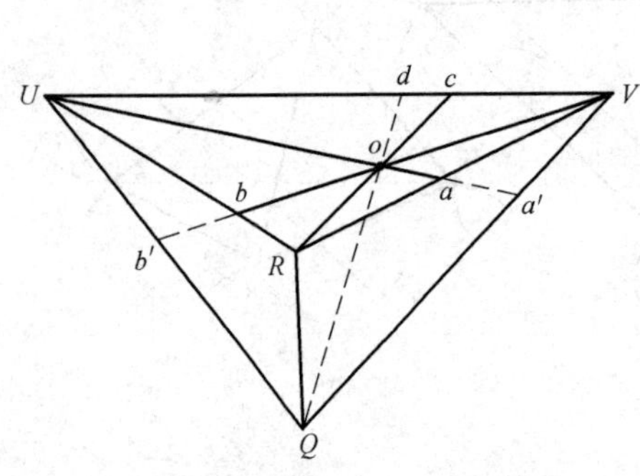

图 5-106　共晶型四相平衡反应证明

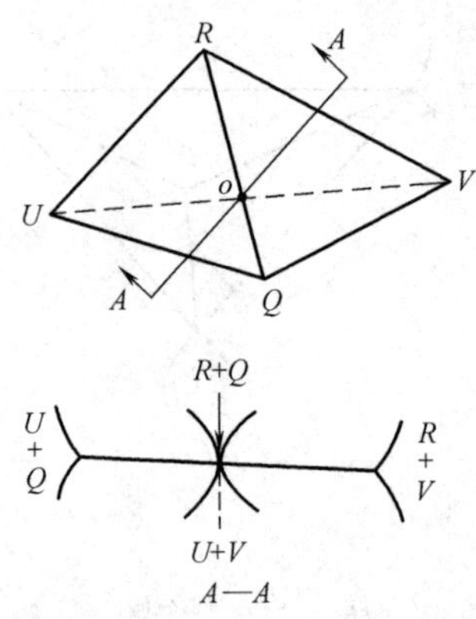

图 5-107　包共晶反应证明

从以上计算结果及图 5-106 可以看出，反应后 U、V 两相的相对量与反应前相比有所增加，R 相通过反应消失，而 Q 相则在反应过程中生成。很显然，此结果说明在四相平衡平面有 $R \xrightleftharpoons{T} (Q+V+U)$ 的反应发生。把这种由一个单相在某一温度下同时生成三个相的反应，称为共晶型四相平衡反应（或称三相共晶反应），又称第Ⅰ类四相平衡反应。

2）包共晶型反应。若把合金 o 取在如图 5-107 所示的位置，可以看出，o 成分合金在四相平衡平面稍上温度处于 $R+Q$ 两相区，稍下温度则处于 $U+V$ 两相区，说明合金 o 经过四相平衡平面时发生了以下转变：

$$R+Q \rightarrow U+V$$

表明在四相平衡平面上存在 $R+Q \xrightleftharpoons{T} U+V$ 的四相平衡反应。此类反应称为包共晶型反应，又称第Ⅱ类四相平衡反应。若在此四相平衡平面上取其他成分的合金，可得出同样的结论，读者可自行证明。

3）双包晶型反应。用与上述相同的证明方法，可得出在第Ⅲ类四相平衡平面上发生的反应为

$$U+V+Q \rightleftharpoons R$$

这种由三个不同成分的相在某一恒温下共同作用，生成一个新相的反应称为双包晶反应，又称第Ⅲ类四相平衡反应。

五、典型三元系相图分析

三元系相图种类也非常繁多，结构很复杂，本节主要介绍典型的具有两相共晶反应及具有共晶型四相平衡反应的三元系相图。

1. 具有两相共晶反应的三元系相图

（1）相图分析　图 5-108 所示为具有两相共晶反应的三元相图。从图中看出，在 A-B-C 三元系中，三个组元两两组成二元系：A-B 为具有匀晶反应的二元系，B-C 及 C-A 是具有共晶反应的二元系（图 5-108a）；三个二元系组成三维相图的三个侧面。

1）相图中的面及相区。图 5-108b 中 $abe'e$ 及 $ce'e$ 为液相面，$aa'b'b$ 及 $cc'd$ 为固相面，固相面与液相面间为液、固两相区，即 $aa'b'e'eab$ 为 L+α 两相区，$ce'edc'e'$为 L+β 两相区。二元系的固溶度曲线，即 α 相的 $b'g$ 及 $a'f$，β 相的 $c'h$ 及 di，分别两两发展为三维相图中的

固溶度曲面：$a'fgb'$（α 相）及 $c'hid$（β 相）。固溶度曲面与固相面以及相图侧面所围成的区域即为单相区，如图中 $a\mathrm{AB}bb'gfa'a$ 为 α 单相区，$c\mathrm{C}hc'di\mathrm{C}c$ 为 β 单相区。两固溶度曲面间为 α+β 两相区（$a'b'c'difghi$ 区域）。

图中 ee'线为两液相面的交线，称为液相线，此图上为共晶线。

2）相区接触情况及三相区。从以上分析可知，此相图共有三个单相区，即液相区（液相面以上）、固相 α 相区及固相 β 相区；有三个两相区，即 L+α、L+β、α+β 两相区。

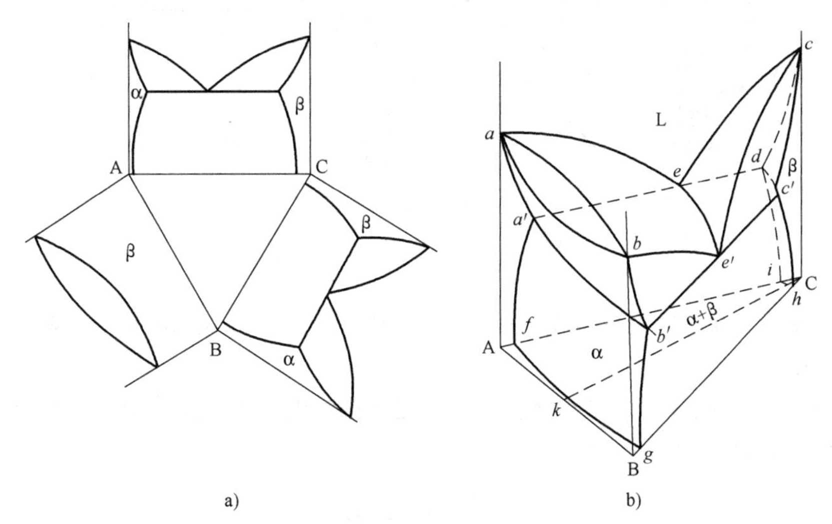

图 5-108　具有共晶型三相平衡的三元相图

从图 5-108b 及各相区的分离图 5-109 可以看出，两相区与单相区是以面相连，如 L+α 两相区与单相 α 区的接触面为固相面 $aa'b'b$，α+β 两相与 α 相区及 β 相区的接触面是两个固溶度曲面（$a'b'gf$ 面及 $dc'hi$ 面）。

由相区的接触法则及式（5-8）可知，三相区与两相区应为面接触，与单相区是以线相连。所以，在此相图中三相区存在的区域只能是在 L+α 和 L+β 两相区之下、α+β 两相之上的空间中，ee'、$a'b'$、dc'三条线分别为液相 L、α 相及 β 相与三相区相连的接触线。从图 5-109 可以看出，此三相区共有三个侧面，分别与三个两相区相接；两条边缘线 $a'ed$ 及 $b'e'c'$分别为 C-A 及 B-C 二元系的共晶反应线。

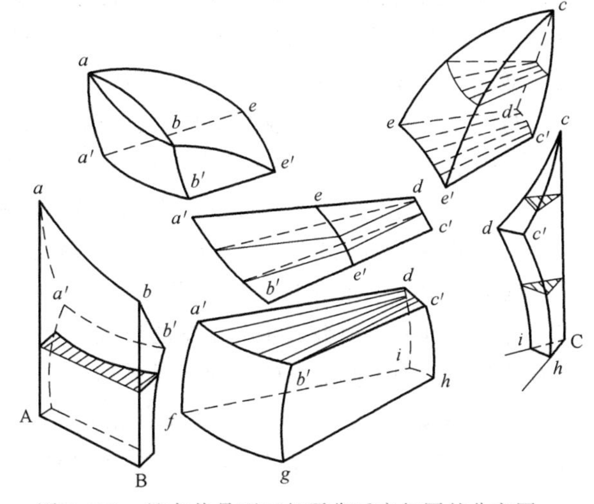

图 5-109　具有共晶型三相平衡反应相图的分离图

（2）三相平衡反应　如果对图 5-108b 所示的相图模型沿浓度三角形的 Ck 线作变温截面，可得图 5-110b。

在图 5-110b 上取 o 点成分合金，考查其凝固过程。从图 5-110b 中可以看出，合金 o 在 t_e 温度以上处于单相液相，冷至 t_e 温度开始进入 L+α+β 三相区，在 t_e ~ t_e'温度范围内合金处

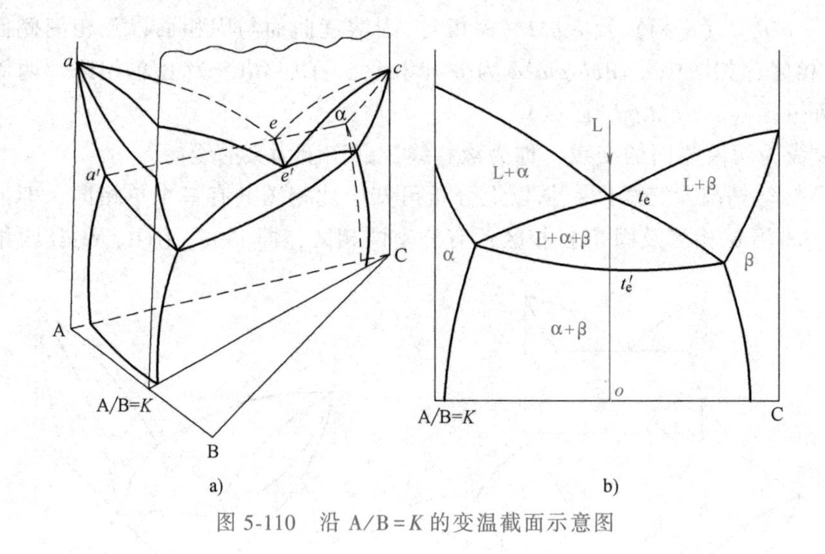

图 5-110　沿 A/B=K 的变温截面示意图

于 α+β+L 三相共存状态，温度降至 t'_e合金由三相区开始进入 α+β 两相区，温度低于 t'_e合金为 α+β 两相共存。

从以上凝固过程很容易看出，液相进入三相区后发生了液相随温度下降不断结晶出两个固相（α+β）的转变，即

$$L_o \xrightarrow{t_e \sim t_e'} (\alpha+\beta)$$

此反应与二元系共晶反应类似，所以称为三元系的共晶型三相平衡反应。需要强调的是，三元系的三相共晶反应是在一个温度范围内完成的，而且在反应进行过程中，三个相的成分都在随温度的下降而发生改变，三个平衡相在不同温度下的成分及相对量，只能利用相应温度下等温截面上的共轭三角形求得。

与二元系中的三相平衡反应类似，三元系的三相平衡反应也具有两种类型：

类共晶反应 L→(α+β)（分解型）

类包晶反应 L+α→β（合成型）

四相共晶反应相图

2. 具有共晶型四相平衡反应的三元系相图

前面介绍了三元系中两相、三相及四相共存的平衡反应及相区的接触规律。为了能进一步理解三元系相图的空间结构特点，掌握其规律，下面利用具有共晶型四相平衡反应的三元系模型相图作进一步分析讨论。

（1）相图分析　三组元在液态完全互溶、固态有限互溶或完全不互溶，冷却过程中发生三相共晶转变的相图称为三相共晶相图，如图 5-111 所示。

1）相图中的面、线。此相图中的面主要有三种，即液相面、固相面及固溶度曲面。最重要的线为成分变温线。

① 液相面、固相面及固溶度曲面。这三种面都是由相图侧面上二元系（如 A-B、B-C、C-A）上的液相线、固相线及固溶度曲线由于第三组元的加入向内部扩展而成。如图中液相面 ce_3Ee_2c 是由 B-C 二元系的 ce_2 及 C-A 二元系的 ce_3 线向相图内部扩展而形成。其他两个液相面分别为 ae_1Ee_3a、be_2Ee_1b。

固相面与液相面为共轭面，与上述液相面相对应的固相面有 $cipkc$、$afmla$ 及 $bgnhb$。

固溶度曲面是由二元系的固溶度曲线向内扩展而成。图 5-111 中的固溶度曲面有六个，分别是 $ff'm'mf$、$ll'm'ml$、$gg'n'ng$、$hh'n'nh$、$ii'p'pi$、$kk'p'pk$。

② 与上述曲面有关的曲线。从图 5-111 可以看出，三个液相面在空间相交形成三条空间曲线 e_1E、e_2E、e_3E，这三条曲线称为三元系的液相线。处于这三条液相线上的液相，当温度下降至与液相线相交时将进入相应的三相区而发生共晶型三相平衡反应。如在 e_1E 线上的液相将发生 L→(α+β) 的共晶型三相平衡反应，故这三条液相线也称为共晶线。

相图棱角处的固溶度曲面两两相交，共形成三条交线，即 mm'、nn' 及 pp'。这三条曲线即是固相三相区（α+β+γ）的三条成分变温线。

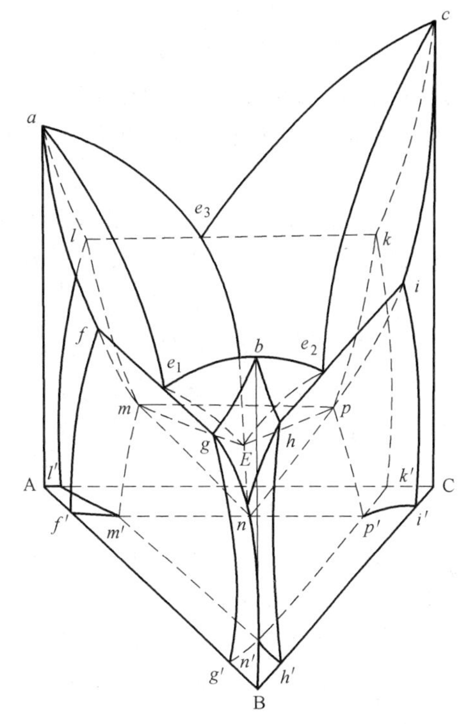

图 5-111　组元在固态有限溶解的共晶相图

2）相图中的相区。

① 四相平衡区。前面已经讨论过，在三元系相图中，四相平衡区实际上是一恒温平面，即四相平衡平面。四相平衡平面可与四个单相区以点相接触；与四个三相区以共轭面相接触；以四相平衡平面上的共轭连线与六个两相区相连。

对于本例中的由 L、α、β、γ 所组成的具有共晶型四相平衡反应的四相平衡平面，与之以点接触的单相区有 L、α、β 及 γ 相；与四相平衡平面的上表面接触的三相区为 L+α+β、L+α+γ 及 L+β+γ，下方为 α+β+γ 三相区；四相平衡平面上的六条共轭连线分别连接六个两相区，即 L+α、L+β、L+γ、α+β、α+γ、β+γ。处于四相平衡平面内的合金，在四相平衡温度时将发生 $L \xrightleftharpoons{T_E} (\alpha+\beta+\gamma)$ 的共晶型四相平衡反应，如图 5-112 所示。

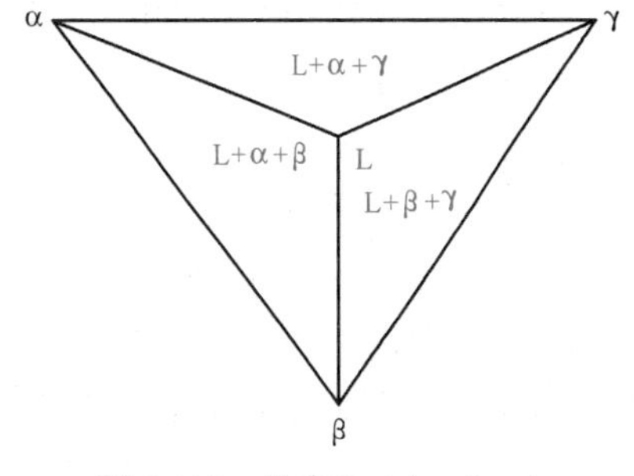

图 5-112　具有 L⇌(α+β+γ) 共晶反应的四相平衡平面

② 单相区。此相图中共有四个单相区，除单相液相以外，其余三个为固相 α、β、γ 单相区，由固相面以及由固溶度曲面在靠近相图三个棱边的地方所隔出的区域围成，如图 5-113a 所示。单相区与相邻相区的接触情况如图 5-113b 所示。

③ 两相区。两相区共有六个。液相面与固相面之间的空间是 L+α、L+β、L+γ 三个两相区；每一对共轭的溶解度曲面包围一个固相两相区，例如图 5-111 中的 $ff'm'mf$ 与 $gg'n'ng$ 包围了 α+β 两相区。另外还有其他固溶度曲面所包围的两相区，β+γ、α+γ 两相区。当合金随温度下降进入固相两相区时分别发生 $\alpha \to \beta_{\text{II}}$，$\beta \to \alpha_{\text{II}}$，$\gamma \to \beta_{\text{II}}$，$\beta \to \gamma_{\text{II}}$，$\gamma \to \alpha_{\text{II}}$、$\alpha \to \gamma_{\text{II}}$ 的脱溶过程。

④ 三相区。共有四个三相区。三相区的三条棱边线（成分变温线）分别从相图侧面二元共晶相图的共晶线上三个平衡相的成分点引入，终止于四相平衡平面，所以 L+α+β、L+β+γ 及 L+γ+α 三个三相区存在于液固两相区与共晶型四相平衡平面之间。

四相平衡平面之下的 α+β+γ 三相区，与单相区 α、β、γ 分别以成分变温线 mm'、nn'、pp'相接触。合金冷至此区域时，若单相固溶体的固溶度随温度下降而减小，则单相固溶体中将会同时析出两个二次相：$\alpha\rightarrow\beta_{\mathrm{II}}+\gamma_{\mathrm{II}}$，$\beta\rightarrow\alpha_{\mathrm{II}}+\gamma_{\mathrm{II}}$，$\gamma\rightarrow\alpha_{\mathrm{II}}+\beta_{\mathrm{II}}$。

图 5-114 所示为立体相图的分解图，为清晰起见有些相区未在图中画出。图中相同符号为同一点。

（2）投影图及结晶过程分析　投影图是将立体的三元系相图分层次投影到浓度平面上的图形。用投影图可以方便反映出各相区在浓度三角形上的位置，在实际问题的分析中经常用到。图 5-115 所示为共晶型四相平衡反应相图的投影图。

投影图的最上层为液相面，液相面的三条交线（液相线）e_1e、e_2e、e_3e 把液相面分成三个部分，这三个部分分别表示三个液固两相区 L+α、L+β、L+γ 在浓度三角形上的最大成分范围（图 5-115a）。固相面的投影区 A*fml*A、B*gnh*B、C*ipk*C 及三相区的投影如图 5-115b 所示。三相区的投影区域 *fmeng*、*hnepi*、*kpeml*，分别表示能够发生 L→（α+β）、L→（β+γ）、L→（γ+α）共晶型三相平衡反应的成分范围。

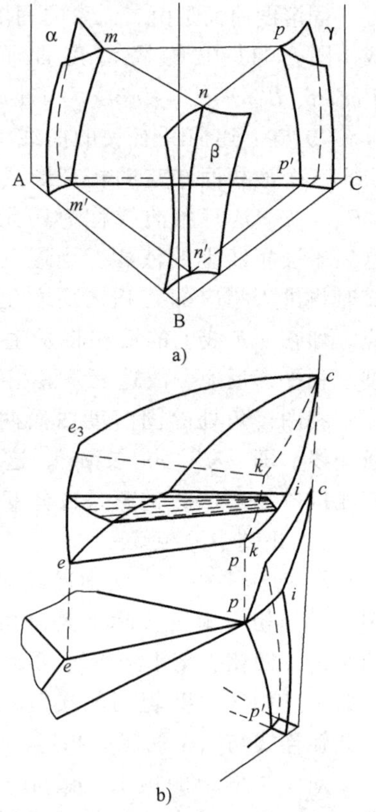

图 5-113　相区接触情况示意图

图 5-115c 所示为完整的投影图，图中 *mnp* 为四相平衡平面区域，$m'n'p'$为（α+β+γ）三相区的室温截面。在图中成分变温线均用箭头标出降温方向。

下面利用投影图并参考图 5-111 分析合金的凝固过程：

利用投影图分析合金的结晶过程，其方便之处就在于能够直接看出合金凝固过程中所经历的相区、发生的反应，而且各温度下合金组成相的成分变化及相对量也可以利用投影图进行确定。

从图 5-115c 所示 *o* 成分合金可以看出，该合金降温时先通过液相面进入 L+γ 两相区，然后穿过 L+α+γ 三相区到达共晶型四相平衡平面，在共晶型四相平衡平面完成 L⇌（α+β+γ）后进入固相三相区（α+β+γ）。图 5-116b 是通过合金成分点 *o* 所作的变温截面 *A*—*A*，位置如图 5-115c 所示。结合此变温截面图，可以清楚地看出这一过程：

$$\mathrm{L_o}\xrightarrow[\mathrm{L}\rightarrow\gamma]{t_1\sim t_2}\mathrm{L}+\gamma\xrightarrow[\mathrm{L}\rightarrow(\alpha+\gamma)]{t_2\sim t_3}\mathrm{L}+\gamma+(\alpha+\gamma)\xrightarrow[\mathrm{L_E}\rightleftharpoons(\alpha_m+\beta_n+\gamma_p)]{t_e}\gamma_p+(\alpha_m+\gamma_p)+$$

$$(\alpha_m+\beta_n+\gamma_p)\xrightarrow[\gamma\rightarrow\alpha_{\mathrm{II}}+\gamma_{\mathrm{II}}]{t<t_e}\gamma+\alpha_{\mathrm{II}}+\gamma_{\mathrm{II}}+(\alpha+\gamma)+(\alpha+\beta+\gamma)$$

对于与 *o* 合金处于同一变温截面上的 o'合金，从投影图及变温截面图可以看出，其凝固过程为

$$\mathrm{L}'_{\mathrm{o}}\xrightarrow[\mathrm{L}\rightarrow\alpha]{t_1'\sim t_2'}\mathrm{L}+\alpha\xrightarrow[\mathrm{L}\rightarrow(\alpha+\beta)]{t_2'\sim t_3'}\alpha+(\alpha+\beta)\xrightarrow[\alpha\rightarrow\beta_{\mathrm{II}}]{t_3'\sim t_4'}$$

$$\alpha+\beta_{\mathrm{II}}+(\alpha+\beta)\xrightarrow[\alpha\rightarrow\beta_{\mathrm{II}}+\gamma_{\mathrm{II}}]{t<t_4'}\alpha+\beta_{\mathrm{II}}+\gamma_{\mathrm{II}}+(\alpha+\beta)$$

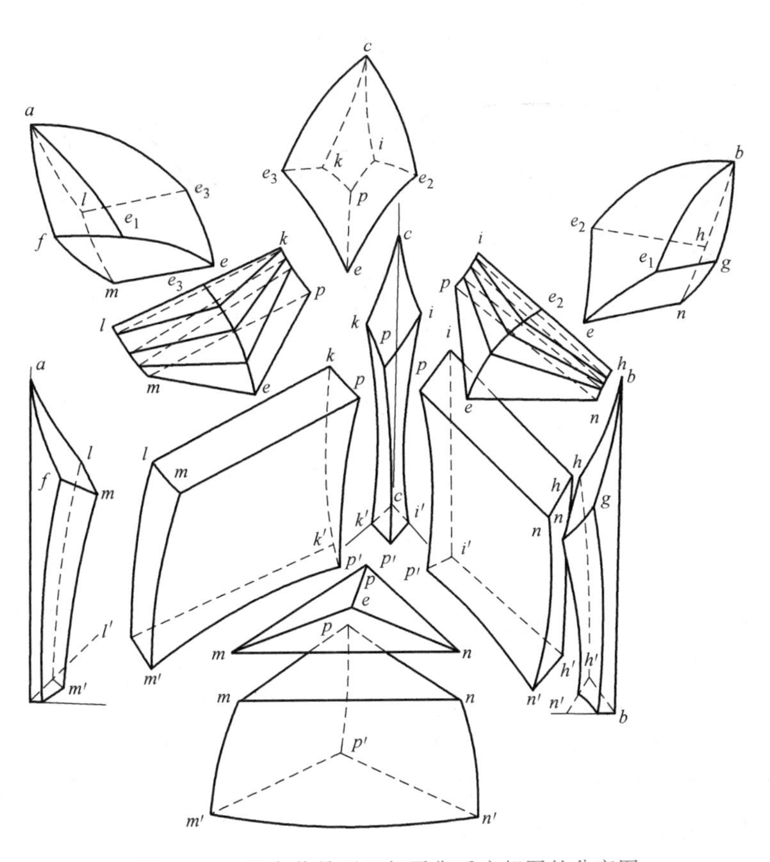

图 5-114 具有共晶型四相平衡反应相图的分离图

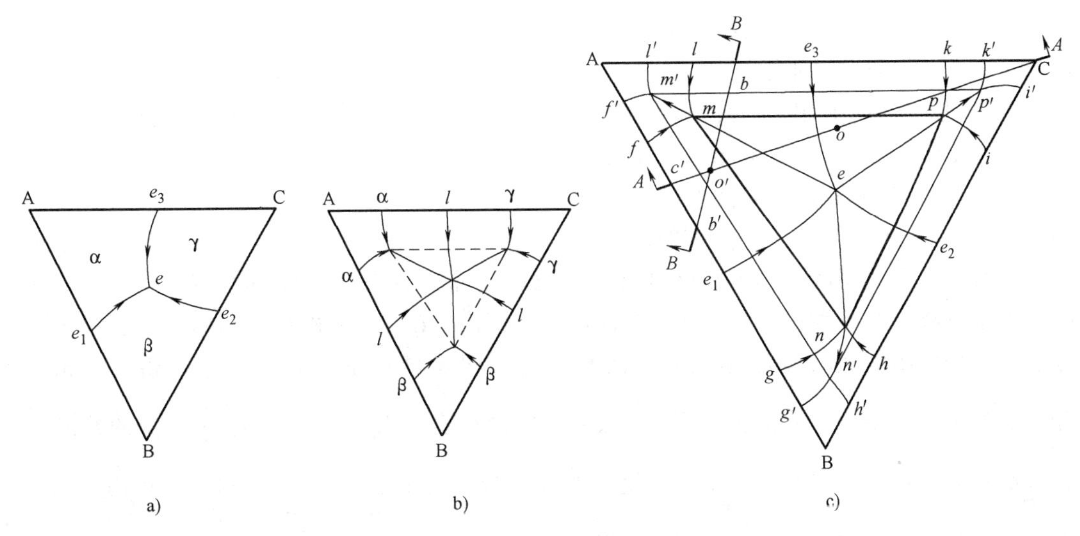

图 5-115 具有共晶型四相平衡反应相图的投影图

a）液相区投影 b）三相区投影 c）完整投影图

由于 o'成分合金未位于四相平衡平面之内，所以在凝固过程中不发生四相共晶反应。

如果通过 o'点再作一变温截面 $B—B$（图 5-115c 及图 5-116a），可以看出，所得结论与

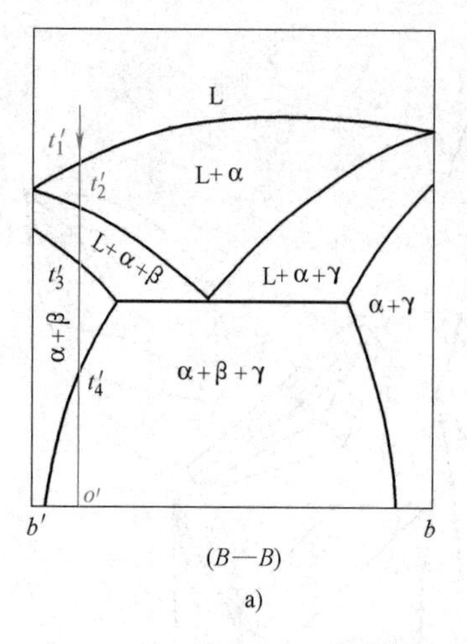

a)

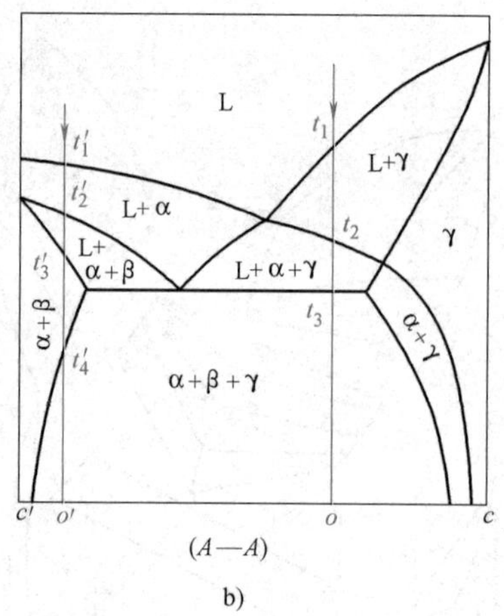

b)

图 5-116 投影图上 *A—A* 及 *B—B* 变温截面

前述相同。这实际上说明，某合金的凝固经历，不应因变温截面选取的不同而出现差异，而且在（过合金成分点的）任一变温截面上，合金组织转变所对应的温度也是完全相同的。参看图 5-116a、b，这就可以根据实际需要或为分析问题方便，选取合适的方位以截取最为简单的变温截面图来分析合金的组织转变过程。

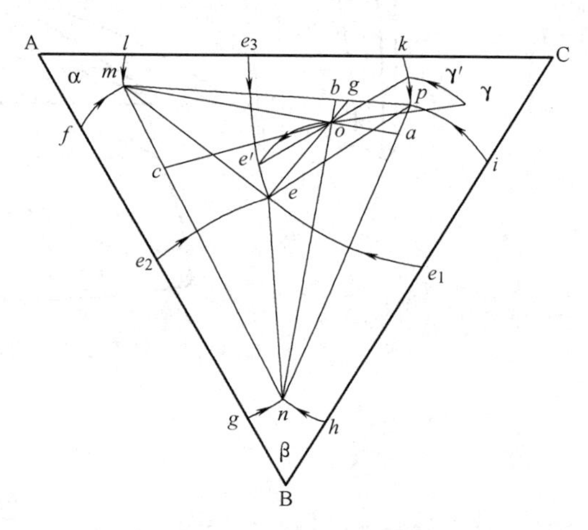

图 5-117 *o* 成分合金凝固时各组成相的成分变化

合金凝固过程中各平衡相成分的变化，只能在投影图上确定。下面仍以 *o* 点成分（图 5-116b）合金为例进行分析：

合金进入 L+γ 两相区后，随温度下降，两平衡相 L、γ 的成分按蝴蝶形成分变化规律分别沿液相面和固相面变化，当液相成分达图 5-117 中 e_3e 线上 e'点时，γ 相的成分相应达 kp 线上 γ'点，此时对应的温度为图 5-116b 上的 t_2。合金进入三相区（图 5-116b 上 $t_2 \sim t_3$ 温度间隔），液相发生共晶反应：L→（α+γ），随着温度下降，共晶数量不断增多。在此温度范围内，L 相、α 相及 γ 相的成分随温度降低分别沿成分变温线 e_3e、lm、kp 变化。至 t_e 温度（图 5-116b 的 t_3），L 相、α 相及 γ 相的成分分别达 e、m、p 点，在此温度下，e 点成分的液相发生 $L_e \xrightleftharpoons{T_e} (\alpha_m+\beta_n+\gamma_p)$ 的共晶型四相平衡转变，反应完成后，三相共晶组织的质量分数为 $w_{(\alpha+\beta+\gamma)}=\frac{og}{eg}\times 100\%$。此时 α 相、β 相及 γ 相的相对量也可由重心法则确定出：

$$w_\alpha=\frac{oa}{ma}\times 100\%;\ w_\beta=\frac{ob}{nb}\times 100\%;\ w_\gamma=\frac{oc}{pc}\times 100\%$$

当温度降至 t_e 以下，α、β 及 γ 相的成分将随温度下降分别沿 mm'、nn'及 pp'变化而发生脱溶反应。

以上分析的是平衡结晶过程。当降温速度不是十分缓慢（非平衡凝固）时，会发生与二元系共晶反应类似的情况，即共晶反应区扩大（相当于二元系共晶线的延长），使得原本在平衡结晶时不发生共晶反应的合金，在非平衡凝固时出现共晶组织。如图 5-118 中虚线表示非平衡凝固时三相及四相区域的扩大。图中 o_1 及 o_2 合金在非平衡凝固条件下，将出现两相或三相不平衡共晶组织。

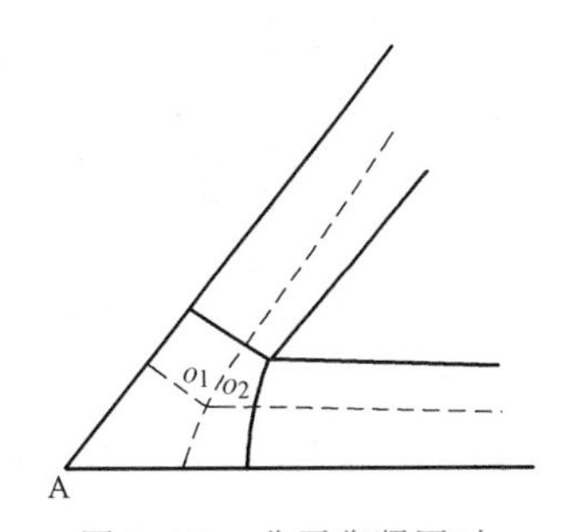

图 5-118　非平衡凝固时三相、四相区的扩大示意图

3. 液相面投影图

在投影图中，液相面的投影图应用十分广泛。为了应用方便在图上常用细实线画出等温线，液相线常用粗实线画出并用箭头标明其降温方向。液相线可把投影图分成若干个区域，在每个区域一般只标出通过该区域液相面时结晶出的初生晶。

三种不同类型的四相平衡反应具有不同的液相线的走向规律，如图 5-119 所示。

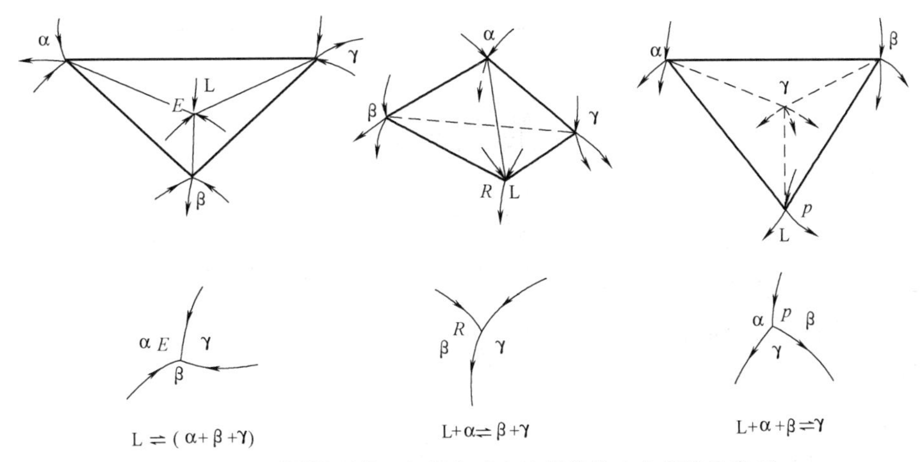

图 5-119　不同类型的四相平衡反应液相线的走向规律示意图

利用液相线的不同走向规律，也可方便地判断在三条液相线汇交处所对应温度下发生的四相平衡反应。

图 5-120 所示为 Al-Cu-Mg 三元系富铝部分液相面的投影图。图中细实线为等温线。

从图中可以看出，整个液相面由七个部分组成，因此，对应的初生相也有七个：α 相（以铝为基的固溶体）、θ（$CuAl_2$）、β（Mg_2Al_3）、γ（$Mg_{17}Al_{12}$）、S（$CuMgAl_2$）、T[Mg_{32}（Al、Cu）$_{49}$]、Q（$Cu_3Mg_6Al_7$）。

液相线的汇交点共有四个 E_T、P_1、E_U、P_2，对应有四个四相平衡转变，根据图 5-119 所示规律，可以判断出这些反

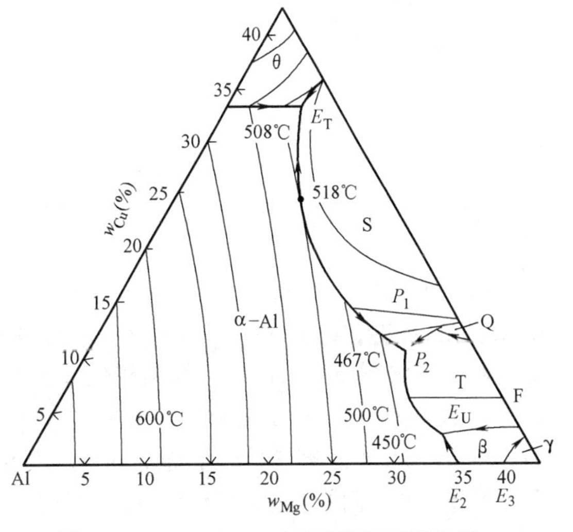

图 5-120　Al-Cu-Mg 三元系液相图投影图

应是：

$$E_T \quad L \xrightleftharpoons{T_E} (\alpha+\theta+S)$$

$$P_1 \quad L+Q \xrightleftharpoons{T_{P_1}} (S+T)$$

$$E_U \quad L \xrightleftharpoons{T_{E_U}} (\alpha+\beta+T)$$

$$P_2 \quad L+S \xrightleftharpoons{T_{P_2}} (\alpha+T)$$

六、三元系相图实例分析

1. Fe-C-Cr 三元系变温截面图分析

图 5-121 所示为 $w_{Cr}=13\%$ 的 Fe-Cr-C 三元系垂直截面图，图中出现六个单相：α、γ、C_1、C_2、C_3 和 L 相，分别代表铁素体、奥氏体和三种不同类型的合金碳化物，C_1 为 $(Fe、Cr)_7C_3$，C_2 为 $(Fe、Cr)_{23}C_6$，C_3 为 $(Fe、Cr)_3C$。

西安交通大学柴东朗教授团队基于三元相图合金成分设计研发出超轻镁锂合金，已用于“天问一号”卫星

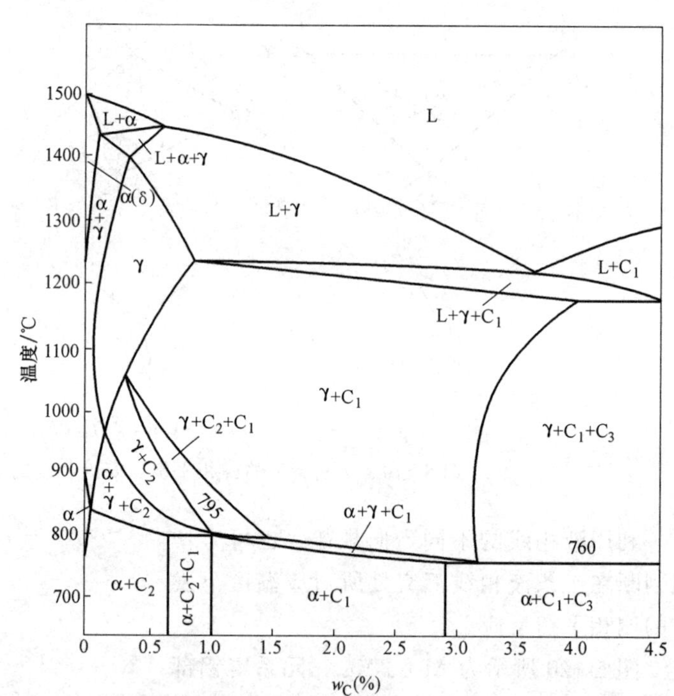

图 5-121 w_{Cr} 为 13%的 Fe-Cr-C 三元系的垂直截面

从图 5-121 可以看出，共有八个三相区：L+α+γ，$L+\gamma+C_1$，$\gamma+C_1+C_2$，$\gamma+C_1+C_3$，$\alpha+\gamma+C_1$，$\alpha+\gamma+C_2$，$\alpha+C_1+C_2$，$\alpha+C_1+C_3$。这些三相区中只有相图左上角的 L+α+γ 三相区可以用其截面形状判断为 L+α→γ 的两相包晶转变，其余三相区均不能直接判断。但其中有些三相区，如 $\gamma+C_2+C_1$ 和 $\alpha+\gamma+C_1$ 及 $\alpha+\gamma+C_2$ 可以用反应的可能性对其转变类型进行分析，如 $\gamma+C_2+C_1$ 三相区，此三相区上邻为 $\gamma+C_1$ 两相区，下邻为 $\gamma+C_2$ 两相区。由图 5-121 可以看出，处于 $\gamma+C_1$ 两相状态的合金，缓冷经过三相区并冷至 $\gamma+C_2$ 两相区时，合金的组织由 $\gamma+C_1$ 转变为 $\gamma+C_2$，说明合金经过三相区时 C_1 消失而 C_2 生成，所以在 $\gamma+C_1+C_2$ 三相区中发

生的反应只有两种可能：$\gamma+C_1 \to C_2$ 或 $C_1 \to \gamma+C_2$。比较 C_1、C_2 及 γ 相中的碳含量，C_1 中碳的摩尔分数为$\frac{3}{7+3}=30\%$，C_2 为$\frac{6}{23+6}\approx 20.7\%$，$\gamma$ 相的碳含量应为三者中最低。由于反应相不可能分解成两个含碳量均低于它的生成相，故 $C_1 \to \gamma+C_2$ 转变不成立，由此可以判断此三相区的正确反应应是 $\gamma+C_1 \to C_2$ 型包析转变。利用相同的方法可判断出，$\alpha+\gamma+C_1$ 三相区的反应为 $\gamma \to \alpha+C_1$ 型共析转变，$\alpha+\gamma+C_2$ 三相区为 $\gamma \to \alpha+C_2$ 型共析转变。

图 5-121 有三条水平线，表示有三个四相平衡反应，它们中只有 795℃ 的四相平衡反应可以根据相邻相区的接触情况判断出：$\gamma+C_2 \xrightleftharpoons{795℃} \alpha+C_1$。

图中各转变见表 5-9。

2. Fo-An-SiO$_2$ 三元系相图分析

图 5-122a 所示为一个以稳定化合物 Fo（镁橄榄石）、An（钙长石）、SiO_2 为组元的三元系相图。图中符号含义是：Pr（$MgSiO_3$）——原顽火辉石，Sp（$MgAl_2O_4$）——尖晶石，Cr（SiO_2）——方石英，Fo（Mg_2SiO_3）、An（$CaAl_2Si_2O_8$）。

表 5-9　Fe-Cr-C 三元系 w_{Cr} 为 13%的垂直截面图中各相区发生的转变

两相平衡区	三相平衡区	四相平衡水平线
$L \leftrightarrows \alpha$	$L+\alpha \leftrightarrows \gamma$	$L+C_1 \xrightleftharpoons{1175℃} \gamma+C_3$
$L \leftrightarrows \gamma$	$L \leftrightarrows \gamma+C_1$	$\gamma+C_2 \xrightleftharpoons{795℃} \alpha+C_1$
$L \leftrightarrows C_1$	$\gamma \leftrightarrows \alpha+C_1$	$\gamma+C_1 \xrightleftharpoons{760℃} \alpha+C_3$
$\alpha(\delta) \leftrightarrows \gamma$	$\gamma+C_1 \leftrightarrows C_2$	
$\gamma \leftrightarrows C_1$	$\gamma \leftrightarrows \alpha+C_2$	
$\gamma \leftrightarrows C_2$	$\gamma+C_1 \leftrightarrows C_3$	
$\alpha \leftrightarrows C_1$	$\alpha \leftrightarrows C_1+C_2$	
$\alpha \leftrightarrows C_2$	$\alpha \leftrightarrows C_1+C_3$	

从图可以看出，液相线的汇聚点有三个（D、R、E），从汇聚点处液相线的走向可以判断出有三个四相平衡反应：$L+Sp \xrightleftharpoons{T_D} Fo+An$；$L+Fo \xrightleftharpoons{T_R} Pr+An$；$L \xrightleftharpoons{T_E} An+Pr+Cr$。

下面以成分 x 为例，分析结晶过程：

成分为 x 的原始液相在降温过程中达到液相面时，开始结晶出 Fo，系统呈现 $L \rightleftharpoons Fo$ 两相平衡，Fo-x 为共轭连线（图 5-122b）。继续降温，液相成分沿共轭连线的延长线由 x 点趋向于 a 点，刚到达 a 点时，共轭连线为 Fo-a（图 5-122b），按杠杆定律可算出此时液相的相对量为$\frac{x-Fo}{a-Fo}\times 100\%$。自 a 点开始，系统进入三相区 L+Fo+Pr，Pr 开始生成，Pr 的成分点在 En（$MgSiO_3$）。随着温度下降，液相沿液相线 r-R 变化（图 5-122c）。L+Fo+Pr 三相区的反应可用下述简单方法判断：在投影图中，若反应相的成分变温线（此例中的液相线 r-R）在共轭三角形之外时（图 5-122c）为包晶型转变，若处于共轭三角形之内（见图 5-122e 中 R-E 线）则为共晶型转变。由此可知，系统经过三相区 L+Fo+Pr 三相区时，其反应是 $L+Fo \to Pr$（En）的两相包晶反应。

继续降温，液相成分沿 r-R 趋向 R，在 R 点出现四相平衡 L_R+Fo+Pr+An，连结此四相的成分点构成四相平衡平面（图 5-122d），根据此四相平衡平面的形状或 R 点三条液相线的走向，可以判断出四相平衡反应式为：$L_R+Fo \xrightleftharpoons{T_R} Pr+An$，反应完成后 Fo 消失，系统进入 L+Pr+An 三相区，用与上述相同的方法可知，在此三相区中发生 $L \to Pr+An$ 的两相共晶反应（图 5-122e）。

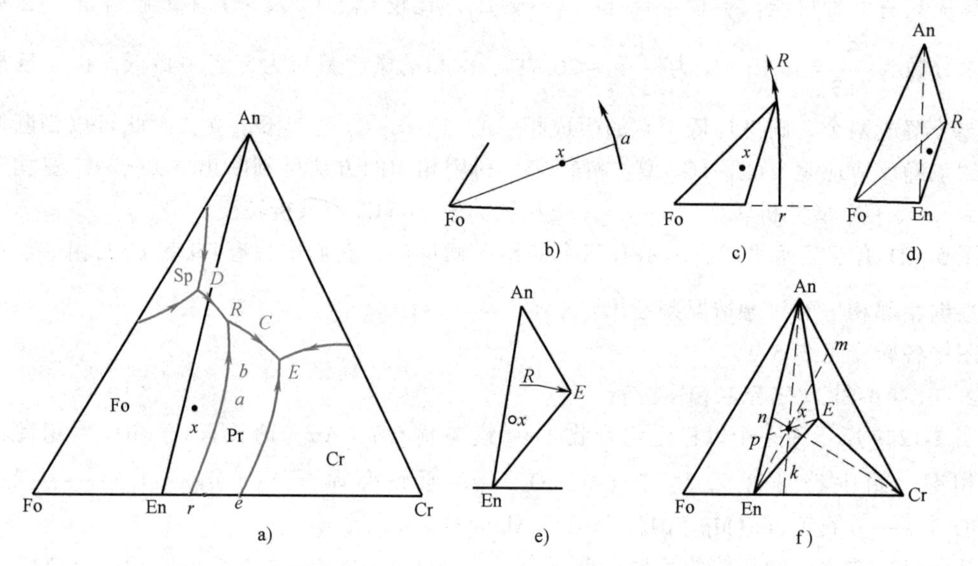

图 5-122　镁橄榄石-钙长石-方石英的三元系相图及结晶过程分析

剩余液相 L 沿曲线 R-E 趋于 E 点，液相成分达 E 点时，成分为 E 的液相便发生共晶型四相平衡反应：$L_E \xrightleftharpoons{T_E} (An+En+Cr)$，共晶反应完成后，系统进入 An+En+Cr 三相区。至此整个结晶过程完成，过程重述如下：

$$L_x \xrightarrow[L\to Fo]{t_1\sim t_2} L+Fo \xrightarrow[L+Fo\to Pr]{t_2\sim t_R} L+Fo+Pr \xrightarrow[L+Fo\rightleftharpoons Pr+An]{t_R} L+Pr+An$$

$$\xrightarrow[L\to\ (An+Pr)]{t_R\sim t_E} L+Pr+An \xrightarrow[L_E\rightleftharpoons(An+Pr+Cr)]{t_E} An+Pr+Cr$$

三相共晶的相对量可由重心法则确定：$\dfrac{x-P}{E-P}\times 100\%$（图 5-122e）。整个结晶过程完成后的三个组成相 An、Pr、Cr 的相对量可在三角形 An-En-Cr 中用重心法则求出：

$$w_{Pr}=\frac{x-m}{En-m}\times 100\%$$

$$w_{Cr}=\frac{x-n}{Cr-n}\times 100\%$$

$$w_{An}=\frac{x-k}{An-k}\times 100\%$$

习　　题

1. 按不同特点分类，固溶体可分为哪几种类型？影响置换固溶体固溶度的因素有哪些？
2. 影响固溶体的无序、有序和偏聚的主要因素是什么？
3. （1）间隙化合物与间隙固溶体有何根本区别？

（2）下列中间相各属什么类型？指出其结构特点及主要控制因素：

MnS、Fe_3C、Mg_2Si、SiC、$Cu_{31}Zn_8$、Fe_4N、WC、$Cr_{23}C_6$

4. 陶瓷材料的固溶方式与金属相比有何不同？影响陶瓷材料中离子代换或固溶度的因素有哪些？

5. 铋（熔点为271.5℃）和锑（熔点为630.7℃）在液态和固态时均能彼此无限互溶，$w_{Bi}=50\%$的合金在520℃时开始结晶出成分为$w_{Sb}=87\%$的固相。$w_{Bi}=80\%$的合金在400℃时开始结晶出成分为$w_{Sb}=64\%$的固相。

（1）根据上述条件，绘出Bi-Sb相图，并标出各线和各相区的名称。

（2）从相图上确定$w_{Sb}=40\%$合金的开始结晶和结晶终了的温度，并求出它在400℃时的平衡相成分及相对量。

6. 根据下列实验数据绘出概略的二元共晶相图：组元A的熔点为1000℃，组元B的熔点为700℃；$w_B=25\%$的合金在500℃结晶完毕，并由73.33%的先共晶α相和26.67%的（α+β）共晶体组成；$w_B=50\%$的合金在500℃结晶完毕后，则由40%的先共晶α相与60%的（α+β）的共晶体组成，而此合金中的α相总量为50%。

7. 根据下列条件绘制A-B二元相图。

已知A-B二元相图中存在一个液相区（L）和七个固相区（α、β、γ、δ、μ、ε、ξ），其中α、β、γ、δ、μ是以纯组元为基的固溶体，ε和ξ是以化合物为基的固溶体（中间相）、ε相中含B量小于ξ相中的含B量。相图中存在下列温度，且$T_1>T_2>T_3>\cdots>T_{11}$，其中$T_1$、$T_4$分别为纯组元A和B的熔点；$T_2$、$T_7$、$T_{10}$为同素异构转变温度；$T_3$为熔晶转变温度；$T_5$为包晶转变温度；$T_6$为共晶转变温度；$T_8$为共析转变温度；$T_9$、$T_{11}$为包析转变温度。

8.（1）应用相律时必须考虑哪些限制条件？

（2）试指出图5-123中的错误之处，并用相律说明理由，且加以改正。

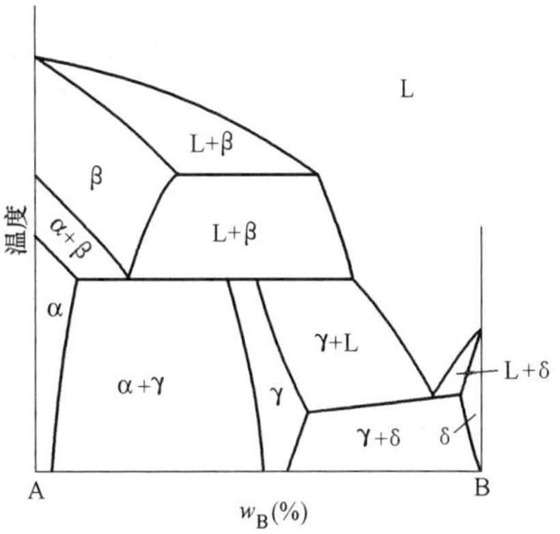

图5-123　习题8图

9. 分析$w_C=0.2\%$的铁-碳合金从液态平衡冷却至室温的转变过程，用冷却曲线和组织示意图，说明各阶段的组织，并分别计算室温下的相组成物及组织组成物的相对量。

10. 计算$w_C=3\%$的铁-碳合金在室温下莱氏体的相对量；组织中珠光体的相对量；组织中共析渗碳体的相对量。

11. 利用Fe-Fe_3C相图说明铁-碳合金的成分、组织和性能之间的关系。

12. 试比较匀晶型三元相图的变温截面与二元匀晶相图的异同。

13. 图5-124中为某三元合金系在T_1、T_2温度下的等温截面。若$T_1>T_2$，此合金系中存在哪种三相平衡反应？

14. 利用所给出的Fe-Cr-C系$w_{Cr}=17\%$的变温截面。

（1）填写图5-125中空白相区。

（2）从截面图上能判断哪一些三相区的三相反应？用什么方法判断？是什么反应？

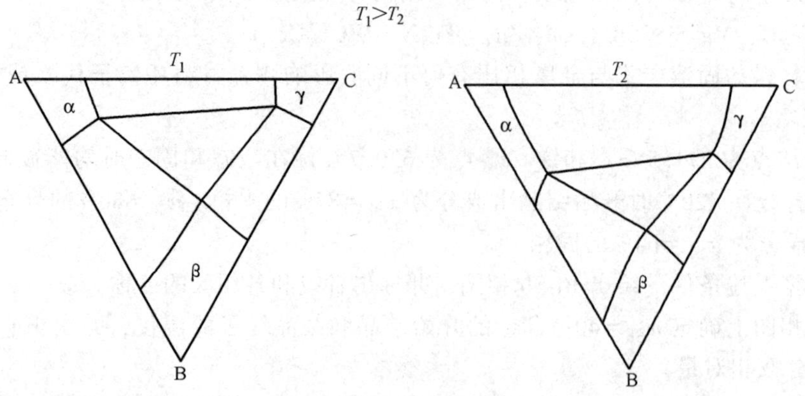

$T_1>T_2$

图 5-124　习题 13 图

（3）分析 $w_C=1.2\%$的合金平衡凝固过程。

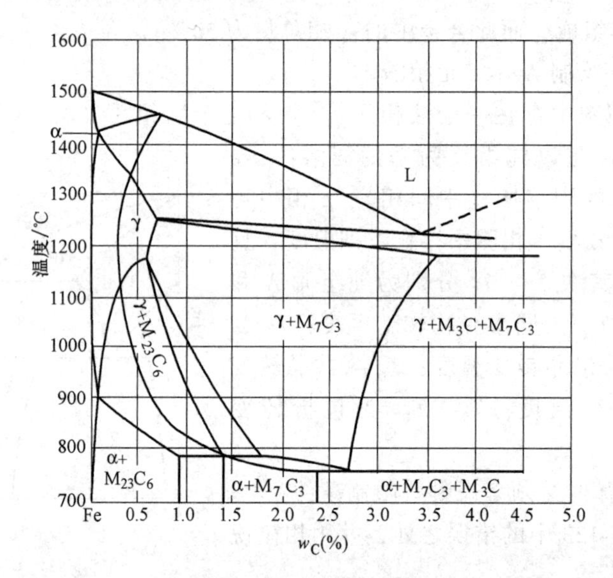

图 5-125　习题 14 图

参 考 文 献

[1]　石德珂，沈莲．材料科学基础［M］．2 版．西安：西安交通大学出版社，2019.

[2]　胡庚祥．金属学［M］．上海：上海科学技术出版社，1980.

[3]　侯增寿，卢光熙．金属学原理［M］．上海：上海科学技术出版社，1990.

[4]　崔忠圻．金属学热处理［M］．3 版．北京：机械工业出版社，2020.

[5]　余宗森，田中卓．金属物理［M］．北京：冶金工业出版社，1982.

[6]　罗谷风．结晶学导论［M］．3 版．北京：地质出版社，2014.

[7]　刘孟慧．造岩矿物学［M］．山东：石油大学出版社，1991.

[8]　穆克敏，李树勋．结晶岩岩石物理化学［M］．北京：地质出版社，1988.

[9]　徐祖耀．金属材料热力学［M］．北京：科学出版社，1981.

[10] 萨尔满·H，舒尔兹·H. 陶瓷学（上册：基本理论及重要性质）[M]. 黄照柏，译. 北京：轻工业出版社，1989.
[11] 余永宁. 金属学原理 [M]. 3 版. 北京：轻工业出版社，2020.
[12] 潘金生，仝健民. 材料科学基础（修订版）[M]. 北京：清华大学出版社，2010.
[13] 胡庚祥，蔡珣，戎咏华. 材料科学基础 [M]. 3 版. 上海：上海交通大学出版社，2010.
[14] 范群成，田明波. 材料科学基础学习辅导 [M]. 北京：机械工业出版社，2005.

第六章　材料的凝固与气相沉积

材料从液态到固态的转变过程通常称为凝固。在工业生产上有钢锭与铸件的凝固，连续铸造和熔焊的凝固，以及金属激光3D打印过程中的凝固等。研究它们的结晶过程以及影响与控制生产质量的因素是十分重要的。本章以讨论金属与合金的凝固为主，它们在凝固后一般为晶态，但也会涉及非晶态。合金在极快冷速下凝固可呈非晶态，玻璃的凝固为非晶态，热固性塑料、橡胶冷凝后为非晶态，热塑性塑料有些为非晶态，有的为部分晶态。另外，现今材料的制备方法很多，不能局限于传统的冶金工程。最新的材料及零件制备工艺如金属激光3D打印增材制造技术，虽是一种新工艺制造技术，但其核心问题仍与材料凝固过程有关。材料的凝固与气相沉积是目前制备材料的两种主要类型。因此，本章除材料的凝固外，还介绍了材料的气固转变，以及用气相沉积方法制备材料，如半导体硅芯片的外延生长、硼纤维的制造、纳米材料的获得等。

第一节　材料凝固时晶核的形成

一、凝固结晶基本规律

1. 液体结构与结晶过程

物质的三种主要聚集状态为气态、液态和固态，此外，在特殊条件下还可处于等离子体状态等其他状态。凝固是材料从液态转变为固态的过程，因此首先需要了解材料的液态结构。

表6-1是部分金属在不同状态下的热学性质。对于金属纯铜，其熔化热L_m为13kJ/mol，而其汽化热L_b则高达304kJ/mol，表明固态转变为液态时，原子键的破坏不是很大，而当转变为气态时，原子键则被彻底破坏。这说明材料的液态结构与固态结构相近，而与气态结构相差很大。表6-2是金属X射线衍射对固态和液态的径向分布函数测定结果。液体中原子间的平均距离比固体中的略大，液体中原子的配位数比密排结构晶体的配位数有所减少。材料液态结构与固态结构相比，其最重要的特征是原子排列为短程有序而长程无序。在液体中，短程有序原子集团不是固定不变的，而是处于此消彼长、尺寸不稳定的瞬息万变状态，这种现象称为结构起伏。除此以外，液体中各处的温度和能量也是在不断地变化中，处处不同，因而液体中也还存在着温度起伏和能量起伏。

在降温过程中，液体中的短程有序集团，也称为晶坯，其尺寸增加。在熔点以下，晶坯尺寸增加到一定程度，成为能够自发长大的晶坯，称为凝固结晶的晶核，继续降温的过程

表 6-1　部分金属在不同状态下的热学性质

金属	熔点/K	液体-固体的体积差(%)	熔化热 L_m/(kJ/mol)	汽化热 L_b /(kJ/mol)	L_m/L_b (%)	熔化熵 S_m /[J/(mol·K)]
Al	933	6	10.48	291.2	3.6	11.51
Au	1336	5.1	12.80	342.3	3.7	9.25
Cu	1356	4.15	13.01	304.6	4.3	9.62
Zn	693	4.2	7.20	115.1	6.2	10.67
Mg	923	4.1	8.70	133.9	6.5	9.17
Ca	594	4.0	6.40	99.6	6.4	10.29
δ-Fe	1808	3.0	15.19	340.2	4.5	8.37
Sn	505	2.3	6.97	295.0	2.4	13.78
Ga	320.9	-3.2	5.57	256.0	2.2	18.4
Bi	544.5	-3.35	10.84	179.5	6.0	19.95
Sb	903	-0.95	19.55	227.0	8.6	21.65

表 6-2　由 X 射线衍射分析得到的液体和固体结构数据的比较

金　属	液　体		固　体	
	原子间距/nm	配位数	原子间距/nm	配位数
Al	0.296	10~11	0.286	12
Zn	0.294	11	0.265 0.294	6 6
Cd	0.306	8	0.297 0.330	6 6
Au	0.286	11	0.288	12

中，晶核不断形成和长大，消耗液相直至全部液相转变为固相，这时结晶过程结束，如图 6-1 所示。

结晶过程的实质是由不稳定的具有短程有序的原子集团的液体转变为具有稳定的长程有序结构的晶体。

2. 结晶驱动力与过冷度

材料的结构转变，无论是液-固转变、气-固转变，还是固态下的转变，都必须满足热力学条件。由热力学第二定律可知，只有使系统自由能降低的过程，转变才会自动进行。转变的热力学判据是

$$\Delta G<0;\ G=H-TS$$

式中，G 是吉布斯自由能[⊖]；H 是热焓；T 是热力学温度；S 是熵。由上式可得

$$\frac{\mathrm{d}G}{\mathrm{d}T}=\frac{\mathrm{d}H}{\mathrm{d}T}-S-T\frac{\mathrm{d}S}{\mathrm{d}T} \tag{6-1}$$

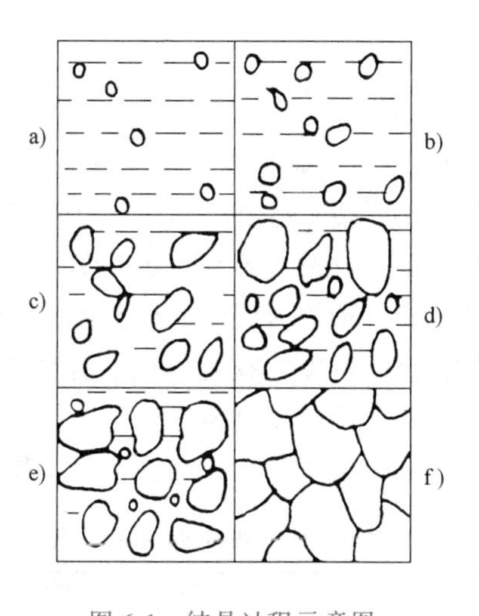

图 6-1　结晶过程示意图

⊖ 以下简称吉布斯自由能为自由能，并规定用 G 符号。

在可逆过程中 $dS=dQ/T$，式（6-1）可改写为

$$\frac{dG}{dT}=\frac{dH}{dT}-S-\frac{dQ}{dT}$$

恒压条件下，$dH=dQ$，于是

$$\frac{dG}{dT}=-S \tag{6-2}$$

由于熵恒为正值，且随温度升高而增大，所以自由能随温度升高而减小。另外，由于液态金属原子排列的混乱程度比固态金属大得多，故前者熵值比后者大，因而对于同一金属，其液态自由能随温度变化的曲线斜率比固态大，此二曲线必有一交点，如图 6-2 所示。图中交点所对应的温度就是金属的理论凝固温度 T_m，即金属的熔点。在此温度下，液相自由能（G_L）与固相自由能（G_S）相等，液相和固相处于平衡状态。只有当熔液温度低于 T_m 时，才能使 $G_S<G_L$，$\Delta G=G_S-G_L<0$，液相才能自发地转变为固相。ΔG 的大小是转变驱动力大小的标志。

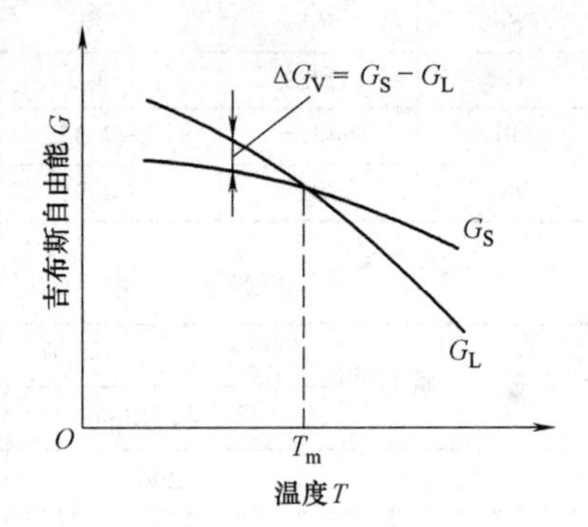

图 6-2 液态和固态的吉布斯自由能-温度曲线

ΔG 的大小取决于什么呢？如单位体积液相和固相自由能的差为 ΔG_V，$\Delta G_V=G_S-G_L$，则根据自由能的定义，可得出

$$\Delta G_V=(H_S-H_L)-T(S_S-S_L) \tag{6-3}$$

由于在恒压条件下$(H_S-H_L)=-L_m$，而在理论凝固温度时 $\Delta G_V=0$，故有$(S_S-S_L)=-\frac{L_m}{T_m}$，代入式(6-3)得

$$\Delta G_V=-L_m+\frac{TL_m}{T_m}=-L_m\left(\frac{T_m-T}{T_m}\right)=-\frac{L_m\Delta T}{T_m} \tag{6-4}$$

式中，L_m 为熔化热，即由固相转变为液相时需吸收的热量。物理化学规定，吸热为正值，放热为负值，故 $\Delta G_V<0$。对于金属，一般的熔化热只有蒸发热的 3%~4%，这说明在变为液态时原子键改变不大，而当变为气态时，原子键则遭到完全破坏。式（6-4）中 ΔT 称为过冷度，即理论凝固温度与实际凝固温度之差。式（6-4）表明，液态凝固时必须要有一定的过冷度。过冷度越大，ΔG_V 的绝对值越大，凝固的驱动力也越大。实际结晶温度是在一定冷却条件下的结晶温度，可由热分析方法测定材料的冷却曲线来确定，表 6-3 给出了几种常见金属的熔点、熔化热、表面能和最大过冷度的数值。

表 6-3 几种常见金属的熔点、熔化热、表面能和最大过冷度的数值

金属	熔点		熔化热 /(J/cm³)	表面能 /(J/cm²)	观测到的最大过冷度 ΔT/℃
	/℃	/K			
Pb	327	600	280	33.3×10^{-7}	80
Al	660	933	1066	93×10^{-7}	130
Ag	962	1235	1097	126×10^{-7}	227

（续）

金属	熔点		熔化热	表面能	观测到的最大
	/℃	/K	/(J/cm^3)	/(J/cm^2)	过冷度 ΔT/℃
Cu	1083	1356	1826	177×10^{-7}	236
Ni	1453	1726	2660	255×10^{-7}	319
Fe	1535	1808	2098	204×10^{-7}	295
Pt	1772	2045	2160	240×10^{-7}	332

注：资料来源于 B. Chalmers，“Solidification of Metals，” Wiley，1964。

二、均匀形核及形核率

1. 均匀形核的热力学分析

不是只要低于 T_m 的任何温度液态转变为固态的过程都能发生，液相中要有能形成固相的晶核，必须要达到一临界过冷度。这是因为一旦熔液中有晶胚出现，就需考虑体系总自由能的变化，而不单纯是体积自由能了。

设晶胚为球形，半径为 r，单位体积自由能变化为 ΔG_V，晶胚单位面积表面能为 σ，则体系总自由能的变化为

$$\Delta G=\Delta G_V\frac{4}{3}\pi r^3+\sigma 4\pi r^2 \tag{6-5}$$

式中，第一项体积自由能使体系自由能降低；第二项表面能恒为正值，使体系自由能升高。这两项的合成结果如图 6-3 所示。

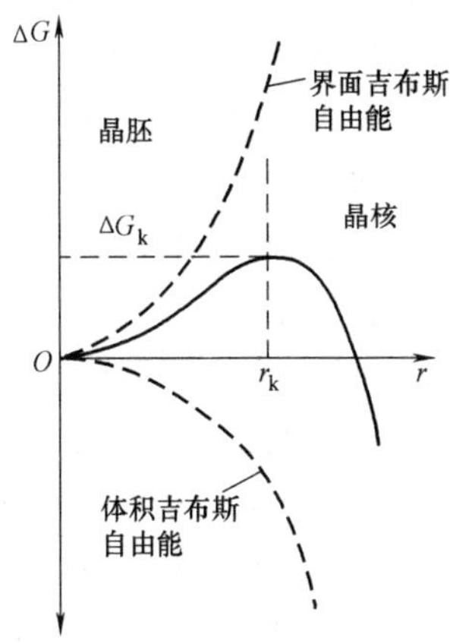

图 6-3　晶核半径与 ΔG 的关系

可见，在每一过冷度下，晶核有一临界尺寸 r_k。当 $r<r_k$ 时，生成的晶胚继续长大会使体系自由能升高，因而不稳定，要溶解掉。当 $r>r_k$ 时，晶胚继续长大才能使体系自由能降低，因而它是稳定的，可以进一步长大，只有 $r>r_k$ 的晶胚才称为晶核。临界晶核尺寸 r_k 可由以下计算过程求出：

$$\frac{d(\Delta G)}{dr}=\Delta G_V 4\pi r^2+\sigma 8\pi r$$

令 $\dfrac{d(\Delta G)}{dr}=0, r=r_k$，则有

$$r_k=-\frac{2\sigma}{\Delta G_V} \tag{6-6}$$

形成临界晶核时，体系总自由能的变化，可将式（6-6）代入式（6-5）求得

$$\Delta G_k=-\frac{16\pi\sigma^3}{3(\Delta G_V)^2} \tag{6-7}$$

ΔG_k 称为临界晶核形成功。因为临界晶核表面积 A_k 为 $4\pi r_k^2=\dfrac{16\pi\sigma^2}{(\Delta G_V)^2}$，故有

$$\Delta G_k = -\frac{1}{3} A_k \sigma \tag{6-8}$$

即临界晶核形成功等于表面能的1/3。这意味着形成临界晶核时，液、固两相体积自由能差值只能补偿表面能的2/3，而另外的1/3则靠系统自身存在的能量起伏来补偿。

由于
$$\Delta G_V = -\frac{L_m \Delta T}{T_m}$$

故式（6-6）、式（6-7）又可用过冷度表达为

$$r_k = \frac{2\sigma T_m}{L_m \Delta T} \tag{6-9}$$

$$\Delta G_k = -\frac{16\pi\sigma^3 T_m^2}{3(L_m \Delta T)^2} \tag{6-10}$$

以上是从热力学的观点来分析晶核形成的。形成晶核的物理图像是怎样的呢？原来，在液体中原子的排列并不像气体分子那样是任意的、不规则的。它在短程范围内排列还是有序的，对熔化热的测定已证实了这点，它只有蒸发热的3%～4%。据计算，$1mm^3$的Cu在熔点时约含10^{20}个原子，平均含有半径为0.3nm（约10个原子）的原子团10^{15}个，含有半径为0.6nm（约100个原子）的原子团只有10个，因为r_k、ΔG_k随ΔT的增加而减小，而过冷度增加产生尺寸大的原子团的概率也越大，如图6-4所示。当r_{max}达到r_k时就可能成为晶核。图中两曲线的交点即为临界过冷度ΔT_N，低于临界过冷度的那些小尺寸原子团，虽然数量很多，终因不稳定而被溶解或消失，只有少数尺寸大的原子团（$r>r_k$）才能成为晶核。

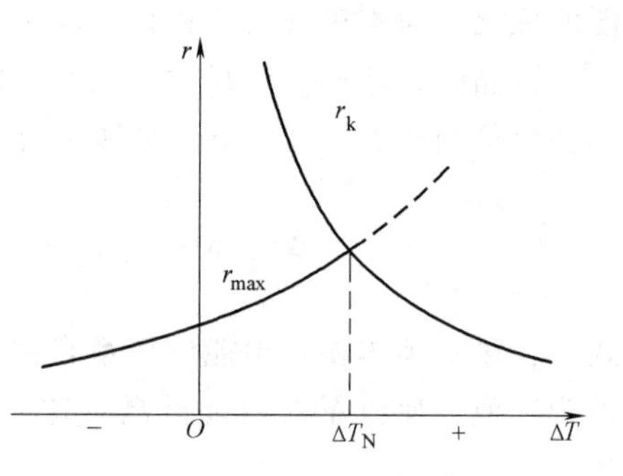

图6-4　临界晶核r_k原子团最大尺寸r_{max}与过冷度的关系

例6-1　试估计$1mm^3$Cu在熔点时，液体中分别含有半径尺寸为10个原子、60个原子、100个原子的原子团有多少？假定原子团为球形，Cu原子体积为$1.6\times10^{-29}m^3$，界面能γ_{SL}为$0.177J\cdot m^{-2}$，$k=1.38\times10^{-23}J\cdot K^{-1}$，$T_m=1356K$。

解：液体中由于热的能量起伏会出现一些大小不等的不规则原子团，它们时而出现时而消失。出现尺寸为r的原子团n_r的概率为

$$n_r = n_0 \exp\left(\frac{-\Delta G_r}{kT_m}\right) \tag{6-11}$$

式中，n_0为系统总的原子数；ΔG_r为生成尺寸为r的原子团引起体系自由能的变化，即按$\Delta G_r=\frac{4}{3}\pi r^3\Delta G_V+4\pi r^2\gamma_{SL}$计算。

在熔点，$\Delta G_V=0$，所以：$\Delta G_r=4\pi r^2\gamma_{SL}$　　(6-12)

尺寸为r的原子团含n_c个原子，原子体积为Ω，将$\frac{4}{3}\pi r^3=n_c\Omega$代入式（6-12）得

$$\Delta G_r = 4\pi\left(\frac{3\Omega n_c}{4\pi}\right)^{2/3}\gamma_{SL}$$

已知 $\Omega = 1.6\times10^{-29}m^3$，$\gamma_{SL} = 0.177J\cdot m^{-2}$，故得 $\Delta G_r =（5.435\times10^{-20}）n_c^{2/3}$。

对 $1mm^3$ 的 Cu，$n_0 = 6.25\times10^{19}$ 个原子。

将 n_0、ΔG_r 代入式（6-11）：当 $n_c = 10$ 个原子，$n_r = 9\times10^{13}$ 个原子团/mm^3

当 $n_c = 60$ 个原子，$n_r = 3$ 个原子团/mm^3

当 $n_c = 100$ 个原子，$n_r = 4\times10^{-8}$ 个原子团/mm^3

由上可见，尺寸较大的原子团在熔点时存活极少，要能成为晶核则能够进一长大的原子团至少要包含 100~200 个原子。这只有增加过冷度，使尺寸较大的原子团增加才能形成。如图 6-4 所示，当 r_{max} 随着过冷度增加，达到临界晶核尺寸时即可变为晶核。

2. 形核率

形核率是单位时间、单位体积中形成的晶核数，其单位为 $1/(s\cdot cm^3)$。从热力学考虑，那些具有临界晶核尺寸并能克服临界晶核形成功 ΔG_k 的微小体积，其出现的概率为 $\exp\dfrac{-\Delta G_k}{kT}$；但是要形成稳定的晶核，还必须有原子从液相中转移到晶核表面上使之成长。原子扩散到晶核表面，必须要克服能垒 ΔG_A（常称为激活能）。原子能克服能垒 ΔG_A 的概率为 $\exp\dfrac{-\Delta G_A}{kT}$，因此形核率 N 取决于这两项的乘积，即

$$N = B\exp\frac{-\Delta G_k}{kT}\exp\frac{-\Delta G_A}{kT} \tag{6-13}$$

值得注意的是，式（6-13）中的第一项是随过冷度增加而急剧增加的，因为 ΔG_k 与 ΔT^2 成反比；而第二项中的激活能 ΔG_A 对温度变化不太敏感。因此，过冷度小时形核率受 $\exp\dfrac{-\Delta G_k}{kT}$所控制，过冷度大时则主要取决于 $\exp\dfrac{-\Delta G_A}{kT}$。这两项合成的曲线示意如图 6-5a 所示。

对于金属，实验表明液态金属一旦过冷，形核率就急剧增加，液体很快就结晶完毕。这表明液体金属很难获得较大的过冷度，要使它不凝固很困难。部分原因是液体金属中存在固相杂质作为晶核，以异质形核方式凝固，形核速率很高，导致快速结晶完毕。为了消除金属中固相杂质的影响，著名的滕布尔试验中采用了将液体金属分散成金属液滴的方法，使大部分金属液滴处于高纯状态，这些小液滴可在相当大的过冷度下结晶。即使在这样大的过冷度下，金属仍显示出强烈的结晶倾向，而未表现出有被减缓或抑止的特征如图 6-5b 所示。这表明，在液体金属中原子扩散所要克服的能垒很小，不足以成为形核凝固结晶的阻力。但是，对某些材料，如有机物质则有可能因过冷导致形核率曲线呈现一极值。例如 Salol 在 40℃以下开始凝固，其形核率在 24℃时最大，进一步增加过冷度，形核率减慢，在-10℃以下形核渐渐终止（图 6-5c）。

三、非均匀形核

以上讨论的是均匀形核情况。均匀形核是在液体内部由于过冷而自发形核，在液体内部

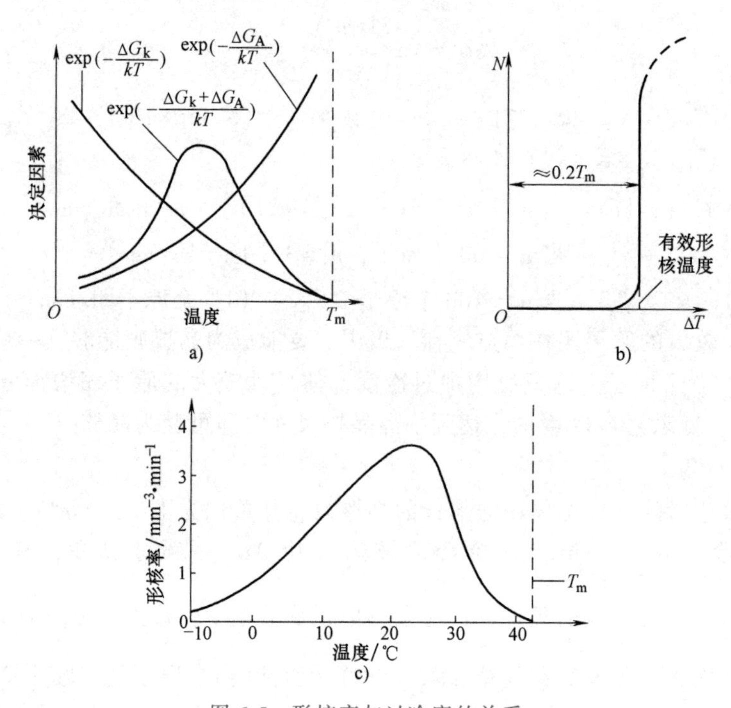

图 6-5　形核率与过冷度的关系

a）决定因素　b）金属　c）有机物质 Salol㊀

各处形核的概率都是一样的，液体内并不存在一些有利于形核的位置。均匀形核需要很大的过冷度。根据滕布尔的试验，纯铁小液滴结晶时的过冷度为 295℃，但在工业生产中铁液的结晶只有几度的过冷度。钢锭模或铸件砂模的模壁以及铁液中的固体杂质，为铁液晶核的产生提供了有利的表面，减小了界面能，因而使晶核形成功减小，临界晶核的过冷度大大减小。液体在模壁或杂质表面上形核，就称为非均匀形核。

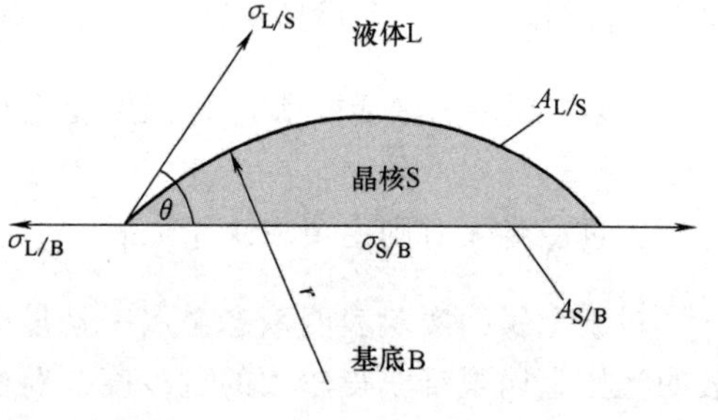

图 6-6　非均匀形核示意图

设晶核以球冠状形成于基底（模壁或杂质表面）B 上，若以 $\sigma_{L/S}$、$\sigma_{S/B}$、$\sigma_{L/B}$ 分别表示液-固相晶核、晶核-基底、液相-基底间单位面积的表面张力，晶核的表面积为 $A_{L/S}$，晶核-基底的界面积为 $A_{S/B}$，晶核的球冠体积为 V，如图 6-6 所示，则有

$$A_{L/S}=2\pi r^2(1-\cos\theta) \tag{6-14}$$

$$A_{S/B}=\pi r^2\sin^2\theta \tag{6-15}$$

$$V=\pi r^3\frac{(2-3\cos\theta+\cos^3\theta)}{3} \tag{6-16}$$

㊀ Salol 为商品名，化学名为苯基水杨酸盐。

液体、晶核、基底三者之间的表面张力关系为

$$\sigma_{L/B}=\sigma_{S/B}+\sigma_{L/S}\cos\theta \tag{6-17}$$

参照均匀形核时体系自由能的变化，非均匀形核应为

$$\Delta G_{非}=-V\Delta G_V+\sigma_{L/S}A_{L/S}+(\sigma_{S/B}-\sigma_{L/B})A_{S/B} \tag{6-18}$$

将式（6-14）、式（6-15）、式（6-16）、式（6-17）代入式（6-18），则有

$$\begin{aligned}\Delta G_{非}&=\left(\frac{4}{3}\pi r^3\Delta G_V+4\pi r^2\sigma_{L/S}\right)\left(\frac{2-3\cos\theta+\cos^3\theta)}{4}\right)\\&=\Delta G_{均}S(\theta)\end{aligned} \tag{6-19}$$

式中
$$S(\theta)=\frac{2-3\cos\theta+\cos^3\theta}{4} \tag{6-20}$$

式（6-19）表明非均匀形核的形核功表达式与均匀形核很相似，两者只差一形状因子 $S(\theta)$，$0\leqslant S(\theta)\leqslant 1$。例如，当 $\theta=10°$时，$S(\theta)=10^{-4}$，非均匀形核的临界形核功与均匀形核相比已经微不足道。当 $\theta=30°$时，$S(\theta)=0.02$，$\Delta G_{非}$ 还是很小；即使 $\theta=90°$，$S(\theta)=0.5$，非均匀形核功依然很小。这里有两个极端情况，$\theta=0°$，即非均匀形核已毋需形核功了，$\Delta G_{非}=0$；另一种情形，$\theta=180°$，$S(\theta)=1$，模壁或杂质表面对形核没有帮助，实际上就是均匀形核。

在式（6-19）中，如令$\dfrac{d(\Delta G_{非})}{dr}=0$，可求得非均匀形核的临界半径为

$$r_k=-\frac{2\sigma}{\Delta G_V} \tag{6-21}$$

因此，非均匀形核时虽然临界晶核的形核功减小了，但晶核的临界半径没有变，它不受模壁的影响，只取决于过冷度，同时可以看出，非均匀形核所需要的晶胚总体积也减小了，如图6-7所示。

从上面的分析可知，非均匀形核的晶核形成功的大小主要取决于 $S(\theta)$，θ 称为接触角或浸润角，θ 越小，形核越有利。那么，究竟什么因素影响 θ 的大小呢？由 $\cos\theta=(\sigma_{L/B}-\sigma_{S/B})/\sigma_{L/S}$ 可知，当 $\sigma_{S/B}$ 越小，并且 $\sigma_{L/B}$ 越接近 $\sigma_{L/S}$，$\cos\theta$ 越接近于1，θ 角就越小。显然，要使基底与晶核间的界面能减小，只有使杂质与晶核的晶体结构、原子间距等方面十分近似，如能寻找出这样的杂质来作为非自发形核的结晶核心，就能控制整个结晶过程。在这方面，人们已经取得了一些成功的经验。例如人工降雨，就是用飞机或开炮发射播撒 AgI 粒子。因为空中云层的水滴结冰时，冰的晶体结构为密排六方，晶格常数 $a=0.452$nm，$c=0.736$nm，而 AgI 也为密排六方结构，晶格常数 $a=0.458$nm，$c=0.749$nm。所以，AgI 是理想的催化剂，为过冷水滴结成冰块提供了人工的非自发形核核心，使得在很小的过冷度下就能降雨。

非自发形核问题，可用图6-8来概括。由于在同样过冷度下非自发形核的形成功小，使非自发形核形成功与过冷度的关系曲线左移。如以均匀形核的形成功为标准，那么，非均匀形核就可在很小的过冷度下发生。

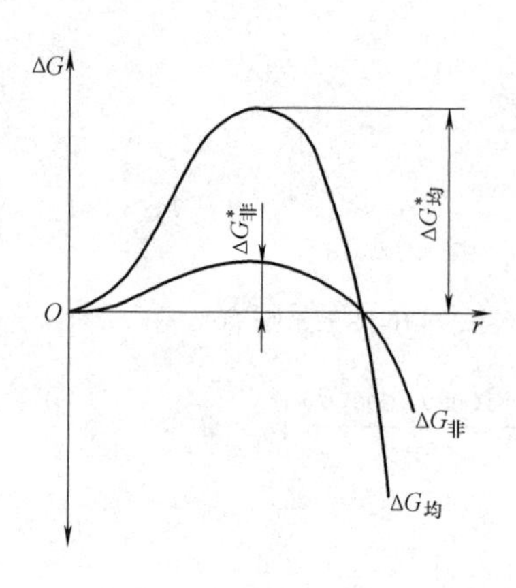

图 6-7　非均匀形核时形核功减小但临界半径不变

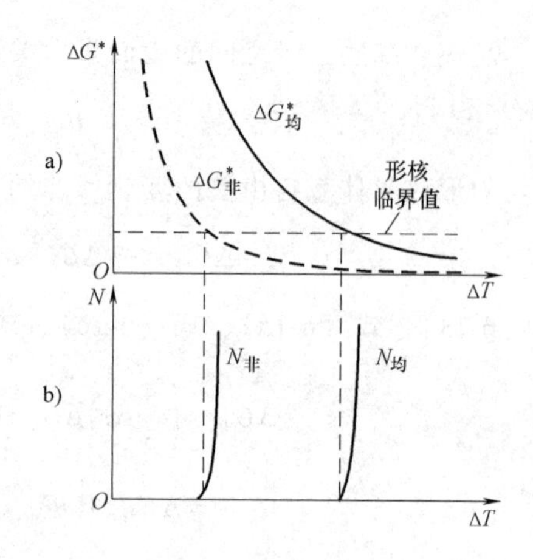

图 6-8　形核功与过冷度关系

a）均匀形核、非均匀形核的形核功与过冷度的关系　b）在同样形核功下，非均匀形核在更小的过冷度下发生

第二节　材料凝固时晶体的生长

一、晶核长大的必要条件

金属液体过冷一旦形核，在继续降温过程中液体中的原子会不断向晶核沉积，这一过程就是晶体的生长，晶体继续长大直至消耗完全部液体，结晶过程就结束了。和金属液体中的形核需要较大的过冷度不同，晶核长大过程中，通过液体中的原子向固体晶核转移，固液界面向液体推进，晶核长大所需的界面过冷度，也称为动态过冷度，是很小的。

如图 6-9 所示，固液界面处的实际温度只需要保证界面的推移，所需的过冷度大小与晶体的长大方式有关。一般在连续生长方式下，动态过冷度为 0.01~0.05℃，即使在形核台阶式生长下，动态过冷度也不过 1~2℃。

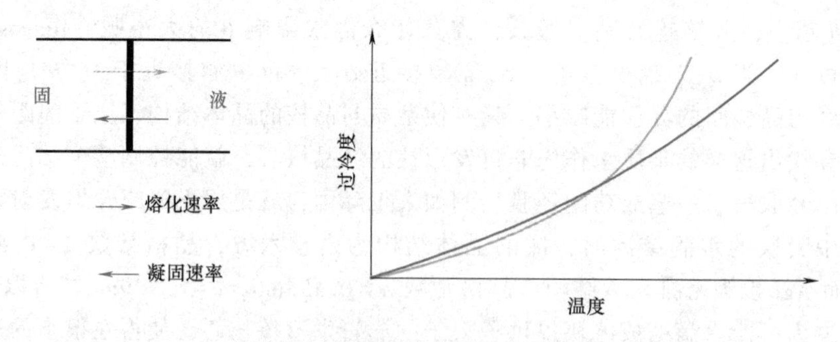

图 6-9　固液界面上的动态过冷度

二、固液界面的微观构造

晶体长大后的形貌主要有两大类。如图 6-10 所示，一种是小晶面的，它的晶边呈小平

面，晶体呈现为一定晶形长大，即长成特定的几何形状，大多数有机和无机化合物、半导体材料硅、锗以及锑、铋等金属属于此类；另一种是非小晶面的，长成树枝状，不具有一定的晶形，即没有特定的几何形状，大多数金属属于此类。

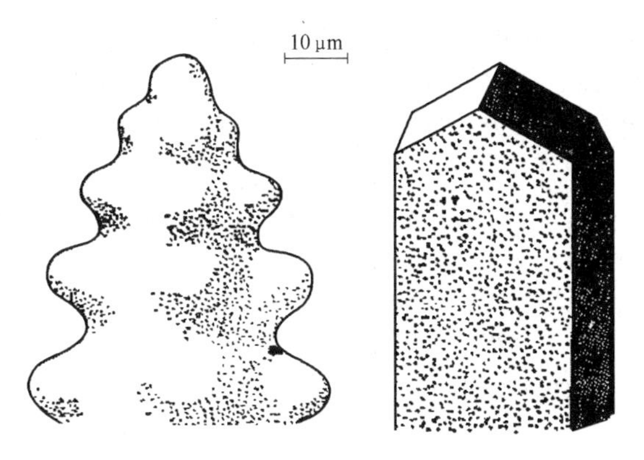

图 6-10　晶体长大后的两类不同形貌

经典理论认为，晶体长大的形态与凝固结晶过程中固、液两相的界面结构有关。晶体的进一步长大，受原子向固液界面附着的动力学条件的影响，更主要是取决于固液界面原子尺度的特殊结构，主要是依据界面上的空位情况。在原子尺度，把液固界面分成粗糙界面和光滑界面两类，如图 6-11 所示。

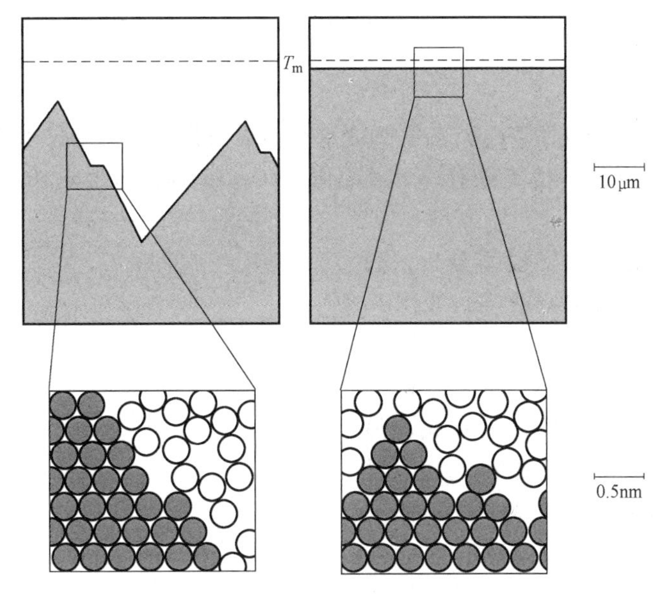

图 6-11　微观光滑界面和粗糙界面

固液界面上有一半位置被原子占据，另一半为空位，界面在微观上是粗糙的，界面由几个原子厚的过渡层组成，这种界面称为微观粗糙界面。而微观光滑界面则指固液界面为一个原子层厚的过渡层，固/液两相在界面处截然分开，界面常由固相原子密排面的小平面组成，所以从微观上看是光滑的。

对于固液界面上原子占据及空位情况，杰克逊（K. A. Jackson）从吉布斯自由能的热力学角度进行了建模分析。假设液、固两相在界面处于局部平衡，则其界面结构应是界面能最低的形态。假设界面上有 N 个原子位置，被 n 个固相原子占据，其占据分数 $x=n/N$，界面上空位分数则为 $1-x$，空位数有 $N(1-x)$。形成空位会引起内能和结构熵的变化，相应引起表面自由能的变化。固液转变时，$\Delta V\approx 0$，故：

$$\Delta G_s=\Delta H-T\Delta S=(\Delta U+P\Delta V)-T\Delta S=\Delta U-T\Delta S \tag{6-22}$$

形成 $N(1-x)$ 个空位所增加内能由其所断开的固态键数 $N(1-x)Z'x/2$ 和一对原子的键能 $2ZL_m/N$ 的乘积所决定，其中，Z' 为晶体表面的原子配位数，Z 为晶体内部原子的配位数，L_m 为摩尔熔化热，即熔化时断开 1mol 原子的固态键所需要的能量。这样内能的变化为

$$\Delta U=\frac{1}{2}N(1-x)Z'x\frac{2L_m}{NZ}=L_m x(1-x)\frac{Z'}{Z}=\left(\frac{L_m}{RT_m}\frac{Z'}{Z}\right)x(1-x)RT_m=RT_m\alpha x(1-x) \tag{6-23}$$

式中，$\alpha=\dfrac{L_m}{RT_m}\dfrac{Z'}{Z}$。

空位引起的结构熵变化为

$$\Delta S_c=-R[x\ln x+(1-x)\ln(1-x)] \tag{6-24}$$

故

$$\Delta G_s=RT_m\alpha x(1-x)+RT_m[x\ln x+(1-x)\ln(1-x)]$$
$$\Delta G_s/(RT_m)=\alpha x(1-x)+[x\ln x+(1-x)\ln(1-x)] \tag{6-25}$$

式中，$\alpha=\dfrac{L_m}{RT_m}\dfrac{Z'}{Z}$，因 $\dfrac{L_m}{T_m}=\Delta S_m$ 为材料的熔化熵，故 $\alpha=-\dfrac{\Delta S_m}{R}\dfrac{Z'}{Z}$，对一般固体，$\dfrac{Z'}{Z}$ 大致为 0.5。

在不同的 α 值下，$\Delta G_s/(RT_m)$ 与固相原子在表面占据分数 x 的关系如图 6-12 所示。可见，在 $\alpha\leqslant 2$ 时，曲线在 $x=0.5$ 处有一个极小值，在 $\alpha>5$ 时，则在 $x\to 0$ 和 $x\to 1$ 附近有两个最小值。

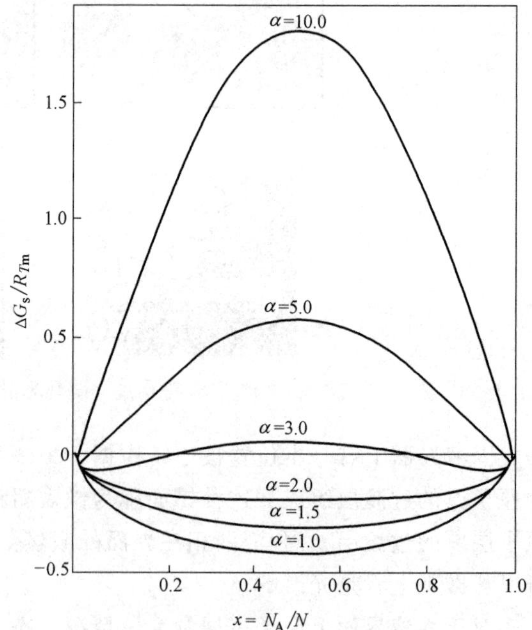

图 6-12　固液界面能与原子在表面占据分数关系

根据液固界面的热力学模型分析，稳定的液固界面的微观结构有两类，如图 6-11 所示。

一类是粗糙界面，当 $\alpha\leqslant 2$ 时，$x=0.5$，相应于界面上有一半位置为原子占据，另一半为空位。界面在微观上是粗糙的，界面由几个原子厚的过渡层组成。这种微观上的粗糙界面，由于过渡层很薄，因此从宏观来看，界面显得平直，不出现曲折的小平面。形成粗糙界面的材料，$\alpha<2$，即 $\Delta S_m\leqslant 4R$，实际小于 $2R$ [16.6J/(mol·K)]。一般金属的 ΔS_m 在 10J/(mol·K) 左右，因而具有粗糙界面，因此粗糙界面又称金属型界面。

一类是光滑界面（也称为平整型界面）。$\alpha>5$ 时，则在 $x\to 0$ 和 $x\to 1$ 处出现稳定界面。$x\to 0$ 对应于固相原子在表面极少，$x\to 1$ 对应于表面空位极少，因而界面保持晶体学光滑表面的特征。光滑界面为一个原子层厚的过渡层，固相与液相截然分开，固相表面为基本完整的原子密排面，所以从微观上看是光滑的。但在宏观上它往往由不同位向的小平面组成，故呈折线状，这类界面也称小平面界面。

三、材料的熔化熵与晶体生长方式

熔化熵是表征材料晶体生长特性的基本参数，常以 $\Delta S_f/k=\dfrac{\Delta H_f}{kT_e}$表示。式中 $\Delta S_f=S_S-S_L$ 为熔化熵，k 为玻尔兹曼常数，ΔH_f 为熔化热，T_e 为理论凝固温度。根据前述杰克逊模型分析，材料的熔化熵不同，其凝固过程中固液界面结构不同，从而影响其凝固结晶的生长方式。

根据材料熔化熵的大小，可将纯物质的晶体生长分为三种情况：

1. $\dfrac{\Delta H_f}{kT_e}<2$

多数金属属于这一类，有些化合物如 CBr_4 等也属于这一类。这类物质的液态与固态没有一个很明显的截然分开的界面，从液态到固态有几个原子层厚的过渡界面，如图 6-13a 所示，这通常称为粗糙界面。这种类型的界面在晶体生长时，液态原子可在界面上的任意位置转移到固相，导致晶体连续生长。其生长速度 $v=k\Delta T$，k 是一个很大的比例常数。高的生长速度使铸件的凝固速度最终由导热的快慢决定。

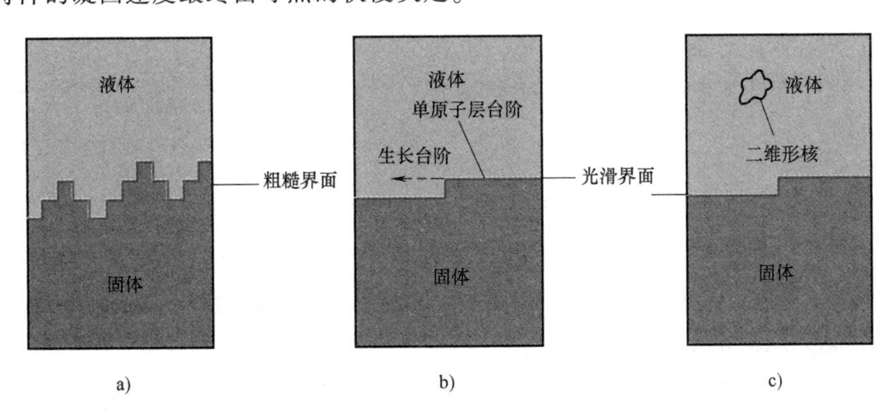

图 6-13　晶体生长的三种类型

a) $\Delta H_f/kT_e\approx1$，粗糙界面连续生长　b) $\Delta H_f/kT_e\approx3$，光滑界面台阶式生长

c) $\Delta H_f/kT_e\approx10$，光滑界面二维形核

2. $\dfrac{\Delta H_f}{kT_e}=2\sim3.5$

半导体材料硅、锗，以及锑、铋等金属，还有许多无机、有机化合物，它们的熔化熵属于中间类型，其界面特征如图 6-13b 所示。液-固界面只有一个原子层厚，通常称为光滑界面，界面上有许多台阶和扭折，液态原子只有附着于台阶或扭折位置上才能生长，沿着台阶侧向生长的方向如图 6-13b 中的箭头所示。当原子铺满了这一单原子层时生长即暂时停止，等到表面再产生新台阶时再继续生长；但如晶体表面存在有螺型位错，便能源源不断地提供生长台阶。因为晶体生长的表面一般并不与散热最快的即温度梯度最大的晶面相一致，这使得实际的液-固界面并不是一个完全平整的而是由一些低指数的小平面组成。理论预测其生长速度为 $v=k'(\Delta T)^2$，式中反应速度常数 k'明显低于上述连续生长情况。

3. $\frac{\Delta H_f}{kT_e} \approx 10$

对于高分子材料以及一些结构复杂的物质，其$\frac{\Delta H_f}{kT_e}$很高。即使藉台阶生长机制，其生长速度也很慢，这时只有靠在液-固界面上不断地二维形核才得以生长，如图6-13c所示。这种类型材料的凝固过程，实际上很大程度上取决于形核速度而不是生长速度。

上述三种类型材料的典型生长速度如图6-14所示。

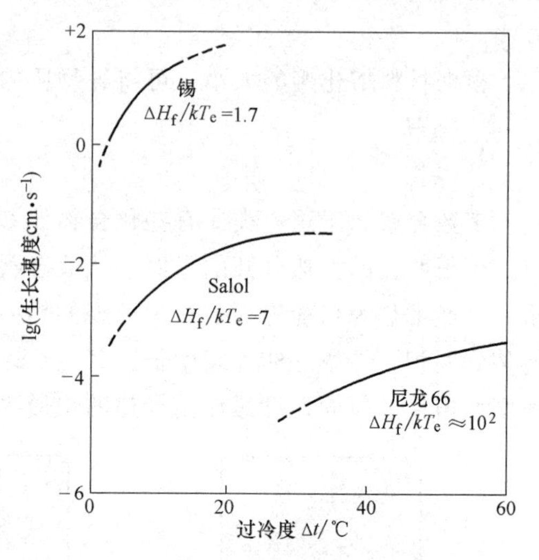

图6-14　三种类型材料的典型生长速度的比较

还需要补充说明的是，材料本性固然基本上决定了材料的生长机制，但是过冷度也有一定的影响。例如，第二种类型的材料，在小的过冷度下，晶体表面如有螺型位错存在，生长速度按 $v=k'(\Delta T)^2$；倘若表面无螺型位错，生长速度就很慢，当过冷度加大，生长速度经过一个过渡阶段就转向了 $v=k(\Delta T)$，这表明生长已不局限于在台阶或扭折处，分子（或原子）可以很容易地添加到界面上的任何位置，也就是说，在大的过冷度下它转向了第一种类型的连续生长机制。

四、温度梯度对晶体生长的影响

多数金属的晶体生长特性均属上述第一种情况。在液-固界面为正的温度梯度下，晶体生长按连续生长机制，呈平面式向液相中推进。但在负的温度梯度下，晶体则呈树枝状向液体中生长，如图6-15所示。

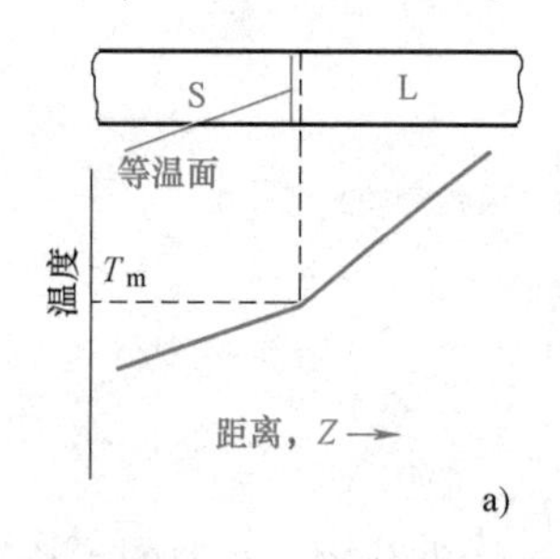

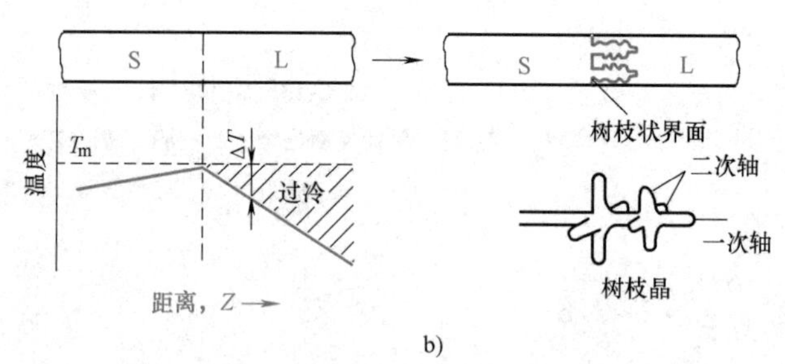

图6-15　粗糙界面晶体生长方式

a）正温度梯度　b）负温度梯度

在正的温度梯度下，热传导只能通过固相散除。铸件的凝固速度主要受熔化热的散热快慢所控制，根据热平衡可写出

$$\kappa_S G_S = \kappa_L G_L + R\Delta H_f$$

式中，κ_S、κ_L 分别为固相和液相的热导率；G_S、G_L 分别为固相和液相中的温度梯度；R 为凝固速度；ΔH_f 为熔化热。这时，过冷度 ΔT 中只有很小一部分 ΔT 是为了提供转变驱动力的需要，而大部分是为了散除熔化热使晶体尽快生长。液-固界面力图垂直于热流方向，理

想情况下界面是一平面，晶面是低指数的密排面，稳定地向前推进。实际上界面是许多小平面构成，如图 6-16a 所示。有的地方是密排面，有的地方是非密排面。在非密排面处由于原子排列松散，液相中的原子容易进入，所以生长较快；而原子排列紧密的晶面，表面不容易接纳液态原子，即接纳因子较低，生长速度较慢（图 6-16b）。对于生长速度较快的非密排面，由于伸展到较热的过冷度小的液体中，生长逐渐停止。因此，在正温度梯度下晶体生长还是近似地表现为平面推进式的，露出的晶面是低指数的密排面。

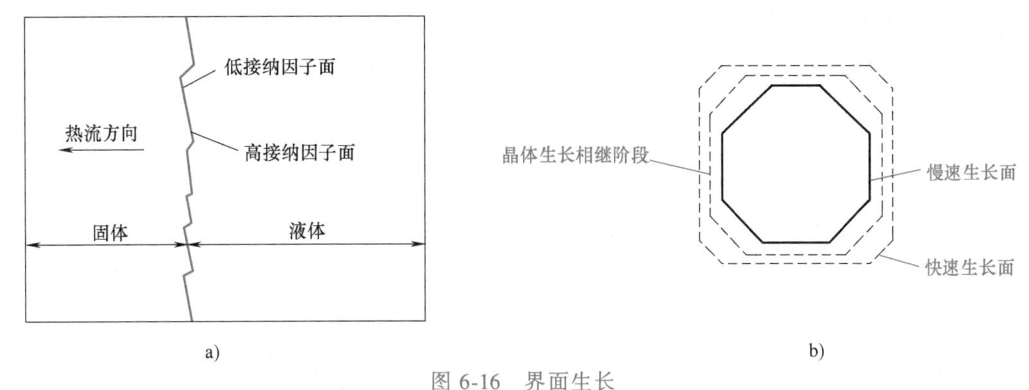

图 6-16　界面生长

a）晶体生长的初始界面　b）密排面生长较慢，最终界面是低指数晶面

金属在凝固时，界面前沿的液相有时可呈现为负的温度梯度（图 6-15b）。例如，钢锭结晶时，在模壁上形成晶核之后钢锭模内有一段区域的液体便呈负的温度梯度。在负的温度梯度下，假定原始的液固界面仍如图 6-16 所示，原子排列不紧密的面可获得较快的生长速度，伸展突出于液体中，因为界面前方为负的温度梯度，更加助长了这一部分晶体的生长。于是，在原始界面前方形成了一组平行的且大致保持相同间距的枝干，因为生长时散发的熔化热使枝干周围的液体温度升高，所以相邻过于紧密的枝干不能形成（图 6-17a）。树枝生长的方向，对面心或体心立方金属为〈100〉；对体心正方金属如锡为〈110〉（注意，树枝晶的生长方向不一定与原始界面垂直，图 6-17a 只是一简单示意图）。当树枝枝干形成后，还会在枝干上相继形成二次枝干（图 6-17b）。在图 6-17b 中的 b—b 截面上，显然紧邻枝干处的液体温度 T_A 高于两相邻枝干中点处的液体温度 T_B，$T_A>T_B$，就枝干侧向的温度分布而言，也形成了与纵向生长相类似的负的温度梯度。形成的二次枝干也保持与一次枝干相同的结晶学方向，如立方晶系均为〈100〉。

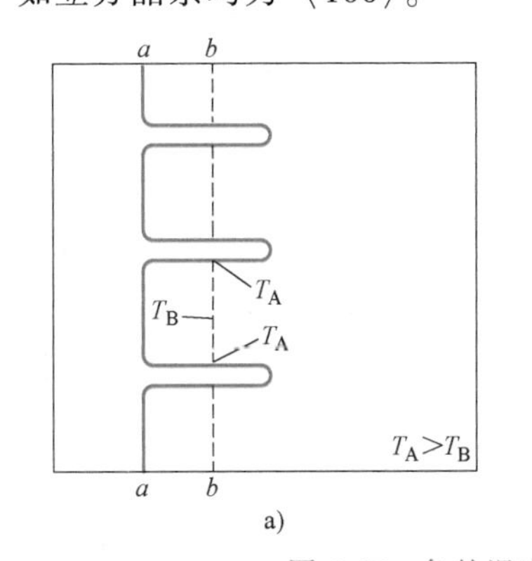

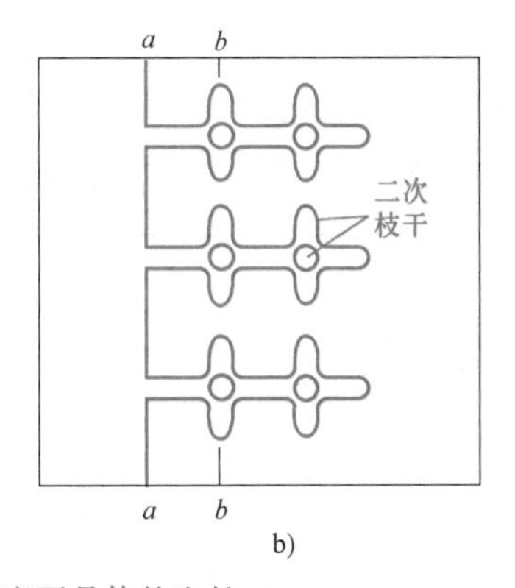

图 6-17　负的温度梯度下晶体的生长

a）立方金属沿〈100〉方向形成树枝枝干，注意 $T_A>T_B$　b）形成二次枝干

第三节　固溶体合金的凝固

一、合金凝固的典型情况

1. 平衡凝固

固溶体合金的平衡凝固过程，在学习相图时已建立了初步的概念。为了与不平衡凝固情况进行对比，在此进行补充叙述。图 6-18a 将相图中的液相线和固相线简化为直线，并引入平衡分配系数 k_0。k_0 定义为在任一温度下溶质在固相中的浓度与在液相中的浓度之比，即

$$k_0=\frac{x_S}{x_L} \tag{6-26}$$

式中，x_S、x_L 分别表示溶质在固相和液相中的摩尔分数。k_0 值与凝固温度无关，就给定的合金相图而言，也与合金的成分无关。k_0 值仅与合金相图本身的特性有关，如加入的组元使合金的熔点降低，则 $k_0<1$；反之，如使合金的熔点升高，则 $k_0>1$。

如将合金放入一水平容器并使之定向凝固，凝固过程从左端开始逐渐向右方进行（图 6-18b）。合金成分为 x_0，开始结晶出的固相（T_1 温度）成分为 k_0x_0，当降至温度 T_2 时，开始结晶出的固相为 x_S、液相成分为 x_L，这最初是界面上固相和液相的平衡浓度，固相和液相内的成分并不均匀，通过溶质在固相和液相内的扩散以及晶体的长大，最终使得固相成分和液相成分都均匀化并达到 x_S 和 x_L 的浓度（图 6-18c），固相和液相达到平衡，晶体停止生长。固相向液相排除的溶质量等于液相中获取的溶质量，这分别用两个画剖面线的区域的面积表示。欲打破平衡状态，只有不断降低温度，直到温度 T_3，固相的整体成分达到合金成分 x_0，凝固完毕。

对于一般合金来说，其凝固过程很难达到绝对平衡状态。对于那些原子半径比较小的间隙原子，如 C、N、O 等，由于其在固溶体中的扩散系数比较大，可以近似认为在通常铸造条件下，绝对平衡凝固时适用。此时，这些元素在固相中的溶质含量 C_s 和已凝固的固相分

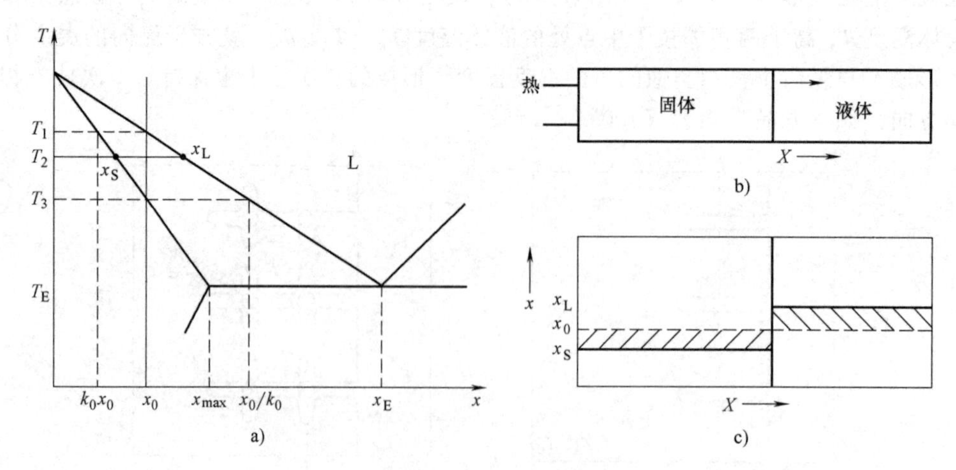

图 6-18　平衡凝固

a）相图 $k_0<1$　b）成分为 x_0 的合金，自左向右顺序凝固　c）在 T_2 时固相和液相整体成分分别达到 x_S 和 x_L 时建立平衡

数的关系可以表示如下：

由于

$$C_s f_s+\frac{C_s}{k_0}(1-f_s)=C_0 \tag{6-27}$$

则

$$C_s=\frac{k_0 C_0}{1-(k_0-1)f_s} \tag{6-28}$$

相图的平衡凝固结晶要求冷却速度极其缓慢，以满足凝固过程中各相成分均匀，实际生产中，冷却速度较快，特别是固相中的成分达到平衡状态，是一种不平衡结晶过程。

2. 不平衡凝固

(1) 固相内无扩散，液相内能达到完全均匀化　成分为 x_0 的合金在温度为 T_1 时开始凝固，其成分为 k_0x_0，如图 6-19 所示。由于固相内无扩散成分不能均匀化，在温度为 T_2 时其固相成分为 x_S（图 6-19b）。

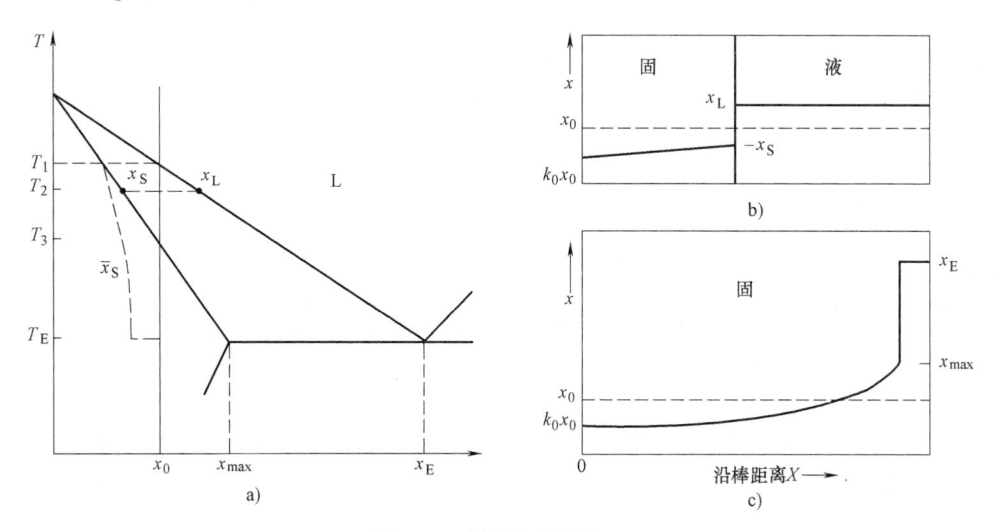

图 6-19　不平衡凝固之一

a）不平衡凝固，固相的平均成分为 $\bar{x}_S$　b）在 T_2 液固界面上两相形成局部平衡

c）凝固结束后，固相成分沿整个棒长度的变化

因为是不平衡凝固，需注意平衡分配系数的概念，它不是整个固相和液相在成分上的平衡分配，而是局部平衡，是指在界面上液固两相必须保持一定的溶质分配。也就是说，在温度 T_2，界面上固相的浓度 x_S 和界面上液相的浓度 x_L，$\frac{x_S}{x_L}=k_0$。固相的平均成分 $\bar{x}_S$ 沿着图 6-19a 中的虚线变化，当到达 T_3 时，界面上的固相成分虽然达到了合金成分 x_0，但合金凝固并未结束，随着温度的降低，在不同温度瞬时结晶出的固相，其成分仍沿着固相线变化；到温度 T_E 时，界面上的固相或瞬时结晶出的固相，其成分达到 x_{max}，而与之平衡的液相，因能完全均匀化，成分达到 x_E，发生共晶反应。共晶组织的平均成分为 x_E。整体上说，合金的平均成分仍为 x_0（图 6-19c）。

正常凝固过程中固液界面上固相和液相成分随凝固进行的变化规律见例 6-2。

（2）固相内无扩散，液相内只有扩散没有对流，溶质原子只能部分混合　仍用图 6-19 所示的相图，合金成分为 x_0，最初结晶出的固相成分为 kx_0，结晶出的固相将过剩的溶质原子排除到液体中，因为液相中只有扩散无对流，液体成分不能均匀化，在界面上液相的浓度为 x_L，远离界面的液体仍维持 x_0 的成分。

随着凝固过程的进行，固相中排除的溶质量也越多，这使得界面上液相的浓度也越来越高，但由于界面上要维持局部平衡，k_0 为定值，$k_0=\frac{x_S}{x_L}$。当 x_L 增大，x_S 也相应地增大，因此 x_S 随距离的变化曲线也变陡（图 6-20a）。当 x_S 达到合金成分 x_0 时，界面上液相的浓度就达到 x_0/k_0，此时就建立了稳定状态（图 6-20b），此前称为短暂的起始阶段。因为到达稳定状态之后，结晶出的固相成分总是 x_0，液相在界面上的浓度始终保持为$\frac{x_0}{k_0}$，这一凝固过程持续到末端只剩下很少一部分液体时，在温度 T_E，液体的成分已富含溶质到 x_E，最后瞬时凝固为共晶组织（图 6-20c）。

在稳定阶段，固液界面前沿液相中溶质的分布规律见例 6-3。

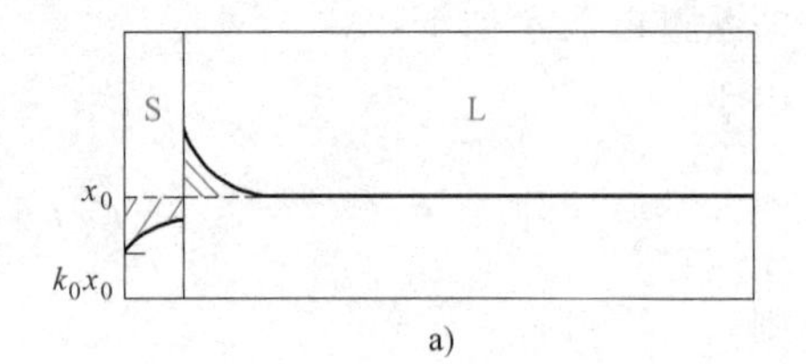

a)

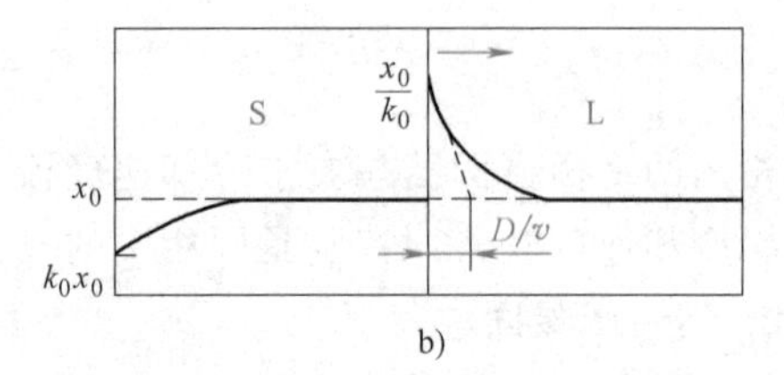

b)

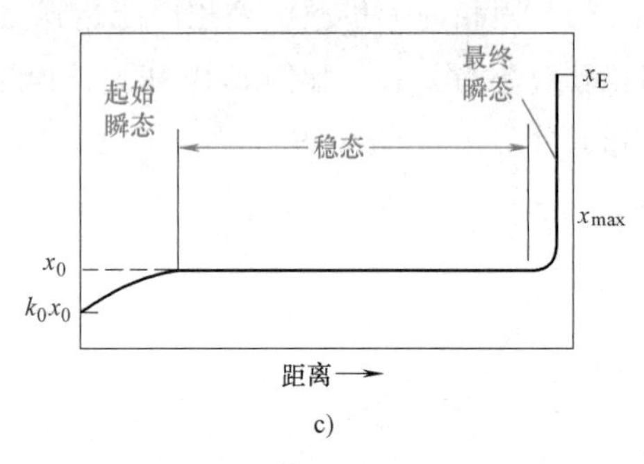

c)

图 6-20　不平衡凝固之二

a）由于界面上液相浓度的提高，固相浓度也需相应提高，使 x_S 随距离变化较陡　b）当 $x_S\to x_0$，$x_L\to x_0/k_0$ 时建立稳定状态　c）凝固结束后，固相成分的变化显示三个阶段

综上所述，包括平衡凝固在内的以上三种情况在凝固后的溶质分布可用图 6-21 表示。实际合金的凝固介于曲线 2 与曲线 3 之间。因为液相内成分完全均匀是不可能的，按照流体力学理论，液体在管道内流动，在管壁附近有一薄层的流速为零，在液-固界面上的液体也应有一薄层是静止的，它只有扩散没有对流，所以不能使全部液相的成分都是均匀的。另一方面，第 3 种情况也不完全符合实际，不可能有单纯只发生扩散而无对流的液体，液体内的长程扩散必将伴随部分对流，液体内溶质的混合程度要比单纯只有扩散的情况好一些。

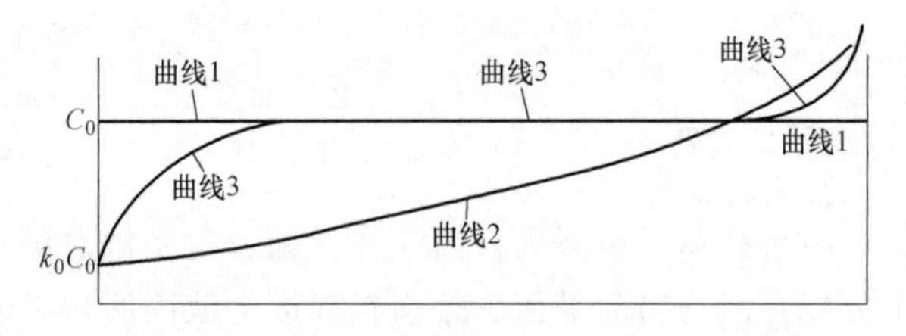

图 6-21　合金凝固三种情况的溶质分布曲线比较

曲线 1—平衡凝固　曲线 2—不平衡凝固，液体内溶质能均匀混合　曲线 3—不平衡凝固，液体内只有扩散无对流

例 6-2　导出不平衡凝固、固态没有扩散而液体内成分能完全均匀化，即图 6-21 中第二种情况的溶质分布方程。

解：设溶质的体积浓度为 C_S，取一微体积 AdZ，凝固前所含的溶质质量为

$$dM=C_LAdZ \tag{6-29}$$

（参见图 6-22，A 为截面积）

凝固后这部分溶质质量进行再分配

$$dM = C_S A dZ + dC_L A[L-Z-dZ] \tag{6-30}$$

根据凝固前后质量守恒定律，使式（6-29）和式（6-30）相等，并将 $k_0 = \frac{x_S}{x_L} \approx \frac{C_S}{C_L}$ 代入，则有

$$\int_0^Z \frac{(1-k_0)dZ}{L-Z} = \int_{C_0}^{C_L} \frac{dC_L}{C_L} \tag{6-31}$$

即

$$(1-k_0)\ln\left(\frac{L-Z}{L}\right) = \ln\frac{C_L}{C_0} \tag{6-32}$$

$$C_L(Z) = C_0\left(\frac{L-Z}{L}\right)^{k_0-1} \tag{6-33}$$

$$C_S = k_0 C_0\left[1-\frac{Z}{L}\right]^{k_0-1} \tag{6-34}$$

例 6-3　成分为 C_0 的固溶体，相图的液、固相线均为直线，平衡分配系数为 k_0。固溶体棒熔化后，在固相无扩散，液相仅靠扩散混合条件下从左至右定向凝固成长为 L 的等径直棒，分析凝固达到稳态时，固液界面前沿液相中的溶质分布。

解：如图 6-23 所示，凝固达到稳态，稳态凝固区的溶质分布特征如下：

$$(C_S)_i = C_0 \qquad (C_L)_i = C_0/k_0 \qquad (C_L)_B = C_0$$

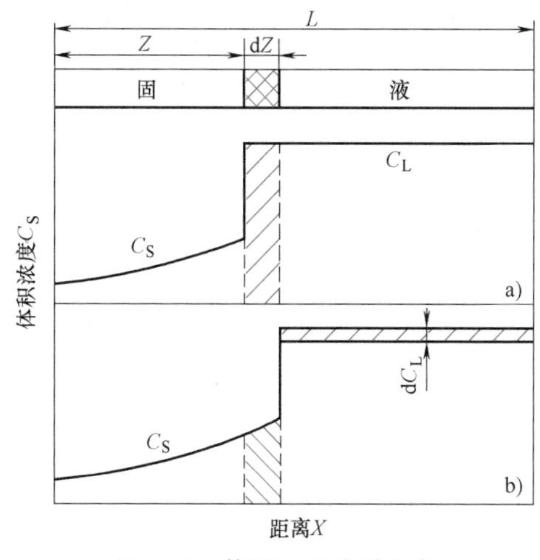

图 6-22　体积元的溶质分布

a）凝固前　b）凝固后

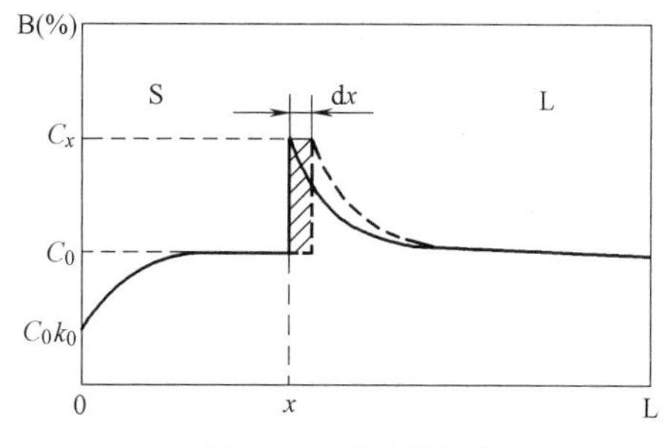

图 6-23　稳态凝固

在稳态，溶质原子流入边界层速率=流出边界层速率，建立相应的微分方程为

$$(C_L - C_0)RA\,dt = -D\frac{dC_L}{dx}A\,dt \tag{6-35}$$

式中，R 为 S/L 界面推移速率；A 为合金棒横截面积；t 为时间；x 为液体中之一点至 S/L 界面的距离；D 为液体中的扩散系数，即单位浓度梯度所引起的扩散通量。

整理化简得

$$\frac{dC_L}{C_L - C_0} = -\frac{R}{D}dx \tag{6-36}$$

代入边界条件，求解微分方程得

$$\int_{\frac{C_0}{k_0}}^{C_L} \frac{1}{C_L - C_0} \mathrm{d}C_L = -\frac{R}{D}\int_0^x \mathrm{d}x \tag{6-37}$$

得到凝固界面前沿液相中溶质的分布规律为

$$C_L(x) = C_0\left[1+\frac{1-k_0}{k_0}\exp\left(-\frac{Rx}{D}\right)\right] \tag{6-38}$$

二、成分过冷及其对晶体生长的影响

设固溶体合金为不平衡凝固，固态无扩散，液体中只有扩散无对流的情况。虽然这是一种极端情况，在实际合金的凝固中液相中的溶质混合要好些，但这并不影响我们说明成分过冷的概念。如图 6-24 所示，当固相表面的浓度达到 x_0（或 C_0），界面上液体的浓度达到$\frac{x_0}{k_0}$，此后即开始了稳态凝固生长。注意到液相的浓度 x_L（或 C_L）自界面上 $\frac{x_0}{k_0}\left(\frac{C_0}{k_0}\right)$ 呈指数下降到 x_0（C_0），对照图 6-18，液相中含溶质量越多，熔点越低。界面上液体成分为$\frac{x_0}{k_0}$，熔点为 T_3，而远离界面的液体成分为 x_0，熔点为 T_1，所以，在界面附近液体的凝固温度并不是固定不变的，随着与界面距离的增加，从 T_3 逐渐变化到 T_1，即曲线 T_e。如液相中的实际温度梯度为 T_L，可见，在 T_e 曲线与 T_L 交接的范围内液体都可以凝固。这种凝固的产生并不是由热的过冷所引起的，而是由于固溶体合金在凝固过程中界面前沿的液体成分有变化而产生了一个过冷区，因此，称为成分过冷。它表明即使在正的温度梯度下，固溶体合金在有成分过冷的情况下，晶体可能会以树枝状方式生长，而这种现象在纯金属中是不存在的。纯金属只有在负的温度梯度下，晶体才会树枝状成长。

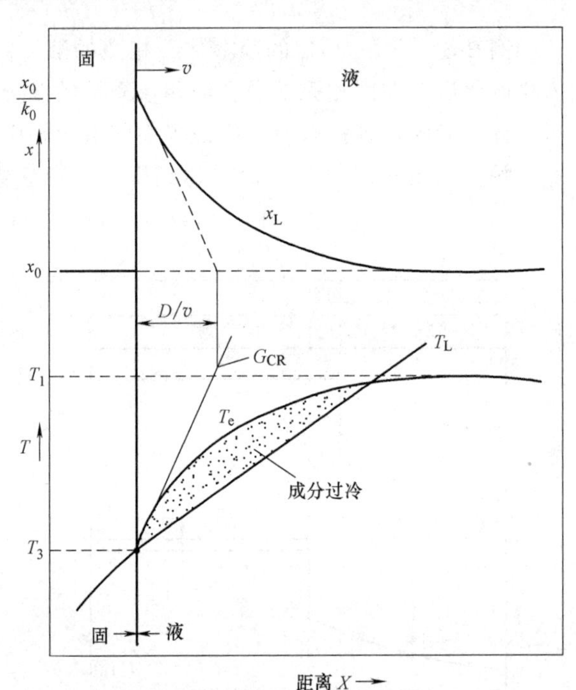

图 6-24　当 $T_L<G_{CR}$ 就产生成分过冷

由图 6-24 可以看出，出现成分过冷需有一临界温度梯度 G_{CR}，$G_{CR}=\left(\frac{\mathrm{d}T_e}{\mathrm{d}X}\right)_{界面}$。当实际温度梯度 T_L 大于 G_{CR} 时，就不存在成分过冷区。而 G_{CR} 与界面上液体的成分梯度$\frac{\mathrm{d}x_L}{\mathrm{d}X}$有关。稳态生长时，因 $D\frac{\mathrm{d}x_L}{\mathrm{d}X}=v\left(\frac{x_0}{k_0}-x_0\right)$，故有

$$G_{CR}=\frac{T_1-T_3}{\dfrac{D}{v}} \tag{6-39}$$

式中，D 为液体中溶质的扩散系数；v 为晶体的生长速度，即凝固速度。

因此，影响成分过冷主要的因素有三个：

1）钢锭或铸件中的温度梯度，当温度梯度变得平缓时，$G_{CR}>T_L$，有利于成分过冷区的形成。

2）铸件的凝固速度越快，G_{CR} 越大，也有利于成分过冷区的形成。各种合金在液态时的扩散系数差别不大，因而不会是影响成分过冷的主要因素。

3）合金的凝固范围（本图中即为 T_1-T_3）越大，越易成分过冷。

成分过冷影响到固溶体合金的晶体生长形态。当成分过冷区大时，晶体的树枝状生长能得到完善的发展；当成分过冷区较小，即液体中的实际温度梯度稍低于临界温度梯度 G_{CR} 时，生长的晶体表面前沿只能稍稍突向伸展于液体中，小的成分过冷区限制了它的生长，不能形成树枝状。这种生长方式叫作胞状生长。形成的胞状结构在横截面上呈规则的六角形，在纵截面上则为一组平行的棒状晶体，但每个晶体中间突起两侧凹陷，中间部分先凝固并把杂质排向两侧，故在胞壁富含杂质。固溶体合金这种成分不均匀现象，叫作显微的胞状偏析。如液体的实际温度梯度大于 G_{CR}，则不会产生成分过冷，这时固溶体合金的凝固就和纯金属一样，在正的温度梯度下晶体生长以平面式向前推进。

成分过冷在生产上有重要的实际意义。它直接影响到钢锭、铸件和焊件的结构（下面将要谈到），也影响到合金的铸造性能，这包括流动性、形成缩孔和疏松的倾向、偏析、热裂等。例如，低碳合金钢因其结晶间隔（液固相线的温度差）小，合金的树枝晶不发达（长度小），流动性好，形成集中缩孔，在能获得液体补缩时可得到致密的铸件，树枝偏析也小；铝和镁合金，因其熔点低，浇入铸模后液体的温度梯度较平缓，成分过冷区较大，可形成发达的树枝晶（长度大）；Cu-30%Zn 合金结晶间隔只有 30℃，其凝固特性、铸造性能与低碳钢相类似；而 Cu-10%Sn 合金，其凝固温度范围却高达 190℃，成分过冷区很大，树枝晶很长，枝晶间隙液体凝固时往往得不到液体的补缩，因而疏松倾向很大。树枝枝干与间隙的成分差别也大，即树枝偏析严重。

第四节　共晶合金的凝固

一、共晶体的结构

和纯组元一样，共晶体的生长特性取决于两个组元各自的熔化熵，即与 $\frac{\Delta H_f}{kT_c}$ 相关。因此，有三种共晶体的结构。

1. 两个低熔化熵的组元组成的共晶

多数金属构成的共晶合金均属于这种情况。共晶体中的两相以层片状或棒状平行生长。当有一领先相，如 α，在液相中形成时，如 α 相本身富含 A 组元，则在 α 相的两侧及生长前沿会富含较多的 B 组元，所以 β 相就在 α 相表面上形核，β 相生长时又会将较多的 A 组元排除到周围的液体中，这又有利于 α 相的生长，它们之所以保持层片状或棒状，就是为了获得尽可能低的表面能。当某一相的体积分数小于$\frac{1}{\pi}$时，则以棒状形态生长。因为在一定的体积分数下，棒状比层片状有更低的总表面积。而当某相体积分数超过总体积的$\frac{1}{\pi}$份额时，多采取层片状形态生长，因为层片状单位面积表面能较低。所以，这种金属型的共晶两相通常维持一定的结晶学关系。例如在 Al-$CuAl_2$ 共晶体中，$(111)_{\alpha(Al)} \parallel (211)_{CuAl_2}$，$[101]_{\alpha(Al)} \parallel [120]_{CuAl_2}$。对于一个共晶晶团（相当于纯金属的一个晶粒），实际上就是一个 α 相晶核和一个 β 相晶核，通过互相穿插和连接生长而形成的，这两个相都是连续相，各相中都有相同的位向。随着过冷度的增加，层片间距越小，组织越细（图 6-25）。

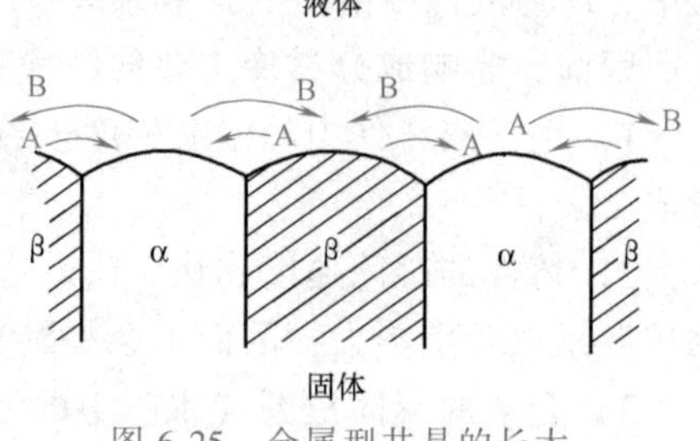

图 6-25　金属型共晶的长大

需要指出，对纯的共晶合金生长，因为两相的平均成分和液体成分相同，两相协同生长时界面前沿的液体不会有溶质堆积，所以不会有成分过冷，生长的界面和纯金属一样，是平面式生长的，不会产生胞状或树枝结构。

2. 低熔化熵和高熔化熵组元组成的共晶

这是金属与非金属（或类金属）组成的共晶。工业上的重要合金如 Al-Si、Fe-C 合金均属此类。Al 的$\frac{\Delta H_f}{kT_e} \approx 1$，Si 的$\frac{\Delta H_f}{kT_e} \approx 3$，在 Al-Si 合金中两相不是平行生长的，Si 晶体的生长方向并不垂直于界面。Si 的生长落后于 Al，Si 晶体因熔化熵高，表面为光滑界面，只能靠台阶机制生长；而 Al 则是连续生长机制。另外，晶体 Si 生长因热导率低，而熔化热很高，这也是 Si 的生长远落后于 Al 的一个重要因素。因此 Al-Si 共晶的生长如图 6-26 所示。由于

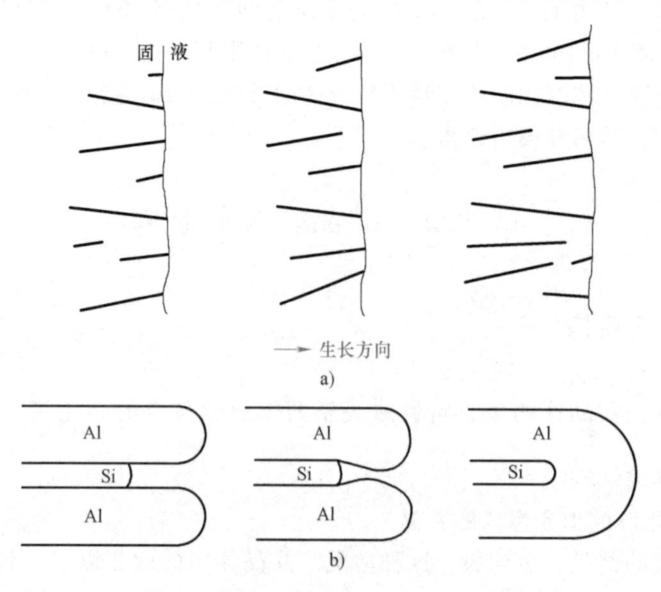

图 6-26　Al-Si 共晶生长

a）生长方向　b）示意图

Al 的生长超前于 Si，会堵塞 Si 晶体的生长，最后把它完全包围起来，以后硅晶体的生长，实际上是在 Al 基体上不断地形核过程。所以，在 Al-Si 共晶生长中，Al 是连续相；而 Si 是不连续相，它以孤立的片状或针状分布在 Al 的基体上。两者虽然也协同生长，但相互间没有结晶学关系。Al-Si 共晶组织（图 6-27b）与典型的金属型共晶如 Cu-Ag（图 6-27a）有明显的不同。

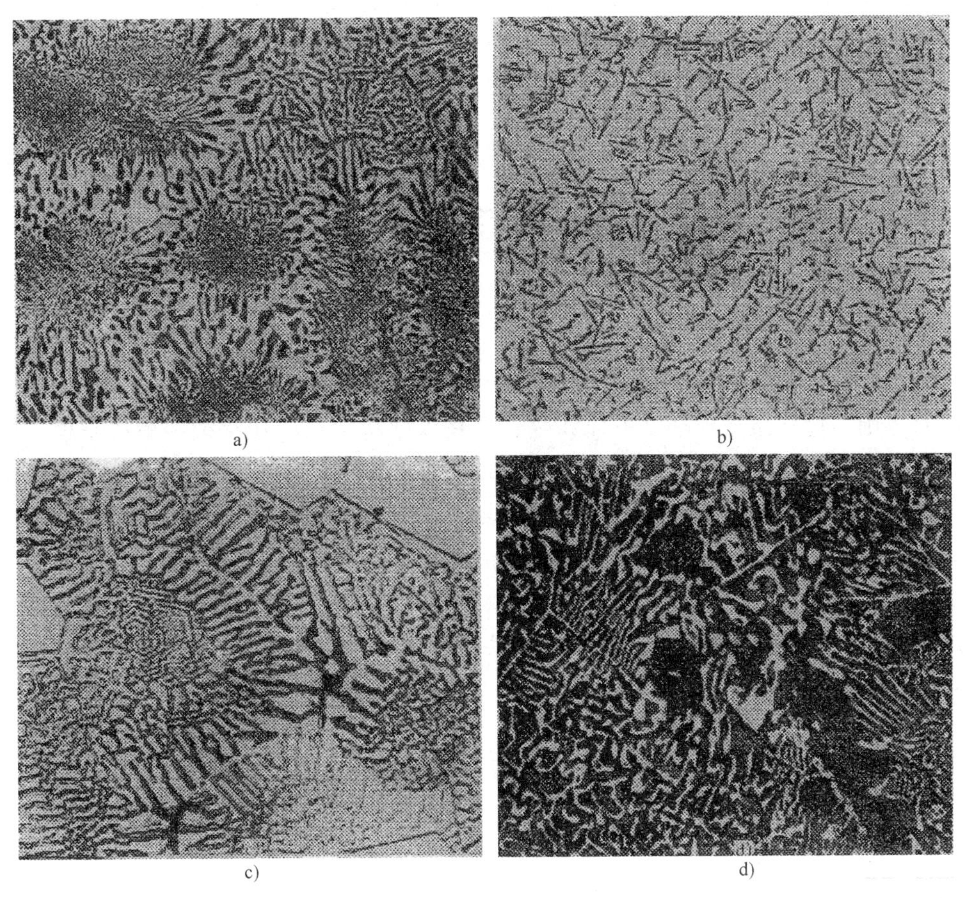

图 6-27　各种形态的共晶组织

a）Cu-Ag 400×　b）Al-Si 100×　c）Zn-Mg 350×　d）Pb-Bi 150×

3. 两种高熔化熵组元组成的共晶

这是些有机化合物$\frac{\Delta H_f}{kT_e}$>3~5 组成的共晶。在共晶凝固中两相各自独立形核与成长，两者没有结晶学关系，共晶组织很不规则。

二、杂质对共晶生长的影响

1. 杂质对第一类共晶生长的影响

杂质对层片状共晶生长的影响表现在两个方面。首先，杂质可使纯共晶的平面式生长变为胞状生长。纯共晶合金的生长前沿是没有成分过冷的，但在含杂质的共晶合金生长时，固相将杂质排除到界面前沿的液体中，形成了小范围的成分过冷。生长界面由平面变成圆弧形，中间的片生长快，两侧较慢且呈现一定弯曲度，片的厚度也增加了，这种扇形结构的示意图如图 6-28 所示。横截面上显示为一个个共晶晶团（Colony）。工业用的共晶合金都不是很纯的，因此典型的金属-金属共晶合金都表现为晶团结构（图 6-28a）。试验证明，如果用区域提纯的 Pb 和 Sn 制备 Pb-Sn 共晶合金，就观察不到晶团结构，同样，用很纯的金属组元制备 $CuAl_2$-Al 共晶，也没有晶团结构，这时的共晶结构和复合材料的结构一样。

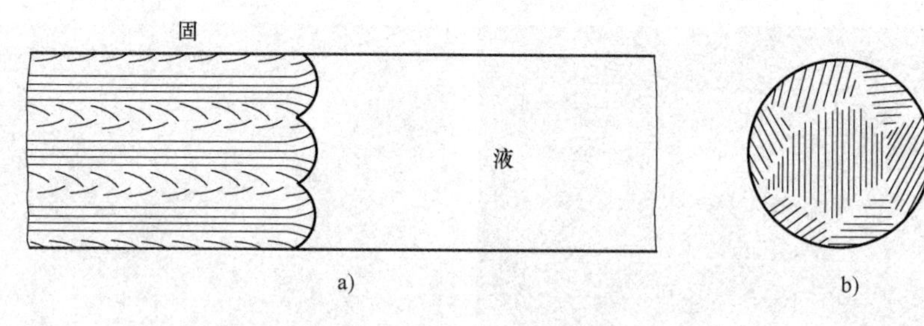

图 6-28　胞状生长的共晶团结构

a）纵截面　b）横截面

另外，杂质的影响还可使片状共晶结构改变为棒状共晶。假如共晶中的两相有相同的分配系数 k_0，则不论共晶合金是以平面式生长还是以胞状生长，片状结构始终是稳定的。但如杂质使两相的分配系数不同，例如 $k_x^{\beta}<k_x^{\alpha}$，则在 β 层片界面的溶质量大于 α 片界面上的溶质量。因而与 β 相接触的液体熔点低于 α 片界面上的液体熔点，由于 $C_o/k_x^{\beta}>C_o/k_x^{\alpha}$，高熔点处先凝固生长，致使 β 相生长落后于 α 相一定距离（图 6-29a），从片状共晶发展成为棒状共晶的示意图如图 6-29b，图 6-29c 所示。在 $CuAl_2$-Al 合金中，即使共晶中的两相有相同的体积比例，在有杂质的情况下也可形成棒状共晶。

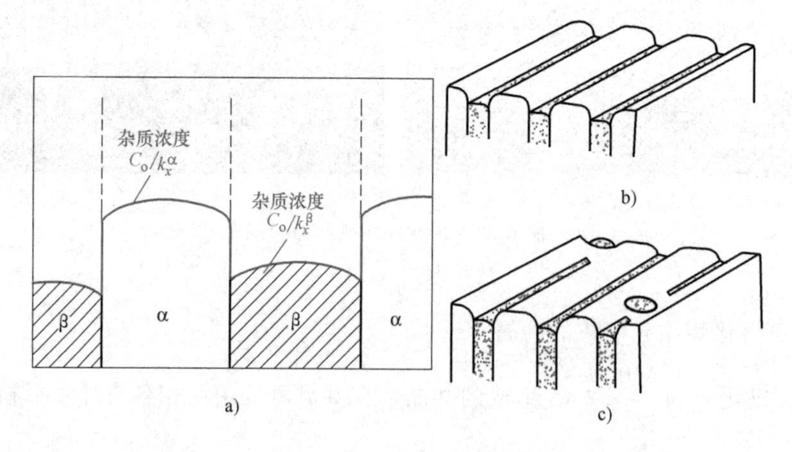

图 6-29　杂质使片状共晶变为棒状共晶

a）$k_x^{\alpha}>k_x^{\beta}$，α 相生长快　b）α 相领先生长　c）β 相被包围的棒状共晶

2. 杂质对第二类共晶生长的影响

在第二类共晶中，如 Al-Si 共晶、Fe-C 共晶，当加入少量的杂质时共晶组织就有显著的改变。在力学性能上无论是强度还是塑性都有很大的提高，因而在工业上获得了广泛的应用。这类杂质通常也叫作变质剂。但是，这两种工业用合金的实用价值远超过了理论研究。

对于变质作用的机理，半个世纪以来虽然有各种理论，但都没有取得令人信服的成果。

在 Al-Si 共晶合金中，加入少量的钠盐，使粗大的片状或针状的共晶 Si 变得很细且有较多的分枝；另外，组织中还有少量的铝初生晶（呈树枝状）出现。钠盐的加入伴随着两个实验现象：一是共晶结晶的温度降低了，过冷度约 15℃；二是共晶成分点向右移动了。但是，这两点表象不是钠盐变质的内在原因。有人提出钠盐的加入阻止了共晶硅的形核。因为共晶硅的形核并不是在 Al 晶核的表面上，不是像第一类共晶那样在 Al 晶体的两侧形核，而是在液体中直接形核。钠在 Al 和 Si 中的溶解度为零，在共晶的 Al 和 Si 生长中，自然把钠盐排除到界面前沿的液体中。这种理论认为，钠盐对那些在液体中能作为硅的潜在核心位置产生了“毒化”作用，直到需要很大的过冷度才能使这些潜在核心位置恢复作用，在大的过冷度下形核率增加了，所以导致了共晶硅的细化。也有理论认为，钠盐被吸附在共晶硅的表面上，阻碍了共晶硅的生长。这些理论都没有十分充分的证据，因此不在这里细说。

在 Fe-C 共晶中，石墨原为片状，但它与 Al-Si 共晶不同，其石墨片和奥氏体都为连续相，从平面的显微组织看，石墨片是孤立的，但在一个石墨共晶团中，这些石墨片实际上是连成一体的。在灰铸铁中加入铈或镁合金时，可使片状石墨变为球状，这时奥氏体包围着球状石墨在液体中同时长大，石墨是六方晶体结构，长大方向沿着 c 轴方向，始终使基面（0001）面与奥氏体接触，以保持低的表面能，如图 6-30 所示。现在，球状石墨核心究竟是如何形成的？其生长方向为什么能沿着 c 轴方向（片状石墨生长方向沿着 a 轴）？都是没有搞清楚的问题。

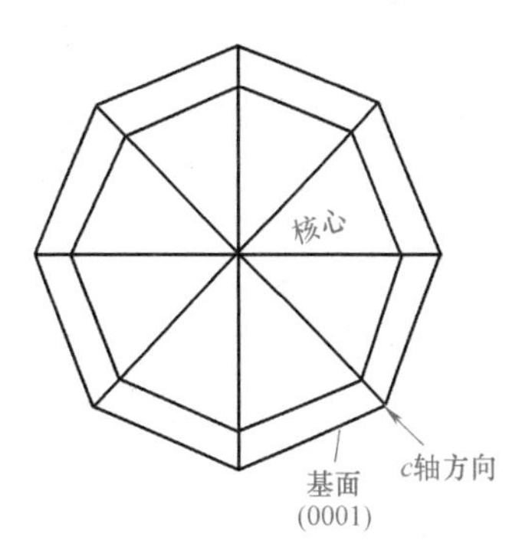

图 6-30　球状石墨生长示意图

三、偏离共晶成分的合金凝固

共晶成分的合金，其两相性能的差别可能很大，人们希望得到一种强度与塑性有最佳配合的合金，像复合材料一样。材料性能除取决于两相的本性以外，还取决于两相的体积比例及两相的形状。成分恰巧为 C_E 的共晶合金，其两相体积的比例固定且形状无法调节，因此，人们对非共晶成分的合金凝固进行了实用性的研究。

例如，一个成分为 C_0 的 Sn-Pb 合金，可以用定向凝固的方法得到稳态生长的两相体积比不同于 C_E 的共晶组织，调整成分 C_0 可得到片状或棒状的共晶。这种共晶的生长需满足两个条件：①固相前沿的液体成分必须达到 C_E；②固相的生长必须是平面式的，生长前方没有成分过冷。

为此，C_0 合金的定向凝固可分为三个阶段：①瞬时的起始阶段，开始结晶出单相 α，成分为 k_0C_0，当 α 相达到 k_0C_E，亦即固相前沿液体成分达到 C_E 时（图 6-31b，d）即转入第二瞬时过渡阶段；②合金同时结晶出 α 和 β 两相，且 β 相的体积逐渐增加；③当两相的平均成分 $\overline{C}=C_\alpha f_\alpha+C_\beta(1-f_\alpha)$ 达到 C_0 时，合金即开始了稳态生长，称为第三阶段。

如凝固生长时，G/R 小于临界值（G 为液体合金的温度梯度，R 为凝固速率），产生成分过冷（图 6-31c），会形成胞状或树枝状组织，只有 G/R 大于临界值（临界值尚取决于合金成分），才能得到棒状结构的共晶。当 C_0 成分的合金接近于 C_E 时，易获得片状结构的共晶（图 6-31c）。

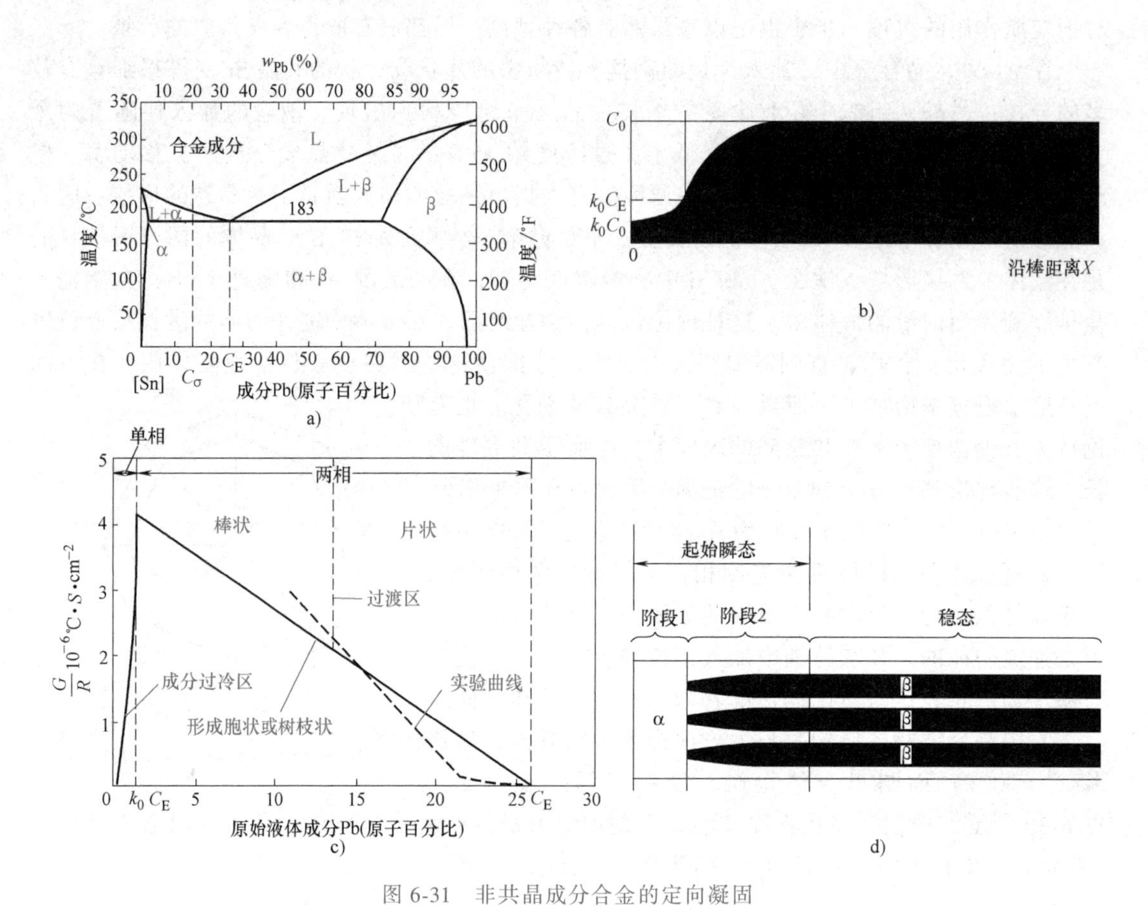

图 6-31　非共晶成分合金的定向凝固

a）Sn-Pb 合金相图　b）凝固过程中固相成分的变化　c）影响共晶形态的因素　d）凝固各阶段的组织

第五节　制造工艺与凝固组织

一、铸锭与铸件的凝固组织及偏析

1. 凝固组织

铸锭或铸件的凝固组织通常分为表层细晶区、柱状晶生长区和中心等轴晶区三个组成部分，如图 6-32 所示。这三个区域的相对比例，又视加热与冷却条件、合金成分、变质剂等因素而定。

当高温液体浇入铸模后，液体受到强烈的冷却作用获得很大的过冷，又由于模壁是非均匀形核的有利位置，因而在模壁表面上产生大量晶核，这些晶核迅速长大至相互接触，便形成了表层细晶区。

表层细晶区很薄，它形成后改变了模内液体的温度分布，由图 6-33a 变成图 6-33b。在晶体生长前沿产生了负的温度梯度，这使即便是纯金属也可以以树枝状方式向前生长。柱状晶的形成，就是在表层细晶粒带上引起树枝状生长的结果，与一般的树枝生长稍有不同，就是其一次轴特别发达，二次轴与三次轴受到限制。柱状晶平行生长的方向是沿着热流方向。

前面谈到，对于立方金属树枝晶生长方向是〈100〉，在那些不利于热传导的〈100〉生长方向受到阻止而停止生长，因此呈现并排平行生长的柱状晶。在纯金属中，柱状晶有充分生长的机会，可以伸展到铸锭心，以致使中心没有等轴晶的形成。总之，柱状晶形成的特点是，它很少有新的晶核形成，只是在适当条件下在已有的晶核上向前生长。

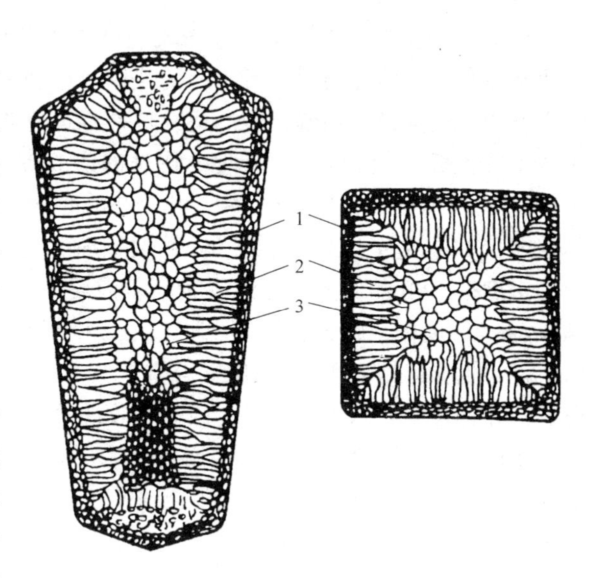

图 6-32　铸锭三个晶区示意图

1—细晶区　2—柱状晶区　3—中心等轴晶区

关于中心等轴晶的形成，至少有两个原因。一是柱状晶在生长过程中由于锭模内液体的对流，树枝被打碎，悬浮在液体中，在锭模中心的温度过冷到熔点以下时得以任意生长。树枝越长的晶体越易被打碎。因此，那些结晶温度间隔范围大的合金，散热快的金属模或冷模会引起更强的液体对流，这些因素都会促进中心等轴晶的形成。另一个原因，则是随着凝固过程的进行锭模中心的温度梯度越来越平缓，合金很容易产生成分过冷，大的成分过冷范围，使柱状晶停止生长，前方可能产生一些新的晶核。

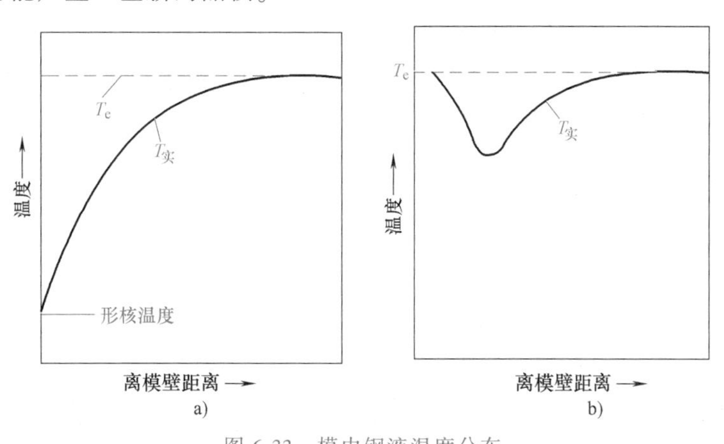

图 6-33　模内钢液温度分布

a）液体刚注入模中的温度分布　b）在激冷层形成之后的温度分布

在铸件中，一般都希望得到主要是由细小的中心等轴晶带构成的组织。柱状晶虽然结构致密，但有很强的方向性，且中心杂质较多。一般的中心等轴晶粗大，疏松较多；但通过加入人工变质剂，如在铝铸件中加入 B 或 Ti，钢铸件中加入 Al，都可获得细小的中心等轴晶。在铸锭中，控制柱状晶结构一般并不特别重要，因为在随后的轧制、锻造工艺中粗大的柱状晶已被破坏，再通过退火处理又可形成细小的等轴晶粒。

2. 偏析

在讨论铸锭或铸件的组织时，除了可能有上述的三种结构组成外，还需要考虑凝固过程中所产生的成分不均匀现象，即偏析问题。偏析有宏观偏析与显微偏析两种。

（1）宏观偏析　宏观偏析是指宏观范围内的成分不均匀，按照合金的凝固顺序总是含溶质量较少的液体先凝固，后凝固的液体溶质和杂质的含量越来越多，所以，通常铸锭表层纯净，中心特别是上部偏析较严重，这是不可避免也是无法消除的，一般把这种宏观偏析也叫作正常偏析[一]。但是，也有两种特殊的宏观偏析，它只在特定的合金中产生，即比重偏析[二]和反偏析。在Pb-Sb合金中，Pb和Sb两个组元的密度相差很大。如 w_{Sb} 为20%的过共晶合金（共晶成分点 w_{Sb} 为11.1%）凝固时，先结晶出初生晶体Sb，由于Sb晶体与液体合金的密度差，Sb晶体上浮在液体表面，使凝固后的合金底部多为共晶组织，顶部多为初生晶体Sb。反偏析，顾名思义是一种与正常偏析相反的情况。凝固时溶质或杂质的含量和表面接近。例如Cu-Sn合金、Al-Cu合金，其液相线与固相线间隔大，凝固时生成的树枝晶细而长，在铸件中心趋于凝固时，因体积收缩迫使富含溶质或杂质的液体回流到枝干间隙，因而杂质的分布渐趋表面。在锡青铜铸件中有时会看到表面有“锡汗”，这就是反偏析的结果。就具体的“锡汗”而言，它的形成还有另一重要的附加因素，就是当熔化的锡青铜有较多的氢溶入时，在凝固后期氢气要释放出来，它迫使富含锡的液体通过树枝间空隙流至铸件表面。

（2）显微偏析　显微偏析是晶粒内部的成分不均匀现象。显微偏析有两种：胞状偏析和树枝偏析。胞状偏析，是在小的成分过冷区条件下，晶体以胞状生长时胞壁富含了较多的杂质，而更加普遍的情况还是树枝偏析。树枝偏析，是合金在不平衡凝固并以树枝状方式生长时，先凝固的树枝枝干的溶质或杂质含量少，树枝间隙含溶质或杂质的量多。这种晶粒内的成分不均匀可用适当的腐蚀剂显露出来，因而我们可以直接观察到树枝状的显微组织（图5-21）。这也是树枝偏析名称的由来。

显微偏析可以用扩散退火的方法来消除，但宏观的正常偏析则不能，现代化的生产技术——连续铸造可使正常偏析大大减轻。

二、连续铸造和熔化焊的凝固组织

1. 连续铸造的组织

现代化的钢铁生产技术多采用连续铸造和连续轧制，不仅提高了生产率，也改进了钢锭钢材的质量。连续铸造的示意图如图6-34所示。将钢液不断浇入一水冷的锭模中，钢液在水冷的模中很快凝固，凝固后立即抽出模外进行轧制。钢液在普通锭模内凝固时，在上方封顶后会因凝固固态的收缩而留下集中缩孔；也会因中心等轴晶带的形成，在树枝间隙留下显微缩孔，即疏松。这些都影响到钢锭的致密程度，连续铸造时，因为上方不断有液体补充，不会有集中缩孔，同时，在水冷的模中冷却很快，只有柱状晶的形成而没有等轴晶的产生，因此也杜绝了疏松。冷却速度快时，柱状晶的生长速度也很快，当杂质还没有足够的时间被

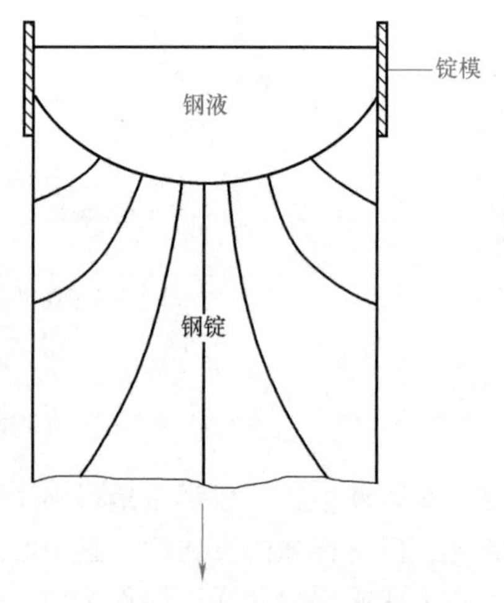

图6-34　连续铸造的钢锭结构

[一] 这是正常偏析起名的原意，但现代生产技术如连续铸造，可使正常偏析大大减轻。

[二] 由于沿用已久，此处暂保留“比重偏析”这一名称。

排除到生长前沿的液体中时已经凝固了，这样，也大大减轻了正常偏析的程度。连续铸造时模内的钢液温度梯度很陡，不存在成分过冷区，所以除表面薄的激冷层外，全部是柱状晶结构。如图 6-34 所示，其固液界面为抛物线状，柱状晶的生长都是沿着热流方向垂直于界面。

2. 熔化焊的组织

熔化焊的组织比较接近于连续铸造，而与普通铸锭或铸件的结构有较大的差别。由于熔化焊的热源（电弧）在不断运动，小的熔池在大的基体金属中冷却更快（图 6-35a），使得其凝固组织更复杂些。焊接时热传导的等温线如图 6-35b 所示，熔池中各处金属的凝固都力求与该处的等温线垂直。如电弧运动的速度，即焊接速度为 v，凝固速度即晶体的生长速度 R 必须与焊接速度相适应，两者的关系为

$$R=v\cos\theta \tag{6-40}$$

从图 6-35b 可看出，在熔池边缘由于 θ 角大，凝固速度 R 小；在熔池中心线附近 θ' 角小，凝固速度 R' 大。这样，柱状晶的生长方向由于要力求沿着最大的温度梯度而在不断地改变，在熔池中心线附近，柱状晶已接近于沿纵向伸展（图 6-35c）。但是，在高的焊接速度时，熔池的形状由椭圆形变成了梨形（图 6-35d），梨形结构能保持大体不变的温度梯度直至焊接中心线附近，这时由两侧生长的柱状晶也比较规则。

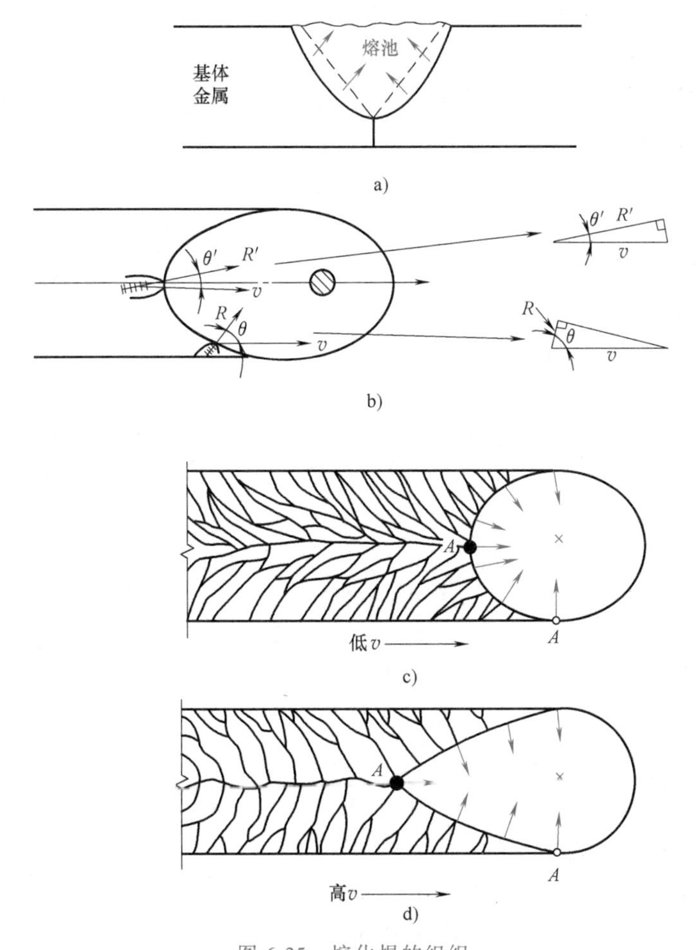

图 6-35　熔化焊的组织

a）熔池的冷却　b）焊接时等温线　c）低焊速时的组织　d）高焊速时的组织

第六节　材料制备的特种凝固工艺技术

一、区域熔炼

区域熔炼是获得高纯度材料的方法，它首先应用于半导体材料的生产。区域熔炼提纯的原理，是基于合金在不平衡凝固时液体内合金成分不能均匀化，如图 6-20 所示的情况，今用一感应器自左端加热，让合金由左向右顺序凝固，则可将杂质逐渐自右端排除，而合金棒的左端可得到精炼提纯。

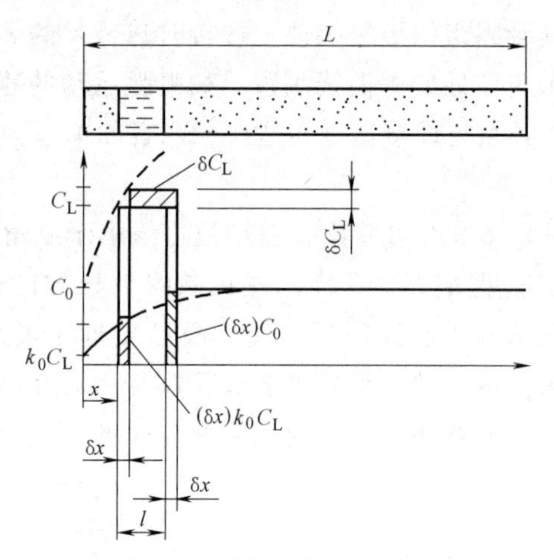

图 6-36　区域熔炼的溶质分布

要了解区域熔炼提纯的效果，必须知道熔炼后的溶质分布情况。设感应圈的长度为 l，试棒的总长为 L，在感应器内的试棒熔化后，将感应圈自左向右移动一 δx 的距离，则左端 δx 范围的液体凝固，右端 δx 范围的棒料熔化。由图 6-36，根据溶质量不变的原理，应有

$$(\delta x)C_0-(\delta x)k_0C_L=l(\delta C_L)$$

写成微分形式并积分得

$$-\frac{l}{k_0}\ln(C_0-k_0C_L)=x+常数 \tag{6-41}$$

由边界条件，$x=0$，$C_L=C_0$，求出积分常数，代入式（6-41）得

$$-\frac{l}{k_0}\ln\frac{C_0-k_0C_L}{C_0-k_0C_0}=x \tag{6-42}$$

改写式（6-42）得

$$C_0-k_0C_L=(C_0-k_0C_0)\exp\left(-\frac{k_0x}{l}\right) \tag{6-43}$$

因为 $C_S=k_0C_L$，整理式（6-43）得

$$C_S=C_0\left[1-(1-k_0)\exp\left(-\frac{k_0x}{l}\right)\right] \tag{6-44}$$

由式（6-44）可知，k_0 值越小，l 越大，去除杂质的效果越好。区域熔炼提纯要对试棒多次加热重熔，才能取得理想的结果。例如，当第一次熔炼时，合金的分配系数 $k_0=0.5$，合金的平均成分为 C_0，则在 $x=0$ 位置起始凝固的固相成分为 $0.5C_0$，在第一次凝固后将末端高杂质部分去除；在第二次重熔时，合金的平均成分约为 $0.6C_0$，第二次重熔时 $x=0$ 位置的固相成分即为 0.5×

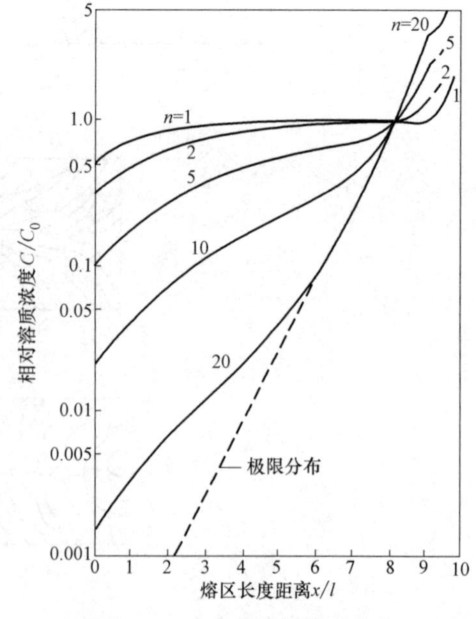

图 6-37　多次重熔的溶质分布
（$k_0=0.5$，$l=1/10$ 试样长）

$0.6C_0=0.3C_0$。这样，经过 10 次重熔（$n=10$）后，合金的纯度就已经很高了（图 6-37）。

二、制备单晶

生产中一些产品如半导体硅芯片，是由一个大的硅单晶切割而成。我们看到的集成电路芯片都不是单个制造的，而是在一块大直径的单晶硅片（100~150mm）上，经过一次工艺流程后同时制作出许多集成电路图形，然后经划片、切割、压焊封装后形成一个单块电路。可以说，硅单晶的制备是半导体工业发展的基石。

制备单晶主要有两种方法如图 6-38 所示。

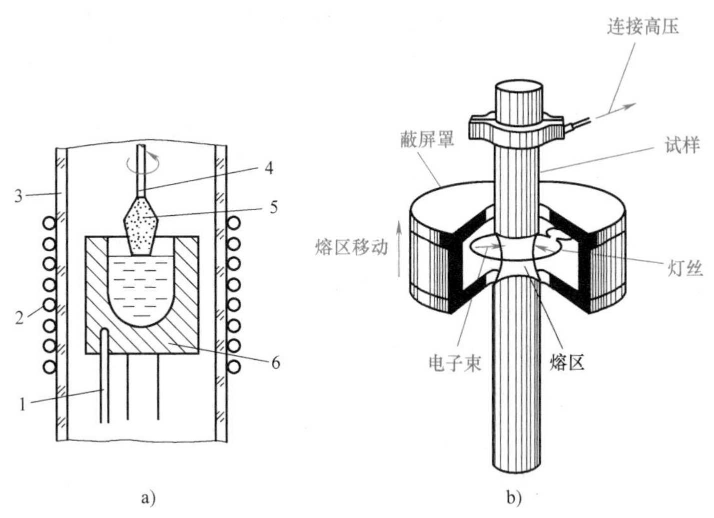

图 6-38　制备单晶的方法

a）坩埚直拉法　b）悬浮区熔化法

1—热电偶　2—感应线圈　3—石英管　4—籽晶　5—晶体　6—石墨坩埚

1. 坩埚直拉法

此法也叫切克劳斯基（Czochralski）法，简称 CZ 法。它最早用于拉制锗单晶，后来也成功地拉制成硅单晶。多晶硅材料经过区域熔炼之后获得了很高的纯度，再放入坩埚中用高频电流或电阻加热，使材料熔化。制备硅单晶时常用石英坩埚，它具有纯度高、对熔体沾污小的优点，对熔体的沾污主要是氧。而在拉制锗单晶时则选用石墨坩埚，石墨对锗来说是稳定的，不会生成锗的碳化物。用硅单晶作为籽晶，将籽晶夹在籽晶杆上，欲使单晶按某一晶向生长，则应使籽晶的某一晶向与籽晶杆轴向平行。然后将籽晶杆缓慢下降，使籽晶与液面接触，接着缓慢降低温度，并使籽晶杆一边旋转，一边缓慢向上提拉，这样液体就以籽晶为晶核不断长大，可以得到一个很大的单晶。在向上提拉的过程中，应注意观察籽晶杆上晶体的表面，当晶体沿〈111〉方向生长，可清楚显示出三个对称棱边；如沿〈100〉方向生长，则有明显对称的四条棱边。如若没有对称的棱边，可能没得到单晶，这时就将它熔掉后重新引晶生长。

2. 悬浮区熔化法

此法是更加正规地生产单晶的方法（图 6-38b）。它避免了普通的区域精炼因使用坩埚或容器带来的污染。试样的局部在处于丝状线圈中通过电子束加热而被熔化，因为试样是直立放置，熔化时液体的表面张力不致使熔化区液体流出。加热在真空室中进行，外有屏蔽罩，熔化区液体中的杂质还可被蒸发。当线圈和熔化区缓慢地向上运动时，可使整个试样长度都形成一个单晶。

三、用快速冷凝法制备金属玻璃

普通金属在液态凝固时很难过冷，总是形成晶体结构，除非冷速要高到约 10^{10}K/s 时才能阻止其结晶，产生类似玻璃的非晶态。要将金属自结晶态改变成非晶态，必须设计成特殊的合金成分，一般的成分规则大致是 80%金属-20%半金属（指原子百分比）。这里金属、非金属和半金属，是按电负性的大小区分的：电负性<1.8 为金属；电负性>2.2 为非金属；电负性为 1.8~2.2 的为半金属，如 B、Si、Ge、As、Sb 和 Te。典型的易形成金属玻璃成分如 78%Fe-9%Si-13%B 和 80%Au-20%Si。加入半金属之后，首先可使纯金属的熔点降低很多，这就使得在高温范围不需要极快地冷却，相对地容易快速冷凝形成非晶态；其次，半金属增加了单胞尺寸，原子要扩散较大距离，因此结晶需要较长的时间；再次，半金属与金属原子尺寸差较大，构成晶胞时有一定程度的畸变，使晶体结构能量升高。上述三方面的因素都促使金属易形成非晶态，也就是通常所称的金属玻璃。这种合金一般在冷速为 10^{5}K/s 就可实现非晶态。但是，玻璃态金属受热时易于转变为结晶态，所以金属玻璃只能在不太高的温度下使用。金属玻璃有许多优越的性能，目前主要用作极好的软磁材料。

只要合金设计正确，冷速为 10^{5}~10^{6}K/s 时金属玻璃比较容易达到，图 6-39 就是用快速冷凝法生产金属玻璃的简单装置。金属玻璃一般为薄带或丝状。产品制备的工序简单，它不像一般金属那样先要浇注成锭，然后经轧制、拉拔等工艺过程，因此制造成本会低些。

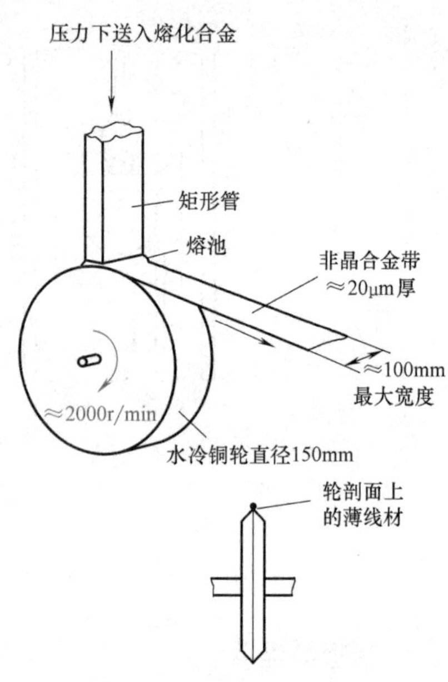

图 6-39　用快速冷凝法生产金属玻璃的简单装置

四、定向凝固

使材料定向凝固可使铸件得到向单一方向延伸的柱状晶，或者是按设计要求使具有一定体积比的两相成为片状或棒状共晶。这时，材料将具有优良的力学性能或物理性能。为此，在材料凝固时必须使液体的热量沿单一方向散失，在此方向形成很陡的温度梯度，以消除悬浮细晶长大形成等轴晶的可能性。图 6-40 示意地表示一种定向凝固装置。铸型被安放在一块水冷铜板上，并被一起放在炉中加热。当它们温度超过待浇注金属的熔点后，将已熔化的过热金属液体注入铸型，然后缓慢抽出铸模。在水冷铜板作用下，沿铸型纵向产生一定的温度梯度，液体开始在铜板上自下向上顺序凝固。整个操作均需在真空中进行，以防止金属氧化。

图 6-41 所示为用定向凝固方法生产的燃气轮机叶片。燃气轮机叶片形状复杂不易加工，一般用熔模铸造法（或称失蜡铸造法）生产。用传统的铸造生产出的叶片是由许多细小的

等轴晶组成的，但这种组织高温强度较低，叶片容易横向断裂（图 6-41a）。如采用定向凝固则得到的全部是柱状晶组织，晶界与外力作用方向平行（图 6-41b），这可以有效地阻止高温下晶界的滑动和空位的定向流动，因而使高温强度明显提高。近年来又采用了更先进的制备技术，将整个叶片做成一个单晶（图 6-41c），完全消除了晶界的有害作用。如将图 6-41a 与图 6-41c 这两种不同生产方法（材料完全相同）制造出来的叶片进行对比，前者工作温度为 850℃，后者则可达到 1100℃。燃气轮机叶片材料为镍基超合金，虽然材料成本较高，但制造成本更高，一个涡轮盘上有 102 个叶片。可见，生产工艺的改进对提高叶片寿命、降低制造成本有多么重要的作用。

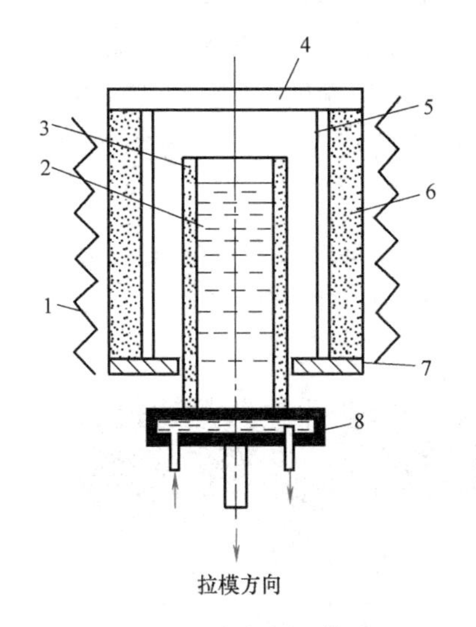

图 6-40　定向凝固装置

1—加热体　2—液态金属　3—铸型　4—绝缘盖板　5—均热层　6—绝热层　7—隔热板　8—水冷铜板

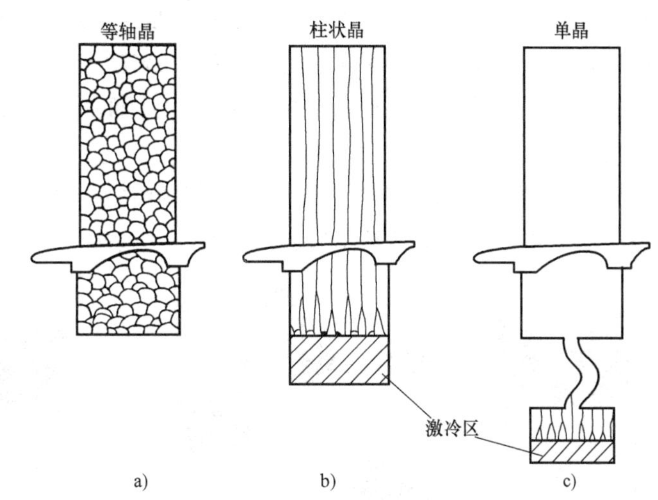

图 6-41　燃气轮机叶片的制造

a）普通浇注凝固——等轴多晶组织　b）定向凝固——柱状晶组织　c）定向凝固——单晶组织

五、激光熔覆金属 3D 打印制造

增材制造技术（又称 3D 打印技术）作为工业 4.0 时代最具发展前景的制造技术之一，是一种基于离散堆积成形思想的新型成形技术。该技术以计算机预先设计好的三维实体图为基础，通过计算机软件对实体图进行切片分层，用逐层变化的截面来制造三维形体。3D 打印与传统制造的区别在于，传统制造是由制造来驱动设计，即设计者必须了解各种零件制造工艺及不同工艺的复杂程度以控制零件成本，从方便加工的角度来设计出满足功能需求的零件。而 3D 打印是由设计来驱动制造，即设计者尽可随心所欲地设计能够满足功能的零件的结构，而不需考虑零件制造的复杂程度。金属 3D 打印是整个 3D 打印体系中最前沿也是最具潜力和应用价值的技术，是先进制造技术的重要发展方向，其中基于激光熔覆技术的金属直接成形应用潜力最大。

激光熔覆技术的发展起始于 20 世纪 80 年代。1979 年以涡轮盘模型近形件的镍基高温合金激光多层熔覆技术开始研究，到 20 世纪 90 年代进入快速发展期。国内外众多研究机构对该技术的原理、成形工艺、熔凝组织、零件几何形状和力学性能等课题做了大量研究，开发出多种激光多层熔覆成形工艺，其中最典型的是直接金属沉积（DMD，Direct Metal Deposition）工艺。

DMD 工艺基于激光熔覆技术，用高能激光束局部熔化金属表面形成熔池，同时用送粉器将金属粉末喷入熔池而形成与基体金属冶金结合且稀释率很低的新金属层的方法。

DMD 引入了 RP（快速成形）思想，根据 CLI 文件给定的路线，用数控系统控制激光束来回扫描，便可逐线逐层地熔覆堆积出任意形状的功能性金属实体零件，其密度和性能与常规金属零件完全一致。DMD 工艺的核心部件是反馈式同轴送粉装置，如图 6-42 所示。聚焦激光束、汇聚金属粉末、保护气体同时由喷嘴输出。聚焦激光束将基体加热成一个熔池，金属粉末喷射到熔池里，保护气体将熔池区域与空气隔离，避免氧化，反馈传感器将凝固成形的高度信息加以反馈，若凝固位置高于系统指定层高度时，系统将光闸关闭，无激光输出；反之，则激光光闸开启进行填充熔覆凝固，从而控制凝固成形的高度。整个过程中保持均匀、稳定、不间断的送粉。

在 DMD 技术中由于激光熔覆的快速凝固特征，使其制造的金属零件具有优良的质量和强度，因此在零件与工模具制造、修复改造及表面硬化处理等方面有较成功的应用。

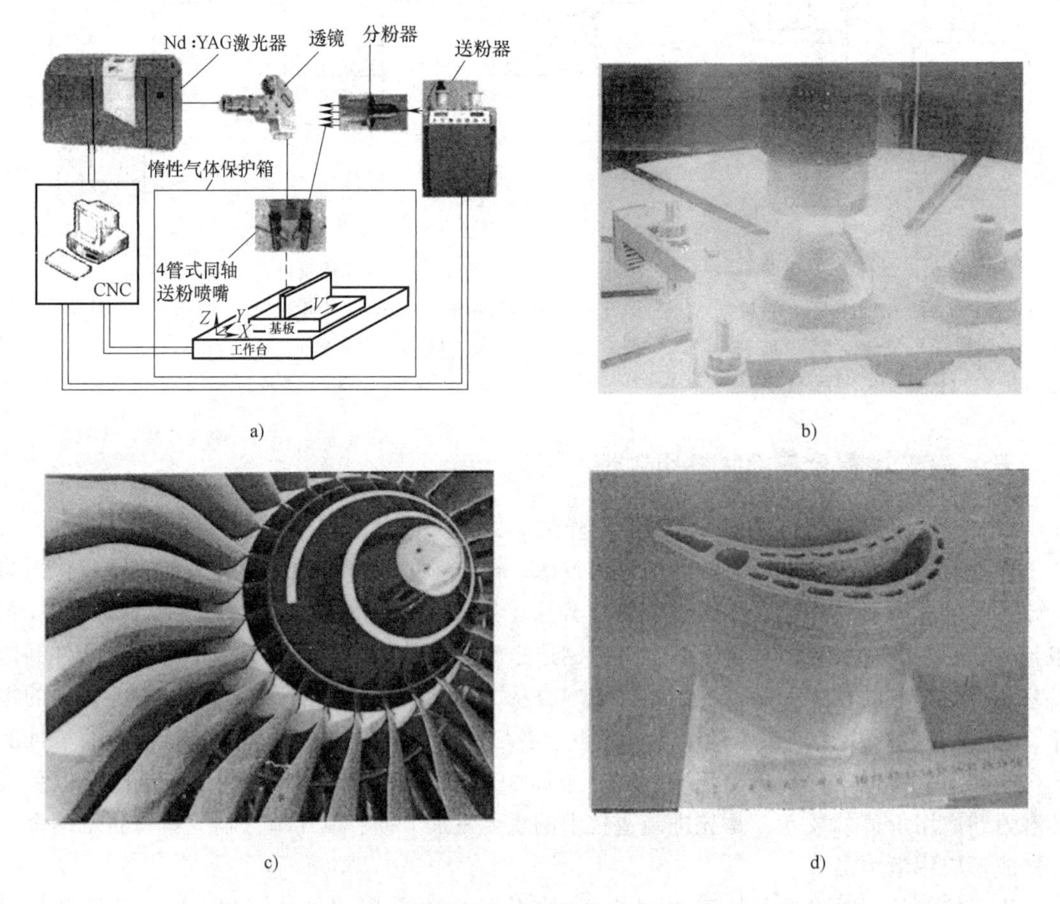

图 6-42　激光直接沉积原理及零件实物图

a）DMD 结构原理示意图　b）美国 NASA 多种金属混合激光成形

c）英国 Rolls · Royce 激光金属直接成形发动机部件　d）西安交通大学高温合金空心涡轮叶片

第七节　材料非晶态

一、材料的非晶态概述

在通常的冷却条件下，金属凝固后形成晶体；而另一些材料，最典型的如玻璃，冷却后则呈非晶态。在第一章里我们已知道，材料的结构最终取决于热力学和动力学两方面因素。在动力学条件比较容易实现时，材料将采取热力学上最稳定的也就是自由能最低的结构，形成晶体就是这种情形。在动力学条件不容易满足时，就只能采取动力学上比较有利的结构，形成非晶态，尽管它在热力学上是亚稳态。有很多材料常常可以是晶态也可以是非晶态。例如，金属在凝固时是很难过冷的，过冷度不会超过20℃，要想阻止金属结晶是很困难的。可是如果以极快的冷速（对纯金属冷速要达到约$10^{10}K/s$，对一些合金冷速可降至$10^{6}K/s$）将液体金属冷却，则可形成非晶体金属，也叫金属玻璃。但是，像SiO_2可以结晶形成晶体，但很容易形成非晶态。纯SiO_2的熔点在1700℃左右，但即使在这样高的温度下，黏度还是相当高的，约$10^{6}Pa \cdot s$，而多数金属在熔点附近时，其黏度只有$10^{-4}Pa \cdot s$左右，黏度竟相差10^{10}级别，可见熔融的SiO_2原子的扩散十分困难，扩散所需克服的激活能是很高的，所以很容易形成非晶态。

许多物质像氧化物SiO_2、B_2O_3、GeO_2、P_2O_5、As_2O_5等都易于形成非晶态；硅酸盐、硼酸盐和磷酸盐也是如此；元素中像S、Se、Te及许多有机物都易形成非晶态。至于什么样的物质容易形成非晶态，它们在结构上应具备怎样的条件，似乎还不能作出一般性的结论。但对于能形成非晶态的氧化物应具备的条件，有人做过详尽的分析总结，指出这些氧化物应该是：①正离子的原子价不得小于3，亦即正离子的周围必须有3个或4个氧离子与其共价结合；②正离子在氧离子所包围的多面体中，正离子尺寸越小，越易形成非晶态。当正离子尺寸大于0.15mm时，就不能形成非晶态；③正离子的负电性为1.5~2.1；④在结构上是以共价键为主的，比较空旷不紧密的网状结构。看来，最后一个条件对其他非晶态物质也有普遍意义。也有人根据动力学上黏性流动的激活能大小来划分晶态和非晶态，认为每摩尔超过$25RT_m$（R为气体常数，T_m为热力学熔化温度）的黏性流动的激活能，一般是易形成非晶态的物质。例如，SiO_2约为$30RT_m$，甘油约为$25RT_m$，链状分子硫和硒的激活能远大于$25RT_m$，而一般金属黏性流动的激活能只有$3RT_m$。

材料的非晶态是一个新的研究领域，主要是因为材料呈非晶态后具有一些特殊的物理化学性能。例如，将金属液快速冷凝成金属玻璃薄片，是很好的软磁材料，用它制作变压器铁心，其内部涡流损耗只有常用硅钢片的1/3，在美国已投入商业生产。材料的成分为Fe-10%Si-8%B。在我国已试制成50kV · A的变压器。晶体硅、锗是常用的半导体材料，而非晶态的Si、Ge以及非晶态的半导体化合物As_2S_3、As_2Se_3、As_2Te_3，则是用作太阳能的光电池材料。另外，以Se为基底的非晶态材料，是常用的光电静电复印材料。

二、常用材料的非晶态

通常将材料按结构不同分为金属、陶瓷和高分子三类。金属材料冷凝后皆为晶体。在陶瓷中则有玻璃（硅酸盐类）属于工程上常用的非晶态材料。而在高分子材料中，热固性塑料和橡胶属于非晶态类；热塑性塑料中，有些为非晶态，有些为部分晶态。

非晶态材料究竟如何分类，还没有取得一致的认识。例如，在有的书[⊖]中，将所有的非晶态材料都纳入玻璃类，而将玻璃分成：①离子玻璃；②共价玻璃；③金属玻璃三大类。这是按结合键来区分的，看起来也比较科学，但容易和人们久已形成的概念相混淆。因为人们一般认识的玻璃，就是 SiO_2、B_2O_3 这类氧化物玻璃，为了降低玻璃在液态的黏度，常加入 Na_2O、CaO，使玻璃容易加工成各种形状。这是属于上述的离子玻璃类。至于共价玻璃，则包含了大多数的高分子材料，典型的如聚苯乙烯、聚氯乙烯、聚碳酸酯、尼龙等，除多数高分子材料外，尚将非晶半导体材料如非晶硅、锗等也列入共价玻璃类。

本书仍按照材料的常规分类法来讨论金属、陶瓷和高分子材料中的非晶态。非晶态有的是材料固有的属性，如氧化物玻璃、热固性塑料等；有的是在特殊条件下形成的，如金属制备成特殊成分的合金经快速冷凝形成非晶态；而热塑性塑料的结晶程度有时是可以调节的。有时，还会出现相反的情况，即使像氧化物玻璃这样典型的非晶态结构，经过特殊的热处理还会转化为晶态结构，这通常称为微晶玻璃。所以，材料的晶态与非晶态不是一成不变的，而是可以互相转化的。

1. 玻璃的结构与冷凝

玻璃的主要成分为 SiO_2，SiO_2 的基本结构单元是"SiO_4"四面体，在每个四面体中，硅原子间隙地处在四个氧原子的包围之中。对于四面体中的每个氧原子，其外层电子数不是8个而是7个。氧离子要克服电子的不足，有两种办法：①从金属原子那里获得电子，这种情况就是 SiO_4 和金属正离子的结合；②每个氧原子再和第二个硅原子共用一个电子对，于是形成多个四面体群。这种公用的氧原子通常形象地称为搭桥氧原子。对于纯 SiO_2，由于没有其他金属原子，每个氧原子都是搭桥原子。假如，SiO_4 四面体可以在空间无限延伸，形成长程的网络结构，其立体图像如图6-43所示，这是高温 SiO_2 呈晶体时的结构。而玻璃态的结构和晶体 SiO_2 很相似，其差别只在于 SiO_4 四面体是短程规则排列的（图6-44），这是由其高黏度决定的，由于原子的扩散困难，不可能形成长程的规则排列。如果将玻璃加热测定其热膨胀，可得到如图6-45所示的曲线。曲线中有一特征温度 T_g（玻璃化转变温度），在 T_g 温度以下，玻璃的膨胀是均匀的，纯 SiO_2 玻璃的膨胀系数很小，远低于结晶态的石英；而在 T_g 温度以上，则突然急剧膨胀。与这个宏观现象相对应的则是，在 T_g 以下玻璃是刚硬的固体，只发生弹性变形，其黏度值达 10^{15}Pa·s；而在 T_g 温度以上则类似过冷液体，发生黏性流动。纯 SiO_2 的 T_g 温度很高，约1200℃，因黏度很高很难加工成型，故常加入 Na_2O、CaO 形成苏打-石灰玻璃，T_g 可降至550℃左右。加入 Na_2O 和 CaO 后产生了许多非搭桥的氧离子，起到减少硅-氧链的交联作用，因此玻璃的网络结构被断开了（图6-44c），这样，可在

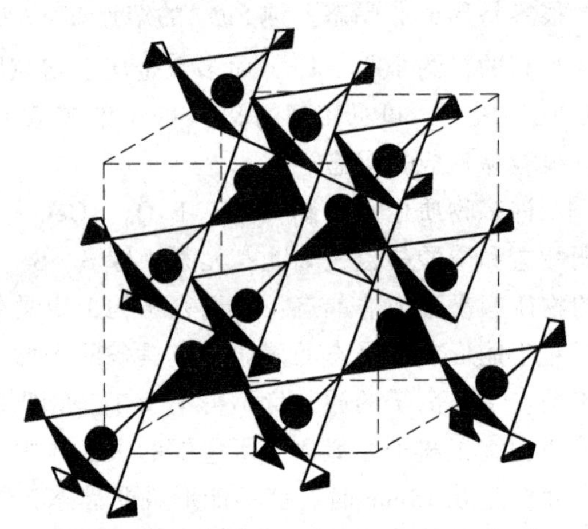

图6-43 高温 SiO_2（方石英）的晶体结构

（单胞24个原子 $8Si^{4+}+16O^{2-}$）

⊖ Schaffer, James P. The science and design of Engineering Materials 2nd edition. 1999, McGraw-Hill Co。

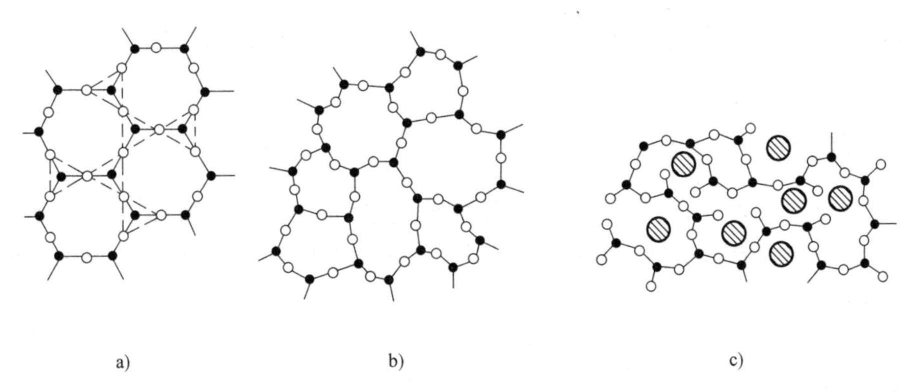

图 6-44　玻璃的二维网络结构

a）高温 SiO_2（方石英）晶体规则的平面图形　b）玻璃，呈短程规则排列

c）加入钠离子后，Si-O 链断开

高温下将玻璃加工成各种形状。

2. 高分子材料的晶态与非晶态

对热固性塑料，由于强烈交联，使分子链形成三维网络结构，故在冷凝时总是形成非晶态；对于橡胶，由于要求高弹性，也不希望冷凝时呈结晶形态；对于热塑性塑料，则有非晶态和部分结晶态两种类型。像聚苯乙烯、有机玻璃、聚碳酸酯，这些是常用的非晶态聚合物，它们的 T_g 也较高。另一些线形聚合物像聚乙烯、聚丙烯、聚四氟乙烯、聚酰胺都是容易部分结晶的。当结晶度高时，材料的密度、弹性模量、强度都有所提高；而结晶度低时，制品的柔软性、透明性和耐折性较好。所以，在生产上通过调节成型过程中熔体的冷凝速度来控制结晶速率和结晶程度，以满足不同制品的要求。

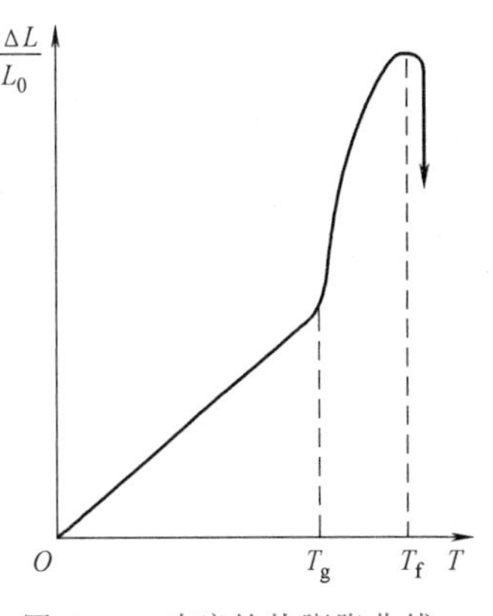

图 6-45　玻璃的热膨胀曲线

对于线形聚合物影响其结晶的主要因素是：

1）链结构的对称性和柔顺性。对称性高的分子链容易结晶，如聚乙烯、聚四氟乙烯。聚苯乙烯链的柔顺性较差，就不易结晶。主链上苯环密度大的聚碳酸酯柔性更低，不能结晶。

2）结构的规整性。无规立构的聚丙烯、聚苯乙烯不能结晶，但其全同立构和间同立构的异构体都能结晶。聚合物的结晶能力与立体规整度有关。

3）共聚。无规共聚通常既破坏链的对称性，又破坏链的规整性，故使结晶能力降低。如聚乙烯和聚丙烯都是容易结晶的，但乙烯-丙烯共聚物在一定组成条件下不能结晶，是良好的弹性体（乙-丙橡胶）。

第八节　材料的气-固转变

材料的气-固转变在很多方面与液-固转变相类似，但在控制材料的蒸发与凝结、转变产物的结构与形态方面都有其自身的特点，而且不同材料各自的特性不同。近年来，用气相沉积方法制备材料的生产技术获得很大的进展，如半导体晶体的外延生长，用气相沉积法生产硼纤维和碳化硅纤维，制备纳米材料等。可以说，凝固法和沉积法是现代材料制备技术中最主要的两种类型。

一、凝聚-蒸发的平衡

固体材料受热时原子的蒸发，其速度按理想气体分子的运动处理，其平均速度[⊖]应为 $v=(3kT/m)^{1/2}$，对于器壁由分子碰撞产生压力，其动量矩的改变为 $+mv-(-mv)=2mv$，由此可得到近似的关系

$$p_e=2Jmv=2J(3mkT)^{1/2} \tag{6-45}$$

式中，p_e 为固体与蒸气的平衡压力；J 为分子流量，单位为分子数/(cm^2 · s)。

更严格地推导，其分子流量的表达式为

$$J=\frac{p_e}{(2\pi mkT)^{1/2}} \tag{6-46}$$

J 一般为 10^{18} 分子数/(cm^2 · s)。在平衡条件下有一个流量 J_v 是离开固体表面的，即产生蒸发；另一个流量 J_c 凝聚在固体表面，两者产生动态平衡。但如调整压力，使实际压力与平衡压力间产生压差 Δp，就会产生净蒸发或净凝聚。在蒸发与凝聚的过程中要考虑各种因素，J_v 和 J_c 分别按下式计算：

$$J_v=\frac{\alpha_v(p_e-p)}{(2\pi mkT)^{1/2}} \tag{6-47}$$

$$J_c=\frac{\alpha_c(p-p_e)}{(2\pi mkT)^{1/2}} \tag{6-48}$$

式中，α_v、α_c 分别为蒸发系数和凝聚系数，通常由实验测定。

固体材料的蒸发与凝聚过程，几乎经历相同的步骤。先以蒸发为例，固体表面原子蒸发或凝聚过程如图 6-46 所示。蒸发过程分四步进行：①原子离开扭折位置沿着台阶运动；②当原子具有更高能量时，就不依靠台阶存在，运动到小平台上成为被吸附的原子；③吸附原子在固体表面上扩散；④吸附原子离开表面进入气相。一般来说，第④个步骤是决定蒸发速率的关键。

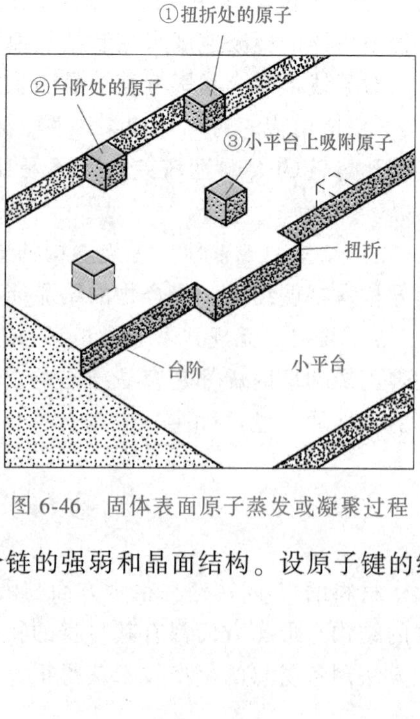

图 6-46　固体表面原子蒸发或凝聚过程

气相的凝聚过程，则按上述步骤以相反的顺序进行。改变压力，也就改变了气体的流量，这直接影响到吸附速率和凝聚速率。通常，系数 $\alpha_c\approx1$，在固体表面没有台阶的情况下，α_c 几乎为零。

固体表面的原子直接蒸发进入气相，其升华热等于熔化热与蒸发热之和。其升华热的大小取决于结合链的强弱和晶面结构。设原子键的结

⊖ 按物理书，实则为方均根速率 $(\bar{v}^2)^{1/2}$，即 $\frac{1}{2}m\bar{v}^2=\frac{3}{2}kT$。

合强度为 ε，破坏一个结合键，则使每个原子的能量升高 $\frac{\varepsilon}{2}$。如 1mol 的面心立方晶体材料在完全汽化后，原子结合键遭到完全破坏，面心立方晶体原子的配位数为 12，1mol 的原子数为 N_a，则升华热 $L_S = 12N_a \frac{\varepsilon}{2}$。

固体材料的表面能是由表面上一些原子键遭到破坏而产生的。原子排列紧密的晶面，当处于表面位置时，被破坏的原子键也较少。例如，面心立方晶体排列最紧密的面是（111），当晶体表面为（111）面时，只有 3 个原子键被破坏，因而其表面能 $E_{SV} = \frac{3}{12}\frac{L_S}{N_a} = 0.25L_S/N_a$，单位为 J/表面原子；如晶体表面为排列较不紧密的（200）面，则有 4 个原子键遭到破坏，其表面能 $E_{SV} = \frac{4}{12}\frac{L_S}{N_a} = 0.33L_S/N_a$，单位为 J/表面原子。因此，越是排列不紧密的面，其表面能越高，这是由于被破坏的原子键数增多。但是，实验发现，固体表面在大多数情况下不是一个任意的高指数（*hkl*）晶面，多半是由许多台阶连接起来的低指数晶面，采取这种结构使固体表面处于低的能量状态。因此，图 6-46 所设想的固态表面模型是合理的，也是符合实际的。

对纯金属在接近熔点 T_m 时，测定其固体表面能 γ_{SV} 见表 6-4。

表 6-4　金属的表面能

晶　体	T_m/℃	γ_{SV}/mJ · m^{-2}	晶　体	T_m/℃	γ_{SV}/mJ · m^{-2}
Sn	232	680	Cu	1084	1720
Al	660	1080	δ-Fe	1536	2080
Ag	961	1120	Pt	1769	2280
Au	1063	1390	W	3407	2650

由表 6-4 可以看出，随着金属熔点的升高，其升华热和表面能也增高，这是结合键增强的反映。一般情况下，表面能和升华热大致有以下关系：

$$\gamma_{SV} = 0.15L_S/N_a \tag{6-49}$$

二、蒸发

将固体材料加热到高温，表面原子蒸发后又沉积到某种材料的基体上形成薄膜，这种方法在工业生产上获得广泛应用，特别是在半导体的生产技术上。为了在真空中得到一定的蒸发速率，其蒸气压必须在 10^{-5}atm（1atm = 101.325kPa）左右，像多数材料一样，硅要达到这个蒸气压必须加热到熔点（1410℃）以上，通常是被加热到1550℃左右，其蒸发速率为 7×10^{-5}g/cm^2 · s。这种蒸发与凝聚过程没有化学反应参与，纯属物理变化过程，一般称为物理蒸发或者物理气相沉积（Physical Vapor Deposition，简称 PVD）。控制物理蒸发速率可以有几种方法。除了用高温易于获得高蒸发速率外，还可通过加入某种杂质元素来改变蒸发系数 α_v。α_v 可以很高，接近于 1；也可以很低，使 α_v 为 10^{-3} ~ 10^{-4}，杂质可以影响整个蒸发过程四个步骤的任一阶段或者减慢在固-气界面上的原子扩散。例如，普通灯泡中钨丝在高温中的蒸发是很剧烈的，如果灯泡中充以氮气而不是真空，将大大减缓钨丝的蒸发，延长钨丝的寿命。用这种方法将使 α_v 从 1 降低到 10^{-3}。还有一些材料，例如磷，其蒸气由聚合物

P_4 组成，使原本被吸附在固体表面上的原子难以蒸发，其 α_v 可以低到 10^{-4} 左右。另一类材料，如 Al_2O_3 高温蒸发时，其气相的组成有 Al、O、AlO、Al_2O 和 Al_2O_3，产生多种解析物质来抑制蒸发过程，α_v 也约为 10^{-4}。所以，对各种物质的蒸发特性还需具体分析，找出其控制过程的规律。

另一类蒸发称为化学蒸发或者称化学气相沉积（Chemical Vapor Deposition，简称CVD），材料表面的原子通过化学反应而进入气相。例如

$$Mo(固)+3/2O_2(气)\longrightarrow MoO_3(气)$$

在该种情况下，化学蒸发引起材料的严重损失，而此时的物理蒸发因温度较低可忽略不计。

$$SiCl_4(气)+Si(固)\longrightarrow 2SiCl_2(气)$$

$SiCl_2$ 再被 H_2 还原，Si 就沉积到硅片上，这是半导体生产中常用的 CVD 法。CVD 与 PVD 相比有较多的优点：

1）反应和操作温度较低。

2）沉积速度快，易于调节，这时沉积速度不仅取决于温度，而且决定于 $SiCl_4$ 气体的浓度。例如，调整 $SiCl_4$ 的摩尔分数在 0.1 左右，可获得最高的薄膜生长速率。

3）可以实现几种元素构成的薄膜层，这在硅晶体的掺杂中是必须的。

因此，CVD 法在生产上获得了更广泛的应用。

三、凝聚

气相转变为固体时可有两种不同的方式。假如，转变驱动力 Δp 比较大，式（6-48）中的凝聚系数 $\alpha_c=1$，气-固转变表现为只是简单地将原子添加到固体表面上。但是，如果 Δp 小，即实际压力只比平衡压力稍大一些，在基底表面上新相就有一个形核与长大过程。观察金蒸气在 MoS_2 晶体表面上的凝结，其最初阶段是在 MoS_2 表面上沉积成许多小三角锥，有些小块也是不稳定的，单个原子可以再蒸发，小块的原子聚合体可以解离。只有原子凝聚到一临界尺寸，即达到晶核的临界尺寸后，原子才可不断附着于表面。当达到中间阶段时，形成一些不规则的小岛，最后在 MoS_2 表面上覆盖一层连续的金膜。这层金膜有单晶特性并与 MoS_2 单晶有完全相同的位向。这种沉积方式叫作晶体的外延生长。因为在沉积速度较慢时，起始的每个晶核都以（111）面的低能结构平行于基底，在这个面上具有十分规则的位向，当两个小岛聚合时，新的小岛完全是一个位向，只是含有一些位错。

随着转变驱动力的增加，气相先是在固体表面二维形核，继而在基底表面上形成球冠状晶核。当转变动力足够大时可完全均匀形核，晶核呈球状。形核的计算与液相凝固完全一样。例如，晶核临界尺寸 $r_k=-\dfrac{2\gamma}{\Delta G_v}$，临界晶核形成功 $\Delta G_k=\dfrac{16\pi\gamma^3}{3\Delta G_v}$。三种晶核形成时的自由能变化如图 6-47 所示。

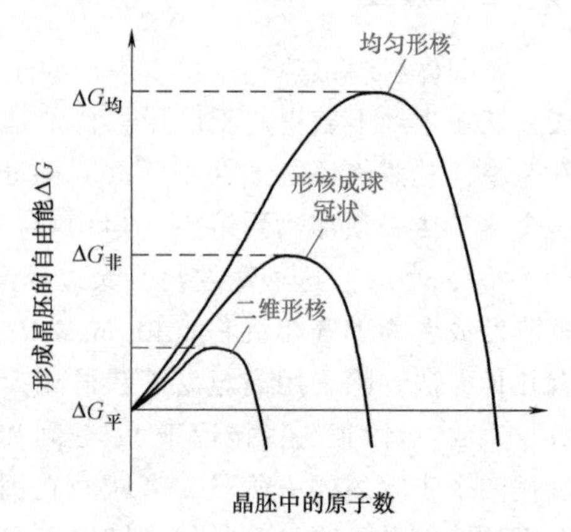

图 6-47　气相沉积时三种晶核形成时的自由能变化

这里要提及的是 ΔG_v 的计算

$$\Delta G_v=-\frac{RT}{V}\ln\frac{p}{p_e} \tag{6-50}$$

式中，ΔG_v 是按照理想气体计算的单位体积自由能；V 是固体材料的摩尔体积；p/p_e 是过饱和压力比。

固体材料表面能的数据不多，表 6-4 可作参考，也可查阅升华热或根据结合键强度进行计算。

关于形核率 J^* 的计算，也和液-固转变相似，即

$$J^* = wn^* \tag{6-51}$$

式中，n^* 是临界晶核的平衡浓度；w 是每秒钟添加到临界晶核的原子数。

$$n^* = ne^{-\Delta G_k/kT} \tag{6-52}$$

式中，n 是气相中原子的浓度。因为在表达式中，ΔG_k 与 ΔG_v^2 成反比关系，所以在给定温度下，n^* 随 ΔG_v 急剧变化，当稍低于临界过饱和压力比 $(p/p_e)^*$ 时，形核不能发生，只有稍大于 $\left(\dfrac{p}{p_e}\right)^*$，形核才可自动进行。从图 6-47 可以看出，虽然二维形核晶核形成功最小，但转变速率是很慢的，因为要实现晶核与基底保持特殊的位向关系，必须适当提高基底材料的表面温度，其 p/p_e 也要保持在二维形核与球冠状形核的临界值之间。

气相沉积材料的结构与形态可以有很大的差异。低温沉积可以是非晶的，也可能是由一些小的不完善的晶粒组成。较高温度下的沉积物通常是由一定位向的晶体组成，有时形成柱状晶形态。尤其是在低温下生长的晶体有时呈丝状，常呈晶须形状的单晶。对硅晶体的生长，少量的 Au 能和 Si 形成液体合金，硅原子从 $SiCl_4$ 气相中高速进入液体合金内，形成高的过饱和度，然后再沉积在基底上。究竟哪些因素控制沉积物的结构与形态，目前还了解得不多。

第九节　气相沉积法的材料制备技术

近年来，用沉积法制备材料的技术发展十分活跃，能制备各种薄膜或纤维材料，它们在半导体、航天、通信等领域已成为关键技术或关键材料。这里举几个例子说明它的重要性。

一、硅芯片的外延生长

晶体的外延生长有三种方法：①液相晶体外延生长；②气相晶体外延生长；③分子束外延生长。分子束外延生长使用在超大规模集成电路上。目前，大多数集成电路的生产方法还是用化学气相沉积使硅芯片外延生长。

图 6-48 表示一个典型的集成电路。基底材料厚度约为 300μm 的被掺杂有 B 原子的硅芯片，硅芯片是由区域提纯的大单晶用化学锯切割而成。要制备一个 n-p-n 晶体管，先在 p 型基底（图 6-48）的一些部位，有选择地通过扩散渗入掺杂有 p 原子的扩散层，使构成 n^+层，然后再在其上形成外延层，晶体管等零件制作在外延层上，这给操作和集成带来很多方便。

用化学气相沉积法获得硅晶体外延生长如图 6-49 所示。将硅芯片放在石墨板的基座上，用高频感应加热将其加热到 1200℃ 左右，起初先用 H_2 携带的 HCl 通过硅片表面，使表面腐蚀掉约 1μm 厚度以清除污染，然后关闭 HCl 气阀，让 H_2 通过 $SiCl_4$ 溶液。$SiCl_4$ 很容易蒸发

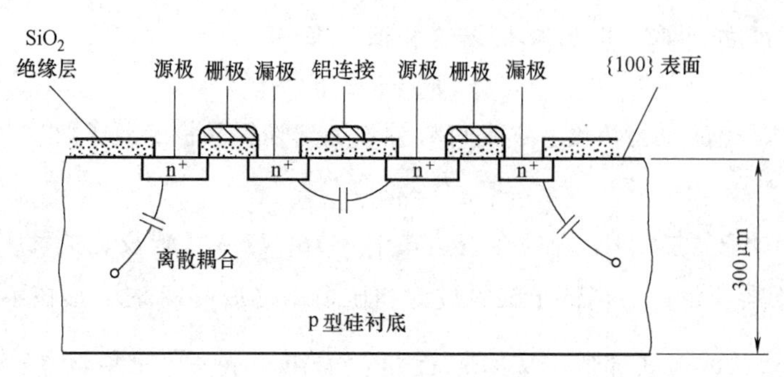

图 6-48 普通的集成电路结构

形成气体，在 H_2 还原下产生以下反应：

$$SiCl_4+2H_2 \rightleftharpoons Si(固)+4HCl$$

硅原子沉积的速度，也就是外延生长速度约为 1μm/min。生长速度取决于反应器中 $SiCl_4$ 的蒸气压，蒸气压的大小又取决于溶液的温度，因此溶液的温度要精确控制在 0~30℃。除了用 $SiCl_4$ 作为沉积的硅源外，为了实现掺杂，在与 H_2 混合中，尚需通入 PH_3 或者 B_2H_6（图 6-49）。如要求 n 型外延层，常用的掺杂气体是 PH_3；如要求 p 型外延层，常用的掺杂气体是 B_2H_6。需注意，这些掺杂气体均有剧毒，要采取安全措施。

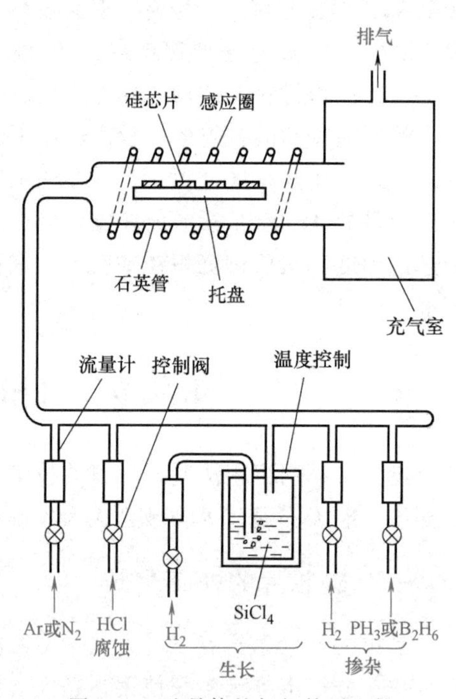

图 6-49 硅晶体的气相外延生长

外延生长层的关键是要得到单晶。为此，基底材料必须加热到足够高的温度，使得到达硅晶表面的原子能迅速扩散并占据晶体的晶格位置；另一方面，生成的 Si 原子或 B(p) 原子又必须慢慢地到达表面。这就限制了外延层的生长速度，最大不能超过 2μm/min，超过此极限将得到多晶层。就正常的沉积速度 1μm/min 而言，氢气流中的 $SiCl_4$ 摩尔分数约为 0.01。假如 $SiCl_4$ 摩尔分数超过 0.25，则可与硅产生以下反应：

$$SiCl_4(气)+Si(固) \rightleftharpoons 2SiCl_2(气)$$

在这种情况下，硅晶体不但不能获得外延生长，反而会使晶体表面腐蚀。

像单晶生长技术中的籽晶一样，基底材料（图 6-48 中 p 型硅芯片）的位向决定了外延层的位向。因此，一个（100）面上将产生（100）外延层，其余类推。

二、用化学气相沉积制取 B 纤维和 SiC 纤维

B 纤维、SiC 纤维是制取金属基复合材料（如 B/Al）的主要组成。B 纤维的最大优点是

弹性模量很高，约 400GPa，加之 B 纤维的直径大，平均约为 140μm（玻璃纤维和碳纤维的直径为 10μm）；另外，B/Al 复合工艺难度较小，容易做到较高的纤维体积含量，一般可达到 50%左右，所以 B 纤维复合材料的抗压强度和抗弯强度也很高。

制取 B 纤维是让直径约为 12μm 的钨丝送入一反应罐内，反应罐内含有 BCl_3 和 H_2，按以下反应生成 B 原子，即

$$2BCl_3+3H_2 \longrightarrow 2B+6HCl$$

B 原子再沉积到 W 丝上，HCl 气被排除。通过 B 的气相沉积得到的 B 纤维直径可有三种：100μm，140μm，200μm。B 纤维的结构如图 6-50a 所示。

B 原子在沉积到 W 丝上时，先形成一层钨与硼的化合物层，同时芯部 W 丝的直径也由 12μm 增大至 16μm，产生了残余应力。靠近芯部的硼纤维层处于受拉状态，而硼纤维外层则有双向受压的残余应力（图 6-50b）。这就使硼纤维对机械损伤较不敏感。气相沉积后的 B 纤维表面有些缺陷，经过抛光去除表面缺陷后再镀一层 SiC，就可用模压或热等静压技术与金属铝构成 B/Al 复合材料。

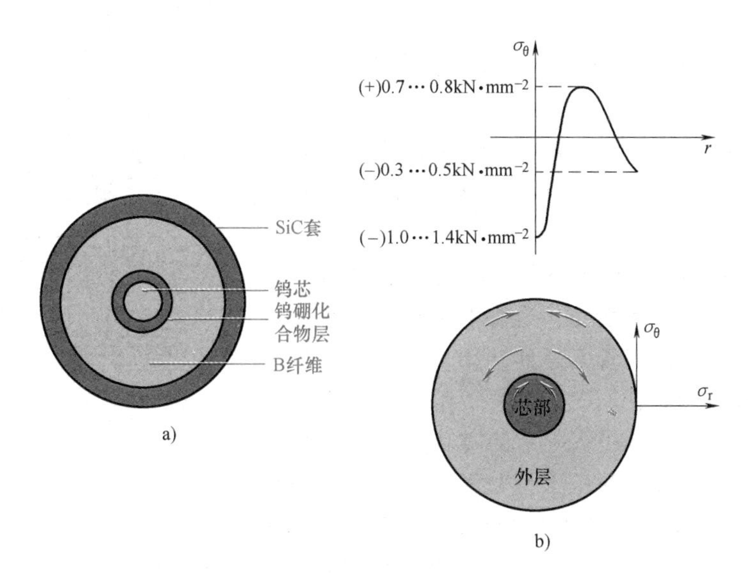

图 6-50　B 纤维的结构与残余应力

a）B 纤维的结构　b）B 纤维的残余应力

在金属基复合材料中，以 B/Al 最为成熟。美国现使用的航天飞机，整个机身桁架支柱均用 B/Al 管材制造，与原设计的铝合金桁架支柱相比，重量减轻了 44%。B 纤维的最大缺点是成本很高，所以在民用飞机上没有得到应用。

三、用惰性气体凝结法制取纳米材料

21 世纪，世界各国都把研究纳米材料及其应用放在重要位置。所谓纳米材料，是指构成材料的结构单元在尺度上达到了纳米（10^{-9}m）量级。这些结构单元可以是零维的纳米颗粒、一维的纳米丝或纳米管、二维的纳米薄膜等。纳米材料的结构，简单地说，由两部分构成：一是直径为几个纳米的粒子；二是粒子间的分界面。当粒子直径为几个纳米时，在 $1cm^3$ 中含有 10^{19} 个分界面，这就使得粒子与分界面上原子有大约相同的体积分数。对粒子

来说，其具有长程序的晶体结构；就分界面的整体性质来说，它是既没有长程序也没有短程序的无序结构，而每个具体的分界面是短程有序的，但是，这些分界面的原子排列各不相同，因此，笼统地说，分界面是无序结构。这样，纳米材料在结构上既不同于晶体，又不同于玻璃，导致了与大尺寸多晶体的同种材料有完全不同的奇异性能。

纳米材料有许多奇异的性能。例如，10~25nm 铁磁金属的微粒矫顽力比相同的宏观材料大 1000 倍，而当颗粒尺寸小于 10nm，矫顽力变为零，表现为超顺磁性；纳米氧化物对红外微波有良好的吸收特性；纳米硅在靠近可见光范围有较强的光致发光现象；纳米陶瓷可显示超塑性；两种在相图上完全不溶的元素或化合物，在纳米态下可以形成固溶体，如 Fe-Al、Fe-Ag、Fe-Cu 等合金纳米材料已在实验室内获得成功。预计，纳米材料的一些奇异性能将会给一些领域和工业应用带来革命性的变革。

制备纳米材料的典型方法如图 6-51 所示。其具体操作如下：

先用真空泵（涡轮-分子泵）将蒸发室抽到约 5×10^{-6}Pa 的真空，然后引入高纯度的惰性气体 He（纯度为 99.9996%），气压约为 1kPa，然后把待蒸发的物质放在耐高温的金属皿中用电阻加热，使之蒸发成蒸汽，被蒸发的物质原子在与 He 原子碰撞后失去动能并凝结为小晶体。通过惰性气体的对流把这些晶体带到由液氮冷却的冷凝管表面，为使小颗粒在冷凝管表面沉积均匀，可使冷凝管不停地转动。随后，把惰性气体排走，并把冷凝管上表面的粒子用聚四氟乙烯的刮刀刮下来，通过漏斗进入一个活塞和类似砧座的装置，在那里用 1~5GPa 的压力把粒子压实。可以很容易地在压实过程中把样品冷却或加热。由于采用了清洁操作条件，粉末在压实时变为部分烧结，其密度为块密度的 70%~90%。显然，这种方法有很大的通用性。可利用两个或更多个蒸发源生产复合材料；可不用惰性气体而通过用反应气体掺入，产生氧化物或其他陶瓷材料。

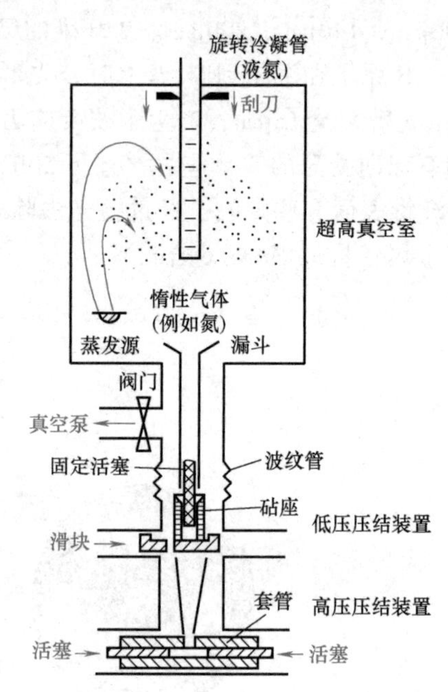

图 6-51　气体冷凝法制备纳米材料

用气体冷凝法，可通过调节惰性气体压力、蒸发物质的分压（也就是通过蒸发温度或速率）及惰性气体的温度来控制纳米微粒粒径的大小。实验表明，随蒸发速率的增加（相当于蒸发源温度的升高）粒子变大。如金属蒸气压为 p_v 作为一级近似，粒子大小正比于 $\ln p_v$；随着惰性气体压力的增大，粒子也近似地成比例增大。

习　题

1. 液体金属在凝固时必须过冷，而在加热使其熔化时却无须过热，即一旦加热到熔点就立即熔化，为什么？

给出一组典型数据作参考：

以金为例，其 $\gamma_{SL}=0.132$、$\gamma_{LV}=1.128$、$\gamma_{SV}=1.400$ 分别为液-固、液-气、固-气相的界

面能（单位 J/m^2）。

2. 式（6-13）为形核率计算的一般表达式。对于金属，因为形核的激活能（用 ΔG_A 符号表示）与临界晶核形成功（ΔG_k 或 ΔG^*）相比甚小，可忽略不计，因此金属凝固时的形核率常按下式作简化计算，即

$$N_{均}=C_0\exp\left(-\frac{\Delta G_{均}^*}{kT}\right) \tag{6-53}$$

试计算液体 Cu 在过冷度为 180K、200K 和 220K 时的均匀形核率。并将计算结果与图 6-5b 比较。

（已知 $L_m=1.88\times10^9 J\cdot m^{-3}$，$T_m=1356K$，$\gamma_{SL}=0.177J\cdot m^{-2}$，$C_0=6\times10^{28}$ 原子 $\cdot m^{-3}$，$k=1.38\times10^{-23}J\cdot K^{-1}$）

3. 试对图 6-14 所示三种类型材料的生长速率给予定性解释。

4. 本章在讨论固溶体合金凝固时，引用了平衡分配系数和局部平衡的概念，并说明了实际合金的凝固处在图 6-21 中曲线 2 和曲线 3 这两个极端情况之间。为了研究实际合金的凝固，有人提出有效分配系数 k_e，k_e 定义为 $k_e=(C_S)_i/(C_L)_B$，即界面上的固相体积浓度 $(C_S)_i$；与液相的整体平均成分 $(C_L)_B$ 之比。

1）试说明由于液相混合均匀程度的不同，k_e 在 k_0 与 1 之间变化。较慢凝固时，$k_e\rightarrow k_0$；快速凝固时，$k_e\rightarrow1$。

2）画出 $k_e=k_0$、$k_e=1$ 和 $k_0<k_e<1$ 这三种溶质分布曲线示意图。

5. 某二元合金相图如图 6-52 所示。今将 w_B 为 40%的合金置于长度为 L 的长瓷舟中并保持为液态，并从一端缓慢地凝固。温度梯度大到足以使液-固界面保持平直，同时液相成分能完全均匀混合。

1）试问这个合金的 k_0 和 k_e 是多少？

2）该试样在何位置（以端部距离计）出现共晶体？画出此时的溶质分布曲线。

3）若为完全平衡凝固，试样共晶体的百分数是多少？

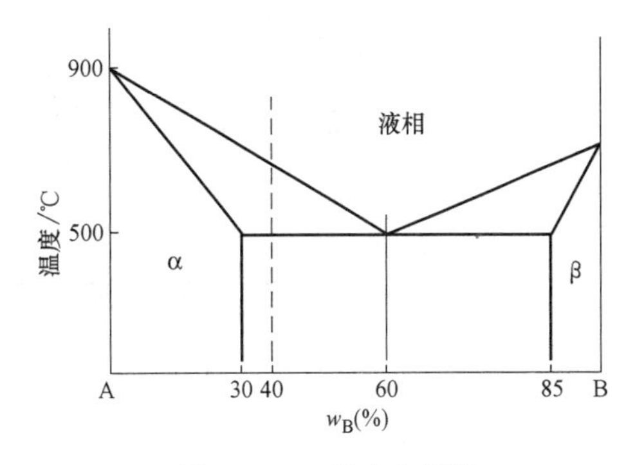

图 6-52 二元合金相图

4）如合金成分中 w_B 为 5%，问 2）、3）的答案如何？

5）假设用 w_B 为 5%的合金做成一个大铸件，如将铸件剖开，问有无可能观察到共晶体？

6. 仍用题 5 的合金相图，如合金中 w_B 为 10%，也浇注成长棒自一端缓慢凝固，其溶质分布为 $x_S=k_0x_0(1-f)^{k_0-1}$［等同于式(6-34)］，式中 f 为凝固的长度百分数，x_S、x_0 为摩尔分数。

1）证明当凝固百分数为 f 时，固相的平均成分为

$$\overline{x_S}=\frac{x_0}{f}[1-(1-f)^{k_0}] \tag{6-54}$$

2）在凝固过程中，由于液相中的溶质含量增高会降低合金的凝固温度，证明液相的凝固温度 T_f 与已凝固试样的分数 f 之间的关系为

$$T_f = T_A - m_L x_0 (1-f)^{k_0-1} \tag{6-55}$$

式中，T_A 为纯溶剂组元 A 的熔点，m_L 为液相线的斜率。

3）在图上画出凝固温度为750℃、700℃、600℃、500℃时的固相平均成分$\overline{x_S}$。

7. 参考 Cu-Zn 相图（图 6-53）和 Cu-Sn 相图（图 5-47），试对比 Cu-30%Zn 和 Cu-10%Sn 合金在做铸件时：

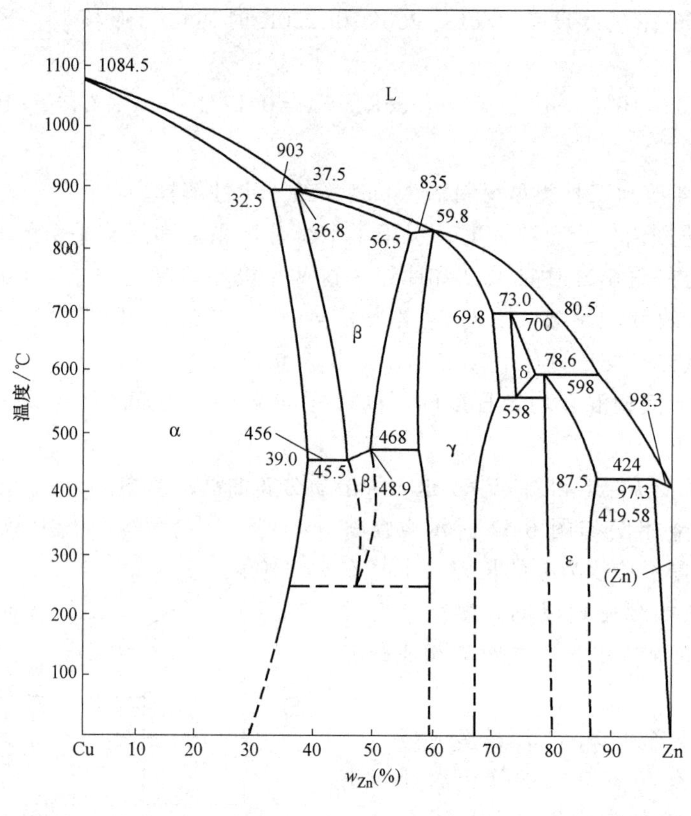

图 6-53　Cu-Zn 相图

1）哪种合金的疏松倾向较严重？

2）哪种合金含有第二相的可能性大？

3）哪种合金的反偏析倾向大？

8. 说明成分过冷在理论和实际生产中的意义。

9. 说明杂质对共晶生长的影响。

10. 比较普通铸造、连续铸造和熔化焊这三种凝固过程及其组织。

参考文献

[1] A GUY. Introduction to Materials Science [M]. New York: Mc Graw-Hill, 1971.

[2] J D VERHOEVEN. Fundamentals of physical Metallurgy [M]. John wiley & sons. Inc, 1975.

[3] R E REED-HILL. Physical Metallurgy Principles [M]. 2nd ed. New York: Van Nostrand, 1973.

[4] D A PORTER, K E Easterling. Phase Transformations in Metals and Alloys [M]. New York: Van Nostrand Reinhold Co, 1981.

[5] JAMES P SCHAFFER. The Science and design of Engineering Materials [M]. 2nd ed. New York: Mc Graw-Hill, 1999.

[6] A COTTRELL. An Introduction to Metallurgy [M]. 2nd ed. London: Edward Arnold, 1975.

[7] H GLEITER. 纳米材料 [M]. 崔平, 等译. 北京: 原子能出版社, 1994.

[8] 高义民. 金属凝固原理 [M]. 西安: 西安交通大学出版社, 2010.

[9] DONALD RASKELAND. Essentials of Materials Science and Engineering [M]. Nelson: Thomson Learing, 2014.

[10] 胡汉起. 金属凝固原理 [M]. 2版. 北京: 机械工业出版社, 2007.

[11] 杨强, 鲁中良, 黄福享, 等. 激光增材制造技术的研究现状及发展趋势 [J]. 航空制造技术, 2016, 507 (12): 26-31.

第七章　扩散与固态相变

第一节　扩散定律及其应用

在一定的温度下，材料中的原子在晶格的平衡位置上进行热振动，有些能量较高的原子可能脱离周围原子的束缚，离开原来的位置跃迁到一个新的位置上，即发生了原子迁移。这种原子迁移的微观过程，以及由于大量原子迁移而引起物质的宏观流动，称为扩散。扩散是固体物质传输的唯一方式。扩散与材料在工程中的许多重要的物理化学过程有着密切的关系。例如：钢的渗碳和渗氮热处理，钢的与扩散相关固态相变，冷变形金属的回复和再结晶，金属在高温下的变形与氧化（如热障涂层中粘接层的热生长氧化物），粉末金属及陶瓷的烧结等都是由原子的扩散过程控制的。

本章将在原子热运动相关知识的基础上，讨论扩散的宏观规律和微观机制。

一、扩散第一定律

扩散第一定律是描述物质中原子（分子）传输的一个宏观经验规律。

菲克（A・Fick）早在1855年就指出，在稳态扩散的情况下，也就是在材料内部各处浓度不随时间而变（$\mathrm{d}c/\mathrm{d}t=0$）的情况下，单位时间内通过垂直于扩散方向单位截面的物质流量（称为扩散通量J），与该处的浓度梯度成正比。其数学表达式为

$$J=-D\mathrm{d}c/\mathrm{d}x \tag{7-1}$$

式中，J为扩散通量，单位为$\mathrm{g\cdot cm^{-2}\cdot s^{-1}}$或原子数$\cdot\mathrm{cm^{-2}\cdot s^{-1}}$；$D$为扩散系数，单位为$\mathrm{cm^2\cdot s^{-1}}$；$\mathrm{d}c/\mathrm{d}x$为浓度梯度。

式（7-1）称为菲克第一扩散定律。它表示在稳态扩散的情况下，尽管材料内部的原子热运动是无序的，但只要有浓度梯度存在，就会有扩散现象，而且扩散通量的大小与浓度梯度成正比，扩散的方向与浓度梯度的正方向相反，即扩散的宏观流动总是从溶质浓度高的向浓度低的方向进行。

现在我们要研究的是，这一宏观规律在微观上该如何解释？扩散系数D的意义是什么？

今以间隙原子在简单立方点阵的晶体中运动为例（图7-1）。该间隙原子B每秒跳跃次数为Γ_B，并假定每个间隙原子周围的几个间隙位置都是空的，因为原子的跳动方向是任意的，虽然原子热运动的自由度为6，对含有n_1个B原子的平面①来说，在1秒钟内能跃迁到平面②的原子数为

$$J_{B1}=\frac{1}{6}\Gamma_B n_1，单位为原子数/\mathrm{m^2\cdot s}$$

在同一时间内从平面②跳跃到平面①的原子数则为

$$J_{B2}=\frac{1}{6}\Gamma_{B}n_{2}\text{，单位为原子数/m}^2\cdot\text{s}$$

因为，$n_1>n_2$，从平面①跃迁到平面②的净流量实为

$$J_B=J_{B1}-J_{B2}=\frac{1}{6}\Gamma_B\ (n_1-n_2)$$

若平面①与平面②的面间距为 α，平面①中 B 原子的浓度为 $C_B(1)=n_1/\alpha$，同样 $C_B(2)=n_2/\alpha$，由图 7-1 可知，$C_B(1)-C_B(2)=-\alpha dC_B/dx$ 故有

$$\begin{aligned}J_B&=\frac{1}{6}\Gamma_B(n_1-n_2)\\&=\frac{1}{6}\Gamma_B\alpha[C_B(1)-C_B(2)]\\&=-\frac{1}{6}\Gamma_B\alpha^2 dC_B/dx\end{aligned}\qquad(7\text{-}2)$$

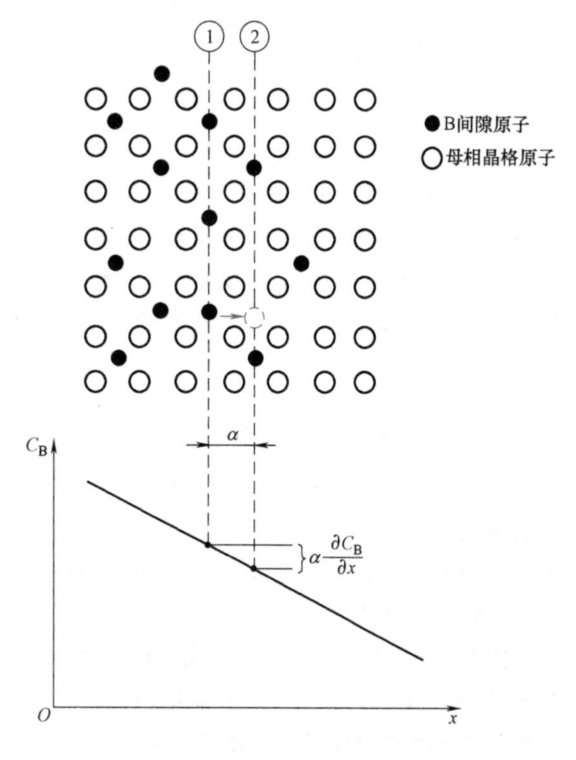

图 7-1　间隙原子在浓度梯度下的无规跳动

比较式（7-1）和式（7-2），若令

$$D_B=\frac{1}{6}\Gamma_B\alpha^2\qquad(7\text{-}3)$$

即得到

$$J_B=-D_B dC_B/dx\qquad(7\text{-}4)$$

这样，我们从原子热运动的微观过程也可以得出菲克第一扩散定律的表达式。在式（7-4）中，虽然是以间隙原子在简单立方晶体中的扩散为例，实际上，对面心立方和体心立方晶体同样适用，而且扩散原子不仅对间隙原子，对置换式原子也同样适用（见第二节）。在非立方晶系中，原子的跳动在不同的晶体学方向是不同的，因而扩散系数 D 也因方向不同而异。例如，在六方晶系中平行于基面和垂直于基面的扩散速率是不同的。还需要指出，式（7-3）、式（7-4）中的 D 都视为常数，即认为与溶质原子的浓度无关，在实际合金中，这一简化并不正确。例如，碳在奥氏体中的扩散系数是随碳浓度的增加而增加的。

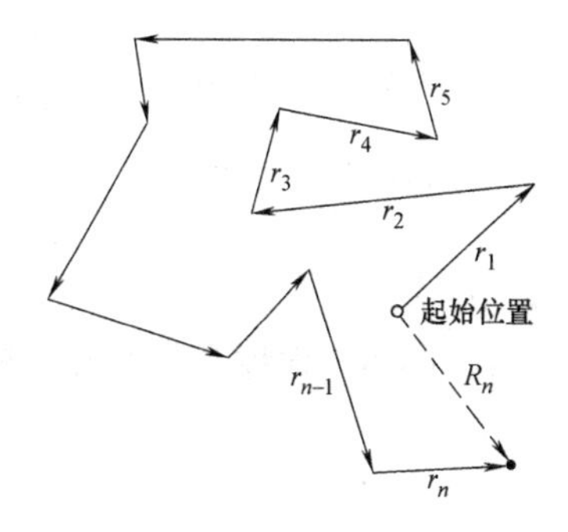

图 7-2　原子热运动的无规行走模型

在了解扩散现象时，还需要建立这样的概念：原子的跃迁距离是很小的，每次跃迁又是完全不规则的，那么，原子热运动最终能产生明显可见的宏观位移吗？回答是肯定的。数学家把原子热运动处理成无规行走模型（图 7-2）。设运动的原子从起点开始在 t 时间内做了 n 次跳跃，每次跳跃都是任意的，与前次跳跃无关，跳跃的平均位移为 $\bar{r}$，则经过 n 次跳跃后，距离起点的净位移 $\overline{R}_n$ 为

$$\overline{R}_n^2=n\bar{r}^2\qquad(7\text{-}5)$$

这个公式对气体、液体和固体都适用。在晶体中平均位移的概念很简单，就是最紧邻的原子间距，即 $\bar{r}=\alpha$。

因此有 $$\overline{R}_n=\alpha\sqrt{n}=\alpha(\Gamma t)^{1/2}$$

代入式（7-3）得 $$\overline{R}_n=2.4(Dt)^{1/2} \tag{7-6}$$

式（7-6）在理解扩散的实验结果中很重要，它说明扩散的距离和扩散系数与时间的乘积有平方根的关系。

由式（7-6）可导出，1000℃时，碳在 γ-Fe 中的扩散系数为 $2.5\times10^{-11}\text{m}^2\cdot\text{s}^{-1}$，一秒钟内碳在 γ-Fe 中就可产生净位移约 10μm。

二、扩散第二定律

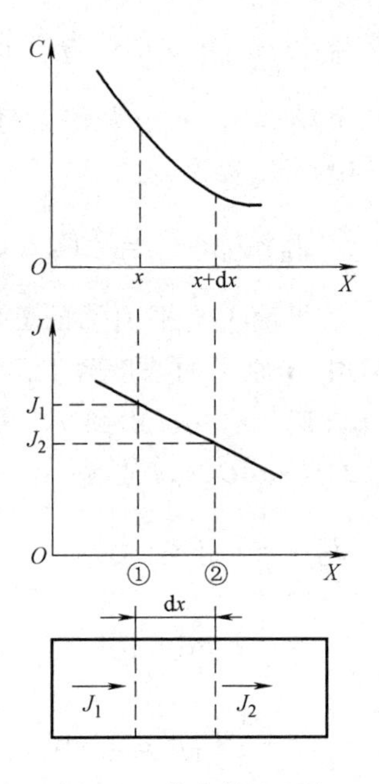

图 7-3　菲克第二定律推导的示意图

菲克第一定律讨论的是稳态扩散的情况，即材料内部各处的溶质浓度不随时间而变，$dC/dt=0$；但在实际材料中遇到的多为非稳态扩散，即 $dC/dt\neq0$ 的情况，扩散第二定律就是描述包含时间因素在内的非稳态扩散的定律。

图 7-3 表示有两个垂直于 X 轴的单位平面，间距为 dx，若 J_1 和 J_2 分别表示扩散时进入和流出两平面间的扩散通量，两面之间的溶质浓度随时间的变化率为 $\partial C/\partial t$，在 dx 范围的微体积中溶质的积累速率为

$$\frac{\partial C}{\partial t}dx\times1=J_1-J_2$$

即
$$\frac{\partial C}{\partial t}=\frac{J_1-J_2}{dx} \tag{7-7}$$

由式（7-1）
$$J_1=-D\left(\frac{\partial C}{\partial x}\right)_x$$

当 dx 为无穷小，则 $J_2=-D\left(\frac{\partial C}{\partial x}\right)_{x+dx}=J_1+\left(\frac{dJ}{dx}\right)_x dx=J_1-\frac{\partial C}{\partial x}\left(D\frac{\partial C}{\partial x}\right)_x dx$

代入式（7-7）即得

$$\frac{\partial C}{\partial t}=\frac{\partial}{\partial x}\left(D\frac{\partial C}{\partial x}\right) \tag{7-8}$$

式（7-8）即称为菲克第二扩散定律。如把扩散系数看作常数，则有

$$\frac{\partial c}{\partial t}=D\frac{\partial^2 c}{\partial x^2} \tag{7-9}$$

用菲克第二定律来解扩散问题时，最主要的是要搞清楚问题的起始条件和边界条件，并假定任一时刻 t，溶质的浓度是按怎样的规律分布的。在生产中，对不同的实际问题，可采用不同的浓度分布形式来处理，如正态分布、误差分布、正弦分布和指数分布等。

下面举例说明如何应用扩散第二定律。

1. 钢的渗碳

汽车变速器或后桥齿轮要求齿轮表面有好的耐磨性和高的疲劳强度，芯部又要求有较好

的韧性而不致发生脆断，因此对齿轮进行表面渗碳的热处理，使其原始为低碳钢，在渗碳后表层为高碳钢。渗碳过程要控制表面碳浓度、渗层深度和碳的分布梯度。

渗碳在富含一定浓度的 CH_4 气氛中进行。零件被看成是无限长的棒，并假定碳在奥氏体中的扩散系数是一常数。

初始条件 $t=0$，$C=C_0$，C_0 为钢的原始含碳量。

边界条件 $t>0\begin{cases}x=0 & C=C_s\\ x=\infty & C=C_0\end{cases}$

即假定渗碳一开始，表面就立即达到渗碳气氛所控制的碳浓度 C_s，并能一直保持这个浓度。

对于上述条件，常用误差函数分布作为扩散第二定律的解，即

$$C=C_s-(C_s-C_0)\operatorname{erf}\left(\frac{x}{2(Dt)^{1/2}}\right) \tag{7-10}$$

式中，erf 为误差函数，为一不定积分，其定义为

$$\operatorname{erf}(Z)=\frac{2}{\sqrt{\pi}}\int_0^Z \exp(-y^2)\,\mathrm{d}y$$

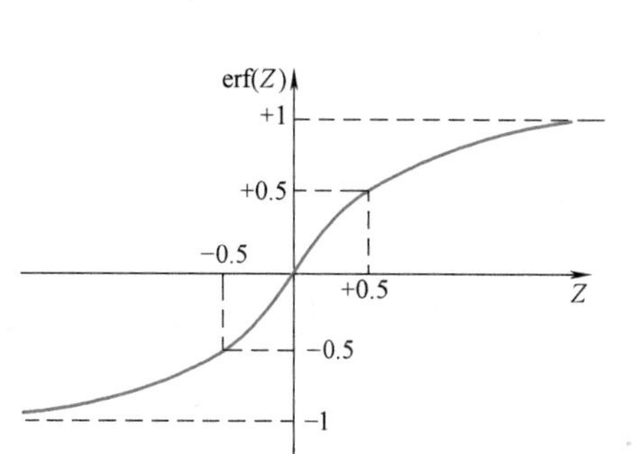

图 7-4　误差函数图形

误差函数的图形如图 7-4 所示。它有以下特性：

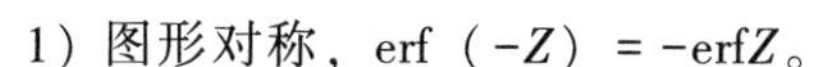
1）图形对称，erf（$-Z$）$=-\operatorname{erf}Z$。

2）erf（0）$=0$，erf（0.5）$=0.5$。

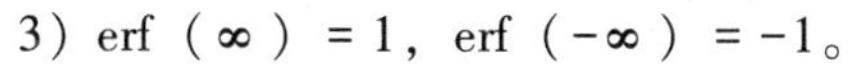
3）erf（∞）$=1$，erf（$-\infty$）$=-1$。

误差函数已制成表 7-1 和绘制成图 7-5，可作计算时参考。

表 7-1　误 差 函 数

Z	erf(Z)	Z	erf(Z)
0.00	0.0000	0.70	0.6778
0.01	0.0113	0.75	0.7112
0.02	0.0226	0.80	0.7421
0.03	0.0338	0.85	0.7707
0.04	0.0451	0.90	0.7969
0.05	0.0564	0.95	0.8209
0.10	0.1125	1.00	0.8427
0.15	0.1680	1.10	0.8802
0.20	0.2227	1.20	0.9103
0.25	0.2763	1.30	0.9340
0.30	0.3285	1.40	0.9523
0.35	0.3794	1.50	0.9661
0.40	0.4284	1.60	0.9763
0.45	0.4755	1.70	0.9838
0.50	0.5205	1.80	0.9891
0.55	0.5633	1.90	0.9928
0.60	0.6039	2.00	0.9953
0.65	0.6420		

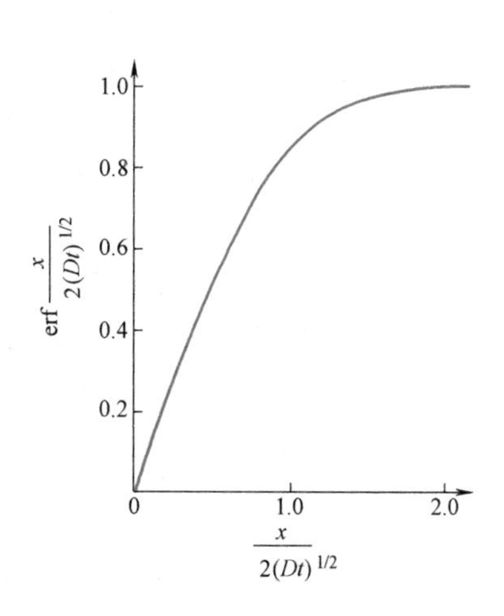

图 7-5　误差函数 $\frac{x}{2(Dt)^{1/2}}$

例 7-1　有一 20 钢齿轮气体渗碳，渗碳温度是 927℃，炉内渗碳气氛控制使工件表面含碳量 w_C 为 0.9%，试计算距表面 0.5mm 处含碳量达到 $w_C=0.4\%$时所需的时间（假定碳在 927℃时的扩散系数 $D=1.28\times10^{-11}\mathrm{m^2\cdot s^{-1}}$）。

解：将式（7-10）改写成以下形式，以便于记忆和计算，即

$$\frac{C_s-C}{C_s-C_0}=\mathrm{erf}\left(\frac{x}{2(Dt)^{1/2}}\right) \tag{7-11}$$

令 $C_0=0.2$，$C_s=0.9$，在 $x=5.0\times10^{-4}\mathrm{m}$ 处 $C=0.4$，代入式（7-11）

即

$$\frac{0.9-0.4}{0.9-0.2}=\mathrm{erf}\left[\frac{5.0\times10^{-4}\mathrm{m}}{2\times(1.28\times10^{-11}\mathrm{m}^2\cdot\mathrm{s}^{-1}t)^{1/2}}\right]$$

$$\mathrm{erf}\left(\frac{x}{2(Dt)^{1/2}}\right)=\mathrm{erf}\left(\frac{69.88}{t^{1/2}}\right)=0.7143$$

由表 7-1，并用内插法可以求出

$$\mathrm{erf}(0.755)=0.7143$$

即

$$\frac{69.88}{t^{1/2}}=0.755$$

$$t=8567\mathrm{s}$$

由式（7-11）可知，如果设定距表面 x 处的碳浓度为一定值，则$\mathrm{erf}\left(\frac{x}{2(Dt)^{1/2}}\right)$为一确定值，由表 7-1 可查得$\frac{x}{2(Dt)^{1/2}}$值，假设为 α，所以 $x=2\alpha(Dt)^{1/2}$，当 D 为常数时，可知渗层深度与渗碳时间呈抛物线关系。这和原子的无规行走理论即式（7-6）是一致的。

2. 半导体硅片的掺杂

半导体纯硅片的电导率不易控制，它对温度很敏感，温度稍许改变其电导率差别就可能很大，因此在制造半导体器件时，常在硅表面渗入一定杂质如 B 或 P 等元素，这个过程叫掺杂。硅片掺杂 B 的步骤如图 7-6 所示。首先在硅表面上形成一个 SiO_2 表面屏蔽层，它起绝缘作用，然后在一定的位置上腐蚀掉 SiO_2 层，形成所谓的“窗口”；继而在“窗口”位置利用含 B 的气源如 BCl_3 或 B_2O_3，使 B 渗入硅表面。在渗 B 时，通常分两步进行：第一步形成强的沉积层（图 7-6b），这一渗层很薄，其过程和扩散计算都与渗碳相似，因为有强大的扩散源可以保证表面渗层的浓度一直维持不变。在工艺上，如控制温度（1100℃）调整 B_2O_3 的分压（≈2Pa），在很短时间内（7～8min）就可达到 B 在硅中的最大溶解度。在短时形成表面饱和 B 的沉积层之后，第二步就进行长时间的扩散，以降低表面浓度和增加层深（图 7-6c）。为什么扩散要分两步进行呢？先产生沉积层的目的是要精确控制在硅表面的

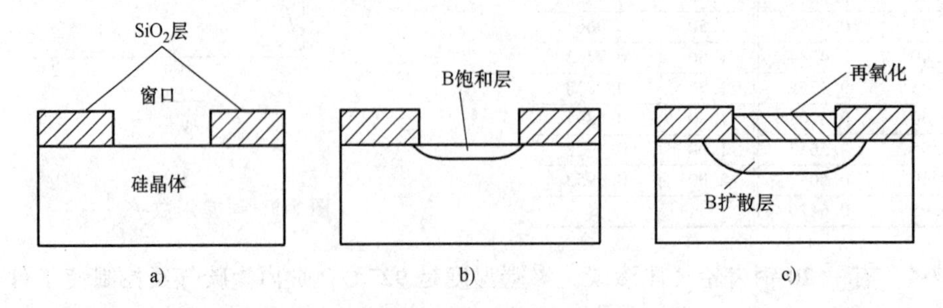

图 7-6　硅片掺杂渗硼的过程

a）在 SiO_2 层上形成“窗口”，准备渗硼　b）首先形成硼饱和层　c）继而深层扩散，含硼量不变

含 B 量 M，即

$$M=\int_0^{\infty} C\mathrm{d}x=2C_s\left(\frac{Dt}{\pi}\right)^{1/2}$$

式中，C_s 为表面 B 浓度，即 B 在硅中的最大溶解度约为 3×10^{26} 原子数·m^{-3}。随后的扩散过程是在含 B 量 M 不变的情况下进行的，随着时间的增加，表面的浓度也在不断降低，而不是维持不变，这时，假定 B 的浓度按正态分布（高斯分布），可参照图 7-7 所示。当 $t=0$ 时，扩散物质全部集中在 $x=0$ 的表面附近；当 $t>0$ 时，扩散物质的浓度随时间而改变，但扩散物质的总量 M 维持不变，这种条件下扩散第二定律的解为

$$C=\frac{M}{2(\pi Dt)^{1/2}}\exp(-x^2/4Dt) \tag{7-12}$$

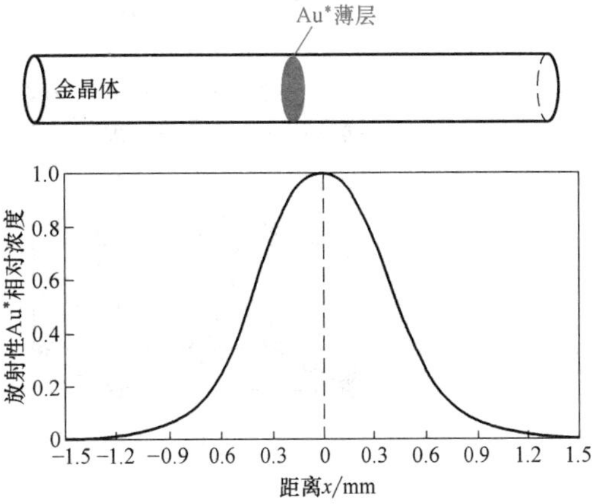

图 7-7　薄膜 Au 向晶体两端扩散，溶质浓度按正态分布

而对应于上述 B 的扩散，求得的浓度均应乘以 2，因为 B 在图 7-6 中是向一侧扩散，图 7-7 中扩散物质是向两端扩散。式（7-12）通常称为薄膜解。

第二节　扩散机制

一、间隙扩散和空位扩散

对于金属晶体，原子扩散的微观机制在通常情况下只有两种：间隙扩散和空位扩散。对离子晶体则有另外的扩散机制。要补充说明的是，碱金属因为原子半径比离子半径大得多，有较大的压缩空间，且晶体结构又是不太紧密的体心立方结构，有可能形成类似离子晶体中的扩散机制，这将在第四节中讨论。

1. 间隙扩散

间隙扩散是指碳氮氢氧这类尺寸很小的原子在金属晶体内的扩散，它们一般位于晶体的八面体间隙内，如图 7-8 所示。间隙原子扩散是从一个八面体间隙运动到邻近的另一个八面体间隙。现在，我们来导出间隙原子扩散系数的表达式。

由上一节知道

$$D=\frac{1}{6}\alpha^2\Gamma$$

式中，Γ 为每秒钟间隙原子跃迁的次数。Γ 又取决于哪些因素呢？不难明白

$$\Gamma=\nu ZP \tag{7-13}$$

式中，ν 为原子自身振动的频率，大约为 10^{13}；Z 为间隙原子紧邻的位置数；P 为间隙原子能够跃迁到新位置的概率。因为间隙原子从一低能位置跃迁到另一低能位置，必须克服能垒 ΔG_m，能够进行跃迁的概率为 $P=\exp\left(\frac{-\Delta G_m}{kT}\right)$。对于 1mol 的原子来说，即为

$$P=\exp\left(\frac{-\Delta G}{RT}\right)$$

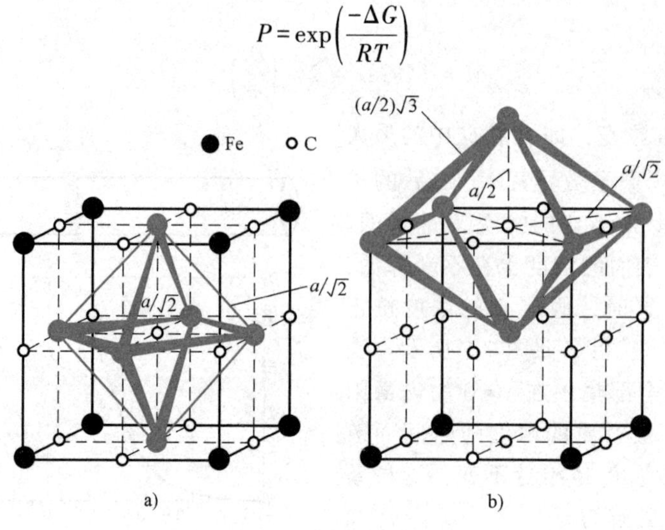

图 7-8　间隙扩散

a)间隙原子在面心立方八面体间隙位置　b)间隙原子在体心立方八面体间隙位置

代入式(7-13)得

$$\Gamma=\nu Z\exp\left(-\frac{\Delta G}{RT}\right) \tag{7-14}$$

如将 ΔG 分成两项

$$\Delta G=\Delta H-T\Delta S \tag{7-15}$$

将式（7-14）、式（7-15）代入式（7-3），则得

$$D=\frac{1}{6}\alpha^2 Z\nu\exp\left(\frac{\Delta S}{R}\right)\exp\left(-\frac{\Delta H}{RT}\right) \tag{7-16}$$

令

$$D_0=\frac{1}{6}\alpha^2 Z\nu\exp\left(\frac{\Delta S}{R}\right)\qquad \Delta H=Q$$

则得

$$D=D_0\exp\left(-\frac{Q}{RT}\right) \tag{7-17}$$

如测定间隙原子在不同温度下的扩散系数，作 $\lg D-\frac{1}{T}$ 图（图 7-9），则直线斜率为 $-\frac{Q}{2.3R}$，截距为 $\lg D_0$，Q 称为扩散激活能。间隙原子的扩散数据见表 7-2。

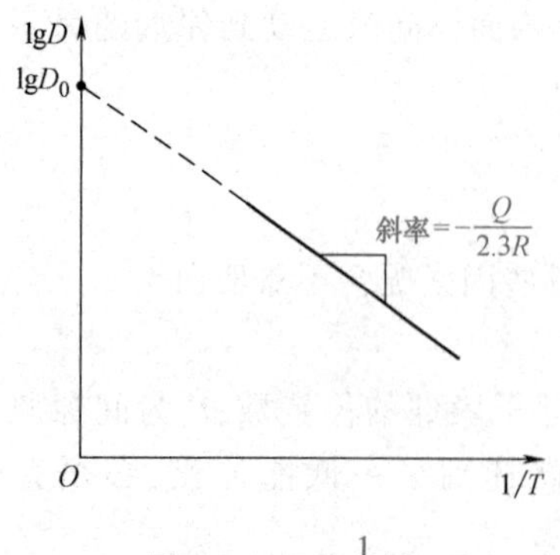

图 7-9　$\lg D-\frac{1}{T}$ 图

表 7-2　扩散数据

溶质	基体	$D_0/\mathrm{mm^2\cdot s^{-1}}$	$Q/\mathrm{kJ\cdot mol^{-1}}$
C	α-Fe	2.0	84.1
N		0.3	76.1
H		0.1	13.4

2. 空位扩散

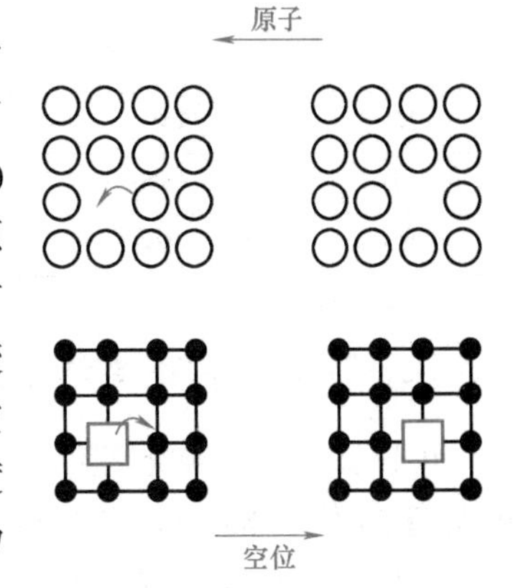

图 7-10　原子跃迁和空位扩散

对于纯金属或形成置换固溶体的合金，原子都是处于正常的晶格结点位置，如晶格结点某处的原子空缺时，相邻原子可能跃迁到此空缺位置。跃迁之后又留下新的空位，如图 7-10 上端所示。原子的这种跃迁可以看作是空位的反向流动。原子的这种扩散运动方式称为空位扩散。为什么要称为空位扩散呢？初看起来，似乎把一个原本具体的原子运动图像反而变得抽象，但要知道原子之所以能扩散运动，实则是晶体内有空位存在，没有空位的形成，就不可能有原子的扩散。随着温度的升高，空位的浓度呈指数上升（在接近熔点时空位浓度约为 10^{-4}），这才使得扩散逐渐显著。

当晶体内完全是同类原子时，原子在纯材料中的扩散称为自扩散。对形成置换固溶体的合金，溶质原子与溶剂原子的尺寸和化学性质不同，与空位交换位置的概率也不同，因而它们的扩散系数可能是不同的。为简单起见，我们先讨论自扩散情况。

设平衡空位浓度为 N_v，扩散原子近邻出现空位的概率为

$$P_v = \frac{N_v}{N} = \exp\left(-\frac{\Delta G_f}{kT}\right) = \exp\left(\frac{\Delta S_f}{k}\right)\exp\left(-\frac{\Delta H_f}{kT}\right)$$

式中，ΔG_f、ΔS_f 和 ΔH_f 分别为空位形成能、形成熵和形成焓。

原子能越过势垒与近邻空位换位的概率则为

$$P = \exp\left(-\frac{\Delta G_f + \Delta G_m}{kT}\right) = \exp\left(\frac{\Delta S_f + \Delta S_m}{kT}\right)\exp\left(-\frac{\Delta H_f + \Delta H_m}{kT}\right)$$

由于 $\Gamma = Z\nu P$，代入 $D = \frac{1}{6}\alpha^2\Gamma$ 中得

$$D = \left[\frac{1}{6}\alpha^2 Z\nu \exp\left(\frac{\Delta S_f + \Delta S_m}{kT}\right)\right]\exp\left(-\frac{\Delta H_f + \Delta H_m}{kT}\right) \tag{7-18}$$

由此可得出自扩散系数和间隙扩散有同样的表达式

$$D = D_0 \exp\left(-\frac{Q}{RT}\right)$$

只是 Q 表示自扩散激活能，它由两项构成：空位形成能 ΔH_f 和空位迁移能 ΔH_m。表 7-3 给出了几种常用纯金属的自扩散数据。

表 7-3　几种金属的自扩散激活能

金属	熔点/℃	晶体结构	温度范围/℃	激活能/$kJ \cdot mol^{-1}$
Zn	419	hcp	240～418	91.6
Al	660	fcc	400～610	165
Cu	1083	fcc	700～990	196

（续）

金属	熔点/℃	晶体结构	温度范围/℃	激活能/kJ·mol^{-1}
Ni	1452	fcc	900~1200	293
α-Fe	1530	bcc	808~884	239
Mo	2600	bcc	2155~2540	460

二、互扩散和克肯达尔效应

可以证明，在纯金属和置换固溶体合金中，原子的扩散是通过空位机制进行的。1947年克肯达尔（Kirkendall）做了一个实验，他将一块黄铜（Cu-30%Zn）放在一铜盒中，两者的界面用钼丝包扎，经过高温长时间退火后，发现钼丝间的距离缩小了（图7-11）。在扩散退火过程中，可以设想黄铜中的Zn原子要通过界面（以钼丝作标记）向外扩散，铜盒内的Cu原子要向黄铜内扩散，发现钼丝界面向内侧移动，说明黄铜内流出的Zn原子数多，而铜盒中Cu原子流入黄铜内较少，Zn和Cu原子两者的扩散速度不一样，即 $D_{Zn}>D_{Cu}$。如果Zn原子和Cu原子直接互换位置，两者的扩散速度是相等的，不可能有 $D_{Zn}>D_{Cu}$。只有设想向纯铜的一方流入较多的Zn原子，要建立较多的新原子平面使体积胀大，产生较多的空位反向流入界面内的黄铜，黄铜内的空位多了，事实上也发现靠近界面内侧的黄铜疏松多孔。由于界面两侧的两种原子，在互相扩散到对方的基体中，当其扩散速率不等时，会发生原始界面的移动，界面移向原子扩散速率较大的一方，这种现象称为克肯达尔效应。这种效应在很多种二元合金中都有观察到。

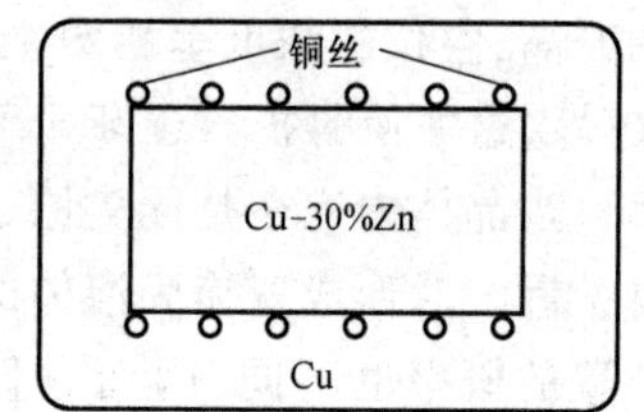

图7-11　克肯达尔的实验样品

三、扩散系数的计算

在第一节中讨论扩散系数的物理意义时，是以间隙原子在简单立方点阵中的扩散为例，得出 $D=\frac{1}{6}\alpha^2\Gamma$ 的公式。如果是在面心立方和体心立方晶体中的扩散，D 是否也具有同样的表达式呢？如果不是间隙扩散，而是空位扩散，D 会有同样的表达形式吗？假如是在二元合金中，扩散系数又该如何计算？现分别给予说明。

1. 间隙原子在任何立方晶系中的扩散

只要把 α 理解为最邻近的间隙原子距离，$D=\frac{1}{6}\alpha^2\Gamma$ 都适用。因此：

对于简单立方，$\alpha=a$，$D=\frac{1}{6}\alpha^2\Gamma=\frac{1}{6}a^2\Gamma$（$a$ 为点阵常数）

对于面心立方，$\alpha=\frac{\sqrt{2}}{2}a$，$D=\frac{1}{6}\alpha^2\Gamma=\frac{1}{12}a^2\Gamma$（图7-8a）

对于体心立方，$\alpha=\frac{\sqrt{3}}{2}a$，$D=\frac{1}{6}\alpha^2\Gamma=\frac{1}{8}a^2\Gamma$（图7-8b）

2. 空位扩散和间隙扩散

空位扩散和间隙扩散中 D 的表达式是相同的。这里不妨以面心立方的（111）和（100）

面上的空位扩散来验证。图 7-12 表示两个相邻（111）晶面上空位（或原子）的跳动。因配位数为 12，设可跳跃的位置数为 P，如平面 1 和 2 的空位数分别为 n_1 和 n_2，从平面 1 跳到平面 2 的扩散通量为

$$J_1=\frac{P}{12}\Gamma_v n_1$$

同样
$$J_2=\frac{P}{12}\Gamma_v n_2$$

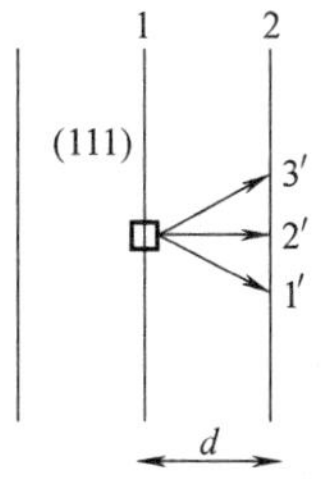

1　2
(111)
3′
2′
1′
d

图 7-12　面心立方（111）面上的空位扩散

仿式（7-1），可写出 $J_v=-\left(\frac{P}{12}d^2\Gamma_v\right)\frac{dC_v}{dx}$

故有
$$D_v=\frac{Pd^2}{12}\Gamma_v \tag{7-19}$$

因为（111）面间距 $d=\frac{a}{\sqrt{3}}=\alpha\sqrt{\frac{2}{3}}$，空位（原子）从晶面 1 到晶面 2 可跳跃的位置数 $P=3$，分别代入式（7-19），即得

$$D_v=\frac{1}{6}\alpha^2\Gamma_v$$

式中，下角标 v 表示空位，可见，与间隙扩散形式相同。

同样，对于（100）面，相邻晶面实为（200），即 $d=\frac{a}{2}=\frac{\alpha}{\sqrt{2}}$，代入式（7-19）也可得上述结果。

严格来说，间隙扩散与空位扩散稍有不同。对间隙原子每次跳动都与先前的跳动无关；空位扩散则是一旦一个原子跳进空位，下次跳动在各个方向并不是等概率的，它有可能返回自身产生的空位，因此引入了一个相关因子 f，即

$$D_v=\frac{1}{6}f\alpha^2\Gamma_v \tag{7-20}$$

对于 bcc 晶体，$f=0.72$；对于 fcc 和 hcp 晶体，$f=0.78$。

3. 互扩散系数 $\overline{D}$

在置换式的二元合金中，扩散系数不再是纯组元的扩散系数 D_A、D_B，而应为互扩散系数 $\overline{D}$。因为 A 和 B 组元间互相有扩散。如将 A、B 两种组元构成的晶体对焊在一起，构成一对扩散偶，在高温长时加热后可发现界面有移动，由于两组元扩散速率不同产生了克肯达尔效应。这时有

$$J'_A=-D_A\frac{\partial C_A}{\partial x}+vC_A \tag{7-21}$$

$$J'_B=-D_B\frac{\partial C_B}{\partial x}+vC_B \tag{7-22}$$

即两者均附加了一项由于界面移动造成的原子流量。式中 v 为界面移动的速度。由于 C_A+

$C_B = C_0$，$\dfrac{\partial C_A}{\partial x} = -\dfrac{\partial C_B}{\partial x}$，则

$$v = \frac{1}{C_0}(D_A - D_B)\frac{\partial C_A}{\partial x} = \frac{1}{C_0}(D_B - D_A)\frac{\partial C_B}{\partial x} \tag{7-23}$$

将式（7-23）分别代入式（7-21）、式（7-22），得

$$\left.\begin{aligned} J'_A &= -\left(\frac{C_B}{C_0}D_A + \frac{C_A}{C_0}D_B\right)\frac{\partial C_A}{\partial x} = -\overline{D}\,\frac{\partial C_A}{\partial x} \\ J'_B &= -\left(\frac{C_B}{C_0}D_A + \frac{C_A}{C_0}D_B\right)\frac{\partial C_B}{\partial x} = -\overline{D}\,\frac{\partial C_B}{\partial x} \end{aligned}\right\} \tag{7-24}$$

即

$$\overline{D} = \left(\frac{C_B}{C_0}D_A + \frac{C_A}{C_0}D_B\right) = x_B D_A + x_A D_B \tag{7-25}$$

如应用扩散第二定律，则有

$$\frac{\partial C_A}{\partial t} = \frac{\partial}{\partial x}\left(\overline{D}\,\frac{\partial C_A}{\partial x}\right) \tag{7-26}$$

第三节　影响扩散的因素与扩散驱动力

一、影响扩散的因素

1. D_0、Q、T 的影响

从式（7-17），即 $D = D_0\exp\left(-\dfrac{Q}{RT}\right)$ 可以看出，影响扩散系数的因素集中反映在 D_0、Q 和 T 这三个参数上。D_0 为扩散常数，又称为频率因子。D_0 的表达式对间隙扩散和空位扩散分别见式（7-16）、式（7-18）。一般来说，D_0 在 $5\times10^{-6}\sim5\times10^{-4}\text{m}^2\cdot\text{s}^{-1}$ 范围变化，显然它不是主要影响因素。最主要的是 Q 和 T，它们与扩散系数呈指数关系。温度的影响有多大？这里以铜的自扩散为例，在 800℃（1073K）时，$D_{Cu} = 5\times10^{-9}\text{mm}^2\cdot\text{s}^{-1}$，铜原子每秒跳动的次数 $\Gamma = 5\times10^5$ 次，可由此算出该温度下铜原子的跳动距离 α 是 0.25mm，经过 1h 铜原子扩散的距离为 $(Dt)^{\frac{1}{2}} \approx 4\mu\text{m}$；假如温度为 20℃，则 $D_{Cu} \approx 10^{-34}\text{mm}^2\cdot\text{s}^{-1}$，$\Gamma = 10^{-20}$ 次，这就是说，要 10^{12} 年一个原子才能作一次跳跃。

2. 影响激活能 Q 的主要因素

影响激活能 Q 的主要因素有：①扩散机制。② 晶体结构。③ 原子结合力。④ 合金成分。

间隙扩散比空位扩散的激活能小得多。例如，碳在 α-Fe 中扩散的激活能为 $84\text{kJ}\cdot\text{mol}^{-1}$，而 α-Fe 中，铁的自扩散激活能为 $239\text{kJ}\cdot\text{mol}^{-1}$（见表 7-4），空位扩散较为困难的原

因是扩散的激活能中增加了一项空位形成能。

表 7-4 几种扩散系统的 D_0 和 Q 的近似值

扩散组元	基体金属	D_0 /$10^{-5}m^2 \cdot s^{-1}$	Q /$10^3 J \cdot mol^{-1}$	扩散组元	基体金属	D_0 /$10^{-5}m^2 \cdot s^{-1}$	Q /$10^3 J \cdot mol^{-1}$
碳	γ-铁	2.0	140	锰	γ-铁	5.7	277
碳	α-铁	0.20	84	铜	铝	0.84	136
铁	α-铁	19	239	锌	铜	2.1	171
铁	γ-铁	1.8	270	银	银(体积扩散)	1.2	190
镍	γ-铁	4.4	283	银	银(晶界扩散)	1.4	96

无论是间隙式的原子还是置换式的原子，在晶体结构不太紧密的金属中扩散，总是较容易些。例如，碳于 910℃在铁中的扩散，($D_C^{\alpha}/D_C^{\gamma}$) ≈ 100；同样，在 850℃时铁的自扩散系数($D_{Fe}^{\alpha}/D_{Fe}^{\gamma}$) ≈ 100。体心立方晶体的致密度较低，扩散时造成的点阵畸变较小。

实验表明，材料熔点高的原子间结合力较强，其自扩散的激活能也高。由表 7-3 可看出，铝、铜、镍三种金属，同为面心立方，随着熔点的依次增加，其自扩散的激活能也依次递增。大多数金属的自扩散激活能与熔点有以下的经验关系：$Q \approx 34T_m$，式中 T_m 以热力学温度计，Q 的单位是 $J \cdot mol^{-1}$。对于难熔金属 W、Mo 等，原子间结合力的影响已超过了晶体结构的影响，它们虽为体心立方，但其激活能很高。

对于间隙固溶的二元合金，例如碳在奥氏体中的扩散系数随着碳的浓度增加而增加，这是因为碳含量增加使奥氏体点阵畸变加剧，使碳的扩散变得更容易。对于置换式的二元合金，凡是使材料熔点降低的金属元素都使合金的互扩散系数 $\overline{D}$ 升高；反之，使材料熔点升高的元素会使合金的互扩散系数 $\overline{D}$ 降低。

以上讨论的是间隙原子或空位在晶体内部点阵中的扩散，通常称为体扩散或点阵扩散，显然，还有晶界扩散和表面扩散。在晶界和表面处，原子排列是不紧密不规则的，也处于高能状态，所以原子沿晶界和表面扩散的激活能远比晶体内部低。定性地说，$D_s > D_{gb} > D_l$ (D_s、D_{gb}、D_l 分别为表面、晶界和晶内扩散系数)。但是直到现在，对晶界扩散和表面扩散的定量研究还很少，只有有限的资料，例如通过对单晶银和多晶银的扩散研究得知，晶界扩散的激活能为 96kJ/mol，体扩散的激活能为 190kJ/mol。现对面心立方金属作粗略估计，常用 $Q_{gb} = 0.5Q_l$ (Q_{gb}、Q_l 分别为晶界扩散激活能和体扩散激活能)。当 $T = 0.6T_m$ 时，$D_{gb}/D_l \approx 10^5$。但晶界扩散与体扩散的相对贡献是以 $\frac{D_{gb}\delta}{D_l d}$ 来度量的。式中 δ 是晶界厚度，约为 0.5nm；d 是晶粒直径，通常为 $10 \sim 10^3 \mu m$，所以，在通常情况下，晶界对扩散的总贡献还是很小的。在特殊情况下，当晶粒尺寸小到 1μm 时，晶界扩散所占的份额已相当可观了。如晶粒尺寸小到纳米级，晶界扩散占绝对优势。另一方面，D_{gb}/D_l 比值随温度的增加而减小，当温度升高到 $0.75T_m$ 以上，晶界扩散的贡献几乎可以忽略。表面扩散虽然比晶界扩散快，但就一块实际的多晶材料而言，晶界面积比其表面积大得多，因此，在通常情况下也不考虑表面扩散。

二、扩散驱动力

菲克第一定律表明，在组元有浓度梯度的情况下会产生由浓度高向浓度低的方向扩散，这是根据大量的宏观现象总结出的经验规律。但是，这个规律并不是普遍法则。在固态相变中会看到过饱和固溶体分解时，例如铝-铜合金的淬火时效，最初析出富含铜的 GP 区；钢中奥氏体向珠光体转变时，最先析出相是 Fe_3C，也要富集比母相奥氏体平均成分高得多的含碳量。这就是说，转变时会发生浓度低的向浓度高的方向扩散，产生成分的偏聚而不是成分的均匀化，这种扩散现象通常称为上坡扩散（以便与菲克第一定律所表示的下坡扩散相区别）。

这两种扩散都实际存在，看来互相矛盾，但都可统一于热力学所表达的扩散公式中。从热力学的观点，扩散的根本驱动力在于有化学位梯度。化学位梯度就是一种化学力，原子在这种化学力的作用下由化学位高的向化学位低的方向移动。

如以 μ_i 表示组元 i 的化学位，化学力 $f_i=-\dfrac{d\mu_i}{dx}$。

设在单位力作用下一个原子运动的平均速度为 M_i，M_i 通常称为易动性（mobility），组元 i 的流量 $J_i=C_i v_i$，$v_i=-M_i f_i$，于是

$$J_i=-C_i M_i\frac{d\mu_i}{dx} \tag{7-27}$$

由热力学可知

$$d\mu_i=kT\,d\ln(\gamma_i C_i) \tag{7-28}$$

式中 γ_i 为活度系数。将式（7-28）代入式（7-27）并写成菲克第一定律形式，有

$$J_i=-C_i M_i kT\frac{d\ln(\gamma_i C_i)}{dx}=-D_i\frac{dC_i}{dx} \tag{7-29}$$

$$D_i=M_i kT\left[1+\frac{d\ln\gamma_i}{d\ln C_i}\right] \tag{7-30}$$

可见，当 $\left[1+\dfrac{d\ln\gamma_i}{d\ln C_i}\right]>0$ 时，D_i 为正值，即为通常的下坡扩散；当 $\left[1+\dfrac{d\ln\gamma_i}{d\ln C_i}\right]<0$ 时，D_i 为负值，即为上坡扩散。

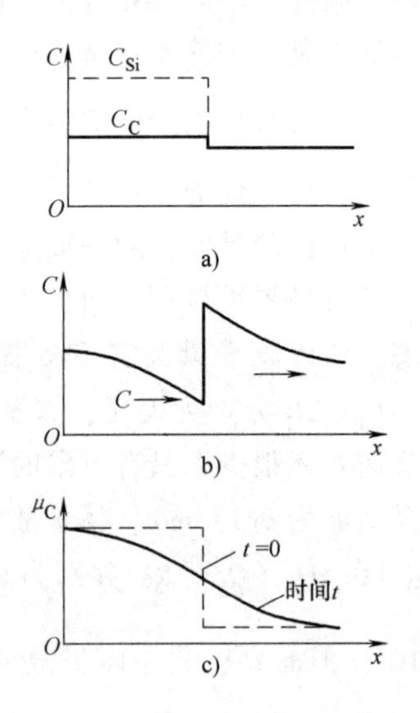

图 7-13　硅对碳在铁中化学位的影响
a）$t=0$ 时 Si、C 的浓度分布
b）在 1050℃经 13 天扩散后 C 的浓度分布
c）C 的化学位变化

化学位梯度是扩散的根本驱动力，可由以下实验结果得到证明。有两块钢试样，一块钢中 w_C 为 0.48%，w_{Si} 为 3.8%；另一块钢中 w_C 为 0.44%。现将两块含碳量大致相同，只是一种含硅另一种不含硅的钢焊接在一起，经过高温长时间扩散退火后，碳的浓度分布如图 7-13b 所示。造成碳扩散的根本原因在于硅提高了碳的化学位或活度。退火前后碳的化学位变化如图 7-13c 所示。

第四节　几个特殊的有关扩散的实际问题

一、离子晶体的扩散

在金属晶体中谈到空位扩散时，实际上指的就是肖脱基空位，而弗兰克尔空位几乎是不存在的，它只有在特殊情况下（如幅照）才会大量产生。但在离子晶体中，由于正负离子的排列不如金属原子那样紧密，结构较松散，配位数较低，这就易于形成弗兰克尔空位。究竟形成哪种空位，要视具体的晶体结构而定。表 7-5 列出了几种典型离子晶体的点缺陷。

表 7-5　典型的离子晶体的点缺陷

晶　体	结 构 型	主 要 缺 陷	形 成 能	
			eV/原子	kJ/mol
CdTe	ZnS	弗兰克尔	1.04	100
AgI	ZnO	弗兰克尔	0.69	67
NaCl	NaCl	肖脱基	2.08	201
NaBr	NaCl	肖脱基	1.69	163

从表 7-5 中可以看出，对Ⅱ-Ⅵ族半导体化合物 CdTe，银的卤化物 AgCl、AgI，其结构不太紧密，正负离子半径差别较大，配位数只有 4，这就使得小尺寸的正离子容易进入晶格间隙，缺陷的形成能也较低。在离子晶体中弗兰克尔缺陷具体表现为一个间隙离子-空位对。例如 AgCl，通常以 Ag^+-V_{Ag^+}存在（图 7-14a，V 表示空位），原则上也可能有 Cl^--V_{Cl^-}形式，但因为阳离子尺寸较小，容易进入间隙，所以后者出现的机会较少。对于 NaCl、NaBr，其晶体结构较 AgCl 紧密，配位数为 6，阳离子尺寸较大，很难进入晶格间隙，否则将产生较大的晶格畸变，因而形成肖脱基缺陷，它具体表现为空位-空位对。对于 NaCl，为 $1V_{Cl^-}$-$1V_{Na^+}$，而对于 $MgCl_2$，因为要保持电性中和，缺陷对则由 $1V_{Mg^{2+}}$-$2V_{Cl^-}$组成。

由于离子晶体存在着这两种缺陷，它与金属晶体中的扩散机制是不同的。对于主要是肖脱基缺陷，如 NaCl，V_{Na^+}和 V_{Cl^-}的扩散类似于金属中的空位扩散机制（图 7-14c）；对于主要是弗兰克尔缺陷，如 AgCl，则被称为自间隙机制（图 7-14a、b）。自间隙机制与金属中的间隙机制不同，它是先产生间隙式的阳离子，使邻近的处于正常点阵位置的阳离子移位，然后挤入间隙；金属中间隙原子的扩散，一直是在正常的间隙空位中跳动。离子晶体中正负离子的扩散速率是不同的。通常，正离子由于失去电子，尺寸较小容易运动。例如 NaCl 晶体，V_{Na^+}和 V_{Cl^-}跳动的频率大不相同，小的钠离子和钠的空位易交换位置，所以在 900℃ 钠离子的自扩散系数要比氯离子的自扩散系数高一个数量级。对于 AgCl，银的自间隙阳离子更易形成，两者的自扩散系数差别更大，在 450℃ 时银离子的自扩散系数比氯离子高三个数量级。

离子晶体正负离子对导电性能都有贡献，所以统称载流子。在掺杂半导体中常要计算电导率与扩散系数的关系，或者离子迁移率与扩散系数的关系。

如在硅晶体表面产生一扩散层，由于载流子离子浓度梯度形成的扩散流量为

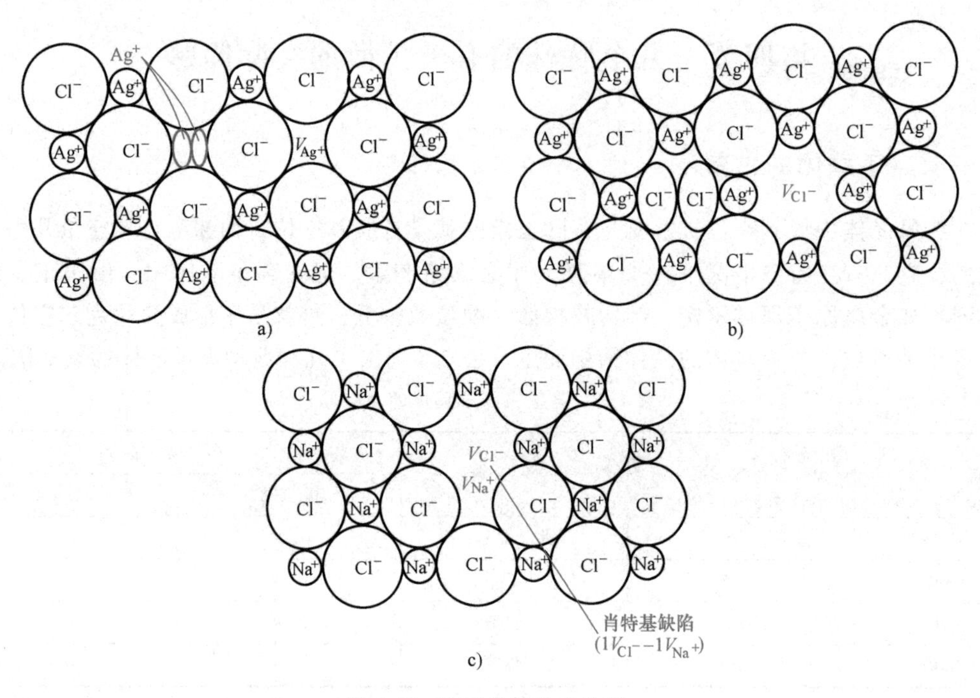

图 7-14　离子晶体的点缺陷

1）弗兰克尔缺陷　间隙离子/空位对（AgCl）

a）$Ag^+-V_{Ag^+}$　b）$Cl^--V_{Cl^-}$

2）肖脱基缺陷　空位/空位对（NaCl）　c）V_{Cl^-}-V_{Na^+}

$$J_1=-Dq\frac{\partial n}{\partial x} \tag{7-31}$$

式中，D 为载流子的扩散系数；q 为电荷量；n 为载流子的浓度。

当有电场存在时，载流子的运动会产生漂移。其平均漂移速度为 v，迁移率 μ 就是载流子在单位电场中的迁移速度，即 $\mu=\dfrac{v}{E}$。

在电场作用下产生的电流密度为

$$J_2=\sigma E=\sigma\frac{\partial V}{\partial x}$$

式中，σ 为电导率；E 为电场强度；V 为电位。于是，总电流密度为

$$J_t=J_1+J_2=-Dq\frac{\partial n}{\partial x}+\sigma\frac{\partial V}{\partial x}$$

因为电场下载流子运动方向与扩散流的方向相反。当由浓度梯度引起的扩散流和由电位梯度引起的电流大小相等时，便达到了稳定平衡，$J_t=0$，即

$$Dq\frac{\partial n}{\partial x}=\sigma\frac{\partial V}{\partial x} \tag{7-32}$$

在电场中离 x 处的载流子浓度按波耳兹曼分布规律，$n=n_0\exp(-qv/kT)$，因此

$$\frac{\partial n}{\partial x}=-\frac{qn}{kV}\frac{\partial V}{\partial x} \tag{7-33}$$

将式（7-33）代入式（7-32），得出电导率与扩散系数的关系为

$$\sigma = D\frac{nq^2}{kT} \tag{7-34}$$

式（7-34）一般称为能斯特-爱因斯坦（Nernst-Einstein）方程。由于 $\sigma = nq\mu$，还可得出迁移率和扩散系数的关系，即 $D=\frac{\mu}{q}kT$。

二、烧结

生产中可常见到硬质合金刀具（WC+Co，TiC+Ni/Mo）、含油的自润滑轴承及各种陶瓷（无论是工程陶瓷还是电子陶瓷），都是将原材料制成粉末后经热压烧结而成。

烧结过程大致如下：将压实的粉末加热到高温，在烧结初期，相互接触的颗粒开始逐渐形成颈的连接（图 7-15a），然后颗粒间距缩短，烧结的驱动力是表面能。在初期阶段，扩散的主要机制是表面扩散，原子主要沿着表面扩散到颈部区域并在那里与过剩的空位交换位置。当颈部区域长大到颗粒截面积的 20%时，每个颗粒周围的空隙减小成由节点连接的网络通道（图 7-15b），就进入了烧结中期，伴随着密度的显著增加，细孔网络的空位大量扩散到烧结材料的体内。最后，细孔通道封闭转变成晶界，并在晶界或角隅处留下一些孤立的小孔，随着扩散的继续进行，部分小孔消失了，但仍有部分残存在晶界上。在烧结后期，扩散的主要机制是晶界扩散。当然，在后期阶段也同时伴有晶粒长大，在晶粒长大时体扩散是主要的。

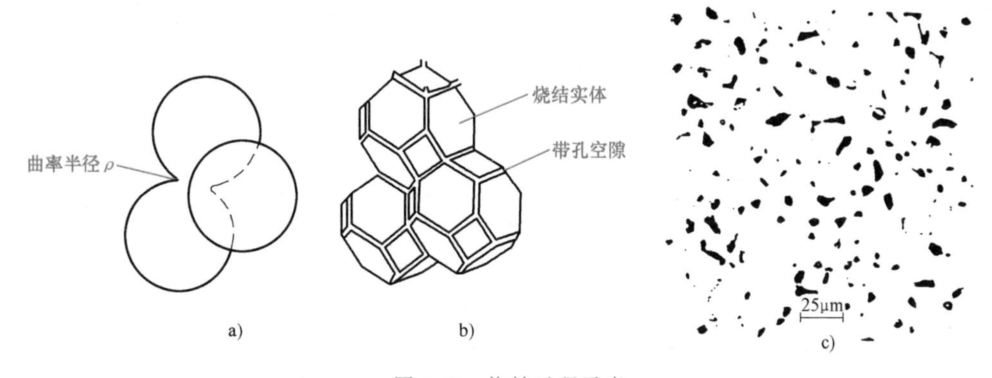

图 7-15　烧结过程示意

a）初期颗粒连接成颈　b）中期形成筛网状　c）后期空隙分布在晶界或角隅处

烧结速率主要取决于两个因素：①粉末原材料的颗粒粗细；②原子的扩散速率，这又最终取决于温度。原材料的颗粒越细，表面积越大，扩散距离越小，烧结速率越快。在其他条件都相同的情况下，达到一定紧密度的烧结时间与颗粒尺寸的三次方成正比，如颗粒尺寸增加一倍，烧结时间就延长了 8 倍。如以烧结紧密化速率来度量烧结速率，它与温度的关系可由以下公式表达：

$$\frac{\mathrm{d}\rho}{\mathrm{d}t}=\frac{C}{a^n}\exp\left(-Q/RT\right) \tag{7-35}$$

式中，ρ 为密度；a 为颗粒尺寸；C 和 n 均为常数。当颗粒视为规则的圆形时，$n=3$，Q 为烧结的激活能。因为烧结过程复杂，各个阶段有不同的扩散机制交叉发生，作为粗略估计，

通常以晶界扩散激活能代入。

用一般的烧结方法很难得到完全致密的产品，它的空隙有15%～20%，其显微裂纹也大小不等。空隙与显微裂纹的大小都直接正比于原材料粉末尺寸。原始颗粒越小，空隙与显微裂纹也越少，强度就越高。高温下长时间烧结虽然对提高产品紧密度有好处，但也带来晶粒长大的不利一面，一般在烧结后的晶粒尺寸总是比原始颗粒要大得多。

为了得到非常紧密的陶瓷产品，现已发展出多种烧结方法，如热压或热等静压、反应烧结、液相烧结等。这里，简略介绍一下液相烧结的概念。在烧结 Al_2O_3 或 Si_3N_4 时，可加入少量的添加剂如 MgO。添加剂和粉末在高温烧结时形成低熔点的玻璃相，玻璃相沿着各颗粒的接触界面分布，原子通过液相传输，扩散速率加快并能填补空隙，只要形成1%的玻璃相就已足够。粉末冶金中，硬质合金刀具的烧结也是液相烧结，在WC粉末中加入添加剂Co，加热到Co熔化时呈液相在晶间分布，并能对WC完全浸润（浸润角 $\theta=0°$），这样就能把WC粉末完全粘接在一起了。

三、纳米晶体材料的扩散问题

在一般的金属多晶体中，晶界扩散对总的扩散贡献只占一个很小的份额（10^{-5}～10^{-6}）。但当晶粒尺寸小到纳米级时，比表面大大增加。例如当粒径为5nm时，表面原子所占的体积为整体的50%；当粒径为2nm时，比表面将占到80%，显然，这时晶界扩散将占绝对优势。

有人研究了在纳米晶中Cu的自扩散，铜样品的平均晶粒直径为8nm，用 Cu^{67} 作为放射性示踪原子蒸发到抛光的样品表面上，然后密封于真空石英管中加热使之扩散，对样品逐次剥层，实测放射性示踪原子的浓度，并按菲克第二定律求解晶界扩散系数，得出以下结果，见表7-6。

表7-6　纳米微晶Cu、单晶Cu及普通多晶Cu的自扩散系数

温度/K	纳米晶Cu　$D_i/(m^2\cdot s^{-1})$	多晶Cu　$\delta_b D_b/(m^3\cdot s^{-1})$	单晶Cu　$D/(m^2\cdot s^{-1})$
393	1.7×10^{-17}	2.2×10^{-28}	2×10^{-31}
353	2.0×10^{-18}	6.2×10^{-30}	2×10^{-34}
293	2.6×10^{-20}	4.8×10^{-33}	4×10^{-40}

表7-6中 D_i 为纳米晶的界面扩散系数；颗粒尺寸处于通常范围（10～$10^3\mu m$）的多晶铜，其晶界扩散以 $\delta_b D_b$ 度量（δ_b 为晶界宽度，D_b 为晶界扩散系数）；单晶Cu以 D 表示体扩散或点阵扩散系数。由表7-6可知，纳米微晶的Cu在80℃（353K）的自扩散系数为 $2\times10^{-18}m^2\cdot s^{-1}$，它比通常的多晶Cu晶界扩散系数约大三个数量级（$\delta_b$ 约1nm），比大块单晶Cu的体扩散系数约大14～16个数量级。

表7-7就纳米晶界面扩散常数 D_{0i}、激活能 H_i 与单晶和普通多晶中的相应值作了比较，同时也给出了单晶Cu沿（111）面的表面激活能 H_s。可以看出，纳米晶界面扩散的激活能 H_i 只有多晶值的2/3，与表面扩散激活能相近。这说明纳米微晶的界面扩散可能与表面扩散机制相似，而普通多晶中的晶界扩散，一般认为是通过空位机制进行的。现已发现纳米微晶中存在有三种自由体积：单空位、包含约10个空位的空位团（微空隙）及晶粒尺寸大小的空洞。这些空位型缺陷对扩散机制肯定有不同的影响，这是需要进一步研究的问题。

表 7-7　纳米晶 Cu、多晶 Cu 和单晶 Cu 的自扩散激活能和 D_0 及 Cu（111）面的表面扩散激活能

纳米晶 Cu	多晶 Cu	单晶 Cu	表　面
$H_i = 0.64\text{eV}$	$H_b = 1.06\text{eV}$	$H = 1.98\text{eV}$	$H_s = 0.69\text{eV}$
$D_{0i} = 3\times10^{-9}/\text{m}^2 \cdot \text{s}^{-1}$	$\varepsilon_b D_{0b} = 9.7\times10^{-15}/\text{m}^3 \cdot \text{s}^{-1}$	$D_0 = 4.4\times10^{-6}/\text{m}^2 \cdot \text{s}^{-1}$	

由于纳米晶的扩散系数极高，扩散距离很短，因此，在相同条件下（温度等）与普通的固体材料相比有很高的溶解度。例如，Bi 在 8nm 的纳米晶 Cu 中的溶解度≈4%；而在普通多晶铜中，100℃时 Bi 的溶解度小于 10^{-4}，可见纳米晶 Cu 中 Bi 的溶解度几乎是普通多晶铜中的 $10^3 \sim 10^4$ 倍。在普通多晶中两个互不相溶的 Ag/Fe 系和 Cu/Fe 系，在纳米态下可以形成固溶体。

在常规材料的制备与成形工艺中，由于材料的颗粒较大，界面附近的原子与体内原子数相比是很小的，因而只能引起固体局部结构和性质的改变；但在纳米材料中则可能产生界面的固相反应，就是通过界面上的原子扩散形成新相，由于极高的扩散系数和很短的扩散距离，使固相反应可以在较低的温度下进行，形成不同的亚稳相。用机械合金化的手段（用高能球磨机磨制不同合金元素的微粒）制备纳米的合金材料，就是利用了纳米尺度的晶粒在磨制过程中会产生界面固相反应而获得了许多合金，其中包括用常规方法难以获得的纳米合金。日本京都大学和大阪大学，利用这个原理成功地制备出了 Al-Fe 系纳米材料，晶粒尺寸为 10nm。

第五节　固态相变中的形核

一、固相的相界面

固态相变中形成的新相与母相的相界面，可以有三种不同的类型，即共格、半共格和非共格三种界面，如图 7-16 所示。现对这三种界面的形成进行分析和讨论。

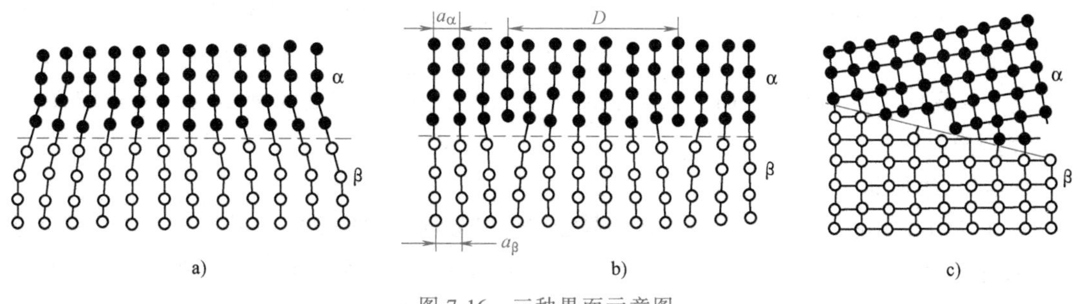

图 7-16　三种界面示意图

a）共格界面　b）半共格界面　c）非共格界面

1. 共格界面

图 7-16a 表示共格界面，意指新相与母相在界面上的原子匹配得很好，最理想的情况是两相的晶体结构相同，晶格常数也相等，两者能实现完全的共格，界面能也最小。稍差一点的就是两者晶体结构相同，但晶格常数略有不同，这时相界面上的原子列要略微膨胀或收缩

才能维持很好的结合，因而产生了弹性应变能。显然，弹性应变能与两个因素有关，即晶格常数差值大小和新相的尺寸大小。为了定量表述弹性应变能，引入参数错配度 $\delta=\dfrac{a_\beta-a_\alpha}{a_\alpha}$，$a_\beta$、$a_\alpha$ 分别表示母相 α 和新相 β 的晶格常数。当母相基体是各向同性的且两相的弹性模量相等时，弹性应变能 ΔG_s 与析出的新相形状无关，如设泊松比 $\nu=1/3$，则

$$\Delta G_s \approx 4\mu\delta^2 V \tag{7-36}$$

式中，μ 为基体的切变模量；V 为新相的体积。可见，随着错配度的增加或者新相的长大，ΔG_s 增高到一定数值时便难以维持完全的共格了。

当两相的晶体结构不同时，要维持两相在界面上的共格就受到了限制。例如钴的多晶型转变，高温相 α-Co（fcc）冷却时转变为 β-Co（hcp），只有在特定的结晶学平面和晶向上原子互相匹配，形成共格界面，如图 7-17 所示。亦即

$(111)_\alpha \parallel (0001)_\beta \quad \langle\bar{1}10\rangle_\alpha \parallel [11\bar{2}0]_\beta(\langle 120\rangle'_\beta)$

即它们要维持上述特定的位向关系，而在其他晶面和晶向上则不能形成共格界面。

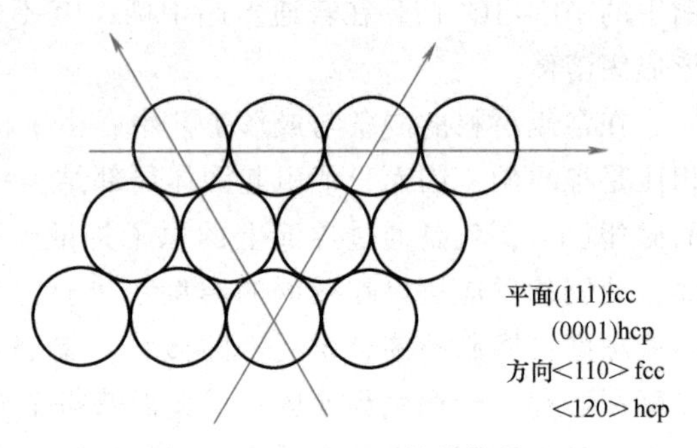

图 7-17 fcc 和 hcp 的共格界面

对于铁的多晶型转变，情况就更复杂一些。当高温奥氏体快速冷却转变为低温相时，也要保持一定的位向关系，即

$$(111)_{fcc} \parallel (110)_{bcc} \quad [\bar{1}01]_{fcc} \parallel [001]_{bcc} \text{(N-W 关系)}$$

$$(111)_{fcc} \parallel (110)_{bcc} \quad [0\bar{1}1]_{fcc} \parallel [1\bar{1}1]_{bcc} \text{(K-S 关系)}$$

这就是说，它们要保持 N-W 关系（西山-瓦萨曼关系），或者要保持 K-S 关系（库久莫夫-萨克斯关系）。其实，这两种关系位向差只有 5.26°。但即使是维持这样的关系，当人们仔细研究界面上两种原子的图像时，发现只有在很小的面积上（约 8%界面面积）两种原子才重叠得很好，要想实现大面积的共格，其界面不会完全是平面的，只有创造出许多“结构台阶”（图 7-18），结构台阶之间用失配位错来调整。这些结构台阶会逐渐把一个宏观界面从 $[111]_{fcc}$ 改变成一个无理数平面，实验已证明了这点。显然，这已不属于完全共格的界面，而是半共格界面了。

2. 半共格界面

如图 7-16b 所示，在形成完全共格的界面时，其界面能和应变能都是比较小的。界面能主要来自化学键的改变，也就是界面上的原子会被较多的异类原子包围。而弹性应变能则随着错配度 δ 和新相体积变大而增大，是界面上原子列的弹性应变在维持着共格。当应力超过新相材料的弹性极限时，共格界面便会遭到破坏。所以，当弹性应变能增大到一定程度时便会寻求一种新的低能结构来代替它。图 7-16b 说明，当界面上引入失配位错时，由错配度而产生的弹性应变能可以大大减小。因为界面上大部分区域的原子都可以匹配得完好，只有在失配位错周围才有弹性应变。当界面上存在有失配位错来调整原子的匹配时，便形成了所谓的半共格界面。半共格界面固然使弹性应变能减小了，但却使界面能增加了。这时界面能又

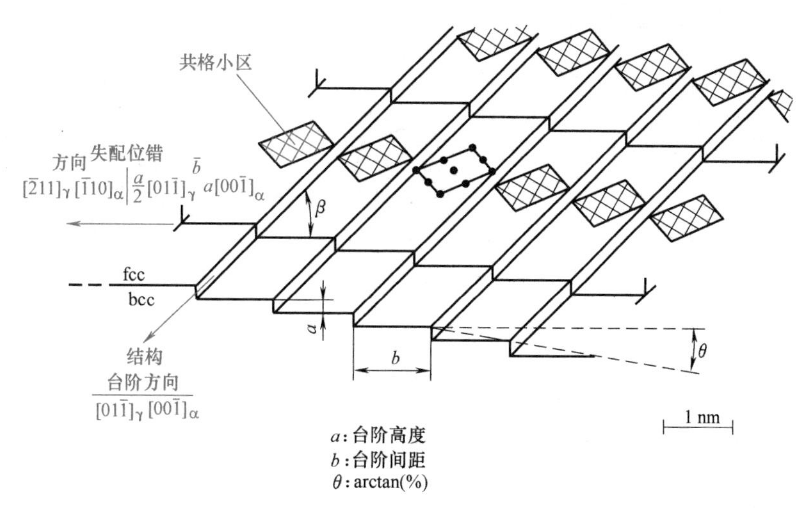

图 7-18　fcc 和 bcc 之间的半共格界面——存在结构台阶与失配位错

增加了一项，即由失配位错引起结构上的畸变所产生的额外能量。故有

$$\gamma\text{（半共格）}=\gamma_{ch}+\gamma_{st} \tag{7-37}$$

式中，γ_{ch} 为化学项对界面能的贡献；γ_{st} 为结构项的贡献。位错间距 D（图 7-16b）为

$$D=\frac{a_\beta}{\delta}$$

由上式可知，D 随着 δ 的增加而减小，所以 $\gamma_{st}\propto\delta$。

3. 非共格界面

当错配度增大到 $\delta=0.25$ 时，即每隔 4 个晶面间距就有一个位错，位错密度如此之高，以致位错彼此之间的应力场互相重叠，应变能也很高，这时半共格界面便不再能维持，形成了非共格界面（图 7-16c）。这种界面与共格界面过渡到半共格界面一样，也使应变能大大降低，但界面能却相对升高了。对非共格界面结构的了解目前还很少，但一般认为它是一种类似大角度晶界的结构。其界面能为 $500\sim1000\text{mJ}\cdot\text{m}^{-2}$，而共格界面为 $0\sim200\text{mJ}\cdot\text{m}^{-2}$，半共格界面为 $200\sim500\text{mJ}\cdot\text{m}^{-2}$。从共格到半共格再到非共格，界面能依次升高。但是要记住，每种结构都是采取能量最低的状态，即界面能+应变能=最低值。

对于新相的形状，也必须综合考虑界面能和应变能的影响。当新相是共格或半共格时，如错配度 $\delta<5\%$，应变能的影响小于界面能，因此时效的 Al-Ag 合金、Al-Zn 合金析出相的初期阶段均为球形；如错配度 $\delta>5\%$，应变能的影响更大些，析出相常呈碟状或薄片状，例如 Al-Cu 合金。当新相是非共格时，虽然共格应变能消失了，但体积应变能仍然存在，这是由新旧两相比体积的不同造成的。这时，点阵错配度 δ 已没有意义，最好用体积错配度 $\Delta=\frac{\Delta V}{V}$。根据错配球模型（图 7-19），用弹性力学方法，纳巴罗（Nabarro）得出弹性应变能 ΔG_s 为

$$\Delta G_s=\frac{2}{3}\mu\Delta^2 Vf\ (c/a)$$

式中，μ 为切变模量；V 为新相体积；$f(c/a)$ 是形状因子。当体积一定，新相为球状时，体积应变能最高，盘状最低，针状居中（图 7-20）。当然，这只是从体积应变能来考虑，新

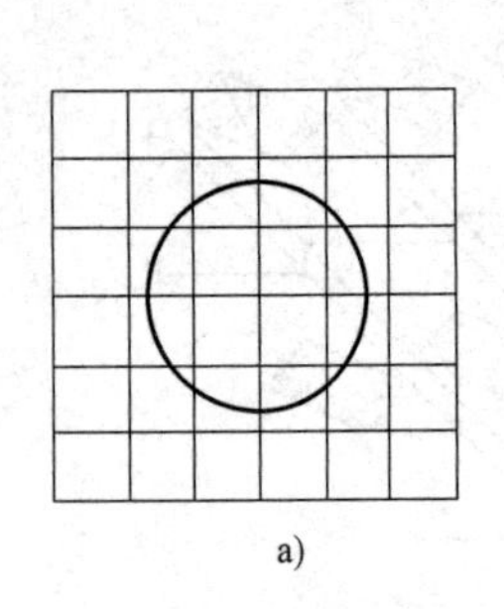
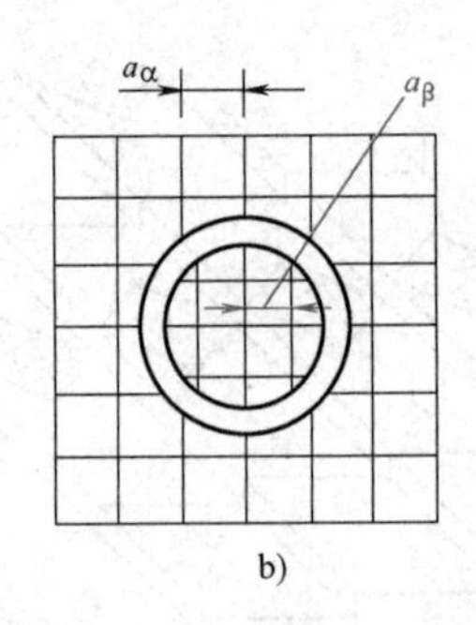

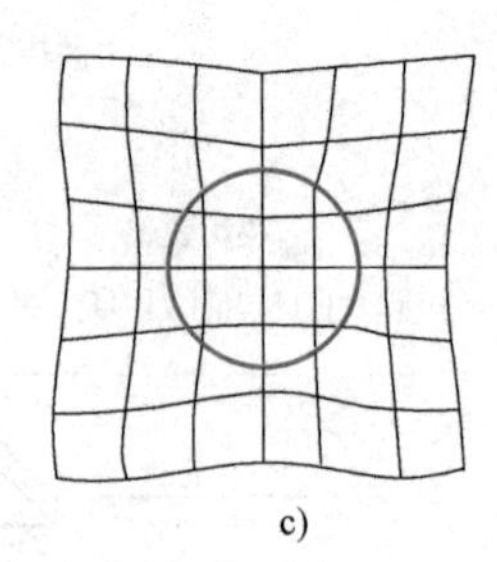

a) b) c)

图 7-19 共格体积应变能——错配球模型

a）原始母相 b）析出新相 V c）两相匹配

相的最后形状还需综合考虑界面能的影响。

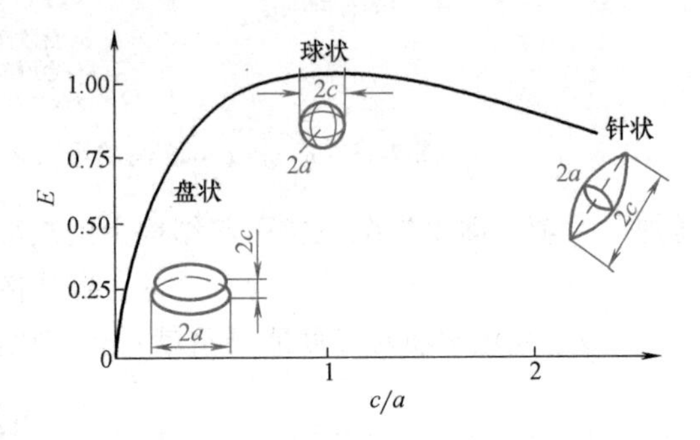

图 7-20 体积应变能与新相形状关系

二、均匀形核与非均匀形核

1. 均匀形核

固态相变时，均匀形核总的自由能变化为

$$\Delta G=-V\Delta G_{v}+A\gamma+V\Delta G_{s} \tag{7-38}$$

与液态凝固时的相变一样，第一项为体积自由能，是相变驱动力；第二项为界面能；只是增加了一项弹性应变能。弹性应变能包括维持共格的弹性应变能和两相比体积差产生的体积应变能。

仿照液-固转变，可得出临界晶核尺寸 r_k 和临界晶核形成功 ΔG_k 的表达式，设晶核为球形，则有

$$r_{k}=\frac{2\gamma}{(\Delta G_{v}-\Delta G_{s})} \tag{7-39}$$

$$\Delta G_{k}=\frac{16\pi\gamma^{3}}{3\ (\Delta G_{v}-\Delta G_{s})^{2}} \tag{7-40}$$

实际的形核过程只有一个标准，那就是要使临界晶核形成功 ΔG_k 最小。最有效的办法就是形核时具有最小的界面能，这可从式（7-40）直接看出。如果形成一个非共格界面的晶核，显然不大可能，因为其界面能很高。如果形成一个具有一定位向关系的和母相保持共格界面的晶核，因界面能很低，虽然可能稍许增加了应变能，但界面能的补偿大大超过后者，所以这种形核方式是可行的。许多淬火-时效的铝合金，在转变的初期形成 GP 区就是这种情况。

但是，在转变为平衡相时共格形核并不多见，因为形成平衡相时相变驱动力 ΔG_v 小，只有很少的例子。例如，w_{Co} 为 1%～3%的 Cu-Co 合金，Cu 和 Co 都为面心立方，晶格常数两者只差 2%，共格应变能很小，其界面能约为 $200\mathrm{mJ\cdot m^{-2}}$，临界过冷度为 40℃。类似的例子还有在镍基合金中 Ni_3Al 的沉淀，也是共格的均匀形核。

2. 非均匀形核

在固态中的形核像液体中一样，大多数为非均匀形核。晶界、层错、夹杂物、位错和空

位，这些不平衡缺陷因其能量较高，都是有利于形核的位置。非均匀形核时体系自由能的变化为

$$\Delta G_{非}=-V\Delta G_v+A\gamma+V\Delta G_s-\Delta G_d \tag{7-41}$$

式中，ΔG_d 表示在缺陷处形核系统自由能降低的部分。

新相在晶界上形核，是非均匀形核中最常见的情况。而非共格形核尤为普遍，因为大多数的晶粒间位向差较大，要形成错配度较低的低能的共格界面不太容易。如以非共格形核来讨论，则可忽略其应变能一项，写成

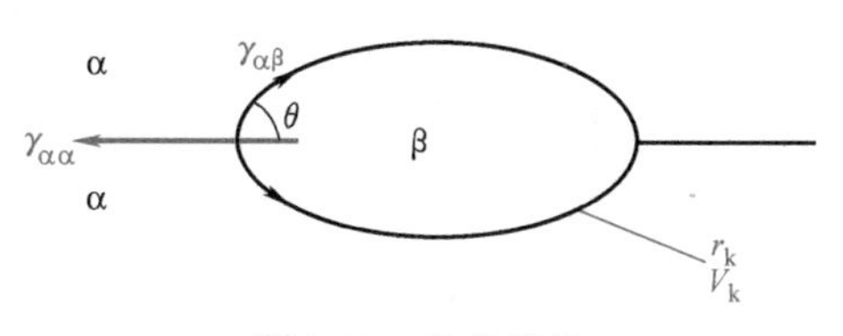

图 7-21　晶界形核

$$\Delta G_{非}=-V\Delta G_v+A_{\alpha\beta}\gamma_{\alpha\beta}-A_{\alpha\alpha}\gamma_{\alpha\alpha} \tag{7-42}$$

式中，$A_{\alpha\beta}$、$A_{\alpha\alpha}$、$\gamma_{\alpha\beta}$、$\gamma_{\alpha\alpha}$ 分别表示两相的界面面积和界面能，如图 7-21 所示。

与液态凝固一样，可得出

$$r_k=\frac{2\gamma_{\alpha\beta}}{\Delta G_v} \tag{7-43}$$

$$\frac{\Delta G^*_{非}}{\Delta G^*_{均}}=S(\theta)\quad S(\theta)=\frac{1}{2}\times(2+\cos\theta)(1-\cos\theta)^2 \tag{7-44}$$

即非均匀形核的形成功与均匀形核相比，其降低的程度取决于 $\cos\theta$，而 $\cos\theta=\dfrac{\gamma_{\alpha\alpha}}{2\gamma_{\alpha\beta}}$，当 $\gamma_{\alpha\beta}=\dfrac{1}{2}\gamma_{\alpha\alpha}$ 时，$\theta=0°$，即形核无需克服能垒障碍了。

除了通常见到的晶界形核外，还可以见到晶内形核，夹杂、层错、位错和空位，这些缺陷都是晶内形核的有利位置。

第六节　固态相变的晶体成长

一、扩散控制长大

设合金的成分为 C_0，现从母相 α 中析出新相 β，新相富含溶质原子，成分为 C_β，最初形成的新相为板状或厚片状，两相在界面上的平衡浓度为 C_e（由相图决定）（图 7-22a）。板条要加厚，其生长速度取决于界面的迁移速度，必须在界面上不断地获得溶质原子的供应，这就要求母相源源不断地把溶质原子输送到界面上，这种通过长程扩散使新相得以长大的方式叫作扩散控制长大。现在来定量讨论扩散控制长大的速度。

若单位面积的新相界面向前生长 dx 距离，亦即在新长大的体积 1dx 中要通过 α 相获得 $(C_\beta-C_e)\mathrm{d}x$ 的 B 摩尔原子的供应，而在 dt 时间通过单位面积的 B 原子流量为 D（dC/dx）dt（D 为互扩散系数或间隙扩散系数），故有

$$(C_\beta-C_e)\mathrm{d}x=D\frac{\mathrm{d}C}{\mathrm{d}x}\mathrm{d}t$$

$$v=\frac{\mathrm{d}x}{\mathrm{d}t}=\frac{D}{C_\beta-C_e}\frac{\mathrm{d}C}{\mathrm{d}x} \tag{7-45}$$

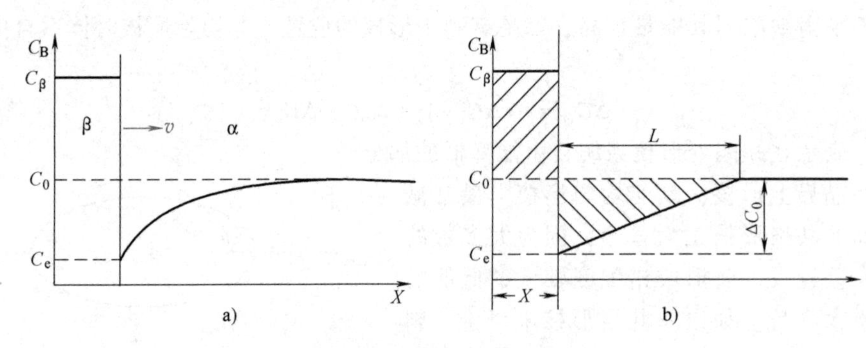

图 7-22　扩散控制长大

a）片的增厚　b）简化计算

因为 dC/dx 不是常数，它是随时间的增加而减小的，故有近似解法（图 7-22b）。可近似认为 $dC/dx=\Delta C_0/L$，$\Delta C_0=C_0-C_e$，扩散区域宽度 L 可以根据溶质原子守恒，令两个阴影区域的面积相等来求得，即

$$(C_\beta-C_0)X=L\Delta C_o/2$$

因此生长速度式（7-45）变为

$$v=\frac{D(\Delta C_0)^2}{2(C_\beta-C_e)(C_\beta-C_0)X} \tag{7-46}$$

在上述方程中浓度代之以摩尔分数 $x=cv_m$，v_m 为摩尔体积。为简单起见，进一步假定 $C_\beta-C_0=C_\beta-C_e$，上式积分得

$$X=\frac{\Delta x_0}{(x_\beta-x_e)}(Dt)^{1/2} \tag{7-47}$$

以及

$$v=\frac{\Delta x_0}{2(x_\beta-x_e)}\left(\frac{D}{t}\right)^{1/2} \tag{7-48}$$

式中，$\Delta x_0=x_0-x_e$（图 7-23），表示合金在沉淀前的过饱和度。

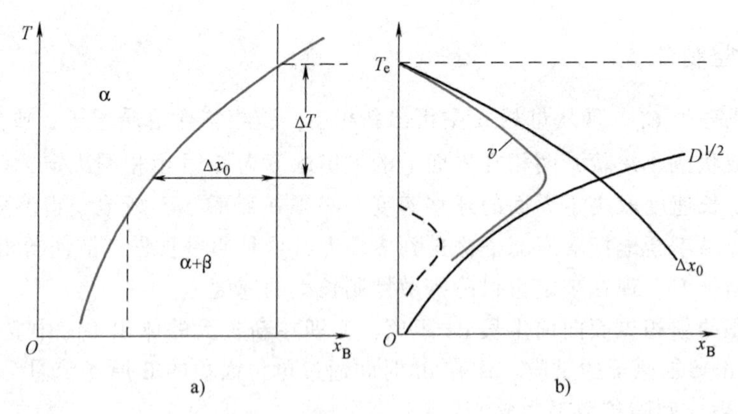

图 7-23　温度对生长速度的影响

a）浓度变化　b）生长速度变化

从以上方程可得出以下结论：

1）$X\propto(Dt)^{1/2}$，即新相的长大服从抛物线生长规律。

2）$v \propto \Delta x_0$，即在时间固定的情况下，长大速度与过饱和度成正比。

3）$v \propto \left(\frac{D}{t}\right)^{1/2}$。

当板状析出物增多，各自的扩散区域互相重叠时，方程式（7-48）就不再适用，生长也加速减慢，最后当基体的浓度处处达到 C_e 时，便停止生长了。

二、界面控制长大

扩散控制长大是新相界面移动的速度较快，母相中溶质原子扩散到界面上的过程较慢，因而新相的长大是受母相中溶质的长程扩散所控制。界面控制长大则是完全相反的另一种情况，即新相生长时界面迁移速度很慢，母相中溶质原子相对地说，总是能随时扩散到界面上以保证溶质原子的供应。因而，新相的长大最终取决于界面反应速度。这两种类型长大的区别如图 7-24 所示。在扩散控制长大中，α 相在界面上的浓度为 C_α，它很接近两相在界面上的平衡浓度 C_e，从界面到母相内部始终保持着较大的浓度梯度；而在界面控制类型中，因为界面反应慢，导致界面迁移速度也慢，母相中溶质的扩散相对容易进行，以致母相中的浓度梯度几乎不存在，是均匀化的，界面上 α 相的浓度 C_α 很接近合金的平均成分 C_0。

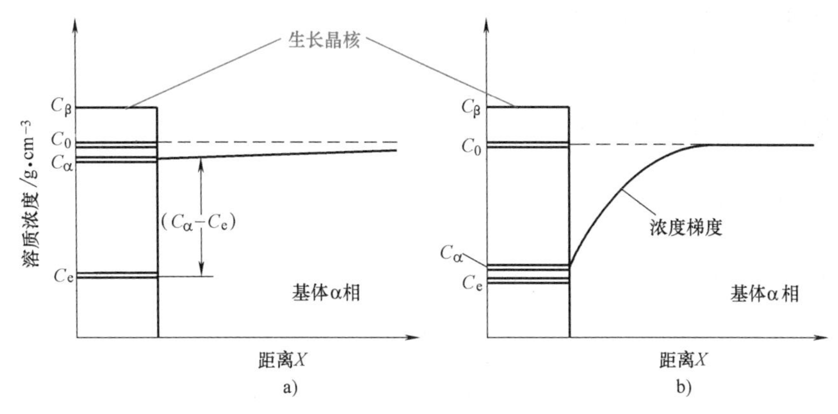

图 7-24　界面控制与扩散控制长大

a）界面控制　b）长程扩散

首先要解释的是，为什么会有这两种类型的长大。界面控制长大初看起来似乎是不可思议的事，因为界面反应只需要溶质原子在界面上作一次跳跃，而母相中溶质原子作长程扩散时要涉及许多原子的跳跃，而且，原子在跨越界面时扩散的激活能不大可能比原子通过晶体内部扩散的激活能大，恰恰相反，前者要小一些。这样，界面反应相对晶体内的扩散而言，应该是很快的，也就是说，所有的新相生长都应该是扩散控制型的。

问题就在于界面结构对新相长大的影响。对于非共格界面，粗糙的固/固界面，原子在界面上的传输很容易，原子只要越过界面就会被新相所接受（人们常引用一个接纳因子 A 的概念，这种情况下 A 趋近于 1）。对于共格、半共格界面或者是光滑的固/固界面，原子越过界面可能不为新相所接受，接纳因子 A 的值很低，远小于 1，所以界面迁移的速度就很慢了。那么，为什么会如此呢？我们来讨论具有不同晶体结构的共格或半共格界面的情况。如图 7-25 所示，设新相 hcp 极个别原子跳过界面进入母相 fcc 的原位置 C 处，改变了原排列顺序，使之变成了 B 原子位置，这个新跳入的 B 原子将处于高能的组态，它受到上列 B 原子的排斥，两边还夹以位借，只有被迫返回原位置的新相 hcp 中。因此，这种情况下具有低的接纳因子，界面的易动性也低，新相不可能连续生长。为了使新相能够顺利生长，必须设想界面结构的形式如图 7-26 所示，即形成一些台阶。台阶高度不大，只有几个原子层厚。图中 AB、CD、EF 为共格或半共格界面，而 BC、DE 为非共格界面。BC、DE 的界面很易运动，侧向长大的方向如箭头所示。随着侧向长大的不断进行，新相在不断加厚。当台阶消失了，生长便停止了，继续转变只有形成新的台阶。实验已经观察到一些如 Al-Mg 合金在 Mg_2Si 片上确实有生长台阶。

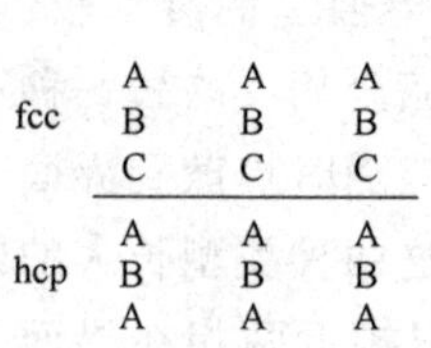

图 7-25　不同晶体结构共格界面的连续生长构想

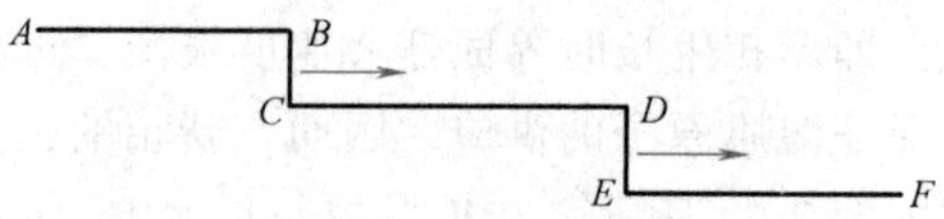

图 7-26　台阶生长机制

由界面反应控制的新相长大，其生长速度可大致用以下方法求得（参看图 7-24a）。

溶质原子跨越界面的传输速率 R

$$R=k(C_\alpha-C_e) \tag{7-49}$$

式中，k 为反应速度常数。β 相的生长速度为

$$v=\frac{R}{C_\beta} \tag{7-50}$$

设 γ 为转入 β 相的溶质分数，C_α 值大致改变为

$$1-\gamma=\frac{C_\alpha-C_e}{C_0-C_e} \tag{7-51}$$

将式（7-49）、式（7-51）代入式（7-50），得

$$v=\frac{k(C_0-C_e)(1-\gamma)}{C_\beta} \tag{7-52}$$

在生长初期，γ 是远小于 1 的分数，生长速度几乎是一常数，然后逐渐减慢。

第七节　扩散型相变

固态相变可分为两大类型：扩散型相变与非扩散型相变。扩散型相变是指在形核与长大各个阶段都需要通过原子的扩散过程来实现，原子需要被热激活后克服能垒障碍才能进入新相。非扩散型相变将在下节讲述。扩散型相变的种类很多，如平衡态下的同素异构转变、钢中珠光体转变等。在后续的章节或专门的课程中会详细讨论各种类型的转变，本课程则从固态相变的一般原理，以过饱和固溶体的脱溶沉淀或分解为典型来进行分析。过饱和固溶体的分解有两种机制：一种是经典的形核与长大，中间过程形成过渡相；另一种则是调幅分解。

一、Al-Cu 合金的淬火时效

对过饱和固溶体的分解，研究最早最成熟的是 Al-Cu 合金的时效。Al-Cu 合金相图的一角如图 7-27 所示。对 Al-4% Cu 合金，当加热到 550℃时，所有的铜原子都溶入 α 固溶体中，这一步骤叫作固溶处理，然后快速冷却下来，得到过饱和的 α 固溶体，如果在室温下长时间放置（叫作自然时效）或者在 130～150℃加热一段时间（叫作人工时效），则会发生相变，并能使铝合金达到最大的强化。

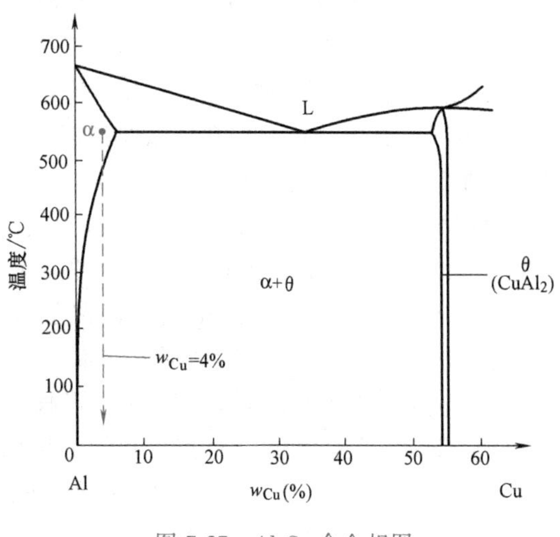

图 7-27　Al-Cu 合金相图

人工时效所发生的相变顺序如下：

α 相→GP 区→θ″相→θ′相→θ 相

GP 区是铝晶体内形成的富铜偏聚区，不是新相。θ″相和 θ′相是亚稳定的过渡相，θ 相是平衡相。转变成新相的示意如图 7-28 所示。这样的转变过程在很多的铝合金中都会发生，

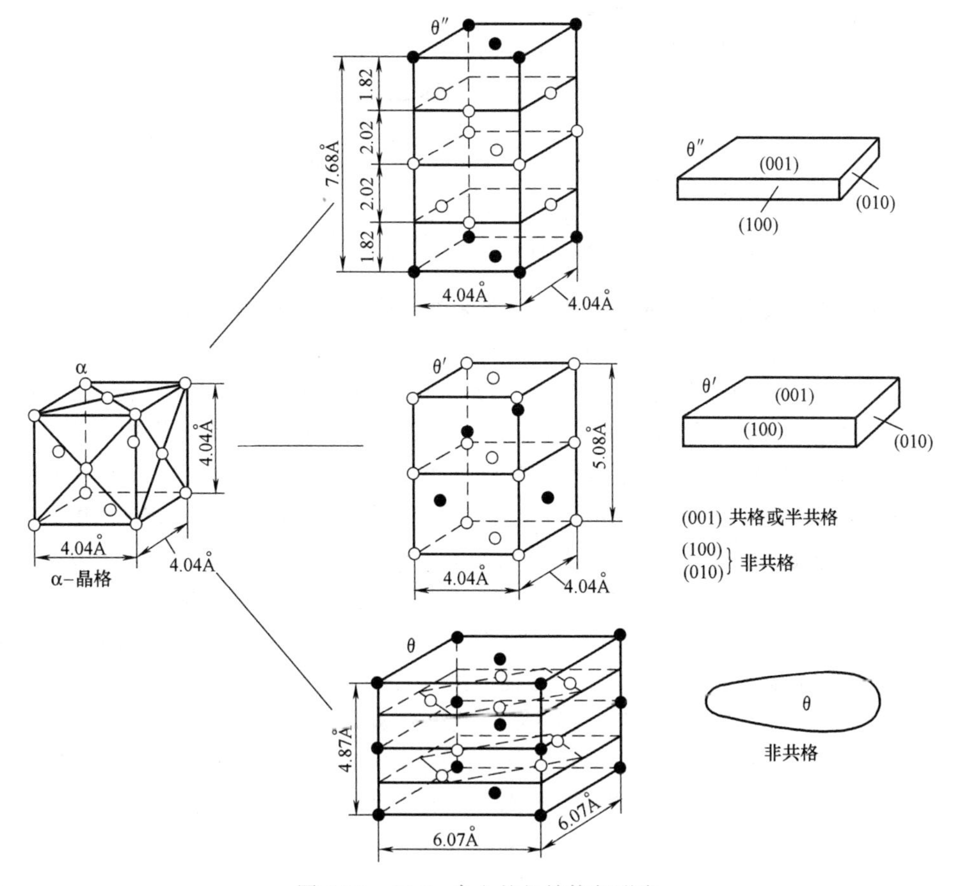

图 7-28　Al-Cu 合金的相结构与形态

如 Al-Ag、Al-Mg、Al-Zn 等，因而具有代表性。

现在来分析为什么转变不是直接从过饱和的 α 相中沉淀出 θ 相，而是中间经过了若干过渡。从热力学看，θ 相确实是处于自由能最低的状态（图 7-29）。但是，θ 相需与 α 相形成非共格界面，界面能很高，在低温时效时，相变驱动力不足以克服相变阻力（界面能+应变能中，非共格界面应变能较小），从动力学上讲，只有采取中间过渡。GP 区虽然自由能较高，但它与 α 相没有明显的界面，没有界面能，只有应变能，沉淀出 GP 区后合金的自由能还是降低的。而且 GP 区形核很容易，看上去它是均匀形核，实际上是非均匀形核，主要是在空位上形核，高温淬火后 α 相中保留了大量的过饱和空位，为形核提供了有利位置。理论计算也证明了这点。GP 区的形核速率，比在它的形成温度下由一般扩散数据计算出的约高 10^7 倍。这就不单是溶质原子的扩散形核问题了，而必须考虑溶质原子和空位的交互作用。如果溶质原子的扩散是通过空位扩散的机构进行，空位扩散的激活能，对于铝，一部分是空位形成能 0.75eV，另一部分是空位运动能 0.5eV。在有大量过饱和空位的情况下，溶质原子扩散的激活能仅仅是 0.5eV。这种差异引起的扩散速率差别正好是 10^7 倍。同样，实验也观察到如果淬火冷却速率不够快，空位浓度降低，GP 区的形核速率也减慢。这都说明了空位的有利形核作用。

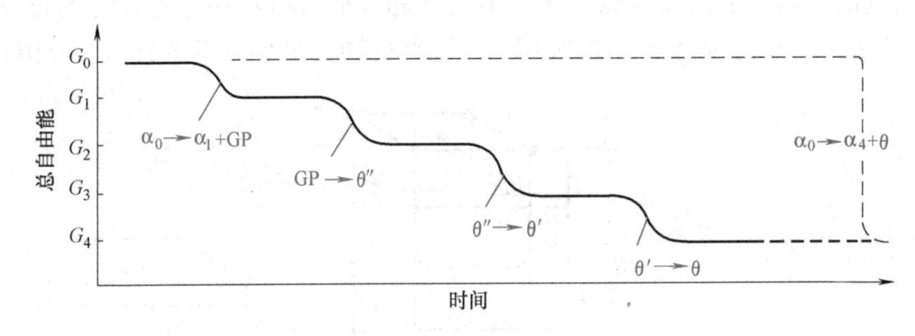

图 7-29 Al-Cu 合金各相的自由能

θ″相就可在 GP 区上原位形成，一部分 GP 区可直接转变成 θ″相，另一部分 GP 区溶解了，并把铜原子输送到新生成的 θ″相中。θ″相和母体完全保持共格，和母相维持一定的位向关系：$(001)_{\theta''} \parallel (001)_{\alpha}$、$[100]_{\theta''} \parallel [100]_{\alpha}$。这样，使得形成的界面能很低，但具有一定的共格应变能，在透射电子显微镜下可观察到 θ″相周围有暗灰色的共格应变场。由于铜与铝的原子尺寸差别较大（$\delta=-10.5\%$），因而共格应变能较大，θ″相呈薄片状；而 Al-Ag 合金，由于原子尺寸差别小，共格应变能小，故呈球形析出，以使表面能最小。随着时效的进行，θ″相溶解，θ′相在位错上形核，θ′相在宽面上仍能与基体保持共格或半共格，而在侧面上（100）、（010）面与基体已是非共格关系了。当 θ′相进一步长大，共格应变能增大到一定程度，便与基体不再能维持共格关系。于是取而代之的是新的稳定相 θ，它形核于晶界或者在 θ′相/基体界面上形核，θ′相溶解。θ 相与基体完全是非共格的，只有界面能，没有共格应变能。

从共格产物转变为非共格产物，可以定量地解释如下：

非共格形核所需的能量，如忽略其应变能，应为 $\gamma[2\pi(At^2)+2\pi(At)t]$，其中 A 是周边比（$A=r/t$，t 为厚度）；对于共格界面，如忽略其低的界面能，其应变能应为$[3E\delta^2/2(At^2)t]$，因 A 大致与其尺寸无关，故可以看出共格形核所需能量与厚度的三次方成正比，而非共格形核的能量与厚度的平方成正比。由图 7-30 可知，片的厚度有一临界尺寸 t_{CR}，当 $t<t_{CR}$ 时

共格形核能量较低；当 $t>t_{CR}$ 时共格就遭到破坏，这就是何以共格产物长大到一定尺寸后便形成非共格产物的原因。

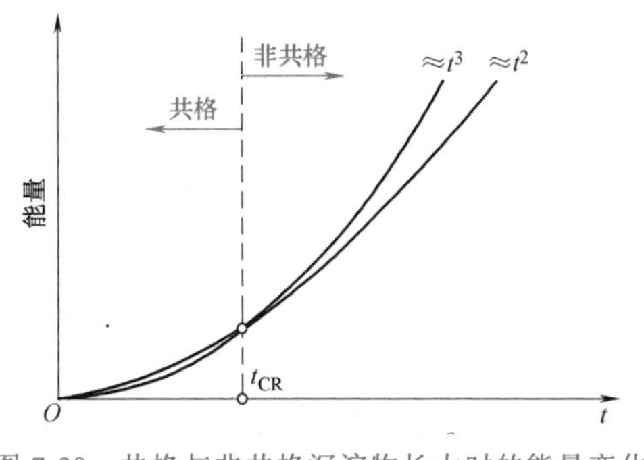

图 7-30 共格与非共格沉淀物长大时的能量变化

二、陶瓷材料中的脱溶沉淀反应

陶瓷材料中的脱溶沉淀和金属中的反应很相似，这说明上述的过饱和固溶体分解的规律，具有一定的普遍意义。现举两个例子予以说明。

$MgO-Fe_2O_3$ 相图和 $MgO-Al_2O_3$ 相图如图 7-31 所示。

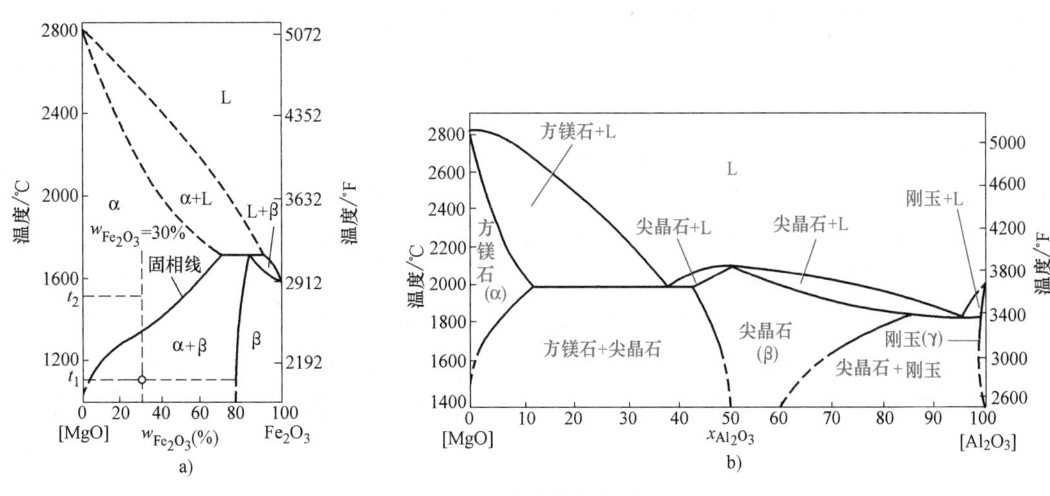

图 7-31 陶瓷材料相图

a）$MgO-Fe_2O_3$ 相图 b）$MgO-Al_2O_3$ 相图

对于 $MgO-Fe_2O_3$ 陶瓷，如图中设定的成分为 $w_{Fe_2O_3}=30\%$，当加热到固溶线以上如 T_2 的温度，为单相 α；当缓慢冷却至 T_1 温度，则从 α 相析出 β 相，β 相成分为 $MgO\cdot Fe_2O_3$ 或 $MgFe_2O_4$，具有尖晶石结构，其中 O^{2-} 呈面心立方结构，Mg^{2+} 位于四面体间隙，Fe^{3+} 位于八面体间隙，以维持电中性。β 相在 α 相的（100）面上析出，呈魏氏组织形态。但是，如 $MgO-1\%Fe_2O_3$ 合金经过固溶处理，继而快速淬火并时效，则沉淀出的 $MgFe_2O_4$ 和富含 MgO 的基体保持共格，沿着（111）面和基体保持共格关系，新相呈八面体形状，尺寸只有 150Å（15nm）。

对 MgO-75%摩尔分数的 Al_2O_3，高温固溶处理后为单相的尖晶石 β 相（图 7-31b），快速冷却可使 β 相保持到室温；当 1000℃ 时效时形成过渡相，增加硬度特别是磨损抗力，如长时加热则会形成平衡相富含 Al_2O_3 的刚玉。

三、合金中的调幅分解

过饱和固溶体的脱溶沉淀与分解还有另外一种机制，即调幅分解（见第五章第四节）。它不是一般的经典形核长大过程，它是具有特殊相图的合金由于成分涨落所造成的热力学不稳定性而产生的。它的特点是不存在形核势垒，因而分解速度很快，新相的整个形成过程是连续不断的，新旧两相完全共格，在开始阶段两相点阵连续，没有明显的界面。

早在1944年，就在Cu-Ni-Fe合金中发现大小约10nm的富铜区与贫铜区交替出现的调幅结构，有如编织的席状，以后在Al-Zn和Al-Ag等许多玻璃材料以及不少的永磁合金（如Fe-Cr-C合金、AlNiCo合金等）都能观察到这种成分调幅结构。

现以Al-Zn合金为例来讨论调幅分解反应。

Al-Zn合金相图（图7-32a）有混溶间隙（Miscibility Gap）的特点，即在某一温度以下α相会分解成两个晶体结构完全相同但成分不同的两个相，α_1和α_2。α_1和α_2的自由能曲线本为U形，但在某一成分范围内彼此连结成类似W的曲线（图7-32b中的x_{S1}和x_{S2}范围）。这种特殊的自由能曲线使得成分在x_{S1}以左或x_{S2}以右的合金，因自由能曲线下凹，致使$d^2G/dx^2>0$；而在x_{S1}和x_{S2}范围内的合金，因自由能曲线上凸，致使$d^2G/dx^2<0$。在自由能曲线上出现了两个拐点S_1和S_2，拐点处$d^2G/dx^2=0$。只有在拐点$S_1\sim S_2$之间的合金才会发生调幅分解。

可以看出，在拐点以内和拐点之外的合金相变过程是不同的。在拐点以内任一成分的合金，例如，x_0在T_2温度下相应的自由能为G_0，如合金成分在某一区域稍有涨落，分解为成分（$x_0-\Delta x$）和（$x_0+\Delta x$）两个相α_1和α_2，整个合金的自由能是降低的，这个过程就会自发地进行下去，所以它不需要形核能垒。但在拐点以外的合金，如成分为x_0'，当成分被分解为（$x_0'-\Delta x$）和（$x_0'+\Delta x$）两个相时，便会使合金体系的自由能升高，因而转变过程不能发生，只有长程扩散通过形核长大，产生成分为x_2的α_2相以及与之平衡的成分为x_1的α_1相，也就是达到自由能曲线的公切线时，这个转变才是可行的，因为使合金系的自由能降低。

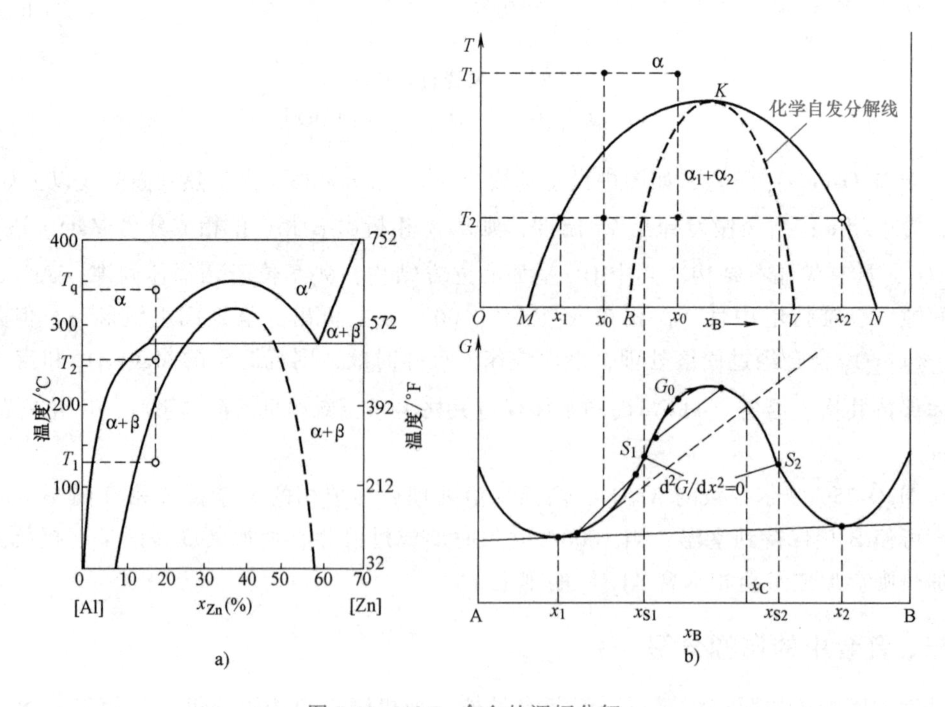

图7-32　Al-Zn合金的调幅分解

a）Al-Zn相图及调幅分解区　b）调幅分解的自由能曲线

如定量计算，一成分为 x 的固溶体 α，分解为（$x+\Delta x$）的 α_1 和（$x-\Delta x$）的 α_2 相时，因合金总的自由能应为两相自由能的平均值，故有

$$\Delta G=G_{\alpha_1+\alpha_2}-G_\alpha=\frac{1}{2}[G(x+\Delta x)+G(x-\Delta x)]-G_\alpha(x)$$

将上式按泰勒级数展开，取前三项，即

$$\Delta G\approx\frac{1}{2}\left[G_\alpha(x)+\frac{\mathrm{d}G}{\mathrm{d}x}(\Delta x)+\frac{\mathrm{d}^2G}{\mathrm{d}x^2}(\Delta x)^2+G_\alpha(x)+\frac{\mathrm{d}G}{\mathrm{d}x}(-\Delta x)+\frac{\mathrm{d}^2G}{\mathrm{d}x^2}(-\Delta x)^2\right]$$

$$-G_\alpha(x)=\frac{1}{2}\ \frac{\mathrm{d}^2G}{\mathrm{d}x^2}(\Delta x)^2$$

由式可见，当 $\mathrm{d}^2G/\mathrm{d}x^2>0$ 时，即在拐点以外，是使自由能升高的；在拐点以内，$\mathrm{d}^2G/\mathrm{d}x^2<0$ 时，转变前后是使自由能降低的，因而过程可以自发进行。

调幅分解的过程是怎样进行的呢？溶质原子的偏聚是通过原子的上坡扩散，使成分涨落的幅度与范围越来越大，最后形成富含 Zn 的 α_2 相和富 Al 的 α_1 相，其长大过程如图 7-33a 所示。为了比较，将拐点以左的经典形核长大过程也画出来（图 7-33b）。

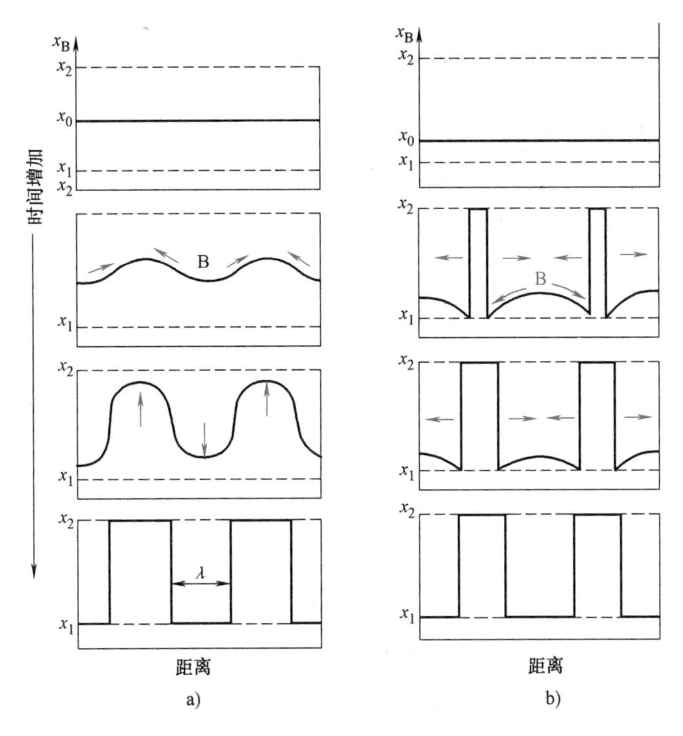

图 7-33　调幅分解示意图

a）调幅分解长大　b）经典形核长大

按照扩散的热力学，扩散之所以发生是因为有化学位梯度。

$$J=-B\frac{\mathrm{d}\mu}{\mathrm{d}x} \tag{7-53}$$

因为 $\mu=\dfrac{\mathrm{d}G}{\mathrm{d}C}$，代入式（7-53），可得

$$J=-B\frac{d^2G}{dC^2}\frac{dC}{dx} \tag{7-54}$$

通常的扩散都发生在$\frac{d^2G}{dC^2}$为正值的情况下，亦即扩散系数$B\left(\frac{d^2G}{dC^2}\right)$为正值，此时进行下坡扩散。在拐点以内的区域，因为$\frac{d^2G}{dC^2}$为负值，扩散系数为负值，故进行上坡扩散。方程式（7-54）的解为

$$C=C_o+e^{\alpha t}\cos\frac{2\pi x}{\lambda} \tag{7-55}$$

即调幅分解是通过上坡扩散产生围绕起始成分 C_o 的成分涨落，波长为 λ，涨落的幅度按特征值 α 随时间而改变。

调幅分解在形核时不需克服能垒，长大时却需要克服界面能和应变能。当产生陡的浓度梯度时，原来是均匀固溶体中的原子被大约等同的同类原子和异类原子包围，现在多数是处于同类原子的包围中，原子键力改变了，增加了界面能，通常称为梯度能；当两相点阵常数差别较大时，会有较大的共格应变能。所以，归根结底调幅分解能否发生，取决于两个条件：①合金成分必须在拐点范围之内；②相变驱动力必须大于梯度能和应变能。

四、玻璃中的调幅分解

玻璃材料的相图中常有混溶间隙型，因而有可能发生调幅分解。有时可以利用调幅分解来改善玻璃的结构与性能，例如所获得玻璃陶瓷或微晶玻璃。

例如 SiO_2-$CaSiO_3$ 相图（图 7-34），在单晶反应以前形成混溶间隙，合金在冷却到液相线以下就发生 L→L′+L″的反应，一个液相分解成两个成分不同的液相。虽然相图指示在1705℃时，会发生单晶反应 L′→α(SiO_2)+L″，但产生固相 α 的过程很慢，以致介稳定的混

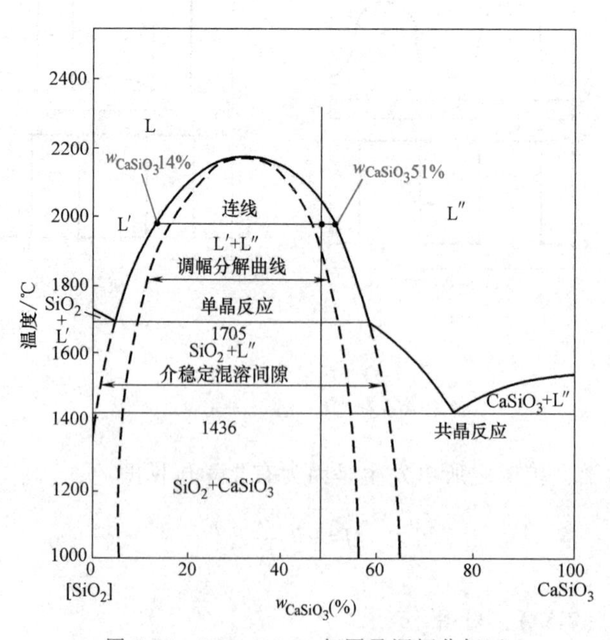

图 7-34　SiO_2-$CaSiO_3$ 相图及调幅分解区

溶间隙线可存在于单晶反应水平线以下。图中也标出了不同温度下的拐点连线，理论上在此区间有可能存在调幅分解反应。在含 Na_2O 的硼硅酸盐玻璃中，就能观察到玻璃的调幅结构，其中一个相 SiO_2 含量较高，另一个相 SiO_2 含量很低。强化玻璃的一个重要方法就是将非晶态的玻璃相通过适当的热处理转变为晶态结构。为此，对两相有一定要求，其中一个相数量很少，有强的结晶化倾向，以细的弥散状态分布在主相中，主相是比较稳定的玻璃。商业上通常在微量相中加入 TiO_2 或 P_2O_5 作为结晶形核的催化剂。热处理一般分两阶段进行：第一阶段是低温加热，大约比玻璃的退火温度高 50℃，这时只在微量相中产生结晶核心，主相中没有任何变化；第二阶段是高温加热，温度接近主相的熔化温度，这时在主相中开始大量结晶。经过这种处理最后组织是绝大部分为具有晶体结构的细晶粒，只有少数非晶态的玻璃相填充于晶界。

玻璃陶瓷与普通陶瓷制品相比有许多优点。首先是成型容易，制品致密无孔隙；其次是能获得特殊的物理性能和优良的力学性能。例如，玻璃陶瓷有低的热膨胀系数，甚至负的热膨胀系数；反之，它也能获得膨胀系数很高并能与金属相匹配的陶瓷材料，它还有很好的电绝缘性能。在力学性能上有高的强度韧性和抗磨损性能，可作为结构零件使用。近年来又发展了易于切削加工，强度级别达 500MPa 的玻璃陶瓷。

第八节　无扩散相变

过去，在冶金工作者的眼中，无扩散相变实质上就是马氏体相变，马氏体相变成为无扩散相变的同义语。实际上，除马氏体相变外，像 Ti、Zr 基合金的 $\beta \rightarrow \omega$ 相，铁磁性（顺磁转变为铁磁性）、铁电性（产生极化）、铁弹性（产生点阵畸变）的转变，纯铈在室温以下的转变等都属于无扩散相变。但是，由于马氏体相变在生产上有极重要的实用价值，所以我们还是以马氏体相变为代表来分析讨论。

一、马氏体相变的基本特征

1. 马氏体相变是无扩散的相变

Cohen（柯亨）对无扩散相变下的定义是：原子不发生随机走动的相变。这表示原子不是靠热运动，即不是靠热能的激活跨越界面转入新相的。因而，从本质上说，马氏体相变是非热的现象，它可以在很低的温度下发生，即使在低温下马氏体的生长速度仍然很高。在马氏体相变中，晶面上的一排原子虽然转变前后可以有很大的位移。甚至在宏观上能觉察到，但各相邻原子的相对位移是很小的，不超过原子间距。这就好像一列步伐整齐规则的士兵，他们可以走过很大的距离，但士兵之间的相对移动是很小的，因此，有人把马氏体相变形象地称为军队式的转变（Military Transformation）。由于马氏体相变是无扩散的转变，在转变前后新相和母相的成分完全相同，因而可以具有很高的过饱和度。在热力学上，可以把合金马氏体转变当作单元系来处理。我们要注意表达的前提是无扩散，显然，不能把成分不发生改变的转变都称为无扩散。例如，普通的纯铁同素异构转变，γ-Fe→α-Fe，虽然成分不变，但在转变时必须有铁原子的短程扩散，因而它还属于扩散型相变。另外，无扩散的含义是说转变过程本身并不需要扩散，如果转变过程中伴随有或者附加有扩散现象，这属于非基本的扩散，不能以非基本的扩散来否定基本的无扩散实质。例如，低碳钢在快速淬火后得到低碳马氏体，由于马氏体的形成温度高，在形成马氏体的过程中有碳化物沉淀出来，这显然是由碳的扩散导致的。但碳的扩散属于非基本的扩散，发生低碳马氏体转变的本身并不需要碳的扩散。因此，马氏体转变从本质上说是无扩散的。

2. 马氏体相变是一种发生均匀点阵变形的转变

在过去的一些物理冶金书上，常把马氏体转变称为位移式的转变（Displacive Transformation），这种说法并不确切。位移式的转变是一种通过原子的协调移动进行固态结构的转变。原子的协调移动可以有两种方式：一种是产生均匀点阵变形（或称点阵畸变）；另一种是原子的改组（Shuffle）。后者虽然也发生结构的变化，但没有总的形状变化，应变能在相变中并不起重要作用。而马氏体转变则必须要产生均匀的点阵变形，产生较大的形状变化。

当钢中奥氏体转变为马氏体时，由面心立方转变为体心正方结构时有形状的变化。这可由示意图（图7-35）看出，原先为平面的母相奥氏体，在产生马氏体时有表面浮凸或表面倾动效应。马氏体与奥氏体的界面称为马氏体的惯习面。当我们将一个预先抛光好的试样，放置在高温金相显微镜中，在真空中或通入氩气后加热冷却，马氏体转变后其表面即可观察到表面浮凸效应。这就是由均匀点阵变形之后，由于形状的变化产生的结果。一般来说，形状的变化可以有两个分量：切变分量和膨胀分量。如果转变是以膨胀分量为主，例如纯铈在室温以下的转变，从一种面心立方结构转变为另一种面心立方结构，伴随着体积减小16%，虽然它也是无扩散的，点阵畸变式的，但由于没有切变参与，也不能归为马氏体转变。

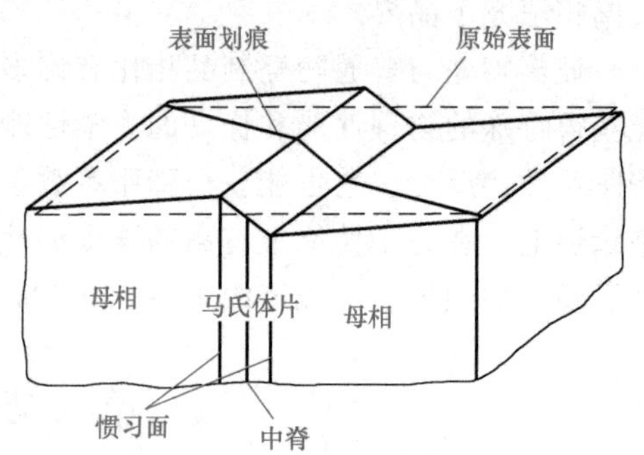

图7-35 钢中奥氏体转变为马氏体时的形状变化

这样，对马氏体相变的精确定义应该包含四个方面：①无扩散的；②点阵畸变式的；③以切变分量为主的；④动力学和形态是受应变能控制的。只有同时符合这四个条件才能称之为马氏体相变。否则，它可能是无扩散相变，但不是马氏体相变。

3. 存在一个无畸变面

马氏体相变既然是以切变为主的点阵畸变，就必然存在一个无畸变面。在相变前后该面既无畸变也无转动，面上的原子间距不变。马氏体的惯习面就具有这样的特征。

现在我们来看一个实验现象。在一个预先抛光好的试样表面上刻划一条线，发生马氏体相变之后再进行观察，其结果如图7-36a所示。可以看出直线到界面上才稍有转折，从宏观上看，界面也就是惯习面，是无畸变的。如果直线在界面上有错动（图7-36b），那就不可能有无畸变面，界面也不可能维持共格或半共格。再者，也没有观察到在发生马氏体转变时直线变弯的情况（图7-36c），这说明在马氏体转变部分原先是直线的仍旧转变为直线，原先是平面的仍旧转变为平面。这种转变是均匀的，也是均匀点阵变形的由来。

由于是均匀点阵变形，而且是以切变为主，马氏体的惯习面是不畸变面。因此，常以惯习面为基准来表示产生的应变，称为不变平面应变（Invariant Plane Strain），如图7-37所示。例如 w_C 为1.35%的马氏体，切变分量为0.19，正应变为0.09。

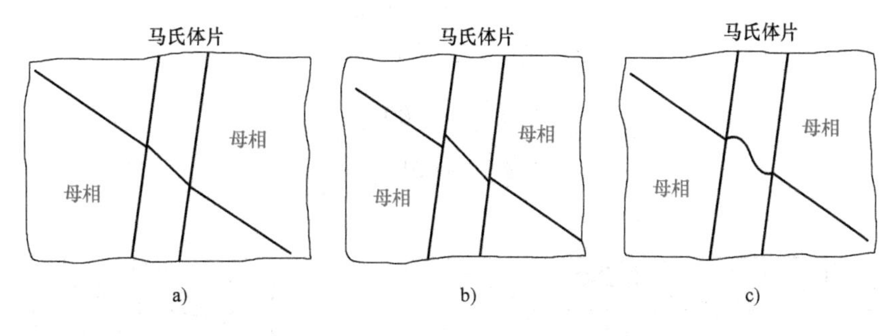

图 7-36　表面划线时可能产生的畸变

a）观察的结果　b）界面失去共格　c）母材有弹性畸变

4. 马氏体内有滑移或孪晶变形

在发生均匀点阵变形时，由于切应变分量大，会产生大的形状变化，因而有高的应变能。为了减小转变过程中的应变能，可有两种方式：滑移和孪晶变形。图 7-38 示意地表示，原先为矩形的点阵因形状变化呈菱形时，可因内部产生滑移或孪晶使形状得到部分恢复。能够消除部分应变能的滑移和孪晶变形都叫作点阵不变形变，它不改变结构，也不改变体积，只改变应变能。从这里也可以看到应变能在马氏体相变中的重要性，前面曾提到应变能控制着马氏体转变的动力学和形态。下面我们将会谈到由滑移和孪晶变形而产生的两种不同的马氏体结构。

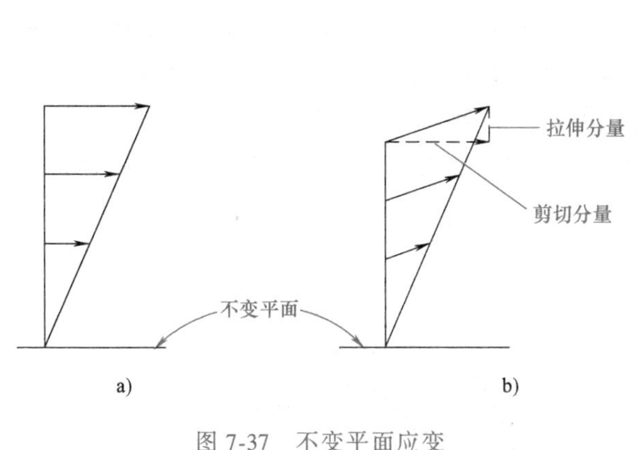

图 7-37　不变平面应变

a）孪晶切变　b）马氏体的不变平面应变

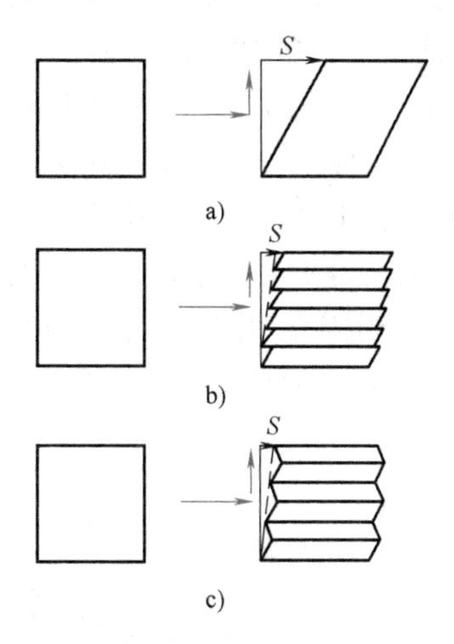

图 7-38　滑移和孪晶变形可减小马氏体的应变能

a）均匀切变　b）滑移　c）孪晶

二、马氏体转变的晶体学

贝茵（Bain）最早对马氏体转变的晶体学进行了探索。当面心立方奥氏体转变为体心正方马氏体时，设想两个面心立方晶胞可以构成一个体心正方晶胞，只要把 C 轴晶胞尺寸压缩 18%，a 轴尺寸增大 12%，就可变成马氏体晶胞了（图 7-39）。这样，在转变前后母相奥氏体和新相马氏体应有以下的晶体学关系：

$$(111)_{\gamma} \rightarrow (011)_{\alpha'}$$

$$[\bar{1}01]_{\gamma} \rightarrow [\bar{1}\bar{1}1]_{\alpha'}$$

$$[1\bar{1}0]_{\gamma} \rightarrow [100]_{\alpha'}$$

$$[11\bar{2}]_{\gamma} \rightarrow [01\bar{1}]_{\alpha'}$$

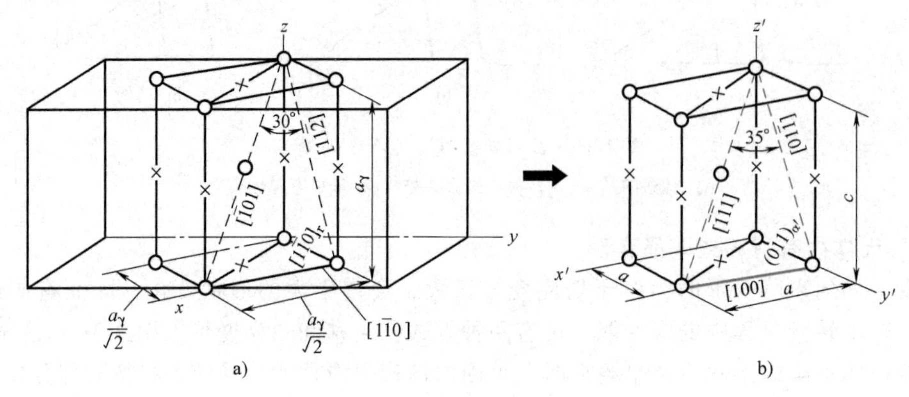

图 7-39　马氏体转变的贝茵模型

a）在奥氏体中设想有一体心正方晶胞　b）转变为马氏体时尺寸变化与结晶学关系

这种设想虽很简单，但能否真正实现马氏体的转变呢？前面提到，马氏体转变的一个基本特点就是马氏体的惯习面是无畸变的平面，如果把奥氏体的三个晶格常数构成一个球形，让 x_3 轴尺寸压缩 18%，x_1 轴、x_2 轴的轴长扩大 12%，即因贝茵模型畸变变成了椭圆球。由图 7-40a 可以看出，在椭圆球上只有圆弧 $A'B'$ 上各点，它们到原点的距离在转变前后没有改变，它们对应于原始球上的圆弧 AB 各点，尽管我们找到了不变矢量，但这些不变矢量构成一圆锥，找不到一个无畸变平面，因此贝茵畸变关系不能直接应用于马氏体转变。

要想获得不畸变平面，从空间几何可以得知，必须使一个主应变为 0，一个主应变大于 0，另一个主应变小于 0（图 7-40b），得出的椭圆球上 OAB' 平面为无畸变平面，但是它与原始位置 OAB 平面偏离了一个角度。

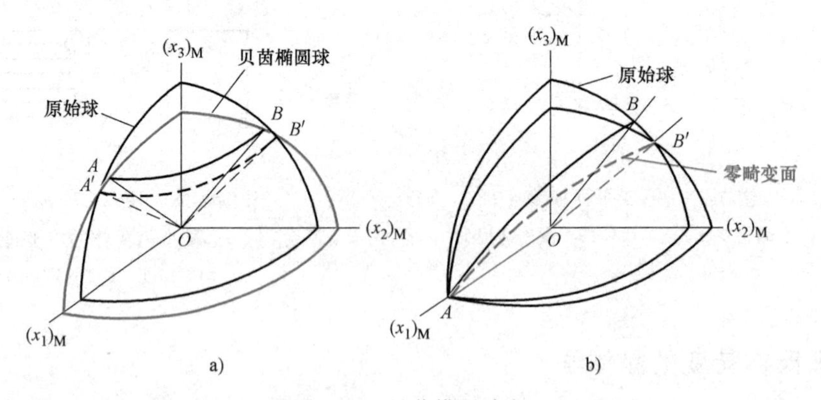

图 7-40　贝茵模型畸变

a）贝茵畸变不能获得无畸变平面　b）实现无畸变平面的要求

比较完善的晶体学表象理论，大体上将转变分为三步：

1）先让面心立方点阵发生贝茵畸变，产生新的马氏体点阵。

2）为了减小贝茵畸变所产生的应变能，在马氏体点阵内部再发生点阵不变形变、滑移或孪晶。这使得第一步形成的贝茵椭圆球进一步变形为另一椭圆球（图 7-41）。在 AOC 方向上其主应变为 0，不畸变平面通过 AOC 线，不畸变平面是通过点阵不变形变的调整才获得的。

3）使不畸变平面转动一个角度，恢复到原来的位置，从而得到惯习面。

因此，马氏体相变的宏观应变（F）由贝茵畸变（B）、点阵不变变形（S）和刚性转动（R）三部分组成，即

$$F=RBS \tag{7-56}$$

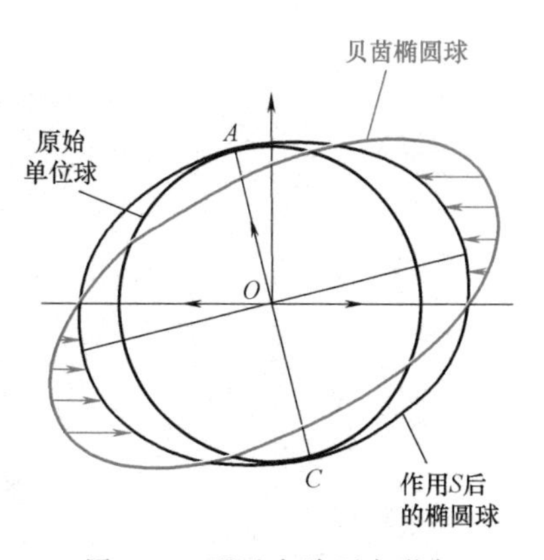

图 7-41　通过点阵不变形变获得不畸变平面

在这个新的晶体学表象理论中，只要输入以下数据：①母相和马氏体相的结构与晶格常数；②点阵对应关系；③点阵不变的切变量。就可预测：①惯习面；②形状应变；③母相和马氏体的晶体学位向关系。其中有两个方面特别成功：一个是预测了马氏体内部的位错或孪晶亚结构，这已为随后的电镜观察所证实；另一个是预测了马氏体的惯习面为无理数，这也为 X 射线的研究所证实。

三、马氏体的形态与性能

钢中马氏体的形态基本上分为两种：板条状马氏体和片状马氏体。在钢的含碳量 w_C 约低于 0.6%时，马氏体形态以板条状为主；含碳量高于 0.6%时，则以片状形态为主。这两种马氏体在光学显微镜下和透射电子显微镜下都具有不同的特征（图 7-42）。

1. 板条状马氏体

板条状马氏体在光学显微镜下呈平行的束状，每一板条长约几十微米，厚度平均为 0.2μm，板条之间为小角度晶界，一群相互平行束状的板条构成一个区域（Packet），在一个奥氏体晶粒内平均可有 2~3 个或 3~4 个这种区域，有人也把它作为马氏体晶粒尺寸的度量。在透射电子显微镜下，板条状马氏体显示有高密度的位错组态（图 7-42c），位错互相缠结而不能区分，位错密度约为 $0.5\times10^{12}\text{cm}^{-2}$。因此板条状马氏体有时也称为位错马氏体。另外，板条状马氏体与片状马氏体还有两点不同之处：①板条状马氏体的惯习面接近（111），而片状马氏体的惯习面是（225）或（259）；②板条状马氏体的晶体结构是体心立方，马氏体内的碳原子实际上主要偏聚在位错周围，真正间隙固溶在晶体内部甚少，而片状马氏体的晶体结构为体心正方。

2. 片状马氏体

片状马氏体在光学显微镜下表现为非平行的片状，形成片的尺寸可以相差很大。最初形成的马氏体长大时，可以横贯整个奥氏体晶粒，相继形成的马氏体把奥氏体分割成许多小区域，使之后形成的马氏体越来越小。这就在形态上与基本平行的、大小均匀的板条状马氏体呈明显的对比。在透射电子显微镜下，片状马氏体内有大量孪晶，孪晶间距约为 $100\dot{\text{A}}$（10nm）（图 7-42d）。在粗大的片状马氏体中常可看到片的中部有一中脊线，孪晶变形首先在这里开始，在接近边界时消失。

图 7-42　钢中马氏体形态

a）板条状马氏体（光学显微镜）　b）板条状马氏体（透射电子显微镜）
c）片状马氏体（光学显微镜）　d）片状马氏体（透射电子显微镜）

含碳量对马氏体硬度的影响如图 7-43 所示。碳在奥氏体内的固溶强化是微弱的，但含碳量对马氏体硬度的影响却很剧烈，特别是在钢的 $w_C<0.4\%$ 时，造成钢中马氏体的强化原因很多，包括固溶强化、沉淀强化、位错或孪晶亚结构的强化和晶粒细化。这些强化因素的各自贡献，都要分别加以研究，这将在后续的课程中讨论。

低碳马氏体硬度适中，但强度高韧性好，适宜作为结构材料。高碳马氏体硬度高、耐磨性好，但较脆，宜作为工具材料。

四、陶瓷材料中的马氏体相变

在正常压力下，ZrO_2 陶瓷在固态下有三种多晶转变：在 1170℃ 以下为单斜晶体；在 1170～2370℃ 为正方晶体；在 2370～2680℃（熔点）为立方晶体。从正方到单斜晶体的转变是马氏体转变，其晶体结构如图 7-44 所示。它伴随着很大的体积变化（3%~5%），易导致产品碎裂，因此，纯 ZrO_2 的马氏体相变并没有实用价值。在生产上，常用 CaO、MgO、Y_2O_3 等来获得部分稳定的 ZrO_2，使其在室温或不太高的温度及外力作用下让 ZrO_2 发生马氏体转变，这时会使陶瓷材料的韧性大大提高（见第十章第四节）。

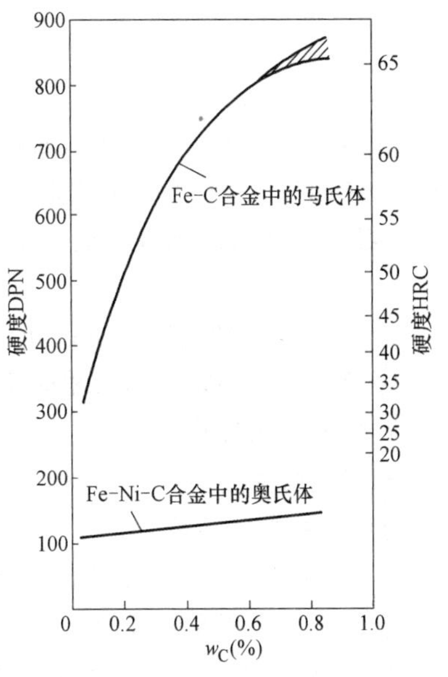

图 7-43　含碳量对马氏体硬度的影响

需要注意的是，一般 ZrO_2 的马氏体转变，亦即正方→单斜（通常简写为 T→M）转变，是在很高的温度范围内进行的，如图 7-45 所示。开始马氏体转变的温度 *Ms* 约为 920℃，到 700℃ 马氏体转变结束（*Mf*），而且转变是可逆的。当加热时，又会发生 M→T 逆向转变，转变温度在 $T_s \sim T_f$ 范围。从图 7-45 中可能会产生一个疑问，ZrO_2 是单元系，在两相平衡时按照相律，自由度应为零，为什么它的转变是一个温度范围？这就是上面谈到的，当 T ⇌ M 时将伴随着很大的体积变化，导致大的局部应力。在压力不变的情况下，相律公式写为 $f=C-P+1$，现在压力是变量，不再是固定的一个大气压，因此相律公式应为 $f=C-P+2$。

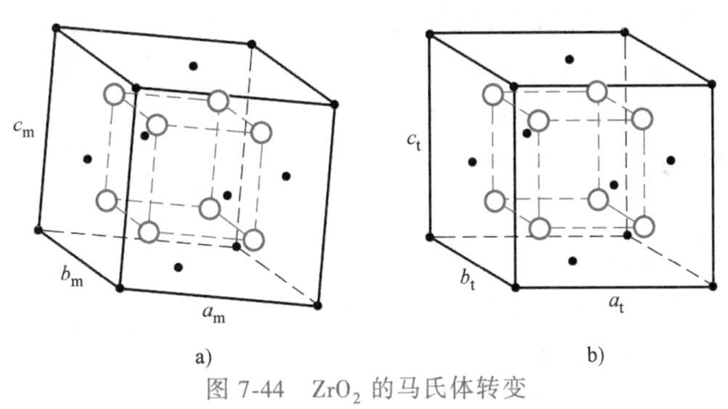

图 7-44　ZrO_2 的马氏体转变

a）单斜：$a_m=0.5156$nm　$c_m=0.5304$nm　$b_m=0.5191$nm　$\beta=98.9°$

b）正方：$a_t=0.5094$nm　$c_t=a_t$　$b_t=0.5177$nm

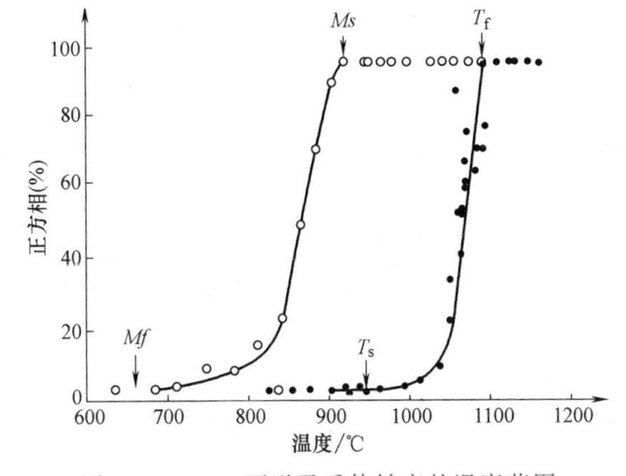

图 7-45　ZrO_2 可逆马氏体转变的温度范围

习　题

1. 钢的渗碳有时在 870℃ 而不是在 927℃ 下进行，因为在较低的温度下容易保证获得细晶粒。试问在 870℃ 下渗碳要多少时间才能得到相当于在 927℃ 下 10h 的渗层深度？

（渗碳时选用的钢材相同，炉内渗碳气氛相同。关于碳在 γ-Fe 中的扩散数据可查表 7-4）

2. 今有少量的放射性 Au^* 沉积在金试样的一端，在高温下保持 24h 后将试样切割成薄层，距放射源不同距离测量相应位置的放射强度，其数据如下：

距离放射源位置/μm	10	20	30	40	50
相对放射强度	83.8	66.4	42.0	23.6	8.74

求 Au 的扩散系数。

（这是测定物质扩散系数的一种常用方法。沉积的放射性 Au^* 总量是恒定的，各个位置的放射强度与其所含的放射性 Au^* 原子数成正比）

3. 自扩散与空位扩散有何关系？为什么自扩散系数公式（7-18）要比空位扩散系数 D_v 小得多？（$D_v = D/n_v$，n_v 为空位的平衡浓度）

4. 1）为什么晶界扩散和体扩散（或点阵扩散）对扩散的相对贡献为 $D_b\delta/D_l d$？（D_b、D_l 分别为晶界和点阵扩散系数，δ、d 分别为晶界厚度和晶粒直径。为简单计，将晶粒设想为一立方体，试用菲克第一定律写出此关系）

2）利用表 7-4 给出的 Ag 的晶界扩散和体扩散数据，如晶界厚度为 0.5nm，Ag 的晶粒尺寸 $d = 10^2\mu m$，试问晶界扩散在 927℃ 和 727℃ 能否觉察出来？（假定实验误差在±5%）

5. 假定第二相 β 自母相 α 中形核，形核位置可能有两种情形（图 7-46），则

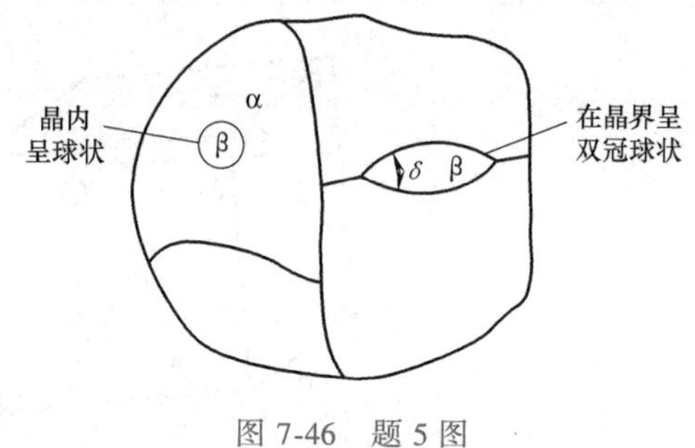

图 7-46　题 5 图

1）试证明 β 相无论是在晶内以球状形核，还是在晶界以双球冠状形核，其晶核临界半径 r_k 和临界晶核形成功 ΔG_k 均为

$$r_k = -\frac{2\gamma}{\Delta G_v} \qquad \Delta G_k = -\frac{V_k}{2}\Delta G_v$$

（这说明晶核临界半径 r_k 与临界体积 V_k 均与晶核形状无关）

2）当两面角 $\delta = 120°$ 时，β 是首先在晶内还是在晶界上形核？什么情况下 β 相会首先在晶内形核？

6. 对于铝合金，形成 θ″相的点阵错配度约 10%，θ″相呈盘状，厚度约为 20Å，其应变能计算书中已给出，试计算 θ″相生长厚度为多少时共格就会遭到破坏？（$E = 7\times10^4 N/mm^2$，非共格界面能为 $500\times10^{-7} J/cm^2$）

7. 新相的长大为什么会有扩散控制长大和界面控制长大两种类型？什么情况下晶体的长大是由界面控制或界面反应决定的？能否找到一种实验方法来确定某新相的长大是由界面反应决定的？

8. 调幅分解反应和一般的形核长大机制有何不同？

参考文献

[1] D A PORTER, K E Easterling. Phase transformations in Metals and Alloys [M]. 2nd ed. London: Chapman & Hall, 1991.

[2] A GUY. Introduction to Materials science [M]. New York: McGraw-Hill, 1971.

[3] JAMES P SCHAFFER. The science and design of Engineering Materials [M]. 2nd ed. New York: McGraw-Hill , 1999.

[4] J D VERHOEVEN. Fundamentals of physical Metallurgy [M]. New Jersey: John wiley & son. Inc, 1975.

[5] M COHEN.《马氏体相变》讲座（1-6）[J]. 材料科学与工程，1983-1984，(1~6).

[6] 张立德，牟季美. 纳米材料与纳米结构 [M]. 北京：科学出版社，2001.

第八章　材料的变形与断裂

各种材料的变形特性可以有很大的不同，一般来说，金属材料有良好的塑性变形能力，也具有较高的强度，因此可被加工成各种形状的零件；陶瓷材料有高的高温强度、耐磨性能和耐蚀性能，但陶瓷材料很脆，很难加工成形；而高分子材料在玻璃化温度 T_g 以下是脆性的，在 T_g 以上可以加工成形，但其强度很低。各种材料在力学性能上的差别主要取决于结合键和晶体或非晶体的结构。本章主要讨论金属的变形特性，并在此基础上说明高分子和陶瓷材料的变形行为。

第一节　金属变形概述

可从两方面研究金属的变形与断裂：一是在生产制造的过程中，要将金属材料加工成一定形状的零件、构件或产品，需要研究各种冷热加工工艺，如轧制、锻造、挤压、拉拔等工艺对材料的加工成形和变形后性能的影响；二是在制成零件或构件后，在实际的使用过程中，可能会出现材料的过量变形与断裂。尽管零件设计时不允许或只允许发生少量的塑性变形，但由于零件上不可避免地有应力集中，会在局部发生过量的塑性变形，影响正常工作，甚至最后导致破坏，或可能由于制造中产生的缺陷（如焊接缺陷或材料内部缺陷），在压力容器、船体、火箭这样一些重要产品中会引起突然的脆性破坏。零件或构件在使用过程中所出现的这类问题，就涉及对金属材料强度的研究，而材料的强度就是指对变形与断裂的抗力。

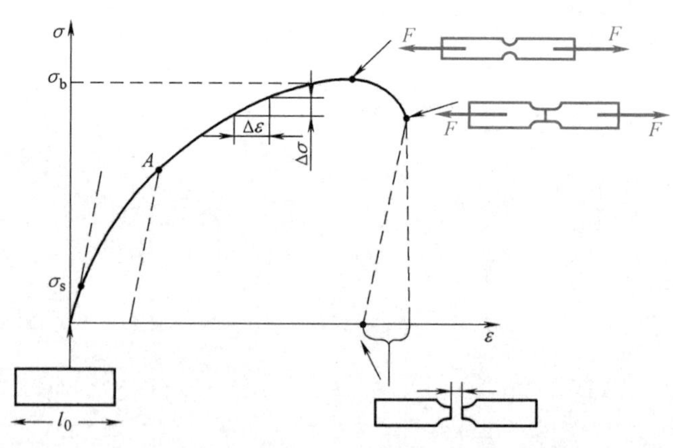

图 8-1　退火纯铜静拉伸时的应力-应变曲线

为了了解金属材料的变形与断裂特性，工程上常用应力-应变曲线表示。图 8-1 表示退火纯铜静拉伸时的应力-应变曲线。由图 8-1 可以看出，一般的金属材料，除了像铸铁、淬火高碳钢等少数脆性材料外，都有弹性变形、塑性变形和最后断裂三个阶段。图 8-1 中 σ_s [⊖] 点以下为弹性变形部分，σ_s 表示开始塑性变形的应力，称为屈服强度。工程上屈服强度的

⊖　本章仍采用旧标准的表示方法。

确定，常采取人工规定的方法，把去除外力后发生0.01%～0.5%残余应变的应力作为“条件屈服强度”。超过屈服点后，应力-应变的关系就不再是线性的了，随着变形程度的增加，变形的抗力也增加，要继续变形，必须增加外力，这种现象叫作加工硬化。曲线中的最高点对应的应力，称为抗拉强度，它是材料极限承载能力的标志。在应力未达到抗拉强度以前，试样只发生均匀伸长，当应力达到抗拉强度时，试样局部地方截面开始变细，通常称为缩颈，力学上也叫开始失稳。再继续拉伸，在出现缩颈处截面越来越细，最后不能承受外力，迅速断裂。应该指出，图8-1所示的是条件应力-应变曲线。计算应力时是以试样原始截面尺寸为基准的，而计算应变量时也是以原试样长度为基准的。显然，这样的计算并不能反映试样内的真实应力和真实应变，因为在拉抻过程中试样在不断伸长，截面在逐渐变细。材料的真应力-真应变曲线是可求的（见材料的力学性能课程），但在工程应用上条件应力-应变曲线的测试方便。

第二节 金属的弹性变形

金属弹性变形的主要特点是：①变形是可逆的，去除外力后变形消失；②服从胡克定律，应力与应变呈线性关系。在正应力下 $\sigma=E\varepsilon$，在切应力下 $\tau=G\gamma$。杨氏模量 E 和切变模量 G 有以下关系 $G=\dfrac{E}{2(1+\nu)}$，如取泊松比 $\nu=0.33$，则 $G\approx\dfrac{3}{8}E$。

杨氏模量 E 和切变模量 G 是重要的物理和力学参量，应了解其物理本质和工程意义。

弹性模量是原子间结合力的反映和度量。当晶体在外力作用下发生弹性变形时，内部的原子间距离就偏离了平衡位置。在没有外力作用时，晶体内原子间的结合能和结合力在固体物理中是可以计算的，其结合能和作用力随距离的变化关系，可示意地用图8-2表示。当原子处于平衡位置时，其原子间距为 r_0，结合能 u 处于最低位置，相互作用力为零，这是最稳定的状态。一旦受到外力，原子将离开平衡位置，原子间距增大时将产生吸引力，原子间距减小时将产生排斥力，在吸引力或排斥力的作用下，原子都力图恢复原来位置。很明显，发生弹性变形的难易程度取决于作用力-原子间距曲线的斜率 S_0。

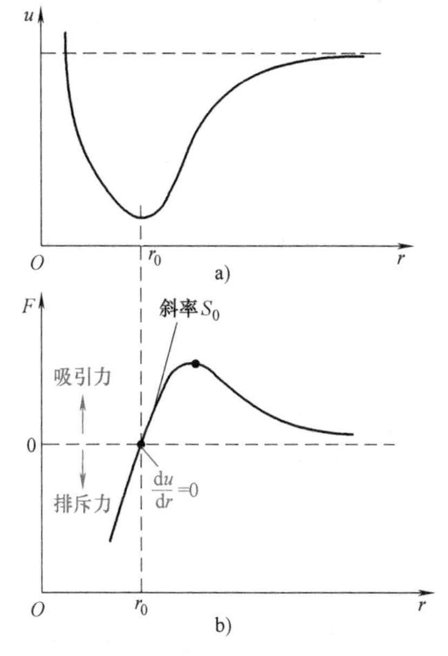

图8-2 结合能、作用力与原子间距离的关系
a）结合能与间距 b）作用力与间距

$$S_0=\frac{dF}{dr}=\frac{d^2u}{dr^2} \tag{8-1}$$

由于金属材料的弹性变形量很小，所以原子间距只在 r_0 附近变化，可把 S_0 看成常数，于是，弹性变形所需外力为 $F=S_0(r-r_0)$。

上式可改写为

$$\frac{F}{r_0^2}=\frac{S_0}{r_0}\frac{r-r_0}{r_0}$$

即

$$\sigma=\frac{S_0}{r_0}\varepsilon$$

$$E=\frac{S_0}{r_0} \tag{8-2}$$

这就是胡克定律和弹性模量的微观解释。由于弹性模量是原子间结合力强弱的反映，对金属材料来说，它是一个对组织不敏感的性能指标。加入少量合金元素和热处理对弹性模量的影响不大。举例来说，碳钢、铸铁和各种合金钢的弹性模量都差别不大，$E\approx200$GPa，而它们的屈服强度和抗拉强度可以差别很大。

弹性模量在工程技术上表示材料的刚度。有些零件或工程构件主要是按照刚度的要求设计的，如刚度条件满足，强度一般情况下也是满足的，如飞机的主桁架主要是考虑刚度。在外力相同的情况下，刚度大的材料发生的弹性变形量就小。如铁的弹性模量是铝的 3 倍，在同样的应力下，铁的弹性应变只是铝的 1/3。

第三节　滑移与孪生变形

金属在应力超过屈服强度时，就会发生塑性变形。滑移和孪生变形是金属在常温下的两种主要塑性变形方式。

一、滑移观察

将预先经过抛光的纯铝或纯铁试样，适当的变形之后，无需腐蚀，在光学显微镜下就可看到试样表面内有许多平行的或几组交叉的细线，这些细线称为滑移带。它是相对滑动的晶体层与试样表面的交线。如用电子显微镜（复型）更仔细观察，可以知道光学显微镜下试样表面的一条黑线是由一组平行线构成的，因此我们通常把在光学显微镜下看到的条纹叫作滑移带，在电镜下看到的称为滑移线。由于晶体各部分的相对滑动，造成试样表面有许多台阶。试样内的滑移带不是均匀分布的，滑移线构成的滑移台阶高约 100nm。已知滑移是晶体内位错运动的结果，当一个位错沿着一定的平面运动，移出晶体表面时所形成的台阶大小是一个柏氏矢量，如取 $b=0.25$nm，从滑移台阶的高度可粗略估计有 400 个位错移出了晶体表面。

二、滑移机制

我们知道，晶体中已滑移部分与未滑移部分的分界是位错。但这种分界并没有鲜明的界线，实际上是一个过渡区域，这个过渡区域就叫作位错的宽度，如图 8-3 所示。位错之所以有一定宽度，是两种能量平衡的结果。从界面能来看，位错宽度越窄界面能越小，但单位体积内的弹性畸变能很高；反之，位错宽度增加，将集中的弹性畸变能分摊到较宽区域内的各个原子面上，使每个原子列偏离其平衡位置较小。这样，单位体积内的弹性畸变能就减小了。位错宽度是影响位错是否容易运动的重要参数。位错宽度越大，位错就越易运动。

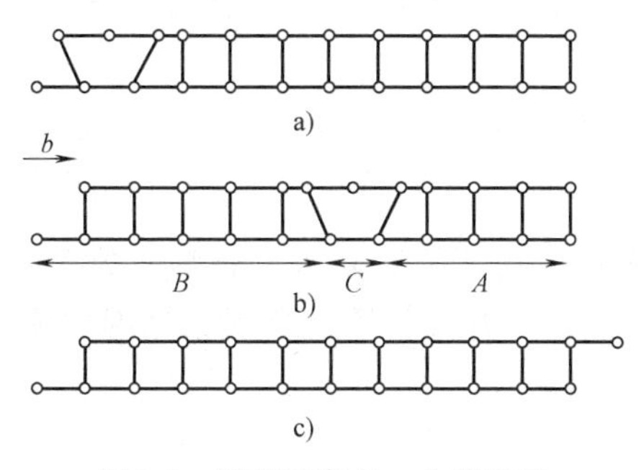

图 8-3　滑移时存在一位错宽度

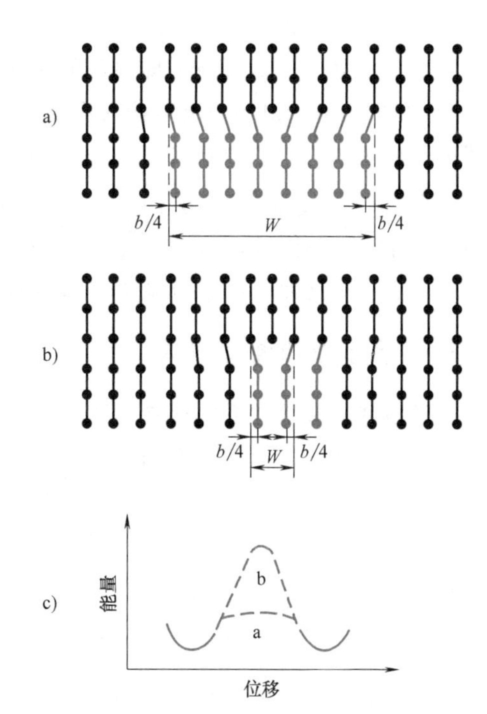

图 8-4　位错宽度 W 大时位错易运动的示意图
a）$W_{大}$　b）$W_{小}$　c）位错移动性与 W 关系

从能量角度看，位错宽度大时位错运动所需克服的能垒小，而位错宽度窄时需克服的能垒大，如图 8-4 所示。位错宽度在计算中是这样界定的：在位错中心处，它离左右两端的平衡位置是 $b/2$，在位错中心附近的各原子列相对它们原来所处的平衡位置都有些偏离，只是离位错中心越远，偏离其自身的平衡位置越小，现规定偏离自身平衡位置的位移为 $b/4$ 时，位错两侧的宽度范围以 W 表示，为位错宽度。

在理想晶体中，位错在点阵周期场中运动时所克服的阻力为派-纳力。派-纳力与晶体的结构和原子间作用力等因素有关，采用连续介质模型可近似地计算出派-纳力

$$\tau_{P-N}=\frac{2G}{1-\nu}\exp\left[-\frac{2\pi W}{b}\right] \tag{8-3}$$

$$W=\frac{d}{1-\nu} \tag{8-4}$$

式中，d 为滑移面的面间距；b 为滑移方向上的原子间距；ν 为泊松比；W 为位错的宽度。

派-纳力的计算公式推导十分复杂而且也不精确，我们需要知道的只是它的一些定性结果：

1）从本质上说，τ_{P-N} 的大小主要取决于位错宽度 W，位错宽度越小，派-纳力越大，材料就难以变形，屈服强度就越高。

2）派-纳力主要决定于结合键的本性和晶体结构。对于方向性很强的共价键，其键角和键长都很难改变，位错宽度 $W\approx b$，故派-纳力很高，因而其宏观表现是屈服强度很高，但很脆；而金属键因为没有方向性，位错有较大的宽度，对面心立方金属如 Cu，其 $W\approx 6b$，由式（8-3）可知，其派-纳力是很低的。派-纳力的计算公式第一次定量地指出了金属晶体中，由于位错的存在使实际的屈服强度（$\tau_{P-N}\approx 10^{-4}G$）远低于理论的屈服强度$\left(\approx\frac{1}{30}G\right)$。

位错在不同的晶面和晶向上运动，其位错宽度是不一样的，由式（8-3）、式（8-4）指

出，只有当 b 最小、d 最大时，位错宽度才最大，派-纳力最小。位错只有沿着原子排列最紧密的面及原子密排方向上运动时，派-纳力才最小。这就解释了为什么实验观察到金属中的滑移面和滑移方向都是原子排列最紧密的面和方向。

3）在金属中，由实验测得的材料屈服强度和派-纳力的概念联系起来，可知面心立方金属和沿基面（0001）滑移的密排六方金属，其派-纳力最低；对于不是沿基面滑移而是沿棱柱面（$10\bar{1}0$）或棱锥面（$10\bar{1}1$）滑移的密排六方金属，由于 b/a 较大，影响了位错宽度，派-纳力增高了。对于体心立方金属，派-纳力稍高于面心立方，并且其派-纳力随温度降低而急剧增高，这可能是体心立方金属多数具有低温脆性的原因。

三、滑移面和滑移方向

由于滑移面和滑移方向通常是原子排列最密集的平面和方向，对不同的金属晶体结构，其滑移面和滑移方向自然也不相同。

对面心立方金属，原子排列最紧密的面是{111}，原子最密集的方向为〈110〉，因此其滑移面为{111}，共有 4 个；滑移方向为〈110〉，共有 3 个。若分别列出，则为

$[\bar{1}10]$（111）　$[1\bar{1}0]$（$11\bar{1}$）　[110]（$1\bar{1}1$）　[110]（$\bar{1}11$）

$[10\bar{1}]$（111）　[101]（$11\bar{1}$）　$[10\bar{1}]$（$1\bar{1}1$）　[101]（$\bar{1}11$）

$[0\bar{1}1]$（111）　[011]（$11\bar{1}$）　[011]（$1\bar{1}1$）　$[01\bar{1}]$（$\bar{1}11$）

注：后面的面是与前面的面相平行的，因而它们的滑移系相同，例如[110]（$\bar{1}11$）滑移系与[110]（$1\bar{1}\bar{1}$）相同。

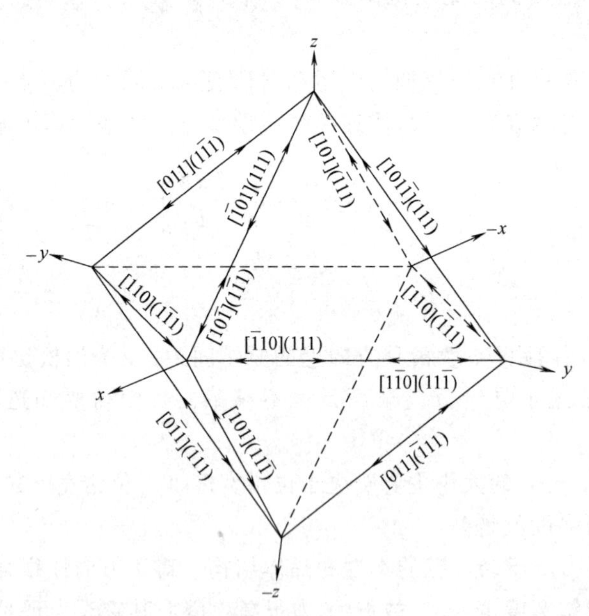

图 8-5　面心立方金属［110］{111} 的 12 个滑移系

这些滑移面和滑移方向可清楚地表示在一锥形八面体中，如图 8-5 所示滑移面与滑移方向的组合为 4×3＝12，即构成了 12 个滑移系。

对于体心立方金属，原子排列最密集的平面和方向是{110}〈111〉，{110}有 6 个，〈111〉有 2 个，因此也有 12 个滑移系。但是，这只是最容易发生滑移的平面和方向。体心

立方金属的滑移变形受合金元素、晶体位向、温度和应变速率的影响较大，因此也观察到它可在{112}和{123}上进行，但滑移方向是恒定的，还是〈111〉。这样，体心立方金属就可能有48个滑移系。

对于密排六方金属，当$\frac{c}{a}$较大$\left(\frac{c}{a}\geqslant 1.63\right)$时，如Cd、Zn、Mg等滑移面为{0001}，滑移方向为〈11$\bar{2}$0〉，组合的结果只有三个滑移系。当c/a较小时，在棱柱面原子排列的密度比基面上大，因此滑移面就变为{10$\bar{1}$0}，如Ti。Be的$\frac{c}{a}$很小，但它有时滑移系为{0001}〈11$\bar{2}$0〉，有时滑移系为{10$\bar{1}$0}[11$\bar{2}$0]，现查明这主要是杂质的影响，Be中含有氧或氮会改变其滑移系，Ti也有这种情况。

滑移系的多少是影响金属塑性好坏的重要因素。密排六方金属的滑移系只有3个，因此，一般来说，它们的塑性低。但是，我们能否说体心立方金属的塑性比面心立方金属的塑性好呢？不能。塑性的好坏除了与晶体结构所表现出的滑移系多少这一固有影响因素有关外，还有杂质对变形、加工硬化的影响，屈服强度和金属断裂抗力的高低等。即使从滑移系来看，体心立方金属也只是可能有潜在的48个滑移系，在实际的变形条件下，并不等于有这么多滑移系都同时动作。三种晶体结构滑移系的比较如图8-6所示。

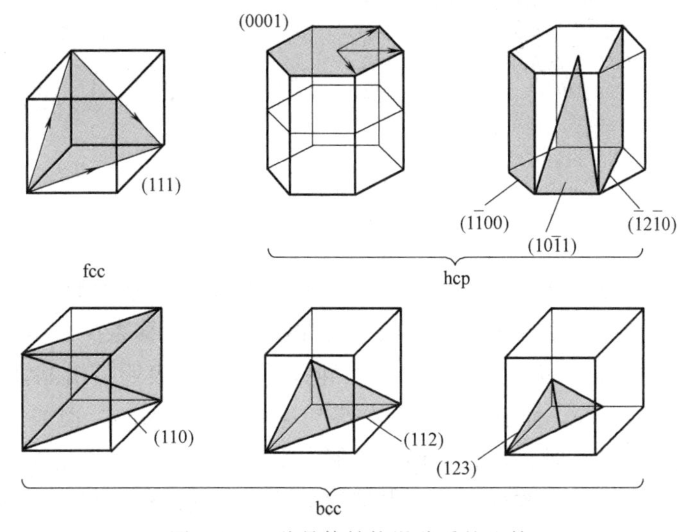

图8-6　三种晶体结构滑移系的比较

四、孪生变形

孪生变形也是一种常见的变形方式。什么是孪生变形呢？我们先来看示意图8-7，晶体在切应力作用下沿着一定的晶面（称为孪生面）和晶向（称为孪生方向），在一个区域内发生连续顺序的切变（图8-7中的虚线部分），变形的结果使这部分的晶体取向发生改变（晶体结构和对称性并未改变），但是已变形的晶体部分与未变形的晶体部分保持着镜面对称关系。孪生变形和滑移变形的重要区别就在于前者使晶体取向改变了，而后者的晶体取向未改变。孪生变形时的晶体取向为什么会改变呢？可以从面心立方晶体孪生切变过程看出。在孪生变形区域（称为孪晶带）中的各晶面，其切变位移都不是原子间距的整数倍，各晶面的

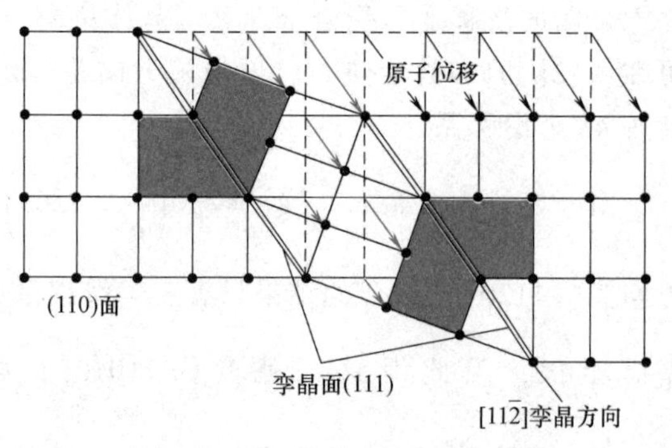

图 8-7 面心立方晶体的孪生变形

原子位移量与到孪晶面的距离成正比。正是由于原子位移的这种特点，才使得孪生变形部分与未变形区域互以孪晶面为镜面对称（图 8-7 中涂色的区域），而如果孪晶带这部分区域是以滑移变形的，那么各个晶面的原子都移过相同的距离。由于孪生变形的这种特点，假如我们在一个预先经过抛光的试样上用针刻划一条直线，当试样加载发生塑性变形时，如果是孪生变形，可看到这一直线变成折线，且表面有倾动，在斜照明下可看到表面有突起，试样的轴线方向在孪生变形区域改变了（图 8-8），这样，我们即使把表面的突起磨去，腐蚀后，仍能看到孪晶带，它以两条线将孪生和未变形的区域分开。但是滑移所造成的表面台阶在磨去后再腐蚀，就不能察觉了。据此，可以借助光学显微镜的观察来判断变形形式是滑移还是孪生。

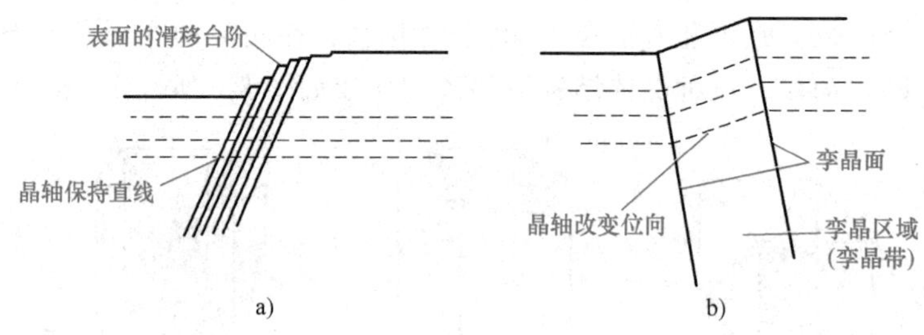

图 8-8 滑移与孪生的识别

a）滑移造成表面台阶 b）孪生形成表面突起

孪生变形对密排六方金属尤其重要，虽然理论计算孪生变形对整个变形量的总贡献不大，在总变形中还是滑移占主导地位，但因为密排六方金属滑移系少，尽管孪生变形的临界切应力通常大于滑移的临界切应力，例如，对纯镉单晶测定表明，沿基面（0001）滑移的临界切应力为 0.2~0.3MPa，而孪生变形的临界切应力为 1~7MPa。但如果基面的位向不利并与拉力轴的方向渐趋平行时，滑移变形就不能发生，这时就优先发生孪生变形。在孪生变形之后由于该部分的晶体取向改变了，又促使滑移得以继续进行。所以，孪生变形的主要作用在于，当滑移变形困难时它能改变晶体位向帮助滑移。

对于体心立方金属，它们的滑移系较多，现发现 Cr、W、Mo、Nb 特别是 α-Fe 都在一定的条件下发生孪生变形。纯铁在低温（-196℃）或者在室温下冲击变形或爆炸成形时都可发生孪生变形。

面心立方金属一般认为是不发生孪生变形的，但实验发现如纯铜可在 4K 下发生孪生变形。其他的如 Ag、Ni 都有类似的现象。在工程中更值得注意的是那些低层错能的面心立方金属材料如高锰钢、不锈钢、α-黄铜，它们在室温下就能在较大的体积内发生孪生变形，这可能是这类材料产生强烈的加工硬化的原因之一。对铜基合金的研究表明，产生孪生变形的应力和层错能的高低有一定的关系，层错能越低，孪生应力也越低。这就是说，对于面心立方固溶体合金来说，只要加入能降低层错能的溶质元素，就比纯（溶剂）金属更容易出现孪生。

第四节　单晶体的塑性变形

施密特定律

一、施密特定律

金属晶体中可能存在的滑移系很多，如面心立方金属就有 12 个滑移系，但在变形时面心立方金属这 12 个滑移系是否都能同时动作呢？显然不是。一个单晶体受拉伸，当拉力轴沿一定晶向，只有当外力在某个滑移面的滑移方向上的分切应力达到某一临界值时，这一滑移系才能开始变形。当有许多滑移系时，就要看外力在哪个滑移系上的分切应力最大，分切应力最大的滑移系一般首先开始变形。

图 8-9 表示一单晶体的滑移面法线方向与外力的夹角为 ϕ，滑移方向与拉力轴的夹角为 λ。注意滑移方向、拉力轴和滑移面的法线，这三者在一般情况下不在一平面内，即 $\phi+\lambda\neq 90°$。由图可知，外力在滑移方向上的分切应力为

$$\tau=\frac{F}{A}\cos\phi\cos\lambda=\sigma\cos\phi\cos\lambda$$

图 8-9　在单晶体某滑移系上的分切应力

当
$$\tau=\tau_c \quad \sigma=\sigma_s$$

于是
$$\tau_c=\sigma_s\cos\phi\cos\lambda \tag{8-5}$$

式（8-5）称为施密特定律。即当在滑移面的滑移方向上，分切应力达到某一临界值 τ_c 时，晶体就开始屈服，此时 $\sigma=\sigma_s$。施密特认为 τ_c 是一常数，对某种金属是一定值，但材料的屈服点 σ_s 则随拉力轴相对于晶体的取向，即 ϕ 角和 λ 角而定，所以 $\cos\phi\cos\lambda$ 称为取向因子或施密特因子。$\cos\phi\cos\lambda$ 值大者，称为软取向，此时材料的屈服点较低；反之，$\cos\phi\cos\lambda$ 值小者，称为硬取向，相应的材料屈服点也较高。取向因子最大值在 $\phi=\lambda=45°$ 的情况下，这时 $\cos\phi\cos\lambda=\frac{1}{2}$。由式（8-5）也可知道，当滑移面垂直于拉力轴或平行于拉力轴时，在滑移面上的分切应力为零，因此不能滑移。

例 8-1　如在面心立方晶胞 [001] 上施加 69MPa 的应力，试求滑移系（111）[$\bar{1}$01] 上的分切应力。

解：此题主要是确定该滑移系对拉力轴的相对取向，先画出图 8-10。显然，滑移方向和拉力轴的夹角 $\lambda=45°$，$\cos\lambda=0.707$。滑移面的法线与拉力轴夹角为 ϕ，$\cos\phi=\frac{a_0}{\sqrt{3}a_0}=\frac{1}{\sqrt{3}}$，$\phi=54.76°$。

由施密特定律　$\tau=\sigma\cos\phi\cos\lambda=69\times\frac{1}{\sqrt{3}}\times 0.707\text{MPa}=28.1\text{MPa}$

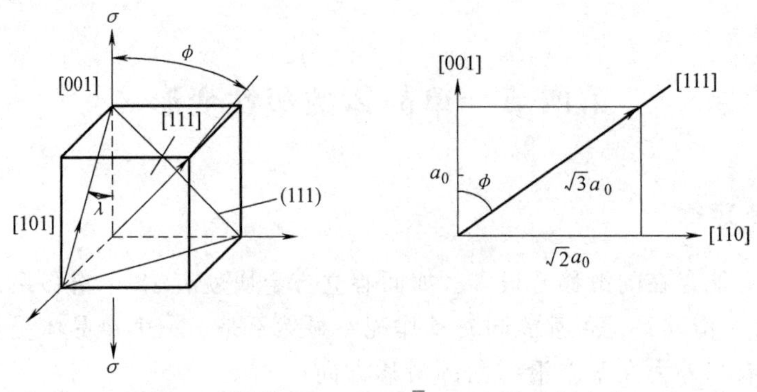

图 8-10 滑移系（111）[$\bar{1}$01] 上的分切应力

此题的另一解法是按矢量运算，求两矢量的夹角。

对于立方晶系，两晶面（$h_1k_1l_1$）与（$h_2k_2l_2$）的夹角为

$$\cos\phi=\frac{h_1h_2+k_1k_2+l_1l_2}{\sqrt{h_1^2+k_1^2+l_1^2}\sqrt{h_2^2+k_2^2+l_2^2}}$$

滑移面法线[111]与[001]的夹角为

$$\cos\phi=\frac{1\times0+1\times0+1\times1}{\sqrt{1^2+1^2+1^2}\sqrt{0^2+0^2+1^2}}=\frac{1}{\sqrt{3}}=0.577$$

同样可得出以上结果。

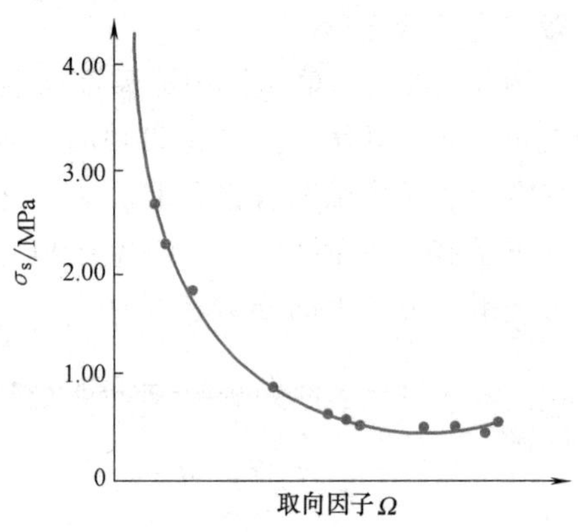

图 8-11 Zn 单晶拉伸时，σ_s 与取向因子 Ω 的关系

施密特定律首先在六方晶系如 Zn、Mg 中得到证实。图 8-11 所示为纯度为 99.999%（质量分数）的单晶锌在拉伸时的屈服点随晶体位向变化的实验结果。随后实验也证明施密特定律也同样适用于面心立方金属（严格地说，拉力轴的位置不应在能使晶体发生许多滑移系统同时动作的情况下）。但是，对于体心立方金属，现已证明，它们是不服从施密特定律的。具体表现为晶体滑移的临界切应力并不是常数，由于拉力轴的取向不同，τ_c 也在改变；另外，也发现了在施密特因子为最大的晶体取向上作拉伸与压缩时，两者的临界切应力是不同的。

表 8-1 列举了一些金属晶体发生滑移的临界分切应力 τ_c 的测定值，是在已知单晶的取向和拉力轴方向的情况下，通过测出单晶的屈服强度，根据施密特公式计算得来。这是宏观的实验结果。那么，这一数值从微观的滑移机制上看，该如何理解呢？在理想的情况下，临界分切应力 τ_c 和派-纳力应该有对应的关系，因为派-纳力就是位错运动开始发生塑性变形时所需要克服的阻力。但是，实测的临界分切应力要比计算得来的派-纳力高三个数量级左右。造成如此大的差别主要是，一方面因为派-纳力的计算只考虑位错在理想的晶体点阵周期场中运动，而实际晶体中尚需考虑杂质原子和位错的交互作用、位错间的交互作用等；另一方面，计算位错运动阻力的派-纳模型本身也不完善。由于存在着这些差别，早在 20 世纪 30 年代就用实验测得临界分切应力，直到 20 世纪 40 年代才由上面所提出的滑移位错机制得到解释，到 20 世纪 50 年代滑移的位错机制才由电镜观察得到直接的实验证明。

表 8-1　一些金属晶体发生滑移的临界分切应力

金　属	温度/℃	w（%）	滑移方向	滑移面	τ_c/MPa
Al	室温	—	⟨110⟩	{111}	0.79
Cu		99.9			0.98
Ni		99.8			5.68
Fe	室温	99.96	⟨111⟩	{110}	27.44
Nb		—			33.8
Ti	室温	99.99	⟨$11\bar{2}0$⟩	{$10\bar{1}0$}	13.7
Mg				(0001)	0.76
Mg	330	99.98			0.64
Mg				{$10\bar{1}1$}	3.92

二、单滑移、多滑移和交滑移

施密特定律的意义，不仅在于阐明了晶体开始塑性变形时，切应力需达到某一临界值，而且也容易说明滑移变形有单滑移、多滑移和交滑移几种情况。

图 8-12 所示为多晶铝在发生单滑移、多滑移和交滑移的图像。

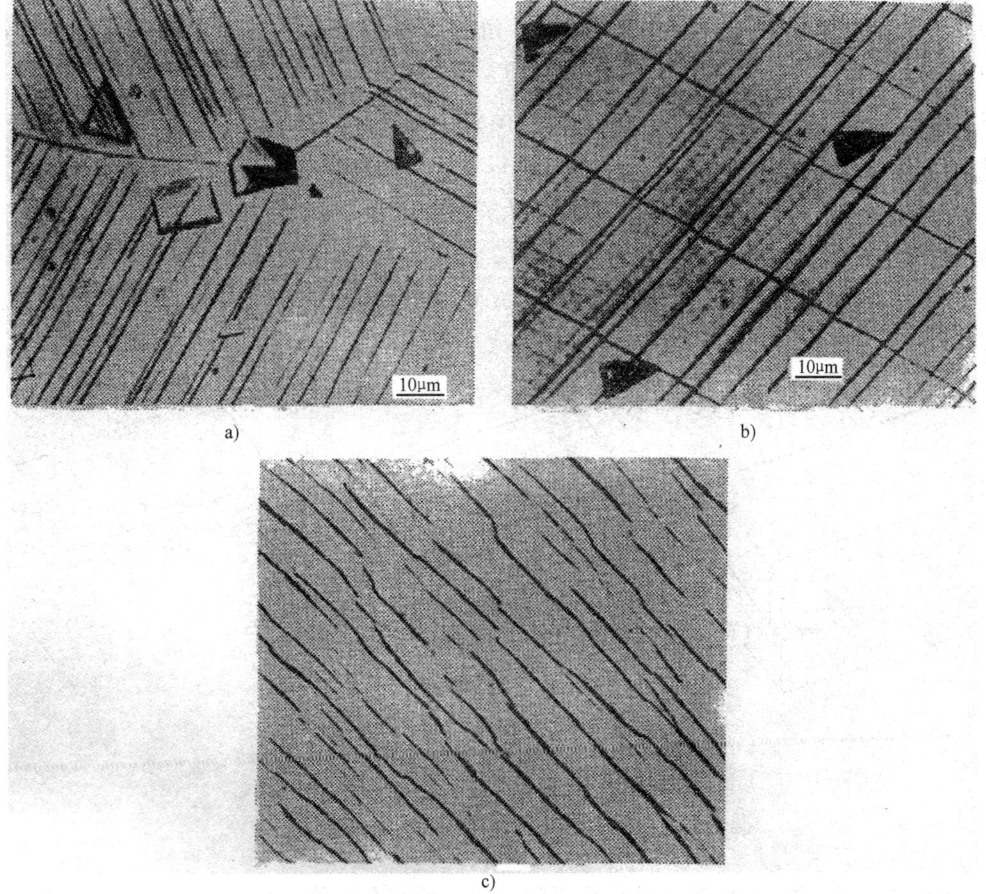

图 8-12　多晶铝发生的滑移

a）单滑移 100×　b）多滑移 100×　c）交滑移 200×

当只有一个滑移系上的分切应力最大并达到了临界分切应力时，只发生单滑移。一个晶粒内只有一组平行的滑移线（带）。它是在变形量很小的情况下发生的，因此加工硬化也很弱。

当拉力轴在晶体的特定取向上时，可能会使几个滑移系上的分切应力相等，在同时达到临界分切应力时，就会发生多滑移。例如，面心立方金属滑移面为{111}，滑移方向为〈110〉，4个{111}构成一个八面体，当拉力轴为[001]时，由几何图形（图 8-13）可以看出：①对所有{111}平面，ϕ 角是相同的，为 54.7°；②λ 角对$[\bar{1}01]$ [101] [011] $[0\bar{1}1]$也是相同的，为 45°；③锥体底面上的两个〈110〉方向和[001]垂直。因此，锥体上有 4×2=8 个滑移系具有相同的施密特因子，当达到了临界切应力时可同时动作。但是，由于这些滑移系是由不同位向的滑移面与滑移方向构成的，所以当一个滑移系启动后，另一个滑移系的滑动就必须穿越前者，两个滑移系上的位错会有交互作用，可能产生交割和反应（下面将要谈到），因而，多系滑移会产生强的加工硬化。

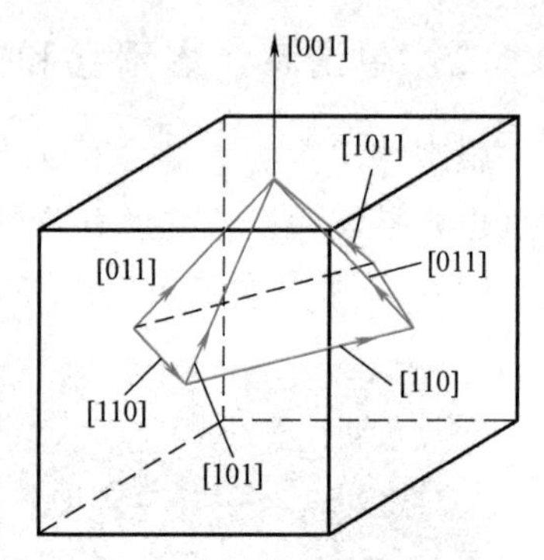

图 8-13　面心立方金属，拉力轴为［001］造成的多滑移

交滑移是螺型位错在两个相交的滑移面上运动，当螺型位错在一个滑移面上运动遇有障碍，会转到另一滑移面上继续滑移，滑移方向不变。图 8-14 示意地画出了交滑移的特点。正因为如此，我们看到交滑移时，滑移线不是平直的，有转折和台阶，如图 8-13 所示。例如，对面心立方金属，螺型位错可从$[\bar{1}01]$（111）运动到$[\bar{1}01]$（$1\bar{1}1$）。在密排六方晶体中，由于滑移系少，遇到可以同时在基面（0001）和柱面（$10\bar{1}0$）滑移的情况较少，不容易看到交滑移。面心立方金属发生交滑移的机会就多些。而最容易发生交滑移的是体心立方金属，因其可能在{110}{112}{123}晶面上滑移，滑移方向总是〈111〉，所以我们看到铁的滑移线为波纹状。

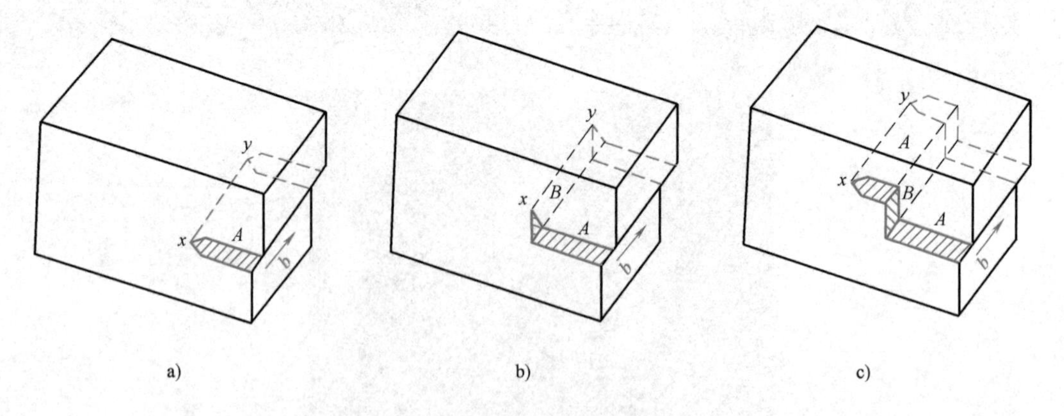

图 8-14　螺型位错 xy 的交滑移

a）滑移面为 A 面　b）交滑移到 B 面　c）再次交滑移到 A 面

交滑移在晶体的塑性变形中是很重要的。如果没有交滑移，只增加外力，晶体很难继续变形下去，最后只会造成断裂。所以容易进行交滑移的材料，塑性才是好的。因为只有纯螺

型位错才能进行交滑移，在晶体缺陷一章中，我们曾讲到一个全位错可以分解为两个不全位错，中间夹以层错。带有层错的不全位错要进行交滑移，必须首先束集成不扩展态的螺型位错线段，螺型位错的滑移面不是固定的，这样才能交滑移。扩展位错进行交滑移的示意图如图 8-15 所示。由前文可知，扩展位错的宽度 $d=G(\vec{b}_1\cdot\vec{b}_2)/2\pi\gamma$，金属的层错能越低，位错的扩展宽度就越大，交滑移束集时要做的功也越大。因此，凡是层错能低的材料，交滑移困难，材料的脆性倾向较大。如铁的层错能很高，滑移线呈波纹状，在加入 $w_{Si}=3\%$的硅铁中，由于硅使铁的层错能大大降低，阻碍了交滑移，滑移线呈平直状，材料也易脆断。但是，我们也看到另一种低层错能材料，如奥氏体不锈钢、高锰钢和 α-黄铜，虽然交滑移困难了，但拉伸断裂前仍有很大的塑性。这是因为这类材料当滑移变形受到抑制时，它们以另一种变形方式孪生继续变形，孪生变形又促使了滑移的产生，由于这两种变形机制同时发生或交替动作，材料仍有很好的塑性。

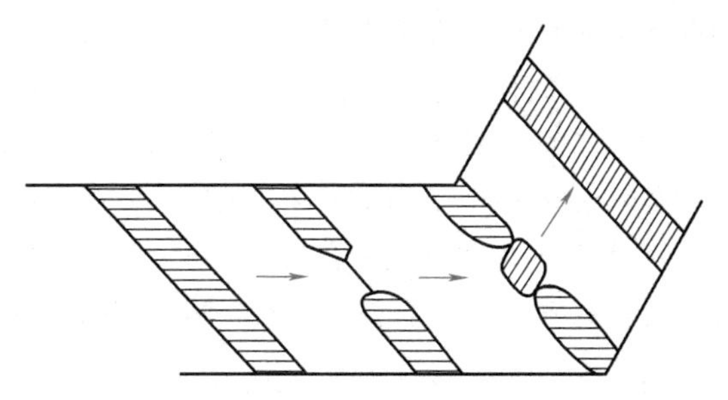
图 8-15　扩展位错进行交滑移示意图

第五节　多晶体的塑性变形

一、晶界和晶体位向对塑性变形的影响

由于多晶体各个晶粒位向的不同，在外力作用下，按照施密特定律应该是施密特因子最大，并且分切应力首先达到临界切应力的那些晶体开始滑移。当滑移扩展到邻近晶粒时，常会看到滑移线终止于晶界附近，一般情况下滑移线是不穿越晶界的。这说明晶界本身和晶体位向的差别会共同阻碍滑移。不过有人用双晶体试样测得拉伸时的屈服强度与两晶粒的取向差呈正比。当取向差为零时，其屈服强度便接近于单晶体的数值，滑移线也可以穿越晶界。这似乎表明晶体位向的影响大于晶界本身，但实际上要把这两者的影响完全清楚地截然分开是不容易的，因为晶体的位向差也会影响晶界的结构，仅用晶粒位向差也很难解释晶粒大小对屈服强度的影响。

多晶体的变形概括起来有两个主要特点：第一是变形的传递，第二是变形的协调。如上所述，当多晶体中少数取向有利的晶粒开始滑移时，变形是如何传递到相邻的晶粒，并且陆续传播下去，直到在宏观上能测出一个塑性变形量？简单地说，当一个晶粒内的位错在某一滑移系上动作后，在位错遇到晶界时便塞积起来，位错的塞积产生了大的应力集中；当应力集中能使相邻晶粒的位错源启动时，原来取向不利的晶粒也能开始变形，相邻晶粒变形也使位错塞积产生的应力集中得以松弛，这就是滑移的传播过程，这点在讨论晶粒大小对材料屈服强度的影响时再详细说明。

在变形由一个晶粒传递到另一个晶粒时，还要同时考虑变形的协调作用。不难理解，假如多晶体在变形时各个晶粒的自身变形都像单晶体一样，彼此独立变形互相不受约束，那么在晶界附近变形将是不连续的，会出现空隙或裂缝，为了适应变形协调，不仅要求邻近晶粒的晶界附近区域有几个滑移系动作，就是已变形的晶粒自身，除了变形的主滑移系统外，在晶界附近也要有几个滑移系统同时动作。实验也观察到在晶界附近的滑移系较多。为了满足变形协调，理论计算本应有6个独立的滑移系，以保证6个独立的应变分量使晶粒的形状自由变化，在体积不变的情况下，$\Delta V=\varepsilon_{xx}+\varepsilon_{yy}+\varepsilon_{zz}=0$，这样至少应有5个独立的滑移系。对面心和体心立方金属，是容易满足这个变形协调条件的，但对密排六方金属，由于滑移系一般只看作有三个，为了实现变形协调，有两种方式：一种是在晶界附近区域，除了有基面滑移(0001)外，尚可能在柱面$\{10\bar{1}0\}$滑移或棱锥面$\{10\bar{1}1\}$滑移。另一种则是产生孪生变形，孪生和滑移结合起来，连续进行变形，由此可以看出孪生在密排六方金属变形中的重要作用。

仿照单晶体的施密特定律，对多晶体的屈服点可写为

$$\sigma_s=\frac{\tau_c}{\bar{\Omega}} \tag{8-6}$$

式中，$\bar{\Omega}$为多晶体的平均施密特因子。

体心立方金属由于滑移系多且容易交滑移，平均施密特因子最大，即认为在其多晶体中每一个晶粒都含有一个取向最有利的滑移系，这样，晶体的位向实际上对屈服强度的影响不大。而对密排六方金属，滑移系少，显示出晶粒的位向影响较大，多晶体和单晶体的屈服强度差别就可能大些。

此外，多晶体的变形和单晶体相比，其特点还有多方式性和不均匀性等。多晶体的塑性变形除了滑移和孪生外，还有晶界的滑动和迁移，以及点缺陷的扩散。和单晶体相比，由于晶界的约束作用，多晶体的塑性变形更加不均匀，晶粒中心区域的滑移量大于晶界附近。

二、晶粒大小对材料强度与塑性的影响

细晶强化

对于纯金属，单相金属或者低碳钢都发现屈服强度与晶粒大小有以下关系：

$$\sigma_{ys}=\sigma_0+k_y d^{-1/2} \tag{8-7}$$

式中，σ_{ys}表示材料屈服强度（对低碳钢，表示下屈服点）；d为晶粒的平均直径；k_y为直线的斜率。这虽是个经验公式，却也反映了一个普遍规律。该公式常称为霍尔-佩奇（Hall-petch）关系。值得注意的是这一关系所覆盖的晶粒尺寸范围，对于纯铁和低碳钢，晶粒尺寸从0.35到400μm变化，这相当于ASTM晶粒度等级从0级到19.5级，而工业用钢的晶粒尺寸范围为ASTM5~12，12级以上的晶粒度就算超细晶粒了。

实验已经证明，晶粒越细，材料的强度越高。通常用晶界位错塞积模型解释上述规律。假如某晶粒中心有一位错源，在外加切应力作用下位错沿某个滑移面运动，运动时需克服点阵阻力τ_0，使位错运动的有效切应力为$(\tau-\tau_0)$，位错运动距离为L（设为晶粒直径的一半），当位错运动至晶界受阻处，便塞积起来，位错塞积产生了应力集中。假如同种材料的纯铁，一种是粗晶粒，另一种是细晶粒，在同样的外加切应力作用下，在晶界附近塞积的位错数为粗晶粒多细晶粒少。可以这样理解，位错塞积后便对晶粒中心的位错源有一反作用力或称背应力，这个反作用力随位错塞积的数目增大而增大，当增大到某一数值时，可使位错源停止动作。假如粗细两种晶粒，在同样的外加切应力下，在晶界附近塞积了相同数目的位错，这种情况下哪种晶粒的反作用力大呢？细晶粒的反作用力大，因为离位错源近。这样，

当细晶粒中心的位错源已被迫停止开动的时候，粗晶粒中心的位错源还在不断放出位错。因此，在同样的切应力下，粗晶粒在晶界塞积的位错数多。经复杂的数学计算，位错塞积数 $n=\frac{L(\tau-\tau_0)}{A}$，式中 A 为常数，对螺型位错 $A=Gb/\pi$，对刃型位错 $A=\frac{Gb}{\pi(1-\mu)}$。由于粗晶粒在晶界塞积的位错数多，产生的应力集中就更大，由前面所讲的变形传递过程，更加容易使相邻晶粒的位错源开动，因而粗晶粒的屈服强度较低，即在较低的外力下就开始塑性变形。

既然粗晶粒能在较低的外力下就开始塑性变形，那么为什么粗晶粒在断裂前的应变量（即塑性）也较低呢？这是因为粗晶粒位错塞积数目多，产生的应力集中大，它虽然有容易使相邻晶粒位错源开动的一面，但假如相邻晶粒的取向特别不利于变形，或者其位错源受碳氮原子的钉扎，形成气团（这点我们下面将要谈到），位错源就不易开动。只有位错源开动相邻晶粒变形，位错塞积的应力集中才能被松弛掉。假如应力集中不能被松弛，则在邻近晶粒某一特定方向产生很大的拉应力，形成裂纹。这说明粗晶粒容易萌生裂纹，断裂时显示的塑性也较低。

第六节　纯金属的变形强化

形变强化的位错机制

纯金属在发生塑性变形后，其流变应力随变形程度的增加而增加，在金属拉伸时的应力-应变曲线中即可看出，要继续变形只有不断增加外力，把金属在塑性变形过程中，流变应力随应变量增加而增大的现象，或金属经冷塑性变形后，强度和硬度升高，塑性和韧性下降的现象，称为加工硬化、变形强化或冷作硬化。变形强化也是提高材料强度的一个重要手段。本节将讨论纯金属变形时，产生强化的几种可能的原因。

一、位错的交割

在发生多系滑移之后，在两个相交滑移面上运动的位错必然会互相交截，原来的直线位错经交截后就会出现弯折部分。滑移面与原位错滑移面相同的弯折，基本不影响原位错线的滑移运动，称为扭折。滑移面与原位错滑移面不同的弯折，会阻碍原位错线的滑移运动，称为割阶。

现先假定有一对互相垂直的刃型位错互相交割。当刃型位错 $\boldsymbol{b}_{AB}$ 在滑移面上运动（图 8-16a），和另一滑移面上的刃型位错 $\boldsymbol{b}_{CD}$ 交割时，必使滑移面两侧的晶体产生一相对位移，相对位移的大小就是 $\boldsymbol{b}_{AB}$ 的大小。因此，当 AB 刃型位错穿过位错线 CD 时，就使位错线 CD 变成 $CEFD$，折线 EF 因不在位错线 CD 运动的滑移面上，故称为割阶。割阶的大小和方向取决于 $\boldsymbol{b}_{AB}$，但是线段 EF 因仍属于 $CEFD$ 位错线，其柏氏矢量还是 $\boldsymbol{b}_{CD}$，所以 EF 为刃型割阶。从图 8-16b 中看出，位错线 AB 和 CD 交割之后，只在 CD 位错线上留下了割阶，位错线 AB 仍为直线并没有割阶。这是因为位错线 AB 与柏氏矢量 $\boldsymbol{b}_{CD}$ 平行的缘故。在位错线 CD 上形成了割阶之后，本来线段 CE 和 FD 都是容易在其自身存在的滑移面上运动，但是刃型割阶 EF 运动的平面由 EF 和 $\boldsymbol{b}_{CD}$ 决定，常常不是最易滑移的平面，这样，带割阶的刃型位错运动就困难些。

对位错运动阻力更大的是螺型位错上产生割阶。图 8-16c 表示两个螺位错相互交割时的情况。交割后在 AB 和 CD 螺型位错上都留下了刃型割阶。比较图 8-16b 和 c，刃型位错 CD

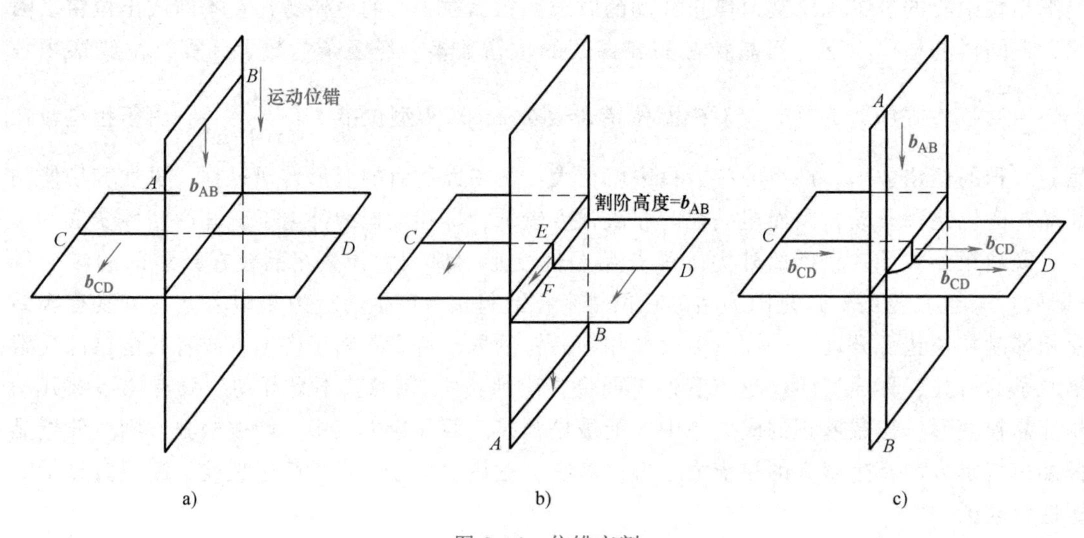

图 8-16 位错交割

a、b）两刃型位错交割 c）两螺型位错交割

有刃型割阶和螺型位错上带有刃型割阶，这两种刃型割阶的运动特性是不同的，前者所形成的割阶，其运动是滑移，而螺型位错上的刃型割阶，当螺型位错线段在滑移面上运动时，割阶只能做攀移运动，或者在其后方留下一串空位，或者留下一串间隙原子，这要视滑动方向而定。当螺型位错上刃型割阶高度只有 1~2 个原子间距时，螺型位错还可以带动割阶一起运动，当割阶高度较大时就可对螺型位错运动产生很大的阻力。

从上面讨论的两种位错交割情况，可以得出一般性结论：①任意两种类型的位错相互交割时，只要是形成割阶，必为刃型割阶，割阶的大小与方向取决于穿过位错的柏氏矢量；②螺型位错上的割阶比刃型位错上的割阶运动阻力大，尽管螺型位错没有固定的滑移面，似乎螺型位错更容易运动，特别是交滑移，但螺型位错上一旦形成割阶，尤其是割阶较大，运动就困难了。

二、位错的反应

两个滑移面上的位错相遇，在一定条件下可发生位错反应，形成一个不可动的位错。

例如，在面心立方金属的（$1\bar{1}1$）面上有一全位错$\dfrac{a}{2}$（$10\bar{1}$），它可分解成两个不全位错，中间夹以层错：

$$\frac{a}{2}[10\bar{1}]\rightarrow\frac{a}{6}[21\bar{1}]+\frac{a}{6}[1\bar{1}\bar{2}]$$

同样，在（$\bar{1}11$）面上，有全位错$\dfrac{1}{2}[0\bar{1}1]$也可发生分解：

$$\frac{a}{2}[0\bar{1}1]\rightarrow\frac{a}{6}[1\bar{1}2]+\frac{a}{6}[\bar{1}\bar{2}1]$$

当这两组不全位错在两滑移面的交线上相遇时，发生以下位错反应：

$$\frac{a}{6}[\bar{1}\bar{2}1]+\frac{a}{6}[21\bar{1}]\rightarrow\frac{a}{6}[1\bar{1}0]$$

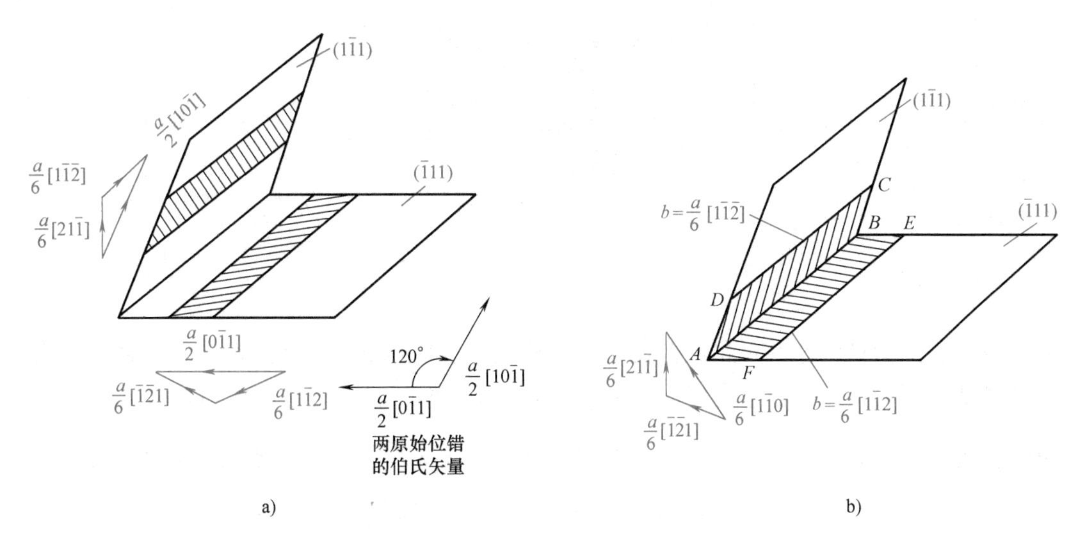

图 8-17　位错反应，形成 L-C 锁

即两个滑移面上各有一个肖克利位错相互作用，结合成一新位错。

现在来讨论这个新位错的特性，新位错的位错线即为两个滑移面的交线，交线 AB 方向为 $[\bar{1}\,\bar{1}0]$，但位错的柏氏矢量为 $\frac{a}{6}[1\bar{1}0]$，由于柏氏矢量与位错线的点乘积为零，可知生成的为刃型位错。该刃型位错的滑移面由其柏氏矢量与位错线决定的平面。因此该位错的滑移面为（001），由于面心立方金属的滑移面是{111}，故此位错是不可动的，通常称为梯杆位错。它好像一个压杆，压在两个滑移面（$1\bar{1}1$）和（$\bar{1}11$）上，使得另两个肖克莱位错也难以运动，如图 8-17b 所示，这种位错结合，称为洛麦尔-柯垂尔锁（L-C 锁）。由于面角位错锁的存在，使得两个滑移面上的位错运动受到阻塞，这是引起加工硬化的一个可能原因，它特别对低层错能的面心立方金属的变形强化影响较大。

三、位错的增殖

金属变形后产生大量位错，这是引起强化的一个原因。金属在退火态时位错密度约为 $10^8/\text{cm}^2$，但强烈变形之后位错密度可达 $10^{12}/\text{cm}^2$。理论和实验都得出流变应力与位错密度有以下关系：

$$\tau=\tau_0+aGb\sqrt{\rho} \tag{8-8}$$

式中，ρ 为位错密度。

那么，为什么金属在变形之后会引起位错大量增殖呢？人们提出的位错增殖的方式很多，我们重点介绍两种。

1. F-R 源（弗兰克-瑞德源）

退火态金属的位错以网络状存在于晶体中，假如在外加应力 τ 时，位错线 CD 在滑移面上运动，在 CD 线的两个端点上连有其他位错 AC 和 BD，C 点和 D 点是位错线的结点，因而位错线的两个端点是被固定的。作用于位错线 CD 单位长度上的力为 τb，τb 使位错线弯曲以克服位错的线张力 T。位错线弯曲时，取一微单元弧段，可写出以下力的平衡关系：

$$\tau b \mathrm{d}s = 2T\sin\frac{\mathrm{d}\theta}{2}，即$$

$$\tau bR\mathrm{d}\theta = 2T\frac{\mathrm{d}\theta}{2}$$

令 $T=\frac{1}{2}Gb^2$，可得

$$\tau = \frac{Gb}{2R}$$

可见，外加切应力的大小与位错线的曲率半径成反比，R 越小，所需的切应力 τ 越大。当位错线弯曲成半圆时，R 有最小值，为位错线段 CD 长度的一半，这时切应力最大，如位错线再继续向前扩展，切应力又减小了。故有临界切应力 $\tau_c=\frac{Gb}{L}$，L 为位错线 CD 的长度。当切应力一旦超过临界切应力，位错线就不稳定了。图 8-18 所示为 F-R 源动作过程。在切应力作用下，由于位错线上每点的线速度相同，在位错线两个端点附近，因要保持相同的线速度，只有增加角速度，使位错线卷曲（图 8-18d），位错环再继续扩展时，两端点的位错线段会相遇，它们是柏氏矢量相同，位错线方向相反的异号位错，相互抵消后，位错环就不受固定端点的约束而自由运动了。位错线 CD 在切应力作用下，可以不断重复上述过程，就可能源源不断地放出位错环。这种位错线段就叫作 F-R 源，这种增殖机制已为实验所证实。图 8-19 所示为硅晶体用缀饰法显示的 F-R 源。另外，按照 F-R 模型，放出位错环的临界切应力 $\tau_c=\frac{Gb}{L}$，实验观察退火态金属的位错网络长度平均为 10^{-4}cm 左右，如取 $L\approx10^{-4}$cm，$b\approx10^{-8}$cm，求出的临界切应力 $\tau_c=10^{-4}G$，这个数值接近于实际晶体的屈服强度。因此，如用 F-R 模型，即可把晶体的屈服强度理解为开动 F-R 源的临界切应力。这里，还有一点应

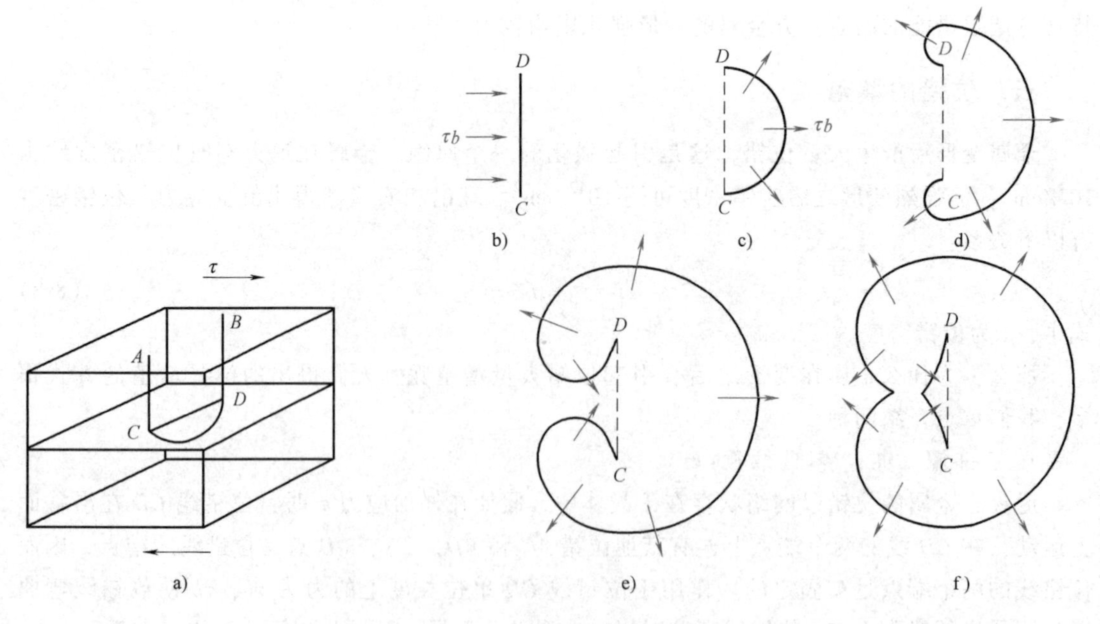

图 8-18　F-R 源的动作

说明，F-R 开动后并不是永远不断地放出位错，当位错环遇有障碍，如晶界、L-C 锁等，位错塞积后的应力集中就可对位错源有一反作用力，使位错源停止动作。

2. 双交滑移机制

对高层错能的面心立方和体心立方金属，如 Fe、Al 等，变形时的位错增殖主要是靠双交滑移。图 8-20 表示铁可通过螺型位错的双交滑移产生一系列的位错环。假定在（110）滑移面上有一位错环，环段 S 表示螺型位错，环段 E 表示刃型位错。由于高层错能螺型位错易交滑移，如螺型位错 CD 线段遇到某种障碍可交滑移到（101）面上，滑过一段距离后又交滑移重新回到原来的（110）平面，在新的（110）面上又扩展为位错环。在（101）面上的两段位错线都为刃型位错，它们只能在（101）平面上滑动，这样，在两个平行的（110）面上可形成两个 F-R 源，两个 F-R 源通过两段刃型割阶相连。这个过程也可以在许多平行的（110）面上重复。

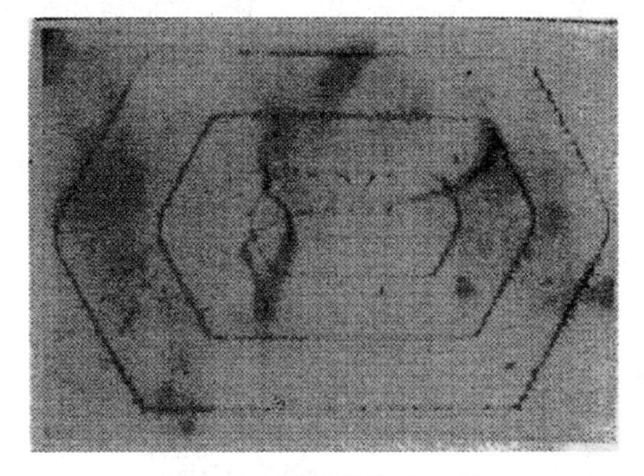

图 8-19　硅晶体的 F-R 源

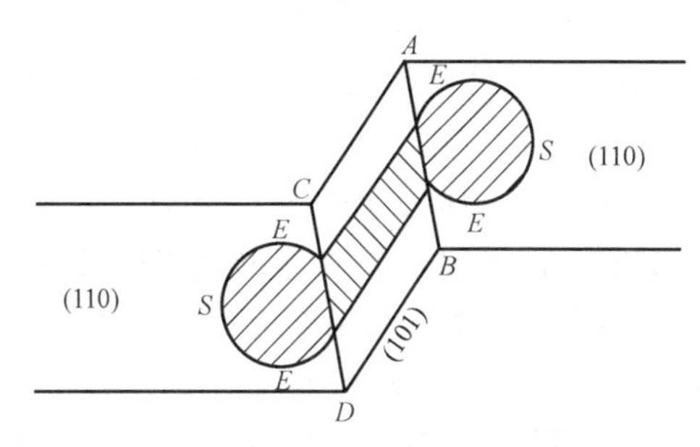

图 8-20　体心立方铁的双交滑移

第七节　合金的变形与强化

单相合金的变形和固溶强化

一、单相合金的变形与强化

在形成单相固溶体后，合金变形时的临界切应力都高于纯金属，这叫作固溶强化。但对具体合金来说，固溶强化表现出的规律可能不一样。如对无限互溶的 Cu-Ni 合金、Ag-Au 合金，其强化随溶质的浓度呈抛物线关系，在 $x_B=50\%$ 左右强化有极大值。对多数合金，因溶解度有限，强化与溶质的浓度呈线性关系。固溶强化有各种理论。有些理论只限于解释特定的合金。对于置换式的溶质原子，一般普遍被接受的，首先是考虑溶质原子与溶剂原子尺寸的差别，这和考虑影响溶解度的因素是统一的。溶质与溶剂原子的尺寸差别越大，则溶解度越小，而强化效果越大。这主要是因为原子尺寸差别（或称错配）所引起的晶格畸变，会产生一内应力场，位错在这内应力场中运动会受到阻力。例如，铁中加入不同的合金元素所引起的强化效果与原子错配度的关系如图 8-21 所示。横坐标中的错配度 $\varepsilon_a=\frac{1}{a_0}\frac{da}{dc}$，$a_0$ 表示纯溶剂的点阵常数。由图 8-21 可知，强化效果与原子的错配度有关。但对少数钢中常用的合金元素，如 P、Si、Ni、Mn 都远远偏离直线。这说明强化效果不能简单地只用原子尺寸差来解释。P 和 Si 可能主要是阻碍了螺型位错的交滑移。这是有实验根据的，Si-Fe 合金的层错能低，滑移线也是平直的而不是呈波纹状。关于合金元素对 α-Fe 的强化尚须深入研究。固溶强化除考虑原子尺寸差别外，对一些合金还考虑弹性模量的差别。溶质原子和溶剂原子即使在尺寸上没有差别，但弹性模量不同，由位错的应力场公式中可知，位错在溶剂原子附近和在溶质原子附近所受的应力是不同的。当溶质原子的切变模量较大，对位错有斥力；反之切变模量较小时，对位错则有吸力。不管哪种情况，对位错的运动都要额外做功。弗莱歇尔对铜基合金的强化，综合考虑了原子尺寸和弹性模量差别的影响，对 11 种铜基合金的强化给出了较满意的解释。

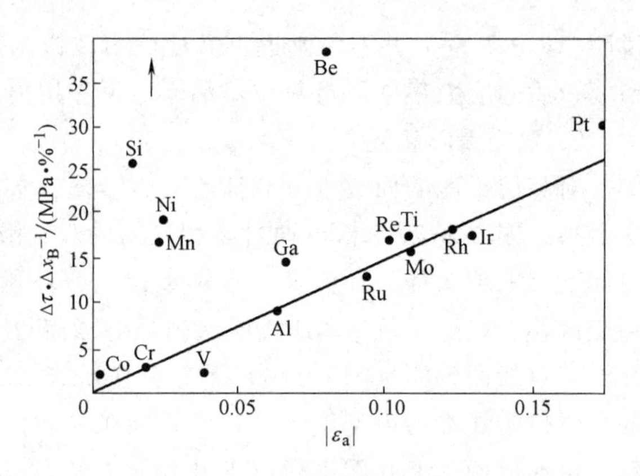

图 8-21 铁的固溶强化与错配度的关系

对于间隙式的溶质原子，当其固溶于体心立方如 α-Fe 中，会造成不对称畸变，形成体心正方，其正方度 c/a 随含碳量的增加而增加。因为螺型位错的应力场只有切应力，当溶质原子（如置换式溶质原子）引起的晶格畸变为对称结构时，则和螺型位错无交互作用，强化效果就弱。而碳原子当被强制地（急剧冷却）固溶于 α-Fe 中，形成所谓的马氏体时，会造成显著的晶格不对称畸变，这时碳原子不仅和刃型位错，也和螺型位错有强烈的交互作用，因而产生了很强的固溶强化效果，这就是热处理中的淬火工艺。

例 8-2 图 8-22 表示几种合金元素对铜屈服强度的影响。铜合金的屈服强度随合金含量的变化都简化成线性关系，试对此规律给予定性解释。

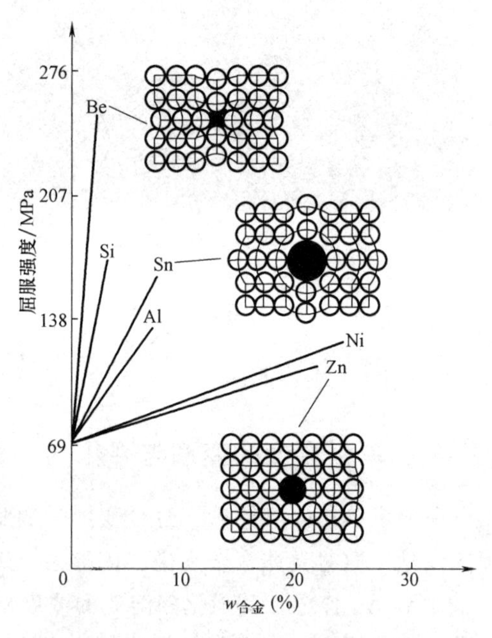

图 8-22 合金元素对铜的屈服强度的影响

解：可以找出这几种合金元素与铜原子半径的差别，见表 8-2。可以看出，锌和镍的原子半径与铜差别不大，故强化效果不大。而锡和铜原子半径差值的百分比竟达 18.1%，Cu-Sn 合金称为锡青铜，Cu-Zn 合金称为黄铜，Cu-Ni 合金称为白铜，故锡青铜的强度比黄铜和白铜高。从表中数据似乎可以得出，原子尺寸小的元素 Be、Si 的强化效果比尺寸大的元素 Sn、Al 更大。图中所给出的规律说明，固溶强化时原子尺寸的影响是很重要的。

二、低碳钢的屈服和应变时效

图 8-23 所示为低碳钢拉伸时的应力-应变曲线，低碳钢在上屈服点时开始塑性变形，当

表 8-2　元素的原子半径

金属	原子半径/nm	$\frac{r-r_{cu}}{r_{cu}}$
Cu	0.1278	
Zn	0.1332	+4.2%
Al	0.1432	+12.0%
Sn	0.1509	+18.1%
Ni	0.1243	-2.7%
Si	0.1176	-8.0%
Be	0.1140	-10.8%

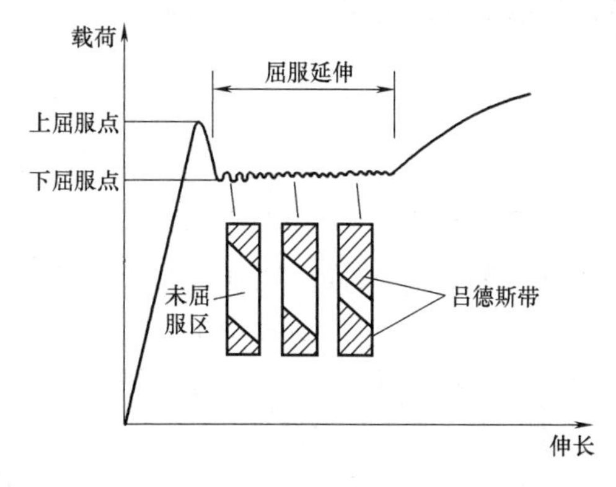

图 8-23　低碳钢拉伸时的应力-应变曲线

应力达到上屈服点之后开始降落，在下屈服点发生连续变形而应力并不升高，即出现水平台，通常称为屈服平台。在屈服平台范围，试样的变形先自夹头两端开始向中间延伸，在表面变形完成之后再扩展至心部。在预先抛光的拉伸试样上，可清楚地看到与外力呈一定角度的变形条纹，称为吕德斯带。屈服平台就是吕德斯带的延伸和扩展阶段。屈服平台之后产生明显的加工硬化。屈服平台的长短和钢的含碳量有关，随着含碳量的增加，平台渐短乃至消失。

低碳钢有上下屈服点和屈服平台，这种变形的不连续现象，除了在少数工业合金如 w_{Zn} 为 30%的黄铜中可见外，多数的工程合金的应力-应变曲线都是连续的。低碳钢的变形有此特点是由于碳原子（或氮原子）和位错的交互作用形成柯氏气团以及位错增殖这两个因素共同作用的结果。

先来讨论柯氏气团的形成。由刃型位错的应力场可知，在滑移面以上位错中心区域为压应力，而滑移面以下区域为拉压力。若有间隙式的溶质原子 C、N 或比溶剂尺寸大的置换式溶质原子在位错附近，会与位错交互作用，作用的结果是这类原子（如 C、N）会偏聚于刃型位错的下方，由于可以抵消部分或全部（当碳原子在位错线的下方达到饱和）的张应力，因此可使位错的弹性应变能降低。当位错处于能量较低的状态时，位错更加稳定，不易运动。所谓柯氏气团，就是指碳原子偏聚于刃型位错的下方，碳原子“钉扎”位错，使位错不易运动。位错要运动，只有从气团中挣脱出来，摆脱碳原子的钉扎。柯垂尔首先用溶质原子和位错的弹性交互作用形成气团（因而叫作柯氏气团），来解释低碳钢的屈服。柯氏认为，位错要从气团中挣脱出来需要较大的力，这就形成了上屈服点。而一旦挣脱之后位错的运动就比较容易，因此有应力降落，出现下屈服点和水平台。

柯垂尔这一理论最初被人们广为接受。但 20 世纪 60 年代后吉尔曼和约翰逊发现，在共价键结合的晶体硅、锗和离子晶体 LiF，以及无位错的铜晶须中都有不连续屈服现象。20 世纪 70 年代，在高纯度的无碳纯铁中发现，当应变速率为 2.5×10^{-4}/s 时，在室温以及室温以上并不产生不连续屈服，而低于室温则有不连续屈服，这说明碳原子并不是产生铁不连续屈服的必要条件。因此，吉尔曼和约翰逊提出了位错增殖理论。

从位错理论可知，材料塑性变形的应变速率 $\dot{\varepsilon}_p$ 与晶体中可动位错的密度 ρ_m、位错的运动平均速率 v 以及位错的柏氏矢量 $\boldsymbol{b}$ 成正比：

$$\dot{\varepsilon}_p \propto \rho_m v b \tag{8-9}$$

而位错的平均运动速率和其所受的应力有关，位错的平均运动速率可表示为

$$v=\left(\frac{\tau}{\tau_0}\right)^{m'} \tag{8-10}$$

式中，τ_0 为位错做单位速率运动所需的应力；m'为与材料有关的应力敏感指数。

在拉伸试验中，$\dot{\varepsilon}_p$ 由试验机夹头的运动速度决定，接近恒定值。在塑性变形刚开始时，可动位错密度 ρ_m 较低，此时要维持一定的 $\dot{\varepsilon}_p$ 值，必须提高位错的平均运动速率 v，根据式(8-10)，提高 v，势必要提高 τ，这就是上屈服点应力较高的原因。一旦开始塑性变形后，位错快速增值，可动位错密度 ρ_m 快速增加，而 $\dot{\varepsilon}_p$ 依然基本保持定值，此时，所需应力就会突然下降，产生屈服降落。

在低碳钢的屈服理论中，这两种理论并不互相排斥，而是互相补充，这样才能对此现象解释得更全面。例如单纯的位错增殖理论，其前提要求原晶体材料中的可动位错密度很低。而低碳钢中的原始位错密度约为 $10^8/cm^2$，但可动位错密度只有约 $10^3/cm^2$，低碳钢中可动位错密度之所以如此低，正是因为碳原子强烈钉扎位错，形成了气团造成的。

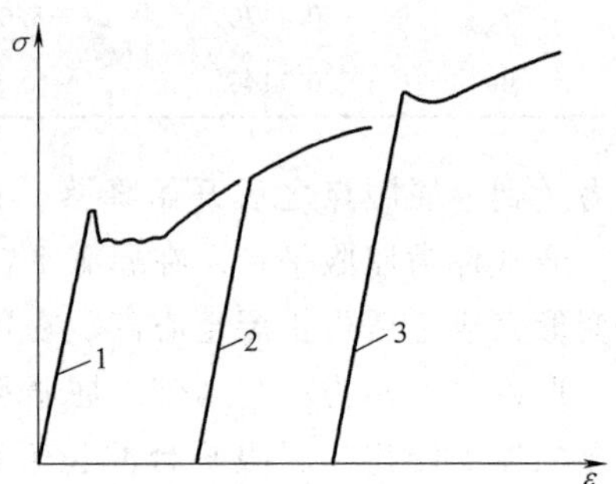

图 8-24　低碳钢的拉伸试验
1—预塑性变形　2—去载后立即再行加载
3—去载后放置一段时期或在 200℃ 加热后再加载

柯氏气团还能很好地解释低碳钢的应变时效。低碳钢经过少量的预变形可以不出现明显的屈服点，如图 8-24 中的线 2，这是卸载后立即加载的情况。但如果变形后在室温下放置较长的时间或在低温下经过短时间加热，再进行拉伸试验，则屈服点又出现，且屈服应力提高（图 8-24 中的线 3），这种现象叫作低碳钢的应变时效。低碳钢在变形时效后，经电镜观察，并不一定有碳（氮）化合物自铁素体中析出，这一过程很可能与碳（氮）原子重新扩散到位错周围形成气团有关。

低碳钢的屈服和应变时效在实际生产中有重要意义。例如深冲低碳钢薄板时，由于低碳钢出现不连续屈服，致使表面粗糙不平或皱折，为改善表面质量，常将钢板在深冲前进行一道光整冷轧工序（压下量为 0.5%~2%），这就等于预变形消除了不连续屈服。再如锅炉钢板在卷板成形后焊接或使用时，相当于经历了一个人工或自然时效过程。低碳钢板的应变时效，常使钢的韧性降低，为此，生产中常在钢中加入质量分数为 0.05% 的 Al，使其与氮（碳）原子结合，减小钢的应变时效倾向。

例 8-3　试求退火低碳钢中形成饱和柯氏气团的碳浓度。

解：1）退火低碳钢中的位错密度为 $10^8/cm^2$，即在 $1cm^3$ 的体积中有 10^8cm 长的位错线。

2）α-Fe 的点阵常数 $a=0.286nm$，每一晶胞中有 2 个铁原子，故 $1cm^3$ 体积内的铁原子数 n_0 为

$$n_0=\frac{2\times1cm^3}{(0.286\times10^{-7}cm)^3}=8.55\times10^{22}$$

3）1cm 长的位错线上铁原子数为

$$n_1=\frac{1cm}{2.86\times10^{-8}cm}=3.50\times10^7$$

因位错线总长为 10^8cm，故位错线上总的铁原子数 n_2 为

$$n_2 = 10^8 n_1 = 3.50\times10^7\times10^8 = 3.50\times10^{15}$$

4）碳原子要偏聚于刃型位错的下方，以形成柯氏气团来降低刃型位错的弹性畸变能。所谓饱和的柯氏气团，就是在位错线下方不远的范围内，每根位错线上的铁原子都有一相应的碳原子偏聚于其下方，实际上可简单看成有一根溶质碳原子线存在。这样，偏聚于位错线下方的碳原子总数应为

$$n_C = n_2 = 3.50\times10^{15}$$

故形成饱和柯氏气团的碳浓度，即碳的摩尔分数 $x_C = \dfrac{n_C}{n_{Fe}} = \dfrac{n_2}{n_0}$，即

$$x_C = \frac{3.50\times10^{15}}{8.55\times10^{22}} = 4.09\times10^{-4}\%$$

由上可见，虽然碳在 α-Fe 中的溶解度很小，但足以形成饱和柯氏气团。

形成饱和柯氏气团后，碳原子和位错的结合能（也称碳原子和位错的弹性交互作用能）很大，约为 0.5eV，室温下一个铁原子的平均热能 RT = 0.025eV，即为平均热能的 20 倍。这说明位错要依靠热激活过程来摆脱碳原子的钉扎是不可能的，只有加很大外力使位错从气团中挣脱出来。这便是柯垂尔提出低碳钢有上屈服点的由来。

三、第二相对合金变形的影响

多相合金的变形和第二相强化

工业用合金所含的第二相，对于位错运动，可有两种情况：一种是第二相可以变形，位错通过第二相时可以切过它们；另一种是第二相不能变形，位错只能绕过它们向前运动。这种情形如图 8-25、图 8-26 所示。位错能否切过第二相，由第二相的本性和尺寸而定。许多铝基合金（如 Al-Cu、Al-Zn、Al-Li 等）和镍基合金（如 Ni-Cr-Al、Ni-Ti 等）中的第二相，当其尺寸较小并与基体保持共格时，能被位错切过，切过时因增加表面能、通过共格应变场等因素使合金强化。当第二相尺寸增大（在时效或回火温度较高时），与基体失去共格后，位错常不能切过，而只能绕过了。对钢中的碳化物、氮化物，弥散强化合金中的氧化物，一般是不能变形的，位错只能绕过它们。当位错绕过它们时所需克服的阻力是可以简单计算的，其阻力和第二相的本性无关，而只取决于第二相的间距 L，即

$$\tau = \frac{Gb}{L} \tag{8-11}$$

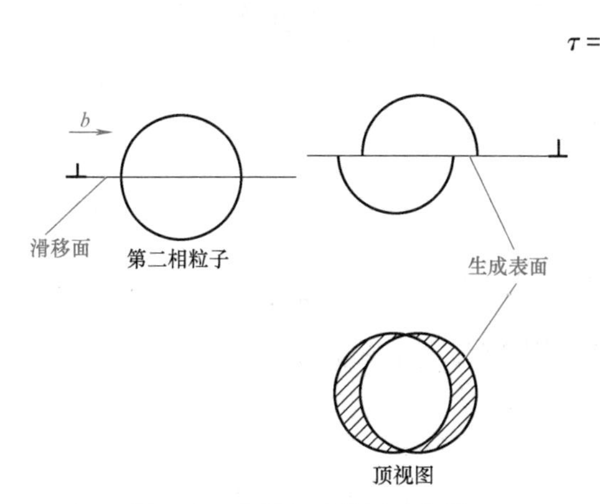

图 8-25　位错切过粒子示意图

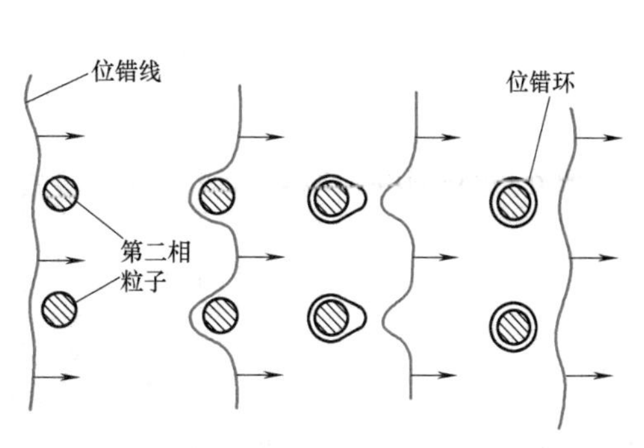

图 8-26　位错绕过第二相粒子的示意图

可仿照使 F-R 源动作的临界切应力公式，导出此结果。

例 8-4　图 8-27 表示 Al-Cu（w_{Cu} 为 4%）合金在淬火并经 150℃时效时屈服强度随时间的变化。可见，当从过饱和固溶体中析出 θ″相时可使屈服强度最高，在峰值强度的左边和右边分别称为欠时效和过时效状态。峰值强度大体上对应着位错可切过第二相过渡到位错绕过第二相的机制变化。试求该合金在时效达到最高强度时第二相的平均间距。

已知峰值强度为 400MPa，$G=26.1\times10^3$MPa，点阵常数 $a=0.405$nm。

解：因为位错切过第二相时的强化因素比较复杂，而位错绕过第二相时与第二相的本性无关，只和第二相质点间距有关，质点间距越小，强度越高。但如质点间距太小，也可导致位错不能绕过第二相。由图 8-27 可知，强度峰值大体上相当于位错可绕过第二相的最小质点间距。

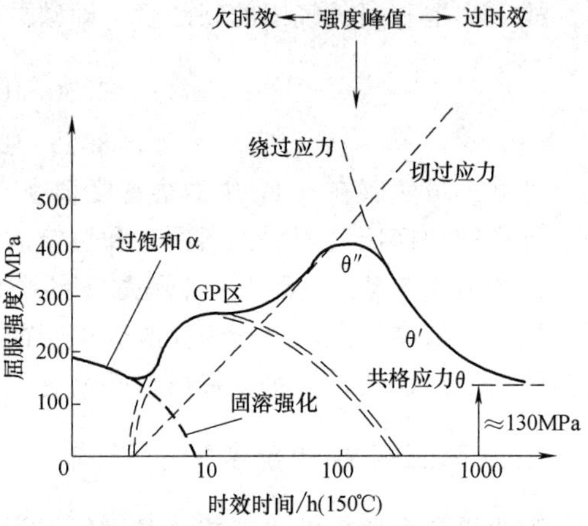

图 8-27　Al-Cu 合金强度随时效时间的变化

位错在绕过第二相时，位错线弯曲要克服线张力。作用在单位位错线上的力为 τb，设第二相平均间距为 L（图 8-28），当 τbL 和线张力 $2T$ 达到平衡时，位错线正好弯成半圆形，再继续增大切应力，位错环就不稳定而趋于运动，故临界状态为

$$\tau bL=2T=2\times\frac{1}{2}Gb^2$$

$$\tau=\frac{Gb}{L}$$

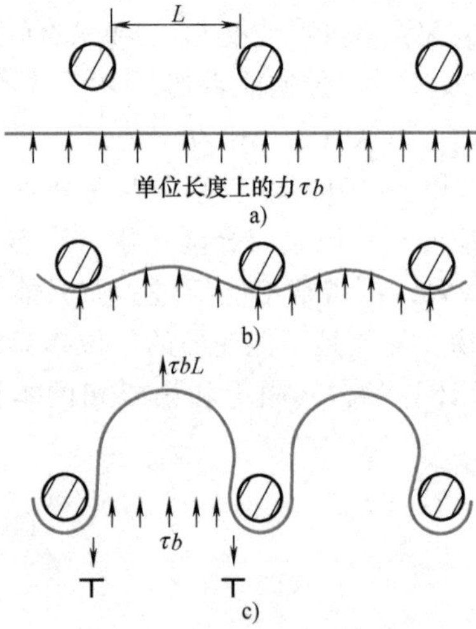

图 8-28　位错绕过第二相的阻力

a）趋近时　b）开始弯曲　c）临界状态

西安交通大学孙军院士团队利用晶内弥散析出机制，经过不懈探索，研发出了高强度、高塑性的核用包壳钼合金材料

现 $\sigma_s=400$MPa，照最大切应力理论 $\tau_s=\frac{1}{2}\sigma_s=200$MPa

$$b=\frac{a}{2}\ [110]\ =\frac{\sqrt{2}}{2}a=\frac{1.414\times0.405}{2}\text{nm}=0.286\text{nm}$$

$$L=\frac{26.1\times10^3\times0.286}{200}\text{nm}=37.3\text{nm}$$

以上计算说明，对时效强化的铝合金，要获得最高强度，析出第二相的质点间距在几十纳米

左右，当超过 100nm 时强度就会明显降低。

第八节　冷变形金属的组织与性能

一、冷变形金属的力学性能

研究金属冷变形行为，首先是生产上各种冷加工成形工艺的需要，如金属经冷轧、拉丝和深冲等冷变形后产生的各种变形强化已如前两节所述。需要认识到，金属的变形强化既有有利的一面，又有不利的一面。变形强化首先保证了各种冷加工成形工艺的顺利进行，如没有材料的变形强化，这些工艺是不能实施的。但是，随着变形的增加，金属的屈服强度和抗拉强度在不断提高，特别是屈服强度升高得很快，导致屈强比增大，塑性降低。这些性能的变化决定了冷加工工艺，例如拉丝的拉拔次数，最终拉拔道次的拉拔力必须大于材料的屈服强度，又要小于材料的抗拉强度。这时材料的屈服强度和抗拉强度已经不是原始态的数值，而是经过几次拉拔后的强度值。当材料的屈服强度十分接近抗拉强度时，便容易拉断。图 8-29 表示铜丝冷变形时力学性能的变化。依据图 8-29，即可决定铜丝拔制时总的冷变形量和中间的拉拔次数。当然这里指的是连续拉拔的情况。变形强化除了在冷成形工艺中很重要之外，它也是提高材料强度的重要手段，这在冷拉铜丝和钢丝中都有应用。高强度钢丝的强度水平可达到 3000MPa。但是，变形强化与其他强化方法相比，虽然能最有效地提高强度，但塑性和韧性也降低得最多。

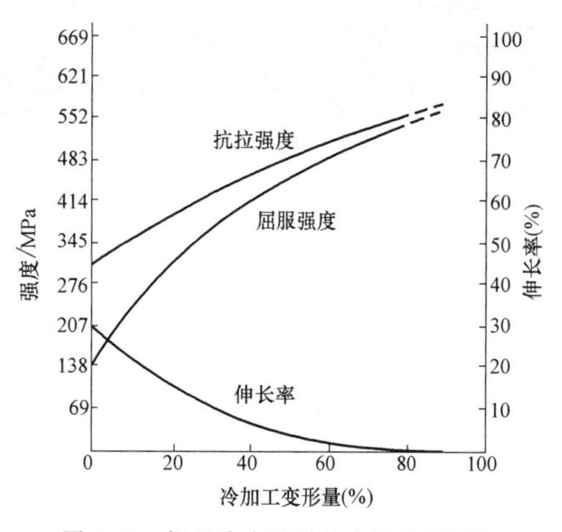

图 8-29　铜丝冷变形时的力学性能变化

二、冷变形金属的组织

退火态的纯金属或单相金属，原来晶粒为等轴状，经过拉拔和冷轧后，晶粒沿着拉拔和轧制方向伸长。当变形量很大时，晶界可变得模糊不清。图 8-30 为工业用钢强烈冷变形后的显微组织。当金属中含有可变形的夹杂物或第二相如 MnS、MnO、FeO 等时，它们可随晶粒一起沿受力方向伸展。还有一种类型的夹杂物如 Al_2O_3、硅酸盐，不能随晶粒一起变形，但因为晶粒伸长了，这些夹杂物也呈条带状分布。不管是哪种情况，我们都把它叫作纤维组织。材料顺着纤维方向的强度较高，而垂直于纤维方向的强度较低，这就产生了性能上的各向异性。

当变形很强烈时，对层错能高的或较高的金属如铁、铝和铜，由于大量的位错增殖和易于交滑移，可形成明显的位错胞状结构。在位错胞内部，位错密度很低，大量的位错都缠结在位错胞壁。胞壁一般属于小角度晶界，但位错的运动一般难以穿过胞壁。因此，变形金属的流变应力与位错胞的尺寸之间有以下关系

$$\tau_f=\tau_0+kd^{-1}$$

a)

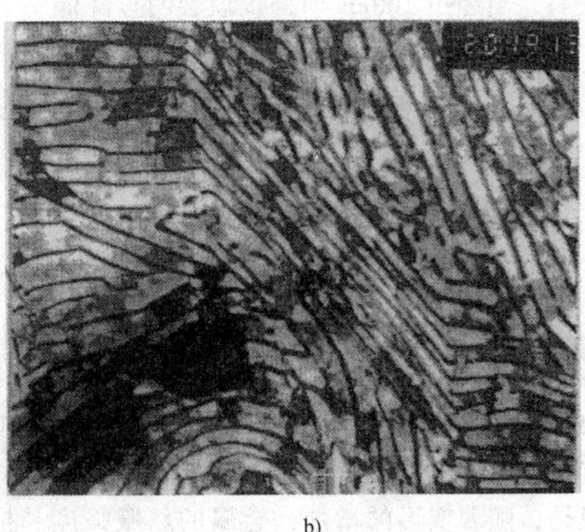

b)

图 8-30　工业用钢强烈冷变形后的显微组织

a）Mn13 200×　b）高碳钢 20000×

式中，τ_f 表示流变应力；d 为位错胞的尺寸。对大多数金属进行研究表明，流变应力与位错胞尺寸之间并不符合霍尔-佩奇关系，这也是位错胞和亚晶（变形金属低温退火后形成，见第九章）在性能上的区别之一。

三、形变织构

金属在形变时，晶体的滑移面会转动，使滑移面逐渐转向与拉力轴平行。由于各个晶粒某个相同的滑移系（指数相同的晶面和晶向），在变形量较大时都逐渐转向趋于与拉力轴平行，也就是说，原来的各个晶粒是任意取向的，现在由于晶粒的转动使各个晶粒的取向趋于一致，这就形成了晶体的择优取向，我们把它称为形变织构。显然，变形量越大，择优取向程度越大，织构越强。织构类型和织构的程度，可用 X 射线衍射方法测定。

表 8-3 给出了常见金属的形变织构。其中，方向指数表示该晶向平行于拉拔或轧制方向，而面指数表示该晶面平行于轧制平面。可以看出，织构类型与金属的晶体结构和变形方式有关。拉丝时形成丝织构，对于体心立方的铁，主要表现为各晶粒的［110］晶向平行于拉拔方向；轧制板材时则形成板织构，主要为（100）［011］（也可产生（111）［011］织构）织构，即晶体的（100）平行于轧制板面，而晶体的［011］平行于轧制方向。对于面心立方金属，板织构还与金属的层错能有关。层错能低的形成 α-黄铜型织构，层错能高的则形成纯铜型织构。我们可以通过加入一些合金元素降低金属的层错能，使之由纯铜型织构变为黄铜型织构。

表 8-3　常见金属的形变织构

晶体结构		板(辗轧)织构	丝(拉拔)织构
面心立方	α-黄铜	(110)[112]	[110]为主
	纯铜	$(146)[21\bar{1}]$或$(123)[1\bar{2}1]$	[111]为主
体心立方		(100)[011]	[110]
密排六方		$(0001)[10\bar{1}0]$	$[10\bar{1}0]$

注：面心立方晶体的形变织构，与层错能有关。

变形织构对材料的力学性能和物理性能有重要影响。显然，织构的形成会使材料具有强烈的各向异性。但是生产上有时希望产生一定方向的织构，以满足特定用途的需要。例如，对深冲的薄钢板，在力学性能上我们希望：①深冲时板材的变形主要沿宽度方向伸展，而在薄板的厚度方向的变形要很小，否则，深冲时板材会越变越薄，最后断裂；②薄板在板面上展宽时，在各个方向上的变形应该是均匀的，否则，在深冲一个杯状物品时，边缘有些部分就会凸起，形成“制耳”。

生产上的硅钢片也希望获得一定方向的板织构，若获得（110）[100] 织构（又称高斯织构），则沿轧制方向的磁感应强度最大；若能获得 {100}[100] 织构（立方织构），则在与轧制方向平行和垂直的两个方向上都具有很好的磁性，这是最理想的情况。

四、残余应力

金属冷变形时，由于各部分变形程度不同，变形后在金属内部有残余应力。这种残余应力可以在整个金属板材（线材或零件）的体积范围内平衡，也可以在显微体积范围内平衡。前者称为宏观应力，后者称为显微应力。残余应力可以是拉应力也可以是压应力。当残余应力为拉应力时会降低材料强度，例如，薄板受弯曲载荷时，原来表面就有较大的拉应力，如再叠加残余拉应力，表面应力就可能超过材料的屈服强度，在交变载荷下特别容易引起表面的疲劳破坏。反之，如通过喷丸、表面滚压使表面产生残余压应力，则可抵消工作载荷下部分的拉应力，这对提高疲劳强度是很有效的。例如，汽车的钢板弹簧通过喷丸处理，使表面产生残余压应力，可显著提高钢板的疲劳强度。当变形金属产生残余拉应力时，要通过低温退火以消除内应力。如冷拉的高强度钢丝，最后还要经过低温退火以减少脆断倾向，同时还可稍提高屈服强度。再如深冲的黄铜子弹壳，若不经过低温退火，残余的拉应力在一定的环境介质（氨气）下会引起应力腐蚀破坏。

冷变形金属除了产生上述组织与性能的变化之外，还会引起一些物理和化学性能变化。例如，变形会使金属材料较重要的电导率和耐蚀性能下降。但值得注意的是，冷变形程度对电导率的影响，远不如合金成分的影响那样显著。因此，生产上冷拉铜丝，可大幅度提高其屈服强度，而电导率的下降却很有限，这是有利的。

第九节　金属的断裂

一、理论断裂强度

在讨论材料弹性模量的物理本质时，我们曾用了原子间结合力的模型。假如仍用此模型，可求出金属的理论断裂强度。

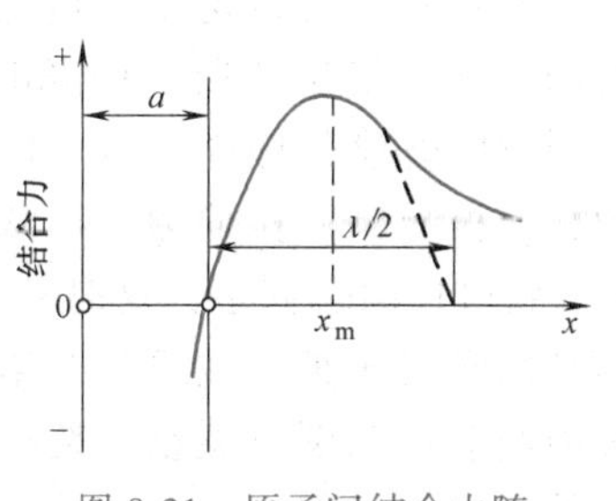

图 8-31　原子间结合力随距离变化示意图

如图 8-31 所示，图纵轴上方为吸力，下方为斥力，原子在平衡位置即原子间距为 a 时，原子间引力和斥力的合力为零。现金属受拉伸，离开平衡位置，位移越大需克服的吸引力越大，吸引力与位移的关系如以正弦函数表示，则当位移达到 x_m 时，吸引力最大；拉力超过此值时，吸引力减小，位移到正弦周期的一半，即$\frac{\lambda}{2}$时，原子间结合力为零，即原子的键合已完全被破坏而互相分离了。理论断裂强度σ_c应克服x_m位置时的最大吸引力。

假定力与位移的关系为$\sigma=\sigma_c\sin2\pi x/\lambda$，则

$$\int_0^{\lambda/2}\sigma_c\sin2\pi x/\lambda\,dx=\frac{\lambda\sigma_c}{\pi}=2\gamma \tag{8-12}$$

正弦曲线下所包围的面积代表使金属分离所需的能量，当分离时形成两个新表面，表面能为γ。

为求得理论断裂强度σ_c必须消去λ。

当位移很小时，$\sin x\approx x$，故$\sigma\approx\sigma_c 2\pi x/\lambda$，此时，应力和应变关系服从胡克定律$\sigma=E\varepsilon=Ex/a$，合并两式得

$$\sigma_c=\frac{\lambda}{2\pi}\frac{E}{a} \tag{8-13}$$

将式（8-12）中的λ值代入式（8-13），可得出σ_c为

$$\sigma_c=\left(\frac{E\gamma}{a}\right)^{1/2} \tag{8-14}$$

如以$\gamma=1.0\text{J/m}^2$，$a=3.0\times10^{-8}\text{cm}$代入，可算出$\sigma_c\approx\frac{1}{10}E$。

二、实际断裂强度

金属的实际断裂强度要比理论计算的断裂强度低得多，粗略言之，至少低一个数量级，即$\sigma_f\approx\frac{1}{100}E$。

金属为什么实际断裂强度要比理论值低很多？这是因为材料内部存在裂纹。那么，在金属内部为什么会存在有显微的乃至宏观可检测出的裂纹？金属中的裂纹多半不是先天就存在的，像玻璃结晶后，由于热应力会产生固有的裂纹，陶瓷粉末在压制烧结时也不可避免地会残存裂纹。而金属的结晶是很紧密的（缩孔部分除外）。金属中的裂纹多半是由于变形不均匀和变形受到阻碍（如晶界、第二相等），产生了很大的应力集中，当应力集中达到了理论断裂强度开始萌生裂纹。此外，生产上尚有制造工艺的缺陷，特别是焊接工艺，在焊缝区域就已有微裂纹存在。

现在我们可以定量地讨论裂纹对断裂强度的影响，格里菲斯（Griffith）首先研究了含裂纹的玻璃的脆断强度。假定一块很宽的薄板，板受单向拉伸力，在载荷从零增加至P后将薄板两端固定，这时外力就不做功了，两端固定的薄板受载可视为隔离系统。如在板内制造一椭圆形裂纹，裂纹长度为$2c$。因与外界无能量交换，裂纹的形成只能来自系统内部储存的弹性能，如图8-32所示。

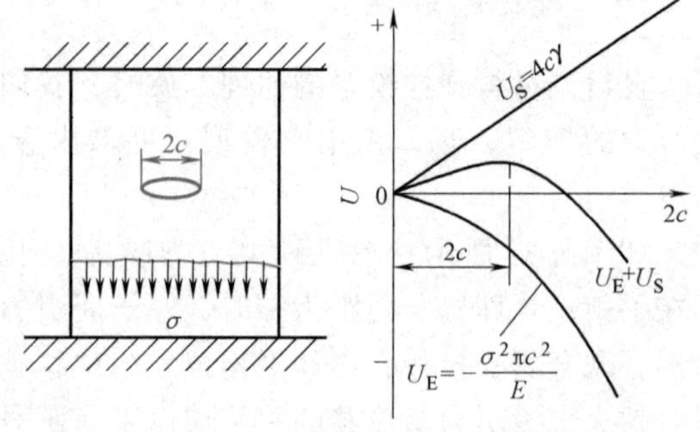

图8-32　无限宽板中格里菲斯裂纹的能量平衡

在薄板内形成一椭圆形裂纹，系统总的能量变化 $\Delta U=U_E+U_S$，U_E 为弹性应变能，板内单位体积储存的弹性能为$\frac{1}{2}\sigma\varepsilon=\frac{1}{2}\sigma^2/E$。若以单位厚度计，根据弹性力学计算，若形成裂纹尺寸为 $2c$，应释放的弹性能 $U_E=\frac{-\sigma^2\pi c^2}{E}$。形成裂纹的比表面能为 γ，裂纹有两个自由表面，故 $U_S=2\gamma\times2c=4\gamma c$，因此有

$$\Delta U=4\gamma c-\frac{\sigma^2\pi c^2}{E}$$

作出表面能与弹性应变能随裂纹长度的变化曲线，可知系统总能量的变化有一极值，它对应于

$$\frac{\mathrm{d}\Delta U}{\mathrm{d}c}=\frac{\mathrm{d}U_S}{\mathrm{d}c}+\frac{\mathrm{d}U_E}{\mathrm{d}c}=0$$

若$\frac{\mathrm{d}\Delta U}{\mathrm{d}c}<0$，即当弹性应变能的释放速率等于或大于表面能的增长速率时，系统的自由能就会降低，裂纹就会生长或自行扩展；而且随着裂纹长度的增加，扩展速率会越来越快，直到断裂。对应于此极值的裂纹尺寸称为临界裂纹尺寸 a_c，裂纹尺寸超过 a_c 便失稳扩展。

$$\frac{\mathrm{d}\Delta U}{\mathrm{d}c}=\frac{\mathrm{d}}{\mathrm{d}c}(4\gamma c)-\frac{\mathrm{d}}{\mathrm{d}c}\left(\frac{\sigma^2\pi c^2}{E}\right)=0$$

即

$$4\gamma-\frac{2\sigma^2\pi c}{E}=0$$

由此得出断裂应力与裂纹尺寸的关系为

$$\sigma=\left(\frac{2\gamma E}{\pi c}\right)^{1/2} \tag{8-15}$$

上式就是著名的格里菲斯公式。此式表明断裂应力和裂纹尺寸的平方根成反比。若一脆性材料在受载前就已存在裂纹，将会大大降低断裂强度。若将此公式与理论断裂强度比较［式(8-14)］，因为$\left(\frac{2}{\pi}\right)^{1/2}\approx1$，即 $\sigma\approx\left(\frac{E\gamma}{c}\right)^{1/2}$。可见，形式与理论断裂强度完全相同，只是以 c 取代了 a。若 $c=10^4a$，实际断裂强度就只有理论值的 1/100。

格里菲斯公式只适用于完全脆性的固体。在这之后，当人们研究金属的脆性断裂时，又重新修正了此公式。在金属裂纹尖端，当应力超过材料的屈服强度时，就会发生塑性变形，使应力松弛掉一部分，并产生塑性区，裂纹在塑性区内扩展，要耗费塑性变形功 γ_p，γ_p 大约为 $10^3\gamma$。于是，金属的断裂应力经奥罗万-欧文（Orowan-Irwin）修正后，变为

$$\sigma=\left[\frac{E(2\gamma+\gamma_p)}{\pi c}\right]^{1/2} \tag{8-16}$$

注意到式（8-15）、式（8-16）中，$(2\gamma E)^{1/2}$ 和 $[E(2\gamma+\gamma_p)]^{1/2}$ 均为材料的固有性能，材料的这一性能称为断裂韧性，以 G_{IC} 表示。材料断裂韧性的另一种形式是 K_{IC}，它与 G_{IC} 有一定关系。我们可以用 G_{IC} 来理解断裂韧性的物理概念。

第十节 冷变形金属的回复阶段

冷变形金属在加热时会先后经历回复、再结晶和晶粒长大三个阶段。在再结晶阶段，从组织上看，是以产生无畸变的新晶核，然后在变形金属基体内长大，形成大角度晶界的新晶粒为标志的；从性能上看，是以力学性能（如强度、硬度）和物理性能（如电阻、储存变形能的释放）产生急剧变化为标志的。在再结晶过程未进行之前，一个相当宽的温度范围都属于回复阶段。

冷变形金属在内部储存了较高的弹性畸变能，有高的位错密度（退火态金属位错密度约为 $10^8/cm^2$，强烈冷变形之后可达 $10^{12}/cm^2$），且位错缠结成不规则分布，另外，也伴随有大量的空位。弹性畸变能的减小是回复和再结晶的驱动力，而晶粒长大则是力图使晶界界面能减小的结果。

一、回复阶段性能与组织的变化

在回复阶段，观察到以下几种现象：

1）宏观内应力经过低温加热（一般在 200~250℃）后大部分去除，而微观应力仍然残存。

2）电阻率降低。使 Cu、Ag、Al 线材预先在 90K 下变形，发现在室温（293K）下电导率就可逐渐恢复，相对原始变形态，电阻率可降低 30%，而与此同时，硬度和流变应力却觉察不出有什么变化。

3）硬度和流变应力的变化随金属不同而异。像密排六方金属 Zn、Cd 在室温下就可去除绝大部分冷变形产生的加工硬化；而 Cu 与 α-黄铜则直到加热至 350℃，其硬度都没有明显的变化；Fe 在 350℃以上就可看到部分加工硬化的去除。

4）显微组织至少在光学显微镜下看不出有任何变化，在高温回复时，在电镜下可看到晶粒内的胞状位错结构转变为亚晶。

二、回复动力学

在回复阶段，对于那些能察觉到有部分加工硬化去除的金属，就可研究温度与时间对硬化去除的影响。

以 Fe 为例，在 0℃先经过 5% 的预形变，然后在不同温度下每隔一定时间测量其残留应变硬化，结果如图 8-33 所示。

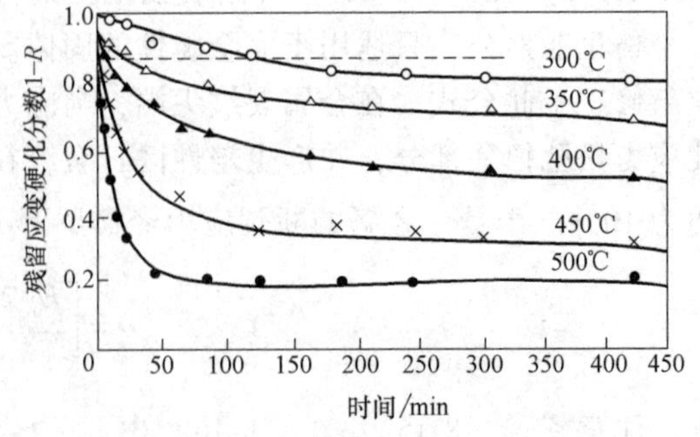

图 8-33 经拉伸变形的纯铁在不同温度下加热时，屈服强度的回复动力学

图中纵坐标以残留应变硬化分数 $1-R$ 表示，R 为回复的部分。

$$1-R=\frac{\sigma-\sigma_0}{\sigma_m-\sigma_0} \quad (8\text{-}17)$$

式中，σ 为回复退火后的屈服强度；σ_0 为经完全退火，加工硬化全部消除后的屈服强度；σ_m 为加工硬化后的屈服强度。

从图中可看出，回复的初始阶段去除硬化的程度较快，时间延长后回复的程度就减弱了。而且，预形变量越大，起始的回复速率也越快。减小晶粒尺寸也使回复加快。以后我们会了解到回复的动力学曲线和再结晶动力学曲线是不同的。

研究某个对结构敏感的物理性质在不同温度下的回复过程中随时间 t 的变化，可间接地推测回复过程的机理。冷变形和回复时的物理性能变化，和金属晶体中某种结构缺陷密度的变化直接相关。假设金属经过冷变形后，p 为我们感兴趣的某物理性能，p_0 为变形前的物理性能值，Δp 为变形后由结构缺陷引起的物理性能增值，则变形后，完全回复前，此物理性能可写成

$$p=p_0+\Delta p \tag{8-18}$$

假设 Δp 与由形变造成的某结构缺陷的体积浓度 C_d（如空位浓度）成正比，则

$$p-p_0=\Delta p=BC_\mathrm{d} \tag{8-19}$$

物理性能随时间的变化速率为

$$\frac{\mathrm{d}(p-p_0)}{\mathrm{d}t}=B\frac{\mathrm{d}C_\mathrm{d}}{\mathrm{d}t} \tag{8-20}$$

式中，$\mathrm{d}C_\mathrm{d}/\mathrm{d}t$ 为结构缺陷衰减速率，是缺陷密度和缺陷迁移速率的函数，而回复时缺陷的运动是热激活过程，按化学动力学处理，可表达为

$$\frac{\mathrm{d}C_\mathrm{d}}{\mathrm{d}t}=-KC_\mathrm{d}\mathrm{e}^{-Q/RT} \tag{8-21}$$

式中，Q 为缺陷消失过程的激活能；K 为常数。将式（8-20）和式（8-21）合并，得到

$$\frac{\mathrm{d}(p-p_0)}{\mathrm{d}t}=B(-K)C_\mathrm{d}\mathrm{e}^{-Q/RT} \tag{8-22}$$

把式（8-19）中的 $C_\mathrm{d}=\dfrac{p-p_0}{B}$代入式（8-22）得

$$\frac{\mathrm{d}(p-p_0)}{p-p_0}=-K\mathrm{e}^{-Q/RT}\mathrm{d}t \tag{8-23}$$

把式（8-23）写成一般解的形式，则有

$$f(p-p_0)=-K\mathrm{e}^{-Q/RT}t \tag{8-24}$$

设物理性能 p 为强度，式（8-23）可改写为

$$f(\sigma-\sigma_0)=-K\mathrm{e}^{-Q/RT}t \tag{8-25}$$

当试验条件一定时，式（8-17）中的 $\sigma_\mathrm{m}-\sigma_0$ 为常数，式（8-24）可改写为

$$f'(1-R)=-K\mathrm{e}^{-Q/RT}t \tag{8-26}$$

如取 $1-R$ 为常数，即可在图 8-33 上作水平线，$f'(1-R)$ 则为常数，对式（8-25）两边取对数得

$$\ln t=C+\frac{Q}{RT} \tag{8-27}$$

式中，C 为常数，由上式取 $\ln t-\dfrac{1}{T}$作图，如可获得直线，可由直线的斜率求得回复过程的激活能 Q。根据所测得的 Q 值可以推断回复过程的机理。实验表明，对冷变形铁在回复时没有

一固定的激活能，回复程度不同，有不同的激活能值。例如，$R=0.1$，$Q=100\mathrm{kJ/mol}$；$R=0.6$，$Q=200\mathrm{kJ/mol}$，后一数值接近于铁的自扩散激活能。这说明，对于铁的回复，不能用一种单一的控制速率过程来描述。这样求出的激活能也没有多少意义。实际上，冷变形程度、回复程度、回复温度、杂质原子（比如区域精炼的纯铁和普通的纯铁）及金属的种类等许多因素，都影响着回复的物理过程。

三、回复机制

回复现象十分复杂，影响因素很多，有些物理过程又是叠加在一起的，虽然对一些典型金属的回复有过不少研究，但共性规律却不多。

原则上讲，在回复过程中金属内部发生以下变化：

1. 低温时发生的变化

回复主要与点缺陷的迁移有关。冷变形时产生大量的点缺陷——空位与间隙原子。点缺陷运动所需的热激活能较低，因而在室温或0℃以下就可以进行。较低温度时所测量的电阻率变化主要与点缺陷的运动有关。单个的点缺陷运动到界面处（小角度界面或大角度界面）会消失。

2. 温度较高时发生的变化

温度较高时，金属内部会发生位错运动和重新分布。滑移面上位错相遇时，异号位错会消失；如两个为刃型位错，会形成空位或间隙原子，位错密度也略有降低。

3. 在高温回复（$\approx 0.3T_m$）时发生的变化

刃型位错可获得足够的能量产生攀移。攀移产生了两个重要的后果：第一，使滑移面上不规则的位错重新分布，刃型位错垂直排列成墙，这种分布可显著降低位错的弹性畸变能，因此可以看到对应于此温度范围，有较大的应变能释放；第二，在晶粒内部被这种位错墙分割成许多小的完善的晶体，这些小晶体称为亚晶，亚晶之间为小角度界面。对此现象的观察与研究，最早是用X射线劳埃法来观察冷变形铝加热时的结构变化，以后是Fe-Si合金通过腐蚀坑的显示，判断回复前后位错分布的改变。为了解释这种现象，Cahn称此过程为多边化，并提出图8-34所示的位错模型。到20世纪60年代，电镜已可直接观察到高温回复时形成的亚晶。所以亚晶和多边化实质上是同一过程。而用X射线劳埃法研究的分辨率很低，例如，单晶铝要在500℃回复加热时才可清晰分辨出形成亚晶的分立的小斑点，而电镜观察在200℃回复时就可发现亚晶。因此，在有些教科书中把多边化与亚晶作为并列的两个回复过程是值得商榷的。

电镜下观察到的亚晶和形变后产生的位错胞在形貌上是不同的。位错胞的边界由于位错

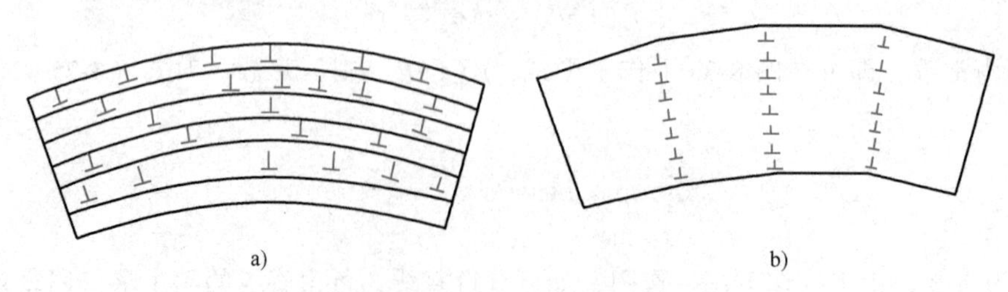

图8-34　多边化前后刃型位错的排列情况

a）多边化前　b）多边化后

的紊乱缠结，界面宽而模糊又不规整，晶内和边界的衬度差别也不是很大，而亚晶界界面很窄，平直而明锐，与晶内有大的反差，亚晶的几何形状也多半是规则的。从流变应力和亚晶尺寸的关系看，它和霍尔-佩奇关系式是一致的，即 $\sigma \propto d^{-1/2}$；而位错胞的关系式，多数试验结果为 $\sigma \propto d^{-1}$。从塑性和韧性看，当形成亚晶后，性能已有很大的改善。假如能获得这种组织结构，预期有较好的综合力学性能。位错胞和亚晶在书刊中统称为亚结构，它们都属于小角度晶界，且没有长程内应力，至于具体属于哪种，要根据条件辨别。

前面讲到，位错攀移产生了两个重要后果，除形成亚晶外，位错的攀移总是与吸收或放出大量的空位有关，而晶体内原子（置换式）的扩散是通过空位机制进行的。原子自扩散（对纯金属）的激活能=空位形成能+空位迁移能。因此，位错的攀移和扩散过程，在温度较高时，两者是不可分割的，且互为因果。

4. 位错反应形成亚晶

亚晶除了可通过位错攀移直接形成外，还可通过位错再重新分布后，相互作用发生位错反应而形成。例如，冷变形铁在高温回复时，有两组 $\frac{a}{2}[111]$ 位错，反应生成 [100] 位错，即

$$\frac{a}{2}[111]+\frac{a}{2}[1\bar{1}\bar{1}]\rightarrow a[100]$$

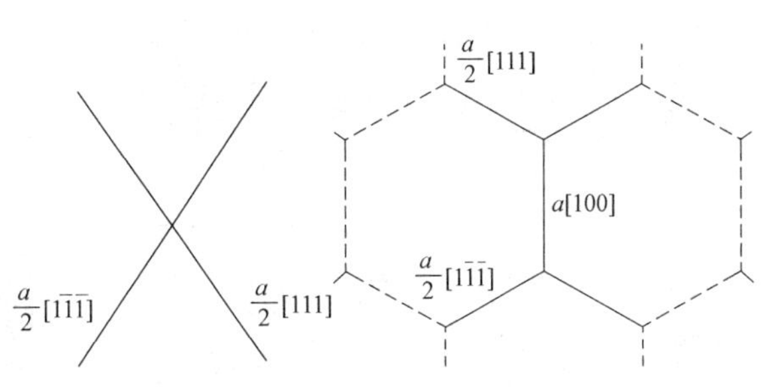

图 8-35 冷变形铁高温回复时通过位错反应形成亚晶

在电镜下构成六角形的位错网络，这是一种小角度的晶界。如图 8-35 所示。

第十一节 冷变形金属的再结晶

当加热温度更高时金属发生再结晶。在这以前变形金属的力学性能和物理性能都是逐渐变化的，在光镜下显微组织没有明显的变化，但只要加热温度升高到某一确定值（或者说是一个很窄的温度范围）就可看到力学和物理性能急剧变化，加工硬化可以完全消除，性能可以恢复到未变形前的退火状态。显微组织也发生了明显的改变，由拉长的变形晶粒变为新的等轴晶粒。这就是再结晶现象。再结晶在实际生产中是很有意义的。当冷变形产生强烈的加工硬化，使生产工艺（如拉拔线材）不能继续进行时，中间必须进行再结晶退火；另外，它也是改变金属组织与性能的一种方法，特别是对那些在固态下没有相变的金属材料，在适当的场合下可以应用。

再结晶是先产生无畸变的晶核，然后再在变形的金属基体中长大的过程，其转变动力学也与固态中多数相变相似，但是，再结晶转变没有晶体结构和化学成分的变化。所以，从本质上说再结晶不属于相变。

下面着重讨论再结晶过程、影响因素以及生产上如何控制。

一、再结晶的形核

既然再结晶的转变驱动力是晶体的弹性畸变能，可以预期晶核必然是产生在高畸变能区

域，若晶核本身是无畸变的，且畸变能的降低足以弥补新晶核形成时所增加的界面能，这会使系统的能量降低，晶核就会进一步长大。人们早先按照这一思路，运用液固转变或固态转变的经典理论来处理再结晶形核问题，计算结果表明，晶核的临界尺寸要比实际观测到的尺寸大得多。这并不是说人们考虑问题的思路有什么错误，而是经典的形核理论都是作均匀形核处理的，再结晶核心实际上是“现成的”，它已经存在于畸变能较大的区域，不需要原子逐个积累到超过某一临界尺寸。

实验观察到的再结晶核心首先产生在大角度界面上，如晶界、相界面、孪晶或滑移带界面上，它也可能产生在晶粒内某些特定的位向差较大的亚晶上。图 8-36 中，再结晶晶核在 MnO 夹杂物与基体的相界上形成。对于再结晶核心产生在大角度的晶界上，照 Beck 提出的模型，也是变形的两个相邻晶粒内，其亚晶的尺寸相差悬殊（图 8-37），晶核产生于亚晶尺寸大的晶粒一侧，长入有小亚晶的晶粒内，也就是伸向畸变能较高的区域以减小畸变能。

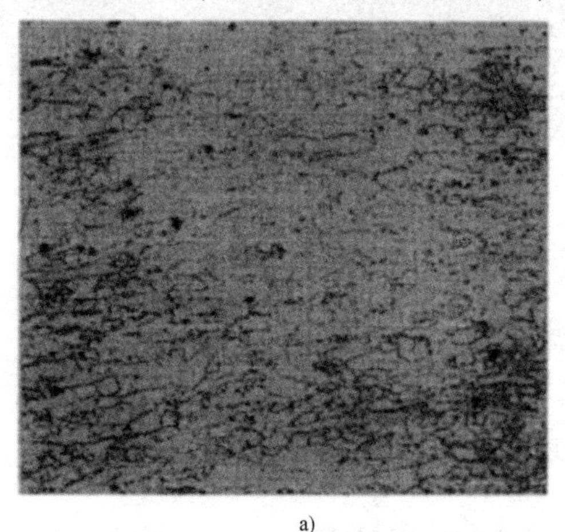

a)

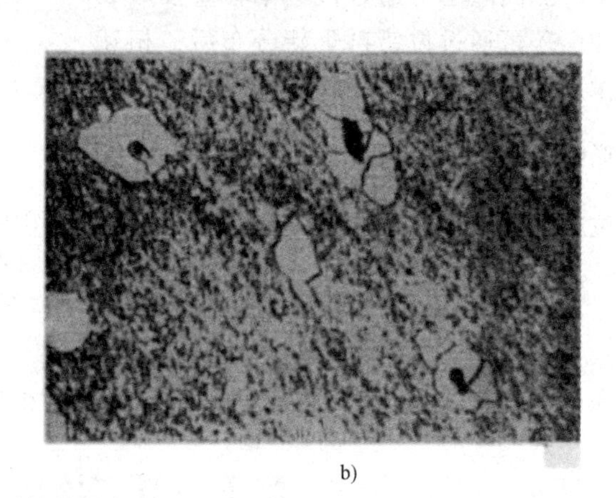

b)

图 8-36　再结晶照片

a）工业纯铁的再结晶（再结晶核心优先产生于晶界）100×　b）低碳钢的再结晶（再结晶核心产生在 MnO 夹杂物上）

二、再结晶动力学

在一定变形量下，将变形金属在不同温度下退火，用金相法测定发生再结晶的体积分数随时间的变化（图 8-38）。图 8-38 表明再结晶的动力学与回复不同，在每一固定温度下，转变曲线为 S 形，发生再结晶需要一段孕育期，退火温度越高孕育期越短。开始再结晶时，转变速率很低，随着转变量的增加，转变速率逐渐加快，到转变量为 50% 时速率最快（实际上，在转变的中间范围为一直线）；转变量再增加，速率又减慢。退火温度越高，转变曲线渐向左移，即转变加速。图 8-38 是在变形量固定时获得的再结晶动力学曲线。如在恒定温度下，变形量不同，也可得到一组相似的转变动力学曲线，如图 8-39 所示。

阿弗拉米提出，再结晶的动力学曲线可用以下方程表示，即再结晶体积分数 x 可表示为

$$x=1-\exp(-Bt^{K}) \tag{8-28}$$

式中，B 和 K 为常数。若再结晶是三维的，K 为 3~4；若再结晶是二维的，如薄板，K 为 2~3；若再结晶是一维的，如线材，K 为 1~2。

对式（8-28）取双对数，则有

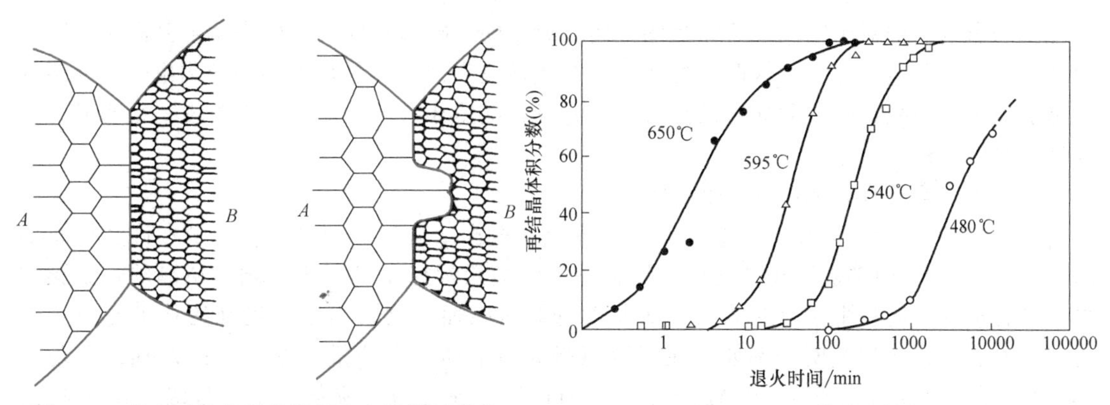

图 8-37　具有亚晶组织的晶间凸出形核示意图

图 8-38　纯铁的再结晶

$$\lg\ln\frac{1}{1-x}=K\lg t+\lg B \tag{8-29}$$

作 $\lg\ln\frac{1}{1-x}-\lg t$ 图，直线的斜率即为 K 值。试验表明，在一定温度范围内，K 值几乎不随温度而变化。

因为再结晶速率 v 和反应速度的阿累尼乌斯公式有相同的形式，即 $v=A\mathrm{e}^{-Q/RT}$，而再结晶速率和产生某一再结晶体积分数 x 所需的时间 t 成反比，即 $v\propto\frac{1}{t}$，所以有

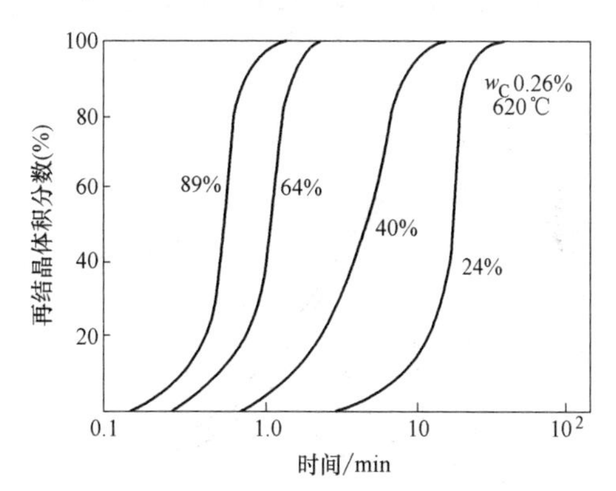

图 8-39　变形量对碳钢再结晶的影响

$$\frac{1}{t}=(\text{常数})\,\mathrm{e}^{-Q/RT} \tag{8-30}$$

作 $\ln t-\frac{1}{T}$ 图，直线的斜率为 Q/R，求得的 Q 即为再结晶激活能。作图时常以转变量为 50% 时作为比较标准。按照此方法求出的再结晶激活能是一常数，它不像回复动力学中求出的激活能，后者因为回复的温度和回复的程度不同，没有一个确定值（除非像室温下就能绝大部分回复的金属 Zn，测得的激活能相当于自扩散激活能）。这样测出的激活能，可以反映出一些影响再结晶过程的因素，例如，$w_{Cu}=99.999\%$、在 40% 拉伸变形后，测得 Q 为 129.8kJ/mol，而在 10%拉伸变形时，测得的 Q 为 146.55kJ/mol；对于区域精炼的铝，测得的 Q 值为 62.8kJ/mol，而其中如果加入质量分数为 0.007% 的 Cu 就可使激活能提高到 125.6kJ/mol。

三、影响再结晶的因素

1）在给定温度下发生再结晶需要一个最小变形量，这通常为临界变形度。低于此变形度，不能再结晶。

2）变形度越小，开始再结晶的温度就越高。这也意味着临界变形度随着退火温度的升高而减小。

3）再结晶后的晶粒大小主要取决于变形程度。变形量越大，再结晶后的晶粒越细。至

于温度的影响，如对于刚完成再结晶的金属，温度的影响是很弱的，因为温度升高时，同时增加了形核率和生长速率，这两者的比值没有明显改变，因而晶粒大小的变化也较小。温度只是加速了再结晶过程。假如再结晶过程已完成，随后还有一个晶粒长大阶段，很明显，温度越高晶粒越粗。

这三个因素可综合地用图 8-40 说明。

4）微量杂质元素可明显升高再结晶温度或推迟再结晶过程的进行，这是在许多金属如 Al、Cu、Pb、Fe 中都被证实的现象。那么一些微量元素究竟是怎样影响再结晶的？是影响再结晶的形核，还是阻止其长大？或者是两种影响兼而有之。当区域提纯的技术已很完善时，这种影响就不难查明。例如，在区域精炼的铅中加入极微量的 Sn、Ag 和 Au，发现在 10^6 个原子中只要有 1 个 Au 或 Ag 原子，界面迁移的速度就可降低两个数量级（图 8-41），而生长的激活能从 20.9kJ/mol（纯 Pb）增加到 125.61kJ/mol（加入 Ag 或 Au 后）。

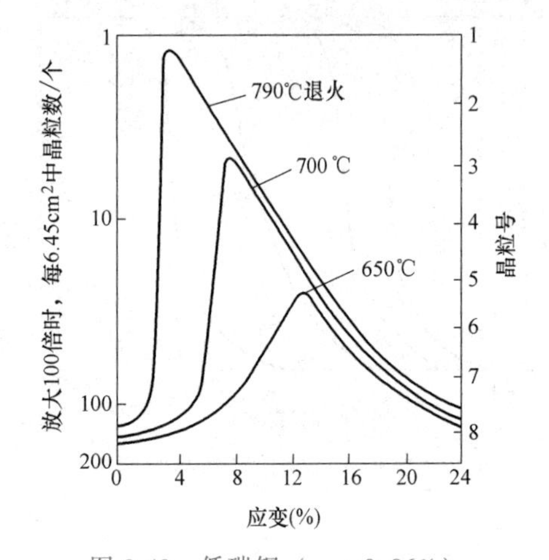

图 8-40 低碳钢（$w_C=0.06\%$），应变量及退火温度对再结晶后晶粒大小的影响

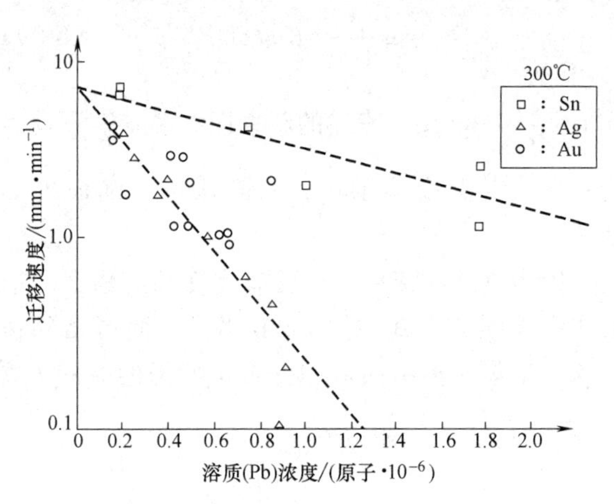

图 8-41 铅中溶质浓度对界面迁移速度的影响

5）第二相的影响。定性地说，有这种规律，即当第二相尺寸较大（一般>1μm）、间距较宽时，再结晶核心能在其表面产生。在钢中常可见到再结晶核心在夹杂物 MnO 或第二相粒状 Fe_3C 表面上产生。当第二相尺寸很小且又较密集时，则会阻碍再结晶的进行，在钢中常加入 Nb、V 或 Al，形成 NbC、V_4C_3、AlN，这些化合物的尺寸很小，一般都在 100nm 以下，它们会抑制形核。

6）原始晶粒越细，或者退火时间延长，都会降低再结晶温度。

由此可以看出，变形金属的再结晶温度并不是恒定的，而是受许多因素的影响。粗略地估计，金属再结晶的温度与其熔点有以下关系：$T_{再} \approx 0.4T_{熔}$，表 8-4 给出了各种金属的再结晶温度。

表 8-4 各种金属的再结晶温度

金属	熔点/℃	再结晶温度/℃	金属	熔点/℃	再结晶温度/℃
Sn	232	<室温	Cu	1085	200
Cb	321	<室温	Fe	1538	450
Pb	327	<室温	Pt	1769	450

（续）

金属	熔点/℃	再结晶温度/℃	金属	熔点/℃	再结晶温度/℃
Zn	420	<室温	Ni	1453	600
Al	660	150	Mo	2610	900
Mg	650	200	Ta	2996	1000
Ag	962	200	W	3410	1200
Au	1064	200			

四、再结晶后的晶粒长大

再结晶完成后晶粒长大有两种类型：一种是随温度的升高或时间的延长而均匀地连续长大，称为正常长大；另一种是不连续、不均匀地长大，称为反常长大，也称为二次再结晶。

1. 晶粒的正常长大

再结晶完成后，晶粒长大是一个自发过程，因为金属总是力求使其界面自由能最小。就整个系统而言，晶粒长大的驱动力是降低其总界面能。若就个别晶粒长大的微观过程，晶粒界面的不同曲率是造成晶界迁移的直接原因。在晶粒长大时，晶界总是向着曲率中心的方向移动，如图 8-42 所示。因为界面弯曲后，必然会有一表面张力指向曲率中心，力求使界面向曲率中心移动。注意，再结晶后晶粒的长大是界面向曲率中心移动；而再结晶核心的长大，界面是背向曲率中心移动（图 8-37），因为后者长大的驱动力是减小畸变能。

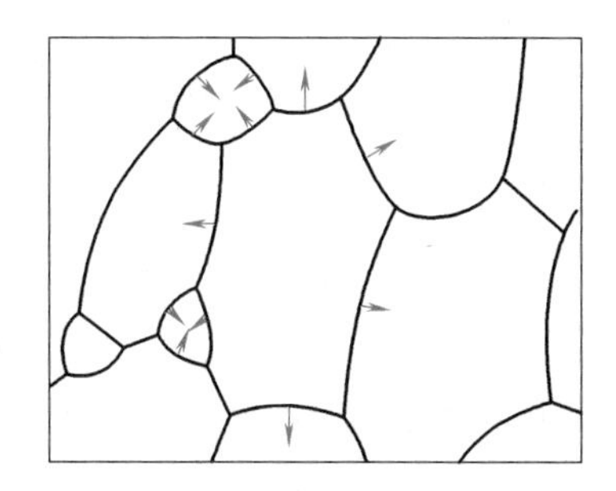

图 8-42 晶粒长大时晶界移动方向

减小表面能是晶粒长大的热力学条件，满足这个条件只说明晶粒有长大的可能，长大与否还需满足动力学条件，这就是晶界的活动性。温度是影响晶界活动性的最主要因素。晶界的活动性 B 与晶界的扩散系数 D_b 有以下关系：$B=D_b/RT$，而 $D_b=D_0e^{-Q_b/RT}$，所以晶界移动速度因温度升高而急剧增大。生产上，为了阻止金属在高温下晶粒的长大，常加入一些合金元素，形成颗粒很小的第二相，钉扎住晶界，阻碍晶界的移动。通常，在第二相颗粒所占体积分数一定的条件下，颗粒越细，其数量越多，则晶界迁移所受阻力也越大。当晶界能所提供的晶界迁移驱动力正好与分散相粒子对晶界迁移所施加的阻力相等时，晶粒的正常长大即停止。

生产上加铝脱氧的镇静钢，加入 Nb、V、Ti 等可阻止奥氏体晶粒长大，都是基于这个原理。

2. 二次再结晶

一般情况下，再结晶完成后，晶粒长大随温度的增加是连续变化的。但在一定条件下，对某些金属会出现当温度升高到某一数值时，晶粒会突然反常地长大，温度再升高，晶粒又趋于减小，这种现象叫作二次再结晶。但是，二次再结晶并不是靠重新产生新的晶核，实际上只是在一次再结晶晶粒长大的过程中，某些局部区域的晶粒产生了优先长大。

硅钢（$w_{Si}=3\%$）冷轧变形程度为 50%，轧制成 0.35mm 厚的薄板，在不同温度下退火

1h，其二次再结晶晶粒长大的情况如图 8-43 所示。图中实线表示原硅钢片含有少量 MnS，再结晶完成后晶粒先是均匀长大，而在 920℃左右发生晶粒突然长大，个别晶粒可为晶粒平均尺寸的 50 倍（图 8-44）。温度再升高，晶粒又变细。图 8-43 中曲线 1 表示在发生二次再结晶周围，只有一次再结晶的晶粒随温度升高均匀长大的情形。曲线 2 表示不含 MnS 夹杂的高纯度的硅钢片，其晶粒长大与温度的关系，它没有明显的二次再结晶。

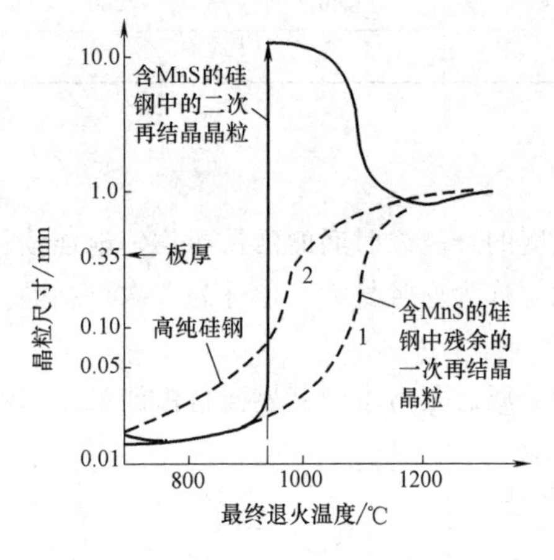

图 8-43　硅钢片退火 1h 后晶粒尺寸的变化

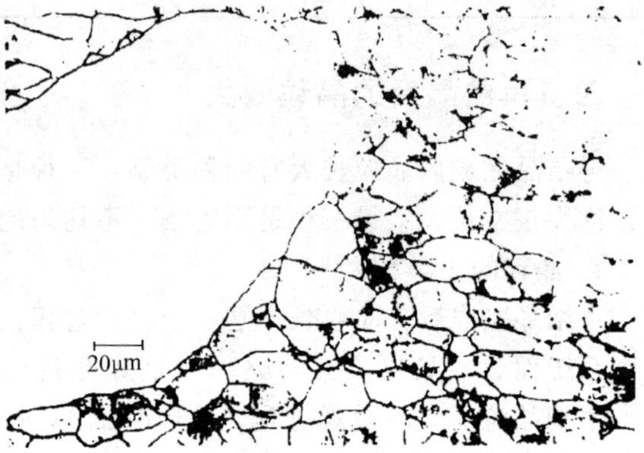

图 8-44　硅铁二次再结晶的反常晶粒

二次再结晶是怎样产生的呢？主要是在再结晶后晶粒长大过程中，只有少数晶粒能优先长大，而大多数晶粒不易长大。之所以出现这种现象是由于：①冷变形造成了变形织构，再结晶退火至一定温度时（对硅钢片至少在 900℃以上），又形成了再结晶织构。当形成织构后，各个晶粒的取向趋于一致，晶粒间的位向差很小时，晶界是不易移动的，因为界面能随位向差的增大而增大，直至形成大角度晶界，界面能才趋于一恒定值，因此，形成强烈织构后，晶粒是不易长大的；②当加入少量杂质形成第二相（如硅铁中的 MnS）时，能强烈钉扎住晶界，阻碍晶界的移动，晶粒也不会长大。这两种因素结合薄板的生产条件，又附加了不易长大的因素。而当加热到高温时，某些局部区域的 MnS 夹杂溶解，该处的晶粒便优先长大，吞并了周围的晶粒，这就形成了晶粒的反常长大。

二次再结晶对材料的力学性能有不良的影响，但对硅钢片退火是促进形成二次再结晶的，产生强的再结晶织构（110）[001]（即高斯织构）和大晶粒，很适宜制作变压器铁心等软磁材料，这在第七章中已提到，实际生产中并没有直接应用冷变形织构，而是应用再结晶织构。

第十二节　金属的热变形、蠕变与超塑性

一、金属的热变形过程以及对组织与性能的影响

工程上，常将再结晶温度以上的加工称为“热加工”或“热变形”，把变形温度低于再结晶温度，却高于室温的，称为“温加工”，把变形温度低于再结晶温度又不加热的加工称为“冷加工”。金属的热变形可看成是两个过程的组合：一方面，它像冷加工那样发生晶粒

的伸长与加工硬化；另一方面，又发生了回复和再结晶过程，又新形成了等轴晶粒并消除了加工硬化。这种回复和再结晶过程可以与变形同时产生，这时称为动态回复和再结晶。当变形温度很高、变形量大以及变形速度较低时，都容易实现动态再结晶。回复和再结晶过程也可以在变形停歇之后或者冷却时产生，这时就叫作静态回复和再结晶。首先，动态和静态再结晶就其物理过程和产生的组织结构来说，两者并没有什么本质上的不同或大的差别；其次，在实际生产过程中，这两种再结晶相互交错以致很难区分。所以，我们只以是否完成了再结晶作为最后判别。

高温时，热变形后的再结晶实际上是很快的，图 8-45 表示 51B60 钢（w_C 为 0.6%，w_{Cr} 为 0.8%，微量 B）在 1200℃奥氏体化后，在 920℃轧制时变形量为 60%，于不同温度下停歇不同时间，随之淬火后观察其再结晶进行情况，如在 900℃下停歇只需 1min 就可完成再结晶。虽然随着温度的降低，开始发生和完成再结晶的时间稍长些，但即使终轧温度降到临界温度 Ar_3 以下（如 800℃），再结晶完成的时间也只需 10min。一般终轧温度选在单相奥氏体区，温度要尽可能低些，以防止热轧后再结晶晶粒的长大。图 8-46 所示为 $w_C=0.2\%$的低碳钢热轧前后组织变化的示意图。其临界温度 Ar_3 为 830℃，在 850℃终轧可获得细小的奥氏体等轴晶，这就保证了随后冷却时，其转变产物铁素体和珠光体也是细小的。

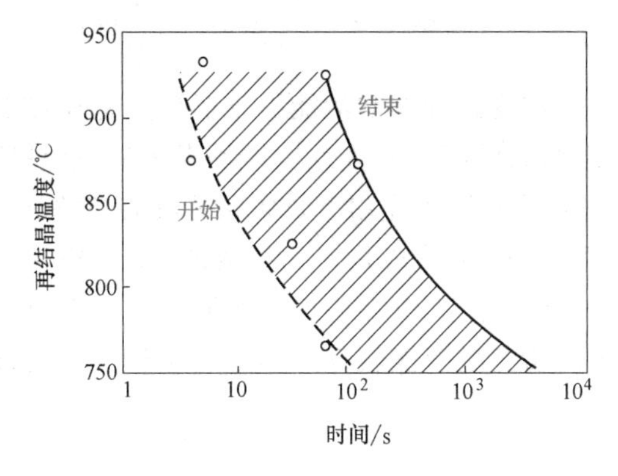

图 8-45　51B60 钢 1200℃奥氏体化后，在 920℃轧制变形后的再结晶温度-时间曲线

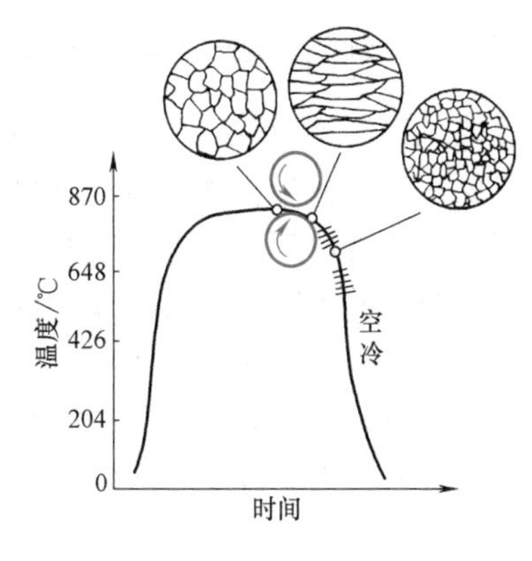

图 8-46　热轧时晶粒尺寸变化示意图

由于热变形时再结晶能很快完成，所以热变形后没有加工硬化，同时金属在高温时屈服强度低、塑性好，这就保证了各种热加工工艺能连续地顺利完成，热变形后材料的性能是均匀的和各向同性的（当不含第二相或夹杂物时），这也是与冷变形相比的优点。生产上可以把大钢锭通过初轧机热轧成板坯、大方坯和小方坯。轧制的板坯再进一步轧成中厚板和薄板。轧制成的矩形大方坯再接着轧成型钢和钢轨；对于小方坯，则轧成棒材圆钢、无缝管等。

热变形除了使金属能生产出各种需要的板材、型材、管材和棒材等外，从金属学角度看也改善了金属内部的组织与性能。由于热轧有以下特点：①使铸态下原始的粗大柱状晶和等轴晶遭到破坏，重新再结晶形成细小的等轴晶粒；②减小了显微（枝晶）偏析；③使铸锭内原有的内部气孔（未被氧化）和疏松，能够焊合和更加紧密；④控制好终轧温度和变形量，可使金属获得细晶粒组织；⑤在热变形时，金属内的第二相或夹杂物有的可沿轧制方向伸长，虽然金属基体内的晶粒发生了再结晶，形成的等轴晶在性能上是各向同性的，但是伸长的夹杂物或第二相却不能再结晶，因此热变形金属当含有夹杂物或第二相时，在力学性能上会有各向异性。顺着轧制方向取样可以获得较好的力学性能，特别是塑性与韧性，而在垂直于轧制方向取样，则力学性能较差。对板材力学性能上的检测，都要同时在纵向与横向上取样，考查两者在性能上的差别。各向异性是否严重，取决于夹杂物的本性、数量及分布情况。

二、金属的蠕变

金属在室温下或者温度在低于 $0.3T_m$ 时的变形，主要是通过滑移和孪生两种方式进行的，而在温度高于 $0.3T_m$ 会发生位错的攀移，从而产生蠕变现象。所谓蠕变，是指材料在高温下的变形不仅与应力有关，而且与应力作用的时间有关。在恒定的温度与应力下，金属发生蠕变的典型情况，如图 8-47 所示。整个蠕变过程可分为三个阶段：蠕变速率 $\left(\frac{d\varepsilon}{dt}\right)$ 逐渐减慢的第一阶段；稳态（恒速）蠕变的第二阶段；在蠕变过程后期，蠕变速率加快直至断裂的第三阶段。随着温度与应力的升高，蠕变第二阶段渐短，金属的蠕变很快由第一阶段过渡到第三阶段，使高温下服役的零件寿命大大缩短。

因为在蠕变第二阶段蠕变速率最低且蠕变量易于推算，故高温下工作的零件的设计寿命多规定在这一阶段。这一阶段的蠕变速率 $\dot{\varepsilon}_{ss}$ 与温度呈指数关系，当作 $\ln\dot{\varepsilon}—\frac{1}{T}$ 图时，可得出一直线，其斜率为 $-Q/R$，如图 8-48 所示。Q 为蠕变过程的激活能。分析许多金属蠕变第二阶段的激活能数据，都证明这一数值与自扩散的激活能十分接近，详见表 8-5。这说明蠕变速率的过程是由扩散过程控制的。蠕变现象可看作在应力作用下金属原子流的扩散。由于金属原子的扩散机制是空位扩散，自扩散的激活能 Q_D 可看成是空位形成能 Q_F 与空位运动能 Q_M 两者之和，即 $Q_D=Q_F+Q_M$。在体心立方金属中，由于原子排列不够紧密，空位容易运动，Q_M 较小，所以体心立方和面心立方相比，蠕变激活能较低，蠕变速率较大，这都是已被实践证明了的正确结论。

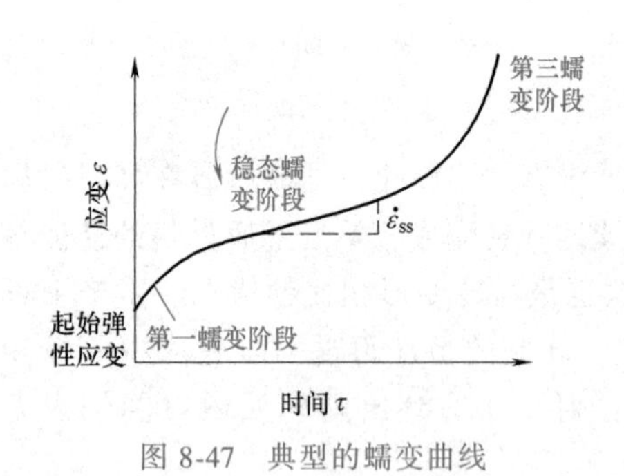

图 8-47　典型的蠕变曲线

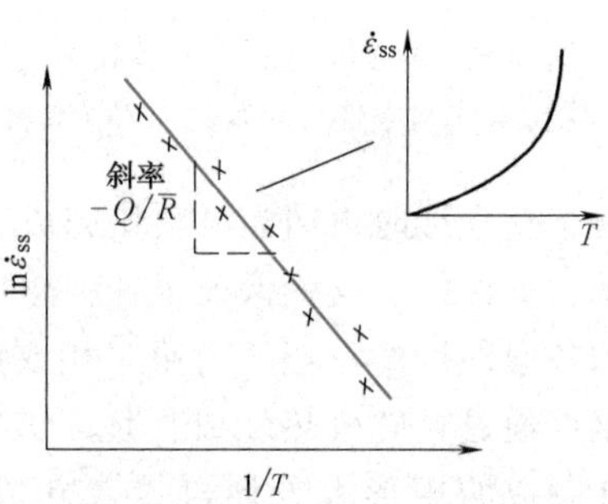

图 8-48　蠕变速率和温度的关系

表 8-5　蠕变激活能 ΔH_c 和自扩散激活能 Q_D

金属	ΔH_c/(kJ·mol^{-1})	Q_D/(kJ·mol^{-1})	金属	ΔH_c/(kJ·mol^{-1})	Q_D/(kJ·mol^{-1})
Al	140	138	γ-Fe	299	288
Cu	196	194	Mg	117	134
α-Fe	305	291	Zn	88	90

在蠕变第二阶段，一般认为由位错滑移产生的加工硬化和由位错攀移产生的高温回复，这两个过程的速率相等，于是便形成了恒定的蠕变速率过程。位错攀移可以消除加工硬化。例如，当位错滑移遇到障碍而阻塞时，位错可由热激活产生的攀移而避开障碍，它与螺型位错的交滑移可以消除加工硬化类似，但前者只能在温度较高时（$T>0.3T_m$）发生。由位错攀移引起蠕变的机制叫作位错蠕变。由实验测定的蠕变激活能和电镜直接观察到的亚晶形成都验证了这一观点。

三、金属的超塑性

现已发现许多合金在一定条件下，如：①晶粒的尺寸很细，约在 10μm 以下，最好在 5μm 以下；②变形的温度在（0.5~0.65）T_m；③变形的速率为 10^{-2}~10^{-4}/s，金属可实现超塑性变形，伸长率可达 1000%左右。当金属具有超塑性时，就可使形状复杂不易加工的零件，在一次或很少的几次型腔中精密成形。

金属之所以能显示超塑性，是因为流变应力和应变速率 $\dot{\varepsilon}$ 在一定温度下有以下关系

$$\sigma = k\dot{\varepsilon}^{m} \tag{8-31}$$

式中，m 称为应变速率敏感系数。在室温下，对于一般的金属材料 m 值很小，为 0.01~0.04；温度较高、晶粒又很细时，m 值就较高。要使金属有超塑性，m 值至少在 0.3 以上，一般约为 0.5。m 值较大时，表示应力对应变速率敏感。当试样发生缩颈，缩颈处的应变速率较均匀变形的截面处高约两个数量级。所以，一旦在某处发生缩颈，由于应变速率的升高，那里的流变应力就急剧升高。这也是加工硬化的一种方式，即抑制了缩颈的发展，变形就传播到试样的其他部位。这样，试样就一直均匀变形下去直至断裂，没有缩颈。

m 值可由以下方法求得，作 $\lg\sigma$-$\lg\dot{\varepsilon}$ 图，则

$$m = \left(\frac{\partial \lg\sigma}{\partial \lg\dot{\varepsilon}}\right)_{\varepsilon T} \approx \frac{\Delta \lg\sigma}{\Delta \lg\dot{\varepsilon}} = \frac{\lg\sigma_2 - \lg\sigma_1}{\lg\dot{\varepsilon}_2 - \lg\dot{\varepsilon}_1} = \frac{\lg\sigma_2/\sigma_1}{\lg\dot{\varepsilon}_2/\dot{\varepsilon}_1}$$

关于超塑性变形的本质，现在多数的观点认为是由晶界的滑动与晶粒的转动所致。它没有晶粒的伸长变形，细晶粒和高温是实现这一变形的必要条件。对超塑性变形金属的组织观察证明：①虽然断裂时的延伸率很大，但晶粒并没有拉长，还是细小的等轴晶，不过，由于在高温和应变速率很低的情况下，晶粒稍有长大；②晶粒内既无位错胞也无亚晶，位错密度也无明显变化；③在预先表面抛光的试样上作一划痕，超塑性变形后，看到晶界附近有位移并有晶粒转动的现象。当只发生晶粒间的相对滑动，而晶粒转动只是协调晶内变形时，这种晶界的变形就表现为黏性流动，当晶粒很细时，晶界的黏性流动可产生很大的变形，这时超塑性变形和玻璃的加工变形很相似。

很多金属材料在一定条件下都可显示超塑性，但在生产上有应用价值的并不多。例如，高碳钢虽能显示超塑性，但没有多少经济效益，甚至得不偿失。只有那些材料本身就很难热变形，零件的形状很复杂，且有重要用途，才可预期超塑性能获得应用。例如，钛合金 Ti-6Al-4V，于 850℃在两相区 α+β 发生超塑性成形，制造飞机的一些组件，如蜂窝板结构，可大幅度降低部件的造价与重量。现又在 Ti-6Al-4V 的基础上添加 Fe（Co、Ni）等稳定 β 相元素，可使变形温度降低，且能提高室温下的强度与塑性。

下面为几种重要的超塑性合金成分与性能，见表 8-6。

表 8-6 几种超塑性合金的性能

合金	变形温度	应变速率	应变速率敏感系数 m	相对伸长
Ti-6Al-4V	840~870℃	10^{-4}~10^{-3}/s	0.75	750%~1170%
Zn-23Al	250℃		0.70	1500%~2000%
Al-6Cu-0.5Zr	450℃	10^{-3}/s	0.30	1000%
Ni-39Cr-10Fe-1Al-1.7Ti	1000℃		0.50	960%

第十三节　陶瓷晶体的变形

无论是共价晶体型陶瓷（SiC、Si_3N_4、金刚石），还是离子晶体型（MgO、CaO、Al_2O_3）陶瓷，都是难以变形的，这首先是由它们结合键的本性决定的。对于共价键，由于键的方向性和饱和性，只有少数几个原子的电子参与键合，像金刚石只有 4 个碳原子以一定的方向键合，其键长和键角都不能改变，当位错运动穿过晶体时，必须破坏这种强的局部键。因此，位错在共价晶体中运动时有很高的点阵阻力，即派-纳力。金属晶体则不同，大量的自由电子与金属离子的结合，使位错运动时不破坏金属键。依照式（8-3），派-纳力和位错宽度呈指数关系，位错宽度越大，派-纳力越小，共价键结合的晶体，位错宽度只有（1~2）b，而金属键结合的晶体，位错宽度为（5~10）b。所以结合键的本性决定了金属的固有特性是软的，而共价晶体的固有特性是硬的。对于离子晶体，离子键本身虽然没有方向性与饱和性，但位错的运动却使得变形有方向性，当位错沿水平方向运动时，将受到同类离子的巨大斥力，而沿 45°方向运动时变形就容易些。离子晶体的派-纳力介于共价晶体与金属晶体之间。离子键结合的单晶体还是有一定塑性的，实验中也常用 NaCl 型的晶体观察位错的运动。

陶瓷晶体的变形除与结合键的本性有关外，还与晶体的滑移系少、位错的柏氏矢量大有关，特别是在多晶体变形时要求有较多的独立滑移系，更难以实现。例如，NaCl 型晶体（MgO、CaO、NiO 等）虽属于面心立方点阵，滑移只能在 {110} 的 $\langle 1\bar{1}0\rangle$ 方向，这种晶体的滑移系只有 6 个，而一般的面心立方金属滑移系为 {111} 〈110〉，有 12 个。从图 8-49 可以看出，滑移矢量 $b=\frac{\sqrt{2}}{2}a=\frac{\sqrt{2}}{2}(2R+2r)$，如以具体 NiO 中 Ni 和 O 离子半径代入，$b=0.3\text{nm}$，而金属镍的柏氏矢量 $b=0.25\text{nm}$，可知最短的滑移矢量，滑移的阻力也最小。在多晶体变形中，对滑移系有更高的要求，它要求变形时每个晶粒都能自由改变其形状，以调整相邻晶粒之间的变形而不会在晶粒间形成空隙或裂缝，为了满足变形协调，必须要有 5 个独立的滑移系。而 NaCl 晶体就单晶而言，有 6 个滑移系，而在多晶中，它只有两个独立的滑移系，所以，像 MgO 在单晶中可表现一定的塑性，而在多晶体中几乎所有的离子晶体都是脆性的。

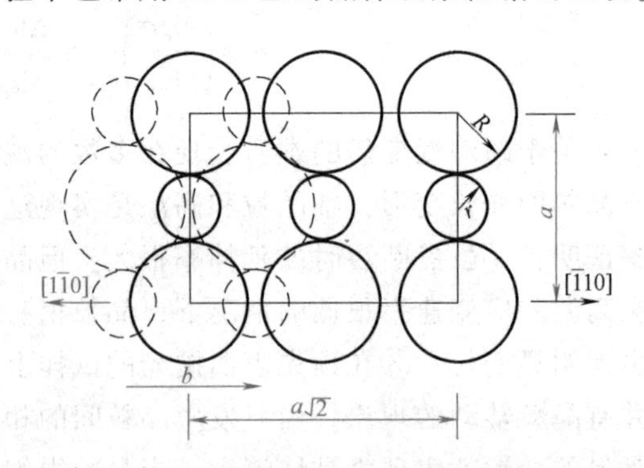

图 8-49 NaCl 型晶体的滑移矢量

陶瓷晶体的屈服强度一般为 $E/30$，而金属只有 $E/10^3$。但是，陶瓷晶体的理论屈服强度虽然很高，实际的抗拉强度或断裂强度却很低。图 8-50 表示烧结紧密的 Al_2O_3 多晶体在拉伸和压缩时的应力-应变曲线。由图可知，拉伸时在 280MPa 应力下就发生脆性断裂，其抗拉强度等于断裂强度，压缩时断裂强度高一些。这就产生了两个问题：①为什么陶瓷的实际抗拉强度远低于理论的屈服强度？②为什么金属的抗拉强度和抗压强度在一般情况下是相等的，而陶瓷的压缩强度总是高于抗拉强度，而且约高一个数量级？这是由于陶瓷粉末烧结时难以避免显微空隙，冷却或热循环时，热应力产生的显微裂纹，腐蚀所造成的表面裂纹，使得陶瓷晶体与金属不同，它像玻璃一样先天就具有微裂纹，这微裂纹的长度至少和陶瓷晶粒是同一量级。在裂纹尖端，犹如很尖锐的缺口会产生严重的应力集中，如照弹性力学估算，当裂纹长度为 c，裂纹尖端的曲率半径为 ρ，在名义应力 σ 的作用下，裂尖的最大应力为

$$\sigma_{\max}=2\sigma\left(\frac{c}{\rho}\right)^{1/2} \tag{8-32}$$

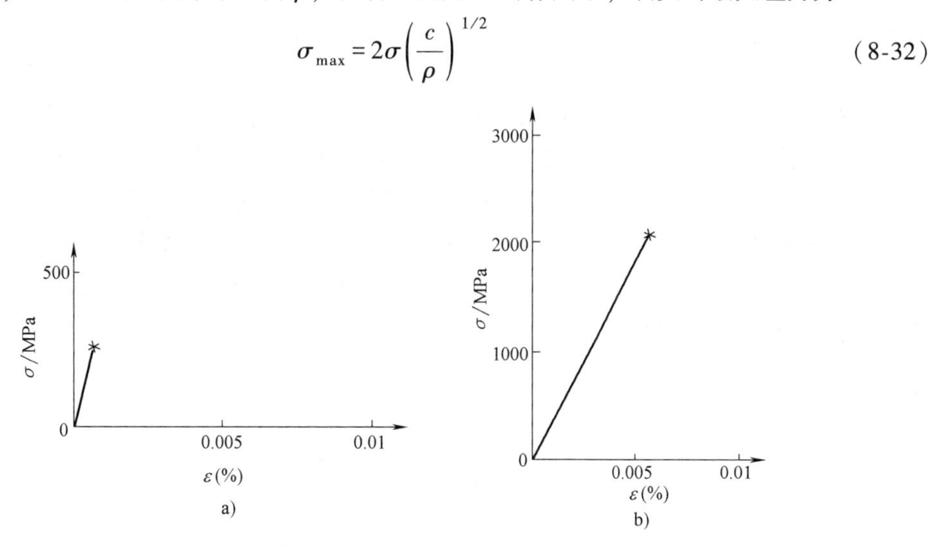

图 8-50　Al_2O_3 的应力-应变曲线

a）拉伸断裂应力 280MPa　b）压缩断裂应力 2100MPa

如取裂尖的曲率半径等于或稍大于点阵常数，设 $\rho=0.5\text{nm}$，而裂纹长度 $c=50\mu\text{m}=5\times10^4\text{nm}$，裂尖的最大应力已可达到理论断裂强度或理论屈服强度（因为陶瓷晶体如上所述，可动位错很少，位错运动又很困难，所以一旦达到屈服强度就断裂了）。依照式（8-32），设裂纹尖端的最大应力等于理论屈服强度，即可反过来求出断裂时的名义应力，它与实验得出的抗拉强度是很接近的。

至于陶瓷的压缩强度一般约为抗拉强度的 15 倍。这是因为在拉伸时，当裂纹一达到临界尺寸就失稳扩展立即断裂；而压缩时，裂纹呈闭合或者呈稳态地缓慢扩展，并转向平行于压缩轴。在拉伸时，陶瓷的抗拉强度是由晶体中的最大裂纹尺寸决定的；在压缩时，则是由裂纹的平均尺寸决定的。

第十四节　聚合物的屈服和断裂

一、玻璃态聚合物的拉伸行为

聚合物在拉伸应力下的应力-应变试验是研究聚合物形变和断裂中应用较多的一种力学

试验。典型的聚合物单向拉伸应力-应变曲线如图 8-51 所示。当应力 $\sigma<\sigma_a$ 时，应力、应变之间保持比例关系；当 $\sigma>\sigma_a$ 时，应力与应变脱离线性关系；当应力到达 σ_y 时，出现应变增加而应力不变或下降的现象，与金属材料类似，此现象称为材料的屈服。在 $\sigma<\sigma_y$ 时，发生弹性变形，去除应力后，变形可完全回复。A 点后，为塑性变形区，应力去除后，塑形变形部分将无法回复。当拉伸变形到达 B 点时发生断裂。

温度、拉伸速率及结晶等因素对应力-应变曲线都有影响。环境温度对高分子材料拉伸行为的影响十分显著。温度升高，分子链段运动加剧，材料模量和强度下降，延伸率变大，应力-应变曲线形状发生很大的变化。

图 8-52 所示为玻璃态聚合物在不同温度下的应力-应变曲线。当温度远低于玻璃化转变温度时（$T \ll T_g$），应力与应变呈正比，在应变很低的情况下发生断裂，如图 8-52 中的曲线①；当温度略升高但仍低于 T_g 时，则出现屈服，随后应力降低而应变继续增加，如图 8-52 中的曲线②，但由于温度依然较低，继续拉伸不久就会发生断裂；当温度升高略低于 T_g 时，应力-应变曲线如图 8-52 中的曲线③所示。材料发生屈服后，在不增加应力或应力变化不大的情况下发生一定量的应变，随后当应变继续增加时，应力明显上升，直至断裂。应力随应变上升的现象通常称为应变硬化。温度高于 T_g 时，试样进入高弹态，曲线上无屈服点，在较小的应力下即可发展出高弹变形，曲线不再有屈服点，但会出现一段较长的平台，随后曲线会出现急剧上升直到断裂。

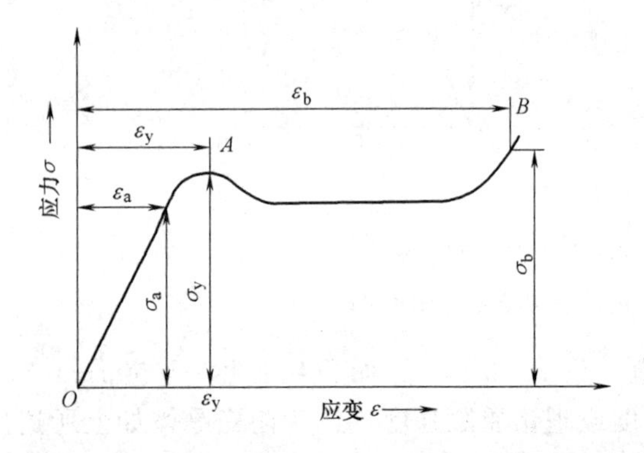

图 8-51　典型的聚合物拉伸应力-应变曲线

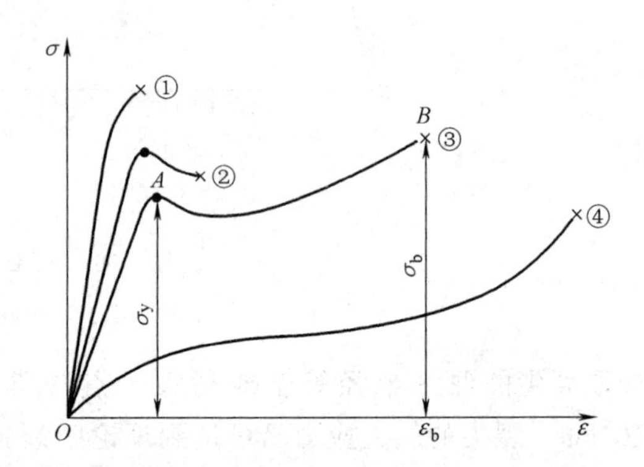

图 8-52　玻璃态聚合物在不同温度下的应力-应变曲线

由图 8-52 可见，玻璃态聚合物拉伸时，曲线的起始阶段是直线，去除外力后，试样回复原状。此阶段对应的少量弹性变形是由高分子键长、键角变化引起的。当试样发生屈服后，在断裂前停止拉伸，去除外力，试样的变形部分将无法完全回复。但是如果把试样加热到 T_g 附近，形变又可回复。所以此时的变形本质上是高弹变形，而不是黏流变形。所以，屈服后材料大变形的分子机理主要是链段运动，即在大的外力下，玻璃态原本被冻结的链段开始运动，高分子链的伸展导致材料的大变形。由于聚合物处在玻璃态，外力去除后不能自发回复，当温度升高到 T_g 以上，链段解冻，分子链卷曲，形变回复。如果分子链伸展后继续拉伸，由于分子链取向排列，使材料强度进一步提高，因而需要更大的力，应力出现逐渐上升，直到断裂。

玻璃态聚合物在大的外力下发生的大变形，与橡胶的弹性变形本质相同，为了区分，一般称其为强迫高弹变形。

二、结晶聚合物的拉伸行为

典型的结晶聚合物的单向拉伸应力-应变曲线如图 8-53 所示。结晶聚合物的拉伸曲线比玻璃态聚合物的拉伸曲线具有更明显的应力屈服回落，可以分为三个阶段。第一阶段（*OA*）应力随应变线性增加，试样均匀伸长，伸长率可达百分之几到百分之十几；应力到达 *A* 点后，试样上将出现一个或几个“细颈”而进入第二阶段。在第二阶段，非细颈部分截面维持不变，细颈部分不断扩展，非细颈部分逐渐缩短，直至整个试样变细，如图 8-54 所示。在第二阶段，应变不断增加，而应力基本不变，第二阶段总应变的大小随聚合物种类不同而不同。到第三阶段时，全部扩展为细颈的部分重新被均匀拉伸，应力又随应变增加，直到断裂。结晶聚合物拉伸曲线上明显的应力屈服回落，与细颈的突然出现有关。

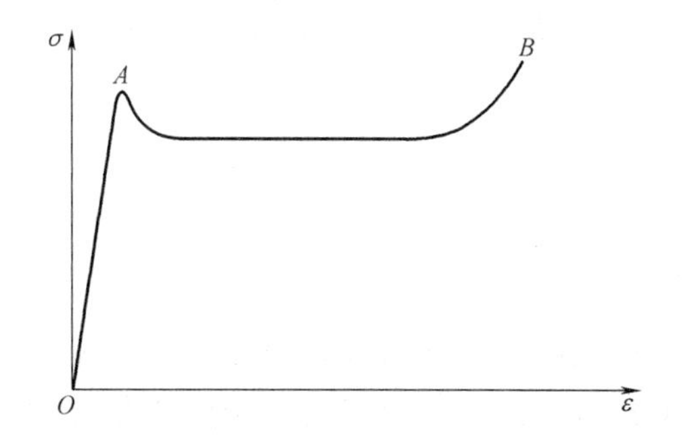

图 8-53 典型的结晶聚合物的单向拉伸应力-应变曲线

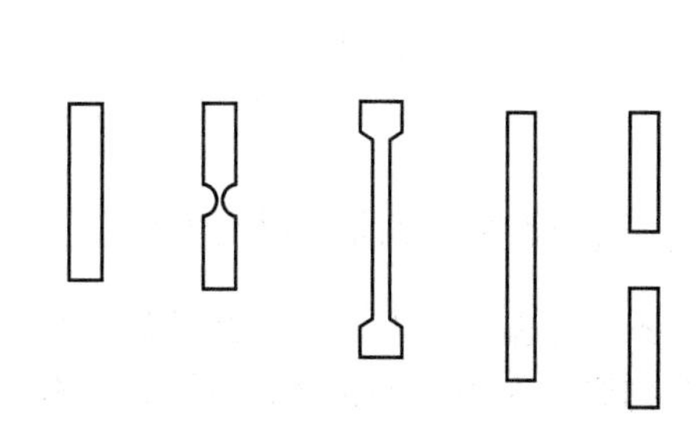

图 8-54 结晶聚合物在拉伸过程中试样外形的变化

结晶聚合物在拉伸时，试样截面较小的部分或因材质不均，薄弱处首先屈服，出现缩颈。缩颈区因拉伸高分子链段高度取向，则在拉伸方向上模量、强度大大提高。所以在继续拉伸时，未缩颈区容易被拉伸变形，转化为细颈区，而已成细颈的部分基本保持不变。应变硬化是导致结晶聚合物成颈的原因。

在单向拉伸中，当应力达到屈服或超过屈服点时，分子会沿拉伸方向取向。在结晶聚合物中，微晶也会重排，某些晶体甚至可能因为取向而再结晶。拉伸后的材料不易从取向状态回复到原先未取向状态，然而只要加热到熔点附近，还是能回复到未拉伸状态，所以这种结晶聚合物的大变形，本质上仍是高弹性的，只是形变被新产生的结晶阻碍。

结晶聚合物和玻璃态聚合物拉伸时的力学行为有许多相似之处。典型的两种拉伸过程都经历了弹性变形、屈服、产生大变形及应变硬化等阶段。产生大变形后呈现明显取向和性能上的各向异性，断裂前的大变形在室温时都不能自发回复，而加热后都能回复，从本质上讲，两种拉伸过程造成的大变形都是高弹形变。通常把这种拉伸过程称为冷拉。两种拉伸过程的差异是它们可被冷拉的温度范围不同，玻璃态聚合物的冷拉温度区间在脆化温度 T_b 和玻璃化温度 T_g 之间，结晶聚合物的冷拉温度区间却在玻璃化温度 T_g 和熔融温度 T_m 之间。另外从本质上来说，在拉伸过程中，结晶聚合物伴随着更复杂的凝聚态结构的变化，包含结晶的破坏、取向和再结晶等过程，而玻璃态聚合物发生取向及部分结晶。图 8-55 所示为冷拉过程中晶片和分子链的取向过程示意图。

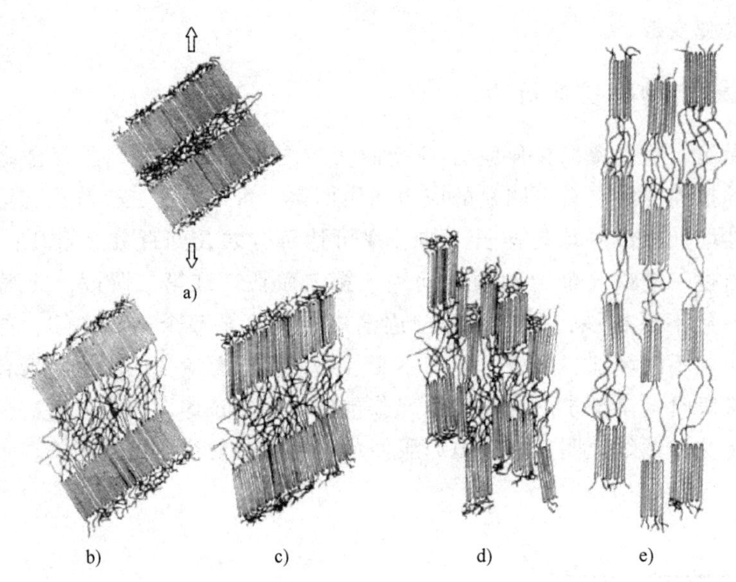

图 8-55　部分结晶聚合物冷拉过程中晶片和分子链的取向过程示意图

三、聚合物的屈服行为

相对于金属屈服，聚合物的屈服应变要大很多；许多聚合物在超过屈服点后应力均发生应力回落并发生应变软化；另外，屈服应力对温度、应变速率等很敏感。脆性聚合物在断裂前，试样没有明显变化，断裂面通常和拉伸方向垂直，断裂面光滑；而韧性聚合物拉伸至屈服点时，常可看到试样上出现与拉伸方向成约45°倾斜的剪切滑移变形带。

单轴拉伸时，与拉伸轴成45°的截面上切应力最大，横截面上法向应力最大。韧性材料拉伸时，通常斜截面上的最大切应力首先达到材料的剪切屈服强度，所以沿拉伸方向成约45°方向会屈服，出现剪切滑移变形带。当继续拉伸时，已发生变形的变形带内因分子链取向而强化，进一步的剪切变形将发生在变形带的边缘。同时在与拉伸轴成约135°角的截面上也要发生剪切变形，试样逐渐生成对称细颈，直至细颈扩展到整个试样。对于脆性聚合物，在最大切应力达到剪切屈服强度前，正应力已超过材料的拉伸强度，所以试样来不及屈服就断裂了。因横截面的法向应力最大，所以脆性断裂发生在横截面上。图8-56和图8-57所示为拉伸时聚合物试样变化的示意图。

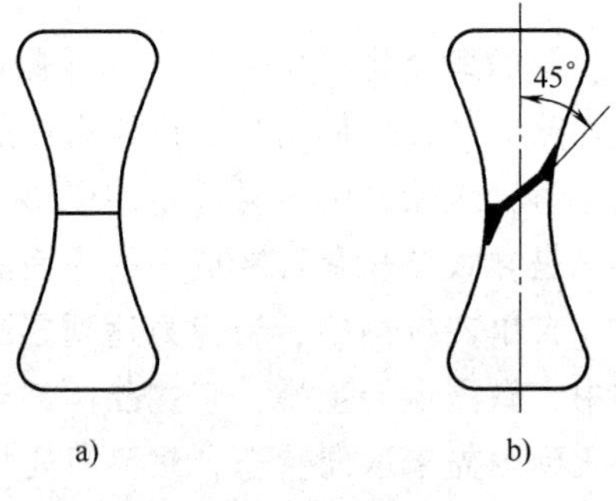

图 8-56　拉伸时聚合物试样的变化
a）脆性断裂试样
b）韧性材料在拉伸时屈服的试样

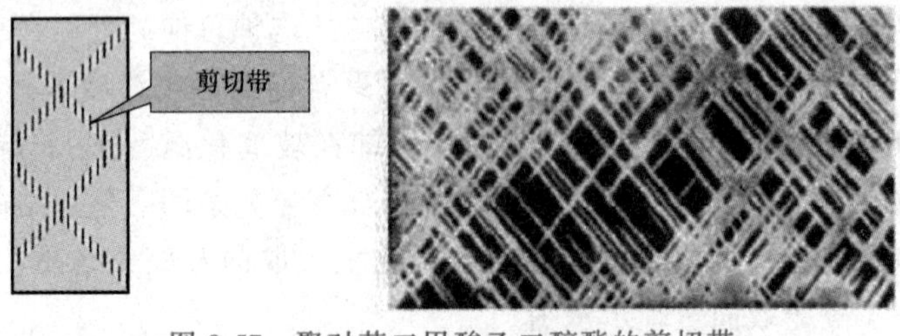

图 8-57　聚对苯二甲酸乙二醇酯的剪切带

四、聚合物的理论强度和实际强度

从分子结构的角度，聚合物主要靠分子内的共价键和分子间的范德瓦耳斯力、氢键来抵抗外力的破坏。图 8-58 所示为聚合物断裂的三种微观模型。如果高分子链的排列方向平行于受力方向，则断裂时可能是化学键的断裂或分子间的滑脱。如果当高分子链的排列垂直于受力方向，则断裂可能是范德瓦耳斯力或氢键的破坏。当高分子链的排列方向平行于受力方向时，断裂必须破坏所有的链。由理论计算分析可知，即使是高度取向的结晶聚合物，它的拉伸强度也要比计算出的理论强度小很多。因为试样在受力时，所有链不可能在同一截面上同时被拉断。当高分子链的排列方向平行于受力方向时，分子间滑脱的断裂必须使分子间的氢键或范德瓦耳斯力全部破坏。但计算也表明，断裂完全由分子间滑脱也是不可能的。第三种情况为分子链的排列垂直于受力方向，断裂时部分氢键和范德瓦耳斯力被破坏。理论计算的结果表明这种情况和实际测得的高度取向纤维的强度数量级相同。

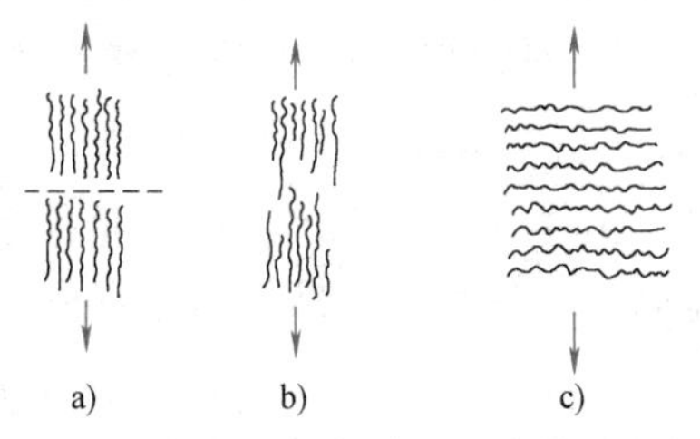

图 8-58　聚合物断裂的三种微观模型

实际的聚合物，即使高度取向，也无法达到图 8-58 所示的取向。正常的断裂过程是未取向部分的氢键或范德瓦耳斯力被破坏后，应力将集中到沿应力方向取向的主链上。虽然共价键的强度比分子间作用力大 10~20 倍，但由于沿应力方向取向的主链数目较少，即承担载荷的主链较少，最终将被拉断。

聚合物的实际强度还会受到多种因素的影响，如高分子本身的结构、结晶与取向、材料内部的各种缺陷（裂纹、空穴、气泡、杂质等）、增塑剂和填料、外力作用速度和温度等都会影响高聚物的实际强度。

习　　题

1. 合金元素和热处理对金属材料弹性模量影响不大，却对材料的强度影响很大，试讨论这一差别的原因。

2. 孪生和滑移的变形机制有什么不同？

3. 比较面心立方金属 Al 的（111）和（110）面密度和晶面间距，试问滑移究竟发生在哪一个面上？

4. 在理想单晶体中，面心立方金属的临界分切应力为 0.35~0.70MPa，而体心立方金属的临界分切应力为 35~70MPa，即约比前者高两个数量级，这意味着一般情况下体心立方金属的强度较高。试解释这一现象。

5. 钛和锌同为密排六方金属，但锌的临界分切应力 τ_c 很低，τ_c 为 $18\sim77\times10^{-2}$MPa，而钛的 τ_c 很高，在 14MPa 左右，生产应用中也证明钛不仅强度高，塑性也好，试分析其原因（Zn 的 $c/a=1.856$，Ti 的 $c/a=1.587$）

6. 面心立方金属中，若在（111）面上运动的柏氏矢量为 $\boldsymbol{b}=[\bar{1}10]$ 的螺型位错受阻时，试解释能否通过交滑移转到以下各晶面：

(1) $(1\bar{1}1)$　(2) $(11\bar{1})$　(3) $(\bar{1}11)$。

7. 密排六方金属 Mg 能否交滑移 $\left(\frac{c}{a}=1.624\right)$？若能，可产生几种交滑移？

8. 对铁单晶，当拉力轴沿 [110] 方向，问施加应力为 50MPa 时，在 (101) 面上的 $[11\bar{1}]$ 方向分切应力是多少？如 $\tau_c=31.1$MPa，需加多大的拉应力？

9. 表 8-7 给出了退火温度对冷变形的铜-锌合金（$w_{Zn}=12.5\%$）性能变化的影响，试确定黄铜的回复、再结晶和晶粒长大的开始温度。

表 8-7　退火温度对冷变形的铜-锌合金的性能变化的影响

退火温度 /℃	晶粒大小 /mm	抗拉强度 /MPa	伸长率 (%)	电导率/ $10^6(\Omega\cdot m)^{-1}$
25	0.100	550	5	16
100	0.100	550	5	16
150	0.100	550	5	17
200	0.100	550	5	19
250	0.100	550	5	20
300	0.005	515	9	20
350	0.008	380	30	21
400	0.012	330	40	21
500	0.018	275	48	21
600	0.025	270	48	22
700	0.050	260	47	22

10. 试比较玻璃态聚合物和金属材料拉伸行为的异同。

11. 已知 $w_{Zn}=30\%$ 的黄铜，在 400℃ 恒温下完成再结晶需要 1h，而在 390℃ 完成再结晶需要 2h，试计算①再结晶的激活能是多少？②在 420℃ 恒温下完成再结晶要多少时间？

参考文献

[1] 胡赓祥，钱苗根. 金属学 [M]. 上海：上海科学技术出版社，1980.

[2] VERHOEVEN J D. Fundamentals of physical Metallurgy [M]. NewYork：John wiley & sons Inc，1975.

[3] COTTRELL Alan. An Introduction to Metallurgy [M]. 2nd ed，London：Edward Arnold Ltd，1975.

[4] COTTRELL A H. The Mechanical properties of Matter [M]. New York：John wiley & sons Inc，1964.

[5] HONEYCOMBE RWK. The plastic Deformation of Metals [M]. 2nd ed. London：Edward Arnold，1984.

[6] 石德珂. 位错与材料强度 [M]. 西安：西安交通大学出版社，1988.

[7] ASHBY M F，Jones D R H. Engineering Materials [M]. London：oxford Pergamon，1986.

[8] YOUNG R J. Introduction to polymers [M]. London：Chapman and Hall Ltd，1981.

[9] 胡赓祥，蔡珣，戎咏华. 材料科学基础 [M]. 3 版. 上海：上海交通大学出版社，2010.

[10] 何曼君，张红东，陈维孝，等. 高分子物理 [M]. 3 版. 上海：复旦大学出版社，2006.

[11] William D Callister. Materials Science and Engineering：An Introduction [M]. 7th ed. New York：John Wiley & Sons，Inc，2007.

[12] 蓝立文. 高分子物理 [M]. 高分子物理. 西安：西北工业大学出版社，1993.

第九章　固体材料的电子结构与物理性能

第一节　固体的能带理论

一、能带的形成

对单个原子，电子是处在不同的分立能级上。例如，一个原子有一个 2s 能级，3 个 2p 能级，5 个 3d 能级。每个能级上可容许有两个自旋方向相反的电子。但当大量原子组成晶体后，各个原子的能级会因电子云的重叠产生分裂。理论计算表明：在由 N 个原子组成的晶体中，每个原子的一个能级将分裂成 N 个，每个能级上的电子数不变。这样，N 个原子组成晶体之后，2s 态上就有 $2N$ 个电子，2p 态上有 $6N$ 个电子等。能级分裂后，其最高与最低能级之间的能量差只有几十个电子伏，组成晶体的原子数对它影响不大。但是实际晶体，即使小到体积只有 1mm^3，所包含的原子数也有 $N=10^{19}$ 左右，当分裂成的 10^{19} 个能级只分布在几十个电子伏的范围内时，每一能级的间隔是如此之小，以至我们只能把电子的能量或能级看成是连续变化的，这就形成了能带。因此，对固体而言，主要讨论的就是能带而不是能级，相应地就是 1s 能带、2s 能带、2p 能带等。在这些能带之间，存在着一些无电子能级的能量区域，称为禁带。能级变成能带的示意图如图 9-1 所示。

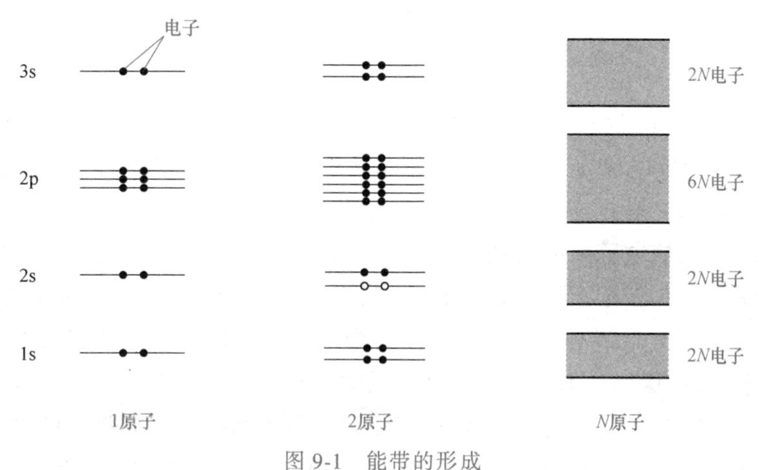

图 9-1　能带的形成

二、金属的能带结构与导电性

对于碱金属，位于元素周期表 I A 族，其外层都有一个价电子。例如，锂中为 2s 电子，钠中为 3s 电子，钾中为 4s 电子，铷和铯则分别为 5s 和 6s 电子。这些作为单个碱金属原子的 s 能级，形成固体时将分裂成很宽的能带，而且电子是半充满的。图 9-2a 表示 Na 的能带结构。图中阴影区为电子完全填满能级的部分。在 3s 能带上只有一半能级是被电子占据的，这一部分能带称为价带（也称满带）。而 3s 能带的上半部所有能级是空着的，没有电子，这一部分能带叫作导带。在外加电场下，电子可由价带跃迁到导带，这就形成了电流，这是导电性的由来。因此，只有那些电子未填满能带的材料才有导电性。

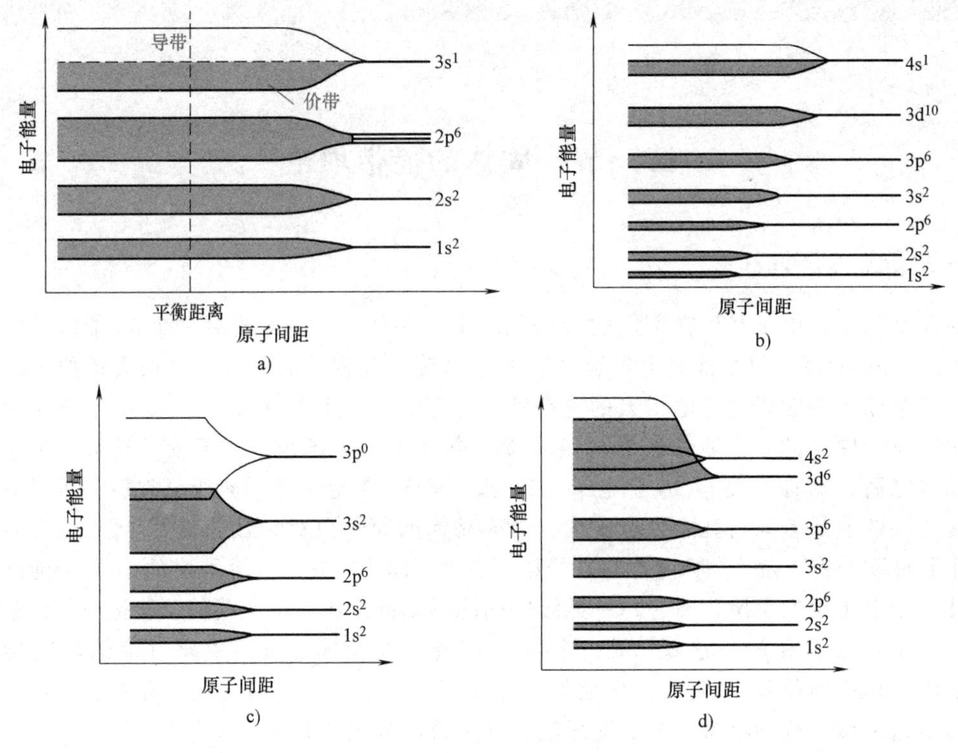

图 9-2　各种金属的能带结构

a）碱金属 Na　b）贵金属 Cu　c）碱土金属 Mg　d）过渡金属 Fe

贵金属 Cu、Ag、Au 位于元素周期表ⅠB 族，它们和碱金属一样，原子的最外层只有 1 个价电子。铜原子的价电子为 4s 电子；银原子的价电子为 5s 电子；金原子的价电子则为 6s 电子。但它们与碱金属不同，内部填满了 d 壳层，而碱金属 d 壳层是完全空着的（参看表 9-1），填满 d 壳层的电子和原子核有强的交互作用，使 s 壳层的电子与核的作用大大减弱，因而贵金属中的价带电子更容易在外加电场下进入导带，故有极好的导电性。

碱土金属从其电子结构来看，似乎能带已被电子填满，如 Mg 的电子结构为 $1s^2 2s^2 2p^6 3s^2$ 理应是绝缘体，但大量原子结合成固体时，除造成能级分裂形成能带外，还会产生能带重叠。例如 Mg 的 3p 能带与 3s 能带重叠（图 9-2c），3s 能带上的电子就可跃迁到 3p 能带上，因而也有较好的导电性，所以能带的重叠实际可容纳的电子数已为 $8N$。

过渡族金属的特点是都具有未填满的 d 电子层。它可分为三组，分别对应 3d、4d 和 5d 电子层未填满的情况。表 9-1 只给出第一组过渡族元素的电子结构。以 Fe 为例，在 $4s^2$ 填满后，再填充 3d，d 层本可填充 10 个电子，但只有 6 个可用。在铁原子形成晶体时，其 4s 能带和 3d 能带重叠（图 9-2d）。由于价电子和内层电子有强的交互作用，因此铁的导电性就稍差些。

表 9-1 几组金属的电子结构与在 25℃时的电导率

金属	电子结构	电导率 /($\Omega^{-1}\cdot cm^{-1}$)	金属	电子结构	电导率 /($\Omega^{-1}\cdot cm^{-1}$)
碱金属			过渡金属		
Li	$1s^2 2s^2$	1.07×10^5	Sc	$1s^2 2s^2 2p^6 3s^2 3p^6 3d^1 4s^2$	0.77×10^5
Na	$1s^2 2s^2 p^6 3s^1$	2.13×10^5	Ti	············$3d^2 4s^2$	0.24×10^5
K	$1s^2 2s^2 2p^6 3s^2 3p^6 4s^1$	1.64×10^5	V	············$3d^3 4s^2$	0.40×10^5
Rb	······$4s^2 4p^6 5s^1$	0.86×10^5	Cr	············$3d^5 4s^1$	0.77×10^5
Cs	······$5s^2 5p^6 6s^1$	0.50×10^5	Mn	············$3d^5 4s^2$	0.11×10^5
碱土金属			Fe	·········$3d^6 4s^2$	1.00×10^5
Be	$1s^2 2s^2$	2.50×10^5	Co	············$3d^7 4s^2$	1.90×10^5
Mg	$1s^2 2s^2 2p^6 3s^2$	2.25×10^5	Ni	············$3d^8 4s^2$	1.46×10^5
Ca	$1s^2 2s^2 2p^6 3s^2 3p^6 4s^2$	3.16×10^5	Ⅰ B 族		
Sr	······$4s^2 4p^6 5s^2$	0.43×10^5	Cu	$1s^2 2s^2 2p^6 3s^2 3p^6 3d^{10} 4s^1$	5.98×10^5
ⅢA 族			Ag	·········$4p^6 4d^{10} 5s^1$	6.80×10^5
B	$1s^2 2s^2 2p^1$	0.03×10^5	Au	·········$5p^6 5d^{10} 6s^1$	4.26×10^5
Al	$1s^2 2s^2 2p^6 3s^2 3p^1$	3.77×10^5			
Ga	···$3s^2 3p^6 3d^{10} 4s^2 4p^1$	0.66×10^5			
In	···$4s^2 4p^6 4d^{10} 5s^2 5p^1$	1.25×10^5			
Tl	···$5s^2 5p^6 5d^{10} 6s^2 6p^1$	0.56×10^5			

三、费米能

气体分子的能量是服从麦克斯韦-玻耳兹曼分布规律的，但对固体中的电子来说，电子的状态和能量都是量子化的，以经典力学为基础的玻尔兹曼分布规律就不再适用了。由于固体中的电子服从泡利不相容原理，电子的能量分布要用费米-狄拉克（Fermi-Dirac）量子统计来描述。

按照费米-狄拉克统计，能量在 E 到 $E+dE$ 之间的电子数为

$$N(E)dE=S(E)f(E)dE \tag{9-1}$$

式中，$S(E)$ 为状态密度；$S(E)$ dE 代表在 E 到 $E+dE$ 能量范围内量子状态数目，它由四个量子数即主量子数 n，轨道量子数 l，磁量子数 m_l 和自旋量子数 m_s 决定。泡利不相容原理规定：一个原子中不可能有两个电子具有相同的一组量子数，即每个电子应有不同的量子态。

$$S(E)=4\pi V_c \frac{(2m)^{3/2}}{h^3}E^{1/2} \tag{9-2}$$

式中，V_c 为晶体体积；m 为电子质量；h 为普朗克常数。

式（9-1）中的 $f(E)$ 称为费米分布函数。它代表在一定温度下电子占有能量为 E 的状态的概率。由量子统计可导出

$$f(E)=\frac{1}{e^{(E-E_f)/kT}+1} \tag{9-3}$$

式中，E_f 为费米能量，相应的能级称为费米能级。E_f 在固体物理特别是在半导体中是一个十分重要的参量，其数值由能带中的电子浓度和温度决定。

为了说明费米能 E_f 的意义，我们先看看费米分布函数的特性。

由式（9-3）可知，当 $T=0$ 时，如 $E<E_f$，$f(E)=1$；如 $E>E_f$，$f(E)=0$。$T=0$ 时，$f(E)$ 随 E 变化的图形如图 9-3 所示。即在绝对零度时，凡能量小于费米能的所有能态，全部为电子所占据。电子按泡利不相容原理由最低能量开始逐一填满了 E_f 以下的各能级。E_f 是代表了为电子所占有的能级的最高能量水平，超过 E_f 的各能态全部空着，没有电子占据。

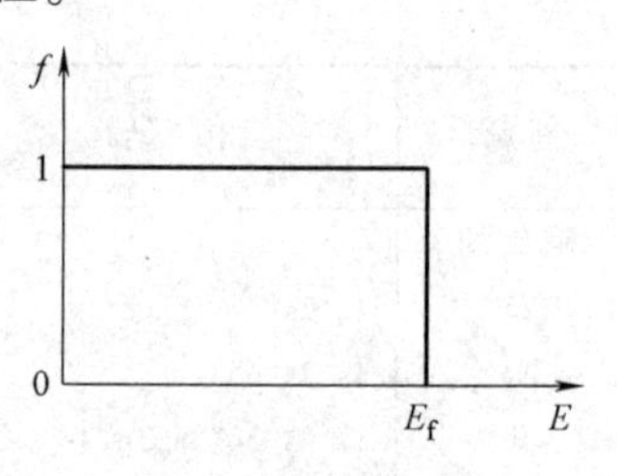

图 9-3　绝对零度时的费密分布函数

如 $T\neq0$，由式（9-3）可知：如 $E=E_f$，则 $f=1/2$；如 $E<E_f$，则 $1>f>1/2$；如 $E>E_f$，则 $0<f<1/2$。这表明温度较高时，由于电子的热运动，它可从价带中跃迁到导带中去，成为导带电子，而在价带中留下了空穴。让我们定量计算一下不同温度下的费米分布，例如室温为 300K，在 E_f 上下改变 ±0.05eV、±0.10eV 的情况。

$$300\text{K}, kT=(8.63\times10^{-5})\times(300)\text{eV}=0.025\text{eV}$$

$$f(E_f)=\frac{1}{1+\exp\dfrac{E_f-E_f}{0.025}}=\frac{1}{1+\exp(0)}=0.50$$

$$f(E_f+0.05)=\frac{1}{1+\exp\left(\dfrac{0.05}{0.025}\right)}=\frac{1}{1+\exp(2)}=0.12$$

$$f(E_f+0.10)=\frac{1}{1+\exp\left(\dfrac{0.10}{0.025}\right)}=\frac{1}{1+\exp(4)}=0.02$$

由于费米分布在 E_f 两侧是对称的，可知 $f(E_f-0.05)=0.88$，$f(E_f-0.10)=0.98$。以上计算说明，虽然温度影响费米分布，由于 E_f 很大，kT 很小，$f(E)$ 变化剧烈的部分，通常只在离 E_f 左右为 0.1eV 的区间，由 $f(E)=1(E<E_f)$ 很快过渡到 $f(E)=0(E>E_f)$。图 9-4 画出了 0K、300K、1000K 的费米分布。

因此可以这样理解费米能的意义：

1）E_f 以下的能级基本上是被电子填满的，E_f 以上的能级基本上是空的。虽然只要 $T\neq0$，相当于 E_f 能量水平的能级，被电子占据的概率只为 1/2，但由上面费米分布特性可知，对于一个未被电子填满的能级来说，可推测它必定就在 E_f 附近。

2）由于热运动，电子可具有大于 E_f 的能量而跃迁到导带中，但只集中在导带的底部。同样的理由，价带中的空穴也多集中在价带的顶部。电子和空穴都有导电的本领，人们称之为载流子。

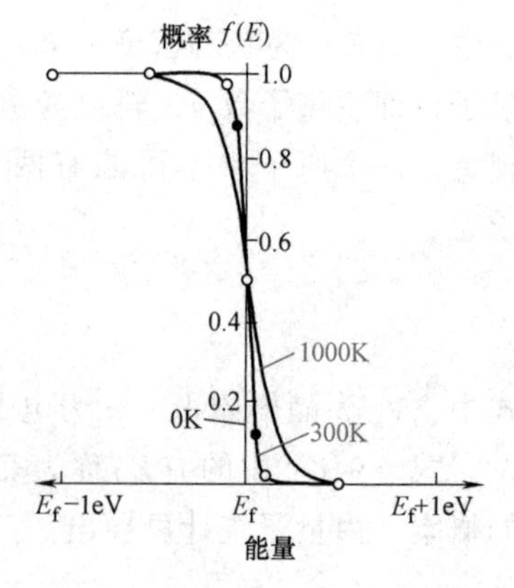

图 9-4　在 0K、300K 和 1000K 电子的费米分布

3）对于一般金属，E_f 处于价带与导带的分界处。对于

半导体，E_f 位于禁带中央。对于半导体，已知 E_f 即可求出载流子的浓度，因而可计算电导率。这点将在下一节中详细讨论。

四、半导体与绝缘体

在元素周期表ⅣA 中的 C、Si、Ge、Sn 为半导体元素。从电子结构看，例如 C 为 $1s^2 2s^2 2p^2$。初看起来，由于 p 带电子远未填满，这些元素似乎有良好的导电性，但因为它们是共价键结合，2s 带与 2p 带杂交，形成了两个 sp^3 杂化带，每个杂化带可含 $4N$ 个电子，而两个杂化带之间有较大的能隙 E_g。C、Si 等是 4 价元素，可用的电子数就是 $4N$，当完全填满一个杂化带 sp^3 之后，中间隔开一个较大的能隙 E_g，上面才是另一个杂化带，如图 9-5 所示。对上面的杂化带已没有电子可填充。由于电场和温度的影响，电子能否由价带跃迁到空的导带中，主要取决于能隙的大小。C、Si、Ge、Sn 的能隙分别为 5.4eV、1.1eV、0.67eV 和 0.08eV，这就决定了金刚石为绝缘体，Si 和 Ge 为半导体，而 Sn 则为导电性弱的导体。

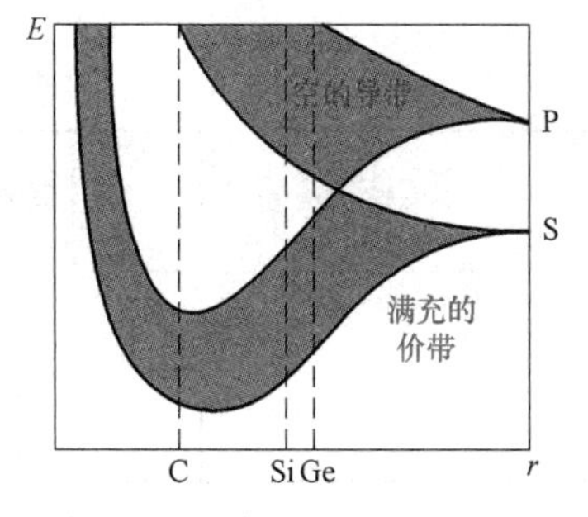

图 9-5　金刚石（C）、硅（Si）和锗（Ge）的能带结构

例 9-1　估计电子在室温（27℃）下进入导带的概率：（1）金刚石；（2）硅；（3）锗；（4）锡。

解：对上述材料费米能 E_f 位于价带与导带的中央（在下一节中有证明），电子必须获得能量 $E_f+\frac{1}{2}E_g$ 才能进入导带。

（1）金刚石　$E=E_f+\frac{1}{2}(5.4\text{eV})=E_f+2.7\text{eV}$

$$f(E_f+2.7)=\frac{1}{1+\exp\frac{(E_f+2.7-E_f)}{0.025}}=\frac{1}{1+\exp(108)}=1.2\times10^{-47}$$

同样步骤可求得

(2)硅　$f(E)=2.5\times10^{-10}$

(3)锗　$f(E)=1.5\times10^{-6}$

(4)锡　$f(E)=0.17$

由此可知，金刚石中进入导带的电子数几乎为零，锡有 17%的电子可进入导带，因此金刚石为绝缘体，锡可算作导体，而硅、锗即为半导体了。

第二节　半　导　体

一、本征半导体

本征半导体通常是高纯度的不掺有杂质的半导体，它表示半导体本身固有的特性。对于本征半导体，导带的电子完全来自于价带，价带因此失去了等数量的电子而形成空穴。所以，本征半导体中导带的电子浓度和价带中的空穴浓度是相等的。

从导电能力看，电子和空穴对产生电流有同样的功效，所以半导体的电导率应该是两者共同作用的结果：

$$\sigma = n_e q\mu_e + n_h q\mu_h$$

式中，n_e 是导带的电子数；n_h 是价带中的空穴数；μ_e 和 μ_h 分别为电子和空穴的运动速率，其数值见表 9-2。因 $n_e = n_h = n$，故

$$\sigma = nq(\mu_e + \mu_h) \tag{9-4}$$

表 9-2　半导体材料的能隙与电子运动性

金属	能隙/eV	电子运动速率 /[$cm^2 \cdot (V \cdot s)^{-1}$]	空穴运动速率 /[$cm^2 \cdot (V \cdot s)^{-1}$]
C(金刚石)	5.4	1800	1400
Si	1.107	1900	500
Ge	0.67	3800	1820
Sn	0.08	2500	2400

根据费米分布，要求电子浓度，先要求出 E_f。

当 T 不为零时，导带中的电子浓度应由式（9-1）给出

$$n_e = \frac{1}{V_c}\int S(E)f(E)\,dE$$

导带中最低的能量是 E_c，所以计算导带中电子的能级密度时，E 应该以（$E-E_c$）来代替，n 的积分下限也应是 E_c，所以

$$n_e = \frac{1}{V_c}\int_{E_c}^{\infty} S(E - E_c)f(E)\,dE$$

代入式（9-2）和式（9-3），则

$$S(E-E_c) = 4\pi V_c \frac{(2m)^{3/2}}{h_3}(E-E_c)^{1/2}$$

$$f(E) = \frac{1}{e^{(E-E_f)/kT}+1}$$

积分后可以得到

$$n_e = 2\frac{(2\pi mkT)^{3/2}}{h^3}e^{-(E_c-E_f)/kT} \tag{9-5}$$

在价带空穴浓度 n_h 的计算中，式(9-3)中的 $f(E)$ 应以 $1-f(E)$ 来代替；另外对于空穴，价带顶能量 E_V 是最高能量，状态密度中的 E 需用 E_V-E 来代替，积分限则应该从 E_V 到$-\infty$，即

$$n_h = \frac{1}{V_c}\int_{-\infty}^{E_V} S(E_V - E)[1 - f(E)]\,dE$$

计算的结果为

$$n_h = 2\frac{(2\pi mkT)^{3/2}}{h^3}e^{-(E_f-E_V)/kT} \tag{9-6}$$

在本征半导体中，$n_e = n_h$，比较式（9-5）和式（9-6）可知

$$E_c - E_f = E_f - E_V$$

即
$$E_f=\frac{1}{2}(E_c+E_V)=\frac{1}{2}E_g+E_V$$

E_g 即为禁带宽度或能隙，$E_g=E_c-E_V$。因此，对于本征半导体，费米能位于禁带中央。而电导率 σ 就可写成

$$\sigma=2\frac{(2\pi mkT)^{3/2}}{h^3}q(\mu_e+\mu_h)e^{-E_g/2kT} \tag{9-7}$$

式（9-7）中无论 $T^{3/2}$ 项或（$\mu_e+\mu_h$）项，随温度的变化都没有指数项大，所以本征半导体的电导率基本上随温度的升高呈指数增长。通常，在实用上简化成以下形式

$$\sigma=\sigma_0 e^{-E_g/2kT} \tag{9-8}$$

作 $\ln\sigma$-$\frac{1}{T}$图，$\ln\sigma=\ln\sigma_0-\frac{E_g}{2k}\frac{1}{T}$，由此可求出禁带宽度（图 9-6）。

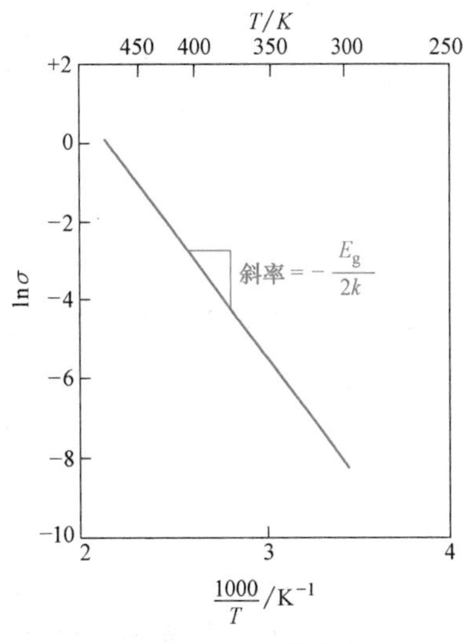

图 9-6　能隙的测量

例 9-2　有某种半导体，实验测出其在 20℃下的电导率为 $250\Omega^{-1}\cdot m^{-1}$，100℃时为 $1100\Omega^{-1}\cdot m^{-1}$，问能隙 E_g 有多大？

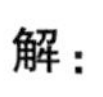
解：
$$\ln\sigma_{T1}=\ln\sigma_0-\frac{E_g}{2k}\frac{1}{T_1}$$

$$\ln\sigma_{T2}=\ln\sigma_0-\frac{E_g}{2k}\frac{1}{T_2}$$

$$\ln\sigma_{T1}-\ln\sigma_{T2}=\ln\frac{\sigma_{T1}}{\sigma_{T2}}=\frac{-E_g}{2k}\left(\frac{1}{T_1}-\frac{1}{T_2}\right)$$

$$E_g=\frac{(2k)\ln(\sigma_{T2}/\sigma_{T1})}{1/T_1-1/T_2}=\frac{(2\times86.2\times10^{-6}\text{eV/K})\ln(1100/250)}{1/293\text{K}^{-1}-\frac{1}{373}\text{K}^{-1}}=0.349\text{eV}$$

二、掺杂半导体

本征半导体的电导率不容易控制，温度稍许改变电导率就可差别很大。在本征半导体中有意加入少量杂质元素，它们或者是元素周期表中ⅤA 族的元素，或者是ⅢA 族的元素，它们能大大地改变能带中的电子浓度或空穴。与本征半导体不同的是，导带的电子或价带的空穴，可以独立改变，也就是电子浓度和空穴浓度可以是不等的。在此过程的同时，随着掺杂的杂质元素和数量的不同，费米能级也不在禁带中央，或者向上方移动（如 n 型），或者向下方移动（如 p 型），实际使用的半导体都是掺杂半导体。

1. n 型半导体

在纯半导体中加入少量杂质元素，这些杂质元素属于元素周期表ⅤA 族如 P、As、Sb 等。当ⅤA 族元素掺到硅（或锗）单晶中取代了原先的一个硅（或锗）原子之后，因其有五个价电子，除可与相邻的四个硅（或锗）原子形成共价键外，还多出一个电子。这个额外电子与原子结合不那么紧密，只需要较小的能量 E_d 就可进入导带（图 9-7a），这时控制

半导体电导率的就不再是能隙 E_g 的大小，而是 E_d 了。因为ⅤA 族元素能向半导体导带提供电子，故叫作施主杂质。显然，当施主杂质的电子进入导带时，价带中并没有相应的空穴产生。

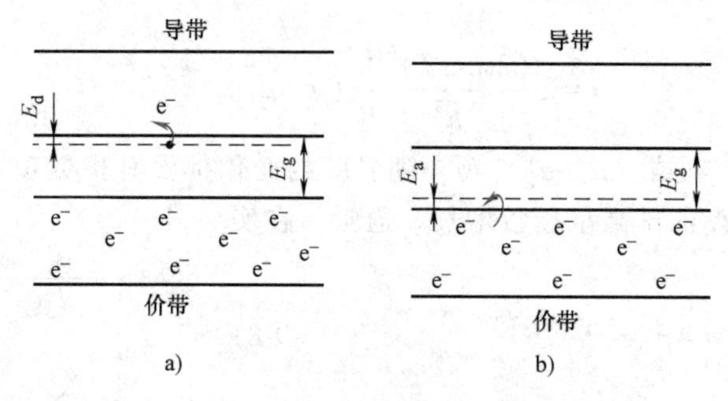

图 9-7 能级图

a) n 型半导体 b) p 型半导体

在计算 n 型半导体的载流子浓度时，除了主要考虑施主杂质电子外，也要考虑本征半导体固有的电子和空穴的浓度，即

$$n_{总}=n_e(施主)+n_e(本征)+n_h(本征)$$

$$或\quad n_{总}=n_{0d}\exp\left(\frac{-E_d}{kT}\right)+2n_0\exp\left(\frac{-E_g}{2kT}\right)$$

式中，第一项为施主杂质的电子浓度；第二项为无杂质纯半导体的电子和空穴浓度；n_{0d} 和 n_0 均大致为常数。低温时，纯半导体中电子的热激活跃迁概率很小，这时电子总数 $n_{总}=n_{0d}\exp(-E_d/kT)$。当温度增加时，有越来越多的施主杂质原子能克服 E_d 进入导带，最后所有杂质电子全部进入导带。当达到这一温度后，我们称为施主耗尽。此时的电导率实际上是一个常数。因为一方面没有更多的杂质电子可用，另一方面温度还太低，不足以产生明显数量的本征电子及空穴，所以，$\sigma=n_d q\mu_e$。式中，n_d 为杂质电子的最大数目，它取决于加入半导体中杂质原子的多少。通常选择在施主耗尽即显示平台温度的范围工作，如图 9-8 所示。一般来说，具有高能隙 E_g 的半导体，也有最宽的平台温度范围。在更高温度时，纯半导体中的电子和空穴对导电起作用，它们的数量取决于指数项 $\exp(-E_g/2kT)$，电导率也随之增加，因此温度超过平台范围之后的电导率为

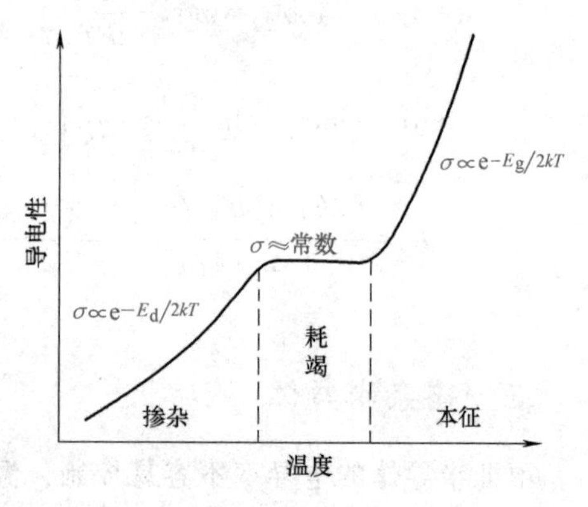

图 9-8 n 型半导体电导率随温度的变化

$$\sigma=qn_d\mu_e+q(\mu_e+\mu_h)n_0\exp(-E_g/2kT)$$

2. p 型半导体

在半导体中加入少量ⅢA 族元素如 B、Al、Ga、In 时，由于它们只有三个价电子，要代替硅或锗形成四个共价键就必须从其他共价键上夺取一个电子，而在一些被夺取了电子的地方就留下了空穴。夺取一个电子并产生空穴所需克服的能垒只稍高于价带，以 E_a 表示（图 9-7b），这种类型的半导体叫作 p 型半导体。即利用杂质元素在导带上产生大量电子的叫作

n型半导体，而利用杂质元素在价带上产生大量空穴的叫作p型半导体。和前面讨论n型半导体一样，它的电导率与温度的关系，仍有图9-8所示的规律。

需要说明的是，p型或n型半导体的导电能力虽然大大增强，但并不能直接用来制造半导体器件。通常是在一块晶片上，采取一定的工艺措施在两边掺入不同的杂质，分别形成p型和n型半导体，它们的交界面上就构成了pn结，只有pn结才有单向导电的特性。

3. 半导体化合物

除了硅或锗单晶制成半导体，还有许多化合物也同样可作为半导体。这些化合物可分成两类：一类是按化学比的化合物；另一类是不按化学比的化合物。

按化学比的化合物，通常是金属间化合物，其晶体结构和能带结构都和硅与锗相似。例如元素周期表中ⅢA族和ⅤA族元素的结合就是典型的例子，三价的镓和五价的砷形成GaAs，每个原子平均为四价。镓的$4s^2 4p^1$和砷的$4s^2 4p^3$能带相互作用杂化成两个能带，每一能带能容纳4N个电子，价带与导带之间有较大的能隙$E_g = 1.35eV$，Ga、As可掺杂成为p型或为n型半导体。因其能隙较大，可产生宽的平台温度范围和大的载流子迁移率，所以有较高的电导率。

非化学比的半导体化合物是按离子键结合的化合物，它们或者含有阴离子产生p型半导体，或者含有阳离子产生n型半导体。许多氧化物和硫化物均有此特性。例如有过多的Zn原子加进ZnO，Zn原子以Zn^{2+}态进入ZnO结合中，放出两个电子，从而提供了载流子，这些电子只需很小的能量E_d就可进入导带，如图9-9所示。

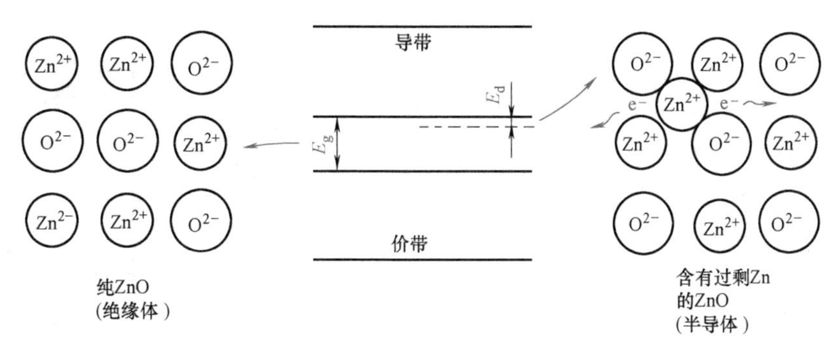

图9-9　非化学比化合物形成的n型半导体

第三节　材料的磁性

一、原子的磁矩

原子的磁矩主要由电子绕核运动的轨道磁矩与电子自旋产生的自旋磁矩两部分构成。事实上许多基本粒子都有自旋的特性，所以原子核也有自旋磁矩，只是它与电子的自旋磁矩相比是一很小的数值，因此在讨论物质的磁性时不予考虑。

当一个电子沿圆形轨道以角速率ω运动时，它每秒钟通过某定点的次数为$\omega/2\pi$，电子的运动形成一电流回路，相当于电流$I = e\omega/2\pi$，与此同时产生一磁场（图9-10），磁场与电流的大小成正比，磁场的形状与小永久磁铁的形状很相似，电子的轨道磁矩μ_e的方向与电子回路的平面垂直并指向下方（图 9-10，这是按照规定 μ 的方向与旋转中的正电荷有右手螺旋定则的关系），μ_e 的大小为

$$\mu_e = IA$$

式中，A 为电子回路的面积，故有

$$\mu_e = IA = e\frac{\omega}{2\pi}\pi r^2 = e\frac{v}{2\pi r}\pi r^2 = \frac{1}{2}e(vr) = \frac{e}{2m_e}(m_e vr) = \frac{e}{2m_e}L$$

如用向量表示

$$\boldsymbol{\mu}_e = -\frac{e}{2m_e}\boldsymbol{L} \tag{9-9}$$

式(9-9)表明，电子的轨道磁矩 μ_e 与角动量 L 呈正比，但两者方向相反（图 9-10）。上述关系是在将电子运动照经典力学图像处理得到的，量子力学证明这种关系也同样正确。在量子力学中电子绕核转动的轨道是量子化的，其角动量要用轨道量子数 l 来描述㊀（图 9-11），角动量的大小

$$L_e = \sqrt{l(l+1)}\frac{h}{2\pi} \quad l = 0, 1, 2, \cdots n-1$$

故

$$\mu_e = \sqrt{l(l+1)}\frac{he}{4\pi m_e} = \sqrt{l(l+1)}\mu_B \tag{9-10}$$

式中，μ_B 称为玻尔磁子，是计量磁矩的最小单位。因为 $\mu_B = \frac{he}{4\pi m_e}$，将普朗克常数 h、电荷 e、质量 m_e 代入，可知 $\mu_B = 9.27 \times 10^{-24}$ J/T。

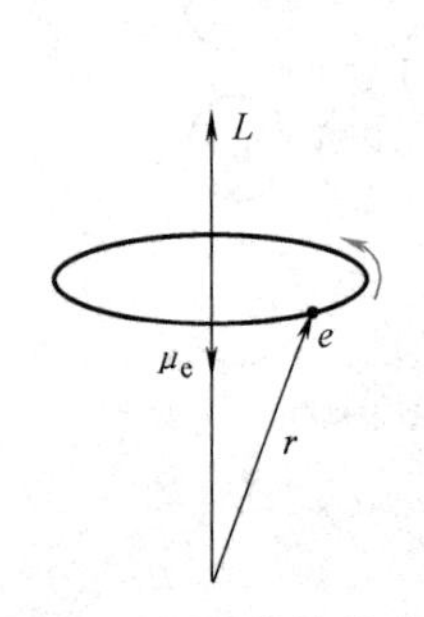

图 9-10　电子的轨道磁矩

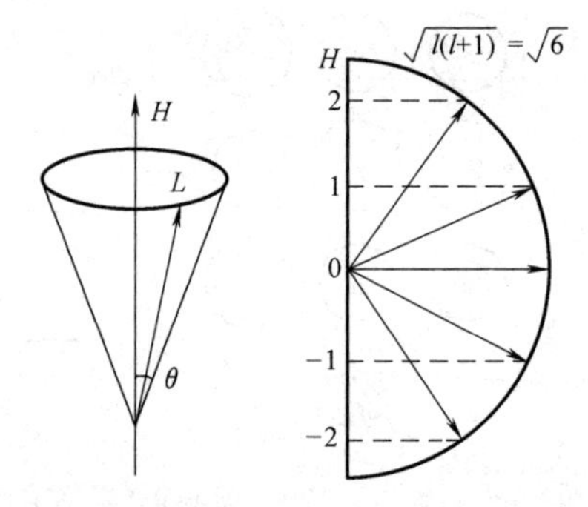

图 9-11　角动量的空间量子化

除了轨道磁矩以外，还有电子的自旋磁矩 $\boldsymbol{\mu}_s$

$$\boldsymbol{\mu}_s = -\frac{e}{m_e}\boldsymbol{L}_s \tag{9-11}$$

式中，$\boldsymbol{L}_s$ 为自旋角动量，它和轨道角动量 L_e 形式相似

$$\boldsymbol{L}_s = \sqrt{m_s(m_s+1)}\frac{h}{2\pi} \tag{9-12}$$

式中，m_s 是自旋量子数，它和轨道量子数 l 不同，m_s 只有一个值，$m_s = \frac{1}{2}$，因此被认为是电子的“固有”性质，它不随外界条件改变而改变。自旋磁矩和自旋角动量的方向也是相

㊀ 角动量的空间取向还需要磁量子数 m_l 来描述，L 在 z 轴（外磁场方向）的分量 $L_z = m_l\frac{h}{2\pi}$，$m_l = 0, \pm1, \pm2, \cdots, \pm l$。

反的。但是 μ_s 和 L_s 的比值是 e/m_e，与式（9-9）中的比例常数相差一因子 2。

原子磁矩是电子的轨道磁矩与自旋磁矩合成的结果。当原子中某一电子层被电子填满时，该层的电子轨道磁矩互相抵消，电子的自旋磁矩也相互抵消，即该层的电子磁矩对原子磁矩没有贡献。若原子中所有电子层全被电子填满，如惰性元素，净磁矩为零。我们称该元素原子不存在固有磁矩。能显示固有磁矩的，显然只是那些电子壳层未被填满的元素，大多数元素均是如此。但这里有两种情况，其一是内电子层全部填满，只有外层价电子，价电子虽有净磁矩，但对多原子聚合体来说，各原子的净磁矩是互相抵消的，也不显示固有磁矩。第二种情形则是内电子层未填满的，如过渡族元素、稀土元素，这些元素有固有磁矩，其大小以玻尔磁子为单位来度量。物质的磁性取决于原子磁矩的取向，在无外磁场作用时，各原子磁矩的取向是紊乱的，故物质不呈现宏观磁性。在外磁场作用下，有些物质的原子磁矩呈规则取向，因而表现出宏观磁性。

二、抗磁体、顺磁体和铁磁体

如图 9-12 所示，将一线圈在真空中通以电流产生磁场，得到的磁感应强度 $B=\mu_0H$，μ_0 称为真空中的磁导率。如某种材料放置于磁场中，因材料内部原子的固有磁矩和磁场的交互作用，使磁感应强度 $B=\mu H$，μ 称为材料的磁导率。若材料内部的磁矩削弱了外磁场，则 $\mu<\mu_0$，这种物质称为抗磁体，像导电性能很好的 Cu、Ag、Au 等材料，其 $\mu=0.99995\mu_0$；若材料内部的磁矩稍稍增强了外磁场，即 $\mu>\mu_0$，这种物质称为顺磁体，如氧及一些高温下的溶液，其 $\mu=(1\sim1.01)\mu_0$；另一些物质如 Fe、Co、Ni 或者是铁氧体，其 $\mu\gg\mu_0$，例如 Fe，$\mu=10^6\mu_0$，此类物质分别称为铁磁体和铁氧体。由于材料的磁偶极子和磁场的交互作用，可出现四种情况，如图 9-13 所示。

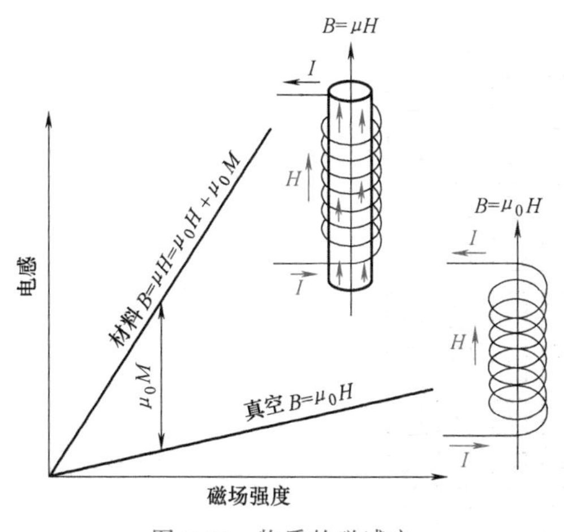

图 9-12　物质的磁感应

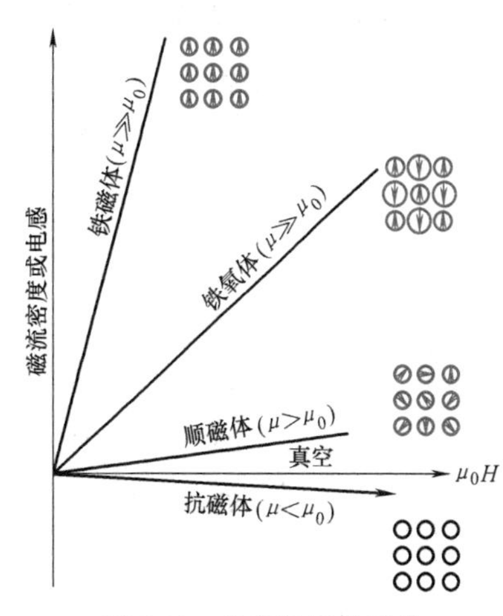

图 9-13　各种物质的磁化

有时为了真空表征材料固有的磁性能，将 $B=\mu H$ 改写为 $B=\mu_0H+\mu_0M\approx\mu_0M$，以及 $M=\chi H$，式中 M 称为材料的磁化强度，χ 称为磁化率。在表示材料的磁性能时，常用 B-H 曲线或 M-H 曲线。在以上公式中，B 的单位用高斯或特斯拉，$1\text{T}=10^4\text{Gs}$，H 的单位用奥斯特或安/米，$1\text{A}\cdot\text{m}^{-1}=4\pi\times10^{-3}\text{Oe}$，磁导率 μ 的单位用亨/米（$\text{H}\cdot\text{m}^{-1}$）。

对于抗磁体，其磁化率 χ 为负值。如果某一元素，原子中的电子壳层全部填满，则它的各电子轨道磁矩与自旋磁矩都恰好互相抵消，对外不显示净磁矩。例如，惰性原子、一价的碱金属离子和二价的碱土金属离子等都具有此特性。当它们受外加磁场作用时，电子在轨道上将产生附加的感应电流，结果使整个原子获得与外磁场相反的磁矩，这就是抗磁性的来源。

对于顺磁体，其磁化率χ为正值。它在原子结构上的特点是具有未填满电子的电子壳层，因而每个原子的电子磁矩总矢量和不为零，原子具有净磁矩或永久磁矩。当物体不受外磁场作用时，由于热运动，各原子的永久磁矩的取向是混乱的，其宏观磁矩等于零，故不显示磁性。当有磁场作用时，各原子的磁矩趋于磁场方向排列的概率就要大些，磁矩在磁场方向分量的平均值就不会等于零，在顺着磁场方向上有宏观磁矩产生。

那么，为什么同样是未被电子填满的壳层结构，多数金属元素表现为顺磁，只有少数的过渡族元素如 Fe、Co、Ni 和稀土族元素 Gd 能显示强的铁磁性呢？让我们来看第一组过渡族元素从 Sc 到 Ni（对应于原子序数从 21 到 28）的电子结构，由于 4s 电子层的能级比 3d 电子层低，故从 K、Ca（对应原子序数 19、20）开始，电子先填充 4s 电子层，其次才填充 3d 电子层。在 3d 电子层中有 5 个能级，每个能级按泡利不相容原理只可容纳两个自旋方向相反的电子。对 3d 层电子填充的规则是，首先同向占满次能级，然后视电子的多少依次填充反向自旋电子，这叫作洪德规则。第一组过渡族元素 3d 层的电子结构如图 9-14 所示。由于过渡族元素 3d 层电子未填满，都可显示永久的自旋磁矩，其大小可用玻尔磁子数来度量，我们看到 Mn 和 Cr 有较大的玻尔磁子数 $5\mu_B$，但它们只是较强的顺磁物质，而 Fe、Co、Ni 虽有较小的玻尔磁子数，却具有强的铁磁性。这说明铁磁性物质除应满足内电子层未填满这一必要条件外，还应具备其他条件。理论计算表明，在大量原子集合体中，当邻近原子相互靠近到一定距离时，它们的内 d 层电子之间能够产生一种静电的交互作用，即相互交换电子的位置，其交换能由量子力学给出

原子序数	元素	3d层电子结构					磁矩(μ_B)
21	Sc	↑					1
22	Ti	↑	↑				2
23	V	↑	↑	↑			3
24	Cr	↑	↑	↑	↑	↑	5
25	Mn	↑	↑	↑	↑	↑	5
26	Fe	↑↓	↑	↑	↑	↑	4
27	Co	↑↓	↑↓	↑	↑	↑	3
28	Ni	↑↓	↑↓	↑↓	↑	↑	2
29	Cu	↑↓	↑↓	↑↓	↑↓	↑↓	0

↑=电子自旋方向

图 9-14 过渡金属 3d 层的电子结构

$$E_i = -2A\mu_1\mu_2\cos\varphi \tag{9-13}$$

式中，E_i 为交换能；A 为交换积分。A 是点阵常数 a 和 d 电子层半径 r 的函数，即 $A=f\left(\frac{a}{r}\right)$，

φ 为两个电子自旋磁矩矢量 μ_1 和 μ_2 的夹角。

量子力学计算得出了交换积分 A 和 a/r_{3d} 的关系（图 9-15）。由式（9-13）可看出，要使交换能最小，A 必须为正值，且 $\varphi=0°$。由图 9-15 可知，只有 Fe、Co、Ni 和 Gd 才满足这个条件，因而具有铁磁性。而 Cr、Mn 因交换积分为负，只能显示较强的反磁性。稀土元素 Gd 因 a/r 过大，A 很小，居里点很低（289K），以致在通常的室温下就可能不显示铁磁性。大多数稀土元素 $a/r>7$，电子的交互作用很弱，A 只能是一个很小的正值，也不具有铁磁性。

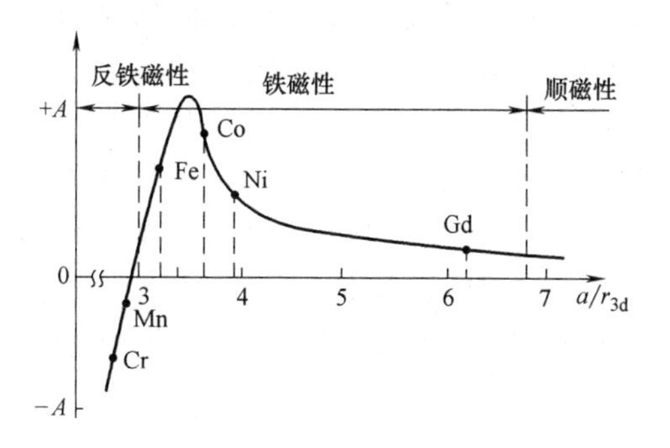

图 9-15　交换积分 A 与 a/r_{3d} 的关系

a—原子间距　r—未填满的电子层半径

对于铁氧体，在外磁场作用下也有强磁性。在一些陶瓷离子晶体中，不同离子有不同的磁矩。当外磁场作用于铁氧体时，A 离子的磁偶极按外磁场方向平行排列，B 离子的磁偶极则按外磁场方向反向排列，因两者的磁偶极强度不等，故对外仍有净磁矩，所以可有较高的磁化强度。

三、磁化曲线与磁畴结构

铁磁性物质在外加磁场作用下，随着磁场强度 H 的增加，其磁感应强度 B 或磁化强度 M 最初缓慢增加，以后增加很快，最后趋于饱和。当去除外磁场时，材料的磁化强度不再沿原路线减弱，在磁场完全去除时，表面有剩磁，这个剩磁只有外加反向磁场，场强达到某一数值时才能消除，这一数值称为矫顽力。当磁场变化时，材料因磁感应或磁化得到的磁滞回线如图 9-16 所示。

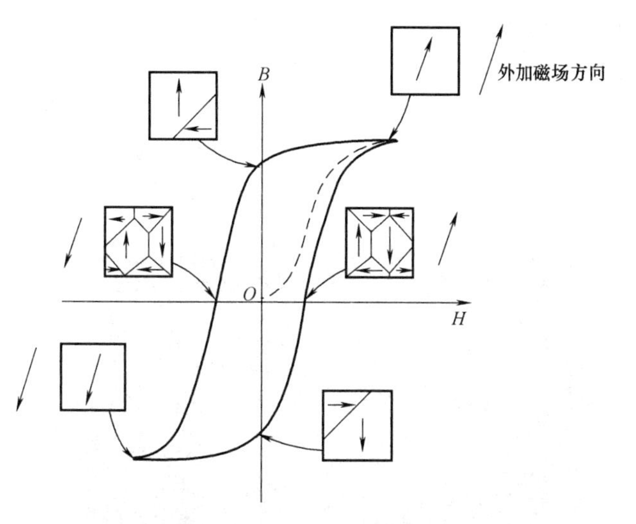

图 9-16　铁磁物质磁滞回线各部分磁畴结构的变化

如何解释铁磁性质这一磁化行为？为什么会达到磁饱和？又为什么会有剩磁？海森堡（Heisenberg）和魏斯（Weiss）提出以下理论：

1）铁磁性材料是由许多小磁畴组成的，磁畴尺寸大小不等，但平均说来，小于晶粒尺寸。每一磁畴含有 $10^9\sim10^{15}$ 个原子。

2）在每一磁畴内电子的自旋磁矩方向相同，通常都是沿易磁化的方向，从而使单个磁畴具有很高的磁饱和强度，犹如一块很强的小磁铁。由于晶体中易磁化方向有多个，如铁的易磁化方向为［100］，共有 6 个，镍的易磁化方向为［111］，共有 8 个，所以即使是单晶体，在宏观上也不呈现磁性。只有当外磁场作用时，各个磁畴的磁化方向渐趋于与外磁场一致，这才显示出很强的磁性。这里很自然产生了一个令人困惑的问题：为什么在一个磁畴里所有电子的自旋磁矩方向都相同？磁畴壁又是如何产生的？其实，这正是我们前面谈到的，当相邻原子未抵消的自旋磁矩同向排列时（$\varphi=0°$），其交换能最低。那么，又为什么不是单个晶粒形成一个大磁畴呢？假如只形成单一的大磁畴，所有的磁偶极子均为同向排列，就如同一条形磁铁。在条形磁铁内部也产生一磁场，与晶体的磁化强度方向相反，它削弱了外磁场对晶体的磁化作用，这种磁场叫作退磁场。退磁场和铁磁体的交互作用能，称为退磁能，单一的大磁畴退磁能很大。若磁畴分为几个180°的反向磁畴，就可使退磁能减小（图9-17）。从退磁能角度看，单晶体中分的磁畴越多越好，但磁畴增多，使交换能和磁畴壁的能量均增加，这中间必须取系统能量最低的状态。

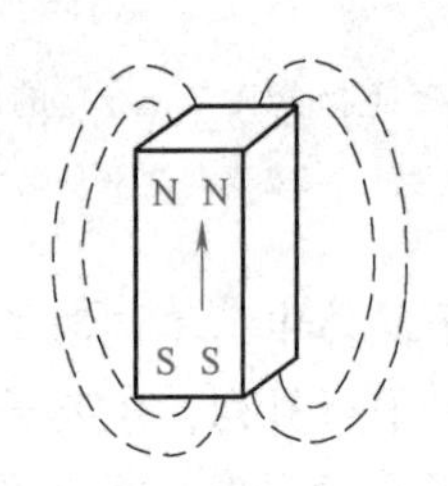

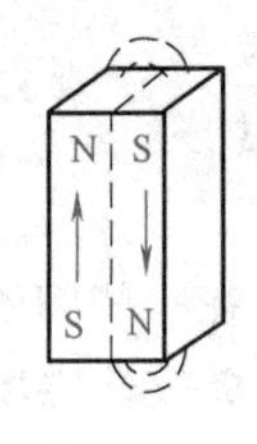

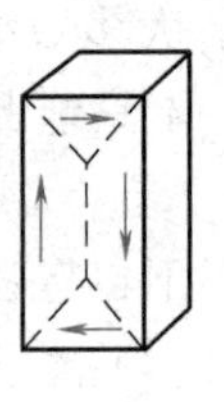
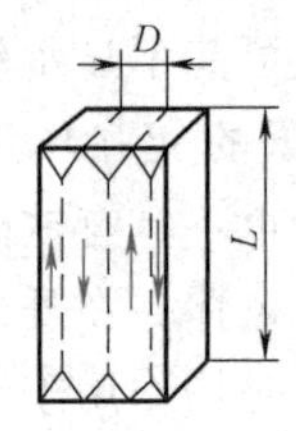

图 9-17 单晶体的磁畴结构示意图

实验已证实铁磁体内确实存在磁畴，图9-18所示为Fe-Si合金在〈100〉面的磁畴，其磁畴壁宽度约300个原子间距。

3）磁化曲线可用磁畴移动来解释。外加磁场时，按磁化曲线磁畴的运动可分为三个区域：磁场强度较低时（图9-19中的Oa），磁畴壁的运动是可逆的，去磁时，磁化强度沿着原路线减小；磁场强度再增加（图9-19中的ab），磁畴壁的运动就是不可逆的了。这种不可逆的运动方式决定了去磁时必会有剩磁存在，即晶体内部存在着一定数量的磁畴，其磁矩仍沿着外磁场方向。当磁场强度再继续增加（图9-19中的bc），由于有的磁畴长大，有的磁畴缩小，大磁畴的磁矩向量会逐渐转向于外磁场方向，最后使磁化趋于饱和。

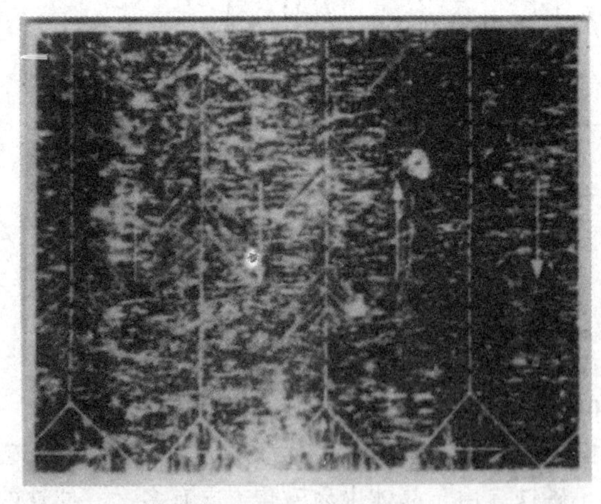

图 9-18 硅铁的磁畴结构

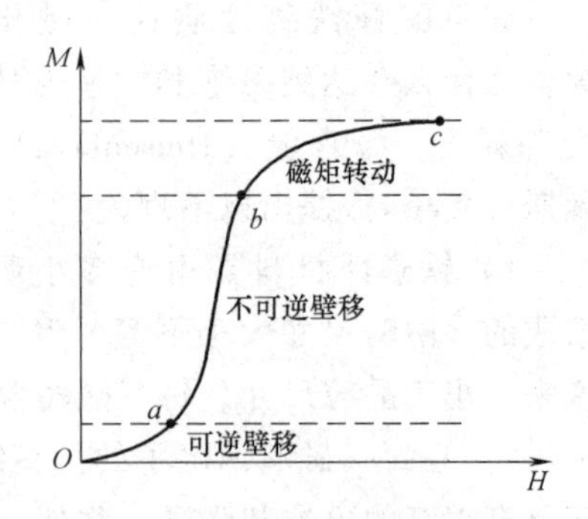

图 9-19 *M-H* 技术磁化曲线

产生磁畴壁运动不可逆的原因，是因为晶体内部存在着杂质原子、位错和晶界这些晶体缺陷，它们阻碍磁畴壁的运动。如材料含有第二相，第二相的界面也同样阻碍磁畴壁的运动。如果磁畴壁难运动，必然会带来较大的剩磁和大的矫顽力，这就是硬磁材料。一般来说，硬磁材料内部有高的位错密度和较多的第二相，且第二相颗粒尺寸小、相界面大。反之，磁畴壁易于运动的是软磁材料，这种类型的材料，大多是单相的且位错密度较低。

铁磁物质的磁导率、磁化强度随着温度的升高逐渐减小，这是由于原子热运动的增加使磁畴的磁矩渐趋于紊乱排列。温度对磁滞回线的影响是高温使磁化强度、剩磁矫顽力都趋于减小（图 9-20a）。当温度升高至某一温度时，铁磁性消失，铁磁物质变为顺磁物质，这一温度称为居里温度（图 9-20b）。几种铁磁纯金属的居里温度分别为：Fe770℃，Co1131℃，Ni358℃，Gd16℃。

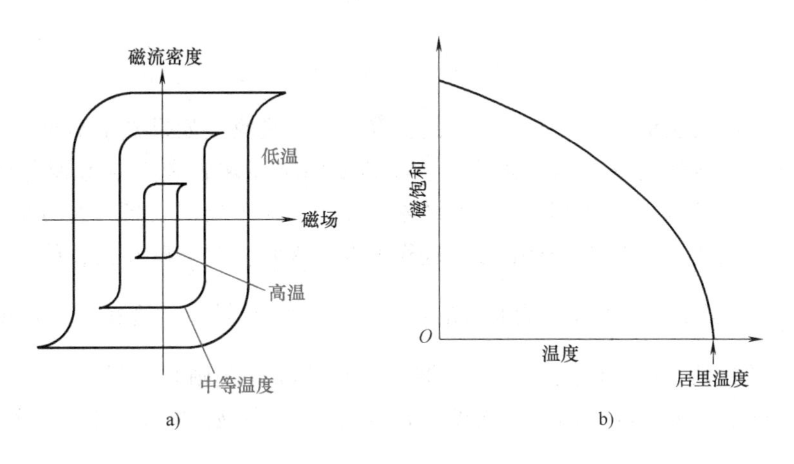

图 9-20　温度对磁性的影响
a）磁滞回线　b）磁饱和强度

第四节　材料的光学性能

在物理学中我们已经知道，光具有波动和微粒的两重性，在解释光与电之间的能量转换时，多用光的微粒性概念。当用这种概念时，光的能量就不是均匀连续地分布在它传播的空间，而是集中在一个个光子上，光子的能量为

$$E = h\nu = h\frac{c}{\lambda} \tag{9-14}$$

式中，h 为普朗克常数，$6.62\times10^{-34}\text{J}\cdot\text{s}^{-1}$；$\nu$ 为光的频率；c 为光速，$3\times10^{8}\text{m}\cdot\text{s}^{-1}$；$\lambda$ 为波长。由式（9-14）可知，光子的能量与其波长的长短成反比。当电子吸收光子时，每次总是吸收一个光子，而不能只吸收光子的一部分。光子是最早发现的构成物质的基本粒子之一。

一、光的吸收与透射

光照射到某种材料上时，将产生光的反射与折射、光的吸收与透射（图 9-21）。现在先讨论各种类型材料的光吸收行为。

在金属中，因为价带与导带是重叠的，它们之间没有能隙，因此，不管入射光子的能量 $h\nu$ 多小，电子都可以吸收它而跃迁到一个新的能态上。所以金属能吸收各种波长的光，因而是不透明的（图 9-22a）；对多数绝缘体材料，在价带与导带间有大的能隙（图 9-22b），

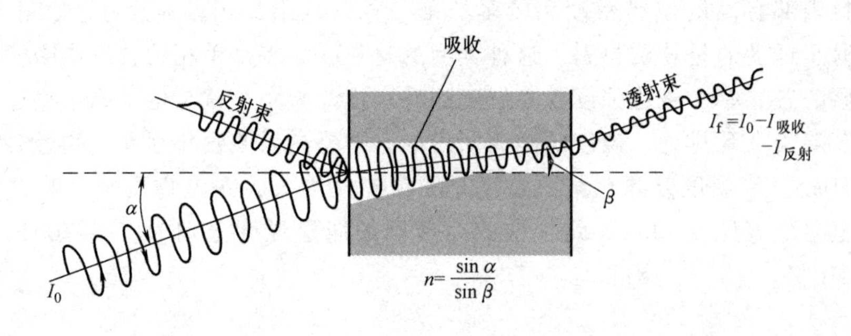

图 9-21　光的吸收与透射

电子不能获得足够的能量逃逸出价带，因此也就不发生吸收。如果光子不与材料中的缺陷有交互作用，绝缘材料就是透明的，如玻璃、高纯度的结晶陶瓷和无定形聚合物都是这种情况；而对于半导体材料，因为能隙小于绝缘体，如为本征半导体，当入射的光子能量大于能隙，价带中的电子就被激发到导带中去，这称为本征吸收。对于硅和锗，能隙分别为 1.1eV 和 0.7eV，可从公式 $\lambda=\frac{hc}{E_g}$ 中求出能通过的最短波长，因而得知，锗和硅对较短的波长（如可见光）是不透过的，产生吸收；而对于波长较长的红外线则是透过的。如果是掺杂半导体，只要光子的能量大于施主和受主能级，如图 9-22c 中的 E_d 和 E_a，就会产生吸收。

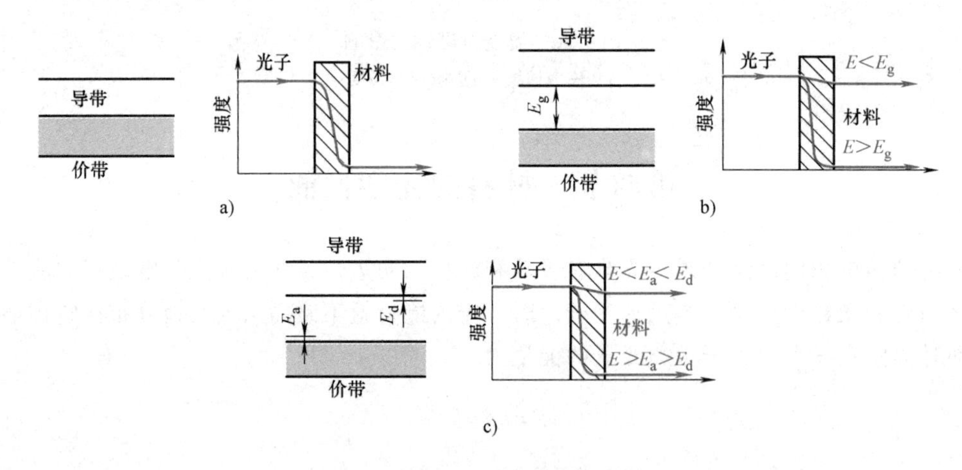

图 9-22　各种类型材料的光吸收行为

a）金属——吸收，不透明　b）绝缘体——不吸收，透明

c）半导体——行为取决于入射光波长和能级 E_a、E_d 的大小

这样，当根据能隙标准来判断时，绝缘体和多数半导体，其对长波长的光子是能透过的，因而是透明的。然而杂质和缺陷可以减少光子的透过，一些杂质会产生施主和受主能级，另一些缺陷像气孔和晶界可使光子被散射，使材料变得不透明，结晶的聚合物就比无定形聚合物更易吸收光子。

在解释金属的光吸收行为时，自然会想到，如果用可见光照射金属时，光子如被全部吸收，金属会呈一片黑色。事实上，当电子一旦被激发到导带，它们又立刻回落到能量较低的稳定态，并发射出与入射光子相同波长的光子束，因而，金属就具有反光性能了。其实，即使对那些透明的材料，入射光子束也会发生一些反射。

通常用反射率 R 表示被反射光束的百分数。在真空中

$$R=\left(\frac{n-1}{n+1}\right)^2\times 100$$

式中，n 为折射率，具有较高折射率的材料也具有较大的反射性能。

二、材料的发光性能

材料吸收外界能量后，其中部分能量以频率在可见光范围向外发射，这称为发光。固体在平衡态（稳态）下不会发光，只有外界以各种形式的能量使固体中的电子（或空穴）处于激发态后才可能会发光。对于金属，因为价带与导带的重叠没有能隙，光吸收后发射光子的能量很小，其对应的波长大于可见光谱范围，因此没有发光，而对一些陶瓷和半导体材料，就可能产生发光。如图 9-23 所示，当价带与导带间有能隙为 E_g，有外界激发源使价带中的电子跃迁到导带，但电子在高能级的导带中是不稳定的，它们在那里停留的时间很短，只 10^{-8}s 左右，就又自发地返回低能级的价带中，并相应地放出光子，其波长为 $\lambda=\frac{hc}{E_g}$，当外界激发源去除，发光现象随即很快消失，这称为荧光。也有另一类材料，因含有杂质和缺陷，如 ZnS 中含有少量的铜、银、金，或 ZnO 中含极微过量的锌。这些微量杂质在能隙中引入了施主能级，如图 9-23c 所示，被激发到导带中的电子在返回价带前，先落入了施主能级并被俘获住停留一段较长的时间，电子在逃脱这个陷阱之后才返回价带中的低能级，这时也相应地放出光子，其波长 $\lambda=\frac{hc}{E_g-E_d}$，由于这种发光能持续一段较长的时间，便称为磷光。

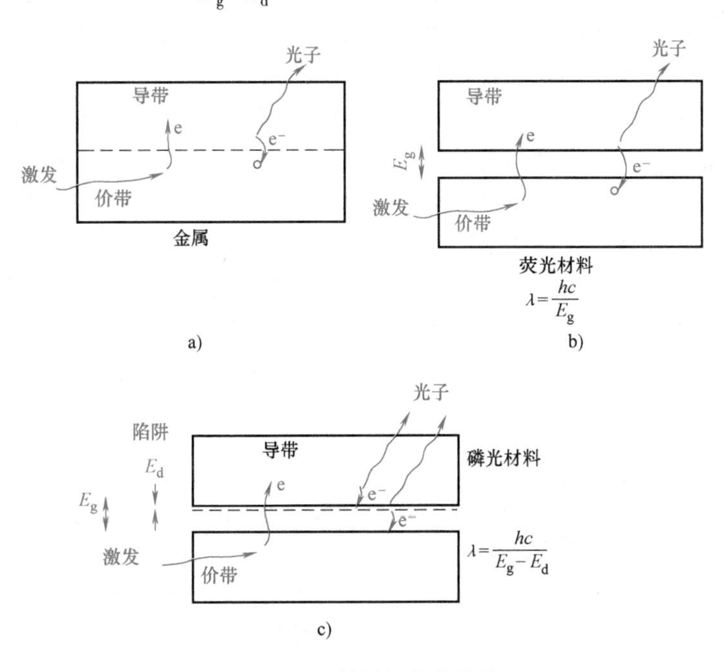

图 9-23　材料的发光性能

a）金属，不发光　b）荧光材料　c）磷光材料

磷光与荧光的大致分界是激发源去除后，发光时间短于 10^{-8}s 称为荧光，发光时间更长些则为磷光。

例 9-3　ZnS 的能隙为 3.54eV，要激发 ZnS 的电子需要光子的波长是多少？如在 ZnS 中加入杂质，使之在导带下的 1.38eV 处产生一能量陷阱，试问发光时的波长是多少？

解： 1）激发电子进入导带的最大波长为

$$\lambda=\frac{hc}{E_g}=\frac{(6.62\times10^{-34})\times(3\times10^{8})}{(3.54)\times(1.6\times10^{-19})}\text{m}=3.506\times10^{-7}\text{m}=3506\text{Å}$$

这个波长相当于紫外线。

2）在电子返回价带之前首先落入了陷阱。其发射光子的波长为

$$\lambda=\frac{(6.62\times10^{-34})\times(3\times10^{8})}{(1.38)\times(1.6\times10^{-9})}\text{Å}=8995\text{Å}$$

此相当于红外线谱，不可见。

3）当电子逃脱陷阱再返回价带，发射光子的波长为

$$\lambda=\frac{(6.62\times10^{-34})\times(3\times10^{8})}{(3.54-1.38)\times(1.6\times10^{-9})}\text{Å}=5747\text{Å}$$

此为可见光，呈黄色。

激光可以说是材料发光性能的重要应用。这里，我们从材料的电子结构谈谈激光的产生。材料在外界光子的作用下，电子从低能级 E_1 跃迁到 E_2，这是光的吸收过程；而原处于高能态的电子在外界光子的作用下又返回低能级，如图 9-24 所示，A 电子从 E_2 返回 E_1，并放出一个光子 $h\nu=E_2-E_1$，这称为受激辐射（如果没有外界光子的作用，电子也可自发地从高能级跃迁到低能级并产生辐射，这称为自发辐射）。并不是任何频率的外界光都可以在原子上引起受激辐射，显然，只有能量为 $h\nu=E_2-E_1$ 的光子才能引起受激辐射。受激辐射的特点是，如果一个能量为 $h\nu$ 的光子引发了受激辐射，受激辐射产生的光子也是 $h\nu$，这样，与以前的光子一起就有了两个能量都是 $h\nu$ 的光子，让这两个光子继续去引发，就可得到更多的具有相同能量的光子。与普通光源不同，受激辐射光由入射光引发而产生，位相偏振等都与入射光相同，因此能有较好的相干性。然而，激光虽是由于受激辐射而产生，但在外界光子引发受激辐射的同时也发生吸收，且在通常情况下外界光子被吸收的可能性更大，引发受激辐射的可能性却很小，因为处于低能态的原子数总是很多的，要维持连续不断的受激辐射，只有让高能级的原子数大于低能级的原子数，才可使受激辐射的概率大于吸收概率，这是产生激光的必要条件，这个条件也叫粒子数反转。

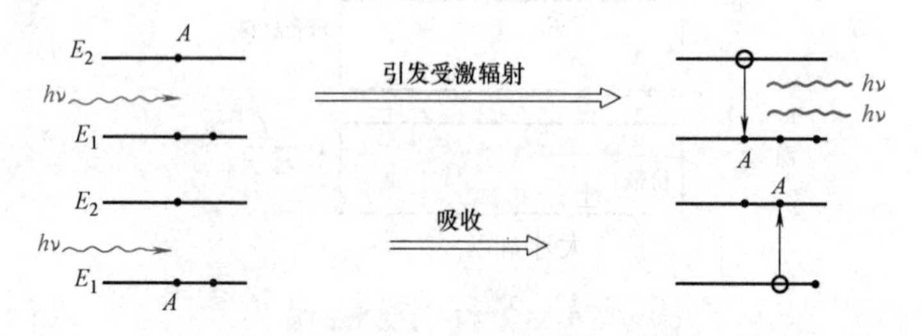

图 9-24　入射光子引发受激辐射或被吸收

要实现粒子数反转并不容易，激光技术是20世纪60年代后才开始应用的，因为通过外来光的照射，固然可将低能态的原子激发到高能态上，但它们在高能态上的时间只能维持10^{-8}s左右，然后就自发跃迁回到低能态。以后人们发现有些元素如氦、氖、氩以及稀有元素钕（Nd）、铬、锰等，它们有特殊的亚稳态能级，也就是原子可在这种高能级上驻留较长的时间而不发生自发跃迁，这才为实现粒子反转提供了可能。例如20世纪60年代初应用的红宝石激光器，是在Al_2O_3上掺杂有少量的铬，铬中的重要能级如图9-25所示，其中有亚稳态能级E_2，在最初平衡态时各能级的粒子数$n_1>n_2>n_3$，当用波长为550nm的黄绿光照射原子时，铬原子吸收这一波长的光子，从能级E_1跃迁到能级E_3，但随后立即自发跃迁到能级E_2，并能在这一能级上维持较长时间(3×10^{-3}s)，这样，便可不断地把低能级（E_1）上的粒子“搬运”到能级E_2上来，最后达到$n_2>n_1$。这样虽产生了激光，但还是短寿命、微弱的，要达到实用的目的，还要经过光谐振器使光子不断增殖，最后产生很强的位相相同的单色光。激光有很多应用，光导纤维（见第六节）就是其中一例。

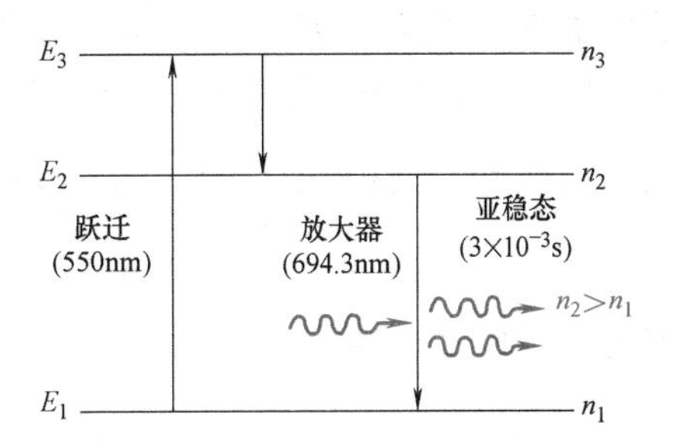

图9-25 红宝石激光器中Cr的能级

第五节 材料的热学性能

材料的热学性能包括摩尔热容、热膨胀和导热性能。

一、摩尔热容

摩尔热容是1mol的材料温度升高1℃或1K所需的热量。摩尔热容常以摩尔定压热容c_p或摩尔定容热容c_V表示，实验指出，任何材料在较高温度时c_V都趋于一个恒定值，$c_V=3R=25J\cdot mol^{-1}\cdot K^{-1}$。只不过金属通常在室温以上其$c_V$就很快接近于$3R$，而陶瓷要在1000℃左右才趋于这一数值（图9-26）。只有在低温时材料的热容才很快地降低。将材料的热容除以其摩尔质量，即为材料的比热容。如将摩尔热容看作一常数，$c_V=25J\cdot mol^{-1}\cdot K^{-1}$，Al的摩尔质量为$0.02698kg\cdot mol^{-1}$，则计算的比热容为$927J\cdot kg^{-1}\cdot K^{-1}$，而实验测定值为$913J\cdot kg^{-1}\cdot K^{-1}$，两者十分接近，一般金属都可这样估计。

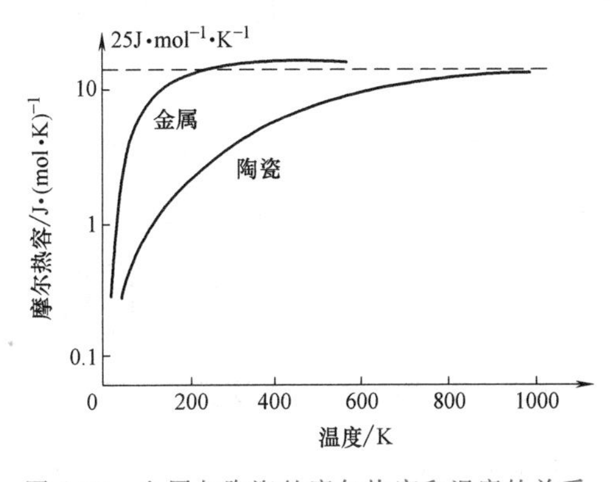

图9-26 金属与陶瓷的摩尔热容和温度的关系

摩尔热容是个十分稳定的物理性能，由图9-26可以看出，不论是导体金属还是绝缘体陶瓷，在高温时它们的摩尔热容没有区别。材料的结构像位错密度、空位和晶粒大小都对它影响很小。

材料的热容或比热容理论比较复杂，这里我们只用经典理论作简单解释。当晶体中原子作热振动时，任一原子在偏离其平衡位置时都受到一回复力的作用，回复力的大小与其位移成正比，$F=-Kx$，因此可看作简谐运动。当一个原子做简谐运动时，也会使相邻原子偏离其平衡位置，这种振动像弹性波一样在晶体内传播。对于每个原子，如忽略自由电子对比热容的贡献，其振动能量只是由正离子的热振动造成，我们把它看作一个谐振子，晶体中如有 N 个原子，则点阵能量就是 N 个谐振子能量的总和。简谐振子可作三维振动，每个振动自由度的能量为 $kT\left(\text{位能}\frac{1}{2}kT+\text{动能}\frac{1}{2}kT\right)$，所以，总能量为

$$E=(3N)(kT)=3NkT$$

照定义，1mol 定容热容 c_V 为

$$c_V=\frac{1}{n}\frac{\mathrm{d}E}{\mathrm{d}T}=3\frac{N}{n}k=3N_\mathrm{A}k=3R$$

式中，k 是波尔兹曼常数；n 是摩尔数；N_A 是阿伏伽德罗常数；R 是气体常数。这一关系通常称为杜隆-珀蒂定律。它预示任何固体的摩尔定容热容都是一常数，而与物质的种类及温度无关，这与高温下的实验结果是一致的。但是，经典理论不能解释所测得的比热容下降现象，以后德拜用量子理论作出了更完善的解释，这在固体物理课程中有详细阐述。

二、热膨胀

热膨胀是事物的客观规律，怎样解释这一现象呢？让我们以双原子模型作定性讨论。

设两个原子中的一个固定在原点，另一个原子的平衡位置为 r_0，如图 9-27 所示，离开平衡位置的位移以 x 表示，即位移后的位置为 $r=r_0+x$，现在把两个原子相互作用的势能 $u(r)=u(r_0+x)$ 对 r_0 展开，得

$$u(r)=u(r_0)\left(\frac{\mathrm{d}u}{\mathrm{d}r}\right)_{r_0}+\frac{1}{2!}\left(\frac{\mathrm{d}^2u}{\mathrm{d}r^2}\right)_{r_0}x^2+\frac{1}{3!}\left(\frac{\mathrm{d}^3u}{\mathrm{d}r^3}\right)_{r_0}x^3+\cdots$$

式中，第一项 $u(r_0)$ 为常数，第二项为零，故上式可写为

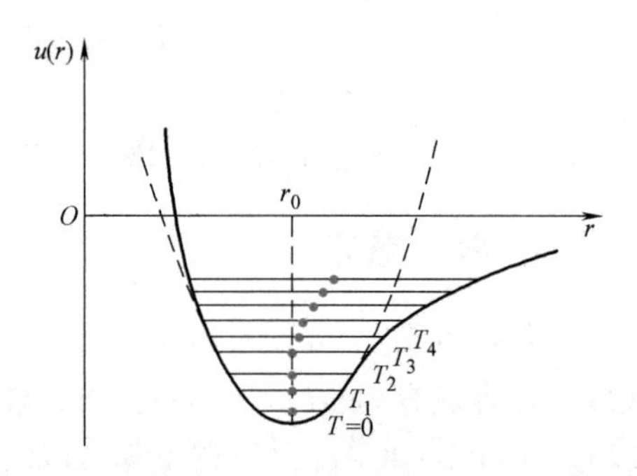

图 9-27 原子间相互作用的势能曲线

$$u(r)=u(r_0)+\frac{1}{2}\alpha x^2-\frac{1}{3}\beta x^3+\cdots$$

其中

$$\alpha=\left(\frac{\mathrm{d}^2u}{\mathrm{d}r^2}\right)_{r_0}\qquad \beta=-\frac{1}{2}\left(\frac{\mathrm{d}^3u}{\mathrm{d}r^3}\right)_{r_0}$$

如略去上式中的 x^3 项及更高次项，则相互作用势能为

$$u(r)=u(r_0)+\frac{1}{2}\alpha x^2$$

这时势能曲线是抛物线型的，如图 9-27 中的虚线所示。在这种情况下，原子围绕平衡位置做对称的简谐振动，即原子振动的平均位置仍在原来的平衡位置 r_0 处，势能曲线是对称的，温度升高只能使振幅加大，但在 r_0 两边的振幅恒相等，即平均的平衡位置总在 r_0 处，这样，就不会产生热膨胀，要解释热膨胀，就不能略去 x^3 项，即 $u(r)$ 应写为

$$u(r)=u(r_0)+\frac{1}{2}\alpha x^2-\frac{1}{3}\beta x^3$$

这时的势能曲线如图 9-27 中的实线所示，是非对称的。可以看出原子振动时的平均位置就不再是平衡位置，是随着温度的上升和振动的增强而向右移动了，即增大了两原子间的距离，因而显示出热膨胀。这说明热膨胀现象是由于原子的非简谐振动（因而是非线性振动）产生的。注意，在解释比热容的产生时，是把原子的热运动看作简谐振动来处理的。

由图 9-27 可以定性地看出，如原子间的结合能大，则势能曲线的能谷越低或势阱越深，热膨胀就越困难，给定温度下的热膨胀系数就越小。材料的熔点是结合能大小的标志，因此，熔点越高的金属，其线胀系数 $\alpha_l\left(\alpha_l=\frac{1}{l}\frac{\Delta l}{\Delta T}\right)$ 就越小（图 9-28）。在图中还标出了 Sn 和 Si 的线胀系数，它们远落在曲线的下方，这是因为 Si 和 Sn 都是由很强的共价键结合而成的。Si_3N_4、SiC 陶瓷线胀系数也是很低的；相反，像结合键力弱的聚合物，如聚乙烯等其线胀系数就很大。

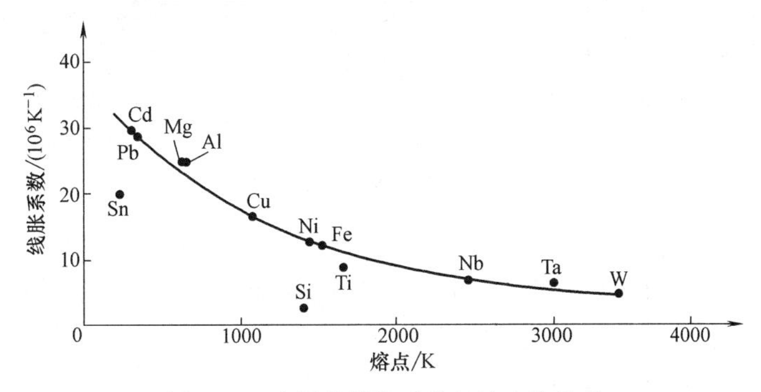

图 9-28 金属的线胀系数与熔点的关系

三、导热性能

热导率 κ 是材料传热速率的度量，κ 用下式表达：

$$\kappa=\frac{Q}{A}=\lambda\frac{\Delta T}{\Delta x}$$

式中，λ 是在温度梯度 $\Delta T/\Delta x$ 下每秒钟通过截面积 A 传递热量 Q 的比例常数，上式与扩散第一定律相似，因此 λ 的意义和扩散系数 D 类似。

金属中的热传导主要靠自由电子，因此导热性和导电性有一定的关系

$$\frac{\kappa}{\sigma T}=L=2.3\times10^{-8}\mathrm{W}\cdot\Omega\cdot\mathrm{K}^{-2} \tag{9-15}$$

式中，σ 为电导率；L 为洛伦兹常数。金属中的点阵缺陷如空位位错、显微组织以及加工工艺也会影响其导热性能，例如冷加工、固溶强化以及多相组织都会降低材料的导热性能。

在陶瓷和其他绝缘材料中，因为禁带的能隙太大，电子不能被激发到导带，因此不能靠电子导热，这时主要靠声子来导热。声子是晶格热振动时的量子化描述，在晶格的原子热振动时，其热能的吸收或传递都是靠一个个声子进行的，声子的能量为 hf，f 为振动频率，因此许多陶瓷在高温时的导热性能有所改善。

与前两种材料相比，半导体的导热既依靠声子也依靠电子，低温时声子是热能的主要载体，而在高温时由于半导体的能隙相对要小些，电子容易获得足够的能量被激发到导带起传热作用，因此半导体在高温时其热导率会显著增加。

第六节　功能材料举例

一、光导纤维

光纤通信装置的结构如图 9-29 所示。

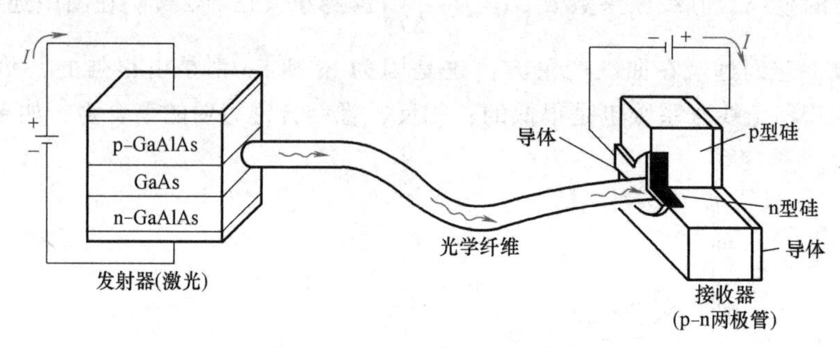

图 9-29　光纤通信装置示意图

为了传递与处理信息，所用的光应该是相干的和单色的，因此激光是产生光子的理想方法。所以，先要有个半导体激光器产生光信号。选用Ⅲ～ⅤA 族元素构成半导体化合物如 GaAs、GaAlAs 和 InGaAsP 等，它们的能隙恰使发射的光子处于可见光谱范围。如图 9-29 所示的半导体装置，在加一电压后就可使价带的电子激发到导带，并在价带中留下空穴，当电子又返回价带并和空穴再结合时，就产生了一个能量与波长等同于 GaAs 能隙的光子，这个光子又可使导带中的电子产生受激辐射，于是产生了波长与第一个光子同相的光子，这个过程不断继续下去便造成放大的相干单色光束。在激光器的两端，一端是全反射的镜面，一端可容许少量的激光束透过，以便作为采集的光信号。

在激光源与接收器之间用光学玻璃纤维传输光信号，为使光纤能在长距离内有效地传输，要求玻璃必须非常透明，而且光不能有任何漏损。为了防止光的漏损，光纤由两层折射率不同的玻璃纤维组成。物理学中我们知道，要使光束在光纤芯部造成全反射，芯部材料的折射率必须较高，才不会使光折射进入外层光纤。但是，假如在两种玻璃的界面上折射率有突变时（图 9-30a），光束在纤维中的行进也有较多的剧烈转折，光束的传输路程要比光纤的实际长度大得多，这会使信号减弱，也会产生失真。改进的办法是使界面上的折射率变化变得平缓些，因而光束行进时也是逐渐地改变方向，减少了转折，也就减少了实际的行进路程（图 9-30b）。在芯部纤维的表面上，掺以 B_2O_3 或 GeO_2 就可逐渐降

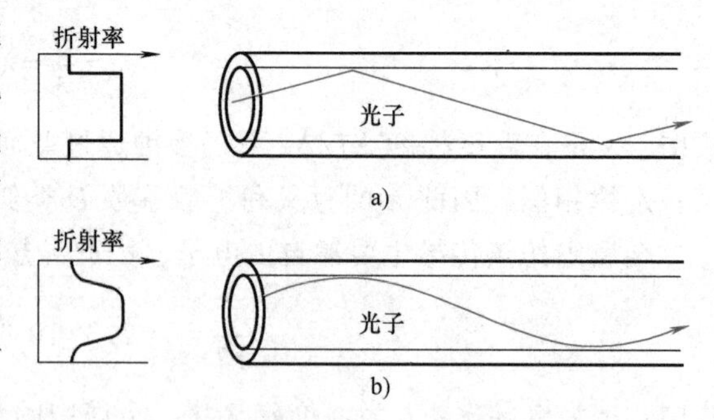

图 9-30　两层折射率不同的玻璃纤维
a）界面上折射率有突变　b）折射率平缓变化

低内表层的折射率。

光导纤维的光子束到达 p-n 结二极管时即变成电信号并被放大，这就是通信接收。目前光纤通信的无中继（无中继指信息传输过程中不需放大）距离一般为 30~70km，在长距离光纤通信中，要采用光纤放大器，或采用掺稀土杂质的石英光纤制作的光纤激光器，兼有放大作用，可以解决损耗问题。

二、磁性材料

各种材料的磁性能要求，定性地可用磁滞回线表示，如图 9-31 所示。

对变压器之类的软磁材料，要求有高的磁导率和高的磁饱和强度，而磁滞损耗（正比于磁滞回线面积）和涡流损耗要小。一般的硅钢片成分是 Fe-3%Si，与纯铁相比，Si 增加了磁化强度，也大大减小了涡流损耗，特别是硅钢片经过冷轧与再结晶退火后，形成了板织构（100）[001]，也就是钢片内的晶体（100）[001]与轧制方向平行，在铁中最易磁化的方向是［001］，因此当晶体按照这一特定的取向排列后，其相对磁导率 $\mu_r=\dfrac{\mu}{\mu_0}$ 与晶体是任意取向相比，提高了约 30 倍。

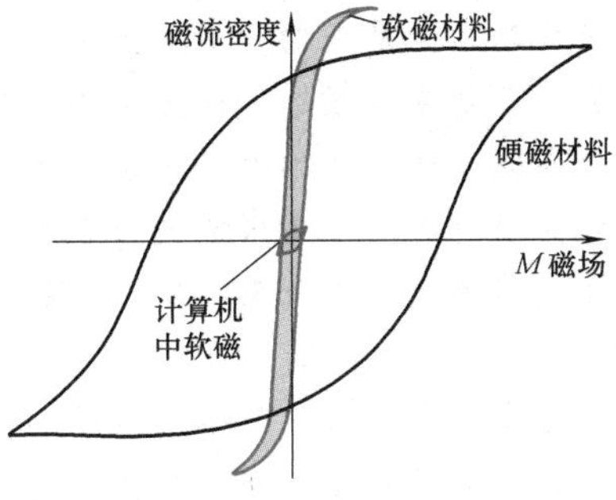

图 9-31　各种磁性材料的磁滞回线

但近年来这种类型的软磁材料最为突出的进展，就是制作金属玻璃薄片，叠加起来形成一个大铁心。在第六章中我们已经知道，金属液体快速冷凝后可形成非晶态，因此称为金属玻璃，材料的内部没有晶界和位错，因为消除了晶体缺陷，磁畴只需在很小的外磁场下就可运动。用金属玻璃薄片制作的变压器铁心，其损耗只有硅钢片的 1/3。在美国已投入商业化生产（使用的材料为 Fe-10Si-8B），国内已试制有 50kV · A 的变压器。

另一种类型的软磁材料是计算机的磁盘。它们要求快速存储信息，因而磁饱和强度要低；又要求能快速去除信息，因而也要求低的剩磁和矫顽力。所以整个的磁滞回线呈小方形（图 9-31）。可用 Fe-81.5%Ni 合金或一些含铁的氧化物（称铁氧体）来制作。磁带就是在塑料带上蒸发或溅射这类磁性材料的粉末制成。

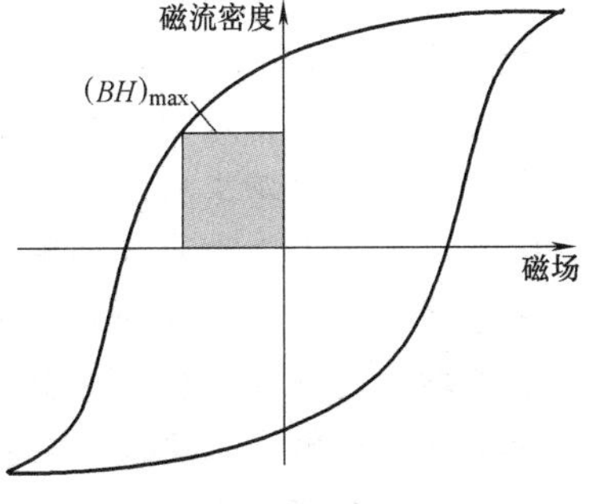

图 9-32　硬磁材料要求大的磁能积

与软磁材料不同，硬磁材料要有高的剩磁、矫顽力和高的退磁能，它和磁滞回线的面积有关，通常以第二象限的磁能积 $(BH)_{max}$ 来度量（图 9-32）。为了改善永久磁体的性能，应将材料处理成极细的晶粒，以至一个晶粒内只有一个磁畴，没有磁畴壁（又称布洛赫壁），磁畴间的界面就是晶界。磁畴只能通过转动改变其位向，但这比磁畴生长需要更大的能量。20 世纪 60 年代开始研制第一代稀土永磁材料 $SmCo_5$，与以往永磁材料相比具有最高的永磁性能，且用粉末冶金法即可生产。20 世纪 70 年代又生产出 Sm_2Co_{17}。1983 年美通用电器公司生产出 Nb-Fe-B 合金，主要由 Nb_2-Fe_{14}-B 相、富 Nb 相和富 B 相组成。其中 $Nb_2Fe_{14}B$ 是磁性能的主要来源，其体积分数通常为 85%~90%，其磁能积 $(BH)_{max}$ 达 $400kJ \cdot m^{-3}$，由于原材料丰富，价格低廉，不含稀缺的钴，为第三代的稀土永磁材料，得到了迅速发展。$Nb_2Fe_{14}B$ 有高的永磁性能是与其正方结构有关，像 α-Fe 是立方结构，其磁矩方向容易改变，而正方结构的磁矩容易被固定在一个最有利的方向。

小　结

热力学温度为零时，费米能对应着一个最高能量水平，在此能量以下的所有能级都被电子填满，而在此能量以上的所有能级都没有被电子占据。当 $T \neq 0$ 时，费米能对应着只有一半电子填充的能级。在费米能以下的各个能级，电子基本上是填满的，而在费米能以上的各个能级基本上是空的。温度虽影响电子跃迁，但电子由基本填满能级过渡到基本上空的能级状态，只是在一很小的能量范围内变化着，温度并不改变费米能的位置。

导体、绝缘体和半导体取决于价带与导带间的能隙大小。金属是导体，因为其价带与导带之间没有能隙，费米能的位置就在价带与导带的分界线上。金刚石为绝缘体，其价带与导带间的能隙很大 $E_g = 5.4\text{eV}$，其费米能的位置在禁带的中央。一般 $E_g > 2\text{eV}$ 就为绝缘体，$E_g < 2\text{eV}$ 的则为半导体。

在本征半导体中导带的电子完全来自价带，故其电子浓度等于空穴浓度。其电导率随温度呈指数关系升高，而金属的电导率随温度的升高而下降。掺杂半导体的优点是电导率更易控制，对温度的变化不敏感，一般使其在平台温度范围工作。由于掺有杂质元素，其电子浓度或空穴浓度（视掺杂元素而定）可以独立改变。对于掺杂半导体，其电导率不受能隙控制，而是被施主能值 E_d 或受主能值 E_a 控制。

当材料内的电子壳层完全被电子填满时，各电子的轨道磁矩与自旋磁矩都互相抵消，这类物质就不可能有磁性，在外磁场作用下为抗磁体。多数物质虽然内部电子壳层被填满，但外壳层具有未配对的电子，其轨道磁矩和自旋磁矩没有抵消，在外磁场下表现为顺磁体。只有少数物质才具有铁磁性（Fe、Co、Ni 和 Gd），它必须同时具备两个条件：①内电子层未填满（3d 或 4f）；②内层电子交换位置时的交换能为负值。

铁磁体内部由许多小磁畴构成。每一磁畴内电子的自旋磁矩方向皆相同，以适应交换能最低的状态。在外磁场作用下磁畴壁移动，使磁矩方向逐渐接近外磁场方向，最后磁畴完全转向外磁场方向，以达到饱和。磁畴壁难以运动的材料是硬磁材料，磁畴壁易运动的材料为软磁材料。位错与第二相的界面是阻碍磁畴壁运动的主要因素。

材料的价带与导带间的能隙大小决定了对光的吸收与透过特性。绝缘体能隙 E_g 很大，光子的能量不足以激发电子进入导带，对光线不吸收因而是透明的。由此可知，金属是不透明的，半导体则取决于施主或受主的能级和入射光的波长。产生激光的必要条件是受激辐射的概率大于吸收概率，这只有在一定物质中具有特殊的亚稳态能级时才可实现。

摩尔定容热容是十分稳定的物理性能，几乎与材料的结构无关，而热膨胀则取决于结合键的强弱和键能的大小。金属的导热依靠自由电子，陶瓷和其他绝缘材料的导热依靠声子，在半导体中这两者对导热均有贡献。

习　题

1. 已知锗室温下的电导率 $\sigma = 2\Omega^{-1} \cdot \text{m}^{-1}$，锗的点阵常数 $5.6575 \times 10^{-10}\text{m}$，利用表 9-2

给的数据，电荷 $q=1.6\times10^{-19}$C，试求：

（1）锗在 20℃时的载流子数。

（2）锗价带中的电子被激发到导带的百分数。

2. 要使硅在平台区获得的电导率为 $10^4\Omega^{-1}\cdot m^{-1}$，需要多少载流子？需要多少 Sb 原子加入到 Si 中？

3. 在用 P 掺杂硅的 n 型半导体中，费米能向上移动 0.1eV，问电子于室温被热激活到导带的概率是多少？

4. 仿照图 9-14，对第二组过渡族元素 Y、Zr、Nb、Mo、Tc、Ru、Rh、Pd，原子序数从 39 到 46，给出其 4d 层电子结构，并写出对应的玻尔磁子数。

5. 计算纯铁的饱和磁化值 M_s 和饱和磁感应值 B_s，M_s 单位以 A/m 计，B_s 单位以 T（特斯拉）计。α-Fe 点阵常数 $a=0.287$nm。

6. 通过计算说明：金刚石对可见光是透明的，而半导体硅对可见光是不透明的。

7. 计算铁的比热容。并将计算值与实测值（$440J\cdot kg^{-1}\cdot K^{-1}$）作比较。

8. 一铝铸件在 660℃时凝固，在此温度下铸件原长为 250mm，试问冷至室温时铸件长为多少？要保持铸件尺寸不变，该铸模应如何设计（铝的线胀系数为 $25\times10^{-6}K^{-1}$）？

参考文献

[1] ANDERSON J C, LEAVER K D, Rawling R D, et al. Materials Science [M]. 4th ed. London: Chapman and Hall Ltd, 1990.

[2] ASKELAND D R. The science and Engineering of Materials [M]. 2nd ed. Ware: Wadsworth Inc, 1990.

[3] VAN VLACK L H. Elements of Materials science and Engineering [M]. 5th ed. Boston: Addison-Wesley Publishing Company, 1985.

[4] SHACKELFORD J F. Introduction to Materials science for Engineers [M]. 8th ed. London: Macmillan publishing company, 2018.